BOND CHEMISTRY

공무원 화학

유기체

유형별

기출문제

체크체크

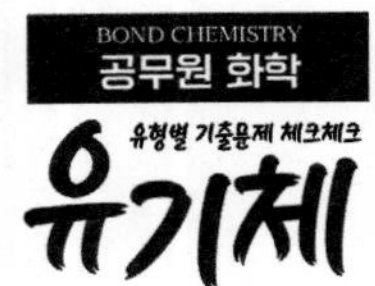

3판 1쇄 2025년 4월 10일

편저자_ 김병일
발행인_ 원석주
발행처_ 하이앤북
주소_ 서울시 영등포구 영등포로 347 베스트타워 11층
고객센터_ 1588 - 6671
팩스_ 02 - 841 - 6897
출판등록_ 2018년 4월 30일 제2018 - 000066호
홈페이지_ gosi.daebanggosi.com
ISBN_ 979-11-6533-558-8

정가_ 25,000원

머리말

bond CHEMISTRY

어떤 시험이든 해당 시험의 기출문제는 매우 중요합니다. 출제경향이나 난이도 등을 파악하여 더욱 전략적으로 시험에 대비할 수 있는 기준이 되기 때문입니다. 그러나 대부분의 공무원 시험의 기출문제집이 연도별 또는 단원별로만 정리되어 있어서 기출문제를 입체적으로 분석하는 데 부족함이 있었습니다. 화학을 공부하는 수험생의 입장에서 답답함을 느꼈으리라 생각하였고 이러한 부족함을 메워 더 효과적인 기출문제풀이 학습을 유도하고자 본 교재를 출간하게 되었습니다.

이 책의 특징은 다음과 같습니다.

2014년부터 2024년까지의 주요 공무원 화학 기출 문제를 유형별로 분류하였습니다.

기출문제를 단원별로 1차 분류하고 나서 더욱 세부적으로 유형별로 정리하였습니다. 공개 경쟁직 중 지방직 9급, 서울시 9급, 해양경찰청 9급 기출문제와 더불어 9급 시험 범위 내에서 국가직 7급, 지방직 7급, 서울시 7급 문제까지를 포함하고 있습니다. 다만 7급 시험문제에서 9급 시험 범위에서 벗어나는 문제들은 제외하여 출제경향에 맞도록 정리하였습니다.

문제의 유형별 정리는 기본서 및 문제풀이 교재(유단자)와 동일하게 배치하였습니다.

문제를 풀면서 동시에 기본서의 개념을 복습할 수 있도록 하였습니다. 문제의 유형을 파악하는 것 못지않게 그 유형에 대한 기본 개념을 익히는 것 또한 중요합니다.

공무원 시험에 합격하기 위해서는 많은 문제를 풀어야 하고 그 가운데 기출 문제는 반복해서 풀어보셔야 합니다. 다만 이러한 기출문제를 기계적으로 반복해서 공부하는 것보다는 유형별로 정리된 기출 문제를 공부함으로써 문제의 유형에 대한 논리적 풀이를 익히는 것이 본 교재의 목적입니다.

기출 문제에 대한 해설을 최대한 자세하게 하였습니다.

문제를 풀고 나서 해설을 통해 문제를 최대한 이해할 수 있도록 해설을 체계적이고 논리적으로 풀이하였습니다. 또한 기출 문제의 난이도가 높을수록 자세하게 해설을 하도록 노력하였습니다.

자신의 미래를 위해 목표를 정하고 노력하는 수험생 여러분들에게 조그마한 보탬이 되었으면 하는 바람으로 본 교재를 준비하였습니다. 본 교재가 나오기까지 편집과 출간에 수고해 주신 대방고시학원과 하이앤북 출판사 여러분의 노고에 깊이 감사드립니다.

※ 본 교재에 대한 질문 등은 네이버 카페(김병일 화학－공무원 화학)에서 하실 수 있습니다.
주소: https://cafe.naver.com/bondchem

2025년 2월
저자 **김 병 일**

목차 _ 문제

Part 1 원자의 구조와 원소의 주기성

Part 2 화학 결합과 분자 간 인력

Part 3 원소와 화합물

Part 4 물질의 상태와 용액

PART 1

원자의 구조와 원소의 주기성

Chapter 01

원자의 구성 입자와 전자 배치

제 1 절 원자의 구성 입자

정답 p.292

회독점검

1 ☑☐☐ 14 지방직 9급 12

양성자 개수가 8이고, 질량수가 17인 중성 원자에 대한 설명으로 옳은 것은?

① 중성자 개수는 8이다.
② 전자 개수는 9이다.
③ 주기율표 2주기의 원소이다.
④ 주기율표 18족의 원소이다.

2 ☐☐☐ 14 서울시 7급 02

다음의 설명 중 옳지 않은 것은?

① 원자번호(Z)는 각 원자의 핵에 있는 양성자의 수와 같다.
② 원자의 핵에 있는 양성자와 중성자의 수를 합치면 질량수가 된다.
③ 중성자수(N)는 질량수에서 원자번호(Z)를 뺀 것이다.
④ 동위원소란 원자번호와 질량수는 같지만 전자수가 다른 원자이다.
⑤ 모든 탄소원자(Z=6)는 양성자 6개와 전자 6개를 가지고 있다.

3 ☐☐☐ 15 지방직 9급 12

다음 표는 원소와 이온의 구성 입자수를 나타낸 것이다.

	A	B	C	D
양성자 수	6	6	7	8
중성자 수	6	8	7	8
전자 수	6	6	7	6

이에 대한 설명으로 옳은 것은? (단, A ~ D는 임의의 원소 기호이다.)

① A와 D는 동위 원소이다.
② B와 C는 질량수가 동일하다.
③ B의 원자번호는 8이다.
④ D는 음이온이다.

4 ☐☐☐ 15 서울시 7급 16

다음과 같이 표기된 이온에 관한 설명으로 옳은 것은?

$^{63}_{29}Cu^{+}$

① 질량 수는 62이다.
② 전자 수는 29이다.
③ 양성자의 수는 63이다.
④ 중성자의 수는 34이다.

5 □□□

16 지방직 7급 04

다음은 원자 또는 이온에 대한 양성자 수, 중성자 수, 전자 수를 나타낸 것이다.

원자 또는 이온	A	B	C	D
양성자 수	5	5	7	8
중성자 수	5	6	7	8
전자 수	5	5	10	8

이에 대한 설명으로 옳은 것만을 모두 고른 것은? (단, A ~ D는 임의의 원소 기호이다.)

ㄱ. 중성인 화학종은 총 2개이다.
ㄴ. C의 전하는 −3이다.
ㄷ. A와 B는 동위원소이다.
ㄹ. 질량수는 D가 C보다 크다.

① ㄱ ② ㄴ, ㄹ
③ ㄱ, ㄴ, ㄷ ④ ㄴ, ㄷ, ㄹ

6 □□□

16 서울시 3회 7급 01

원자에 관한 다음 설명 중 가장 옳은 것은?

① 모든 원자는 양성자와 같은 수만큼의 중성자를 가지고 있다.
② 원자번호는 양성자의 수와 같다.
③ 같은 원자번호를 가지는 두 가지 동위원소의 전자의 수는 같고 양성자의 수는 다르다.
④ 원자의 질량수는 양성자와 전자 질량의 총합이다.

7 □□□

17 지방직 9급 12

다음 원자들에 대한 설명으로 옳은 것은?

		원자 번호	양성자수	전자수	중성자수
①	$^{3}_{1}H$	1	1	2	2
②	$^{13}_{6}C$	6	6	6	7
③	$^{17}_{8}O$	8	8	8	8
④	$^{15}_{7}N$	7	7	8	8

8 □□□

18 국가직 7급 04

원자에 관한 설명으로 옳지 않은 것은?

① 전자의 전하는 -1.60×10^{-19}C 이다.
② 원자는 전자를 잃어 양이온이 된다.
③ 1amu(atomic mass unit)는 6.02×10^{-23}g이다.
④ 원자 질량의 대부분은 핵이 차지한다.

9 □□□

18 서울시 2회 9급 06

$^{90}_{38}Sr$(스트론튬)의 양성자(p) 및 중성자(n)의 수가 바르게 짝지어진 것은?

	양성자(p)	중성자(n)
①	38	52
②	38	90
③	52	38
④	90	38

10 □□□

19 서울시 2회 9급 01

${}^{19}_{9}F^{-}$의 양성자, 중성자, 전자 수가 바르게 적힌 것은?

① 양성자: 9, 중성자: 10, 전자: 9
② 양성자: 10, 중성자: 9, 전자: 9
③ 양성자: 10, 중성자: 9, 전자: 10
④ 양성자: 9, 중성자: 10, 전자: 10

11 □□□

19 해양 경찰청 17

다음 표는 원소와 이온의 구성 입자수를 나타낸 것이다.

	A	B	C	D
양성자수	7	8	6	6
중성자수	7	8	8	6
전자수	7	6	6	6

이에 대한 설명으로 옳은 것을 보기에서 모두 고른 것은? (단, A ~ D는 임의의 원소 기호이다.)

ㄱ. C의 원자번호는 8이다.
ㄴ. B는 양이온이다.
ㄷ. A와 C는 질량수가 같다.
ㄹ. B와 D는 동위원소이다.

① ㄴ, ㄷ
② ㄱ, ㄴ, ㄷ
③ ㄴ, ㄷ, ㄹ
④ ㄱ, ㄴ, ㄷ, ㄹ

12 □□□

20 지방직 9급 06

다음은 원자 A ~ D에 대한 양성자 수와 중성자 수를 나타낸다. 이에 대한 설명으로 옳은 것은?
(단, A ~ D는 임의의 원소기호이다)

원자	A	B	C	D
양성자 수	17	17	18	19
중성자 수	18	20	22	20

① 이온 A^{-}와 중성원자 C의 전자수는 같다.
② 이온 A^{-}와 이온 B^{+}의 질량수는 같다.
③ 이온 B^{-}와 중성원자 D의 전자수는 같다.
④ 원자 A ~ D중 질량수가 가장 큰 원자는 D이다.

13 □□□

20 지방직 9급 13

중성원자를 고려할 때, 원자가전자 수가 같은 원자들의 원자번호끼리 옳게 짝지은 것은?

① 1, 2, 9
② 5, 6, 9
③ 4, 12, 17
④ 9, 17, 35

14 □□□

20 해양 경찰청 15

다음 표는 이온 (가)와 원자 (나), (다)에 대한 자료이다. 이에 대한 설명으로 옳은 것을 모두 고른 것은?

이온 또는 원자	구성 입자수			질량수
	양성자	A	B	
(가)	8	8	10	16
(나)		12		24
(다)		14	12	

ㄱ. A는 전자이다.
ㄴ. (가)는 음이온이다.
ㄷ. (나)와 (다)는 동위원소이다.

① ㄱ
② ㄱ, ㄴ
③ ㄴ, ㄷ
④ ㄱ, ㄴ, ㄷ

15 □□□

22 지방직 9급 07

원자에 대한 설명으로 옳은 것만을 모두 고르면?

> ㄱ. 양성자는 음의 전하를 띤다.
> ㄴ. 중성자는 원자 크기의 대부분을 차지한다.
> ㄷ. 전자는 원자핵의 바깥에 위치한다.
> ㄹ. 원자량은 ^{12}C 원자의 질량을 기준으로 정한다.

① ㄱ, ㄴ ② ㄱ, ㄷ
③ ㄴ, ㄹ ④ ㄷ, ㄹ

16 □□□

22 지방직 7급 12

원자 구조에 대한 설명으로 옳지 않은 것은?

① 원자핵은 원자 질량의 대부분을 차지한다.
② 원자번호가 n인 원자의 양성자 수는 항상 n개다.
③ 전기적으로 중성인 원자에 대해 질량수와 전자의 수는 항상 같다.
④ 같은 수의 양성자를 갖는 핵종이라도 원자 질량이 다른 것이 존재할 수 있다.

17 □□□

22 서울시 1회 7급 05

원자 번호 20번인 Ca의 질량수가 46일 때, Ca의 중성자수[개]는?

① 20 ② 26
③ 40 ④ 46

18 □□□

22 서울시 3회 7급 13

〈보기〉의 이온이 지니는 양성자수와 중성자수와 전자수의 합은?

> 보기
>
> $^{35}_{17}Cl^{-}$

① 36 ② 51
③ 52 ④ 53

19 □□□

24 국가직 7급 01

탄소 동위원소 중 ^{13}C의 중성자 개수는?

① 6 ② 7
③ 8 ④ 9

20 □□□

24 지방직 9급 11

Rutherford의 알파 입자 산란 실험과 Rutherford가 제안한 원자 모형에 대한 설명으로 옳은 것만을 모두 고르면?

> ㄱ. 전자는 양자화된 궤도를 따라 핵 주위를 움직인다.
> ㄴ. 금 원자 질량의 대부분과 모든 양전하는 원자핵에 집중되어 있다.
> ㄷ. 금박에 알파 입자를 조사했을 때 대부분의 알파 입자는 산란하지 않고 투과한다.

① ㄱ ② ㄴ
③ ㄴ, ㄷ ④ ㄱ, ㄴ, ㄷ

제 2 절 동위원소

정답 p.294

회독점검

1 ☑☐☐ 14 지방직 9급 01

약 5천 년 전 서식했던 식물의 방사성 연대 측정에 이용될 수 있는 가장 적합한 동위원소는?

① 탄소-14 ② 질소14
③ 산소-17 ④ 포타슘-40

2 ☐☐☐ 14 국가직 7급 04

염소(Cl) 원자는 자연계에서 두 개의 동위원소 ^{35}Cl(원자량: 34.97amu)와 ^{37}Cl(원자량: 36.97amu)로 존재한다. 염소 원자의 평균 원자량이 35.46amu일 때, ^{37}Cl의 존재비[%]는?

① 12.3 ② 24.5
③ 36.7 ④ 49.0

3 ☐☐☐ 15 해양 경찰청 09

다음의 표는 원소 (가)와 (나)의 동위원소에 관한 자료이다.

원소	원자번호	동위원소	중성자수	존재비율(%)
(가)	12	A	12	79
		B	13	10
		C	14	11
(나)	17	D	18	75.8
		E	20	24.2

이에 대한 설명으로 가장 적절한 것은?

① (가)의 평균 원자량은 25이다.
② (가)의 동위원소 중 원자 1개의 질량이 가장 큰 것은 A이다.
③ (나)의 동위원소 중 1g 속에 들어 있는 원자의 개수는 D가 E보다 많다.
④ A와 D로 이루어진 화합물과 C와 E로 이루어진 화합물의 화학적 성질은 전혀 다르다.

4 ☐☐☐ 16 서울시 3회 7급 02

어떤 원소 X에는 3가지 동위원소 ^{a}X, ^{a+1}X, ^{a+2}X가 존재한다. ^{a}X와 ^{a+2}X의 존재 비율이 약 10 : 1이고, X의 평균 원자량이 $a+0.2$이며, ^{a}X의 대략적인 존재 비율(%)은?

① 10 ② 30
③ 60 ④ 90

5 □□□

17 국가직 7급 20

자연계에서 Cl의 동위원소는 ^{35}Cl와 ^{37}Cl이 3 : 1의 비율로 존재한다. 2개의 Cl을 포함하고 있는 유기화합물의 질량분석 스펙트럼에서 분자 이온 피크를 $[M]^+$라고 할 때, 피크들의 상대적인 세기 비($[M]^+ : [M+2]^+ : [M+4]^+$)로 옳은 것은? (단, Cl 이외의 다른 원자들의 동위원소 존재는 무시한다.)

① 3 : 2 : 1　② 6 : 3 : 1
③ 9 : 3 : 1　④ 9 : 6 : 1

6 □□□

17 해양 경찰청 01

염소(Cl) 원자는 자연계에 두 개의 동위원소 ^{35}Cl과 ^{37}Cl로 존재한다. 염소 원자의 평균 원자량이 35.5일 때, ^{37}Cl의 존재비(%)는 얼마인가? (단, ^{35}Cl의 원자량은 35, ^{37}Cl의 원자량은 37이다.)

① 12.5　② 25.0
③ 37.5　④ 42.5

7 □□□

18 지방직 9급 02

다음 각 원소들이 아래와 같은 원자 구성을 가질 때, 동위 원소는?

$^{410}_{186}A$	$^{410}_{183}X$	$^{412}_{186}Y$	$^{412}_{185}Z$

① A, Y　② A, Z
③ X, Y　④ X, Z

8 □□□

18 지방직 7급 01

각 원소에 대한 설명으로 옳은 것은?

① ^{16}O의 원자 번호는 16이다.
② 자연계에 존재하는 $^{35}_{17}Cl$의 다른 한 가지 동위원소의 질량은 35amu보다 작다.(Cl의 평균원자질량=35.453amu)
③ $^{137}_{56}Ba^{2+}$ 이온의 양성자 개수는 81개이다.
④ ^{12}C의 원자질량은 12.000amu이다.(C의 평균 원자질량=12.011amu)

9 □□□

19 지방직 7급 04

붕소 동위원소 $^{11}_{5}B$에 대한 설명으로 옳지 않은 것은?

① 양성자 수는 5이다.
② 중성자 수는 5이다.
③ 전자 수는 5이다.
④ 원자 번호는 5이다.

10 □□□

20 서울시 2회 7급 20

자연계에 존재하는 안정한 탄소 원자는 ^{12}C와 ^{13}C이고, 탄소의 평균 원자량이 12.01일 때, 이에 대한 설명으로 가장 옳지 않은 것은?

① ^{12}C는 ^{13}C의 동소체이다.
② 전자 수는 ^{13}C과 ^{12}C가 같다.
③ 중성자 수는 ^{13}C이 ^{12}C보다 많다.
④ 자연계에서 존재하는 양은 ^{12}C가 ^{13}C보다 많다.

11 □□□

23 국가직 7급 02

수소(H)와 중수소(D)로 만들어진 HD 분자 1개에서 양성자, 중성자, 전자 개수가 각각 a, b, c일 때, 옳은 것은?

① a는 b보다 크다.

② a는 c보다 크다.

③ b와 c는 같다.

④ a와 b의 합은 5이다.

12 □□□

24 서울시 7급 01

염소의 평균 원자량이 35.5일 때, 자연계에 존재하는 두 종류의 동위 원소 ^{35}Cl과 ^{37}Cl의 존재비(^{35}Cl : ^{37}Cl)에 가장 가까운 것은?

① 1 : 1 ② 2 : 1

③ 3 : 1 ④ 4 : 1

13 □□□

24 서울시 7급 06

〈보기〉에서 옳은 것을 모두 고른 것은?

보기

ㄱ. 원자 질량 단위(amu)는 ^{14}N의 질량을 14amu로 정한다.

ㄴ. 같은 원소의 동위 원소들은 화학적 성질이 완벽하게 동일하다.

ㄷ. 중성자 1개의 질량은 양성자 1개의 질량보다 크다.

ㄹ. 질량수는 원자의 양성자수와 중성자수를 더한 값이다.

① ㄱ, ㄹ ② ㄴ, ㄷ

③ ㄷ, ㄹ ④ ㄴ, ㄷ, ㄹ

14 □□□

24 서울시 9급 11

〈보기〉는 가상의 원소 X의 2가지 동위 원소에 대한 자료이다. (가)의 존재 비율 x[%]는? (단, $x+y=100$이다.)

보기

동위 원소	원자량	존재 비율 [%]	X의 평균 원자량
(가)	10	x	10.2
(나)	11	y	

① 20 ② 30

③ 70 ④ 80

제 3 절 보어의 원자 모형

정답 p.296

회독점검

1 ☑☐☐ 13 국가직 7급 01

수소 원자에서 궤도간의 전자 전이를 나타낸 다음 그림에 대한 설명으로 옳은 것을 모두 고른 것은?

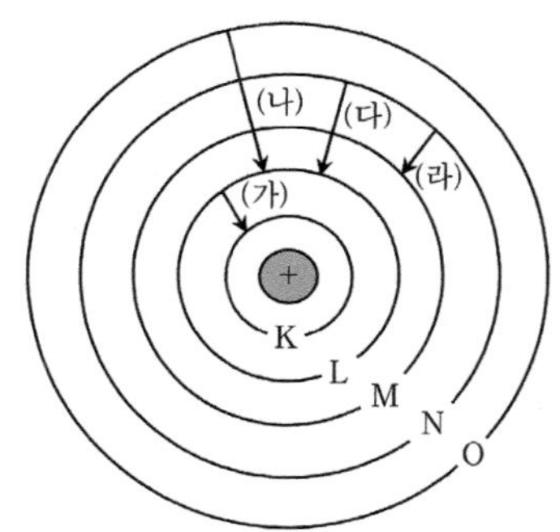

ㄱ. 방출되는 빛의 파장은 (나)의 파장이 (라)의 파장보다 짧다.
ㄴ. (가)의 에너지는 (다)의 에너지의 두 배이다.
ㄷ. (나)와 (다)에서는 가시 광선 영역의 빛이 방출된다.

① ㄱ, ㄴ ② ㄱ, ㄷ
③ ㄴ, ㄷ ④ ㄱ, ㄴ, ㄷ

2 ☐☐☐ 15 지방직 9급 04

수소 원자의 선 스펙트럼을 설명할 수 있는 것만을 모두 고른 것은?

ㄱ. 보어의 원자 모형
ㄴ. 러더퍼드의 원자 모형
ㄷ. 톰슨의 원자 모형

① ㄱ ② ㄴ
③ ㄷ ④ ㄱ, ㄴ, ㄷ

3 ☐☐☐ 16 서울시 9급 07

교통 신호등의 녹색 불빛의 중심 파장은 522nm이다. 이 복사선의 진동수(Hz)는 얼마인가? (단, 빛의 속도는 $3.00 \times 10^{8}\,\mathrm{m/s}$이다.)

① $5.22 \times 10^{7}\,\mathrm{Hz}$ ② $5.22 \times 10^{9}\,\mathrm{Hz}$
③ $5.75 \times 10^{10}\,\mathrm{Hz}$ ④ $5.75 \times 10^{14}\,\mathrm{Hz}$

4 ☐☐☐ 17 서울시 7급 01

보어의 수소 원자 이론에서 수소의 전자가 가질 수 있는 에너지는 주양자수(n)에 의해 결정되며, 바닥 상태 전자의 주양자수는 1, 들뜬 상태 전자의 주양자수는 2, 3, … 등의 정수이다. 수소 원자에서 바닥 상태의 전자를 완전히 떼어내는 데 드는 에너지를 ΔE_1이라고 하고, $n=2$에서 $n=4$인 상태로 전자 준위를 들뜨게 하는 데 드는 에너지를 ΔE_2라고 할 때, $\dfrac{\Delta E_2}{\Delta E_1}$의 값은?

① $\dfrac{1}{16}$ ② $\dfrac{1}{8}$
③ $\dfrac{3}{16}$ ④ $\dfrac{1}{4}$

5 ☐☐☐ 18 서울시 2회 9급 14

전자기파의 파장이 증가하는(에너지가 감소하는) 순서대로 바르게 나열한 것은?

① 마이크로파 < 적외선 < 가시광선 < 자외선
② 마이크로파 < 가시광선 < 적외선 < 자외선
③ 자외선 < 가시광선 < 적외선 < 마이크로파
④ 자외선 < 적외선 < 가시광선 < 마이크로파

6 □□□

19 서울시 2회 7급 17

광자당 에너지가 가장 큰 전자기 복사선은?

① 라디오파 ② 가시광선
③ X-선 ④ 감마선

7 □□□

20 지방직 7급 11

보어(Bohr) 모형에 따른 수소 원자에서, 전자 한 개가 주양자수 $n=4$ 준위에서 $n=2$ 준위로 전이할 때 방출하는 에너지(A)와 $n=8$ 준위에서 $n=4$ 준위로 전이할 때 방출하는 에너지(B) 사이의 관계식으로 옳은 것은?

① A=B ② A=2B
③ 2A=B ④ A=4B

8 □□□

22 지방직 7급 13

빛의 진동수가 1.20MHz인 라디오파의 파장[m]은? (단, 빛의 속도는 $3.00\times10^{8}\,m\cdot s^{-1}$이다.)

① 2.50×10^{0} ② 2.50×10^{1}
③ 2.50×10^{2} ④ 2.50×10^{4}

9 □□□

22 국가직 7급 05

$1.0\times10^{6}\,ms^{-1}$로 운동하는 전자의 드브로이 파장은 7.30 Å 이다. 양성자의 질량이 전자의 2,000배라고 할 때, 전자와 같은 속력으로 운동하는 양성자의 드브로이 파장은? (단, Å 은 10^{-10}m 이다.)

① 0.365pm ② 3.65pm
③ 0.146pm ④ 1.46pm

10 □□□

23 서울시 2회 7급 11

〈보기〉 중 에너지가 가장 낮은 영역대에 해당하는 것은?

보기

ㄱ. X선 ㄴ. 마이크로파
ㄷ. 가시광선 ㄹ. 자외선

① ㄱ ② ㄴ
③ ㄷ ④ ㄹ

제 4 절 원자 모형과 오비탈과 양자수

정답 p.297

 원자 모형 

회독점검

1 ☑☐☐ 15 국가직 7급 05

다음 설명으로 옳은 것은?

① 전자는 톰슨(Thomson)이 발견하였고, 전자 1개의 전하량이 1.60218×10^{-19}C 임을 밝혀냈다.

② 러더퍼드(Rutherford)는 알파 입자 산란 실험을 통하여 톰슨의 원자 모델이 틀림을 증명하고, 원자는 밀도가 높은 원자핵이 가운데 위치하고 전자들이 그 주변에 분포되어 있다는 새로운 모델을 제시했다.

③ 아인슈타인(Einstein)은 광전효과(photoelectric effect) 실험에서 조사되는 빛의 세기가 증가하면 방출되는 전자의 운동에너지도 증가하는 현상을 발견했다.

④ 돌턴(Dalton)은 원자론에서 원자는 전자, 중성자, 양성자로 구성되어 있다고 했다.

2 ☐☐☐ 17 서울시 2회 9급 02

돌턴(Dalton)의 원자론에 대한 설명으로 옳지 않은 것은?

① 각 원소는 원자라고 하는 작은 입자로 이루어져 있다.

② 원자는 양성자, 중성자, 전자로 구성된다.

③ 같은 원소의 원자는 같은 질량을 가진다.

④ 화합물은 서로 다른 원소의 원자들이 결합함으로써 형성된다.

3 ☐☐☐ 21 해양 경찰청 11

다음은 특정 원자 모형에 대한 설명이다.

- 러더퍼드의 α입자 산란 실험의 결과를 설명할 수 있다.
- 수소 원자의 선 스펙트럼을 설명할 수 있다.
- 전자의 존재를 확률 분포로 설명할 수 있다.

이에 대한 설명으로 옳은 것만을 〈보기〉에서 있는 대로 고른 것은?

보기

ㄱ. 음극선 실험으로 제시되었다.
ㄴ. 원자핵에서 전자가 발견될 확률은 0이다.
ㄷ. 다전자 원자의 스펙트럼을 설명할 수 있다.

① ㄱ　　② ㄴ
③ ㄱ, ㄷ　　④ ㄴ, ㄷ

오비탈과 양자수 

4 □□□ 12 지방직 7급 05

주양자수를 n, 방위양자수를 l이라 할 때, 이에 대한 설명으로 옳지 않은 것은?

① 부껍질에 채울 수 있는 최대 전자 수는 $4l+2$개이다.

② 껍질에 채울 수 있는 최대 전자 수는 $2n^2$개이다.

③ 껍질에 있는 부껍질의 수는 $n-1$개이다.

④ 껍질에 있는 원자 궤도함수의 수는 n^2개다.

5  14 서울시 9급 17

다음 중 불가능한 양자수 {n(주양자수), l(각운동량양자수), m_l(자기양자수), m_s(스핀양자수)}의 조합은?

① $n=5,\ l=3,\ m_l=-1,\ m_s=-\frac{1}{2}$

② $n=3,\ l=1,\ m_l=-1,\ m_s=+\frac{1}{2}$

③ $n=2,\ l=0,\ m_l=0,\ m_s=+\frac{1}{2}$

④ $n=1,\ l=0,\ m_l=-1,\ m_s=-\frac{1}{2}$

⑤ $n=4,\ l=2,\ m_l=0,\ m_s=+\frac{1}{2}$

6 □□□ 15 국가직 7급 02

주양자수 n이 4인 원자 껍질에 채워질 수 있는 최대 전자 수는?

① 18개 ② 28개
③ 32개 ④ 60개

7 □□□ 15 서울시 7급 08

네 가지 양자수의 순서쌍(n, l, m_l, m_s) 중에서 허용되는 것은 무엇인가?

① 1, 0, 0, −1/2 ② 1, 1, 0, +1/2
③ 2, 1, 2, +1/2 ④ 3, 2, −2, 0

8 □□□ 16 국가직 7급 11

원자가전자(valence electron)에 대한 설명으로 옳지 않은 것은?

① 원자에서 가장 바깥의 주양자 준위에 있는 전자를 의미한다.

② 소듐(Na)의 원자가전자는 $3s$ 궤도함수에 있다.

③ 규소(Si)의 원자가전자 수는 4이다.

④ 포타슘(K)의 원자가전자는 $3d$ 궤도함수에 있다.

9 □□□ 16 서울시 9급 03

양자수 중의 하나로서 m_l로 표시되며 특정 궤도함수가 원자 내의 공간에서 다른 궤도 함수들에 대해 상대적으로 어떠한 배향을 갖는지 나타내는 양자수는?

① 주 양자수 ② 각 운동량 양자수
③ 자기 양자수 ④ 스핀 양자수

10 □□□

16 서울시 1회 7급 06

다음 중 양자수에 대한 설명으로 가장 옳지 않은 것은?

① 주 양자수는 궤도함수의 크기 및 에너지와 관련이 있다.

② 각 운동량양자수는 궤도함수의 모양과 관련이 있다.

③ 자기 양자수는 공간에서의 궤도함수의 방향을 나타낸다.

④ 스핀 양자수는 궤도함수의 회전방향을 나타낸다.

11 □□□

16 서울시 3회 7급 03

한 원자에서 〈보기〉의 양자수가 가질 수 있는 전자의 최대 개수는 얼마인가?

보기

• 주양자수: 4　　• 각 운동량 양자수: 3

① 2　　② 6

③ 10　　④ 14

12 □□□

17 국가직 7급 06

양자 역학에서는 오비탈을 설명하기 위해 세 가지 양자수, n(주양자수), l(각운동량 양자수), m(자기 양자수)을 사용한다. ㉠ ~ ㉢의 값을 바르게 연결한 것은?

• (㉠)은 $n=4$일 때, 가능한 l값의 개수
• (㉡)은 $l=2$일 때, 가능한 m값의 개수
• (㉢)은 $m=2$일 때, 가능한 l값 중 가장 작은 값

	㉠	㉡	㉢
①	3	3	0
②	3	5	1
③	4	3	0
④	4	5	2

13 □□□

18 서울시 2회 9급 12

주양자수 $n=5$에 대해서, 각 운동량 양자수 l의 값과 각 부껍질 명칭으로 가장 옳지 않은 것은?

① $l=0$, $5s$　　② $l=1$, $5p$

③ $l=3$, $5f$　　④ $l=4$, $5e$

14 □□□

18 서울시 3회 7급 01

원자 안에 있는 특정 전자에 대한 양자수를 n, l, m_l, m_s 순으로 나타낸 것 중 가장 옳지 않은 것은? (단, n은 주양자수, l은 각운동량 양자수, m_l은 자기양자수, m_s은 전자스핀 양자수이다.)

	n	l	m_1	m_2
①	4	3	-2	$+1/2$
②	3	2	-3	$-1/2$
③	3	0	0	$+1/2$
④	4	1	1	$-1/2$

15 □□□

19 지방직 7급 07

주양자수 $n=4$인 에너지 준위에 대한 설명으로 옳지 않은 것은?

① 이 에너지 준위에 존재하는 오비탈의 총수는 16개이다.

② 이 에너지 준위에 존재하는 부껍질의 수는 4개이다.

③ 부껍질의 각운동량 양자수 l은 각각 0, 1, 2, 3이다.

④ $4f$ 오비탈의 자기 양자수 m_l은 -4, -3, -2, -1, 0, 1, 2, 3, 4이다.

16 □□□
20 국가직 7급 01

짝지은 d 오비탈 모양이 가장 다른 것은?

① d_{yz}, d_{xz}
② d_{xz}, $d_{x^2-z^2}$
③ $d_{x^2-z^2}$, d_{z^2}
④ d_{yz}, d_{xy}

17 □□□
20 국가직 7급 05

다전자 원자에서 $2s$ 전자와 $2p$ 전자가 느끼는 유효 핵전하와 내부 껍질로의 침투 효과(penetration effect) 크기를 바르게 연결한 것은?

	유효 핵전하	침투 효과
①	$2s > 2p$	$2s > 2p$
②	$2s < 2p$	$2s > 2p$
③	$2s < 2p$	$2s < 2p$
④	$2s > 2p$	$2s < 2p$

18 □□□
20 서울시 2회 7급 13

우리가 존재하는 우주와 전혀 다른 물리 법칙들이 적용되는 어떤 우주에서 전자의 양자수를 (a, b, c, d)라고 정의하고, 이들 양자수는 〈보기〉의 조건을 만족한다고 가정하자. $a=5$인 경우, 수용할 수 있는 전자의 최대 개수는?

보기

- a는 양의 정수(1, 2, 3, 4, 5, ⋯)
- b는 a 이하의 양의 홀수($b \le a$)
- c는 $-b$보다 크고 $+b$보다 작은 짝수(0 포함)
- d는 $-\frac{1}{2}$ 혹은 $+\frac{1}{2}$

① 14
② 16
③ 18
④ 20

19 □□□
20 해양 경찰청 14

다음 중 양자수에 대한 설명으로 가장 옳지 않은 것은?

① 주양자수(n)가 3일 때, 가능한 각운동량 양자수(l)는 1, 2, 3이다.
② 각운동량 양자수(l)가 2일 때, 가능한 자기 양자수(m_l)는 -2, -1, 0, $+1$, $+2$이다.
③ 스핀 양자수(m_s)는 다른 양자수에 관계없이 항상 $-\frac{1}{2}$ 또는 $+\frac{1}{2}$을 갖는다.
④ 한 원자에서 어떠한 두 전자도 같은 값의 네 가지 양자수(n, l, m_l, m_s)를 가질 수 없다.

20 □□□
21 지방직 9급 10

다음 양자수 조합 중 가능하지 않은 조합은? (단, n은 주양자수, l은 각 운동량 양자수, m_l은 자기 양자수, m_s는 스핀 양자수이다.)

	n	l	m_l	m_s
①	2	1	0	$-\frac{1}{2}$
②	3	0	-1	$+\frac{1}{2}$
③	3	2	0	$+\frac{1}{2}$
④	4	3	-2	$+\frac{1}{2}$

21 □□□

22 지방직 7급 06

(가) ~ (라)에서 제시한 양자수와 이에 해당하는 오비탈을 바르게 연결한 것은?

(가) $n=2$, $l=1$	(나) $n=1$, $l=0$
(다) $n=3$, $l=2$	(라) $n=3$, $l=0$

	(가)	(나)	(다)	(라)
①	$2s$	$2p$	$3p$	$3d$
②	$2s$	$1s$	$3p$	$3s$
③	$2p$	$1s$	$3d$	$3p$
④	$2p$	$1s$	$3d$	$3s$

22 □□□

24 지방직 7급 07

한 원자에서 다음 양자수를 가질 수 있는 전자의 최대 개수는? (단, n, l, m_s는 각각 주양자수, 각운동량 양자수, 스핀 양자수이다.)

$$n=3,\quad l=2,\quad m_s=+\frac{1}{2}$$

① 0　② 1
③ 3　④ 5

23 □□□

24 서울시 7급 05

수소 원자에 대한 설명으로 가장 옳지 않은 것은? (단, n은 주 양자수, l은 각운동량양자수, m_l은 자기양자수이다.)

① $2p$ 오비탈의 에너지 준위가 $2s$ 오비탈의 에너지 준위보다 높다.
② 바닥 상태에서 안정한 양자수의 조합은 $n=1$, $l=0$, $m_l=0$이다.
③ $n=5$에서 $n=2$로 전이될 때 가시광선 계열의 빛을 방출한다.
④ 수소의 원자핵에는 양성자가 1개 있다.

24 □□□

24 해양 경찰청 18

다음 〈보기〉는 오비탈(orbital)에 대한 설명이다. ㉠ ~ ㉢에 해당하는 양자수의 명칭이 가장 옳게 짝지어진 것은?

보기
㉠ 오비탈의 공간적인 방향을 결정하는 양자수
㉡ 전자의 운동방향에 따라 결정되는 양자수
㉢ 오비탈의 에너지 준위를 결정하는 양자수

	㉠	㉡	㉢
①	주양자수	부양자수	자기양자수
②	주양자수	방위양자수	스핀양자수
③	자기양자수	방위양자수	주양자수
④	자기양자수	스핀양자수	주양자수

제 5 절 오비탈과 마디수 및 전자수

정답 p.300

회독점검

1 ☑☐☐ 13 지방직 7급 06

원자 오비탈에 대한 설명으로 옳은 것만을 모두 고른 것은?

> ㄱ. 수소의 $2s$ 오비탈과 $2p$ 오비탈은 에너지 준위가 서로 같다.
> ㄴ. 수소의 $1s$ 오비탈은 리튬의 $1s$ 오비탈보다 에너지 준위가 더 낮다.
> ㄷ. 리튬의 $2s$ 오비탈은 2개의 방사상 마디(radial node)를 갖는다.

① ㄱ　　② ㄷ
③ ㄱ, ㄴ　　④ ㄴ, ㄷ

2 ☐☐☐ 18 지방직 7급 08

$1s$, $2s$, $3s$ 오비탈의 방사 확률 분포에 대한 설명으로 옳은 것은?

① 주양자수가 증가함에 따라 방사 확률 분포의 봉우리 개수는 기하급수적으로 증가한다.
② 방사 확률 분포의 봉우리가 여러 개일 경우, 안쪽 봉우리는 바깥쪽 봉우리보다 크다.
③ 주양자수가 증가함에 따라 방사 확률 분포는 핵으로부터 더 멀리 퍼져 있다.
④ 주양자수가 증가함에 따라 방사 확률 분포의 마디 개수는 감소한다.

3 ☐☐☐ 21 국가직 7급 07

수소(H) 원자의 $2s$ 오비탈에서 방사 방향 확률 분포($f(r)$)로 옳은 것은?

①
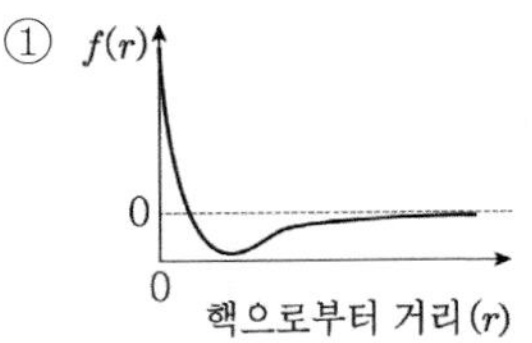

②
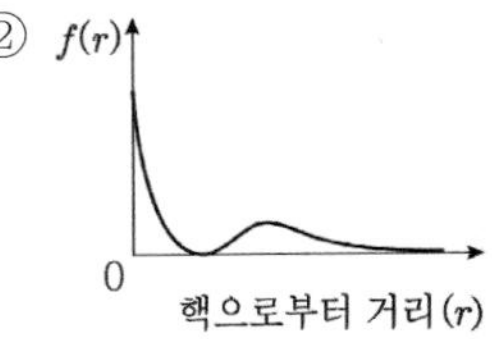

③
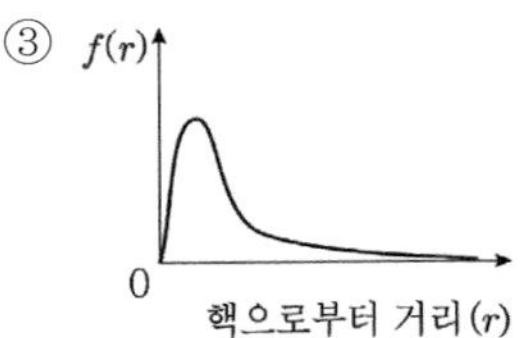

④
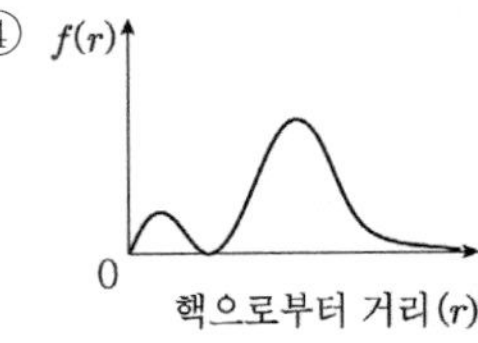

4 ☐☐☐ 21 서울시 2회 7급 06

방사방향 마디(radial nodes) 개수와 각운동량 마디(angular nodes) 개수가 서로 같은 원자 오비탈은?

① $1s$　　② $2p_x$
③ $3d_{xy}$　　④ $4d_{xy}$

5 ☐☐☐ 21 해양 경찰청 19

아래 표는 바닥 상태 원자 A, B, C에 대한 자료이다.

원자	A	B	C
p 오비탈에 들어 있는 전자 수	3	5	7

각 원자에 전자가 들어 있는 총 오비탈 수를 옳게 비교한 것은? (단, A, B, C는 임의의 원소 기호이다.)

① C > A = B　　② B = C > A
③ A = B > C　　④ A = B = C

6 □□□ 24 국가직 7급 16

주양자수 $n = 3$인 에너지 준위에 존재하는 오비탈의 총 개수는?

① 1 ② 2
③ 9 ④ 16

7 □□□ 24 지방직 7급 08

수소의 $3s$ 오비탈의 방사방향 확률 함수(radial probability function)에서 마디(node)의 수는?

① 0 ② 1
③ 2 ④ 3

제 6 절 전자배치의 원리

정답 p.301

회독점검

1 ☑☐☐ 11 지방직 9급 02

파울리(Pauli)의 배타원리에 대한 설명으로 옳은 것은?

① 한 원자 내에 4가지 양자수가 모두 동일한 전자는 존재하지 않는다.

② 한 원자 내의 모든 전자들은 동일한 각운동량양자수(l)를 가질 수 없다.

③ 한 개의 궤도함수에는 동일한 스핀의 전자가 최대 2개까지 채워질 수 있다.

④ 동일한 주양자수(n)를 갖는 전자들은 모두 다른 스핀양자수(m_s)를 가진다.

2 ☐☐☐ 13 국가직 7급 02

다음 전자 배치에 해당하는 화학종은?

$[He]^2 2s^2 2p^4$

① O^{2-} ② N^-

③ F ④ Ne^+

3 ☐☐☐ 16 국가직 7급 03

홀전자의 수가 가장 많은 것은?
(단, P는 인(phosphorus)이다.)

① P^+ ② P

③ P^- ④ P^{2-}

4 ☐☐☐ 16 해양 경찰청 08

다음은 중성 원자 A ~ C의 전자 배치를 나타낸 것이다.

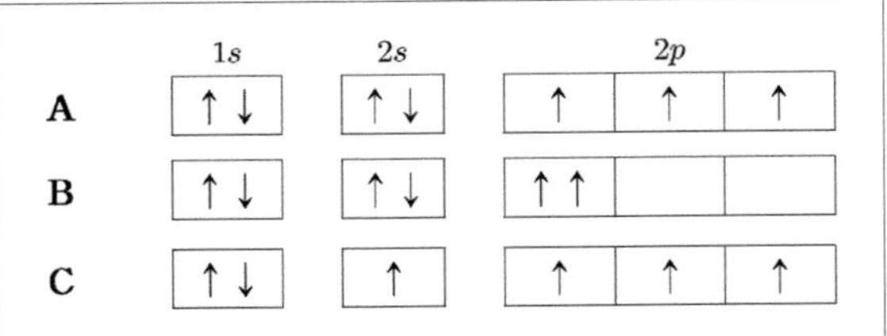

이에 대한 설명으로 옳은 것은? (단, A ~ C는 임의의 원소 기호이다.)

① A의 원자가전자 수는 3개이다.

② B는 파울리 배타 원리를 만족한다.

③ C의 양성자 수는 6개이다.

④ A와 C는 바닥상태에서 홀전자 수가 같다.

5 ☐☐☐ 17 지방직 9급(상) 14

다음은 중성 원자 A ~ D의 전자 배치를 나타낸 것이다. A ~ D에 대한 설명으로 옳은 것은?
(단, A ~ D는 임의의 원소 기호이다.)

A: $1s^2 3s^1$	B: $1s^2 2s^2 2p^3$
C: $1s^2 2s^2 2p^6 3s^1$	D: $1s^2 2s^2 2p^6 3s^2 3p^4$

① A는 바닥 상태의 전자 배치를 가지고 있다.

② B의 원자가 전자 수는 4개이다.

③ C의 홀전자 수는 D의 홀전자 수보다 많다.

④ C의 가장 안정한 형태의 이온은 C^+이다.

6 □□□

18 서울시 2회 9급 01

전자배치 중에서 훈트 규칙(Hund's rule)을 위반한 것은?

① [Ar] 4s: ↑↓ 3d: ↑ ↑ ↑ ↑ ↑

② [Ar] 4s: ↑ 3d: ↑↓ ↑↓ ↑↓ ↑↓ ↑↓

③ [Ar] 4s: ↑ 3d: ↑ ↑ ↑ ↑ ↑

④ [Ar] 4s: ↑↓ 3d: ↑↓ ↑ ↑ _ _

7 □□□

19 지방직 9급 02

다음 바닥상태의 전자 배치 중 17족 할로젠 원소는?

① $1s^2 2s^2 2p^6 3s^2 3p^5$

② $1s^2 2s^2 2p^6 3s^2 3p^6 3d^7 4s^2$

③ $1s^2 2s^2 2p^6 3s^2 3p^6 4s^1$

④ $1s^2 2s^2 2p^6 3s^2 3p^6$

8 □□□

19 국가직 7급 03

다음 중 중성 탄소(C) 원자의 바닥 상태 전자 배치로 옳은 것만을 모두 고르면?

	1s	2s	2p		
ㄱ.	↑↓	↑	↑	↑	↑
ㄴ.	↑↓	↑↓	↑	↑	
ㄷ.	↑↓	↑↓		↑	↑
ㄹ.	↑↓	↑↓	↑↓		

① ㄱ ② ㄴ

③ ㄴ, ㄷ ④ ㄴ, ㄷ, ㄹ

9 □□□

19 국가직 7급 06

다음은 중성 원자 A ~ D의 전자 배치이다. 이들이 만들 수 있는 화합물에 대한 설명으로 옳은 것은? (단, A ~ D는 임의의 원소 기호이다.)

$^{16}A : 1s^2 2s^2 2p^4$　　$^{19}B : 1s^2 2s^2 2p^5$

$^{23}C : 1s^2 2s^2 2p^6 3s^1$　　$^{24}D : 1s^2 2s^2 2p^6 3s^2$

① B_2A 화합물과 DA 화합물에서 A의 산화수는 같다.

② CB 화합물은 DB_2 화합물보다 정상 녹는점이 높다.

③ DA 화합물과 C_2A 화합물에서 A의 산화수는 다르다.

④ C는 A와 반응하여 C_2A_2 화합물을 만들 수 있다.

10 □□□

19 서울시 2회 9급 18

S^{2-} 이온의 전자 배치를 옳게 나타낸 것은?

① $1s^2 2s^2 2p^6 3s^2 3p^4$

② $1s^2 2s^2 2p^6 3s^2 3p^6$

③ $1s^2 2s^2 2p^6 3s^2 3p^4 3d^2$

④ $1s^2 2s^2 2p^6 3s^2 3p^4 4s^2$

11 □□□

20 서울시 2회 7급 05

수소 원자의 전자 궤도 함수의 에너지 준위에 대한 설명으로 가장 옳은 것은?

① $1s < 2s < 2p < 3s < 3p < 3d < 4s$

② $1s < 2s < 2p < 3s < 3p < 4s < 3d$

③ $1s < 2s = 2p < 3s = 3p = 3d < 4s$

④ $1s > 2s > 2p > 3s > 3p > 4s > 3d$

12 □□□ 22 지방직 7급 04

다음 4가지 산소 화학종 중 바닥 상태 전자 배치에서 홀전자를 가장 많이 갖는 것은?

① O^+ ② O^{2+}
③ O^- ④ O^{2-}

13 □□□ 23 서울시 2회 9급 01

〈보기〉는 산소 원자의 전자 배치를 나타낸 것이다. 이에 대한 설명으로 가장 옳은 것은?

$$1s^2 2s^2 2p_x^1 2p_y^2 2p_z^1$$

① 원자가전자의 개수는 4개이다.
② $1s$와 $2s$는 오비탈 크기에 차이가 있다.
③ 들뜬 상태의 전자 배치이다.
④ 전자가 배치된 오비탈의 총 개수는 3개이다.

14 □□□ 24 국가직 7급 14

질소(N) 원자의 바닥 상태 전자 배치에 대한 설명으로 옳은 것은?

① 모든 s 오비탈에 채워진 전자는 총 4개이다.
② 원자가 전자는 4개이다.
③ 전자가 두 개 채워진 p 오비탈은 하나이다.
④ 전자가 두 개 채워진 오비탈의 개수는 전자가 한 개 채워진 오비탈의 개수보다 많다.

Chapter 02

원소의 주기적 성질

제 1 절 원자와 이온의 반지름

정답 p.303

회독점검

1 ☑☐☐ 12 지방직 7급 02

다음 표는 임의의 중성 원자 A, B, C에 대한 바닥 상태 전자 배치를 나타낸 것이다. 이 원자들에 대한 설명으로 옳지 않은 것은?

원자	전자 배치
A	$1s^2 2s^2 2p^4$
B	$1s^2 2s^2 2p^5$
C	$1s^2 2s^2 2p^6 3s^1$

① A원자는 2개의 홀전자를 가진다.
② $2p$ 전자의 유효 핵전하는 A가 B보다 더 크다.
③ 화학식이 C_2A인 화합물의 수용액은 염기성이다.
④ B 음이온(B^-)의 반지름이 C 양이온(C^+)의 반지름보다 더 크다.

2 ☐☐☐ 15 지방직 9급 16

다음 원자 또는 이온 중 반지름이 가장 큰 것은?

① Na^+ ② Mg^{2+}
③ Cl^- ④ Ar

3 ☐☐☐ 16 국가직 7급 13

원자 반지름에 대한 설명으로 옳지 않은 것은?

① 고체 금속 결정에서 인접한 두 원자의 핵 사이 거리의 절반이다.
② 동일한 원자로 구성된 이원자 분자에서 두 원자의 핵 사이 거리의 절반이다.
③ 주기율표의 3주기에서 유효 핵전하가 증가할수록 작아진다.
④ 원소 P의 경우 원소 O보다 작다.

4 ☐☐☐ 16 서울시 1회 7급 08

아래의 이온을 이온 반지름이 감소하는 순서로 옳게 배열한 것은?

K^+, Cl^-, S^{2-}, P^{3-}

① $K^+ > P^{3-} > S^{2-} > Cl^-$
② $Cl^- > S^{2-} > P^{3-} > K^+$
③ $K^+ > Cl^- > S^{2-} > P^{3-}$
④ $P^{3-} > S^{2-} > Cl^- > K^+$

5 □□□ 18 서울시 2회 9급 13

〈보기〉 중 반지름이 가장 큰 이온은?

보기

ㄱ. ${}_{38}Sr^{2+}$ ㄴ. ${}_{34}Se^{2-}$
ㄷ. ${}_{35}Br^{-}$ ㄹ. ${}_{37}Rb^{+}$

① ㄱ ② ㄴ
③ ㄷ ④ ㄹ

6 □□□ 19 지방직 7급 19

2족 원소들의 이온 반지름이 작은 것부터 순서대로 바르게 나열한 것은?

① $Be^{2+} < Mg^{2+} < Ca^{2+} < Sr^{2+}$
② $Mg^{2+} < Be^{2+} < Sr^{2+} < Ca^{2+}$
③ $Ca^{2+} < Mg^{2+} < Be^{2+} < Sr^{2+}$
④ $Sr^{2+} < Mg^{2+} < Ca^{2+} < Be^{2+}$

7 □□□ 19 서울시 2회 9급 14

다음 중에서 가장 작은 이온 반지름을 가지는 이온은?

① F^- ② Mg^{2+}
③ O^{2-} ④ Ne

8 □□□ 19 해양 경찰청 06

원자 반지름과 이온 반지름에 대한 설명 중 가장 옳지 않은 것은?

① 이온 결합 물질의 전자 친화도 차이가 클수록 결합력이 강하다.
② 원자 반지름은 전자껍질 수가 많을수록 커지고, 유효 핵전하가 증가할수록 작아진다.
③ 이온 반지름의 크기는 $F^- < Cl^- < Br^- < I^-$이다.
④ 이온 반지름의 크기는 Al^{3+}가 Mg^{2+}보다 크다.

9 □□□ 21 서울시 2회 7급 02

이온 반지름이 가장 큰 것은?

① Na^+ ② F^-
③ O^{2-} ④ Mg^{2+}

10 □□□ 22 국가직 7급 06

원자와 이온의 크기가 작은 것부터 순서대로 바르게 나열한 것은?

① Na, Mg, Al ② S, Cl, S^{2-}
③ Sr, Ca, K ④ Fe^{3+}, Fe, Ca

11 □□□ 22 서울시 3회 7급 12

〈보기〉는 원자 반지름에 대한 설명이다. (가)와 (나)에 들어갈 말을 옳게 짝지은 것은?

> 보기
>
> 같은 주기에 속한 원자의 원자 반지름은 주기율표에서 오른쪽으로 갈수록 (가)하고, 같은 족에 속한 원자의 원자 반지름은 주기율표에서 아래로 내려갈수록 (나)하는 경향이 있다.

	(가)	(나)
①	증가	증가
②	증가	감소
③	감소	증가
④	감소	감소

12 □□□ 24 지방직 9급 06

다음 원자와 이온의 반지름이 가장 작은 것은?

① F ② F^-

③ O^{2-} ④ S^{2-}

제 2 절 이온화 에너지

정답 p.305

회독점검

1 ☑☐☐ 09 지방직 9급 04

다음은 어떤 2주기 원소의 순차적인 이온화 에너지들이다. 이 원소는 무엇인가?

$IE_1 = 801\,kJ/mol$ $IE_2 = 2{,}427\,kJ/mol$
$IE_3 = 3{,}660\,kJ/mol$ $IE_4 = 25{,}025\,kJ/mol$
$IE_5 = 32{,}826\,kJ/mol$

① B ② C
③ N ④ O

2 ☐☐☐ 09 지방직 9급 14

다음 중 이온화 에너지가 가장 큰 원소는?

① 칼륨(K) ② 네온(Ne)
③ 실리콘(Si) ④ 세슘(Cs)

3 ☐☐☐ 12 지방직 7급 14

어떤 3주기 원소의 순차적인 이온화 에너지는 다음 표와 같다. 이 원소에 대한 〈보기〉의 설명 중 옳은 것을 모두 고른 것은?

이온화 에너지[kJ/mol]	
1차	738
2차	1,446
3차	7,709
4차	10,515

보기

ㄱ. 알칼리 토금속 족에 속한다.
ㄴ. +3가 양이온을 잘 만든다.
ㄷ. 양쪽성 산화물을 만든다.

① ㄱ ② ㄱ, ㄴ
③ ㄴ, ㄷ ④ ㄱ, ㄴ, ㄷ

4 ☐☐☐ 13 지방직 7급 01

이온화 에너지에 대한 설명으로 옳은 것은?

① 1차 이온화 에너지가 가장 큰 원소는 수소(H)이다.
② 마그네슘(Mg)은 2차 이온화 에너지가 1차 이온화 에너지보다 더 크다.
③ 할로젠 원소 중 1차 이온화 에너지가 가장 큰 것은 아이오딘(I)이다.
④ 1차 이온화 에너지는 리튬(Li)이 네온(Ne)보다 더 크다.

5 ☐☐☐ 15 서울시 7급 04

다음 자료에 있는 T와 X로 이루어진 화합물의 화학식으로 옳은 것은? (단, T와 X는 주기율표에 있는 원소이고, IE_n은 n번째 이온화 에너지(kJ/mol)이다.)

- 원소 T: 바닥상태 전자배치 $1s^2 2s^2 2p^6 3s^2 3p^2$
- 원소 X: $IE_1 = 1255$ $IE_2 = 2295$ $IE_3 = 3850$
  $IE_4 = 5160$ $IE_5 = 6560$ $IE_6 = 9360$
  $IE_7 = 11000$ $IE_8 = 33600$ $IE_9 = 38600$

① TX_2 ② TX_4
③ T_2X ④ T_2X_2

6 □□□

15 해양 경찰청 15

다음의 표는 2, 3주기의 세 가지 금속 원소 A ~ C의 순차적 이온화 에너지를 나타낸 것이다.

구분	순차적 이온화 에너지(kJ/mol)			
	E_1	E_2	E_3	E_4
A	577	1,816	2,912	11,577
B	738	1,451	7,733	10,540
C	899	1,757	14,849	21,006

다음 중 A ~ C에 대한 설명으로 가장 옳은 것은?

① A의 산화물의 화학식은 A_2O이다.
② B의 원자번호가 가장 작다.
③ C의 바닥상태 전자배치는 $1s^2 2s^2 2p^6 3s^2$이다.
④ A와 B는 같은 주기 원소이다.

7 □□□

16 지방직 7급 11

원소의 주기적 성질에 대한 설명으로 옳은 것만을 모두 고른 것은?

ㄱ. 원자 반지름은 Li이 F보다 더 크다.
ㄴ. 이온 반지름은 Mg^{2+}이 Na^+보다 더 크다.
ㄷ. 2차 이온화 에너지는 Mg이 Na보다 더 크다.

① ㄱ　　② ㄴ
③ ㄱ, ㄷ　　④ ㄴ, ㄷ

8 □□□

17 서울시 7급 20

A, B, C의 세 원자들은 다음과 같은 바닥상태의 전자 배치를 갖는다.

A	$1s^2 2s^2 2p^2$
B	$1s^2 2s^2 2p^3$
C	$1s^2 2s^2 2p^4$

세 원자들의 1차 이온화 에너지(E_i)의 크기를 옳게 나타낸 것은?

① A>B>C　　② B>A>C
③ B>C>A　　④ C>B>A

9 □□□

17 해양 경찰청 20

아래의 표는 2, 3주기의 임의의 3가지 원소 A ~ C의 순차적 이온화 에너지를 나타낸 것이다. A ~ C에 대한 설명으로 가장 적절한 것은 무엇인가?

구분	순차적 이온화 에너지(kJ/mol)			
	E_1	E_2	E_3	E_4
A	577	1,816	2,912	11,577
B	738	1,451	7,733	10,540
C	899	1,757	14,849	21,006

① A의 산화물의 화학식은 A_2O이다.
② B의 원자번호가 가장 작다.
③ C의 바닥상태 전자배치는 $1s^2 2s^2 2p^6 3s^2$이다.
④ A와 B는 같은 주기의 원소이다.

10 □□□

18 국가직 7급 02

어떤 금속 원소 M의 1차, 2차, 3차 이온화 에너지 $[kJmol^{-1}]$가 735, 1445, 7730이다. M이 염소(Cl)와 형성하는 가장 안정한 화합물의 화학식은?

① MCl
② MCl_2
③ MCl_3
④ M_2Cl_6

11 □□□

18 서울시 1회 7급 11

〈보기〉는 어떤 원소의 이온화 에너지 값이다. 이 원소는?

보기

- 1차 이온화 에너지 = $577.9kJ\,mol^{-1}$
- 2차 이온화 에너지 = $1,820kJ\,mol^{-1}$
- 3차 이온화 에너지 = $2,750kJ\,mol^{-1}$
- 4차 이온화 에너지 = $11,600kJ\,mol^{-1}$
- 5차 이온화 에너지 = $14,800kJ\,mol^{-1}$

① C
② Mg
③ Al
④ K

12 □□□

21 지방직 9급 19

다음은 원자 A～D에 대한 원자 번호와 1차 이온화 에너지(IE_1)를 나타낸다. 이에 대한 설명으로 옳은 것은? (단, A～D는 2, 3주기에 속하는 임의의 원소 기호이다.)

	A	B	C	D
원자번호	n	$n+1$	$n+2$	$n+3$
$IE_1[kJ\,mol^{-1}]$	1,681	2,088	495	735

① A_2 분자는 반자기성이다.
② 원자 반지름은 B가 C보다 크다.
③ A와 C로 이루어진 화합물은 공유 결합 화합물이다.
④ 2차 이온화 에너지(IE_2)는 C가 D보다 작다.

13 □□□

22 지방직 9급 11

이온화 에너지에 대한 설명으로 옳은 것만을 모두 고르면?

ㄱ. 1차 이온화 에너지는 기체 상태 중성 원자에서 전자 1개를 제거하는 데 필요한 에너지이다.
ㄴ. 1차 이온화 에너지가 큰 원소일수록 양이온이 되기 쉽다.
ㄷ. 순차적 이온화 과정에서 2차 이온화 에너지는 1차 이온화 에너지보다 크다.

① ㄱ, ㄴ
② ㄱ, ㄷ
③ ㄴ, ㄷ
④ ㄱ, ㄴ, ㄷ

14 □□□

22 서울시 1회 7급 01

1차 이온화 에너지의 경향이 올바르게 나열되지 않은 것은?

① He > Ne > Ar > Kr
② F > O > N > C
③ Li > Na > K > Rb
④ F > Cl > Br > I

15 □□□ 23 지방직 9급 06

다음은 3주기 원소 중 하나의 순차적 이온화 에너지 (IE_n [kJ mol^{-1}])를 나타낸 것이다. 이 원자에 대한 설명으로 옳은 것만을 모두 고른 것은?

IE_1	IE_2	IE_3	IE_4	IE_5
578	1817	2745	11577	14842

ㄱ. 바닥 상태의 전자 배치는 [Ne]$3s^2 3p^2$이다.
ㄴ. 가장 안정한 산화수는 +3이다.
ㄷ. 염산과 반응하면 수소 기체가 발생한다.

① ㄱ ② ㄷ
③ ㄱ, ㄴ ④ ㄴ, ㄷ

16 □□□ 24 국가직 7급 07

일차 이온화 에너지가 큰 것부터 순서대로 바르게 나열한 것은?

① O, N, B, Be ② O, N, Be, B
③ N, O, B, Be ④ N, O, Be, B

17 □□□ 24 지방직 9급 01

다음 이온화 에너지를 가지는 3주기 원소는?

구분	1차	2차	3차	4차
이온화 에너지 [kJ mol^{-1}]	578	1,817	2,745	11,577

① P ② Si
③ Al ④ Mg

18 □□□ 24 서울시 7급 10

이온화 에너지에 대한 설명으로 옳지 않은 것을 〈보기〉에서 모두 고른 것은?

보기

ㄱ. 이온화 에너지가 크면 양이온이 되기 쉽다.
ㄴ. 동일 원소의 1차 이온화 에너지는 2차 이온화 에너지보다 크다.
ㄷ. He의 1차 이온화 에너지는 Ne의 1차 이온화 에너지보다 크다.
ㄹ. Li의 1차 이온화 에너지는 Ne의 1차 이온화 에너지보다 작다.

① ㄱ ② ㄱ, ㄴ
③ ㄴ, ㄹ ④ ㄷ, ㄹ

19 □□□ 24 해양 경찰청 06

다음 〈보기〉와 같은 전자배치를 갖는 원자(㉠, ㉡, ㉢)가 있다.

보기

㉠ $1s^2 2s^2 2p^6$ ㉡ $1s^2 2s^2 2p^6 3s^1$
㉢ $1s^2 2s^2 2p^6 3s^2$

일차 이온화 에너지가 큰 것에서 작은 것으로 순서가 가장 옳게 나열된 것은?

① ㉠, ㉡, ㉢ ② ㉠, ㉢, ㉡
③ ㉡, ㉢, ㉠ ④ ㉢, ㉡, ㉠

제 3 절 전기음성도 정답 p.307

회독점검

1 ☑☐☐ 16 지방직 9급 02

원소들의 전기음성도 크기의 비교가 올바른 것은?

① C < H ② S < P
③ S < O ④ Cl < Br

제 4 절 종합편 정답 p.307

회독점검

1 ☑☐☐ 09 지방직 7급(하) 05

주기율표의 같은 주기에서 오른쪽으로 갈 때, 주족 원소의 물리적 특성이 변화하는 일반적 경향으로 옳은 것은?

	원자반지름	이온화에너지	전기음성도
①	증가	증가	감소
②	증가	감소	증가
③	감소	증가	증가
④	감소	감소	감소

2 ☐☐☐ 10 지방직 7급 03

다음 설명 중 옳은 것을 모두 고른 것은?

가. 원자의 이온화 에너지는 항상 양의 값을 갖는다.
나. 원자의 전자 친화도는 항상 음의 값을 갖는다.
다. Na의 2차 이온화 에너지는 Mg의 2차 이온화 에너지보다 작다.
라. C의 전자 친화도는 N의 전자 친화도보다 더 음의 값을 갖는다.

① 가, 나 ② 가, 라
③ 나, 다 ④ 다, 라

3 □□□ 13 지방직 7급 02

질소(N), 산소(O), 불소(F), 염소(Cl)를 비교한 설명으로 옳지 않은 것은?

① 전기음성도가 가장 큰 것은 불소이다.
② 원자 반지름이 가장 큰 것은 염소이다.
③ 동핵 2원자 분자의 결합 차수가 가장 높은 것은 질소이다.
④ 바닥 상태의 원자의 전자배치에서 홀전자 개수가 가장 많은 것은 산소이다.

4 □□□ 14 국가직 7급 01

원소의 특성에 대한 설명으로 옳은 것은? (단, 전이원소는 제외한다.)

① 주기율표의 같은 주기에서 왼쪽에서 오른쪽으로 갈수록 유효 핵전하(effective nuclear charge)가 증가하여 원자 반지름이 작아진다.
② 이온화 에너지(ionization energy)는 기체 상태의 원자가 전자를 얻어 음이온이 될 때 필요한 에너지이다.
③ 주기율표의 같은 족에서 위쪽에서 아래쪽으로 갈수록 핵전하가 증가하여 이온화 에너지가 커진다.
④ 전기음성도(electronegativity)는 원자가 전자를 끌어당기는 상대적 크기를 나타내며, 이 값이 클수록 양이온이 잘 된다.

5 □□□ 14 서울시 9급 20

N, O, F에 대하여 맞는 것을 모두 고른 것은?

ㄱ. 전기음성도 크기의 순서는 F > O > N이다.
ㄴ. 원자 반지름의 순서는 F > O > N이다.
ㄷ. 결합 길이의 순서는 $F_2 > O_2 > N_2$

① ㄴ
② ㄱ, ㄴ
③ ㄱ, ㄷ
④ ㄴ, ㄷ
⑤ ㄱ, ㄴ, ㄷ

6 □□□ 14 서울시 7급 08

주기율표의 같은 주기에서 오른쪽으로 갈 때, 주족원소의 물리적 특성이 변화하는 일반적인 경향으로 옳은 것은?

	이온화 에너지	원자 반지름	전기음성도
①	증가	증가	감소
②	감소	감소	증가
③	증가	감소	감소
④	감소	증가	감소
⑤	증가	감소	증가

7 □□□ 15 국가직 7급 09

주기율표의 일부를 나타낸 것이다. 원소 A ~ E에 대한 설명으로 옳지 않은 것은? (단, A ~ E는 임의의 원소기호이다.)

A			B			C	
	D					E	

① A는 B보다 이온화 에너지가 크다.
② C는 A보다 전자 밀도는 크고 원자 반경은 작다.
③ C와 E는 원자가 전자수가 같고 유사한 반응성을 갖는다.
④ D의 전자 친화도는 E보다 작다.

8 □□□

15 해양 경찰청 01

다음의 표는 주기율표의 일부분이다. A ~ F는 임의의 원소 기호이다.

주기 \ 족	1	2	13	14	15	16	17	18
1	A							B
2	C						D	
3	E						F	

원소 A ~ F에 대한 설명으로 가장 적절한 것은?

① A ~ F 중 금속 원소는 3가지이다.

② B는 음이온이 되려는 성질이 없으므로 준금속이다.

③ C는 E보다 전자를 더 쉽게 잃는다.

④ CF와 EF는 불꽃 반응으로 구별할 수 있다.

9 □□□

17 국가직 7급 01

원소의 주기성과 관련된 설명으로 옳지 않은 것은?

① 마그네슘의 최외각 전자가 느끼는 유효 핵전하는 나트륨의 최외각 전자가 느끼는 유효 핵전하보다 크다.

② 같은 원소에서 동위원소의 반지름은 중성자가 많을수록 크다.

③ 마그네슘의 일차 이온화 에너지는 알루미늄의 일차 이온화 에너지보다 크다.

④ 알루미늄(Ⅲ) 이온은 반자성이다.

10 □□□

17 서울시 2회 9급 07

주기율표에서 원소의 주기성에 대한 설명으로 옳지 않은 것은? (단, 원자번호는 Li = 3, C = 6, O = 8, Na = 11, Al = 13, K = 19, Rb = 37이다.)

① Na는 Al보다 원자 반지름이 크다.

② Li은 K보다 원자 반지름이 작다.

③ C는 O보다 일차 이온화 에너지가 크다.

④ K은 Rb보다 일차 이온화 에너지가 크다.

11 □□□

17 해양 경찰청 05

다음은 $1s^2 2s^2 2p^6$의 전자배치를 갖는 몇 가지 이온들을 나타낸 것이다.

A^+　B^{2+}　C^-　D^{2-}

이에 대한 설명으로 〈보기〉중 옳은 것을 모두 고른 것은 무엇인가? (단, A ~ D는 임의의 원소 기호이다.)

보기

(가) A ~ D는 모두 2주기 원소이다.

(나) 이온 반지름이 가장 작은 것은 B^{2+}이다.

(다) 전기음성도가 가장 큰 중성원자는 C이다.

① (가)　　② (나)

③ (다)　　④ (나), (다)

12 □□□

18 지방직 7급 02

원자 구조 및 주기성에 대한 설명으로 옳지 않은 것은?

① 같은 주기에서는 1족에 있는 원자의 일차 이온화 에너지가 가장 작다.

② 모든 원소 중에서 일차 이온화 에너지가 가장 큰 원자는 He이다.

③ 2주기에서 알칼리 금속부터 할로젠 원소까지 원자 번호가 커짐에 따라 원자의 반지름도 커진다.

④ 같은 주기에서 원자의 전자친화도는 알칼리 금속이 알칼리토금속보다 크다.

13 □□□

18 서울시 3회 7급 20

바닥 상태에 있는 2주기 원자 A와 B에서 A의 전자가 들어 있는 s 오비탈의 수와 B의 p 오비탈에 들어 있는 전자의 수가 같고, A의 전자쌍의 수와 B의 전자가 들어 있는 오비탈의 수가 같을 때, 가장 옳은 것은?

① A는 금속이다.

② 전자친화도는 B가 A보다 크다.

③ 원자 반지름은 B가 A보다 크다.

④ 제1 이온화 에너지는 B가 A보다 크다.

14 □□□

19 서울시 2회 7급 02

〈보기 1〉과 같은 바닥상태 전자배치를 가지는 중성 원자 A와 중성 원자 B에 대한 〈보기 2〉의 설명 중 옳은 것을 모두 고른 것은?

보기 1

A : $1s^2 2s^2 2p^5$ B : $1s^2 2s^2 2p^6 3s^1$

보기 2

ㄱ. 홀전자 개수는 A와 B가 동일하다.

ㄴ. 제1 이온화 에너지는 B가 A보다 더 크다.

ㄷ. 이온 반지름은 B의 양이온(B^+)가 A의 음이온(A^-)보다 더 크다.

ㄹ. B가 들뜬 상태가 되면(B^* : $1s^2 2s^2 2p^6 4s^1$) 제1 이온화 에너지가 더 작아진다.

① ㄱ, ㄴ ② ㄴ, ㄷ

③ ㄷ, ㄹ ④ ㄱ, ㄹ

15 □□□

19 해양 경찰청 13

다음은 2주기 원자 A ~ D에 대한 자료이다. A ~ D는 각각 Be, N, O, F 중 하나이다.

- 원자 반지름은 B가 D보다 크다.
- 전기 음성도는 C가 D보다 크다.
- 유효 핵전하는 A가 C보다 크다.

A ~ D에 대한 설명으로 옳은 것을 보기에서 모두 고른 것은?

ㄱ. 제1 이온화 에너지는 A가 D보다 크다.

ㄴ. A와 B의 원자 반지름 차이는 C와 D의 원자 반지름차이보다 크다.

ㄷ. B는 Be, D는 N이다.

① ㄱ ② ㄱ, ㄴ

③ ㄴ, ㄷ ④ ㄱ, ㄴ, ㄷ

16 □□□

21 국가직 7급 06

다음에 나타낸 주기율표의 일부에서 A ~ D에 대한 설명으로 옳은 것은?(단, A ~ D는 임의의 원소 기호이다.)

족 / 주기	1	2	⋯	13	⋯	17
2			⋯		⋯	A
3	B	C	⋯	D	⋯	

① A의 원자가 전자 개수는 5이다.

② 2차 이온화 에너지는 C가 B보다 크다.

③ 이온 반지름의 크기는 C^{2+}가 B^+보다 크다.

④ 원자가전자에 대한 유효 핵전하는 D가 C보다 크다.

17 □□□

20 해양 경찰청 09

주기율표의 같은 주기에서 오른쪽으로 갈 때, 주족 원소의 물리적 특성이 변화하는 일반적인 경향으로 옳은 것은?

	원자 반지름	이온화 에너지	전기음성도
①	증가	증가	감소
②	증가	감소	증가
③	감소	증가	증가
④	감소	감소	감소

18 □□□

다음 표는 2, 3주기인 원소 A ~ D에 대한 자료이다. A ~ D의 원자 번호를 비교한 것으로 가장 옳은 것은? (A ~ D는 임의의 원소 기호이다.)

원소	A	B	C	D
원자가 전자 수	3	4	5	6
전기 음성도	2.0	1.9	3.0	2.6

① A>D>C>B　② C>A>D>B
③ D>B>C>A　④ D>C>B>A

19 □□□

21 지방직 7급 14

다음의 (가)~(라)는 각 원자의 안정한 상태(ground state)에서의 전자 배치를 나타낸 것이다. 2차 이온화 에너지가 가장 큰 원자(A)와 전자친화도가 가장 큰 원자(B)로 옳은 것은?

(가) $1s^2 2s^2 2p^6 3s^1$　(나) $1s^2 2s^2 2p^6 3s^2$
(다) $1s^2 2s^2 2p^6 3s^2 3p^1$　(라) $1s^2 2s^2 2p^6 3s^2 3p^5$

	A	B
①	(가)	(다)
②	(가)	(라)
③	(나)	(다)
④	(나)	(라)

20 □□□

21 해양 경찰청 15

다음 〈보기〉 중 Be, Mg, Ca에 대하여 맞는 것을 모두 고른 것은?

보기

ㄱ. 전기음성도 크기 순서는 Be > Mg > Ca이다.
ㄴ. 원자 반지름 크기 순서는 Be < Mg < Ca이다.
ㄷ. 유효 핵전하의 세기 순서는 Be > Mg > Ca이다.

① ㄴ　② ㄱ, ㄴ
③ ㄱ, ㄷ　④ ㄱ, ㄴ, ㄷ

21 □□□

22 지방직 9급 09

중성 원자 X ~ Z의 전자 배치이다. 이에 대한 설명으로 옳은 것은? (단, X ~ Z는 임의의 원소 기호이다.)

X : $1s^2 2s^1$	Y : $1s^2 2s^2$
Z : $1s^2 2s^2 2p^4$	

① 최외각 전자의 개수는 Z > Y > X 순이다.
② 전기음성도의 크기는 Z > X > Y 순이다.
③ 원자 반지름의 크기는 X > Z > Y 순이다.
④ 이온 반지름의 크기는 $Z^{2-} > Y^{2+} > X^{+}$ 순이다.

22 □□□

22 국가직 7급 07

원자의 최외각 전자가 느끼는 유효 핵전하에 대한 설명으로 옳은 것은?

① 유효 핵전하는 원자 번호에서 핵심부 전자의 수를 뺀 값으로 정의한다.
② 최외각 껍질에서 p 전자는 s 전자보다 핵 인력을 더 강하게 느낀다.
③ 3주기 주족 원소는 주기율표에서 오른쪽으로 갈수록 유효 핵전하가 감소한다.
④ 알칼리 금속은 원자 번호가 증가할수록 유효 핵전하가 증가한다.

23 □□□

23 서울시 2회 7급 07

〈보기〉의 주기적 성질 중에서 플루오린(F)이 황(S)보다 큰 것만을 모두 고른 것은?

보기

ㄱ. 원자 반지름
ㄴ. 전기음성도
ㄷ. 제1 이온화 에너지

① ㄱ, ㄴ ② ㄱ, ㄷ
③ ㄴ, ㄷ ④ ㄱ, ㄴ, ㄷ

24 □□□

23 서울시 2회 9급 09

〈보기〉의 A~C는 O, F, Mg 중 하나이며 그래프는 상대적인 전기 음성도를 나타낸 것이다.

보기

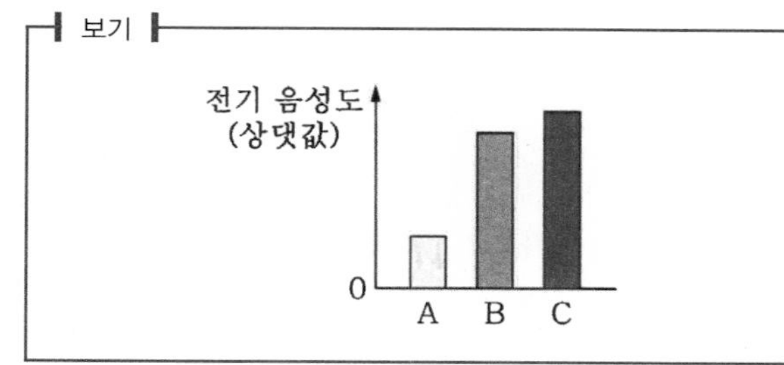

이에 대한 설명으로 가장 옳은 것은?

① BC_2는 이온 결합 물질이다.
② 제1 이온화 에너지의 크기는 A가 가장 크다.
③ AB에서 A 이온과 B 이온은 Ne과 같은 전자 배치를 가진다.
④ BC_2는 강한 정전기적 인력에 의해 결합한다.

25 □□□

23 서울시 2회 9급 18

〈보기〉는 주기율표의 X친 부분에 위치하는 원소 A ~E에 대한 자료이다.

보기

주기 \ 족	1	2	13	14	15	16	17	18
2	╳					╳	╳	
3	╳						╳	

(가) A의 바닥상태 전자 배치에서 전자가 들어 있는 오비탈의 개수는 6개이다.
(나) A와 B는 같은 족 원소이고, B와 C는 같은 주기 원소이다.
(다) 바닥상태 원자의 홀전자 수는 D가 E보다 크다.

이에 대한 설명으로 가장 옳지 않은 것은? (단, A~E는 임의의 원소 기호이다.)

① A보다 E의 원자 반지름이 작다.
② E는 2주기 원소이다.
③ B와 D는 같은 주기 원소이다.
④ C의 원자 번호는 9이다.

26 □□□

24 서울시 9급 12

〈보기〉는 2~3주기 임의의 원소 A~E의 특징에 대하여 설명한 것이다. 이에 대한 설명으로 가장 옳지 않은 것은?

보기

- A는 전자 껍질이 2개, 원자가 전자 수가 2개이다.
- B는 전자가 모두 9개이다.
- D는 원자가 전자 수가 6개이며, (홀전자 수) < (전자 껍질 수)이다.
- C와 E는 같은 주기이며, 각각 할로젠 원소와 알칼리 금속이다.
- 홀전자 수는 C < D이며, 원자 번호는 C > D이다.

① 2주기 원소는 2개이다.

② B와 D는 공유결합을 한다.

③ 원자 번호가 홀수인 원소는 3개이다.

④ 원자 번호는 A+B+C<D+E이다.

27 □□□

24 서울시 9급 18

〈보기 1〉은 원자 A~D의 바닥 상태 전자 배치를 오비탈을 이용하여 나타낸 것이다. 이에 대한 설명으로 옳은 것을 〈보기 2〉에서 모두 고른 것은? (단, A~D는 임의의 원소 기호이다.)

보기 1

- A: $1s^2 2s^2 2p^5$
- B: $1s^2 2s^2 2p^6 3s^1$
- C: $1s^2 2s^2 2p^6 3s^2$
- D: $1s^2 2s^2 2p^6 3s^2 3p^5$

보기 2

ㄱ. 원자 반지름은 C > D이다.

ㄴ. 이온 반지름은 A^- > B^+이다.

ㄷ. 화합물의 녹는점은 BA > BD이다.

① ㄱ, ㄴ　　② ㄱ, ㄷ

③ ㄴ, ㄷ　　④ ㄱ, ㄴ, ㄷ

제 5 절 핵화학

정답 p.312

회독점검

1 ☑☐☐ 15 국가직 7급 17

방사성 원소가 베타 붕괴하여 생성된 원소에 대한 설명으로 옳은 것은? (단, 연속적인 베타 붕괴는 일어나지 않는다고 가정한다.)

	질량수 변화	원자 번호
①	있음	1만큼 감소
②	있음	2만큼 증가
③	없음	1만큼 증가
④	없음	2만큼 감소

2 ☐☐☐ 16 지방직 7급 02

우라늄 $^{238}_{92}U$ 원자핵은 여덟 번의 알파(α) 붕괴와 여섯 번의 베타(β) 붕괴를 통해 안정한 $^{206}_{82}Pb$ 원자핵으로 변환된다. 어떤 광석을 분석하였더니 소량의 $^{206}_{82}Pb$과 $^{4}_{2}He$ 4.0×10^{-9}몰이 검출되었다면 붕괴되기 전에 이 광석에 포함되어 있던 $^{238}_{92}U$의 양[몰]은? (단, 알파 붕괴는 $^{4}_{2}He$를 방출하고, 베타 붕괴는 $^{0}_{-1}e$를 방출한다.)

① 4.0×10^{-4}　② 5.0×10^{-8}
③ 4.0×10^{-9}　④ 5.0×10^{-10}

3 ☐☐☐ 16 서울시 9급 15

토륨-232($^{232}_{90}Th$)는 붕괴 계열에서 전체 6개의 α 입자와 4개의 β 입자를 방출한다. 생성된 최종 동위원소는 무엇인가?

① $^{208}_{82}Pb$　② $^{209}_{83}Bi$
③ $^{196}_{80}Hg$　④ $^{235}_{92}U$

4 ☐☐☐ 17 서울시 2회 9급 09

원자로에서 우라늄($^{235}_{92}U$)은 붕괴를 통해 바륨($^{141}_{56}Ba$)과 크립톤($^{92}_{36}Kr$) 원소가 생성되며, 이 반응을 촉발하기 위해서 중성자 1개가 우라늄에 충돌한다. 반응의 결과로 생성되는 중성자의 개수는?

① 1개　② 2개
③ 3개　④ 4개

5 ☐☐☐ 17 서울시 7급 14

$^{238}_{92}U$이 일련의 붕괴과정을 거쳐 $^{206}_{82}Pb$로 변하였다. 이 과정에서 α붕괴와 β^-붕괴는 각각 몇 번씩 일어났는가?

① α 붕괴 5회 β^- 붕괴 12회
② α 붕괴 6회 β^- 붕괴 10회
③ α 붕괴 7회 β^- 붕괴 8회
④ α 붕괴 8회 β^- 붕괴 6회

6 ☐☐☐ 21 지방직 7급 03

다음 핵변환 반응에서 X에 해당하는 원자는?

$$^{14}_{7}N + X \rightarrow ^{17}_{8}O + ^{1}_{1}H$$

① H　② He
③ Li　④ Be

7 □□□ 22 해양 경찰청 11

방사성 원소가 베타 붕괴하여 생성된 원소에 대한 설명으로 가장 옳은 것은? (단, 연속적인 베타 붕괴는 일어나지 않는다고 가정한다.)

	질량수 변화	원자 번호
①	있음	1만큼 감소
②	있음	2만큼 증가
③	없음	1만큼 증가
④	없음	2만큼 감소

8 □□□ 23 국가직 7급 21

우라늄 동위 원소 ${}^{238}_{92}\mathrm{U}$이 α-입자 1개를 방출할 때 생성되는 핵종은?

① ${}^{234}_{90}\mathrm{Th}$ ② ${}^{235}_{91}\mathrm{Pa}$

③ ${}^{235}_{92}\mathrm{U}$ ④ ${}^{238}_{93}\mathrm{Np}$

9 □□□ 24 지방직 7급 01

방사성 붕괴로부터 방출되는 알파(α), 감마(γ) 방사선의 전하를 바르게 나열한 것은?

	알파(α)	감마(γ)
①	+1	0
②	+1	+1
③	+2	0
④	+2	+1

PART

2

화학 결합과 분자 간 인력

Chapter 01

화학 결합과 화합물

정답 p.314

회독점검

1 ☑☐☐ 13 국가직 7급 04

다음 그림은 수소 원자가 수소 분자를 형성하는 과정에서 핵간 거리와 에너지의 관계를 나타낸 것이다. 이에 대한 설명으로 옳은 것은?

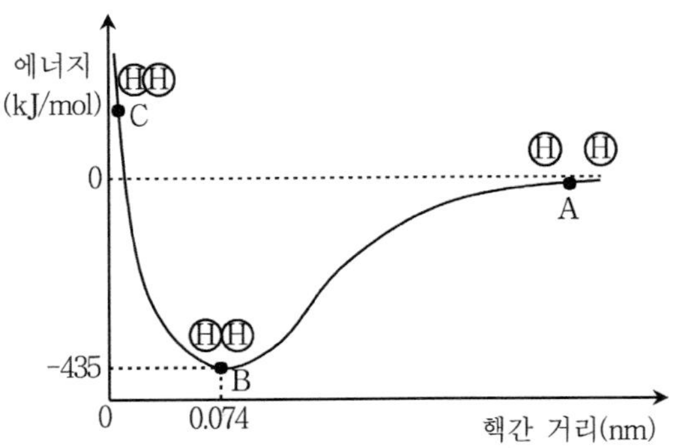

① C보다 B에서 안정된 수소 분자를 형성한다.

② 수소 원자의 공유 결합 반지름은 0.074nm이다.

③ H−H의 결합을 끊어 수소 원자 2몰을 만드는데 필요한 에너지는 870kJ이다.

④ 공유 결합 에너지는 분자 내에서 원자 간의 결합을 끊을 때 방출하는 에너지를 의미한다.

2 ☐☐☐ 14 서울시 7급 09

다음 반응식은 삼플루오르화붕소와 암모니아와의 반응을 나타낸 것이다.

$$BF_3(g) + NH_3(g) \rightarrow NH_3BF_3(s)$$

생성물로서 얻어지는 흰색의 NH_3BF_3 고체 분자화합물 중에서 각각의 원자가 나타내는 결합 방식의 설명으로 옳지 않은 것은?

① N과 H는 공유결합이다.

② 붕소는 질소의 고립전자쌍을 받아들여 암모니아와 결합한다.

③ 불소는 수소와 전자를 공유하여 팔우설을 만족시킨다.

④ 붕소와 질소 사이의 결합은 배위공유결합이다.

⑤ 2개의 전자가 모두 한 원자에서 나온 결합이 존재한다.

3 ☐☐☐ 14 해양 경찰청 05

다음은 4가지 분자의 화학식을 나타낸 것이다.

HCN N_2H_2 C_2H_4 NH_3

이에 대한 보기의 설명으로 옳은 것을 모두 고르시오.

ㄱ. 비공유 전자쌍이 있는 분자는 3가지이다.
ㄴ. 단일결합으로만 이루어진 분자는 1가지이다.
ㄷ. 4가지 분자의 중심원자는 모두 옥텟규칙을 만족한다.

① ㄱ, ㄴ ② ㄱ, ㄷ
③ ㄴ, ㄷ ④ ㄱ, ㄴ, ㄷ

4 □□□
16 지방직 9급 20

다음은 화합물 AB의 전자 배치를 모형으로 나타낸 것이다. 이에 대한 설명으로 옳은 것은? (단, A, B는 각각 임의의 금속, 비금속 원소이다.)

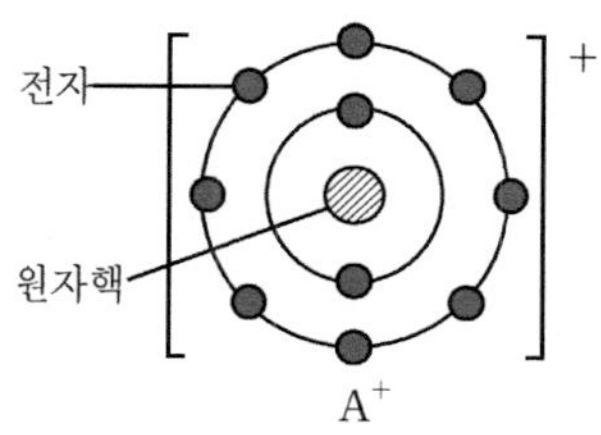

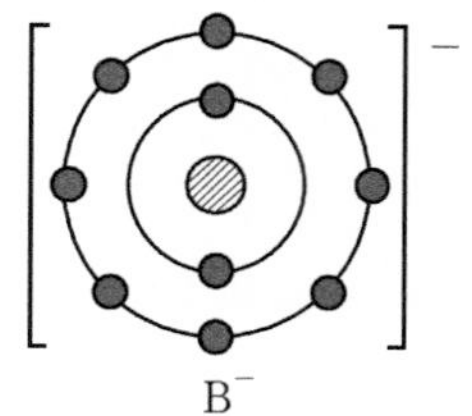

① 화합물 AB의 몰질량은 20g/mol이다.

② 원자 A의 원자가전자는 1개이다.

③ B_2는 이중 결합을 갖는다.

④ 원자 반지름은 B가 A보다 더 크다.

5 □□□
17 지방직 9급(상) 05

이온 결합과 공유 결합에 대한 설명으로 옳지 않은 것은?

① 격자 에너지는 이온 화합물이 생성되는 여러 단계의 에너지를 서로 곱하여 계산한다.

② 이온의 공간 배열이 같을 때, 격자 에너지는 이온 반지름이 감소할수록 증가한다.

③ 공유 결합의 세기는 결합 엔탈피로부터 측정할 수 있다.

④ 공유 결합에서 두 원자 간 결합수가 증가함에 따라 두 원자간 평균 결합 길이는 감소한다.

6 □□□
18 지방직 9급 17

분자 내 원자들 간의 결합 차수가 가장 높은 것을 포함하는 화합물은?

① CO_2　　② N_2

③ H_2O　　④ C_2H_4

7 □□□
18 지방직 7급 07

여러 가지 화학 결합에 대한 설명으로 옳지 않은 것은?

① 격자 에너지는 NaCl(*s*)이 KI(*s*)보다 작다.

② 전기음성도는 플루오린(F)이 탄소(C)보다 크며, 이 둘 간의 화학 결합은 극성 공유 결합이다.

③ 포타슘(K)과 염소(Cl) 원소가 결합하여 KCl을 형성하는 결합은 이온 결합이다.

④ 탄소(C)와 수소(H) 간 전기음성도 차이는 크지 않으므로, 탄화수소 화합물 분자는 대체로 비극성 물질이다.

8 □□□
18 서울시 3회 7급 08

임의의 2주기 원소 기호 X, Y, Z의 루이스 전자점식이 〈보기〉와 같을 때 〈보기〉에 대한 설명으로 가장 옳은 것은?

보기

·Ẍ·　:Ÿ·　:Z̈·
　　　　　　(Z 아래 ··)

① X는 최대 2개의 공유 결합을 이룰 수 있다.

② 공유 전자쌍 수는 X_2가 Y_2보다 많다.

③ 비공유 전자쌍 수는 XZ_3가 YZ_2보다 적다.

④ Y_2에는 삼중 결합이 있다.

9 □□□

19 지방직 7급 06

다음은 수소 분자(H_2)의 퍼텐셜 에너지와 핵간 거리의 관계를 나타낸 그래프이다. 이에 대한 설명으로 옳지 않은 것은?

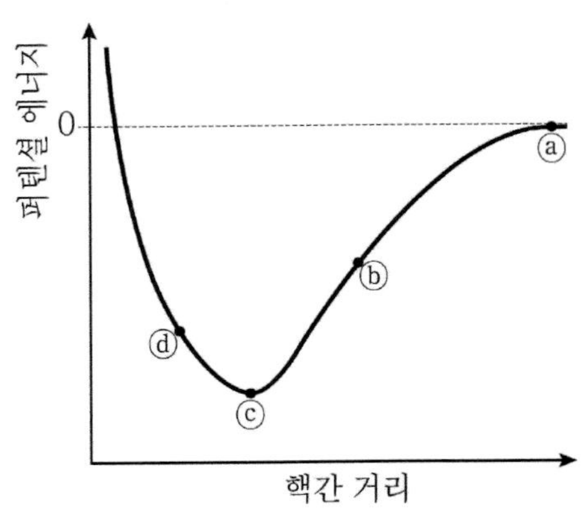

① 지점 ⓐ에서 지점 ⓑ로 갈수록 원자간 핵–전자 인력이 커진다.
② 지점 ⓑ보다 지점 ⓒ의 핵간 전자밀도가 더 낮다.
③ 지점 ⓒ와 지점 ⓐ의 퍼텐셜 에너지 차이는 수소 분자의 결합 에너지와 같다.
④ 지점 ⓒ에서 지점 ⓓ로 갈수록 핵간 반발력이 커진다.

10 □□□

19 서울시 2회 7급 10

화합물의 결합 성격이 나머지와 다른 하나는?

① KF　② $CaCl_2$
③ CH_4　④ LiBr

11 □□□

20 지방직 9급 03

원자 간 결합이 다중 공유결합으로 이루어진 물질은?

① KBr　② Cl_2
③ NH_3　④ O_2

12 □□□

21 지방직 9급 08

1기압에서 녹는점이 가장 높은 이온 결합 화합물은?

① NaF　② KCl
③ NaCl　④ MgO

13 □□□

21 해양 경찰청 13

다음 중 화학 결합의 종류가 다른 것은?

① 물(H_2O)
② 일염화 아이오딘(ICl)
③ 염화마그네슘($MgCl_2$)
④ 암모니아(NH_3)

14 □□□

22 국가직 7급 02

공유 결합 성질이 가장 큰 산화물은?

① SiO_2　② P_4O_{10}
③ SO_3　④ Cl_2O_7

15 □□□

22 국가직 7급 04

이온 결합 화합물의 격자 에너지가 작은 것부터 순서대로 바르게 나열한 것은?

① MgO, Na_2O, BeO
② Na_2O, MgO, BeO
③ MgO, BeO, Na_2O
④ Na_2O, BeO, MgO

16 □□□

22 서울시 1회 7급 08

〈보기〉의 각 화합물에 대한 설명 중 옳지 않은 것을 모두 고른 것은?

보기

ㄱ. CaS는 Ca^{2+} 양이온과 S^{2-} 음이온의 이온결합 화합물이다.

ㄴ. 암모니아는 질소 원자 한 개와 수소 원자 세 개 비율의 공유결합으로 형성된 다원자 분자이며 화학식은 NH_3이다.

ㄷ. HCl은 H^+ 양이온과 Cl^- 음이온 간의 이온결합 화합물이다.

ㄹ. KI는 K^{2+} 양이온과 I^{2-} 음이온 간의 이온결합 화합물이다.

① ㄱ, ㄴ　　② ㄱ, ㄹ
③ ㄴ, ㄷ　　④ ㄷ, ㄹ

17 □□□

22 해양 경찰청 03

다음은 각 이온 결합 물질의 핵간 거리를 나타낸 것이다. KF의 핵간 거리로 가장 옳은 것은?

㉠ NaF 0.25nm　　㉡ NaCl 0.285nm
㉢ KCl 0.326nm

① 0.209nm　　② 0.279nm
③ 0.291nm　　④ 0.361nm

18 □□□

24 국가직 7급 13

이온 결합 화합물의 녹는점이 높은 것부터 순서대로 바르게 나열한 것은?

① MgO, LiF, KCl　　② MgO, KCl, LiF
③ LiF, KCl, MgO　　④ KCl, LiF, MgO

19 □□□

24 지방직 7급 20

격자 에너지(lattice energy)는 이온성 고체를 각 기체 이온으로 분해하는 데 필요한 에너지이다. 이에 대한 설명으로 옳지 않은 것은?

① 격자 에너지는 양의 값을 갖는다.

② 이온 전하의 크기가 증가할수록 격자 에너지는 커진다.

③ KF, NaF, LiF의 격자 에너지 크기는 KF < NaF < LiF이다.

④ LiCl, LiBr, LiI의 격자 에너지 크기는 LiCl < LiBr < LiI이다.

원소와 화합물 

20 □□□ 14 서울시 9급 01

산소 분자(O_2), 물(H_2O), 소금물에 대한 설명으로 옳은 것을 아래에서 모든 고른 것은?

> ㄱ. 산소 분자는 원소이다.
> ㄴ. 물은 순물질이다.
> ㄷ. 소금물은 불균일 혼합물이다.

① ㄱ ② ㄱ, ㄴ
③ ㄱ, ㄷ ④ ㄴ, ㄷ
⑤ ㄱ, ㄴ, ㄷ

21 □□□ 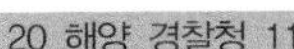

다음은 4가지 반응의 화학식이다. (가)~(라)에 제시된 물질에 대한 설명으로 가장 옳지 않은 것은?

> (가) 리튬의 제련: $2LiCl \rightarrow 2Li + Cl_2$
> (나) 화석연료의 연소: $CH_4 + 2O_2 \rightarrow CO_2 + 2H_2O$
> (다) 요소의 합성:
> $2(㉠) + CO_2 \rightarrow CH_4N_2O + H_2O$
> (라) 암모니아 합성: $N_2 + 3H_2 \rightarrow 2NH_3$

① (가)에서 원소는 2가지이다.
② (나)에서 분자는 3가지이다.
③ (다)에서 ㉠은 비료의 원료로 사용된다.
④ (라)에서 화합물은 1가지이다.

Chapter 02

루이스 구조식과 형식 전하와 공명 구조

정답 p.317

회독점검

1 ☑☐☐ 10 지방직 9급 16

다음 N_2O의 루이스 구조중 형식 전하를 고려할 때 가장 안정한 구조는?

① $:N\equiv N-\ddot{\underset{..}{O}}:$ ② $\ddot{\underset{..}{N}}=N=\ddot{\underset{..}{O}}$

③ $:\ddot{\underset{..}{N}}-N\equiv O:$ ④ $\ddot{\underset{..}{N}}=O=\ddot{\underset{..}{N}}$

2 ☐☐☐ 14 서울시 9급 19

다음 분자를 루이스 전자점식으로 그렸을 때, 옥텟 규칙을 만족시키지 않는 것은?

① H_2O ② NO_2

③ CH_4 ④ HCl

⑤ NH_3

3 ☐☐☐ 16 국가직 7급 04

(가)와 (나)에 나타낸 $COCl_2$의 루이스(Lewis) 구조에 대한 설명으로 옳지 않은 것은?

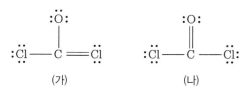

(가): $:\ddot{\underset{..}{Cl}}-C(-\ddot{\underset{..}{O}}:)=\ddot{\underset{..}{Cl}}$ (나): $:\ddot{\underset{..}{Cl}}-C(=\ddot{O})-\ddot{\underset{..}{Cl}}:$

(가) (나)

① (가)에서 O의 형식전하는 -1이다.

② (나)에서 Cl의 형식전하는 -1이다.

③ (가)보다 (나)가 더 안정한 구조이다.

④ (가)와 (나) 모두 팔전자규칙을 만족시킨다.

4 ☐☐☐ 16 서울시 1회 7급 10

다음 중 공명 구조를 갖는 것을 모두 고르면?

SF_6, NO_2^-, BF_3, O_3, PCl_5

① SF_6, PCl_5 ② NO_2^-, BF_3

③ O_3, PCl_5 ④ NO_2^-, O_3

5 ☐☐☐ 16 서울시 3회 7급 06

ClO_3^- 화합물에서 팔전자 규칙을 따르는 Lewis 구조로부터 중심 원자의 형식 전하를 예측하면 얼마가 되겠는가?

① $+2$ ② $+1$

③ -1 ④ -2

6 ☐☐☐ 17 지방직 7급 02

NO_3^-의 Lewis 구조에서 공명구조는 모두 몇 개인가?

① 0 ② 2

③ 3 ④ 4

7 □□□

17 국가직 7급 17

다음 화합물 중 밑줄 친 원자의 비공유 전자쌍 수가 다른 것은?

① $H_2\underline{O}$ ② $\underline{S}F_4$

③ $\underline{Cl}F_3$ ④ $\underline{Xe}F_4$

8 □□□

17 서울시 2회 9급 11

SO_2 분자의 루이스 구조가 다음과 같은 형태로 되어 있을 때, 각 원자의 형식전하를 모두 더한 값은?

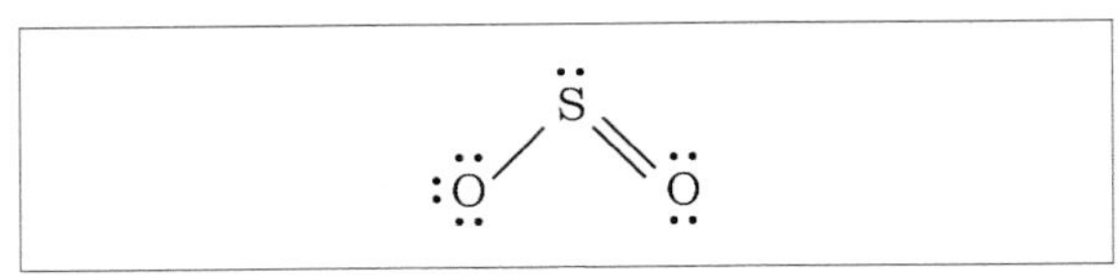

① -2 ② -1

③ 0 ④ 1

9 □□□

19 지방직 9급 09

팔전자 규칙(octet rule)을 만족시키지 않는 분자는?

① N_2 ② CO_2

③ F_2 ④ NO

10 □□□

19 서울시 2회 7급 05

시안산(OCN^-)의 공명 구조에서 O의 형식전하가 −1 인 것은?

① $[:\underset{..}{\ddot{O}}-C\equiv N:]^-$ ② $[:\ddot{O}=C=\ddot{N}:]^-$

③ $[:O\equiv C-\underset{..}{\ddot{N}}:]^-$ ④ 해당사항 없음

11 □□□

20 서울시 2회 7급 11

〈보기〉의 화합물에서 붕소(B), 산소(O), 불소(F) 원자의 형식 전하는?

보기

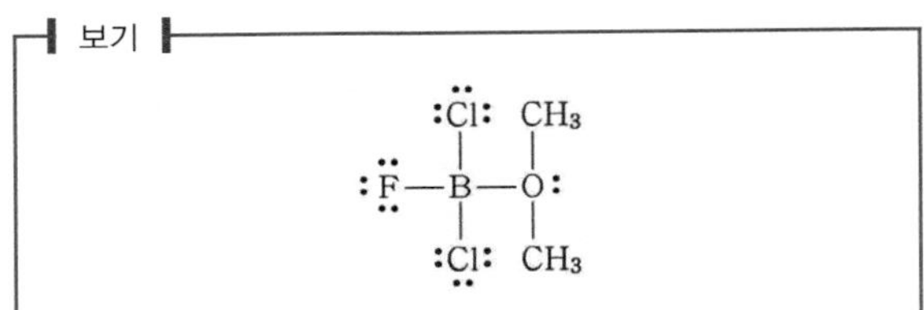

	B	O	F		B	O	F
①	+1	+1	−1	②	+1	−1	0
③	−1	−1	−1	④	−1	+1	0

12 □□□

21 서울시 2회 7급 07

공명 구조를 갖지 않는 물질은?

① O_3 ② NF_3

③ CO_3^{2-} ④ C_6H_6

13 □□□

22 지방직 9급 17

루이스 구조 이론을 근거로, 다음 분자들에서 중심 원자의 형식 전하 합은?

I_3^- OCN^-

① -1 ② 0

③ 1 ④ 2

14 □□□ 22 서울시 1회 7급 06

SO_3^{2-}의 루이스 구조를 그렸을 때 S에 존재하는 비공유전자의 수[개]는?

① 0 ② 1
③ 2 ④ 3

15 □□□ 23 지방직 9급 19

원자가 결합 이론에 근거한 NO에 대한 설명으로 옳지 않은 것은?

① NO는 각각 한 개씩의 σ결합과 π결합을 가진다.
② NO는 O에 홀전자를 가진다.
③ NO의 형식 전하의 합은 0이다
④ NO는 O_2와 반응하여 쉽게 NO_2로 된다.

16 □□□ 24 국가직 7급 17

공명 구조가 존재하지 않는 것은?

① O_3 ② NO_3^-
③ N_2O ④ NH_4^+

17 □□□ 24 지방직 9급 18

다음 구조식에 대한 설명으로 옳은 것은? (단, x는 전하수이다.)

$$\left[\text{H}-\text{C}(=\ddot{\text{O}}{:})-\text{C(H)}=\text{C}(-{:}\ddot{\text{O}}{:})-\text{H} \right]^{x}$$

① $x = -1$인 음이온이다.
② 파이(π) 결합은 4개이다.
③ 공명 구조를 갖지 않는다.
④ sp^2 혼성 오비탈을 갖는 탄소는 2개이다.

18 □□□ 24 서울시 7급 08

공명 구조로 가장 옳지 않은 것은?

① $H_3C-C(=O)-OH \longleftrightarrow H_2C=C(-OH)-OH$

② $O=\overset{+}{O}-O^- \longleftrightarrow {}^-O-\overset{+}{O}=O$

③ $({}^-O)(O=)\overset{+}{N}-O^- \longleftrightarrow ({}^-O)({}^-O)\overset{+}{N}=O \longleftrightarrow (O=)({}^-O)\overset{+}{N}-O^-$

④ $H_3C-C(=O)-O^- \longleftrightarrow H_3C-C(-O^-)=O$

Chapter 03

분자의 구조와 결합각

정답 p.320

회독점검

1 ☑☐☐ 09 지방직 9급 03

다음 분자들 중 극성결합을 가지면서 쌍극자 모멘트를 갖지 않는 것은?

① H_2 ② CCl_4
③ HCl ④ CO

2 ☐☐☐ 09 지방직 9급 19

XeF_2분자에서 Xe 원자 주위의 전자쌍 수와 분자의 기하학적 구조는?

① 4, 굽은 형 ② 4, 피라미드형
③ 5, 선형 ④ 6, 선형

3 ☐☐☐ 09 지방직 7급(하) 08

SO_2 분자에 대한 설명으로 옳은 것은?

① 중심 원자가 비결합전자쌍을 갖지 않는다.
② 팔전자 규칙을 만족하지 않는다.
③ S와 O 간의 결합 길이가 모두 같다.
④ 분자 구조는 직선형이다.

4 ☐☐☐ 10 지방직 9급 19

비극성 분자는?

① CH_3Br ② CO_2
③ H_2O ④ NH_3

5 ☐☐☐ 10 지방직 7급 04

원자가 껍질 전자쌍 반발(VSEPR) 모형을 기초로 하여 판단할 때 다른 기하학적 구조를 갖는 것은?

① NCl_3 ② AsH_3
③ H_3O^+ ④ ClF_3

6 ☐☐☐ 10 지방직 7급 12

CO_2, H_2S, NH_3 분자들에 대한 설명으로 옳은 것을 모두 고른 것은?

가. 모두 기하학적 구조가 다르다.
나. 모두 쌍극자 모멘트를 가진다.
다. 비극성 분자가 하나 이상 존재한다.
라. 선형 구조의 극성 분자가 존재한다.

① 가, 나 ② 가, 다
③ 나, 라 ④ 다, 라

7 ☐☐☐ 11 지방직 9급 03

H_2O의 결합 구조에서 O−H의 결합각이 104.5°인 이유를 설명하는 데 적합한 이론은?

① 쌍극자모멘트 이론
② 분자궤도함수 이론
③ 혼성궤도함수 이론
④ 원자가껍질전자쌍반발 이론

8 □□□

13 지방직 7급 08

다음 분자의 가장 타당한 루이스 구조에서, 중심 원자의 비공유 전자쌍 개수가 나머지와 다른 것은?

$POCl_3$, SO_4^{2-}, ClO_3^-, ClO_4^-

① $POCl_3$ ② SO_4^{2-}

③ ClO_3^- ④ ClO_4^-

9 □□□

14 국가직 7급 02

원자가 껍질 전자쌍 반발(VSEPR) 모형을 기초로 하였을 때, 다음 화합물 중에서 사면체 기하 구조인 것을 모두 고르면?

BF_4^- BrF_4^- CH_4 NH_4^+ SF_4

① BF_4^-, BrF_4^-, CH_4

② BrF_4^-, CH_4, SF_4

③ BF_4^-, CH_4, NH_4^+

④ CH_4, NH_4^+, SF_4

10 □□□

14 지방직 9급 04

다음 중 결합의 극성이 가장 작은 것은?

① HF에서 F－H

② H_2O에서 O－H

③ NH_3에서 N－H

④ SiH_4에서 Si－H

11 □□□

14 지방직 9급 10

그림 (가), (나)의 루이스 전자점 구조를 갖는 분자 XY_2, ZY_3에 대해 설명한 것으로 옳은 것은? (단, X, Y, Z는 임의의 2주기 원소이다.)

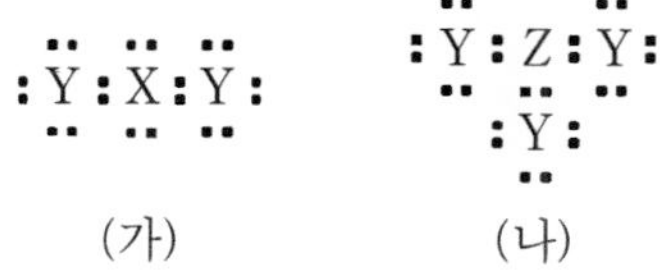

(가) (나)

① (가)는 극성 공유결합을 갖는다.

② (나)의 분자 기하는 정사면체형이다.

③ (나)의 중심 원자는 옥텟 규칙을 만족한다.

④ 중심 원자의 결합각은 (가)가 (나)보다 크다.

12 □□□

14 서울시 9급 13

아래는 NH_3에 대한 설명이다.

ㄱ. 고립전자쌍을 가지고 있다. ㄴ. ∠HNH 결합각은 109.5°이다. ㄷ. 비극성 분자이다.

맞는 것을 모두 고른 것은?

① ㄱ ② ㄴ ③ ㄱ, ㄴ

④ ㄴ, ㄷ ⑤ ㄱ, ㄴ, ㄷ

13 □□□

14 서울시 7급 10

사플루오르화황(SF_4) 분자는 어떤 모양의 구조를 이루는가? (단, 이 분자 중의 황은 고립전자쌍 1쌍을 지니고 있다. 전자쌍 사이의 반발력은 고립–고립전자쌍 > 고립전자쌍–결합쌍 > 결합–결합쌍이다.)

① 사면체형 ② 휘어진 시소형

③ 평면사각형 ④ 사각피라미드형

⑤ 팔면체형

14 □□□
14 서울시 7급 15

극성인 화합물로만 묶여 있는 것은?

① SF_6, CO_2, H_2O
② XeF_2, NH_3, SF_6
③ H_2O, SF_4, NH_3
④ CCl_4, $CHCl_3$, CO_2
⑤ H_2O, CO_2, XeF_2

15 □□□
14 해양 경찰청 19

그림 (가)~(다)는 3가지 화합물을 나타낸 것이다.

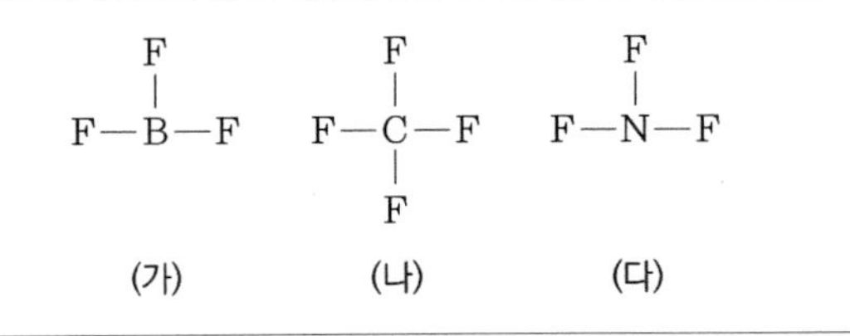

(가) ~ (다)에 대한 설명으로 가장 적절한 것은?

① (가)는 중심 원자에 비공유 전자쌍이 있다.
② (나)의 분자 모양은 입체구조이다.
③ (다)의 중심 원자에 있는 전자쌍 사이의 반발력의 크기는 모두 같다.
④ 물에 대한 용해도는 (가)가 (다)보다 크다.

16 □□□
15 지방직 9급 15

다음 중 무극성 분자는?

① 암모니아
② 이산화탄소
③ 염화수소
④ 이산화황

17 □□□
15 서울시 7급 12

루이스(Lewis) 구조와 원자가 껍질 전자쌍 반발(VSEPR) 모형을 기초로 하여 분자구조를 나타내었을 때, 〈보기〉 중 XeF_4와 같은 분자구조를 갖는 화합물의 총 개수는?

| 보기 |

CH_4　PCl_4^+　SF_4　$PtCl_4^{2-}$

① 1개
② 2개
③ 3개
④ 4개

18 □□□
16 지방직 9급 09

다음 중 분자 구조가 나머지와 다른 것은?

① $BeCl_2$
② CO_2
③ XeF_2
④ SO_2

19 □□□
16 지방직 7급 14

원자가 껍질 전자쌍 반발(VSEPR) 이론에 근거할 때, 입체 구조가 평면인 것은?

① SO_3^{2-}
② NO_3^-
③ PF_3
④ IF_4^+

20 □□□
16 국가직 7급 14

원자가 껍질 전자쌍 반발(VSEPR) 모형을 기초로 하였을 때, 다음 분자 중에서 쌍극자 모멘트가 없는 것은?

① SO_2
② PCl_3
③ XeF_4
④ IF_5

21 □□□ 16 서울시 9급 08

Xe는 8A족 기체 중 하나로서 매우 안정한 원소이다. 그런데 반응성이 아주 높은 불소와 반응하여 XeF_4라는 분자를 구성한다. 원자가 껍질 전자쌍 반발(VSEPR) 모형에 의하여 예측할 때, XeF_4의 분자 구조로 옳은 것은?

① 사각평면 ② 사각뿔
③ 정사면체 ④ 팔면체

22 □□□ 16 서울시 1회 7급 07

다음 분자 또는 이온의 기하구조가 선형(180°)이 아닌 것은?

① HClO ② HCN
③ CO_2 ④ OCN^-

23 □□□ 16 서울시 1회 7급 14

다음의 물질 중 극성이 가장 큰 물질은?

① H_2S ② H_2
③ CH_4 ④ CO_2

24 □□□ 16 서울시 3회 7급 04

물(H_2O) 분자에 대한 다음 설명 중 옳지 않은 것은?

① 중심 원자인 산소는 sp^3 혼성 궤도를 가지고 있다.
② H－O－H의 결합각은 암모니아(NH_3)의 H－N－H의 결합각보다 크다.
③ O－H의 결합 길이는 메테인(CH_4)의 C－H 결합 길이보다 작다.
④ 분자 구조는 굽은 형으로 극성 분자이다.

25 □□□ 17 지방직 9급 17

다음은 오존(O_3)층 파괴의 주범으로 의심으로 프레온－12(CCl_2F_2)와 관련된 화학 반응의 일부이다. 이에 대한 설명으로 옳지 않은 것은?

(가) $CCl_2F_2(g) + h\nu \rightarrow CClF_2(g) + Cl(g)$
(나) $Cl(g) + O_3(g) \rightarrow ClO(g) + O_2(g)$
(다) $O(g) + ClO(g) \rightarrow Cl(g) + O_2(g)$

① (가) 반응을 통해 탄소(C)는 환원되었다.
② (나) 반응에서 생성되는 ClO는 홀전자가 있다.
③ 오존(O_3) 분자 구조내의 π 결합은 비편재화가 되어 있다.
④ 오존(O_3) 분자 구조내의 결합각 ∠O－O－O은 180°이다.

26 □□□ 17 지방직 7급 10

원자가 껍질 전자쌍 반발(VSEPR) 이론에 근거할 때, 분자의 기하학적 구조가 서로 다른 것은?

① BF_3, BrF_3 ② CH_4, PO_4^{3-}
③ NH_3, ClO_3^- ④ SF_6, $Mo(CO)_6$

27 □□□ 17 서울시 7급 11

다음 분자들 중 같은 기하구조를 갖는 것으로 옳게 짝지은 것은?

① I_3^-와 CO_2 ② SF_4와 CH_4
③ BrF_5와 PF_5 ④ $BeCl_2$와 H_2O

28 □□□
18 지방직 7급 13

루이스 구조(Lewis structure)와 원자가 껍질 전자쌍 반발(VSEPR) 모형에 근거하여 예측한 화학종의 기하학적 구조가 나머지 셋과 다른 하나는?

① NO_2^-
② SO_2
③ HCN
④ HOCl

29 □□□
18 국가직 7급 05

중심 원자 주위에 전자쌍 5개를 갖는 분자의 기하 구조에 대한 설명으로 옳지 않은 것은?

① SF_4의 분자 구조는 시소형이다.
② 삼각 쌍뿔형의 중심 원자 결합 수는 5이다.
③ XeF_2의 비공유 전자쌍 사이 각도는 120°이다.
④ 비공유 전자쌍 수는 시소형이 T-자형보다 많다.

30 □□□
18 서울시 2회 9급 20

VSEPR(원자가 껍질 전자쌍 반발이론)에 근거하여 가장 안정된 형태의 구조가 삼각쌍뿔인 분자는?

① $BeCl_2$
② CH_4
③ PCl_5
④ IF_5

31 □□□
18 서울시 1회 7급 01

열거된 화합물 중 쌍극자 모멘트(μ)를 갖지 않는 화합물은?

① 이산화탄소(CO_2)
② 물(H_2O)
③ 암모니아(NH_3)
④ 이산화황(SO_2)

32 □□□
18 서울시 3회 7급 19

분자 기하 구조가 같은 것끼리 짝지은 것으로 가장 옳지 않은 것은?

① $BeCl_2$, C_2H_2
② BF_3, NO_3^-
③ CH_4, SO_3^{2-}
④ NH_3, H_3O^+

33 □□□
19 지방직 9급 03

결합의 극성 크기 비교로 옳은 것은? (단, 전기 음성도 값은 H=2.1, C=2.5, O=3.5, F=4.0, Si=1.8, Cl=3.0이다)

① C−F > Si−F
② C−H > Si−H
③ O−F > O−Cl
④ C−O > Si−O

34 □□□
19 지방직 7급 08

중심 원자에 비공유 전자쌍이 가장 많은 분자는?

① XeF_2
② XeF_4
③ ClF_3
④ SF_2

35 □□□
19 국가직 7급 05

다음 조건을 모두 만족하는 분자는?

- 구성 원자 간의 결합은 모두 극성 공유 결합이다.
- 분자 내 화학 결합의 쌍극자 모멘트 총합은 0이다.
- 분자를 이루는 모든 원자는 동일 평면 또는 동일 선상에 놓여 있다.

① NH_3
② CH_2Cl_2
③ C_6H_6
④ $BeCl_2$

36 □□□

19 국가직 7급 08

분자 또는 이온의 입체 구조가 다른 것끼리 짝지은 것은?

① NH_4^+, $AlCl_4^-$　② ClF_3, PF_3
③ $BeCl_2$, XeF_2　④ $FeCl_4^-$, SO_4^{2-}

37 □□□

19 서울시 2회 9급 09

〈보기〉의 물질 중 입체수(SN, steric number)가 다른 물질은?

보기
ㄱ. SF_4　ㄴ. CF_4
ㄷ. XeF_2　ㄹ. PF_5

① ㄱ　② ㄴ
③ ㄷ　④ ㄹ

38 □□□

19 서울시 2회 9급 13

PCl_3 분자의 VSEPR 구조와 PCl_3 분자에서 P 원자의 형식 전하를 옳게 짝지은 것은?

① 삼각평면/+1　② 삼각평면/0
③ 사면체/+1　④ 사면체/0

39 □□□

19 서울시 2회 7급 03

〈보기〉의 화합물 중에서 동일한 기하 구조를 지닌 것을 옳게 짝지은 것은? (단, 모든 화합물은 가장 안정한 상태에 있다고 가정한다.)

보기
ㄱ. CO_2　ㄴ. H_2O
ㄷ. HCN

① ㄱ, ㄴ　② ㄱ, ㄷ
③ ㄴ, ㄷ　④ ㄱ, ㄴ, ㄷ

40 □□□

19 해양 경찰청 14

다음은 3가지 분자의 분자식이다.

NH_3　BF_3　H_2O

3가지 분자에 대한 설명으로 옳은 것을 〈보기〉에서 모두 고른 것은?

보기
ㄱ. 결합각이 가장 큰 분자는 BF_3이다.
ㄴ. 구성 원자가 모두 동일 평면에 존재하는 분자는 1가지이다.
ㄷ. 무극성 분자는 1가지이다.

① ㄱ　② ㄴ
③ ㄱ, ㄷ　④ ㄱ, ㄴ, ㄷ

41 □□□

19 해양 경찰청 18

다음은 2주기 원소 A ~ C의 루이스 전자점식이다.

·A· (점 3개)	·B· (점 5개)	:C· (점 7개)

이에 대한 설명으로 옳은 것을 〈보기〉에서 모두 고른 것은? (단, A ~ C는 임의의 원소 기호이다.)

보기

ㄱ. B_2 분자의 공유 전자쌍 수는 2개이다.

ㄴ. AC_3 분자에서 A는 옥텟 규칙을 만족한다.

ㄷ. BC_2 분자의 구조는 직선형이다.

① ㄱ　② ㄱ, ㄷ

③ ㄴ, ㄷ　④ ㄱ, ㄴ, ㄷ

42 □□□

20 지방직 7급 06

루이스 구조(Lewis structure)와 원자가 껍질 전자쌍 반발(VSEPR) 모형에 근거하여 예측한 화학종의 기하학적 구조가 나머지 셋과 다른 하나는?

① XeF_4　② BrF_4^-

③ SF_4　④ IF_4^-

43 □□□

20 국가직 7급 07

SF_4 분자에 대해 원자가껍질 전자쌍 반발 이론과 원자가 결합 이론을 적용한 설명으로 옳은 것만을 모두 고르면? (단, S와 F는 각각 16족, 17족 원소이다.)

ㄱ. 가장 안정한 분자구조로 시소(see-saw) 구조를 가진다.

ㄴ. S는 팔전자 규칙을 만족하지 않는다.

ㄷ. S의 형식 전하는 0이다.

① ㄱ, ㄴ　② ㄱ, ㄷ

③ ㄴ, ㄷ　④ ㄱ, ㄴ, ㄷ

44 □□□

20 국가직 7급 12

극성을 띠는 화학종은? (단, C, Sb, F, Br, I는 각각 14족, 15족, 17족, 17족, 17족이다.)

① I_3^-　② BrF_3

③ CBr_4　④ SbF_5

45 □□□

20 해양 경찰청 17

다음은 5가지 분자를 주어진 기준에 따라 분류한 것이다. 가장 옳지 않은 것은?

H_2O　NH_3　BF_3　CCl_4　CH_2O

기준	예	아니오
모든 원자가 동일한 평면에 있는가?	(가)	(나)
극성분자인가?	(다)	(라)
중심 원자가 옥텟 규칙을 만족하는가?	(마)	(바)

① (나)에 해당하는 분자는 2가지이다.

② (바)에 해당하는 분자는 BF_3이다.

③ (가), (다), (마)에 모두 해당되는 분자는 1가지이다.

④ (가)에 해당하는 분자는 3가지이다.

46 □□□

21 지방직 9급 06

다음 화합물 중 무극성 분자를 모두 고른 것은?

SO_2, CCl_4, HCl, SF_6

① SO_2, CCl_4　② SO_2, HCl

③ HCl, SF_6　④ CCl_4, SF_6

47 □□□

21 지방직 9급 14

루이스 구조와 원자가껍질 전자쌍 반발 모형에 근거한 ICl_4^- 이온에 대한 설명으로 옳지 않은 것은?

① 무극성 화합물이다.
② 중심 원자의 형식 전하는 -1이다.
③ 가장 안정한 기하 구조는 사각 평면형 구조이다.
④ 모든 원자가 팔전자 규칙을 만족한다.

48 □□□

21 지방직 7급 05

모든 원자가 팔전자 규칙을 만족하는 분자는?

① PCl_5　② ClF_3
③ XeO_3　④ BF_3

49 □□□

21 국가직 7급 09

원자가 껍질 전자쌍 반발(VSEPR) 모형에 근거하여, IF_4^+의 가장 타당한 분자 기하 구조는?

① 시소형(see-saw)
② 사면체형(tetrahedral)
③ 평면 사각형(square planar)
④ 삼각 쌍뿔형(trigonal bipyramidal)

50 □□□

21 해양 경찰청 03

다음은 2가지 반응의 화학 반응식이다.

(가) $Cl_2 + H_2O \rightarrow HCl +$ ⓐ
(나) $HF + H_2O \rightarrow F^- +$ ⓑ

ⓐ와 ⓑ에 대한 설명으로 옳은 것만을 〈보기〉에서 있는 대로 고른 것은?

보기
ㄱ. ⓐ가 ⓑ보다 구성 원소의 가짓수가 많다.
ㄴ. ⓑ는 평면 구조이다.
ㄷ. 비공유 전자쌍의 수는 ⓐ가 ⓑ의 2배이다.

① ㄱ　② ㄷ
③ ㄱ, ㄴ　④ ㄴ, ㄷ

51 □□□

21 해양 경찰청 05

다음 4가지 분자는 중심 원자의 비공유 전자쌍의 수와 분자의 극성에 따라 아래 표와 같이 분류할 수 있다.

HCN　H_2O　BF_3　NH_3

분자의 극성	중심 원자의 비공유 전자쌍의 수		
	0	1	2
극성	(가)	(나)	(다)
무극성	(라)	없음	없음

분자 (가)～(라)에 대한 설명으로 옳은 것만을 〈보기〉에서 있는 대로 고른 것은?

보기
ㄱ. (가)의 분자 모양은 직선형이다.
ㄴ. (라)는 입체 구조를 가진다.
ㄷ. (다)의 결합각은 (나)의 결합각보다 크다.

① ㄱ　② ㄷ
③ ㄱ, ㄴ　④ ㄱ, ㄷ

52 □□□

22 지방직 9급 01

다음 중 극성 분자에 해당하는 것은?

① CO_2
② BF_3
③ PCl_5
④ CH_3Cl

53 □□□

22 지방직 7급 08

원자가껍질 전자쌍 반발 이론에 근거할 때, 이온의 기하 구조로 옳은 것만을 모두 고르면? (단, 모든 이온은 바닥 상태에 있다.)

ㄱ. SbF_4^-는 삼각 쌍뿔형 구조이다.
ㄴ. SF_5^-는 사각뿔 구조이다.
ㄷ. SeF_3^+는 사면체 구조이다.
ㄹ. I_3^-는 선형 구조이다.

① ㄱ, ㄴ
② ㄴ, ㄹ
③ ㄱ, ㄷ, ㄹ
④ ㄴ, ㄷ, ㄹ

54 □□□

22 국가직 7급 09

다음 화학종 중 기하학적 구조가 다른 하나는? (단, 모든 화학종은 바닥 상태에 있다.)

① SO_3
② PO_3^{3-}
③ NO_3^-
④ CO_3^{2-}

55 □□□

22 서울시 3회 7급 04

〈보기〉의 화합물 중에서 가장 안정한 상태의 기하 구조를 고려할 때 극성 분자를 모두 고른 것은?

ㄱ. 물(H_2O)
ㄴ. 이산화탄소(CO_2)
ㄷ. 암모니아(NH_3)
ㄹ. 메테인(CH_4)

① ㄱ, ㄴ
② ㄱ, ㄷ
③ ㄴ, ㄹ
④ ㄷ, ㄹ

56 □□□

22 서울시 3회 7급 10

화합물의 중심 원자에 있는 비공유 전자쌍의 수와 기하 구조를 옳게 짝지은 것은?

① SF_4 − 1쌍, 사면체
② OF_2 − 2쌍, 굽은형
③ PCl_3 − 0쌍, 삼각뿔
④ SF_6 − 1쌍, 팔면체

57 □□□

23 지방직 9급 09

다음 분자에 대한 설명으로 옳지 않은 것은?

① SO_2는 굽은형 구조를 갖는 극성 분자이다.
② BeF_2는 선형 구조를 갖는 비극성 분자이다.
③ CH_2Cl_2는 사각 평면 구조를 갖는 극성 분자이다.
④ CCl_4는 정사면체 구조를 갖는 비극성 분자이다.

58 □□□ 23 국가직 7급 10

가장 타당한 Lewis 구조와 원자가 껍질 전자쌍 반발(VSEPR) 이론에 근거하여, 옳게 설명한 것만을 모두 고르면?

ㄱ. PCl_4^-에서 결합각 크기는 모두 같다.
ㄴ. PCl_5에서 P의 비공유 전자쌍 개수는 0이다.
ㄷ. PCl_6^-의 기하 구조는 팔면체이다.

① ㄱ　　② ㄴ
③ ㄴ, ㄷ　　④ ㄱ, ㄴ, ㄷ

59 □□□ 23 서울시 2회 7급 20

가장 타당한 루이스 구조와 원자가 껍질 전자쌍 반발(VSEPR) 이론을 근거로, PF_3와 PF_5에 대한 설명으로 가장 옳은 것은?

① PF_3와 PF_5의 P원자는 8개의 전자를 가진다.
② P의 형식 전하는 PF_3와 PF_5가 같다.
③ P의 비공유 전자쌍 수는 PF_3와 PF_5가 같다.
④ PF_3와 PF_5는 모두 극성이다.

60 □□□ 23 서울시 2회 9급 07

〈보기〉는 2주기 원자 A~D로 이루어진 분자 (가)와 (나)의 루이스 전자점식을 나타낸 것이다.

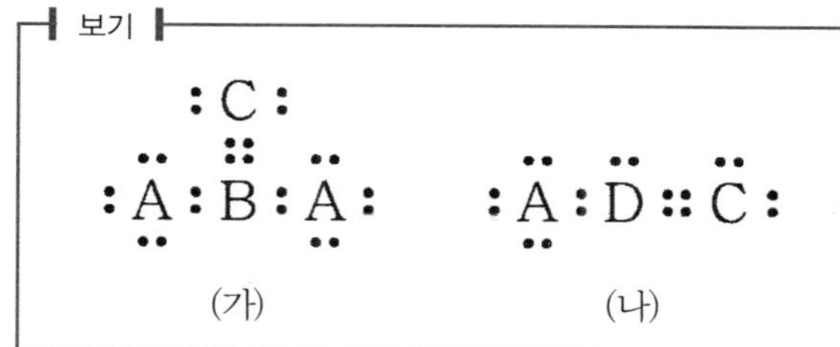

이에 대한 설명으로 가장 옳은 것은? (단, A~D는 임의의 원소 기호이다.)

① 전기음성도는 B가 A보다 크다.
② (나)는 무극성 분자이다.
③ $\frac{(\text{비공유 전자쌍 수})}{(\text{공유 전자쌍 수})}$는 (가) > (나)이다.
④ (가)와 (나)에는 모두 극성 공유 결합이 존재한다.

61 □□□ 24 국가직 7급 20

다음 화합물 중 중심 원자의 고립 전자쌍 개수와 기하 구조를 바르게 연결한 것은?

		중심 원자의 고립 전자쌍 개수	기하 구조
①	CF_4	1	정사면체
②	PF_3	1	삼각뿔
③	SO_2	1	선형
④	SF_2	1	굽은형

62 □□□

24 지방직 7급 09

원자가 껍질 전자쌍 반발(VSEPR) 모형에 근거하며, 모든 원자가 한 평면에 존재하는 화학종을 모두 고르면? (단, 모든 화학종은 바닥 상태에 있다.)

ㄱ. PCl_5	ㄴ. SF_4
ㄷ. BCl_3	ㄹ. I_3^-

① ㄱ, ㄴ　② ㄴ, ㄷ
③ ㄴ, ㄹ　④ ㄷ, ㄹ

63 □□□

24 지방직 9급 19

다음 분자를 쌍극자 모멘트의 세기가 큰 것부터 순서대로 바르게 나열한 것은?

BF_3　H_2S　H_2O

① H_2O, H_2S, BF_3　② H_2S, H_2O, BF_3
③ BF_3, H_2O, H_2S　④ H_2O, BF_3, H_2S

64 □□□

24 서울시 7급 09

루이스 구조와 원자가 껍질 전자쌍 반발 이론을 고려하여 분자의 기하학적 구조를 예측할 때, 가장 옳지 않은 것은?

① BF_3 – 정삼각형　② PCl_5 – 삼각쌍뿔형
③ SO_2 – 직선형　④ SF_6 – 팔면체형

65 □□□

24 서울시 9급 20

<보기>는 1, 2주기 비금속 원소인 A~D의 루이스 전자점식을 나타낸 것이다. A~D가 화합물을 형성할 때, 이에 대한 설명으로 가장 옳은 것은? (단, A~D는 임의의 원소 기호이다.)

보기

A (전자 1개)　B (전자 4개)　C (전자 5개)　D (전자 6개)

① BD_2는 분자 내 결합의 쌍극자 모멘트의 합이 0이다.
② ABC는 굽은형 구조를 갖는다.
③ CA_3의 결합각은 A_2D의 결합각보다 작다.
④ BA_4 기체 분자는 전기장 내에서 일정한 방향으로 배열한다.

 분자의 결합각 

66 □□□ 12 지방직 7급 11

H−X−H의 결합각의 크기가 증가하는 순서대로 바르게 나타낸 것은? (단, X는 중심 원자이다.)

① $NH_4^+ < H_3O^+ < H_2F^+$

② $H_2F^+ < NH_4^+ < H_3O^+$

③ $H_3O^+ < NH_4^+ < H_2F^+$

④ $H_2F^+ < H_3O^+ < NH_4^+$

67 □□□ 14 서울시 9급 14

원자가 껍질 전자쌍 반발(VSEPR)이론을 이용하여 다음 화합물의 결합각의 크기를 예측했을 때 바르게 나타낸 것은?

CH_4 NH_3 H_2O CO_2 HCHO

① $CH_4 > NH_3 > H_2O > CO_2 >$ HCHO

② HCHO $> CO_2 > CH_4 > NH_3 > H_2O$

③ $CO_2 >$ HCHO $> CH_4 > NH_3 > H_2O$

④ $CO_2 > CH_4 > NH_3 > H_2O >$ HCHO

⑤ HCHO $> CO_2 > H_2O > NH_3 > CH_4$

68 □□□ 17 해양 경찰청 07

다음 중 화합물의 결합각 크기를 순서대로 나열한 것으로 가장 적절한 것은 무엇인가?

① $BeF_2 < CH_4 < NH_3 < H_2O$

② $NH_3 < CH_4 < H_2O < BeF_2$

③ $BeF_2 < NH_3 < H_2O < CH_4$

④ $H_2O < NH_3 < CH_4 < BeF_2$

69 □□□ 21 지방직 7급 15

화합물의 결합각 크기에 대한 설명으로 옳은 것은?

① NF_3의 결합각은 NH_3보다 크다.

② NCl_3의 결합각은 PCl_3보다 크다.

③ H_2S의 결합각은 H_2O보다 크다.

④ $SbCl_3$의 결합각은 $SbBr_3$보다 크다.

70 □□□ 21 해양 경찰청 14

다음은 3가지 분자의 분자식이다.

ㄱ. BeF_2	ㄴ. CH_4
ㄷ. BF_3	

분자의 결합각 크기를 비교한 것으로 옳은 것은?

① ㄷ > ㄴ > ㄱ　　② ㄷ > ㄱ > ㄴ

③ ㄱ > ㄴ > ㄷ　　④ ㄱ > ㄷ > ㄴ

71 □□□ 24 지방직 9급 04

원자가 껍질 전자쌍 반발(VSEPR) 이론으로 예측한 분자의 결합각으로 옳지 않은 것은?

① BF_3의 F−B−F 결합각은 120°이다.

② H_2S의 H−S−H 결합각은 180°이다.

③ CH_4의 H−C−H 결합각은 109.5°이다.

④ H_2O의 H−O−H 결합각은 104.5°이다.

72 □□□ 24 서울시 9급 06

분자의 결합각과 분자 구조를 옳게 짝지은 것은?

① BCl_3 − 120°, 삼각쌍뿔 구조

② NH_3 − 107°, 삼각뿔 구조

③ OF_2 − 104.5°, 직선형 구조

④ CH_2Cl_2 − 60°, 팔면체 구조

Chapter

04 혼성 궤도 함수

정답 p.330

회독점검

1 ☑☐☐ 09 지방직 7급(하) 11

탄소의 $2sp^3$ 혼성궤도함수 에너지에 대한 설명으로 옳은 것은?

① $2s$ 궤도함수보다는 높고 $2p$ 궤도함수보다는 낮은 에너지를 가진다.

② $2p$ 궤도함수보다는 높고 $2s$ 궤도함수보다는 낮은 에너지를 가진다.

③ $2s$와 $2p$ 궤도함수 어느 쪽보다도 높은 에너지를 가진다.

④ $2s$와 $2p$ 궤도함수들과 같은 에너지를 가진다.

2 ☐☐☐ 10 지방직 9급 18

sp^2 혼성화를 이루는 화합물만으로 짝지어진 것은?

① 에테인(C_2H_6), 사이클로헥세인(C_6H_{12})

② 이산화탄소(CO_2), 아세틸렌(C_2H_2)

③ 에틸렌(C_2H_4), 벤젠(C_6H_6)

④ 오염화인(PCl_5), 삼아이오딘화 이온(I_3^-)

3 ☐☐☐ 11 지방직 9급 07

다음 화합물들에 포함된 탄소 원자가 만드는 혼성 오비탈을 순서대로 바르게 나열한 것은?

에틸렌, 메탄올, 아세틸렌, 이산화탄소

① sp, sp^3, sp^2, sp^2　　② sp^2, sp^3, sp, sp

③ sp^2, sp^3, sp, sp^2　　④ sp^2, sp^3, sp^2, sp

4 ☐☐☐ 13 지방직 7급 18

14족 원소 주석(Sn)의 염화물과 관련된 다음 반응에 대한 설명으로 옳은 것은?

$$SnCl_2(s) + Cl^-(aq) \rightarrow SnCl_3^-(aq)$$
$$SnCl_4(l) + 2Cl^-(aq) \rightarrow SnCl_6^{2-}(aq)$$

① 두 반응 모두 산화-환원 반응이다.

② $SnCl_3^-$의 Sn은 비공유 전자쌍을 갖지 않는다.

③ $SnCl_4$는 루이스 염기이다.

④ $SnCl_4$에서 Sn의 혼성 오비탈은 sp^3이다.

5 ☐☐☐ 13 국가직 7급 15

sp^2 혼성화를 이루는 화합물로 옳게 짝지어진 것은?

① C_2H_6, C_6H_{12}　　② CO_2, C_2H_2

③ C_2H_4, C_6H_6　　④ PCl_5, I_3^-

6 ☐☐☐ 15 지방직 9급 19

중심 원자의 혼성 궤도에서 s-성질 백분율(percent s-character)이 가장 큰 것은?

① BeF_2　　② BF_3

③ CH_4　　④ C_2H_6

7 □□□

16 국가직 7급 18

프로필렌($CH_3-CH=CH_2$)에 존재하는 화학 결합 방식에 해당하지 않는 것은?

① sp^3-1s　② sp^2-sp^2
③ sp^3-sp^3　④ $2p-2p$

8 □□□

16 서울시 9급 06

에틸렌은 $CH_2=CH_2$의 구조를 갖는 석유화학 공업에서 아주 중요하게 사용되는 재료이다. 에틸렌 분자 내의 탄소는 어떤 혼성궤도함수를 형성하고 있는가?

① sp　② sp^2
③ sp^3　④ dsp^3

9 □□□

16 서울시 1회 7급 12

다음 중 분자의 혼성 오비탈 표현으로 옳은 것을 모두 고르면?

ㄱ. $H_2O : sp^3$	ㄴ. $H_2NNH_2 : sp^2$
ㄷ. $BeF_2 : sp$	ㄹ. $NH_3 : sp^2$

① ㄱ, ㄹ　② ㄴ, ㄷ
③ ㄴ, ㄹ　④ ㄱ, ㄷ

10 □□□

17 지방직 9급(상) 15

메테인(CH_4)과 에텐(C_2H_4)에 대한 설명으로 옳은 것은?

① ∠H−C−H의 결합각은 메테인이 에텐보다 크다.
② 메테인의 탄소는 sp^2 혼성을 한다.
③ 메테인 분자는 극성 분자이다.
④ 에텐은 Br_2와 첨가 반응을 할 수 있다.

11 □□□

17 서울시 7급 17

흑연은 탄소의 동소체 중 하나이다. 다음 중 흑연에 대한 설명으로 옳지 않은 것은?

① 자연 상태에서 비교적 안정하다.
② 각 탄소 원자는 다른 탄소 원자와 정사면체 구조로 결합된다.
③ 공유성 그물 구조의 고체이다.
④ 각 탄소 원자는 sp^2 혼성 오비탈을 이용한다.

12 □□□

18 지방직 7급 16

흑연과 다이아몬드에 대한 설명으로 옳지 않은 것은?

① 흑연은 탄소 원자들의 sp^2 혼성궤도들이 만드는 σ 결합을 통해 전자들을 움직여 전기 전도성을 갖는다.
② 흑연은 여러 층으로 이루어진 물질이나, 층 사이의 결합이 약해서 층들이 서로 쉽게 미끄러진다.
③ 밀도는 흑연이 다이아몬드보다 낮다.
④ 흑연과 다이아몬드는 모두 공유결합을 이용한 그물형 고체이다.

13 □□□

18 서울시 1회 7급 02

원자의 궤도함수에 대한 설명으로 가장 옳지 않은 것은?

① CH_4를 형성하는 데 관여한 탄소의 sp^3 혼성 궤도함수는 탄소의 순수한 p 궤도함수보다 높은 에너지 준위이다.
② 모든 s 궤도함수는 원형이고 자기 양자수(m_l) 0을 갖는다.
③ p 궤도함수는 아령 모양이고 핵은 관통하는 자르는 마디평면에 의해 분리되어 있다.
④ 세 개의 p 궤도함수는 x, y, z 좌표축에 대하여 서로 90° 각도로 배치된다.

14 □□□

18 서울시 3회 7급 06

에텐(C_2H_4)과 옥살레이트 이온($C_2O_4^{2-}$)에 존재하는 파이(π) 결합 수의 총합은?

① 2　　② 3
③ 4　　④ 6

15 □□□

19 지방직 9급 16

다음 설명 중 옳지 않은 것은?

① CO_2는 선형 분자이며 C의 혼성오비탈은 sp이다.
② XeF_2는 선형 분자이며 Xe의 혼성오비탈은 sp이다.
③ NH_3는 삼각뿔형 분자이며 N의 혼성오비탈은 sp^3이다.
④ CH_4는 사면체 분자이며 C의 혼성오비탈은 sp^3이다.

16 □□□

19 지방직 7급 16

아세틸렌에 존재하는 결합으로 옳지 않은 것은?

① H의 $1s$ 궤도함수와 그에 인접한 C의 sp 혼성 궤도함수간의 σ 결합
② 두 C에 각각 존재하는 sp 혼성 궤도 함수간의 σ 결합
③ 두 C에 각각 존재하는 서로 평행한 p_x 궤도함수 간의 π 결합
④ 두 C에 각각 존재하는 서로 수직인 p_x 궤도함수와 p_y 궤도함수간의 π 결합

17 □□□

19 국가직 7급 13

다음 유기 화합물에서 sp^3 혼성 궤도함수와 sp^2 혼성 궤도함수를 갖는 탄소의 개수를 옳게 짝지은 것은?

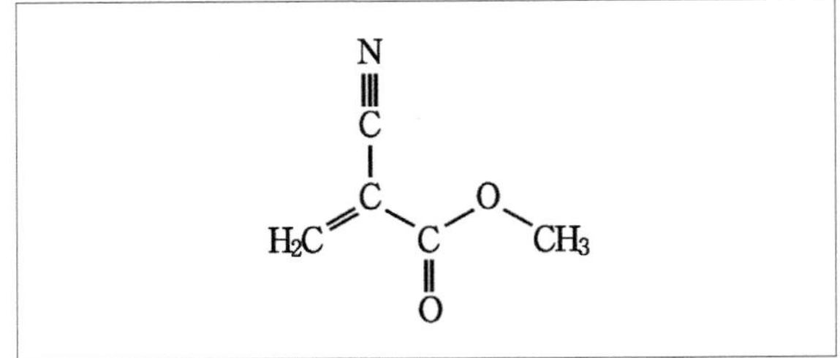

	sp^3	sp^2		sp^3	sp^2
①	0	2	②	0	3
③	1	3	④	1	4

18 □□□

19 서울시 2회 7급 16

CH_3CH_2OH에서 O의 혼성궤도 함수는?

① sp　　② sp^2
③ sp^3　　④ sp^3d

19 □□□

20 지방직 9급 16

아세트알데하이드(acetaldehyde)에 있는 두 탄소(ⓐ와 ⓑ)의 혼성 오비탈을 옳게 짝 지은 것은?

$$CH_3CHO$$

(ⓐ: CH_3의 C, ⓑ: CHO의 C)

	ⓐ	ⓑ		ⓐ	ⓑ
①	sp^3	sp^2	②	sp^2	sp^2
③	sp^3	sp	④	sp^3	sp^3

20 □□□

20 국가직 7급 18

다음 화합물에 대한 설명으로 옳은 것은?

(가) (나)

① sp^2 혼성화 질소 원자 개수는 (가)가 (나)보다 많다.

② sp^3 혼성화 질소 원자 재수는 (가)가 (나)보다 많다.

③ sp^2 혼성화 탄소 원자 개수는 (가)가 (나)보다 많다.

④ sp^3 혼성화 탄소 원자 개수는 (가)가 (나)보다 많다.

21 □□□

21 국가직 7급 14

탄소 원자의 혼성 오비탈이 나머지와 다른 것은?

① 흑연 ② 다이아몬드

③ 벤젠 ④ 폼알데하이드

22 □□□

21 서울시 2회 7급 09

〈보기〉의 루이스 구조로 나타낸 폼알데하이드(HCHO) 분자에 대한 설명으로 가장 옳은 것은?

보기

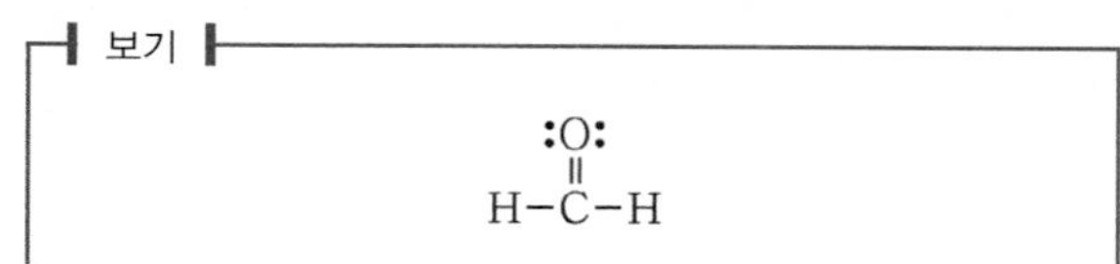

① 비극성이다.

② 시그마(σ) 결합을 2개 갖는다.

③ C의 형식 전하는 −4이다.

④ C의 혼성 오비탈은 sp^2이다.

23 □□□

22 지방직 9급 16

다음 분자에 대한 설명으로 옳지 않은 것은?

① 이중 결합의 개수는 2이다.

② sp^3 혼성을 갖는 탄소 원자의 개수는 3이다.

③ 산소 원자는 모두 sp^3 혼성을 갖는다.

④ 카이랄 중심인 탄소 원자의 개수는 2이다.

24 □□□

22 국가직 7급 03

밑줄 친 원자의 오비탈 혼성화 유형이 같은 분자끼리 바르게 짝 지은 것은? (단, 모든 분자는 바닥 상태에 있다.)

① $\underline{C}_2H_4 - \underline{N}H_3$ ② $\underline{N}H_3 - \underline{B}F_3$

③ $\underline{B}F_3 - H_2\underline{O}$ ④ $\underline{C}_2H_4 - \underline{B}F_3$

25 □□□

22 서울시 3회 7급 02

〈보기〉속의 탄소 원자 4개는 sp, sp^2 혹은 sp^3의 혼성 오비탈을 갖는다. 탄소 4개가 갖는 혼성 오비탈을 고려할 때, s 오비탈의 기여가 가장 큰 혼성 오비탈을 지닌 탄소는?

$$\mathrm{H{-}C_1H_2{-}C_2({=}O){-}C_3H_2{-}C_4{\equiv}N}$$

① C_1　② C_2

③ C_3　④ C_4

26 □□□

23 국가직 7급 08

가장 타당한 Lewis 구조를 근거로, 중심 원자의 혼성 오비탈 유형이 나머지 셋과 다른 것은?

① OF_2　② NO_2^-

③ CH_3^-　④ CH_2Cl_2

특이한 분자

27 □□□

23 지방직 9급 11

다음 알렌(allene) 분자에 대한 설명으로 옳은 것만을 모두 고르면?

$$\mathrm{(H_a)(H_b)C{=}C{=}C(H_c)(H_d)}$$

ㄱ. H_a와 H_b는 같은 평면 위에 있다.
ㄴ. H_a와 H_c는 같은 평면 위에 있다.
ㄷ. 모든 탄소는 같은 평면 위에 있다.
ㄹ. 모든 탄소는 같은 혼성화 오비탈을 가지고 있다.

① ㄱ, ㄴ　② ㄱ, ㄷ

③ ㄴ, ㄹ　④ ㄷ, ㄹ

28 □□□

24 지방직 7급 13

다이보레인(B_2H_6)에 대한 설명으로 옳지 않은 것은?

① 붕소는 sp^3 혼성을 한다.

② 붕소와 수소 사이의 결합 길이는 모두 같다.

③ 붕소 사이에서 다리 결합하고 있는 수소는 2개이다.

④ BH_3가 이합체를 형성한 것이다.

Chapter 05

분자 궤도 함수

정답 p.335

회독점검

1 ☑☐☐ 11 지방직 9급 18

결합 차수를 근거로 하였을 경우 원자간 결합력이 가장 약한 화학종은?

① O_2^+ ② O_2

③ O_2^- ④ O_2^{2-}

2 ☐☐☐ 12 지방직 7급 07

분자 궤도함수에 대한 설명으로 옳은 것은?

① 마디 면(nodal plane)은 전자를 발견할 확률이 1인 평면이다.

② 분자 궤도함수 이론을 사용하면 산소 이원자 분자가 상자기성을 갖는 것을 예측할 수 있다.

③ 시그마(sigma) 결합 분자 궤도함수는 원자 궤도함수들의 측면 겹침에 의해 형성된다.

④ 결합 분자 궤도함수는 참여한 원자 궤도함수보다 에너지가 더 높다.

3 ☐☐☐ 15 지방직 9급 14

다음 중 결합 차수가 가장 낮은 것은?

① O_2 ② F_2

③ CN^- ④ NO^+

4 ☐☐☐ 15 국가직 7급 12

동핵 이원자 분자(A_2)의 전자 배치는 $(\sigma_{2s})^2(\sigma_{2s}^*)^2(\sigma_{2p})^2(\pi_{2p})^4(\pi_{2p}^*)^4$이다. 이 분자의 결합 차수는? (단, A는 임의의 원소기호이다.)

① 2.5 ② 2

③ 1.5 ④ 1

5 ☐☐☐ 15 서울시 7급 07

다음의 분자 궤도함수로 설명할 수 없는 화학종은?

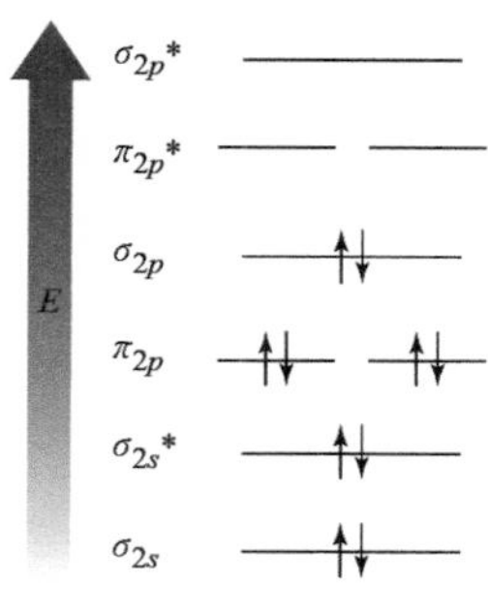

① C_2^- ② CN^-

③ N_2 ④ NO^+

6 □□□ 16 지방직 7급 10

다음은 4가지 산소 화학종을 나타낸 것이다.

O_2 O_2^+ O_2^- O_2^{2-}

이에 대한 설명으로 옳지 않은 것은?

① O_2^-의 결합 차수는 2이다.

② O_2^{2-}는 반자성(diamagnetic)이다.

③ 결합 세기는 O_2가 O_2^{2-}보다 크다.

④ 결합 길이가 가장 짧은 것은 O_2^+이다.

7 □□□ 17 국가직 7급 05

다음 화학종 중 결합 차수가 2인 것만을 모두 고르면?

ㄱ. C_2^{2-}	ㄴ. NO
ㄷ. NO^-	ㄹ. N_2^{2-}

① ㄱ, ㄴ　② ㄱ, ㄹ

③ ㄴ, ㄷ　④ ㄷ, ㄹ

8 □□□ 18 지방직 9급 19

물리량들의 크기에 대한 설명으로 옳은 것은?

① 산소(O_2) 내 산소 원자 간의 결합 거리 > 오존(O_3) 내 산소 원자 간의 평균 결합 거리

② 산소(O_2) 내 산소 원자 간의 결합 거리 > 산소 양이온(O_2^+)내 산소 원자 간의 결합 거리

③ 산소(O_2) 내 산소 원자 간의 결합 거리 > 산소 음이온(O_2^-)내 산소 원자 간의 결합 거리

④ 산소(O_2)의 첫 번째 이온화 에너지 > 산소 원자(O)의 첫 번째 이온화 에너지

9 □□□ 18 서울시 2회 9급 07

이원자 분자 p오비탈 − s오비탈 혼합을 고려해서 분자 오비탈의 에너지 순서를 정하고 전자를 채웠을 때, 분자와 자기성을 나타낸 것으로 가장 옳지 않은 것은?

① B_2, 상자기성　② C_2, 반자기성

③ O_2, 상자기성　④ F_2, 상자기성

10 □□□ 18 서울시 3회 7급 11

분자궤도함수 이론을 이용하여 분자궤도함수 에너지 준위를 그렸을 때 가장 옳은 것은?

① O_2와 NO 모두 상자기성(paramagnetic)이다.

② O_2의 결합세기는 NO의 결합세기보다 강하다.

③ NO^+와 CN^-는 모두 상자기성이지만 결합차수는 다르다.

④ NO의 이온화 에너지는 NO^+의 이온화 에너지보다 크다.

11 □□□ 19 서울시 2회 9급 16

어떤 동핵 이원자 분자(X_2)의 전자 배치는 〈보기〉와 같다. 이 분자의 결합 차수는 얼마인가?

보기

$$(\sigma_{2s})^2(\sigma_{2s}^*)^2(\sigma_{2p})^2(\pi_{2p})^4(\pi^*_{2p})^4$$

① 1　② 1.5

③ 2　④ 2.5

12 □□□ 19 서울시 2회 7급 11

N_2, O_2, F_2 중 자기장에 의해 끌리는 것은?

① N_2 ② O_2
③ F_2 ④ N_2, O_2

13 □□□ 20 지방직 7급 02

동핵 이원자 분자들이 바닥 상태 분자 오비탈의 전자 배치를 가질 때, σ_{2p} 오비탈의 에너지 준위가 π_{2p} 오비탈의 에너지 준위보다 낮은 것은?

① B_2 ② C_2
③ N_2 ④ O_2

14 □□□ 20 국가직 7급 20

이핵 이원자 분자 CO와 동핵 이원자 분자 O_2의 바닥 상태 오비탈 전자 배치를 바르게 연결한 것은? (단, C, O의 원자 번호는 각각 6, 8이다.)

ㄱ. $(\sigma_{1s})^2(\sigma_{1s}^*)^2(\sigma_{2s})^2(\sigma_{2s}^*)^2(\pi_{2p})^4(\sigma_{2p})^2$
ㄴ. $(\sigma_{1s})^2(\sigma_{1s}^*)^2(\sigma_{2s})^2(\sigma_{2s}^*)^2(\sigma_{2p})^2(\pi_{2p})^4$
ㄷ. $(\sigma_{1s})^2(\sigma_{1s}^*)^2(\sigma_{2s})^2(\sigma_{2s}^*)^2(\sigma_{2p})^2(\pi_{2p})^4(\pi_{2p}^*)^2$
ㄹ. $(\sigma_{1s})^2(\sigma_{1s}^*)^2(\sigma_{2s})^2(\sigma_{2s}^*)^2(\pi_{2p})^4(\sigma_{2p})^2(\pi_{2p}^*)^2$

	CO	O_2
①	ㄱ	ㄷ
②	ㄱ	ㄹ
③	ㄴ	ㄷ
④	ㄴ	ㄹ

15 □□□ 20 서울시 2회 7급 04

〈보기〉를 설명하기 위해 가장 적당한 질소 분자의 바닥 상태 전자 배치는?

보기

액체 산소를 1mm 간극의 자석의 두 극 사이에 부으면 액체는 흘러내리지 않고 자석에 붙었다가 기화한다. 반면 같은 실험을 액체 질소를 가지고 수행하면 액체가 자석에 붙지 않고 바로 흘러 버리는 것을 볼 수 있다.

① $\sigma_{1s}^2\sigma_{1s}^{*2}\sigma_{2s}^2\sigma_{2s}^{*2}\sigma_{2p}^2\pi_{2p}^2\pi_{2p}^{*2}$
② $\sigma_{1s}^2\sigma_{1s}^{*2}\sigma_{2s}^2\sigma_{2s}^{*2}\pi_{2p}^2\sigma_{2p}^2\pi_{2p}^{*2}$
③ $\sigma_{1s}^2\sigma_{1s}^{*2}\sigma_{2s}^2\sigma_{2s}^{*2}\sigma_{2p}^2\pi_{2p}^4$
④ $\sigma_{1s}^2\sigma_{1s}^{*2}\sigma_{2s}^2\sigma_{2s}^{*2}\pi_{2p}^4\sigma_{2p}^2$

16 □□□ 20 서울시 2회 7급 16

〈보기〉는 2주기 원소 분자 X_2의 바닥 상태에 대한 설명이다.

보기

- 반자기성이다.
- 전자가 들어있는 가장 높은 에너지 준위의 오비탈은 π_{2p}^*이다.

이에 대한 설명으로 가장 옳지 않은 것은?

① 바닥 상태에서 X는 상자기성이다.
② X는 2주기 원소 중 전기음성도가 가장 크다.
③ X_2의 결합 차수는 2이다.
④ X_2에서 X의 혼성궤도함수는 sp^3이다.

17 □□□

21 국가직 7급 05

분자 오비탈 이론에 근거하여, 바닥 상태 분자의 결합 차수가 같은 것끼리 묶은 것은? (단, C, N, O, F의 원자 번호는 각각 6, 7, 8, 9이다.)

① C_2, O_2 ② C_2, F_2

③ N_2, O_2 ④ N_2, F_2

18 □□□

22 지방직 7급 05

다음은 2주기 동핵 이원자 분자를 나타낸 것이다. 바닥 상태의 분자 오비탈 전자 배치를 갖는다고 가정할 때, 이들에 대한 설명으로 옳은 것만을 모두 고르면?

B_2 C_2 N_2 O_2 F_2

ㄱ. B_2, C_2, O_2는 상자기성 분자이다.
ㄴ. 반자기성 분자는 3개이다.
ㄷ. 결합 엔탈피는 F_2가 가장 작고, N_2가 가장 크다.
ㄹ. 결합 길이는 B_2가 가장 길고, N_2가 가장 짧다.

① ㄱ, ㄴ ② ㄴ, ㄷ

③ ㄱ, ㄷ, ㄹ ④ ㄴ, ㄷ, ㄹ

19 □□□

22 서울시 1회 7급 10

B_2, N_2, O_2 중에서 상자기성 분자를 모두 고른 것은?

① N_2 ② B_2, O_2

③ B_2, N_2 ④ N_2, O_2

20 □□□

22 서울시 3회 7급 04

〈보기〉의 3가지 화학종에서 두 산소(O) 원자 사이의 결합이 센 순서대로 바르게 나열한 것은?

보기

O_2 O_2^+ O_2^-

① $O_2 > O_2^+ > O_2^-$ ② $O_2 > O_2^- > O_2^+$

③ $O_2^+ > O_2 > O_2^-$ ④ $O_2^+ > O_2^- > O_2$

21 □□□

22 해양 경찰청 02

다음은 4가지 산소 화학종을 나타낸 것이다. 이에 대한 설명으로 가장 옳은 것은?

O_2 O_2^+ O_2^- O_2^{2-}

① O_2^-의 결합 차수는 2이다.

② O_2^{2-}는 상자기성이다.

③ 결합 세기는 O_2가 O_2^{2-}보다 작다.

④ 결합 길이가 가장 짧은 것은 O_2^+이다.

22 □□□

23 서울시 2회 7급 13

이원자로 구성된 분자나 이온의 결합 길이를 비교한 것으로 가장 옳은 것은?

① $O_2^+ > O_2$ ② $F_2^+ > F_2$

③ $B_2 > B_2^-$ ④ $N_2 > N_2^-$

23 □□□

24 국가직 7급 18

결합 차수가 가장 높은 분자는?

① H_2 ② N_2

③ O_2 ④ F_2

Chapter 06

분자 간 인력

정답 p.340

회독점검

1 ☑☐☐ 11 지방직 9급 19

물이 수소 결합을 가지기 때문에 나타나는 현상으로 옳지 않은 것은?

① 얼음은 물위에 뜬다.
② 순수한 물은 전기를 통하지 않는다.
③ 물은 3.98℃에서 최대 밀도를 가진다.
④ 유사한 분자량을 가진 다른 화합물에 비해 끓는점이 높다.

2 ☐☐☐ 13 국가직 7급 20

1기압에서 다음 탄화수소 유기 화합물의 끓는점이 높은 순서대로 바르게 나열된 것은?

ㄱ. n-butane	ㄴ. 2-methyl propane
ㄷ. n-pentane	ㄹ. 2-methyl butane
ㅁ. 2,2-dimethyl propane	

① ㄱ > ㄴ > ㅁ > ㄹ > ㄷ
② ㄴ > ㄱ > ㅁ > ㄹ > ㄷ
③ ㄷ > ㄹ > ㅁ > ㄱ > ㄴ
④ ㄷ > ㅁ > ㄹ > ㄱ > ㄴ

3 ☐☐☐ 14 지방직 9급 05

다음 중 끓는점의 비교가 옳은 것만을 모두 고른 것은?

ㄱ. $HBr < HI$	ㄴ. $O_2 < NO$
ㄷ. $HCOOH < CH_3CHO$	

① ㄱ　　② ㄷ
③ ㄱ, ㄴ　　④ ㄴ, ㄷ

4 ☐☐☐ 15 지방직 9급 01

끓는점이 가장 높은 화합물은?

① 아세톤　　② 물
③ 벤젠　　④ 에탄올

5 ☐☐☐ 15 국가직 7급 03

다음 염기들의 조합 중 세 개의 수소결합이 가능한 것은?

아데닌(A)　　구아닌(G)

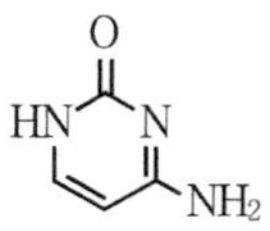

사이토신(C)

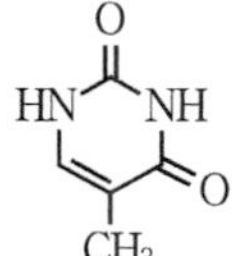

티아민(T)

① A－G　　② G－C
③ C－T　　④ A－T

6 □□□

15 해양 경찰청 17

다음의 그래프 중 온도에 따른 물의 밀도 변화를 바르게 나타낸 그래프로 옳은 것은?

① 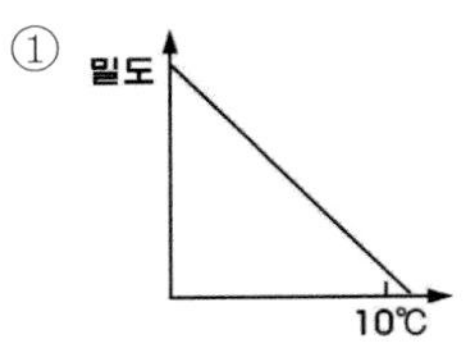

② 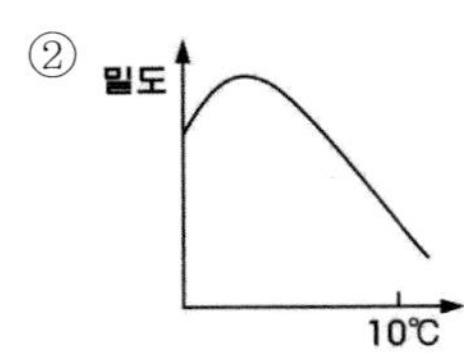

③ 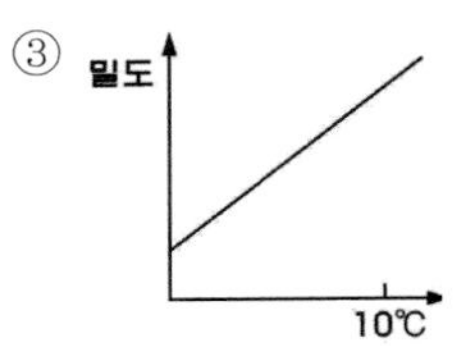

④ 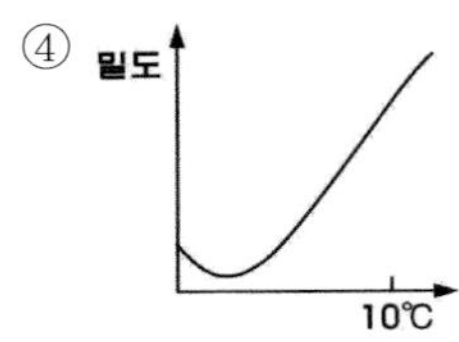

7 □□□

16 서울시 9급 16

다음 화합물 중 끓는점이 가장 높은 것은?

① HI
② HBr
③ HCl
④ HF

8 □□□

16 서울시 1회 7급 19

다음 중 노말뷰테인(n-butane)과 아이소뷰테인(isobutane)에 대한 설명으로 옳은 것은?

① 두 분자를 구성하는 탄소와 수소 원자의 개수는 서로 다르다.
② 노말뷰테인은 분자 간의 힘(분산력)이 아이소뷰테인에 비해 크다.
③ 아이소뷰테인은 거울상 이성질체를 갖는다.
④ 두 분자 모두 노말 헥세인(n-hexane)보다 높은 끓는점을 갖고 있다.

9 □□□

16 서울시 3회 7급 08

아래 그림은 화합물 A의 가열 곡선을 나타낸 것이다. 이에 대한 설명으로 옳은 것은?

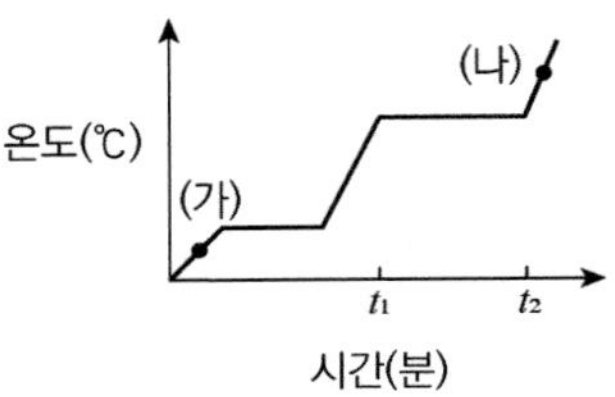

① A의 비열은 고체보다 기체가 크다.
② 고체를 녹이는 데 필요한 에너지는 같은 질량의 액체를 기화시키는 데 필요한 에너지보다 크다.
③ $t_1 \sim t_2$ 시간동안 계의 엔트로피는 증가한다.
④ 분자 간 인력은 (나)가 (가)보다 크다.

10 □□□

17 지방직 7급 19

알케인(alkane)에 대한 설명으로 옳지 않은 것은?

① 뷰테인(butane)은 2개의 구조 이성질체를 갖는다.
② 프로페인(propane)은 뷰테인(butane)보다 낮은 온도에서 끓는다.
③ 2,2-다이메틸프로페인(2,2-dimethylpropane)에는 카이랄(chiral) 중심이 있다.
④ 2,2-다이메틸프로페인(2,2-dimethylpropane)이 n-펜테인(n-pentane)보다 낮은 온도에서 끓는다.

11 □□□ 17 서울시 2회 9급 03

다음 물질을 끓는점이 높은 순서대로 옳게 나열한 것은?

NH_3 He H_2O HF

① HF > H_2O > NH_3 > He
② HF > NH_3 > H_2O > He
③ H_2O > NH_3 > He > HF
④ H_2O > HF > NH_3 > He

12 □□□ 17 서울시 7급 03

분자 간 인력에 대한 설명으로 옳지 않은 것은?

① 표면 장력이 작을수록 큰 분자 간 힘을 갖는다.
② London 분산력은 모든 분자에 존재한다.
③ 분자 간 힘이 클수록 낮은 증기압을 갖는다.
④ DNA 쌍의 이중 나선구조는 수소 결합 때문이다.

13 □□□ 18 지방직 9급 06

끓는점이 가장 낮은 분자는?

① 물(H_2O)
② 일염화 아이오딘(ICl)
③ 삼플루오린화 붕소(BF_3)
④ 암모니아(NH_3)

14 □□□ 18 지방직 9급 08

다음 중 분자 간 힘에 대한 설명으로 옳은 것만을 모두 고르면?

ㄱ. NH_3의 끓는점이 PH_3의 끓는점보다 높은 이유는 분산력으로 설명할 수 있다.
ㄴ. H_2S의 끓는점이 H_2의 끓는점보다 높은 이유는 쌍극자-쌍극자 힘으로 설명할 수 있다.
ㄷ. HF의 끓는점이 HCl의 끓는점보다 높은 이유는 수소 결합으로 설명할 수 있다.

① ㄱ ② ㄴ
③ ㄱ, ㄷ ④ ㄴ, ㄷ

15 □□□ 18 지방직 7급 18

다음 설명으로 옳은 것만을 모두 고르면?

ㄱ. CH_3SH는 CH_3OH보다 끓는점이 높다.
ㄴ. CO는 N_2보다 녹는점과 끓는점이 높다.
ㄷ. 영족 기체(18족 원소)는 같은 족에서 원자번호가 클수록 끓는점이 낮아진다.
ㄹ. 하이드록시벤조산($C_6H_4(OH)(COOH)$)의 오쏘(ortho-) 이성질체는 메타(meta-) 혹은 파라(para-) 이성질체보다 녹는점이 낮다.

① ㄱ, ㄴ ② ㄱ, ㄷ
③ ㄴ, ㄷ ④ ㄴ, ㄹ

16 □□□

18 서울시 2회 9급 05

순수한 상태에서 강한 수소 결합이 가능한 분자는?

① $CH_3-C\equiv N:$

② $H-\ddot{O}-CH_3$

③ 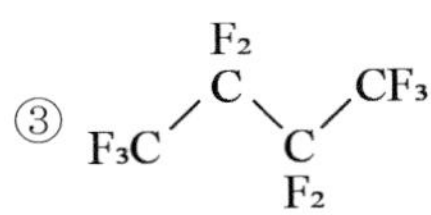

④ $\ddot{N}$(CH₃)–C(=O)–CH₂–CH₃

17 □□□

18 서울시 2회 9급 19

<보기> 중 끓는점이 가장 높은 것은?

보기	
ㄱ. H_2O	ㄴ. H_2S
ㄷ. H_2Se	ㄹ. H_2Te

① ㄱ ② ㄴ
③ ㄷ ④ ㄹ

18 □□□

20 지방직 9급 14

물 분자의 결합 모형을 그림처럼 나타낼 때, 결합 A와 결합 B에 대한 설명으로 옳은 것은?

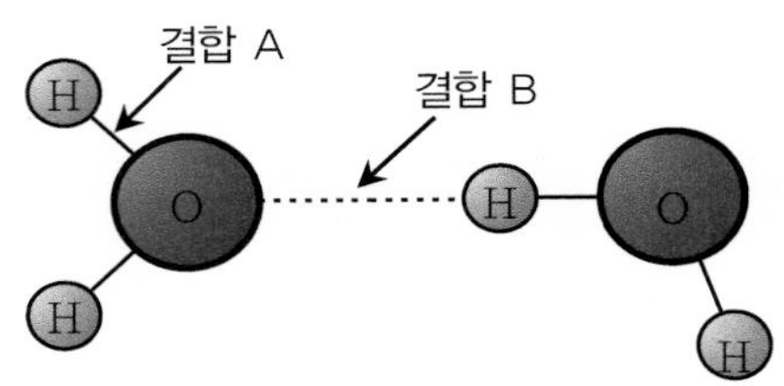

① 결합 A는 결합 B보다 강하다.

② 액체에서 기체로 상태변화를 할 때 결합 A가 끊어진다.

③ 결합 B로 인하여 산소 원자는 팔전자 규칙(octet rule)을 만족한다.

④ 결합 B는 공유결합으로 이루어진 모든 분자에서 관찰된다.

19 □□□

20 해양 경찰청 10

다음 중 물이 수소결합을 가지기 때문에 나타나는 현상으로 가장 옳지 않은 것은?

① 물은 3.98 ℃에서 최대 밀도를 가진다.

② 얼음은 물 위에 뜬다.

③ 유사한 분자량을 가진 다른 화합물에 비해 끓는점이 높다.

④ 순수한 물은 전기를 통하지 않는다.

20 □□□

21 지방직 7급 06

끓는점이 가장 높은 화합물은?

① $HOCH_2CH_2CH_2OH$

② $CH_3CH_2CH_2CH_2OH$

③ $CH_3CH_2OCH_2CH_3$

④ $NH_2CH_2CH_2CH_2NH_2$

21 □□□

21 국가직 7급 23

정상 끓는점이 가장 낮은 것은?

① n-pentane ② 2-methylbutane
③ neopentane ④ cyclopentane

22 □□□

21 서울시 2회 7급 05

〈보기〉의 물질들을 끓는점이 낮은 것부터 높은 순서대로 바르게 나열한 것은?

보기

(가) HF　(나) CH_4
(다) H_2O　(라) H_2S

① (나)－(라)－(다)－(가)
② (라)－(나)－(다)－(가)
③ (나)－(라)－(가)－(다)
④ (라)－(나)－(가)－(다)

23 □□□

22 지방직 9급 04

화학 결합과 분자 간 힘에 대한 설명으로 옳은 것은?

① 메테인(CH_4)은 공유 결합으로 이루어진 극성 물질이다.
② 이온 결합 물질은 상온에서 항상 액체 상태이다.
③ 이온 결합 물질은 액체 상태에서 전류가 흐르지 않는다.
④ 비극성 분자 사이에는 분산력이 작용한다.

24 □□□

23 지방직 9급 05

끓는점이 $Cl_2 < Br_2 < I_2$의 순서로 높아지는 이유는?

① 분자량이 증가하기 때문이다.
② 분자 내 결합 거리가 감소하기 때문이다.
③ 분자 내 결합 극성이 증가하기 때문이다.
④ 분자 내 결합 세기가 증가하기 때문이다.

25 □□□

23 국가직 7급 12

수소 결합에 관한 설명으로 옳은 것만을 모두 고르면?

ㄱ. H_2O 분자 내에서 H와 O 사이에는 수소 결합이 존재한다.
ㄴ. HF 분자와 BH_3 분자 사이에는 수소 결합이 형성될 수 있다.
ㄷ. NH_3 분자와 H_2O_2 분자 사이에는 수소 결합이 형성될 수 있다.

① ㄱ　② ㄷ
③ ㄴ, ㄷ　④ ㄱ, ㄴ, ㄷ

26 □□□

23 서울시 2회 7급 03

〈보기〉의 분자 간 힘 중 순수한 액체 에탄올(C_2H_5OH)에 존재하는 것만을 모두 고른 것은?

보기

ㄱ. 분산력　ㄴ. 수소 결합
ㄷ. 쌍극자－쌍극자 힘　ㄹ. 이온－쌍극자 힘

① ㄱ, ㄴ　② ㄴ, ㄷ
③ ㄱ, ㄴ, ㄷ　④ ㄱ, ㄷ, ㄹ

27 □□□

23 서울시 2회 7급 15

〈보기〉의 할로젠화 알킬 중 끓는점이 가장 낮은 화학종은?

보기

ㄱ. $CH_3CH_2CH_2-Cl$　ㄴ. $(CH_3)_2CH-Cl$
ㄷ. $CH_3CH_2CH_2-Br$　ㄹ. $(CH_3)_2CH-Br$

① ㄱ　② ㄴ
③ ㄷ　④ ㄹ

28 □□□ 24 국가직 7급 15

끓는점이 가장 낮은 화합물은?

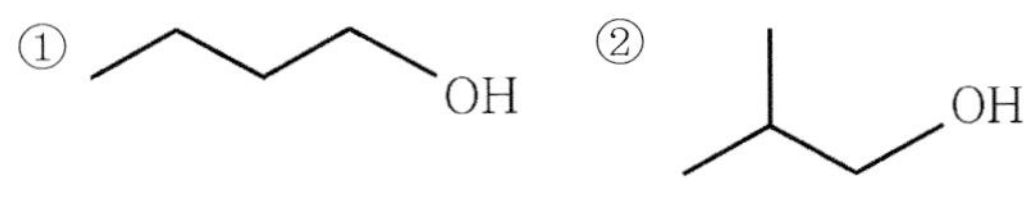

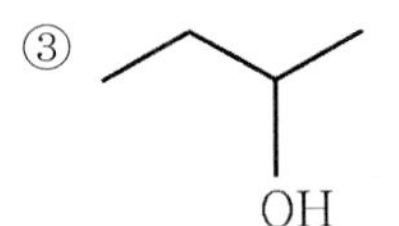

29 □□□ 24 지방직 7급 14

n－펜테인(n－pentane)과 2,2－다이메틸프로페인(2,2－dimethylpropane)의 분자식이 동일하지만, n－펜테인의 끓는점이 2,2－다이메틸프로페인보다 높은 이유는?

① n－펜테인이 2,2－다이메틸프로페인보다 큰 분산력을 갖기 때문이다.

② n－펜테인은 극성 분자이고, 2,2－다이메틸프로페인은 비극성 분자이기 때문이다.

③ n－펜테인 분자가 2,2－다이메틸프로페인 분자보다 작은 표면적으로 갖기 때문이다.

④ n－펜테인은 수소 결합을 하지만, 2,2－다이메틸프로페인은 수소 결합을 하지 않기 때문이다.

30 □□□ 24 지방직 9급 07

분자 간 인력에 대한 설명으로 옳은 것만을 모두 고르면?

보기

ㄱ. 분산력은 극성 분자와 무극성 분자 모두에서 발견된다.

ㄴ. 분자식이 C_4H_{10}인 구조 이성질체의 끓는점은 서로 다르다.

ㄷ. HBr 분자 간 인력의 세기는 Br_2 분자 간 인력의 세기와 같다.

① ㄱ ② ㄴ

③ ㄱ, ㄴ ④ ㄱ, ㄷ

31 □□□ 24 서울시 7급 02

끓는점이 높은 순서대로 바르게 나열한 것은?

① $NaF > H_2O > O_2$ ② $NaF > O_2 > H_2O$

③ $H_2O > O_2 > NaF$ ④ $H_2O > NaF > O_2$

32 □□□ 24 서울시 9급 03

〈보기 1〉은 물 분자의 결합 모형을 나타낸 것이다. B 결합과 관련된 사실을 〈보기 2〉에서 모두 고른 것은?

보기 1

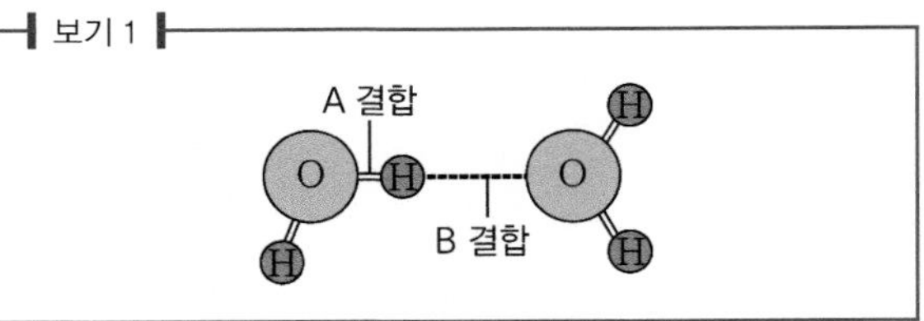

보기 2

ㄱ. 물을 전기분해하면 수소와 산소가 발생한다.

ㄴ. 겨울철에 수도관이 얼어 터지는 경우가 있다.

ㄷ. 1atm에서 물은 분자량이 비슷한 메테인보다 끓는점이 높다.

① ㄴ ② ㄱ, ㄷ

③ ㄴ, ㄷ ④ ㄱ, ㄴ, ㄷ

33 □□□ 24 해양 경찰청 09

다음 〈보기〉의 물질 중 끓는점이 낮은 화합물에서 높은 화합물의 순서로 가장 옳게 나열한 것은?

보기

㉠ H_2O	㉡ BI_3
㉢ C_2H_6	㉣ NH_3

① ㉢, ㉣, ㉡, ㉠　　② ㉡, ㉢, ㉣, ㉠

③ ㉣, ㉢, ㉡, ㉠　　④ ㉢, ㉣, ㉠, ㉡

PART 3

원소와 화합물

Chapter 01

알칼리 금속과 할로겐 원소

정답 p.346

회독점검

1 ☑☐☐ 15 지방직 9급 06

1족 원소(Li, Na, K)의 성질에 대한 설명으로 옳은 것만을 모두 고른 것은?

ㄱ. 원자번호가 커질수록 일차 이온화 에너지 값이 감소한다.
ㄴ. 25℃에서 원자번호가 커질수록 밀도가 감소한다.
ㄷ. Cl_2와 반응할 때 환원력은 K < Na < Li이다.
ㄹ. 물과 반응할 때 환원력은 K < Li이다.

① ㄱ, ㄴ ② ㄱ, ㄹ
③ ㄴ, ㄷ ④ ㄷ, ㄹ

2 ☐☐☐ 16 서울시 1회 7급 09

다음 중 Li에 대한 설명으로 옳은 것을 모두 고르면?

ㄱ. Li의 원자 반지름은 K의 원자 반지름보다 크다.
ㄴ. Li의 이차 이온화 에너지는 Be의 일차 이온화 에너지보다 크다.
ㄷ. Li의 전기 음성도는 F의 전기 음성도보다 작다.
ㄹ. Li은 F와 공유 결합물을 만든다.

① ㄱ, ㄴ ② ㄱ, ㄹ
③ ㄴ, ㄷ ④ ㄷ, ㄹ

3 ☐☐☐ 17 지방직 7급 01

알칼리 금속에 대한 설명 중 옳지 않은 것은?

① $Cl_2(g)$와의 반응성은 Na이 Li보다 크다.
② 원자번호가 커질수록 녹는점은 감소한다.
③ 물과 반응 시 Li이 Na보다 더 센 환원제이다.
④ 원자 반지름이 커질수록 일차 이온화 에너지 값은 커진다.

4 ☐☐☐ 18 서울시 2회 9급 17

알칼리 금속에 대한 설명으로 가장 옳지 않은 것은?

① 나트륨(Na)의 '원자가 전자 배치'는 $3s^1$이다.
② 물과 반응할 때, 환원력의 순서는 Li > K > Na이다.
③ 일차 이온화 에너지는 Li < K < Na이다.
④ 세슘(Cs)도 알칼리 금속이다.

5 ☐☐☐ 20 지방직 7급 01

리튬(Li)이 소듐(Na)보다 더 큰 값을 가지는 것만을 모두 고르면?

ㄱ. 원자 반지름 ㄴ. 이온화 에너지
ㄷ. 전기음성도

① ㄱ ② ㄴ
③ ㄷ ④ ㄴ, ㄷ

6 ☐☐☐ 20 국가직 7급 06

알칼리 금속에 대한 설명으로 옳은 것만을 모두 고르면?

ㄱ. 수소를 제외한 1족 원소이며 물과 반응하여 수소를 생성한다.
ㄴ. 전자 한 개를 쉽게 잃고 +1 전하를 갖는 이온이 되기 쉽다.
ㄷ. 알칼리 금속은 석유나 벤젠에 넣어 보관하면 위험하다.
ㄹ. 알칼리 금속은 자기가 속한 주기 내에서 가장 큰 1차 이온화 에너지값을 갖는다.

① ㄱ, ㄴ ② ㄱ, ㄹ
③ ㄴ, ㄷ ④ ㄴ, ㄹ

7 ☐☐☐ 22 지방직 9급 10

2~4주기 알칼리 원소에서 원자 번호의 증가와 함께 나타나는 변화로 옳은 것은?

① 전기음성도가 작아진다.
② 정상 녹는점이 높아진다.
③ 25° C, 1atm에서 밀도가 작아진다.
④ 원자가 전자의 개수가 커진다.

8 ☐☐☐ 22 지방직 7급 02

알칼리 금속(M)에 포함된 리튬, 소듐, 포타슘, 루비듐, 세슘에서 원자 번호가 증가함에 따라 변화되는 특성에 대한 설명으로 옳지 않은 것은?

① 1차 이온화 에너지는 감소한다.
② 녹는점은 낮아진다.
③ $M^+ + e^- \rightarrow M$에 대한 표준 환원 전위는 증가한다.
④ 이온(M^+) 반지름은 증가한다.

9 ☐☐☐ 22 국가직 7급 11

할로젠화 수소 HF, HCl, HBr, HI의 성질에 대한 설명으로 옳지 않은 것은?

① 끓는점은 HF가 가장 높다.
② 할로젠화 수소는 물에 녹으면 완전히 해리된다.
③ 녹는점은 HCl이 가장 낮다.
④ 분자의 결합 엔탈피는 HI가 가장 작다.

Chapter

02 탄소 화합물

제 1 절 탄소 화합물

정답 p.347

회독점검

1 ☑☐☐ 09 지방직 9급 10

모든 원자들이 같은 평면상에 있는 분자를 모두 고른 것은?

ㄱ. 에테인	ㄴ. 에틸렌
ㄷ. 아세틸렌	ㄹ. 시클로-헥산
ㅁ. 벤젠	

① ㄱ, ㄴ ② ㄱ, ㄹ

③ ㄴ, ㄷ, ㅁ ④ ㄷ, ㄹ, ㅁ

2 ☐☐☐ 09 지방직 7급(하) 07

다음 중 반응의 종류가 같은 것끼리 묶은 것은?

ㄱ. 살리실산+무수아세트산 → 아세트산

ㄴ. 에탄올 → 아세트산

ㄷ. 메탄올의 연소

ㄹ. 아세틸렌 → 에테인(ethane)

① ㄱ, ㄴ ② ㄱ, ㄷ

③ ㄴ, ㄷ ④ ㄷ, ㄹ

3 ☐☐☐ 10 지방직 7급 07

다음과 같은 성질을 갖고 있는 탄소 화합물은?

- 수용액은 산성이다.
- 암모니아성 질산은 용액을 환원시킨다.
- 알코올과 에스테르화 반응을 한다.

① $HCOOH$ ② CH_3COOH

③ $HCHO$ ④ C_2H_5OH

4 ☐☐☐ 10 지방직 7급 09

어떤 탄소 화합물을 400℃로 가열된 알루미나 위를 지나게 하면 에텐이 만들어지고, 230℃의 알루미나 위를 지나게 하면 다이에틸에터가 발생한다. 이 탄소 화합물은?

① CH_3OH ② CH_3OCH_3

③ CH_3COOCH_3 ④ C_2H_5OH

5 □□□ 11 지방직 9급 04

유기화학반응에 대한 설명으로 옳지 않은 것은?

① 축합반응은 작은 분자가 제거되어 두 분자가 연결되는 반응이다.
② 중합반응은 여러 개의 작은 분자들을 조합시켜 커다란 분자를 만드는 반응이다.
③ 첨가반응에서 탄소에 결합된 일부 원자나 원자단은 증가되고, 탄소 간 결합의 불포화 정도도 증가한다.
④ 치환반응에서 탄소에 결합된 일부 원자나 원자단은 바뀌고, 탄소 간 결합의 불포화 정도는 변하지 않는다.

6 □□□ 13 지방직 7급 04

다음 그림에 나타낸 테트라시아노에틸렌 분자에서 파이 결합 개수와 시그마 결합 개수는?

$$\begin{array}{ccc} N\equiv C & & C\equiv N \\ & C=C & \\ N\equiv C & & C\equiv N \end{array}$$

	파이 결합	시그마 결합
①	5	4
②	5	9
③	9	4
④	9	9

7 □□□ 13 지방직 7급 14

카보닐기(carbonyl group)를 포함하지 않는 것은?

① 에테르(ether)
② 알데하이드(aldehyde)
③ 케톤(ketone)
④ 에스터(ester)

8 □□□ 14 서울시 9급 02

다음 작용기에 대한 설명 중 옳지 않은 것은?

① 에스터(RCOOR′)는 향료 제조에 이용되며 제과와 청량 음료 산업에서 풍미제로 사용된다.
② 포도주의 효소에 의해 아세트산(CH_3COOH)이 에탄올(C_2H_5OH)로 산화되는 반응이 일어난다.
③ 알코올(ROH)의 한 종류인 에탄올은 생물학적으로 설탕이나 전분을 발효해서 얻는다.
④ 케톤의 한 종류인 아세톤은 손톱 메니큐어 제거제로 이용한다.
⑤ 단백질 분자를 구성하는 아미노산은 아미노기와 카복실기를 가지고 있다.

9 □□□

14 서울시 9급 12

아래 그림은 생명체에 존재하는 분자 중 세 가지를 그려놓은 것이다.

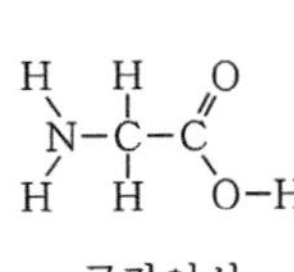
글라이신

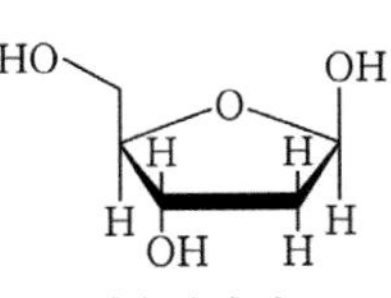
데옥시라이보오스

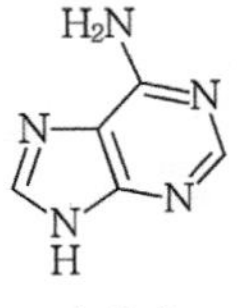
아데닌

이에 대한 설명 중 옳지 않은 것은?

① 글라이신은 단백질의 구성 성분인 아미노산의 일종이다.

② 아데닌은 DNA를 구성하는 주요 성분 중의 하나이다.

③ 아데닌은 RNA를 구성하는 주요 성분 중의 하나이다.

④ 데옥시라이보오스는 DNA를 구성하는 주요 성분 중의 하나이다.

⑤ 데옥시라이보오스는 RNA를 구성하는 주요 성분 중의 하나이다.

10 □□□

14 서울시 9급 15

알켄(alkene)에 대한 다음 설명 중에서 올바른 것은?

① 삼중 결합을 적어도 한 개 이상 가지고 있으며 일반식은 C_nH_{2n-2}이다.

② 상온에서 탄소-탄소 이중결합의 회전은 쉽게 일어난다.

③ 알켄 분자들은 서로 강한 수소결합을 한다.

④ 알켄은 불포화 탄화수소로 첨가 반응을 잘한다.

⑤ 알켄의 시스 이성질체는 두 개의 기가 서로 반대쪽에 있고, 트랜스는 두 개의 기가 서로 같은 쪽에 있다.

11 □□□

14 국가직 7급 06

화합물 a, b, c는 분자식이 모두 C_3H_8O이다. a와 b는 Na과 반응하여 수소를 발생시키지만, c는 그러한 성질이 없다. a를 산화시키면 알데하이드(aldehyde)가 생성되고, b를 산화시키면 케톤(ketone)이 생성된다. a, b, c의 화학식으로 옳은 것은?

	a	b	c
①	$CH_3CH_2OCH_3$	$CH_3CH(OH)CH_3$	$CH_3CH_2CH_2OH$
②	$CH_3CH_2CH_2OH$	$CH_3CH(OH)CH_3$	$CH_3CH_2OCH_3$
③	$CH_3CH(OH)CH_3$	$CH_3CH_2CH_2OH$	$CH_3CH_2OCH_3$
④	$CH_3CH_2OCH_3$	$CH_3CH_2CH_2OH$	$CH_3CH(OH)CH_3$

12 □□□

14 국가직 7급 12

페놀과 알코올의 특성에 대한 설명으로 옳은 것만을 모두 고르면?

ㄱ. 페놀과 알코올은 모두 $-OH$ 작용기를 가지고 있다.
ㄴ. 알코올의 끓는점은 분자량이 비슷한 에터(ether)나 탄화수소보다 훨씬 더 높다.
ㄷ. 알코올은 Na과 반응하여 수소 기체를 발생시킨다.
ㄹ. 페놀은 산화를 촉진시킨다.

① ㄱ, ㄴ　　② ㄴ, ㄷ
③ ㄱ, ㄴ, ㄷ　　④ ㄱ, ㄴ, ㄷ, ㄹ

13 □□□

15 해양 경찰청 07

다음의 표는 탄화수소 (가)~(라)에서 각 탄화수소 한 분자가 완전 연소될 때 생성되는 CO_2와 H_2O의 수 및 분자모양을 나타낸 것이다.

탄화수소	(가)	(나)	(다)	(라)
CO_2	2	2	3	6
H_2O	1	2	3	3
분자 모양	사슬	사슬	고리	고리

(가) ~ (라)에 대한 설명으로 가장 적절한 것은?

① (다)에는 다중 결합이 있다.
② (가)와 (라)의 실험식은 같다.
③ H−C−C의 결합각은 (가)가 (나)보다 작다.
④ 탄소원자 사이의 결합 길이는 (가) > (나) > (다)이다.

14 □□□

15 해양 경찰청 13

아래의 그림은 탄소 수가 6개인 탄화수소 2가지를 나타낸 것이다.

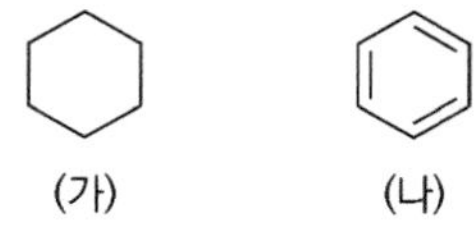

이에 대한 설명으로 옳은 것은?

① (가)는 분자식이 C_6H_6이다.
② (나)는 평면 육각형 구조이다.
③ (가)와 (나)의 결합각(∠CCC)은 서로 같다.
④ 1몰이 완전 연소할 때 생성되는 CO_2의 몰 수는 (가)가 (나)의 2배이다.

15 □□□

16 해양 경찰청 06

다음 〈보기〉의 탄화수소를 탄소 원자들 사이의 결합 길이가 짧은 것부터 순서대로 바르게 나열한 것은?

보기
(가) C_2H_2　　(나) C_2H_4
(다) C_2H_6　　(라) C_6H_6

① (가) < (나) < (다) < (라)
② (가) < (나) < (라) < (다)
③ (라) < (가) < (다) < (나)
④ (라) < (다) < (가) < (나)

16 □□□

16 해양 경찰청 12

그림은 3가지 탄화수소 (가)~(다)의 구조식을 나타낸 것이다.

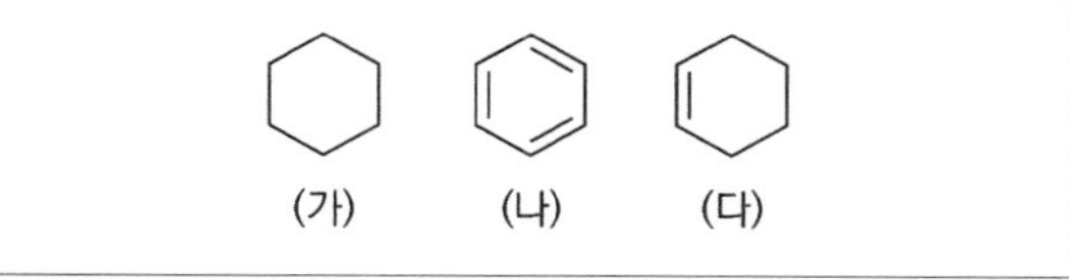

이에 대한 설명으로 옳지 않은 것은?

① (다)는 불포화 탄화수소이다.
② (나)에서 구성원자는 동일 평면에 있다.
③ (가)는 고리모양의 탄화수소로 결합각이 109.5°에 가깝다.
④ 1분자를 완전 연소시킬 때 생성되는 물 분자의 수는 (가) < (다)이다.

17 □□□ 16 해양 경찰청 14

다음 가솔린에 대한 설명 중 가장 옳지 않은 것은?

① 가솔린은 혼합물(mixture)이다.
② C_5 ~ C_9까지 불포화, 포화 탄화수소를 포함하고 있다.
③ 가솔린은 무극성 공유결합을 한다.
④ 물과 가솔린이 섞이지 않은 것은 비점 차이에 기인한다.

18 □□□ 17 지방직 9급(상) 08

다음 알코올 중 산화 반응이 일어날 수 없는 것은?

① $H-C(OH)(H)-CH_3$
② $H_3C-C(OH)(H)-CH_3$
③ $H_3C-C(OH)(H)-OH$
④ $H_3C-C(OH)(CH_3)-CH_3$

19 □□□ 17 지방직 9급(상) 20

다음 화합물들에 대한 설명으로 옳은 것은?

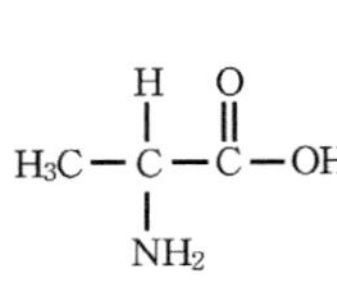

(가) 알라닌

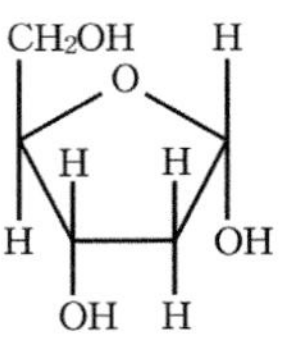

(나) 데옥시라이보오스

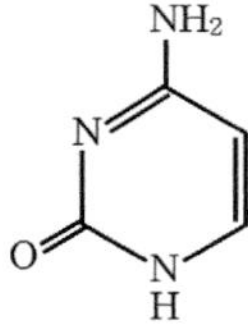

(다) 사이토신

① (가)는 뉴클레오타이드를 구성하는 기본 단위이다.
② (가)는 브뢴스테드-로우리 산과 염기로 모두 작용할 수 있다.
③ (나)는 단백질을 구성하는 기본 단위이다.
④ 데옥시라이보핵산(DNA)에서 (다)는 인산과 직접 연결되어 있다.

20 □□□ 17 국가직 7급 12

다음 설명 중 옳은 것만을 모두 고른 것은?

ㄱ. 알케인은 탄소-탄소 다중 결합을 가지지 않는다.
ㄴ. 사이클로뷰테인은 포화 탄화수소이다.
ㄷ. 사이클로헥세인은 평면구조이다.
ㄹ. 알카인은 탄소-탄소 이중 결합을 가진다.
ㅁ. 펜테인은 포화 탄화수소이고, 1-펜텐은 불포화 탄화수소이다.

① ㄱ, ㄴ, ㄷ ② ㄱ, ㄴ, ㅁ
③ ㄴ, ㄷ, ㄹ ④ ㄷ, ㄹ, ㅁ

21 □□□ 17 서울시 7급 15

다음과 같은 아미노산 유도체의 구조에 포함되지 않은 작용기는?

OH O
OH
O NH₂

① 에터(ether)
② 아민(amine)
③ 알코올(alcohol)
④ 카복실산(carboxylic acid)

22 □□□ 18 지방직 9급 12

다음에서 실험식이 같은 쌍만을 모두 고르면?

ㄱ.	아세틸렌(C_2H_2)	벤젠(C_6H_6)
ㄴ.	에틸렌(C_2H_4)	에테인(C_2H_6)
ㄷ.	아세트산($C_2H_4O_2$)	글루코스($C_6H_{12}O_6$)
ㄹ.	에탄올(C_2H_6O)	아세트알데하이드(C_2H_4O)

① ㄱ, ㄷ ② ㄱ, ㄹ
③ ㄴ, ㄷ ④ ㄷ, ㄹ

23 □□□

18 지방직 7급 06

다음은 두 가지 화학 반응을 나타낸 것이다.

- $CO + 2H_2 \xrightarrow[ZnO/Cr_2O_3\text{촉매}]{350℃,\ 250atm}$
- $CH_3COOCH_2CH_3 + H_2O \xrightarrow{H^+}$

두 반응의 생성물에 공통적으로 들어 있는 작용기는?

① 에터기(−O−) ② 하이드록시기(−OH)
③ 알데히드기(−CHO) ④ 카복실기(−COOH)

24 □□□

19 지방직 7급 17

다음 반응의 생성물 중 ㉠에 해당하는 것은? (단, R, R′ = 탄화수소 치환기)

ROH + R′COOH → [㉠] + H_2O

① 케톤(ketone)
② 에터(ether)
③ 알데하이드(aldehyde)
④ 에스터(ester)

25 □□□

20 지방직 7급 12

다음은 안정한 탄화수소 화합물들의 화학식을 나타낸 것이다. 탄소(C)−탄소(C) 간 결합 길이를 순서대로 바르게 나열한 것은?

C_2H_6, C_2H_4, C_2H_2, C_6H_6

① $C_2H_6 > C_2H_4 > C_6H_6 > C_2H_2$
② $C_2H_6 > C_2H_4 = C_6H_6 > C_2H_2$
③ $C_2H_6 > C_6H_6 > C_2H_4 > C_2H_2$
④ $C_2H_6 > C_2H_4 > C_6H_6 = C_2H_2$

26 □□□

21 지방직 7급 01

다음 유기화합물에 존재하지 않는 작용기는?

H_2C H HO N H O

① 에터(ether)기
② 아민(amine)기
③ 하이드록시(hydroxy)기
④ 에스터(ester)기

27 □□□

23 지방직 9급 10

다음 분자에 대한 설명으로 옳지 않은 것은?

O OH O CH_3 O

① 카복실산 작용기를 가지고 있다.
② 에스터화 반응을 통해 합성할 수 있다.
③ 모든 산소 원자는 같은 평면에 존재한다.
④ sp^2 혼성을 갖는 산소 원자의 개수는 2이다.

28 □□□

23 서울시 2회 7급 08

〈보기〉 중 가장 안정적인 알켄(alkene) 화합물은?

보기

ㄱ. 2,3-dimethylbut-2-ene
ㄴ. 2,3-dimethylbut-1-ene
ㄷ. *cis*-but-2-ene
ㄹ. *trans*-but-2-ene

① ㄱ ② ㄴ
③ ㄷ ④ ㄹ

29 □□□

23 서울시 2회 9급 02

〈보기 1〉은 탄소 화합물 (가)와 (나)에 대한 설명이다. 이에 대한 설명으로 옳은 것을 〈보기 2〉에서 모두 고른 것은?

보기 1

- (가)는 에테인의 수소 원자 1개가 $-OH$로 치환된 분자이다.
- (나)는 메테인의 수소 원자 1개가 $-COOH$로 치환된 분자이다.

보기 2

ㄱ. (나)는 (가)를 산화시켜서 얻을 수 있다.
ㄴ. (나)의 수용액은 산성이 아니다.
ㄷ. $\frac{(\text{분자 1mol 내의 H 원자 개수})}{(\text{분자 1mol 내의 C 원자 개수})}$는 (가)와 (나)가 같다.

① ㄱ ② ㄴ
③ ㄱ, ㄷ ④ ㄴ, ㄷ

30

24 지방직 7급 17

벤젠(C_6H_6)에 대한 설명으로 옳지 않은 것은?

① 치환 반응이 주로 일어난다.
② 각 탄소 원자는 sp^2 혼성을 한다.
③ 결합 길이가 서로 다른 두 종류의 탄소-탄소 결합이 있다.
④ 모든 원자는 한 평면에 있고, 결합각은 120°이다.

31

24 지방직 7급 19

다음 중 C=O이 없는 작용기는?

① 에터(ether) ② 에스터(ester)
③ 케톤(ketone) ④ 알데하이드(aldehyde)

32

24 서울시 7급 19

유기화합물의 특성에 영향을 미치는 작용기 중 산소 원자를 포함하지 않는 것은?

① 에터(ether) ② 에스터(ester)
③ 케톤(ketone) ④ 아민(amine)

33

24 해양 경찰청 05

다음 화합물($C_{20}H_{32}ClN$)의 불포화도는 얼마인가?

① 3 ② 4
③ 5 ④ 6

34

24 해양 경찰청 07

다음 그림은 4종류의 염화 알킬(CH_3Cl, CH_3CH_2Cl, $(CH_3)_2CHCl$, $(CH_3)_3CCl$)이 기체상에서 해리되어 탄소 양이온을 형성할 때의 치환 형태에 따른 해리엔탈피 도표이다. 다음 〈보기〉에서 이에 대한 설명으로 옳은 것은 모두 몇 개인가?

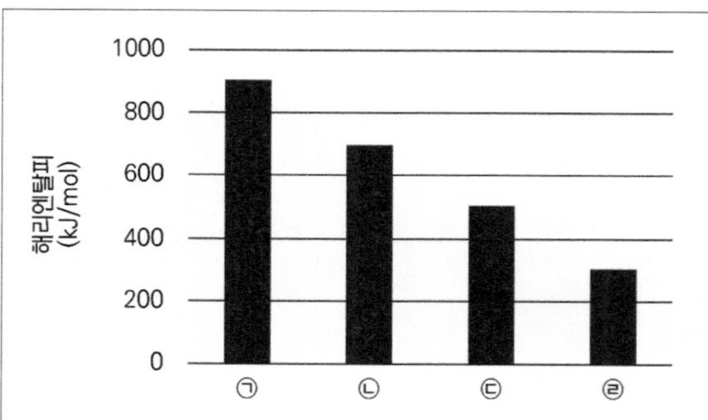

보기

(가) ㉠은 CH_3Cl이다.
(나) 화합물 ㉢은 화합물 ㉡보다 안정하다.
(다) ㉠과 ㉡의 해리엔탈피 차이는 유발효과로 설명할 수 있다.
(라) ㉢과 ㉣의 해리엔탈피 차이는 하이퍼콘쥬게이션(hyperconjugation)으로 설명할 수 있다.

① 1개
② 2개
③ 3개
④ 4개

PART 03 원소와 화합물

 정답 p.353

제 2 절 탄소 화합물과 이성질체

회독점검

1 ☑☐☐ 10 지방직 7급 11

C_4H_9Cl의 구조 이성질체의 개수는?

① 2 ② 3
③ 4 ④ 5

2 ☐☐☐ 13 지방직 7급 12

카이랄(chiral) 탄소를 갖지 않는 것은?

① $CH_3-CH_2-C(Cl)(Br)-CH_2-CH_3$

② $CH_3-CH(Cl)-CH_2-CH(Br)-CH_3$

③ $CH_3-CH(Cl)-CH(Br)-CH_2-CH_3$

④ $CH_3-C(Cl)(Br)-CH_2-CH_2-CH_3$

3 ☐☐☐ 13 지방직 7급 13

메틸사이클로헥센(methylcyclohexene)의 구조 이성질체 개수와 분자 1개당 수소 원자 개수가 옳게 짝지어진 것은?

	구조 이성질체	수소 원자
①	2	6
②	2	12
③	3	9
④	3	12

4 ☐☐☐ 13 국가직 7급 12

C_6H_{14}의 구조 이성질체는 몇 개인가?

① 4 ② 5
③ 6 ④ 7

5 ☐☐☐ 13 국가직 7급 13

다음 각 화합물의 카이랄(손대칭) 탄소 원자의 개수를 나타낸 것으로 옳은 것은?

㉠ $HC(=O)-CH(OH)-CH_2OH$

㉡ $HC(=O)-CH(OH)-CH(OH)-CH(OH)-CH_2OH$

㉢ $CH_2OH-C(=O)-C(HO)(H)-CH(OH)-CH(OH)-CH_2OH$

	㉠	㉡	㉢
①	1	2	2
②	1	2	3
③	1	3	3
④	2	2	3
⑤	C	A	B

6 □□□

14 서울시 7급 12

$C_5H_{11}Cl$의 구조 이성질체의 개수는?

① 4
② 5
③ 6
④ 7
⑤ 8

7 □□□

15 국가직 7급 06

다음 유기화합물 중 시스(*cis*－)와 트랜스(*trans*－) 이성질체를 가지는 것은?

① dichlorobenzene
② 1-chloropropene
③ 1,2-dichloroppropane
④ dichloroethyne

8 □□□

15 서울시 7급 10

다음 중 입체이성질체가 존재하는 분자는 무엇인가?

① $F_2C=CCl_2$
② $CHF=CHF$
③ CH_2F-CHF_2
④ CF_3-CF_3

9 □□□

16 지방직 7급 19

분자식이 $C_3H_6Cl_2$인 화합물에서 가능한 모든 이성질체의 수는?

① 3
② 4
③ 5
④ 6

10 □□□

16 국가직 7급 15

분자식 $C_5H_{10}O_2$를 갖는 카복실산(carboxylic acid)의 구조 이성질체는 모두 몇 개인가?

① 3
② 4
③ 5
④ 6

11 □□□

16 서울시 9급 04

유기 화합물인 펜테인(C_5H_{12})의 구조 이성질체 개수는?

① 1
② 2
③ 3
④ 4

12 □□□

16 서울시 1회 7급 11

삼중 결합을 한 개 가지고 있고 화학식이 C_6H_{10}인 화합물의 구조 이성질체는 몇 개인가?

① 6
② 7
③ 8
④ 9

13 □□□

17 지방직 7급 18

C_4H_8의 분자식을 가지는 알켄(alkene)의 이성질체는 모두 몇 개인가?

① 3
② 4
③ 5
④ 6

14 □□□ 18 지방직 9급 15

분자식이 C_5H_{12}인 화합물에서 가능한 이성질체의 총 개수는?

① 1　② 2
③ 3　④ 4

15 □□□ 18 서울시 1회 7급 12

분자식이 $C_4H_{10}O$이고 2차 알코올인 화합물에 대한 설명으로 가장 옳지 않은 것은?

① 카이랄 탄소가 있다.
② 지방족 알코올이다.
③ 3차 알코올인 구조 이성질체가 존재한다.
④ 1몰이 완전 연소할 때 소모되는 O_2는 9몰이다.

16 □□□ 20 국가직 7급 09

화합물 (가)와 (나)의 카이랄(입체 발생) 탄소 개수를 바르게 연결한 것은?

```
  H  Cl  H   H   H             H  OH  H  OH  OH  OH
  |   |   |   |   |            |   |   |   |   |   |
H—C—C—C—C—C—H          O=C—C—C—C—C—C—H
  |   |   |   |   |                |   |   |   |   |
  H  Br CH3  H   H                 H  OH  H   H   H
       (가)                              (나)
```

	(가)	(나)
①	2	4
②	2	5
③	3	4
④	3	5

17 □□□ 20 서울시 2회 7급 14

알케인(alkane, C_6H_{14})의 구조 이성질체의 개수와 존재하는 거울상 이성질체의 쌍의 수를 옳게 짝지은 것은?

	구조이성질체의 개수	거울상이성체 쌍의 수
①	4개	1쌍
②	5개	0쌍
③	5개	1쌍
④	5개	2쌍

18 □□□ 21 지방직 9급 16

다음 분자쌍 중 성질이 다른 이성질체 관계에 있는 것은?

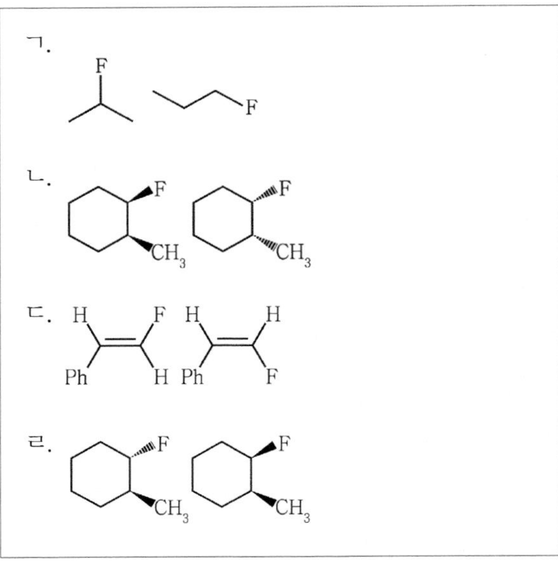

① ㄱ　② ㄴ
③ ㄷ　④ ㄹ

19 □□□

21 서울시 2회 7급 03

사이클로헥세인(cyclohexane)이 가질 수 있는 형태(conformation) 중 에너지 측면에서 가장 안정한 것은?

① 보트형(boat)
② 트위스트 보트형(twist boat)
③ 하프-체어형(half-chair)
④ 체어형(chair)

20 □□□

21 서울시 2회 7급 18

C_6H_{14}의 이성질체가 아닌 것은?

① 3-에틸펜테인
② n-헥세인
③ 2,3-다이메틸뷰테인
④ 2-메틸펜테인

21 □□□

22 국가직 7급 13

다음 유기화합물에서 카이랄 중심(chiral center)의 총 개수는?

① 5
② 6
③ 7
④ 8

22 □□□

22 서울시 1회 7급 09

〈보기〉 속 화합물의 탄소 중 카이랄 중심 탄소는?

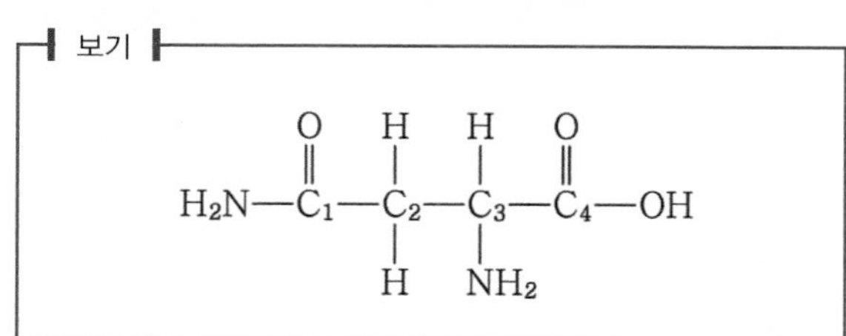

① C_1
② C_2
③ C_3
④ C_4

23 □□□

22 서울시 3회 7급 17

〈보기〉 중 짝지어진 이성질체의 종류가 다른 것은?

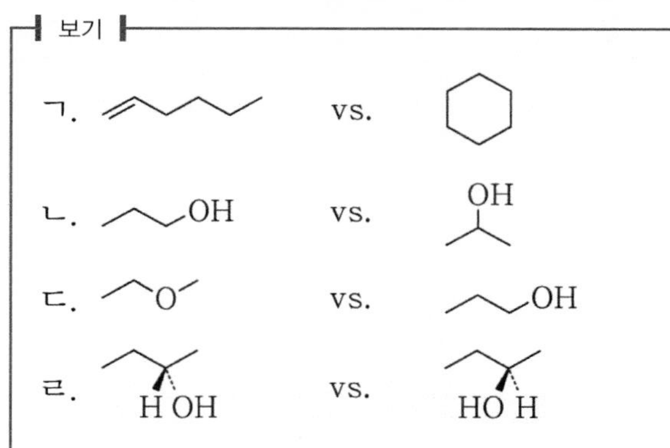

① ㄱ
② ㄴ
③ ㄷ
④ ㄹ

24 □□□

24 국가직 7급 11

다음 화합물에서 카이랄 중심(chiral center)의 총 개수는?

$$HO-CH_2-\underset{\displaystyle |}{\overset{OH}{\overset{|}{CH}}}-\underset{\underset{\displaystyle O}{\|}}{C}-CH_2-OH$$

① 0　　② 1

③ 2　　④ 3

25 □□□

24 해양 경찰청 10

두 개의 methyl기가 치환된 dimethylcyclohexane이 ㉠~㉣과 같은 구조를 갖고 있을 때, 다음 〈보기〉에서 가장 안정한 형태를 나타내는 구조는?

시스 / 트랜스 이치환양식	축방향(a) / 적도방향(e) 관계
㉠ cis−1,2−dimethylcyclohexane	a, e
㉡ trans−1,2−dimethylcyclohexane	e, e
㉢ trans−1,2−dimethylcyclohexane	a, a
㉣ cis−1,3−dimethylcyclohexane	a, a

① ㉠　　② ㉡

③ ㉢　　④ ㉣

제 3 절 탄소 화합물의 명명법

정답 p.357

회독점검

1 ☑☐☐ 13 국가직 7급 16

IUPAC 명명법에 의한 다음 화합물의 명칭은?

```
                           CH3   CH3
                            |     |
H3C — CH — CH2 — CH — C — CH2 — CH3
       |                  |
      CH2                CH2
       |                  |
      CH3                CH2
                          |
                         CH3
```

① 3,5,6,-trimethyl-6-proyloctane
② 6-ethyl-3,5,6-trimethylnonane
③ 2-ethyl-4,5-dimetyl-5-propylheptane
④ 2,5-diethyl-4,5-dimethyloctane

2 ☐☐☐ 16 국가직 7급 12

IUPAC 명명법에 의한 다음 화합물의 명칭은?

```
H2C ═══ C ──── CH ──── CH3
        |      |
       CH3    H2C ──── CH3
```

① 2,3-dimethyl-1-pentene
② 3,4-dimethyl-4-pentene
③ 1,2,3-trimethyl-1-heptene
④ 3-ethyl-2-methyl-1-butene

3 ☐☐☐ 17 서울시 2회 9급 05

다음 구조식의 탄소화합물을 IUPAC 명명법에 따라 올바르게 명명한 것은?

```
      CH3            CH2CH3
       |              |
CH3 — CH — CH2 — CH — CH2 — CH3
```

① 4-에틸-2-메틸헥세인(4-ethyl-2-methylhexane)
② 2-메틸-4-에틸헥세인(2-methyl-4-ethylhexane)
③ 3-에틸-5-메틸헥세인(3-ethyl-5-methylhexane)
④ 5-메틸-3-에틸헥세인(5-methyl-3-ethylhexane)

4 ☐☐☐ 19 국가직 7급 12

다음 결합 구조를 갖는 탄화수소 화합물의 IUPAC 이름은?

```
H3C — CH2       H2C — CH3
       |         |
H3C — C — CH2 — CH
       |         |
      CH3       CH3
```

① 2,3-다이에틸-2,3-다이메틸뷰테인(2,3-diethyl-2,3-dimethylbutane)
② 3,3,5-트라이메틸헵테인(3,3,5-trimethylheptane)
③ 3,3-다이메틸-5-에틸헥세인(3,3-dimethyl-5-ethylhexane)
④ 3,5,5-트라이메틸헵테인(3,5,5-trimethylheptane)

5 □□□

20 지방직 7급 20

IUPAC명으로 옳은 것은?

① 2-methylpentane
② 3,5-dimethylhexane
③ 3-methyl-5-ethylheptane
④ 2,2-dimethyl-4-ethylhexane

6 □□□

21 국가직 7급 18

다음 화합물에 대한 설명으로 옳은 것은?

$$H_3C-\underset{\underset{H}{|}}{\overset{\overset{H}{|}}{C}}-\underset{\underset{CH_3}{|}}{\overset{\overset{H}{|}}{C}}-\underset{\underset{H}{|}}{\overset{\overset{H}{|}}{C}}-C\equiv C-\underset{\underset{H}{|}}{\overset{\overset{H}{|}}{C}}-CH_3$$

① 2-ethlhept-4-yne
② 6-ethylhept-3-yne
③ 3-methyloct-5-yne
④ 6-methyloct-3-yne

7 □□□

22 지방직 7급 10

다음 구조를 갖는 화합물의 IUPAC 명명은?

$$CH_3-\overset{\overset{CH_3}{|}}{CH}-CH=\underset{\underset{CH_2CH_3}{|}}{C}-\overset{\overset{CH_3}{|}}{CH}-CH_3$$

① 3-ethyl-2,5-dimethyl-3-hexene
② 2-methyl-4-isopropyl-3-hexene
③ 2,5-dimethyl-3-ethyl-3-hexene
④ 1-ethyl-1,2-diisopropylethene

8 □□□

23 국가직 7급 09

다음 유기 화합물의 IUPAC 이름은?

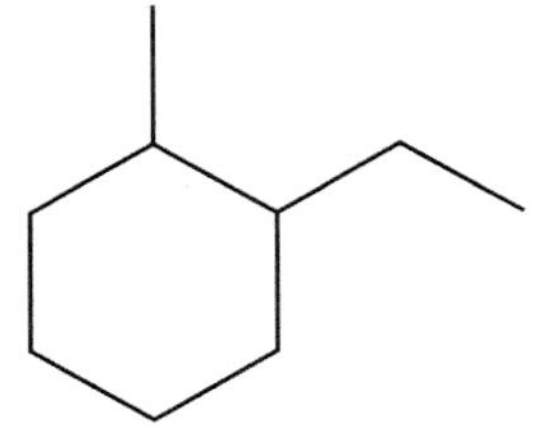

① 1-ethyl-2-methylcyclohexane
② 1-methyl-2-ethylcyclohexane
③ 2-ethyl-1-methylcyclohexane
④ 2-methyl-1-ethylcyclohexane

9 □□□

24 국가직 7급 08

다음 화합물의 IUPAC 이름은?

$$CH_3-CH_2-\overset{\overset{O}{\|}}{C}-O-CH_2-CH_3$$

① ethyl propanoate
② ethyl pentanoate
③ dimethyl propanoate
④ ethyl pentanoic acid

10 □□□

24 지방직 7급 16

C_5H_{10}에 대한 구조 이성질체의 IUPAC 명명법으로 옳지 않은 것은?

① 2-methyl-2-butene
② 2-methyl-1-butene
③ 3-methyl-1-butene
④ 3-methyl-2-butene

11 □□□

24 서울시 7급 18

유기 화합물의 구조와 이름이 옳지 않게 짝지어진 것을 <보기>에서 모두 고른 것은?

보기

ㄱ. 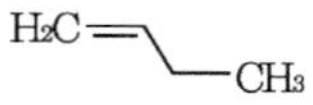 $H_2C=$ … CH_3 : 1-뷰텐

ㄴ. 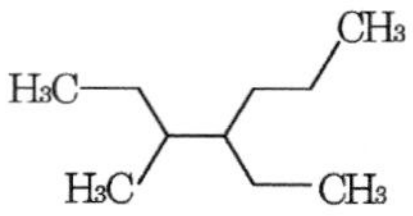 H_3C, H_3C, CH_3, CH_3 : 4-에틸-3-메틸헵테인

ㄷ. 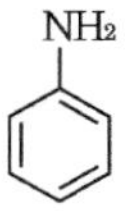 NH_2 (벤젠 고리) : 나이트로벤젠

ㄹ. 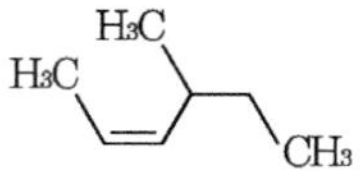 H_3C, H_3C, CH_3 : 4-메틸-트랜스-2-헥센

① ㄱ, ㄴ　② ㄴ, ㄷ
③ ㄴ, ㄹ　④ ㄷ, ㄹ

Chapter 03

고분자 화합물

정답 p.358

회독점검

1 ☑☐☐ 10 지방직 9급 02

폴리에틸렌(polyethylene)을 제조할 때 사용되는 가장 보편적인 단위체는?

① $CH_2=CH(C_6H_5)$ ② $CH_2=CHCl$

③ $CH_2=CH_2$ ④ $CH_2=CH(CN)$

2 ☐☐☐ 15 국가직 7급 07

다음 고분자들이 합성 방법에 따라 옳게 짝지어진 것은?

A $-\!\!(CH_2-CH_2)\!\!-_n$

B $-\!\!(\underset{H}{N}-(CH_2)_6-\underset{H}{N}-\overset{O}{\overset{\|}{C}}-(CH_2)_4-\overset{O}{\overset{\|}{C}})\!\!-_n$

C $-\!\!(CH_2-\underset{C\equiv N}{CH})\!\!-_n$

D $-\!\!(CH_2-C(CH_3)=CH-CH_2)\!\!-_n$

	부가 중합	축합 중합
①	A, C, D	B
②	A, C	B, D
③	A	B, C, D
④	B	A, C, D

3 ☐☐☐ 16 지방직 7급 17

다음 중 단위체(monomer)로부터 고분자가 합성될 때 물이 함께 생성되는 것은?

① 폴리스타이렌

$-\!\!(CH(C_6H_5)-CH_2)\!\!-_n$

② 폴리아마이드

$-\!\!(NH-C_6H_4-NH-\overset{O}{\overset{\|}{C}}-C_6H_4-\overset{O}{\overset{\|}{C}})\!\!-_n$

③ 폴리아크릴로나이트릴(PAN)

$-\!\!(\underset{CN}{CH}-CH_2)\!\!-_n$

④ 폴리염화바이닐(PVC)

$-\!\!(\underset{Cl}{CH}-CH_2)\!\!-_n$

4 ☐☐☐ 16 서울시 3회 7급 07

다음 중에서 첨가 중합에 의하여 고분자 화합물을 만들 수 없는 것은?

㉠ $H_2C=CH_2$
㉡ $F_2C=CF_2$
㉢ $H_2C=CH-CH_3$
㉣ H_3C-CH_2

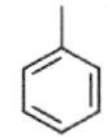

① ㉠ ② ㉡

③ ㉢ ④ ㉣

5 □□□ 17 국가직 7급 13

다음 구조의 고분자를 축합 중합 반응으로 합성하기 위해 필요한 단량체들로 옳은 것은?

$$\left[OCH_2CH_2CH_2O\overset{O}{\overset{\|}{C}}CH_2CH_2\overset{O}{\overset{\|}{C}} \right]_n$$

① $HOOCCH_2COOH$, $HOCH_2CH_2CH_2CH_2OH$

② $HOCH_2CH_2COOH$, $HOCH_2CH_2CH_2COH$

③ $HOCH_2CH_2COOH$, $HOCH_2CH_2CH_2COOH$

④ $HOCH_2CH_2CH_2OH$, $HOOCCH_2CH_2COOH$

6 □□□ 19 지방직 9급 08

고분자(중합체)에 대한 설명으로 옳은 것만을 모두 고르면?

ㄱ. 폴리에틸렌은 에틸렌 단위체의 첨가 중합 고분자이다.
ㄴ. 나일론-66은 두 가지 다른 종류의 단위체가 축합 중합된 고분자이다.
ㄷ. 표면 처리제로 사용되는 테플론은 C－F 결합 특성 때문에 화학약품에 약하다.

① ㄱ ② ㄱ, ㄴ
③ ㄴ, ㄷ ④ ㄱ, ㄴ, ㄷ

7 □□□ 21 국가직 7급 25

중합 반응(polymerization)과 중합체(polymer)에 대한 설명으로 옳은 것만을 모두 고르면?

ㄱ. 첨가 중합 반응에서는 작은 분자가 떨어져 나온다.
ㄴ. 폴리염화 바이닐(PVC)은 공중합체(copolymer)이다.
ㄷ. 단백질 중합체는 축합 중합 반응으로 만들어진다.

① ㄱ ② ㄴ
③ ㄷ ④ ㄴ, ㄷ

8 □□□ 22 해양 경찰청 07

고분자의 대표적인 합성 방법에는 첨가 반응과 축합 반응이 있다. 다음 중 합성법이 다른 하나는?

① 폴리에틸렌(PE)

② 폴리에틸렌테레프탈레이트(PET)

③ 폴리스티렌(PS)

④ 폴리염화비닐(PVC)

9 □□□ 23 서울시 2회 7급 05

생체중합체(biopolymer)와 그 중합체를 구성하는 단위체를 옳지 않게 짝지은 것은?

① 단백질(protein) － 아미노산(amino acid)

② 핵산(nucleic acid) － 뉴클레오타이드(nucleotide)

③ 녹말(starch) － 글루코스(glucose)

④ 셀룰로스(cellulose) － 프럭토스(fructose)

Chapter 04

전이 금속 화합물

제 1 절 전이 금속 일반

정답 p.359

회독점검

1 ☑☐☐ 09 지방직 7급(하) 12

6배위 화합물 $CoCl_3 \cdot 5NH_3$의 수용액에 염산 수용액을 가해도 암모니아가 방출되지 않았다. 수용액 상태에서 이 화합물과 가장 비슷한 전기전도도를 갖는 화합물은?

① $Al(NO_3)_3$　② $Mg(NO_3)_2$

③ NaCl　④ NH_4NO_3

2 ☐☐☐ 10 지방직 9급 20

Fe^{2+}의 바닥상태 전자배치는? (단, Fe의 원자번호는 26이다.)

① $[Ne]3s^23p^63d^64s^2$　② $[Ne]3s^23p^64s^23d^4$

③ $[Ne]3s^23p^63d^8$　④ $[Ne]3s^23p^63d^6$

3 ☐☐☐ 10 지방직 7급 02

원자 또는 이온의 바닥 상태 전자 배치 중 옳지 않은 것은?

① $_{30}Zn : 1s^22s^22p^63s^23p^64s^23d^{10}$

② $_{29}Cu : 1s^22s^22p^63s^23p^64s^13d^{10}$

③ $_{29}Cu^+ : 1s^22s^22p^63s^23p^64s^13d^9$

④ $_{30}Zn^{2+} : 1s^22s^22p^63s^23p^63d^{10}$

4 ☐☐☐ 14 국가직 7급 09

$^{52}_{24}Cr$에 있는 원자가전자의 수와 d 오비탈 전자수를 순서대로 나열한 것은?

① 4, 4　② 4, 5

③ 6, 4　④ 6, 5

5 ☐☐☐ 15 지방직 9급 11

Cr^{3+}의 바닥 상태 전자 배치는? (단, Cr의 원자번호는 24이다.)

① $[Ar]4s^13d^2$　② $[Ar]4s^13d^5$

③ $[Ar]4s^23d^1$　④ $[Ar]3d^3$

6 ☐☐☐ 16 지방직 7급 12

다음 착화합물 수용액에 $AgNO_3$ 수용액을 첨가하였을 때, 침전이 생성되는 것은?

① $[Cr(NH_3)_3Cl_3]$　② $[Cr(NH_3)_6]Cl_3$

③ $[Cr(NH_3)_4Cl_2]NO_3$　④ $Na_3[Cr(CN)_6]$

7 ☐☐☐

18 지방직 9급 09

원자들의 바닥상태 전자 배치로 옳지 않은 것은?

① Co : $[Ar]4s^1 3d^8$　② Cr : $[Ar]4s^1 3d^5$
③ Cu : $[Ar]4s^1 3d^{10}$　④ Zn : $[Ar]4s^2 3d^{10}$

8 ☐☐☐

20 지방직 7급 05

크로뮴(Cr) 원자의 바닥 상태의 전자 배치에서 홀전자 개수는? (단, Cr의 원자 번호는 24이다)

① 3　② 4
③ 5　④ 6

9 ☐☐☐

21 지방직 9급 11

$_{29}Cu$에 대한 설명으로 옳지 않은 것은?

① 상자성을 띤다.
② 산소와 반응하여 산화물을 형성한다.
③ Zn보다 산화력이 약하다.
④ 바닥 상태의 전자 배치는 $[Ar]4s^1 3d^{10}$이다.

10 ☐☐☐

21 지방직 7급 09

배위 화합물에 대한 설명으로 옳지 않은 것은?

① 배위 화합물은 착이온과 상대이온(counter ion)으로 구성된다.
② 한 자리 리간드는 한 금속 이온과 하나의 결합을 형성하는 리간드이다.
③ 배위수는 금속 이온의 크기 및 전하에 관계없이 항상 일정하다.
④ 리간드는 금속 이온과 결합을 형성하는 데 쓸 수 있는 고립 전자쌍이 있는 중성 분자나 이온이다.

11 ☐☐☐

21 국가직 7급 02

중성 원자 $^{52}_{24}Cr$에 대한 설명으로 옳지 않은 것은?

① 전자 개수는 24이다.
② 양성자 개수는 24이다.
③ 중성자 개수는 28이다.
④ 질량수는 양성자 개수의 2배이다.

12 ☐☐☐

22 서울시 1회 7급 07

바닥 상태의 전자 배치로 옳지 않은 것은?

① $_6C$: $[He]2s^2 2p^2$　② $_{17}Cl$: $[Ne]3s^2 3p^5$
③ $_{24}Cr$: $[Ar]4s^2 3d^4$　④ $_{30}Zn$: $[Ar]4s^2 3d^{10}$

13 ☐☐☐

23 지방직 9급 13

다음 각 0.1M 착화합물 수용액 100mL에 0.5M $AgNO_3$ 수용액 100mL씩을 첨가했을 때, 가장 많은 양의 침전물이 얻어지는 것은?

① $[Co(NH_3)_6]Cl_3$　② $[Co(NH_3)_5Cl]Cl_2$
③ $[Co(NH_3)_4Cl_2]Cl$　④ $[Co(NH_3)_3Cl_3]$

14 ☐☐☐

23 국가직 7급 01

중성 원자의 바닥 상태 전자 배치로 옳지 않은 것은?

① $_{16}S : 1s^2 2s^2 2p^6 3s^2 3p^4$
② $_{20}Ca : 1s^2 2s^2 2p^6 3s^2 3p^6 4s^2$
③ $_{22}Ti : 1s^2 2s^2 2p^6 3s^2 3p^6 4s^2 3d^2$
④ $_{24}Cr : 1s^2 2s^2 2p^6 3s^2 3p^6 4s^2 3d^4$

15 □□□

24 지방직 9급 14

$_{24}Cr$의 바닥상태 전자배치에서 홀전자로 채워진 오비탈의 개수는?

① 0 ② 2

③ 4 ④ 6

16 □□□

24 서울시 7급 07

원소의 바닥 상태 전자 배치로 가장 옳지 않은 것은?

① O : $[He]2s^2 2p^4$ ② Cr : $[Ar]4s^1 3d^5$

③ Cl : $[Ne]3s^2 3p^5$ ④ Cu : $[Ar]4s^2 3d^{10}$

제 2 절 착이온의 배위수와 산화수

정답 p.361

회독점검

1 ☑☐☐ 17 지방직 7급 12

배위 화합물 $[Rh(NH_3)_5I]Br_2$에서 Rh와 I의 산화수는?

	Rh	I
①	+2	0
②	+2	−1
③	+3	0
④	+3	−1

2 ☐☐☐ 17 지방직 7급 15

대표적인 항암제인 시스플라틴(cisplatin)의 화학식과 중심 금속인 백금(Pt)의 산화상태는?

① $Pt(NH_3)_2Cl_2$, Pt(Ⅱ)
② $Pt(NH_2)_2Cl_2$, Pt(Ⅳ)
③ $Pt(NH_3)_4Cl_2$, Pt(Ⅱ)
④ $Pt(NH_2)_2(NH_3)_2Cl_2$, Pt(Ⅳ)

3 ☐☐☐ 18 지방직 7급 12

배위 화합물 $[Co(NH_3)_2(en)Cl_2]^+$에서 중심 금속 Co의 산화수와 배위수를 바르게 연결한 것은? ($en = H_2NCH_2CH_2NH_2$)

	산화수	배위수
①	+2	5
②	+2	6
③	+3	5
④	+3	6

4 ☐☐☐ 18 서울시 1회 7급 15

배위 화합물인 $[Cr(NH_3)(en)_2Cl]Br_2$의 중심 금속인 Cr의 산화수와 배위수를 순서대로 바르게 나열한 것은? (단, $en = H_2NCH_2CH_2NH_2$이다.)

① +3, 6　② +3, 4
③ +2, 6　④ +2, 4

5 ☐☐☐ 21 국가직 7급 13

착화합물과 Co의 산화수를 옳게 짝지은 것은?

	$K[Co(NH_3)_2(CN)_4]$	$Na[Co(OH_2)_3(OH)_3]$
①	+3	+2
②	+3	+3
③	+4	+2
④	+4	+3
⑤	C	A

제 3 절 결정장 이론과 착이온의 이성질체

정답 p.362

회독점검

1 ☑☐☐ 10 지방직 7급 13

팔면체 착물 $[CoF_6]^{3-}$와 $[Co(CN)_6]^{3-}$에 대한 설명으로 옳지 않은 것은?

① 두 착물 모두 Co의 산화수는 +3이다.

② $[CoF_6]^{3-}$의 결정장 갈라짐 에너지는 $[Co(CN)_6]^{3-}$의 결정장 갈라짐 에너지보다 크다.

③ $[CoF_6]^{3-}$는 팔면체 결정장 내에서 t_{2g}에 4개, e_g에 2개의 전자가 존재하는 고스핀 착물이다.

④ $[Co(CN)_6]^{3-}$ 착물의 결정장 갈라짐 에너지는 전자 짝지음 에너지보다 크다.

2 ☐☐☐ 12 지방직 7급 17

결정장 이론에 대한 설명으로 옳은 것은?

① 할로젠 음이온들은 암모니아보다 강한 결정장 세기를 가진다.

② 금속 이온 용액의 색은 금속의 전자 배치와 무관하다.

③ 결정장 갈라짐 에너지는 사면체가 팔면체보다 크다.

④ 팔면체 착화합물의 경우 d^4부터 d^7까지는 고스핀과 저스핀을 가질 수 있다.

3 ☐☐☐ 12 지방직 7급 18

다음은 A, B, C의 특성을 나타낸 것이다. A, B, C에 대한 설명으로 옳지 않은 것은? (단, 수용액에서 리간드는 중심 금속 Co^{3+}로부터 해리되지 않는다.)

- A, B, C는 모두 중심 금속 Co^{3+}에 Cl^-, NH_3가 임의의 비율로 배위 결합되어 팔면체 구조를 형성한다.
- A는 중성 분자이고, B와 C는 염이다.
- 1몰의 B를 과량의 질산은($AgNO_3$) 수용액과 반응시키면 3몰의 염화은(AgCl) 침전이 생성된다.
- 1몰의 C를 물에 녹이면 2몰의 이온이 생성되며, 이 중 1몰은 포타슘 이온(K^+)이다.

① A는 $[Co(NH_3)_3Cl_3]$이며, 시스, 트랜스 기하 이성질체가 있다.

② A는 $[Co(NH_3)_3Cl_3]$이며, 이성질체의 수는 2개이다.

③ B는 $[Co(NH_3)_6]Cl_3$이며, 6개의 리간드가 모두 동일하므로 착이온의 쌍극자 모멘트는 0이다.

④ C는 $K[CoCl_4(NH_3)_2]$이며, 시스, 트랜스 2개의 기하 이성질체를 갖는다.

4 ☐☐☐ 13 지방직 7급 11

팔면체 배위 화합물 $K[Co(NH_3)_2Cl_4]$의 기하 이성질체 개수와 중심 금속 Co의 산화수가 옳게 짝지어진 것은?

	기하 이성질체	산화수
①	2	+2
②	2	+3
③	3	+2
④	3	+3

5 □□□ 13 국가직 7급 07

$K_3[Co(CN)_6]$의 Co에 존재하는 홀전자는 몇 개인가? (단, Co의 원자번호는 27번이다.)

① 0 ② 1
③ 2 ④ 4

6 □□□ 13 국가직 7급 09

$[Co(en)_3]^{3+}$ 착이온에 대한 설명으로 옳은 것을 모두 고른 것은? (단, *en*은 ethylenediamine이다.)

ㄱ. 거울상 이성질체(enantimer)가 존재한다.
ㄴ. 중심 금속의 배위수는 3이다.
ㄷ. 킬레이트 리간드를 가지고 있다.
ㄹ. 카이랄(chiral)성 물질이다.

① ㄱ, ㄴ ② ㄴ, ㄷ
③ ㄱ, ㄴ, ㄷ ④ ㄱ, ㄷ, ㄹ

7 □□□ 14 국가직 7급 14

시스-트랜스(*cis*−*trans*)이성질체를 가지는 금속 화합물을 모두 고르면? (단, *en*은 ethylenediamine이다.)

ㄱ. $Pt(NH_3)_2Br_2$ ㄴ. $[Co(NH_3)_4Cl_2]^+$
ㄷ. $Co(NH_3)_3Cl_3$ ㄹ. $[Rh(en)(NH_3)_4]^+$

① ㄱ, ㄴ ② ㄴ, ㄷ
③ ㄷ, ㄹ ④ ㄱ, ㄴ, ㄹ

8 □□□ 14 국가직 7급 18

다음 화합물 중 수용액상에서 무색인 것은? (단, Cr, Fe, Cu, Zn의 원자번호는 각각 24, 26, 29, 30이다.)

① $[Cr(H_2O)_6]Cl_3$ ② $K_3[Fe(CN)_6]$
③ $CuSO_4$ ④ $[Zn(NH_3)_6]SO_4$

9 □□□ 14 국가직 7급 19

팔면체(octahedral) 착물 $[CoF_6]^{3-}$와 $[Co(CN)_6]^{3-}$에 대한 설명으로 옳지 않은 것은?

① 두 착물에 존재하는 Co의 산화수는 모두 +3가이다.
② $[CoF_6]^{3-}$의 결정장 갈라짐 에너지는 $[Co(CN)_6]^{3-}$의 결정장 갈라짐 에너지보다 작다.
③ $[CoF_6]^{3-}$는 팔면체 결정장 내에서 t_{2g} 오비탈에 6개, e_g 오비탈에 0개의 전자가 존재하는 저스핀 착물(low spin complex)이다.
④ $[Co(CN)_6]^{3-}$ 착물의 결정장 갈라짐 에너지는 짝지음 에너지(pairing energy)보다 크다.

10 □□□ 15 국가직 7급 20

다음 특성을 모두 가지는 금속착이온은?

• 금속의 산화수는 +2이다.
• 금속의 *d* 오비탈 전자 수는 6개이다.
• 상자기성(paramagnetic) 착이온이다.

① $[MnF_6]^{3-}$ ② $[Fe(CN)_6]^{4-}$
③ $[Fe(H_2O)_6]^{2+}$ ④ $[Co(H_2O)_6]^{2+}$

11 □□□

16 지방직 7급 05

결정장 이론에 대한 $[Mn(CN)_6]^{3-}$의 d 오비탈 전자 배치는? (단, Mn의 원자 번호는 25이다.)

① e_g ___ ___
t_{2g} ↑↓ ↑ ↑

② t_{2g} ↑ ↑ ___
e_g ↑ ↑

③ e_g ↑ ___
t_{2g} ↑ ↑ ↑

④ t_{2g} ___ ___ ___
e_g ↑↓ ↑↓

12 □□□

16 지방직 7급 09

착화합물 $K_3[NiCl_6]$에 대한 설명으로 옳은 것만을 모두 고른 것은? (단, Ni의 원자 번호는 28이다.)

> ㄱ. Ni의 배위수는 6이다.
> ㄴ. Ni의 산화수는 −3이다.
> ㄷ. $K_3[NiCl_6]$은 상자성(paramagnetic)이다.

① ㄱ
② ㄱ, ㄷ
③ ㄴ, ㄷ
④ ㄱ, ㄴ, ㄷ

13 □□□

16 서울시 1회 7급 13

다음은 주기율표의 일부를 나타낸 것이다. 각 팔면체 착물에 대한 설명으로 옳지 않은 것은? (단, CN^-와 en은 강한장 리간드, H_2O와 F^-는 약한 장 리간드이다.)

전이금속 원소									
3	4	5	6	7	8	9	10	11	12
3B	4B	5B	6B	7B	8B	8B	8B	1B	2B
21 Sc	22 Ti	23 V	24 Cr	25 Mn	26 Fe	27 Co	28 Ni	29 Cu	30 Zn

① $[Cr(en)_3]^{3+}$는 세 개의 홀전자를 가진다.
② $[Mn(CN)_6]^{3-}$는 두 개의 홀전자를 가진다.
③ $[Co(H_2O)_6]^{2+}$는 한 개의 홀전자를 가진다.
④ $[NiF_6]^{4-}$는 두 개의 홀전자를 가진다.

14 □□□

16 국가직 7급 02

금속 착화합물 $[Pt(NH_3)_2Cl_2]$에 대한 설명으로 옳지 않은 것은?

① 중심 금속 Pt의 산화 상태는 +2이다.
② 평면 사각형의 기하구조를 갖는다.
③ 시스-트랜스 이성질체를 갖는다.
④ 이성질체 구조에 따라 광학 활성이 달라진다.

15 □□□

16 국가직 7급 20

전이 금속 배위 착물의 결정장 갈라짐(crystal field splitting)에 대한 설명으로 옳은 것은?

① $[Fe(CN)_6]^{4-}$는 상자기성(paramagnetic)이다.
② 결정장 갈라짐의 크기는 $[Cr(H_2O)_6]^{2+}$가 $[Cr(H_2O)_6]^{3+}$보다 크다.
③ $[Co(CN)_6]^{4-}$가 $[CoF_6]^{4-}$보다 장파장의 빛을 흡수한다.
④ 리간드가 같은 경우, 결정장 갈라짐의 크기는 Pt^{2+} 착물이 Ni^{2+} 착물보다 크다.

16 □□□

17 국가직 7급 15

팔면체 착물 $Cr(H_2O)_3ClBrI$가 가질 수 있는 이성질체의 수와 거울상 이성질체 쌍의 수를 바르게 연결한 것은?

	이성질체의 수	거울상 이성질체 쌍의 수
①	4	1
②	4	2
③	5	1
④	5	2

17 □□□ 17 서울시 2회 9급 14

어떤 전이금속 이온의 5개 d 전자궤도함수는 동일한 에너지 준위를 이루고 있다. 이 전이금속 이온의 4개의 동일한 음이온 배위를 받아 정사면체 착화합물을 형성할 때 나타나는 에너지 준위 도표로 옳은 것은?

① d_{xy} d_{yz} d_{zx}
　$d_{x^2-y^2}$ d_{z^2}

② d_{z^2} d_{yz} d_{zx}
　$d_{x^2-y^2}$ d_{xy}

③ $d_{x^2-y^2}$ d_{z^2}
　d_{xy} d_{yz} d_{zx}

④ $d_{x^2-y^2}$ d_{xy}
　d_{z^2} d_{yz} d_{zx}

18 □□□ 17 서울시 7급 07

Mn 원자의 바닥 상태 전자배치는 $[Ar]3d^5 4s^2$이며, 산 수용액에서 쉽게 이온화하여 착이온인 $[Mn(H_2O)_6]^{2+}$를 형성한다. $[Mn(H_2O)_6]^{2+}$의 구조는 정팔면체이고, H_2O는 약한장 리간드일 때, 이 착이온에서 짝짓지 않은 전자의 수는?

① 2개　② 3개
③ 4개　④ 5개

19 □□□ 18 국가직 7급 07

$[Co(CN)_6]^{3-}$에 대한 설명으로 옳지 않은 것은?

① 정팔면체 구조이다.
② 코발트 이온의 산화수는 +3이다.
③ CN^-는 강한 장 리간드이다.
④ 상자기성이다.

20 □□□ 18 국가직 7급 19

$Co(NH_3)_3Cl_3$의 기하 이성질체는 모두 몇 개인가?

① 1　② 2
③ 3　④ 4

21 □□□ 19 지방직 9급 20

팔면체 철 착이온 $[Fe(CN)_6]^{3-}$, $[Fe(en)_3]^{3+}$, $[Fe(en)_2Cl_2]^+$에 대한 설명으로 옳은 것만을 모두 고르면? (단, en은 에틸렌다이아민이고 Fe는 8족 원소이다)

보기
ㄱ. $[Fe(CN)_6]^{3-}$는 상자기성이다.
ㄴ. $[Fe(en)_3]^{3+}$는 거울상 이성질체를 갖는다.
ㄷ. $[Fe(en)_2Cl_2]^+$는 3개의 입체이성질체를 갖는다.

① ㄱ　② ㄴ
③ ㄷ　④ ㄱ, ㄴ, ㄷ

22 □□□ 19 지방직 7급 10

몰 조성비가 $Fe:Cl:NH_3 = 1:3:4$인 6배위 착화합물에 대한 설명으로 옳은 것은?

① 중심 금속의 산화수는 +2이다.
② 거울상 이성질체를 갖는다.
③ 상자기성이다.
④ 1몰이 물에 녹아 완전히 해리되면 이온 3몰이 생긴다.

23 □□□

19 국가직 7급 18

금속 착물에서 중심 원자의 d 오비탈 에너지 준위는 리간드의 분광화학적 계열에 따른 결정장 모형에 의해 정해진다. 이때, d 오비탈에 홀전자의 개수가 가장 많은 금속 착물은? (단, Mn, Fe, Co, Ni은 각각 7족, 8족, 9족, 10족 원소이다.)

① $[Mn(H_2O)_6]^{2+}$　　② $[CoF_6]^{3-}$

③ $[NiCl_4]^{2-}$　　④ $[Fe(CN)_6]^{3-}$

24 □□□

20 지방직 7급 17

배위 화합물 $K_2[PtCl_4]$에 대한 설명으로 옳은 것만을 모두 고르면? (단, Pt는 10족 원소이다)

ㄱ. Pt의 산화수는 +2이다.
ㄴ. 반자기성이다.
ㄷ. $[PtCl_4]^{2-}$의 기하 구조는 정사면체이다.

① ㄱ, ㄴ　　② ㄱ, ㄷ

③ ㄴ, ㄷ　　④ ㄱ, ㄴ, ㄷ

25 □□□

20 국가직 7급 08

상자기성(paramagnetism)을 띠는 착이온은? (단, Mn, Co, Cu, Zn은 각각 7족, 9족, 11족, 12족 원소이다.)

① $Mn(CN)_6^{2-}$　　② $Co(CN)_6^{3-}$

③ $Cu(CN)_3^{2-}$　　④ $Zn(H_2O)_6^{2+}$

26 □□□

20 서울시 2회 7급 03

〈보기〉의 전이금속 화합물의 자화율(magnetic susceptibility)을 측정했을 때, 가장 작은 값을 갖는 것은?

보기

ㄱ. $[Fe(CN)_6]^{3-}$　　ㄴ. $[Co(CN)_6]^{3-}$
ㄷ. $[FeCl_6]^{4-}$　　ㄹ. $[CoF_6]^{3-}$

① ㄱ　　② ㄴ

③ ㄷ　　④ ㄹ

27 □□□

20 서울시 2회 7급 18

〈보기〉에서 설명하는 배위 화합물로 가장 적절한 것은? (단, en은 $H_2NCH_2CH_2NH_2$이다.)

보기

- 금속의 산화수는 +3이다.
- 수용액에서 1몰이 해리되었을 때 생성되는 이온의 수는 3몰이다.
- 착이온의 기하 이성질체가 존재한다.

① $[Co(NH_3)_4(H_2O)Br]Cl_2$

② $[Co(NH_3)_5Cl]Cl_2$

③ $[Co(H_2O)_6](NO_3)_2$

④ $[Co(en)_2Cl_2]Cl$

28 □□□

21 국가직 7급 22

착화합물 $K_2[Ni(CN)_4]$에 대한 설명으로 옳은 것만을 모두 고르면? (단, Ni의 족 번호는 10이다.)

ㄱ. Ni의 $3d$ 전자 개수는 6이다.
ㄴ. 반자성이다.
ㄷ. 화합물 이름은 테트라사이아노니켈 포타슘이다.

① ㄱ　　② ㄴ

③ ㄷ　　④ ㄴ, ㄷ

29 □□□ 21 서울시 2회 7급 19

정팔면체(octalhedral) 구조의 착물(complex)에 결정장 모델(crystal field model) 적용시 중심 금속이 가진 d 오비탈 중 가장 높은 에너지 준위를 갖는 오비탈은?

① d_{xy} ② d_{yz}
③ d_{z^2} ④ 전부 동일하다.

30 □□□ 22 지방직 7급 16

두 금속 착물 $[CoF_6]^{3-}$와 $[Co(CN)_6]^{3-}$에 대한 설명으로 옳은 것만을 모두 고르면?

ㄱ. 두 금속 착물에 포함된 Co의 산화수는 서로 다르다.
ㄴ. 홀전자 수는 $[CoF_6]^{3-}$착물이 $[Co(CN)_6]^{3-}$착물보다 많다.
ㄷ. $[Co(CN)_6]^{3-}$ 착물은 반자기성이다.
ㄹ. $[CoF_6]^{3-}$ 착물의 e_g 오비탈은 비어있다.

① ㄱ, ㄴ ② ㄱ, ㄹ
③ ㄴ, ㄷ ④ ㄷ, ㄹ

31 □□□ 22 국가직 7급 10

홀전자의 수가 가장 많은 착이온은? (단, Cr, Fe, Co는 각각 6, 8, 9족 원소이고, 착이온은 모두 바닥 상태에 있다.)

① $[Fe(H_2O)_6]^{2+}$ ② $[Cr(CN)_6]^{4-}$
③ $[Fe(CN)_6]^{3-}$ ④ $[CoCl_4]^{2-}$

32 □□□ 22 국가직 7급 16

착이온 $[Co(NH_3)Br(en)_2]^{2+}$에 대한 설명으로 옳은 것만을 모두 고르면? (단, en = ethylene diamine)

ㄱ. 기하 이성질체를 갖는다.
ㄴ. 광학 이성질체를 갖는다.
ㄷ. 중심 금속의 산화수는 +3이다.

① ㄱ ② ㄴ
③ ㄱ, ㄷ ④ ㄱ, ㄴ, ㄷ

33 □□□ 22 서울시 1회 7급 20

원자가 결합 이론(valence bond theory)을 바탕으로 할 때, 〈보기〉와 같은 팔면체 구조를 가진 $[CoF_6]^{3-}$의 중심 원자 Co는 6개의 F^-와 결합하기 위하여 혼성 오비탈을 형성한다. 이 혼성 오비탈을 이루는 각각의 s, p, d 오비탈의 수[개]는?

보기

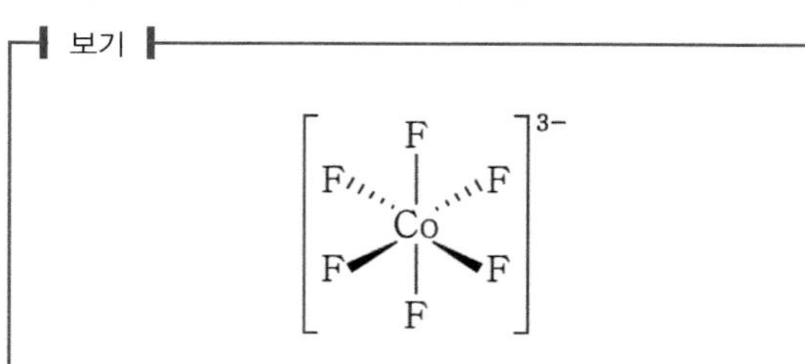

	s 오비탈	p 오비탈	d 오비탈
①	1	1	4
②	1	2	3
③	1	3	2
④	1	3	3

PART 03 원소와 화합물

34 □□□

23 국가직 7급 07

다음은 착이온 $[CoL_n(NH_3)Cl]^{2+}$에 대한 자료이다.

- L은 중성 두 자리 리간드이다.
- 착이온은 바닥 상태에서 반자기성이다.
- 착이온의 기하 구조는 사면체와 팔면체 중 하나이다.

이에 대한 설명으로 옳지 않은 것은? (단, Co의 원자 번호는 27이다.)

① Co의 산화수는 +3이다.

② Co의 배위수는 6이다.

③ n은 2이다.

④ $[CoL_n(NH_3)Cl]^{2+}$은 고스핀 착이온이다.

35 □□□

23 서울시 2회 7급 09

팔면체 상자기성 전이금속 착화합물인 $FeCl_6^{3-}$의 중심 금속이온의 d−오비탈에 존재하는 홀전자(unparied spin) 수[개]는?

① 0 ② 1

③ 3 ④ 5

36 □□□

24 국가직 7급 24

착이온 $[Fe(CN)_6]^{4-}$에 대한 설명으로 옳지 않은 것은? (단, Fe의 원자 번호는 26이다.)

① 중심 금속 Fe의 산화수는 +2이다.

② 중심 금속 Fe의 배위수는 6이다.

③ 상자성(paramagnetic)이다.

④ 기하 구조는 정팔면체이다.

37 □□□

24 지방직 7급 11

결정장 이론에 근거한 두 금속 착이온 $[FeCl_4]^-$와 $[PtCl_4]^{2-}$에 대한 설명으로 옳은 것을 모두 고르면? (단, Fe, Pt는 각각 8족, 10족 원소이다.)

보기

ㄱ. 두 착이온의 기하 구조는 동일하다.

ㄴ. $[PtCl_4]^{2-}$는 상자기성이다.

ㄷ. $[PtCl_4]^{2-}$의 $d_{x^2-y^2}$ 오비탈은 비어 있다.

ㄹ. $[FeCl_4]^-$의 홀전자 수는 5이다.

① ㄱ, ㄴ ② ㄱ, ㄹ

③ ㄴ, ㄷ ④ ㄷ, ㄹ

38 □□□

24 지방직 7급 12

$[Co(en)_2(NH_3)CN]Cl_2$ 화합물에 대한 설명으로 옳지 않은 것은? (단, en은 에틸렌디아민(ethylenediamine)이고, Co의 원자 번호는 27이다.)

① Co의 산화수는 +3이다.

② 입체 이성질체의 수는 4이다.

③ 거울상 이성질체가 존재한다.

④ Co의 전자 배치는 $[Ar]3d^6$이다.

39 □□□

24 서울시 7급 20

분광 화학적 계열에서 결정장 갈라짐 에너지가 가장 큰 리간드는?

① I^- ② NH_3

③ CN^- ④ F^-

제 4 절 리간드장 이론 정답 p.369

회독점검

1 ☑☐☐ 17 국가직 7급 10

Co^{2+} 팔면체 착물 $[CoCl_6]^{4-}$, $[Co(CN)_6]^{4-}$, $[Co(H_2O)_6]^{2+}$, $[Co(NH_3)_6]^{2+}$의 수용액은 빨간색, 주황색, 노란색, 초록색 중 한 색을 띤다. 다음 중 노란색을 띠는 착물은?

① $[CoCl_6]^{4-}$ ② $[Co(CN)_6]^{4-}$
③ $[Co(H_2O)_6]^{2+}$ ④ $[Co(NH_3)_6]^{2+}$

2 ☐☐☐ 18 서울시 2회 9급 16

다음의 착이온, $[Co(NH_3)_6]^{3+}$, $[Co(NH_3)_5(NCS)]^{2+}$, $[Co(NH_3)_5(H_2O)]^{2+}$는 각각 노란색, 진한 주황색, 빨간색을 띤다. NH_3, NCS^-, H_2O의 분광화학적 계열 순서를 크기에 따라 표시한 것으로 가장 옳은 것은?

① $NH_3 > NCS^- > H_2O$
② $NH_3 < NCS^- < H_2O$
③ $NCS^- > H_2O > NH_3$
④ $NCS^- < H_2O < NH_3$

3 ☐☐☐ 20 지방직 7급 18

가시광선 영역에서 가장 긴 파장의 빛을 흡수하는 착이온은?

① $[Co(NH_3)_6]^{2+}$ ② $[Co(H_2O)_6]^{2+}$
③ $[Co(CN)_6]^{4-}$ ④ $[CoF_6]^{4-}$

PART

4

물질의 상태와 용액

Chapter 01

화학의 기초

정답 p.370

회독점검

1 ☑☐☐ 14 지방직 9급 15

다음 반응에서 구경꾼 이온만을 모두 고른 것은?

$$Pb(NO_3)_2(aq) + 2NaCl(aq) \rightarrow PbCl_2(s) + 2NaNO_3(aq)$$

① $Pb^{2+}(aq)$, $Cl^-(aq)$　② $Pb^{2+}(aq)$, $NO_3^-(aq)$
③ $Na^+(aq)$, $Cl^-(aq)$　④ $Na^+(aq)$, $NO_3^-(aq)$

2 ☐☐☐ 14 국가직 7급 03

수용액상에서 두 물질을 반응시켰을 때, 고체 생성물이 침전되지 않는 것은? (단, 반응은 실온에서 실시한다.)

① $(CH_3COO)_2Ca$과 Al
② NaI과 $AgNO_3$
③ $Cu(OH)_2$와 Mg
④ $BaCl_2$와 $SrSO_4$

3 ☐☐☐ 14 서울시 7급 01

온도의 단위인 섭씨온도(℃)와 화씨온도(℉)의 관계로 옳은 것은?

① 100℃ = 32℉　② 25℃ = 32℉
③ 100℃ = 132℉　④ 0℃ = −32℉
⑤ 0℃ = 32℉

4 ☐☐☐ 15 국가직 7급 04

〈보기〉의 화학종을 각각 1몰씩 물에 용해하여 제조한 전해질의 세기를 바르게 나열한 것은?

보기

NaCl　$C_{12}H_{22}O_{11}$　H_2O　CH_3COOH

① $NaCl > C_{12}H_{22}O_{11} > CH_3COOH > H_2O$
② $H_2O > NaCl > C_{12}H_{22}O_{11} > CH_3COOH$
③ $NaCl > CH_3COOH > H_2O > C_{12}H_{22}O_{11}$
④ $C_{12}H_{22}O_{11} > NaCl > CH_3COOH > H_2O$

5 ☐☐☐ 16 서울시 9급 01

질량이 222.222g이고 부피가 20.0cm^{3}인 물질의 밀도를 올바른 유효숫자로 표시한 것은?

① 11.1111g/cm^3　② 11.111g/cm^3
③ 11.11g/cm^3　④ 11.1g/cm^3

6 ☐☐☐ 18 국가직 7급 09

제시된 수의 유효숫자 개수를 바르게 묶은 것은?

ㄱ. 0.02230　ㄴ. 2.0003
ㄷ. 0.102　ㄹ. 3.200×10^3

	ㄱ	ㄴ	ㄷ	ㄹ
①	3	2	4	4
②	3	5	3	2
③	4	5	3	4
④	4	2	4	2

7 □□□ 19 지방직 9급 01

유효 숫자를 고려한 (13.59×6.3)÷12의 값은?

① 7.1 ② 7.13
③ 7.14 ④ 7.135

8 □□□ 19 지방직 7급 03

다원자 이온의 화학식과 이름을 옳게 짝지은 것은?

① ClO_2^-: 하이포염소산 이온
② NO_2^-: 질산 이온
③ HSO_3^-: 아황산수소 이온
④ MnO_4^-: 망가니즈산 이온

9 □□□ 20 지방직 7급 16

화학종의 이름이 옳지 않은 것만을 모두 고르면?

ㄱ. $Ba(CH_3COO)_2$	아세트산 바륨
ㄴ. $Cr_2O_7^{2-}$	크로뮴산 이온
ㄷ. $NaHCO_3$	탄산수소 소듐
ㄹ. $Fe(ClO_4)_2$	염소산 철(Ⅱ)

① ㄱ, ㄴ ② ㄱ, ㄷ
③ ㄴ, ㄷ ④ ㄴ, ㄹ

10 □□□ 20 국가직 7급 15

균일하고 묽은 Na_2SO_4 수용액속에 존재하는 화학종을 가장 잘 표현한 것은? (단, 물 분자는 모식도에서 생략되었다.)

①
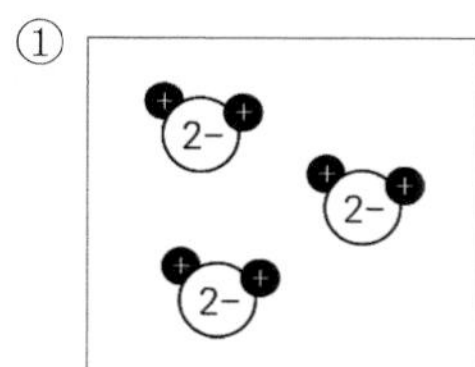

②
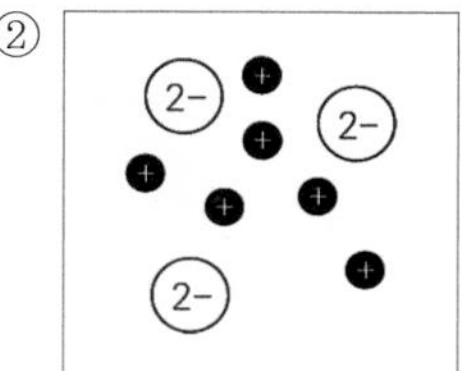

③
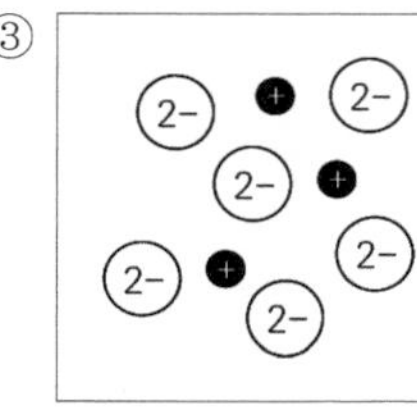

④
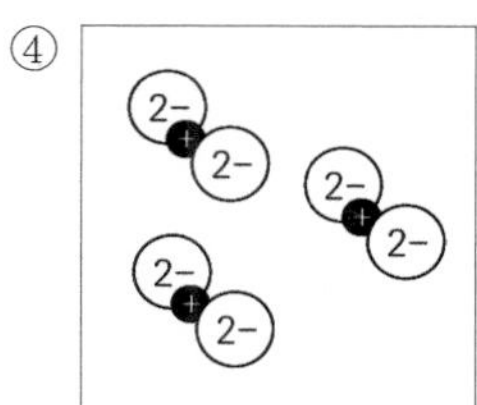

11 □□□ 21 서울시 2회 7급 08

화학식과 화학식에 대한 화합물의 이름을 옳게 짝지은 것은?

	화학식	물질명
①	Na_2O_2	과산화소듐
②	HNO	아질산
③	H_2SO_3	과황산
④	MgO	과산화 마그네슘

12 □□□ 22 국가직 7급 01

전자수가 가장 많은 이온은?

① N^{3-} ② CO_3^{2-}
③ NH_4^+ ④ Na^+

13 □□□ 22 서울시 3회 7급 08

〈보기〉의 화합물 중 명명법이 옳은 것을 모두 고른 것은?

보기

ㄱ. HClO – 아염소산
ㄴ. Na_2SO_3 – 아황산 소듐
ㄷ. KCN – 탄화 질소 칼륨
ㄹ. $Ca(HCO_3)_2$ – 탄산수소 칼슘

① ㄱ, ㄴ
② ㄱ, ㄷ
③ ㄴ, ㄹ
④ ㄷ, ㄹ

14 □□□ 23 지방직 9급 03

다음 다원자 음이온에 대한 명명으로 옳지 않은 것은?

	음이온	명명
①	NO_2^-	질산 이온
②	HCO_3^-	탄산수소 이온
③	OH^-	수산화 이온
④	ClO_4^-	과염소산 이온

15 □□□ 23 서울시 2회 7급 01

어떤 물질의 질량이 24.8g이고 부피는 $1.0\times10^3cm^3$이다. 유효 숫자를 감안한 이 물질의 밀도[g/cm^3]는?

① 0.0248
② 0.025
③ 40
④ 40.3

16 □□□ 24 해양 경찰청 01

다음 〈보기〉는 화학 반응식을 나타낸 것이다. 이에 대한 설명으로 가장 옳은 것은?

보기

(가) $Fe_2O_3 + 3CO \rightarrow 2($ ㉠ $) + 3CO_2$
(나) $N_2 + 3H_2 \rightarrow 2($ ㉡ $)$
(다) $CH_4 + 2O_2 \rightarrow ($ ㉢ $) + 2H_2O$
(라) $6H_2O + 6CO_2 \rightarrow ($ ㉣ $) + 6O_2$

① ㉠은 화합물이다.
② ㉡은 분자이며, 원소이다.
③ ㉡, ㉢, ㉣은 분자이다.
④ ㉢, ㉣은 모두 같은 종류의 원소로 구성된 화합물이다.

17 □□□ 24 해양 경찰청 02

다음 〈보기〉의 계산 결과값 ㉠을 유효숫자에 가장 맞게 나타낸 것은?

보기

21−13.84=(㉠)

① 7
② 7.1
③ 7.16
④ 7.2

Chapter 02

화학식량과 몰

정답 p.372

회독점검

1 ☑☐☐ 10 지방직 9급 17

다음 중 개수가 가장 많은 것은?

① 물 1몰 내의 산소 원자 수
② 이산화탄소 1몰 내의 탄소 원자 수와 산소 원자 수의 합
③ 6.02×10^{23}개의 야구 공
④ 암모늄 양이온 1몰 내의 수소 원자 수

2 ☐☐☐ 11 지방직 9급 11

몰(mole)에 대한 설명으로 옳지 않은 것은?

① 몰질량은 1몰의 질량이다.
② 1몰은 어떤 물질(원자, 분자, 전자 등) 6.02×10^{23}개의 양이다.
③ 몰수는 용액 1L에 용해된 용질의 양을 아보가드로 수로 나타낸 값이다.
④ 0℃, 1기압에서 기체 1몰의 부피는 기체의 종류에 관계없이 22.4L이다.

3 ☐☐☐ 13 지방직 7급 07

다음 표는 0℃, 1기압에서 이상기체 A ~ D의 상태를 나타낸 것이다.

기체	몰 질량 (g/mol)	몰 수 (mol)	부피 (L)	질량 (g)
A			22.4	16
B	32			32
C	44		44.8	
D		0.4		10

이에 대한 설명으로 옳은 것만을 모두 고른 것은?

ㄱ. 몰 질량은 B가 D보다 더 크다.
ㄴ. 몰 수는 A와 B가 서로 같다.
ㄷ. 부피는 B가 D보다 더 작다.
ㄹ. 질량은 A가 C보다 더 크다.

① ㄱ, ㄴ
② ㄱ, ㄷ
③ ㄴ, ㄹ
④ ㄷ, ㄹ

4 ☐☐☐ 13 국가직 7급 11

다음 중 몰수가 가장 작은 것은? (단, C: 12.0g/mol, N: 14.0g/mol, O: 16.0g/mol, Fe: 56.0g/mol)

① 3.0×10^{22}개의 CO 분자
② 28.0g의 Fe
③ 40.0g의 Fe_2O_3
④ 23.0g의 NO_2

5 □□□

14 지방직 9급 11

다음 중 분자의 몰(mol) 수가 가장 적은 것은? (단, N, O, F의 원자량은 각각 14, 16, 19이다.)

① 14g의 N_2　　② 23g의 NO_2

③ 54g의 OF_2　　④ 2.0×10^{23}개의 NO

6 □□□

14 서울시 7급 03

2.1g의 리튬 금속에 포함된 리튬 원자는 약 몇 개인가?

① 1.8×10^{23}개　　② 3×10^{-23}개

③ 3×10^{22}개　　④ 1.8×10^{-23}개

⑤ 3×10^{23}개

7 □□□

14 해양 경찰청 17

다음 중 0℃, 1기압에서 11.2 L의 암모니아(NH_3) 기체에 포함된 질소 원자수와 입자수가 같은 것을 〈보기〉에서 모두 고른 것은? (단, 아보가드로수는 6.0×10^{23}이고, 0℃, 1기압에서 기체 1몰의 부피는 22.4 L이다.)

ㄱ. 물(H_2O) 9g에 포함된 물 분자수
ㄴ. 물분자 3.0×10^{23}개에 포함된 수소 원자의 수
ㄷ. 이산화탄소(CO_2) 0.25몰에 포함된 산소 원자의 수
ㄹ. 0℃, 1기압에서 수소(H_2) 기체 22.4 L에 포함된 수소 분자의 수

① ㄱ, ㄴ　　② ㄱ, ㄷ

③ ㄴ, ㄹ　　④ ㄷ, ㄹ

8 □□□

15 해양 경찰청 02

아래의 그림은 같은 부피의 용기에 들어 있는 기체 X와 산소(O_2)의 질량을 나타낸 것이다.

X 6g	O_2 4g
(가)	(나)

이에 대한 설명으로 가장 거리가 먼 것은? (단, 기체의 온도와 압력은 같고, X는 산소 원자로만 이루어져 있으며, O의 원자량은 16이다.)

① X의 분자량은 48이다.

② (가)의 밀도는 (나)보다 1.5배 크다.

③ 기체 분자의 수는 (가)가 (나)보다 많다.

④ 산소 원자의 개수비는 (가) : (나) = 3 : 2이다.

9 □□□

15 해양 경찰청 06

부피가 일정하고 질량이 10g인 용기에 CH_4를 넣고 측정한 질량이 10.2g이었다. 같은 압력에서 용기에 분자량을 모르는 어떤 기체 XO_2를 넣고 측정한 질량이 11g이었다면 원소 X의 원자량은?

① 16　　② 32

③ 40　　④ 48

10 □□□

15 해양 경찰청 14

아래의 그림은 온도와 압력이 같은 두 기체 B_2와 AB_2를 각각 같은 질량만큼 실린더에 넣었을 때의 모습을 나타낸 것이다.

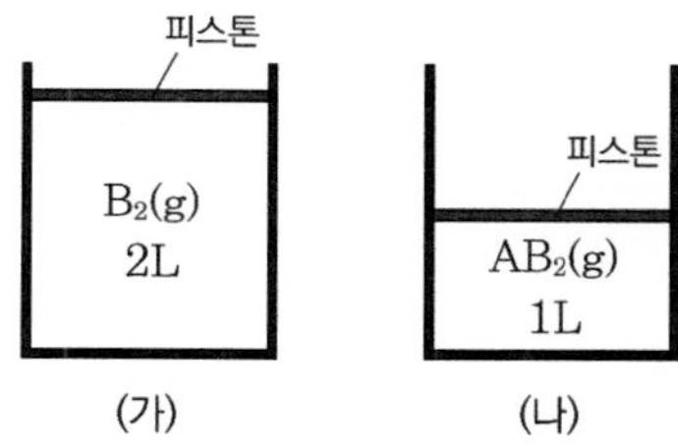

이에 대한 설명으로 옳은 것은? (단, A, B는 임의의 원소 기호이다.)

① A의 원자량은 B의 4배이다.
② B_2와 AB_2의 분자량의 비는 3 : 2이다.
③ (가)와 (나)에서 원자의 총 몰수비는 4 : 3이다.
④ 평균 분자운동속도는 B_2가 AB_2의 2배이다.

11 □□□

16 지방직 9급 01

다음 중 개수가 가장 많은 것은?

① 순수한 다이아몬드 12g 중의 탄소 원자
② 산소 기체 32g 중의 산소 분자
③ 염화암모늄 1몰을 상온에서 물에 완전히 녹였을 때 생성되는 암모늄 이온
④ 순수한 물 18g 안에 포함된 모든 원자

12 □□□

16 지방직 9급 07

다음의 화합물 중에서 원소 X가 산소(O)일 가능성이 가장 낮은 것은? (단, O의 몰 질량[g/mol]은 16이다.)

화합물	ㄱ	ㄴ	ㄷ	ㄹ
분자량	160	80	70	64
원소 X의 질량백분율(%)	30	20	30	50

① ㄱ
② ㄴ
③ ㄷ
④ ㄹ

13 □□□

16 해양 경찰청 02

화산 지역에서 채취한 어떤 기체의 화학식은 AO_2인데, 표준 상태(0℃, 1기압)에서 이 기체 11.2L의 질량을 측정하였더니 32g이었다. A의 원자량은? (단, A는 임의의 원소기호이며 산소의 원자량은 16이다.)

① 24
② 32
③ 40
④ 48

14 □□□

16 해양 경찰청 18

그림은 0℃에서 3개의 용기에 물질 A ~ C가 들어 있는 것을 나타낸 것이다. A ~ C의 분자수를 비교한 것으로 옳은 것은?

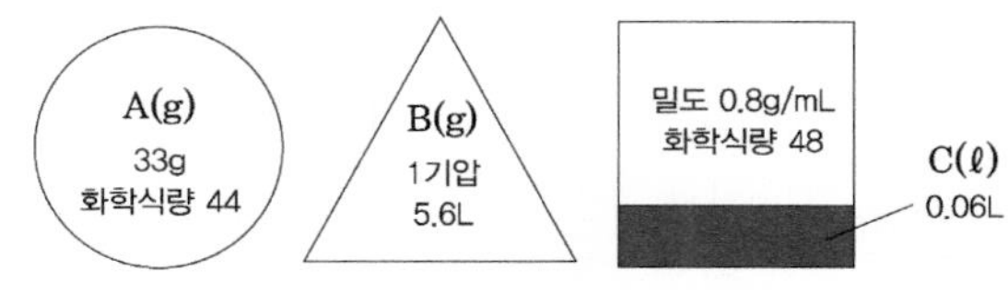

① C > A > B
② A > B > C
③ B > A > C
④ A > C > B

15 □□□ 17 지방직 7급 07

동일한 질량의 질소($^{14}_{7}N$) 원소와 규소($^{28}_{14}Si$) 원소에 대한 설명으로 옳은 것은?

① 질소 원소의 총 원자 수와 규소 원소의 총 원자 수는 동일하다.

② 질소 원소의 총 양성자 수는 규소 원소의 총 양성자 수의 절반이다.

③ 질소 원소의 총 전자 수는 규소 원소의 총 전자 수와 동일하다.

④ 질소 원소의 총 중성자 수는 규소 원소의 총 중성자 수의 두 배이다.

16 □□□ 17 국가직 7급 02

30.0g의 포도당($C_6H_{12}O_6$)에 포함된 원자의 총 개수는? (단, H, C, O의 원자량은 각각 1.0, 12.0, 16.0이며, N_A는 아보가드로수이다.)

① N_A ② $2N_A$

③ $4N_A$ ④ $6N_A$

17 □□□ 18 지방직 9급 13

분자 수가 가장 많은 것은? (단, C, H, O의 원자량은 각각 12.0, 1.00, 16.0이다.)

① 0.5mol 이산화탄소 분자 수

② 84g 일산화탄소 분자 수

③ 아보가드로 수만큼의 일산화탄소 분자 수

④ 산소 1.0mol과 일산화탄소 2.0mol이 정량적으로 반응한 후 생성된 이산화탄소 분자 수

18 □□□ 19 해양 경찰청 01

다음 그림은 같은 질량의 기체 A_3와 BA_2가 실린더에 각각 들어 있는 것을 나타낸다.

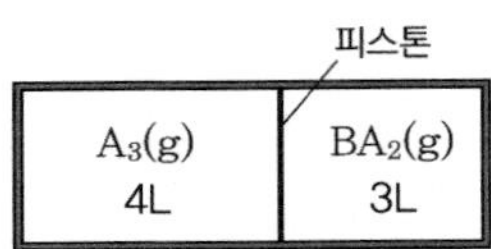

A와 B의 원자량 비(A : B)는? (단, A와 B는 임의의 원소 기호이고, 온도는 일정하며 피스톤의 마찰은 무시한다.)

① 1 : 1 ② 1 : 2

③ 1 : 3 ④ 3 : 1

19 □□□ 19 해양 경찰청 10

다음은 4가지 물질의 양을 나타낸 것이다.

> ㉠ 32g의 CH_4
> ㉡ 0℃, 1기압에서 33.6L의 NH_3
> ㉢ 2.0×10^{23}개의 NO
> ㉣ 14g의 N_2

㉠ ~ ㉣의 몰 수를 가장 옳게 비교한 것은? (단, H, C, N의 원자량은 각각 1, 12, 14이고, 아보가드로 수는 6.0×10^{23}이다.)

① ㉠>㉡>㉣>㉢ ② ㉠>㉢>㉡>㉣

③ ㉡>㉠>㉣>㉢ ④ ㉡>㉠>㉢>㉣

20 □□□

20 해양 경찰청 12

다음은 임의의 원소 A, B로 이루어진 화합물에서 성분 원소의 질량을 나타낸 것이다.

실험식	(가)	AB_3
A의 질량(g)	2.7	2.7
B의 질량(g)	6.0	12.0

이에 대한 설명으로 옳은 것을 모두 고르시오. (단, 자연계에서 A의 동위 원소는 ^{10}A, ^{11}A만 존재하며, B의 원자량은 16 이다.)

ㄱ. (가)는 A_2B_3이다.
ㄴ. 동위 원소의 존재비는 $^{10}A : ^{11}A = 1:4$이다.
ㄷ. 같은 질량에 포함된 A 원자의 수는 AB_3가 (가)보다 크다.

① ㄱ ② ㄱ, ㄴ
③ ㄴ, ㄷ ④ ㄱ, ㄴ, ㄷ

21 □□□

21 국가직 7급 01

32g의 탄화칼슘(CaC_2)에 들어 있는 이온의 총 개수는? (단, Ca, C의 원자량은 각각 40, 12이고, 아보가드로 수는 6.0×10^{23}이다.)

① 3.0×10^{23} ② 6.0×10^{23}
③ 9.0×10^{23} ④ 1.2×10^{24}

22 □□□

21 서울시 2회 7급 10

가장 간단한 알코올 화합물인 메탄올(methanol) 20mL에 포함된 수소 원자의 수[개]는? (단, 메탄올의 몰질량은 32g/mol이고 밀도는 0.8g/mL이며, 최종 결과는 소수점 셋째 자리에서 반올림한다.)

① 6.02×10^{23} ② 1.20×10^{24}
③ 2.41×10^{24} ④ 4.82×10^{24}

23 □□□

21 해양 경찰청 12

아래 그림은 기체 $X_2(g)$와 $X_3(g)$가 피스톤으로 구분된 실린더에 각각 들어 있는 것을 나타낸 것이다. 기체의 온도와 압력은 같다.

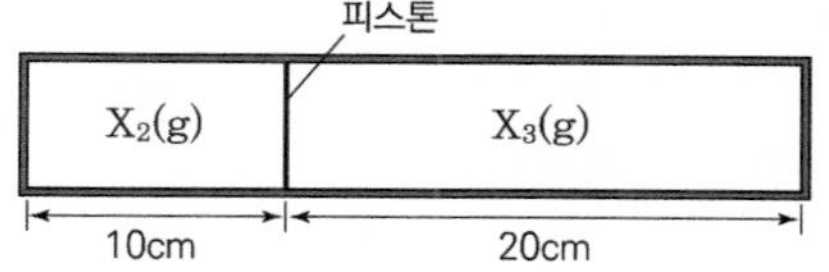

이에 대한 설명으로 옳은 것을 모두 고르시오. (단, X는 임의의 원소 기호이다.)

보기

ㄱ. 분자 수 비는 $X_2 : X_3 = 1:2$이다.
ㄴ. 밀도 비는 $X_2 : X_3 = 1:3$이다.
ㄷ. 총 원자 수 비는 $X_2 : X_3 = 1:3$이다.

① ㄱ ② ㄱ, ㄴ
③ ㄱ, ㄷ ④ ㄱ, ㄴ, ㄷ

24 □□□

22 서울시 3회 7급 01

가장 많은 수의 탄소(C) 원자를 포함하는 것은? (단, CO_2, C_2H_4, C_3H_8, 탄소(C)의 몰질량은 각각 44, 28, 44, 12g/mol이라고 가정하고, 아보가드로 수는 6.0×10^{23}으로 가정한다.)

① 22g C_3H_8
② 0.50mol C_2H_4
③ 44g CO_2
④ 탄소(C) 원자 6.0×10^{23}개

25 □□□

22 서울시 3회 7급 14

에탄올의 화학식은 CH_3CH_2OH이다. 탄소(O), 수소(H), 산소(O)의 원자량이 12, 1, 16이라고 할 때, 에탄올에서 산소(O)의 질량 백분율에 가장 가까운 값[%]은?

① 13 ② 35
③ 52 ④ 55

26 □□□ 23 서울시 2회 7급 17

임의의 원소 X와 Y에 대하여 같은 온도에서 부피가 같은 두 강철 용기 (가)와 (나)에, (가)에는 $XY(g)$ 12g을, (나)에는 $XY_2(g)$ 8g을 넣었을 때 용기 내부 압력은 (가)가 (나)의 2배였다. X와 Y의 원자량비로 가장 옳은 것은? (단, $XY(g)$와 $XY_2(g)$는 반응하지 않고, 이상기체라 가정한다.)

① 1 : 1 ② 2 : 1

③ 3 : 1 ④ 4 : 1

27 □□□ 23 서울시 2회 9급 03

원자의 몰(mol)수가 가장 큰 것은? (단, H, C, O의 원자량은 각각 1, 12, 16이다.)

① 36g의 H_2O에 들어있는 원자의 총 몰 수

② 16g의 CH_4에 들어있는 원자의 총 몰 수

③ 6mol의 C_2H_4에 들어있는 원자의 총 몰 수

④ 3mol의 C_2H_5COOH에 들어있는 원자의 총 몰 수

Chapter 03

원소 분석 실험

정답 p.376

회독점검

1 ☑☐☐ 09 지방직 7급(하) 15

원자 A의 원자량이 탄소 원자량의 12배라고 가정하자. 탄소 1.00g과 정량 반응하여 AC_4라는 화합물을 이루기 위해 필요한 A 원자의 질량[g]은?

① 3.00 ② 6.00
③ 12.00 ④ 24.00

2 ☐☐☐ 10 지방직 9급 14

어떤 화합물에 질량 기준으로 원소 A가 25%, 원소 B가 75% 포함되어 있다. 원소 B의 원자량이 원소 A의 원자량의 2배라면 이 화합물의 실험식은?

① A_3B_2 ② A_2B_3
③ A_2B ④ AB_2

3 ☐☐☐ 16 지방직 9급 12

질량 백분율이 N 64%, O 36%인 화합물의 실험식은? (단, N, O의 몰 질량[g/mol]은 각각 14, 16이다.)

① N_2O ② NO
③ NO_2 ④ N_2O_5

4 ☐☐☐ 16 국가직 7급 08

C, H, O로 구성되어 있는 어떤 물질 128g을 완전 연소시켰더니 176g의 이산화탄소(CO_2)와 144g의 물(H_2O)이 생성되었다. 이 물질의 실험식은? (단, C: 12g · mol^{-1}, O: 16g · mol^{-1}, H: 1g · mol^{-1})

① CH_2O ② CH_4O
③ C_2H_4O ④ C_2H_6O

5 ☐☐☐ 16 서울시 9급 09

원소분석을 통하여 분자량이 146.0g/mol인 미지의 화합물을 분석한 결과 질량 백분율로 탄소 49.3%, 수소 6.9%, 산소 43.8%를 얻었다면 이 화합물의 분자식은 무엇인가? (단, 원자량은 C = 12, H = 1, O = 16이다.)

① $C_3H_5O_2$ ② $C_5H_7O_4$
③ $C_6H_{10}O_4$ ④ $C_{10}H_{14}O_8$

6 ☐☐☐ 16 서울시 1회 7급 02

순수한 어떤 시료물질을 분석한 결과 황과 산소가 각각 50.1%, 49.9%의 질량비로 포함되어 있다. 이 화합물의 실험식으로 옳은 것은? (단, 황의 몰질량은 32.1g/mol, 산소의 몰질량은 16.0g/mol이다.)

① SO_2 ② SO_3
③ S_2O_3 ④ S_2O_4

7 □□□

16 서울시 3회 7급 05

화합물 XY_2에서 원소의 질량 조성은 X 75%, Y 25%이다. 화합물 X_2Y_3에서 원소의 질량 조성으로 옳은 것은? (단, X와 Y는 임의의 원소 기호이다.)

① X 60%, Y 40%
② X 66.7%, Y 33.3%
③ X 80%, Y 20%
④ X 87.5%, Y 12.5%

8 □□□

16 해양 경찰청 01

다음 표는 황산화물 A, B 속에 들어있는 황과 산소의 질량관계를 나타낸 것이다. 산화물 A, B에서 일정량의 황과 결합하는 산소의 질량비로 옳은 것은?

황의 산화물	황의 질량(g)	산소의 질량(g)
A	16	16
B	32	48

① 1 : 1
② 1 : 2
③ 1 : 1
④ 2 : 3

9 □□□

17 지방직 9급(상) 18

몰질량이 56g/mol인 금속 M 112g을 산화시켜 실험식이 M_xO_y인 산화물 160g을 얻었을 때, 미지수 x, y를 각각 구하면? (단, O의 몰질량은 16g/mol이다.)

① $x=2$, $y=3$
② $x=3$, $y=2$
③ $x=1$, $y=5$
④ $x=1$, $y=2$

10 □□□

17 서울시 7급 08

어떠한 화합물 A는 원자 B와 수소로 이루어져 있다. 화합물 A를 구성하는 수소의 개수는 원자 B 개수의 3배이고, 원자 B는 화합물 A 질량의 80%를 차지할 때 원자 B의 원자량은 얼마인가? (단, 수소의 원자량은 1이다.)

① 10
② 12
③ 14
④ 16

11 □□□

17 해양 경찰청 12

분자량이 119인 어떤 화합물의 조성이 다음과 같을 때 분자식은?

C : 70.6 wt%	H : 4.2 wt%
N : 11.8 wt%	O : 13.4 wt%

① C_6H_5NO
② $C_6H_5N_2O_2$
③ C_7H_5NO
④ $C_7H_5N_2O$

12 □□□

17 해양 경찰청 16

C, H, O로 구성된 임의의 물질 X 23mg에 충분한 양의 산소를 공급하면서 가열하여 완전히 연소시켰다. 실험 결과 물 27mg과 이산화탄소 44mg이 생성되었다. X의 실험식으로 가장 적절한 것은 무엇인가?

① CHO
② CH_3O
③ C_2H_6O
④ $C_{12}H_3O_8$

13 □□□ 18 서울시 2회 9급 02

탄소와 수소로만 이루어진 미지의 화합물을 원소분석한 결과 4.40g의 CO_2와 2.25g의 H_2O를 얻었다. 미지의 화합물의 실험식은? (단, 원자량은 H = 1, C = 12, O = 16이다.)

① CH_2 ② C_2H_5
③ C_4H_{12} ④ C_5H_2

14 □□□ 19 서울시 2회 7급 01

실험식이 CH_2인 어떤 탄화수소 1몰을 밀폐된 용기에서 5몰의 산소(O_2)로 완전 연소시켰다. 반응 후 용기에 잔류하는 산소가 0.5몰이었다면, 이 탄화수소의 분자식은? (단, 반응 전과 후의 온도와 부피는 동일한 것으로 가정한다.)

① C_2H_4 ② C_3H_6
③ C_4H_8 ④ C_5H_{10}

15 □□□ 19 해양 경찰청 03

칼슘 40g을 공기 중에서 연소시켜 백색의 산화칼슘이 56g 생성되었다. 반응한 산소의 양과 산화칼슘의 화학식으로 옳은 것은? (단, Ca의 원자량은 40g이다.)

① 16g, CaO_2 ② 8g, CaO
③ 16g, CaO ④ 8g, CaO_2

16 □□□ 20 지방직 9급 09

화합물 A_2B의 질량 조성이 원소 A 60 %와 원소 B 40 %로 구성될 때, AB_3를 구성하는 A와 B의 질량비는?

① 10 %의 A, 90 %의 B
② 20 %의 A, 80 %의 B
③ 30 %의 A, 70 %의 B
④ 40 %의 A, 60 %의 B

17 □□□ 21 지방직 9급 07

탄소(C), 수소(H), 산소(O)로 이루어진 화합물 X 23g을 완전 연소시켰더니 CO_2 44g과 H_2O 27g이 생성되었다. 화합물 X의 화학식은? (단, C, H, O의 원자량은 각각 12, 1, 16이다)

① HCHO ② C_2H_5CHO
③ C_2H_6O ④ CH_3COOH

18 □□□ 22 해양 경찰청 13

어떠한 화합물 A는 원자 B와 수소로 이루어져 있다. 화합물 A를 구성하는 수소의 개수는 원자 B개수의 4배이고, 원자 B는 화합물 A질량의 60%를 차지할 때 원자 B의 원자량은 얼마인가? (단, 수소의 원자량은 1g/mol이다.)

① 6 ② 10
③ 12 ④ 14

Chapter 04

화학 반응식의 완성

정답 p.378

회독점검

1 ☑☐☐ 13 지방직 7급 03

제산제로 $Al(OH)_3$가 사용될 때, 다음 균형 반응식에 따라 위산(HCl)과 반응한다면 $(a+d)$의 값은?

$$a\,Al(OH)_3 + b\,HCl \rightarrow c\,AlCl_3 + d\,H_2O$$

① 2 ② 3
③ 4 ④ 5

2 ☐☐☐ 14 지방직 9급 07

$aC_4H_{10}(g) + bO_2(g) \rightarrow cCO_2(g) + dH_2O(g)$ 반응에 대한 균형 반응식에서 계수 $a \sim d$의 값으로 옳게 짝지어진 것은?

	a	b	c	d
①	1	5	4	10
②	2	10	8	10
③	2	13	8	5
④	2	13	8	10

3 ☐☐☐ 16 서울시 1회 7급 01

다음의 화학식을 완성하였을 때 모든 계수의 합은?

$$NO + NH_3 \rightarrow N_2 + 6H_2O$$

① 11 ② 21
③ 31 ④ 41

4 ☐☐☐ 17 지방직 9급(상) 13

다음 화학 반응식을 균형 맞춘 화학 반응식으로 만들었을 때, 얻어지는 계수 a, b, c, d의 합은? (단, a, b, c, d는 최소 정수비를 가진다.)

$$aC_8H_{18}(l) + bO_2(g) \rightarrow cCO_2(g) + dH_2O(g)$$

① 60 ② 61
③ 62 ④ 63

5 ☐☐☐ 17 해양 경찰청 03

제산제로 $Al(OH)_3$가 사용될 때, 다음 반응식에 따라 위산(HCl)과 반응한다면 $(b+d)$의 값은 얼마인가?

$$a\,Al(OH)_3 + b\,HCl \rightarrow c\,AlCl_3 + d\,H_2O$$

① 2 ② 3
③ 4 ④ 6

6 □□□ 18 서울시 2회 9급 04

반응식의 균형을 맞출 경우에, (가)~(다)로 가장 옳은 것은?

$3NaHCO_3(aq) + C_6H_8O_7(aq) \rightarrow$
(가)$CO_2(g)$ + (나)$H_2O(l)$ + (다)$Na_3C_6H_5O_7(aq)$

	(가)	(나)	(다)
①	2	3	2
②	3	3	1
③	2	3	3
④	3	3	3

7 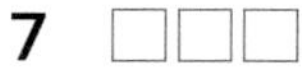 19 서울시 2회 9급 08

$KOH(aq)$와 $Fe(NO_3)_2(aq)$의 균형이 맞추어진 화학 반응식에서 반응물과 생성물의 모든 계수의 합은?

① 3 ② 4
③ 5 ④ 6

8 □□□ 20 지방직 9급 12

프로페인(C_3H_8)이 완전 연소할 때, 균형 화학 반응식으로 옳은 것은?

① $C_3H_8(g) + 3O_2(g) \rightarrow 4CO_2(g) + 2H_2O(g)$
② $C_3H_8(g) + 5O_2(g) \rightarrow 4CO_2(g) + 3H_2O(g)$
③ $C_3H_8(g) + 5O_2(g) \rightarrow 3CO_2(g) + 4H_2O(g)$
④ $C_3H_8(g) + 4O_2(g) \rightarrow 2CO_2(g) + H_2O(g)$

9 □□□ 20 지방직 7급 19

다음 화학 반응식의 균형을 맞추었을 때, 얻어지는 계수 a, b, c, d의 합은? (단, a, b, c, d는 최소 정수비를 가진다)

$aAl_4C_3(s) + bH_2O(l) \rightarrow cAl(OH)_3(s) + dCH_4(g)$

① 19 ② 20
③ 21 ④ 22

10 □□□ 21 지방직 9급 09

다음 화학 반응식의 균형을 맞추었을 때, 얻어진 계수 a, b, c의 합은? (단, a, b, c는 정수이다.)

$aNO_2(g) + bH_2O(l) + O_2(g) \rightarrow cHNO_3(aq)$

① 9 ② 10
③ 11 ④ 12

11 □□□ 21 지방직 7급 08

헥세인이 완전 연소하여 이산화탄소와 물이 발생한다.

(가)C_6H_{14} + (나)O_2 → (다)CO_2 + (라)H_2O

위 반응식의 균형을 맞추기 위해 (가)~(라)에 들어갈 계수들의 합은? (단, (가)~(라)는 최소정수비를 따른다.)

① 28 ② 47
③ 55 ④ 62

12 □□□ 22 지방직 7급 11

다음 화학 반응식의 균형을 맞추었을 때, 얻어지는 계수 $a \sim d$를 바르게 연결한 것은? (단, $a \sim d$는 최소 정수비를 가진다.)

$$aPH_3(g) + bO_2(g) \rightarrow cP_4O_{10}(s) + dH_2O(g)$$

	a	b	c	d
①	8	4	2	3
②	8	3	2	6
③	4	8	1	6
④	4	6	1	3

13 □□□ 23 국가직 7급 04

다음 균형 반응식의 계수비 $a:b:c$로 옳은 것은?

$$aNO_2 + bH_2O \rightarrow cHNO_3 + dNO$$

① 2 : 1 : 2
② 2 : 2 : 3
③ 3 : 1 : 2
④ 4 : 2 : 3

14 □□□ 24 해양 경찰청 13

다음 〈보기〉의 화학반응식에서 계수 m과 n의 합으로 가장 옳은 것은?

보기

$$mP_4O_{10} + nH_2O \rightarrow xH_3PO_4$$

① 4
② 5
③ 7
④ 11

Chapter 05

화학 반응과 양적 관계

제 1 절 화학 반응식이 주어진 유형

정답 p.380

회독점검

1 ☑☐☐ 09 지방직 9급 15

살충제인 DDT의 합성은 다음과 같다.

$$2C_6H_5Cl + C_2HOCl_3 \rightarrow C_{14}H_9Cl_5 + H_2O$$

클로로벤젠 클로랄 DDT

클로로벤젠의 몰질량은 113g/mol, 클로랄의 몰질량은 147g/mol, DDT의 몰질량은 354g/mol이다. 한 실험실에서 226g의 클로로벤젠과 157g의 클로랄을 반응시켜 DDT를 합성하였다. 이 경우 옳지 않은 것은?

① 이 반응의 한계시약은 클로로벤젠이다.
② 반응이 완전히 진행될 경우, 클로랄 10g이 남는다.
③ 수득률이 100%일 경우 2mol의 DDT가 얻어진다.
④ DDT의 실제 수득량이 177g일 경우 수득률은 50%이다.

2 ☐☐☐ 10 지방직 9급 09

다음 반응식에 따라 A 3몰과 B 2몰이 반응하여 C 4몰이 생성되었다면 이 반응의 퍼센트 수율[%]?

$$2A + B \rightarrow 3C + D$$

① 67 ② 75
③ 89 ④ 100

3 ☐☐☐ 10 지방직 7급 10

다이보레인(B_2H_6)은 다음과 같은 반응으로 제조된다.

$$3NaBH_4 + 4BF_3 \rightarrow 3NaBF_4 + 2B_2H_6$$

이 반응의 수득 백분율이 70%일 때, 0.2몰의 다이보레인을 얻을려고 하면 과량의 BF_3 존재하에서 몇 몰의 $NaBH_4$를 사용해야 하는가?

① 0.200 ② 0.215
③ 0.286 ④ 0.429

4 ☐☐☐ 12 지방직 7급 10

클로로벤젠(A) 226g과 클로랄(B) 157g을 사용하여 살충제 DDT(C) 177g을 얻었다. 이 반응에 대한 설명으로 옳지 않은 것은? (단, A, B, C의 몰질량은 각각 113g/mol, 147g/mol, 354g/mol로 한다.)

$$2C_6H_5Cl(A) + CCl_3CHO(B) \rightarrow C_{14}H_9Cl_5(C) + H_2O$$

① A는 방향족 화합물이다.
② B는 카보닐기를 갖는다.
③ B가 한계 반응물이다.
④ C의 실제 수득률은 50%이다.

5 □□□

14 서울시 9급 09

수소 기체와 산소 기체는 다음과 같이 반응하여 물을 생성한다.

$$2H_2(g) + O_2(g) \rightarrow 2H_2O(g)$$

10g의 수소 기체가 산소와 완전히 반응하는 데 필요한 산소의 양은 얼마인가?

① 10g ② 20g
③ 40g ④ 60g
⑤ 80g

6 □□□

14 서울시 7급 06

요소[$(NH_2)_2CO$]는 다음과 같이 암모니아와 이산화탄소의 반응으로 만든다.

$$2NH_3(g) + CO_2(g) \rightarrow (NH_2)_2CO(aq) + H_2O(l)$$

NH_3 51g과 CO_2 44g을 반응시키고자 한다. 이때 생성된 $(NH_2)_2CO$의 질량은 얼마인가?

① 30g ② 60g
③ 120g ④ 180g
⑤ 240g

7 □□□

15 서울시 7급 03

다음 화학 반응식을 따른다고 할 때, $Al(s)$ 27.0g과 $O_2(g)$ 32.0g이 반응하여 생성되는 $Al_2O_3(s)$의 질량은 얼마인가? (단, 화학식량은 $Al = 27.0$, $O_2 = 32.0$, $Al_2O_3 = 102.0$이다.)

$$4Al(s) + 3O_2(g) \rightarrow 2Al_2O_3(s)$$

① 51.0g ② 68.0g
③ 102.0g ④ 153.0g

8 □□□

15 해양 경찰청 16

다음은 프로페인(C_3H_8) 연소 반응의 화학 반응식을 나타낸 것이다.

$$C_3H_8(g) + aO_2(g) \rightarrow bCO_2(g) + cH_2O(l)$$

이에 대한 설명으로 옳은 것은? (단, 0℃, 1기압에서 기체 1몰의 부피는 22.4L이다.)

① $a+b+c=11$이다.
② CO_2 11g을 생성하기 위해 필요한 C_3H_8의 질량은 33g이다.
③ C_3H_8 1몰과 O_2 5몰을 완전 연소시켰을 때 생성된 기체의 총 몰수는 3몰이다.
④ 0℃, 1기압에서 C_3H_8 5.6L을 완전 연소시키기 위해 필요한 O_2의 질량은 20g이다.

9 □□□

15 해양 경찰청 19

다음의 표는 일정한 온도와 압력에서 $aA(g) + bB(g) \rightarrow cC(g)$ 반응의 물질들의 부피 관계를 나타낸 것이다.

실험	반응 전 기체의 부피(mL)		생성된 C의 부피 (mL)	반응하지 않고 남은 기체 (mL)
	A	B		
Ⅰ	10	15	10	5
Ⅱ	15	30	20	5
Ⅲ	5	15	10	없음

이에 대한 설명으로 옳지 않은 것은?

① 생성된 C의 몰 수는 반응한 A의 몰 수의 2배이다.
② 실험 Ⅰ에서 B를 더 넣어주면 C가 더 생성된다.
③ 실험 Ⅱ에서 A를 5mL, B를 20mL 더 넣어주면 A가 반응을 다하지 않고 약간 남는다.
④ A 1몰을 완전히 반응시키기 위해 필요한 B의 몰 수는 2몰이다.

10 □□□

16 지방직 9급 05

90g의 글루코오스($C_6H_{12}O_6$)와 과량의 산소(O_2)를 반응시켜 이산화탄소(CO_2)와 물(H_2O)이 생성되는 반응에 대한 설명으로 옳지 않은 것은? (단, H, C, O의 몰질량[g/mol]은 각각 1, 12, 16이다.)

$$C_6H_{12}O_6(s) + 6O_2(g) \rightarrow xCO_2(g) + yH_2O(l)$$

① x와 y에 해당하는 계수는 모두 6이다.
② 90g 글루코오스가 완전히 반응하는 데 필요한 O_2의 질량은 96g이다.
③ 90g 글루코오스가 완전히 반응해서 생성되는 CO_2의 질량은 88g이다.
④ 90g 글루코오스가 완전히 반응해서 생성되는 H_2O의 질량은 54g이다.

11 □□□

16 지방직 7급 03

다음은 에테인(C_2H_6)의 연소 반응에 대한 균형 화학 반응식이다.

$$2C_2H_6(g) + 7O_2(g) \rightarrow 4CO_2(g) + 6H_2O(g)$$

C_2H_6 30g을 O_2 224g과 완전 연소시켰을 때 생성되는 CO_2와 H_2O의 질량[g]은? (단, H, C, O의 원자량은 각각 1, 12, 16이다.)

	CO_2	H_2O
①	44	27
②	44	36
③	88	54
④	176	108

12 □□□

19 국가직 7급 07

다음은 암모니아와 이산화탄소를 사용하여 요소를 생산하는 화학 반응식이다.

$$2NH_3(g) + CO_2(g) \rightarrow (NH_2)_2CO(aq) + H_2O(l)$$

NH_3 850g과 CO_2 880g을 반응시켰을 때 생성된 요소의 질량은 1,000g이었다. 이 반응의 초과 반응물과 반응 수득률(%)은? (단, 원자량은 H: 1, C: 12, N: 14, O: 16이다.)

① NH_3, 66.7%
② CO_2, 66.7%
③ NH_3, 83.3%
④ CO_2, 83.3%

13 □□□

19 서울시 2회 9급 02

〈보기〉는 수소와 질소가 반응하여 암모니아를 만드는 화학 반응식이다. 이에 대한 설명으로 가장 옳은 것은? (단, 수소 원자량은 1.0g/mol, 질소 원자량은 14.0g/mol이다.)

보기

$$3H_2(g) + N_2(g) \rightarrow 2NH_3(g)$$

① 암모니아를 구성하는 수소와 질소의 질량비는 3 : 14이다.
② 암모니아의 몰질량은 34.0g/mol이다.
③ 화학 반응에 참여하는 수소 기체와 질소 기체의 질량비는 3 : 1이다.
④ 2몰의 수소 기체와 1몰의 질소 기체가 반응할 경우 이론적으로 2몰의 암모니아 기체가 생성된다.

14 □□□

19 해양 경찰청 12

다음은 $M_2CO_3(s)$을 묽은 염산에 넣었을 때 일어나는 화학 반응식이다.

$$M_2CO_3(s) + aHCl(aq) \rightarrow bMCl(aq) + cH_2O(l) + dCO_2(g)$$

($a \sim d$는 반응 계수)

$M_2CO_3(s)$ w g이 반응하였을 때 $CO_2(g)$ 17.6g이 생성되었다면 M의 원자량은? (단, M은 임의의 원소 기호이고, C, O의 원자량은 각각 12, 16이다.)

① $\frac{5w}{4}-30$ ② $\frac{5w}{4}-60$

③ $\frac{5w}{2}-30$ ④ $5w-30$

15 □□□

20 서울시 2회 7급 10

〈보기〉는 HCN을 생성하는 반응인데, 계수가 맞추어지지 않은 반응식이다. 반응의 실제 수득률이 100%라고 가정하고 반응물 NH_3, O_2, CH_4이 각각 100.0g씩 들어 있을 때, 생성되는 HCN의 무게와 가장 가까운 값[g]은? (단, H, C, N, O의 몰 질량은 각각 1.0, 12.0, 14.0, 16.0g/mol이다.)

보기

$$NH_3(g) + O_2(g) + CH_4(g) \rightarrow HCN(g) + H_2O(g)$$

① 28g ② 56g

③ 68g ④ 84g

16 □□□

21 지방직 9급 04

다음은 일산화탄소(CO)와 수소(H_2)로부터 메탄올(CH_3OH)을 제조하는 반응식이다.

$$CO(g) + 2H_2(g) \rightarrow CH_3OH(l)$$

일산화탄소 280g과 수소 50g을 반응시켜 완결하였을 때, 생성된 메탄올의 질량[g]은? (단, C, H, O의 원자량은 각각 12, 1, 16이다)

① 330 ② 320

③ 290 ④ 160

17 □□□

22 서울시 1회 7급 11

〈보기〉는 공업적으로 질소와 수소를 반응시켜 암모니아를 제조하는 화학 반응식이다. N_2 2mol과 H_2 9mol로부터 최대로 얻을 수 있는 NH_3의 몰수[mol]는?

보기

$$N_2(g) + 3H_2(g) \rightleftarrows 2NH_3(g)$$

① 1 ② 2

③ 3 ④ 4

18 □□□

22 해양 경찰청 09

다음 반응식에 따라 A 3mol과 B 2mol이 반응하여 C 4mol이 생성되었다면 이 반응의 수율(%)은? (단, 수율은 소수점 첫째 자리에서 반올림한다.)

$$2A + B \rightarrow 3C$$

① 89 ② 91

③ 93 ④ 95

19 □□□

23 서울시 2회 9급 17

초기 질량이 200g인 $NH_3(g)$와 $CO_2(g)$ 혼합물이 있다. 이 기체 혼합물에 20mol의 $O_2(g)$를 〈보기〉와 같이 반응시켜 6mol의 산소가 남았다. NH_3가 모두 반응했을 때, 반응 후 CO_2의 질량[g]은? (단, 〈보기〉의 반응을 제외한 추가적인 반응은 없으며, H, N, O의 원자량은 각각 1, 14, 16이다.)

보기

$$4NH_3(g) + 7O_2(g) \rightarrow 4NO_2(g) + 6H_2O(g)$$

① 23 ② 37
③ 57 ④ 64

20 □□□

24 서울시 9급 02

〈보기 1〉은 0℃, 1atm에서 $C_3H_4(g)$ 연소 반응의 화학 반응식이다. 〈보기 2〉를 만족할 때, 〈보기 1〉에 대한 설명으로 가장 옳지 않은 것은? (단, $a \sim d$는 반응 계수이다.)

보기 1

$$aC_3H_4(g) + bO_2(g) \rightarrow cCO_2(g) + dH_2O(g)$$

보기 2

- H, C, O의 원자량은 각각 1, 12, 16이다.
- 0℃, 1atm에서 기체 1몰의 부피는 22.4L이다.
- 주어진 모든 기체는 이상 기체이다.

① $a+b=c+d$이다.
② O_2 32g이 반응하면 H_2O 22.4L가 생성된다.
③ C_3H_4 $\frac{1}{2}$몰이 완전 연소하면 CO_2 66g이 생성된다.
④ C_3H_4 10g이 완전 연소하는 데 O_2 32g이 소모된다.

제 2 절 화학 반응식을 작성해야 하는 유형

정답 p.384

회독점검

1 ☑☐☐ 10 지방직 7급 06

보통 실험실에서 순수한 산소를 얻기 위하여 $KClO_3$의 열분해 반응을 이용한다. $KClO_3$가 분해되면 KCl과 O_2가 된다. 만약 $KClO_3$ 46.0g이 완전히 분해된다고 가정하면 몇 g의 산소를 얻을 수 있는가? (단, $KClO_3$과 O_2의 몰질량은 각각 122.6g/mol과 32.0g/mol이다.)

① 12.0 ② 18.0
③ 24.0 ④ 36.0

2 ☐☐☐ 11 지방직 9급 09

84.0g의 CO 기체와 10.0g의 H_2 기체를 반응시켜 액체 CH_3OH를 얻었다. 이에 대한 설명으로 옳지 않은 것은? (단, CO, H_2, CH_3OH의 분자량은 각각 28.0g, 2.0g, 32.0g이다.)

① 한계반응물은 CO이다.
② CO와 H_2는 1:2의 몰비로 반응한다.
③ CH_3OH의 이론적 수득량은 80.0g이다.
④ 반응물 CO와 H_2의 몰수는 각각 3몰과 5몰이다.

3 ☐☐☐ 16 지방직 7급 01

알칼리 토금속 M xg을 묽은 염산과 완전 반응시켰더니 y몰의 수소 기체가 발생하였다. 이 금속 M의 원자량은?

① xy ② $\frac{x}{y}$
③ $2\sqrt{xy}$ ④ $x+y$

4 ☐☐☐ 16 서울시 1회 7급 03

글루코스($C_6H_{12}O_6$)의 대사분해반응은 공기 중에서 산소와 결합하여 이산화탄소와 물로 분해되는 반응이다. 90g의 글루코스와 반응하는 산소의 몰수는? (단, $C_6H_{12}O_6$의 몰질량은 180g이다.)

① 1mol ② 2mol
③ 3mol ④ 6mol

5 ☐☐☐ 17 지방직 9급(상) 04

Al과 Br_2로부터 Al_2Br_6가 생성되는 반응에서, 4mol의 Al과 8mol의 Br_2로부터 얻어지는 Al_2Br_6의 최대 몰수는? (단, Al_2Br_6가 유일한 생성물이다.)

① 1 ② 2
③ 3 ④ 4

6 ☐☐☐ 17년 지방직 7급 08

다음은 기체 A_2(●●)과 B_2(○○)의 반응을 모형으로 나타낸 것이다.

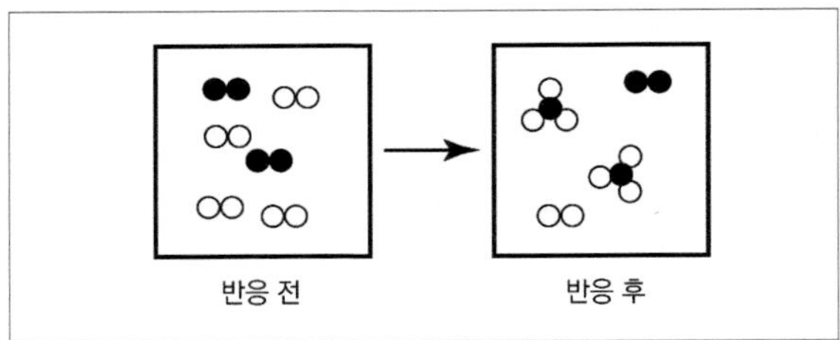

A_2 1mol과 B_2 2mol이 충분히 반응하였을 때, 생성물은 몇 몰(mol)인가? (단, A와 B는 임의의 원소 기호이고, 온도는 일정하다.)

① $\frac{1}{3}$ ② $\frac{2}{3}$
③ 1 ④ $\frac{4}{3}$

7 □□□ 17 국가직 7급 16

배출가스에 포함된 SO_2 기체는 $CaCO_3$에 열을 가하여 생성되는 CaO와 반응하여 $CaSO_3$ 형태로 제거된다. 0℃, 1기압에서 150.0g의 $CaCO_3$로 제거할 수 있는 SO_2 기체의 최대 부피[L]는? (단, C, O, S, Ca의 원자량은 각각 12.0, 16.0, 32.0, 40.0이고, SO_2 기체는 이상기체로 가정한다.)

① 33.6 ② 44.8
③ 56.0 ④ 67.2

8 □□□ 18 서울시 2회 9급 11

프로판올(C_3H_7OH)이 산소와 반응하면 물과 이산화탄소가 생긴다. 120.0g의 프로판올이 완전 연소될 때 생성되는 물의 질량은? (단, 원자량은 H = 1, C = 12, O = 16이다.)

① 36.0g ② 72.0g
③ 144.0g ④ 180.0g

9 □□□ 18 서울시 1회 7급 05

암모니아(NH_3) x g과 이산화탄소(CO_2) 110g의 반응으로부터 요소($(NH_2)_2CO$) 60g과 물(H_2O)이 생성되었을 때, x로 옳은 것은? (단, NH_3, CO_2, $(NH_2)_2CO$의 분자량은 각각 17, 44, 60이고, 생성물은 화학양론적으로 얻어진다.)

① 17 ② 34
③ 51 ④ 68

10 □□□ 18 서울시 3회 7급 05

16.0g 메탄올과 11.5g 에탄올의 혼합 시료를 완전 연소시켰다. 이에 대한 설명으로 가장 옳은 것은? (단, 원자량은 H = 1.0, C = 12.0, O = 16.0이다.)

① 발생하는 CO_2는 66.0g이다.
② 발생하는 H_2O는 31.5g이다.
③ 완전 연소를 위해 소요되는 산소 기체(O_2)의 최소량은 0.750몰이다.
④ 메탄올 대신 같은 g 수의 메탄(CH_4)을 넣어도 발생하는 CO_2의 양은 같다.

11 □□□ 18 서울시 3회 7급 12

C_4H_{10} 기체 1L를 완전 연소시키는 데 필요한 공기의 부피는? (단, 산소는 공기 중에 부피비율 20%로 존재한다.)

① 6.5L ② 13L
③ 19.5L ④ 32.5L

12 □□□ 19 지방직 9급 05

4몰의 원소 X와 10몰의 원소 Y를 반응시켜 X와 Y가 일정비로 결합된 화합물 4몰을 얻었고 2몰의 원소 Y가 남았다. 이때, 균형 맞춘 화학 반응식은?

① $4X + 10Y \rightarrow X_4Y_{10}$
② $2X + 8Y \rightarrow X_2Y_8$
③ $X + 2Y \rightarrow XY_2$
④ $4X + 10Y \rightarrow 4XY_2$

13 □□□
19 지방직 7급 14

에탄올(C_2H_5OH) 10몰과 산소(O_2) 27몰을 혼합물을 연소 반응하면 이산화탄소(CO_2)와 물(H_2O)이 생성된다. 이 반응이 완결되었을 때의 설명으로 옳은 것은?

① 한계 반응물은 에탄올이다.
② 남아 있는 반응물의 몰수는 1이다.
③ 물은 25몰 생성된다.
④ 이산화탄소는 20몰 생성된다.

14 □□□
19 해양 경찰청 09

다음은 C, H, O로 구성된 물질 X에 대한 자료이다. 물질 X에 대한 설명으로 가장 옳은 것은? (단, C, H, O의 원자량은 각각 12, 1, 16이다.)

- 질량 백분율은 O가 H의 4배이다.
- 완전 연소시 생성되는 CO_2와 H_2O의 몰 수는 같다.
- 분자량은 실험식량의 2배이다.

① 물질 X에서 질량 비는 C : O = 3 : 4이다.
② 실험식은 $C_2H_4O_2$이다.
③ 1몰을 완전 연소하면 H_2O 4몰이 생성된다.
④ 완전 연소시 반응하는 O_2와 생성되는 CO_2의 몰 수는 같다.

15 □□□
20 지방직 9급 02

32g의 메테인(CH_4)이 연소될 때 생성되는 물(H_2O)의 질량[g]은? (단, H의 원자량은 1, C의 원자량은 12, O의 원자량은 16이며 반응은 완전연소로 100% 진행된다)

① 18 ② 36
③ 72 ④ 144

16 □□□
20 국가직 7급 13

질소(N_2) 기체와 수소(H_2) 기체를 반응시켜 암모니아(NH_3) 기체를 만드는 반응에서 질소 기체 14g과 수소 기체 7g을 완전히 반응시켰을 때, 반응 후 남아 있는 과량 반응물(excess reagent)(A)와 생성된 암모니아의 질량(B)를 바르게 연결한 것은? (단, 수소와 질소의 원자량은 각각 1, 14이다.)

	(A)	(B)
①	수소 기체 2g	암모니아 10g
②	수소 기체 4g	암모니아 17g
③	질소 기체 2g	암모니아 10g
④	질소 기체 4g	암모니아 17g

17 □□□
20 서울시 2회 7급 19

탄화수소 C_2H_4 x[g]을 완전 연소시켜 생성된 CO_2의 부피가 1기압, 0℃에서 11.2L일 때, x값은[g]은? (단, C_2H_4의 분자량은 28이고, 기체 상수 $R = -0.082$atm · L/mol · K이다.)

① 3.5g ② 7.0g
③ 14.0g ④ 21.0g

18 □□□
20 해양 경찰청 13

84.0g의 CO 기체와 10.0g의 H_2 기체를 반응시켜 액체 CH_3OH를 얻었다. 이에 대한 설명으로 가장 옳지 않은 것은? (CO, H_2, CH_3OH의 분자량은 각각 28.0, 2.0, 32.0이다.)

① 한계반응물은 CO이다.
② CO와 H_2는 1 : 2의 몰비로 반응한다.
③ CH_3OH의 이론적 수득량은 80.0g이다.
④ 반응물 CO와 H_2의 몰수는 각각 3몰과 5몰이다.

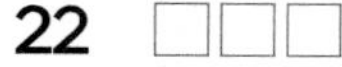

19 □□□

21 해양 경찰청 09

에테인(C_2H_6) 15g이 완전 연소시 생성되는 이산화탄소의 부피는? (단, 0℃, 1기압이며, H, C, O의 원자량은 각각 1, 12, 16이다.)

① 11.2L ② 22.4L
③ 33.6L ④ 44.8L

20 □□□

22 지방직 9급 05

수소(H_2)와 산소(O_2)가 반응하여 물(H_2O)을 만들 때, 1mol의 산소(O_2)와 반응하는 수소의 질량[g]은? (단, H의 원자량은 1이다)

① 2 ② 4
③ 8 ④ 16

21 □□□

22 국가직 7급 17

LiOH가 CO_2와 반응하면 Li_2CO_3와 H_2O가 생성된다. 12kg의 LiOH가 모두 반응할 때, 소모되는 CO_2의 질량[kg]은? (단, H, Li, C, O의 원자량은 각각 1, 7, 12, 16이다.)

① 2.75 ② 5.5
③ 11 ④ 22

22 □□□

22 해양 경찰청 01

프로판올(C_3H_7OH)이 산소와 반응하면 물과 이산화탄소가 생긴다. 240.0g의 프로판올이 완전 연소될 때 생성되는 물의 질량은? (단, 수소의 원자량은 1.0g/mol, 탄소의 원자량은 12.0g/mol, 산소의 원자량은 16.0g/mok이다.)

① 36.0g ② 72.0g
③ 144.0g ④ 288.0g

23 □□□

23 국가직 7급 03

메테인(CH_4) 16g과 수증기(H_2O) 27g을 혼합하여 $CH_4 + 2H_2O \rightarrow 4H_2 + CO_2$ 반응을 완결시켰을 때, 생성된 수소(H_2)의 질량과 한계 반응물을 옳게 짝지은 것은? (단, H, C, O의 원자량은 각각 1, 12, 16이다.)

	수소 질량(g)	한계 반응물
①	6	수증기
②	6	메테인
③	8	수증기
④	8	메테인

24 □□□

23 국가직 7급 11

산소(O_2)와 질소(N_2)의 몰비가 1 : 4인 혼합 기체를 이용하여 프로페인(propane)을 연소시킨다. 44kg의 프로페인을 완전 연소시키는데 필요한 혼합 기체의 질량[kg]은? (단, H, C, N, O의 원자량은 각각 1, 12, 14, 16이다.)

① 640 ② 680
③ 720 ④ 760

25 □□□ 24 지방직 7급 06

탄산암모늄($(NH_4)_2CO_3$)을 가열하면 암모니아(NH_3), 이산화탄소(CO_2), 수증기(H_2O)로 분해된다. 탄산암모늄 48.0g이 완전히 분해되어 생성되는 암모니아의 질량[g]은?(단, H, C, N, O의 원자량은 각각 1, 12, 14, 16이다.)

① 8.5 ② 10.5

③ 17.0 ④ 20.9

26 □□□ 24 해양 경찰청 03

고온에서 34g의 암모니아가 들어있는 시료를 159.1g의 CuO와 반응시킬 때 N_2의 이론적인 수득량으로 가장 가까운 값은? (단, 원자량은 N=14, O=16, H=1, Cu=63.55로 가정한다.)

① 28g ② 18.48g

③ 14g ④ 9.24g

27 □□□ 24 해양 경찰청 11

표준상태에서 암모니아(NH_3) 51g을 합성하는 데 필요한 질소(N_2)의 최소부피(L)는 얼마인가? (단, 원자량은 N=14, H=1이며, 표준상태에서 기체 1몰의 부피는 22.4L, 전환율은 100%로 가정한다.)

① 11.2 ② 22.4

③ 33.6 ④ 44.8

Chapter 06

수용액 반응의 양적 관계

정답 p.389

회독점검

1 ☑☐☐ 17 서울시 2회 9급 01

다음 반응식에서 BC 용액의 농도는 0.200M이고 용액의 부피는 250mL이다. 용액이 100% 반응하는 동안 0.6078g의 A가 반응했다면 A의 몰질량은?

$$A(s) + 2BC(aq) \rightarrow A^{2+}(aq) + 2C^{-}(aq) + B_2(g)$$

① 12.156g/mol ② 24.312g/mol
③ 36.468g/mol ④ 48.624g/mol

2 ☐☐☐ 17 서울시 7급 16

아래 반응에 대하여 6.02×10^{21}개의 산소 분자를 모두 반응시키기 위한 0.5M의 $FeCl_2$ 수용액의 부피로 옳은 것은? (단, 최종 결과의 유효 숫자는 세 개가 되도록 반올림한다.)

$$4FeCl_2(aq) + 3O_2(g) \rightarrow 2Fe_2O_3(s) + 4Cl_2(g)$$

① 0.0267mL ② 0.267mL
③ 2.67mL ④ 26.7mL

3 ☐☐☐ 18 지방직 9급 14

0.3M Na_3PO_4 10mL와 0.2M $Pb(NO_3)_2$ 20mL를 반응시켜 $Pb_3(PO_4)_2$를 만드는 반응이 종결되었을 때, 한계 시약은?

$$2Na_3PO_4(aq) + 3Pb(NO_3)_2(aq) \rightarrow 6NaNO_3(aq) + Pb_3(PO_4)_2(s)$$

① Na_3PO_4 ② $NaNO_3$
③ $Pb(NO_3)_2$ ④ $Pb_3(PO_4)_2$

4 ☐☐☐ 20 서울시 2회 7급 12

$Ba(NO_3)_2$와 $BaCl_2$의 혼합물 2.000g을 물에 녹인 후, 더 이상 침전이 생기지 않을 때까지 0.500M 농도 $AgNO_3$ 용액을 한 방울씩 가하였더니, 흰색 침전 0.717g이 얻어졌다. 침전이 완전히 형성되는데 필요한 0.50M 농도 $AgNO_3$ 용액의 최소 부피[mL]와 가장 유사한 값은? (단, Ba, N, O, Cl, Ag의 몰 질량은 각각 137.3, 14.0, 16.0, 35.5, 107.9g/mol 이다.)

① 10mL ② 12mL
③ 15mL ④ 20mL

5 ☐☐☐ 24 국가직 7급 21

다음 반응에 대한 설명으로 옳은 것만을 모두 고르면? (단, a, b, c, d는 최소 정수비를 가진다.)

$$aPb(NO_3)_2(aq) + bKI(aq) \rightarrow cKNO_3(aq) + dPbI_2(s)$$

보기

ㄱ. $a+b+c+d=6$이다.
ㄴ. 알짜이온 반응식에서 생성물은 KNO_3이다.
ㄷ. $Pb(NO_3)_2(aq)$ 2몰과 $KI(aq)$ 2몰이 완전히 반응해서 생성되는 $PbI_2(s)$는 1몰이다.

① ㄱ ② ㄴ
③ ㄱ, ㄷ ④ ㄴ, ㄷ

Chapter 07

기체

제 1 절 기체의 법칙

정답 p.390

회독점검

1 ☑☐☐ 14 서울시 9급 10

일정 온도에서 2기압의 산소 기체가 들어있는 부피 2리터 용기와 4기압의 질소 기체가 들어 있는 부피 4리터 용기를 연결하였다. 용기 연결 후 전체 압력은 얼마인가?

① 2.4기압 ② 2.7기압
③ 3.0기압 ④ 3.3기압
⑤ 3.7기압

2 ☐☐☐ 14 서울시 7급 05

암모니아(NH_3)가 질소와 수소 기체로 완전히 분해되었다. 전체 압력이 800mmHg일 때 H_2 기체의 부분압력(mmHg)은 얼마인가?

① 100 ② 200
③ 300 ④ 400
⑤ 600

3 ☐☐☐ 14 해양 경찰청 11

어느 가스 탱크에 27℃, 3atm의 공기 10kg이 채워져 있다. 온도가 47℃로 상승할 경우, 탱크 체적의 변화가 없다면 압력 증가는 몇 atm인가?

① 3.2 ② 167.3
③ 0.2 ④ 0.67

4 ☐☐☐ 15 해양 경찰청 05

아래의 그림은 같은 용기에 몇 가지 기체가 들어 있는 것을 모형으로 나타낸 것이다.

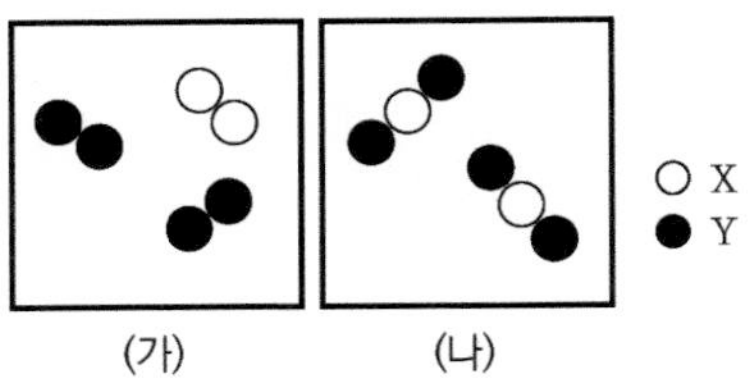

다음 중 이에 대한 설명으로 옳지 않은 것은?

① (가)의 기체들은 모두 화합물이다.
② 기체의 밀도는 (가)와 (나)가 같다.
③ 분자의 몰 수 비는 (가) : (나)=3 : 2이다.
④ 두 용기의 압력이 같다면, 용기의 온도는 (가)가 (나)보다 낮다.

5 ☐☐☐ 15 해양 경찰청 12

15℃, 1기압에서 576mL의 기체를 같은 압력에서 0℃로 온도를 낮추면 그 부피는 얼마로 되는가?

① 273mL ② 546mL
③ 288mL ④ 576mL

6 ☐☐☐ 16 서울시 9급 02

1기압에서 A라는 어떤 기체 0.003몰이 물 900g에 녹는다면 2기압인 경우 0.006몰이 같은 양의 물에 녹게 될 것이라는 원리는 다음 중 어느 법칙과 관련이 있는가?

① Dalton의 분압법칙 ② Graham의 법칙
③ Boyle의 법칙 ④ Henry의 법칙

7 ☐☐☐ 16 해양 경찰청 07

다음 중 일정한 압력하에서 10℃의 기체가 2배로 팽창할 수 있는 온도로 옳은 것은?

① 200℃ ② 240℃
③ 283℃ ④ 293℃

8 ☐☐☐ 17 지방직 9급(상) 03

온도와 부피가 일정한 상태의 밀폐된 용기에 15.0mol의 O_2와 25.0mol의 He가 들어있다. 이때, 전체 압력은 8.0atm이었다. O_2 기체의 부분 압력[atm]은? (단, 용기에는 두 기체만 들어 있고, 서로 반응하지 않는 이상 기체라고 가정한다.)

① 3.0 ② 4.0
③ 5.0 ④ 8.0

9 ☐☐☐ 17 서울시 2회 9급 08

다음 그림과 같이 높이는 같지만 서로 다른 양의 물이 담긴 3개의 원통형 용기가 같다. 3번 용기 반지름은 2번 용기 반지름의 2배이고, 1번 용기 반지름은 2번 용기 반지름의 3배이다. 3개 용기 바닥의 압력에 관한 내용으로 옳은 것은?

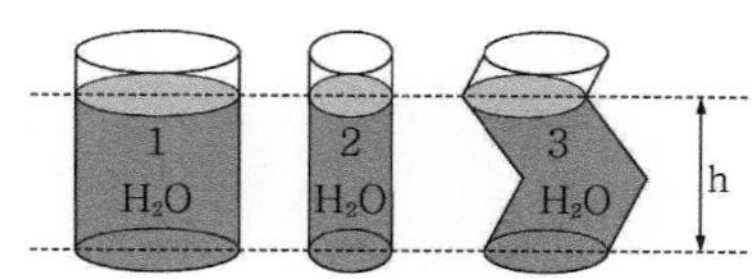

① 1번 용기 바닥 압력이 가장 높다.
② 2번 용기 바닥 압력이 가장 높다.
③ 3번 용기 바닥 압력이 가장 높다.
④ 3개 용기 바닥 압력이 동일하다.

10 ☐☐☐ 17 해양 경찰청 10

20℃에서 용적 $1m^3$인 탱크에 산소 20kg이 들어 있다. 이상기체의 법칙이 성립될 때 탱크에 부착된 압력계의 게이지압(atm)은?

① 11 ② 12
③ 13 ④ 14

11 ☐☐☐ 18 지방직 9급 01

산소와 헬륨으로 이루어지 가스통을 가진 잠수부가 바다 속 60m에서 잠수중이다. 이 깊이에서 가스통에 들어 있는 산소의 부분 압력이 1140Hg일 때, 헬륨의 부분 압력[atm]은? (단, 이 깊이에서 가스통의 내부 압력은 7.0atm이다.)

① 5.0 ② 5.5
③ 6.0 ④ 6.5

12 □□□

18 서울시 3회 7급 04

임의의 기체 A가 100K, 1기압에서 20L의 부피를 차지한다. 온도와 압력을 200K, 4기압으로 변화시켰을 때 부피는?

① 5L
② 10L
③ 40L
④ 80L

13 □□□

19 지방직 9급 04

샤를의 법칙을 옳게 표현한 식은? (단, V, P, T, n은 각각 이상 기체의 부피, 압력, 절대온도, 몰수이다)

① V=상수/P
② V=상수 × n
③ V=상수 × T
④ V=상수 × P

14 □□□

19 지방직 7급 11

온도가 일정하고 압력이 1.0atm인 밀폐된 용기에 네온(Ne) 0.01몰과 헬륨(He) 0.04몰이 들어 있다. 네온의 부분 압력[atm]은? (단, 네온과 헬륨은 서로 반응하지 않으며, 모두 이상 기체이다.)

① 0.20
② 0.40
③ 0.80
④ 1.00

15 □□□

21 지방직 9급 03

강철 용기에서 암모니아(NH_3) 기체가 질소(N_2) 기체와 수소 기체(H_2)로 완전히 분해된 후의 전체 압력이 900mmHg이었다. 생성된 질소와 수소 기체의 부분 압력[mmHg]을 바르게 연결한 것은? (단, 모든 기체는 이상 기체의 거동을 한다)

	질소 기체	수소 기체
①	200	700
②	225	675
③	250	650
④	275	625

16 □□□

21 국가직 7급 03

300k의 100L 용기에서 가장 큰 압력을 갖는 기체는? (단, 기체는 서로 반응하지 않는 이상 기체이고, H, C, O의 원자량은 각각 1, 12, 16이다.)

① O_2 64g
② CH_4 64g
③ H_2 6g과 O_2 32g의 혼합
④ H_2 6g과 CH_4 32g의 혼합

17 □□□

21 해양 경찰청 18

동일한 온도에서 2기압의 산소 기체가 들어 있는 부피 2리터 용기와 4기압의 질소 기체가 들어 있는 부피 4리터 용기를 연결하였다. 용기 연결 후 전체 압력은 약 얼마인가?

① 2.4기압
② 2.7기압
③ 3.0기압
④ 3.3기압

18 □□□

22 지방직 9급 02

이상 기체 (가), (나)의 상태가 다음과 같을 때, P는?

기체	양[mol]	온도[K]	부피[L]	압력[atm]
(가)	n	300	1	1
(나)	n	600	2	P

① 0.5　　② 1
③ 2　　④ 4

19 □□□

24 지방직 9급 02

일정한 온도에서 1atm, 7L의 이상기체가 14L로 팽창하였을 때, 기체의 압력[mmHg]은?

① 380　　② 500
③ 580　　④ 760

20 □□□

24 지방직 9급 05

25℃, 5atm에서 1L의 반응기에 $H_2(g)$와 $N_2(g)$가 3 : 1의 몰 비로 혼합되어 있을 때, $H_2(g)$의 부분압력(P_{H_2})[atm]과 $N_2(g)$의 부분압력(P_{N_2})[atm]은?
(단, 기체는 이상기체이고, 혼합 기체는 반응하지 않는다.)

	P_{H_2}	P_{N_2}
①	1.25	3.75
②	1.50	3.50
③	3.50	1.50
④	3.75	1.25

제 2 절 기체 양론

정답 p.392

회독점검

1 ☑☐☐ 11 지방직 9급 17

〈표〉는 0℃에서 세 종류의 이상기체에 대한 자료이다. 이에 대한 〈보기〉의 설명 중 옳은 것을 모두 고른 것은? (단, A, B, C는 임의의 원소 기호이다.)

〈표〉세 종류의 이상기체에 대한 자료

	A_2	A_2B	CB_2
부피(L)	0.56	1.12	2.24
압력(atm)	4.0	2.0	0.5
질량(g)	0.2	1.8	3.2

보기

ㄱ. 원자량은 B가 A의 8배이다.
ㄴ. A_2와 CB_2의 분자량 비는 1 : 32이다.
ㄷ. 1.8g의 A_2B와 3.2g의 CB_2에 들어 있는 총 원자수는 같다.

① ㄴ　② ㄷ
③ ㄱ, ㄴ　④ ㄱ, ㄷ

2 ☐☐☐ 14 해양 경찰청 01

1기압 300K에서 어떤 기체 16g이 24.6L의 부피를 차지하고 있다. 이 기체는 다음 중 어느 것인가? (단, 기체 상수 R=0.082atm · L/mol · K이다.)

① O_2　② NH_3
③ CH_4　④ H_2

3 ☐☐☐ 16 해양 경찰청 04

0℃, 2기압의 산소 5.6L 속에 들어 있는 산소의 분자수는 얼마인가?

① 3.01×10^{23}개　② 6.02×10^{23}개
③ 12.04×10^{23}개　④ 1.5×10^{23}개

4 ☐☐☐ 17 서울시 7급 10

상온, 1기압에서 16g의 순수한 산소 기체(O_2)가 포함된 풍선이 있다. 같은 온도 및 압력에서 산소 기체가 포함된 풍선의 2배 크기인 순수한 이산화탄소 기체(CO_2)가 담긴 풍선이 있다. 이 풍선에 포함된 이산화탄소 기체의 질량은? (단, O_2와 CO_2의 분자량은 각각 32g/mol, 44g/mol이다.)

① 11g　② 22g
③ 44g　④ 88g

5 19 해양 경찰청 04

조성이 N_2 80% 및 O_2 20%인 공기가 있다. 27℃, 760mmHg에서 이 공기의 밀도는 약 얼마인가? (단, 기체상수 $R=0.1\left(\frac{atm \times L}{K \times mol}\right)$이다.)

① 3.21g/L　② 2.34g/L
③ 1.17g/L　④ 0.96g/L

6 ☐☐☐ 23 서울시 2회 9급 04

〈보기〉의 (가)~(다)에 들어갈 숫자의 총합은? (단, 표의 A, B, C는 0℃, 1기압의 이상 기체이다.)

보기

기체	A	B	C
부피[L]	22.4	(나)	11.2
질량[g]	(가)	34	8
분자량	20	17	(다)

① 46.4　② 47.2
③ 58.4　④ 80.8

WITH REACTION

7 □□□

14 서울시 7급 04

기압 0.293atm, 온도 293K에서 8.2L의 염소기체가 11.5g의 칼륨(K) 금속과 반응하면 몇 g의 염화칼륨(KCl)이 생성되는가? (단, 염소기체는 이상기체로 가정하고, 이상기체상수는 0.082(atm · L)/(mol · K)이다. 또한, K의 몰질량은 39.1g/mol이고, KCl의 몰질량은 74.5g/mol이다.)

① 14.9 ② 18.9
③ 22.9 ④ 26.9
⑤ 30.9

8 □□□

15 해양 경찰청 04

다음은 수소(H_2)와 산소(O_2)로부터 물(H_2O)을 합성하는 실험과정과 화학 반응식을 정리한 것이다.

[실험 과정]
0℃, 1기압에서 11.2L의 수소 기체와 산소 기체 24g을 부피가 5.6L인 강철 용기속에 넣어 반응시켰다. 물 9g이 생성되고 한 가지 기체만 남았다.
[화학 반응식]
$2H_2(g) + O_2(g) \rightarrow 2H_2O(l)$

이에 대한 설명으로 가장 적절한 것은? (단, 0℃, 1기압일 때 기체 1몰의 부피는 22.4L이며, H와 O의 원자량은 각각 1과 16이다.)

① 반응 전 수소의 질량은 2g이다.
② 반응 전 산소 원자의 몰수는 2몰이다.
③ 반응 전 강철 용기 내부압력은 5기압이다.
④ 반응하지 않고 남은 산소 기체는 8g이다.

9 □□□

16 서울시 9급 05

염소산포타슘($KClO_3$)은 가열하면 고체 염화포타슘과 산소 기체를 형성하는 흰색의 고체이다. 2atm, 500K에서 30.0L의 산소 기체를 얻기 위해서 필요한 염소산포타슘의 몰 수는?
(단, 기체상수 R=0.08L · atm/mol · K이다.)

① 0.33mol ② 0.50mol
③ 0.67mol ④ 1.00mol

10 □□□

17 해양 경찰청 11

다음은 에타인(C_2H_2)의 완전 연소 반응식과 생성된 물의 양이다.

[반응식]
$aC_2H_2(g) + bO_2(g) \rightarrow cCO_2(g) + dH_2O(g)$
($a \sim d$: 반응 계수)
[생성된 H_2O의 질량] 3.6g

이에 대한 설명으로 옳은 것을 〈보기〉에서 모두 고른 것은?(단, 기체는 이상기체 거동을 한다.)

보기
(가) $a+b < c+d$이다.
(나) 연소된 C_2H_2의 질량은 5.2g이다.
(다) 생성된 $CO_2(g)$의 부분 압력은 0℃, 2L에서 4.48atm이다.

① (가) ② (나)
③ (다) ④ (나), (다)

11 □□□ 18 서울시 1회 7급 10

일산화질소(NO) 기체와 산소(O_2) 기체가 각각 동일한 크기의 용기에 1기압의 압력으로 담겨져 있다. 일정한 온도 조건에서 두 용기를 서로 연결하여 〈보기〉와 같은 반응이 진행되어 일산화질소가 모두 소진되었다면 반응 종료 후 용기 내부의 압력(기압)은?

보기

$$2NO(g) + O_2(g) \rightarrow 2NO_2(g)$$

① 0.75 ② 1
③ 1.5 ④ 2

12 □□□ 21 국가직 7급 04

300K, 0.5atm, 24L의 수소(H_2) 기체와 분자 개수가 같은 프로페인(C_3H_8)의 질량[g]은? (단, 기체는 이상기체이고 기체 상수 $R = 0.08 \text{L atm K}^{-1}\text{mol}^{-1}$이며, H, C의 원자량은 각각 1, 12이다.)

① 11 ② 22
③ 33 ④ 44

13 □□□ 23 서울시 2회 9급 06

〈보기〉는 $N_2(g)$와 $H_2(g)$가 반응하여 $NH_3(g)$를 생성하는 화학 반응식이다.

보기

$$N_2(g) + 3H_2(g) \rightarrow 2NH_3(g)$$

일정한 온도에서 강철 용기에 N_2 28g과 H_2 5g을 넣고 반응시켰더니 NH_3 1mol이 생성되었고, 반응 후 용기 속 전체 기체의 압력이 5atm이었다. 반응 후 $H_2(g)$의 부분 압력[atm]은? (단, 강철 용기내의 모든 기체는 이상 기체이며, H, N의 원자량은 각각 1, 14이다.)

① 0.5 ② 1
③ 2 ④ 4

14 □□□ 24 서울시 9급 10

〈보기〉는 실린더에서 이상 기체 X_2와 Y_2가 반응하여 이상 기체 X_2Y가 생성되는 반응을 모형으로 나타낸 것이다. 실린더 속 기체의 밀도를 d라고 할 때, $d_A : d_B$로 가장 옳은 것은? (단, X, Y는 임의의 원소 기호이며, 반응 전후의 온도와 압력은 일정하고, 피스톤의 질량과 마찰은 무시한다.)

보기

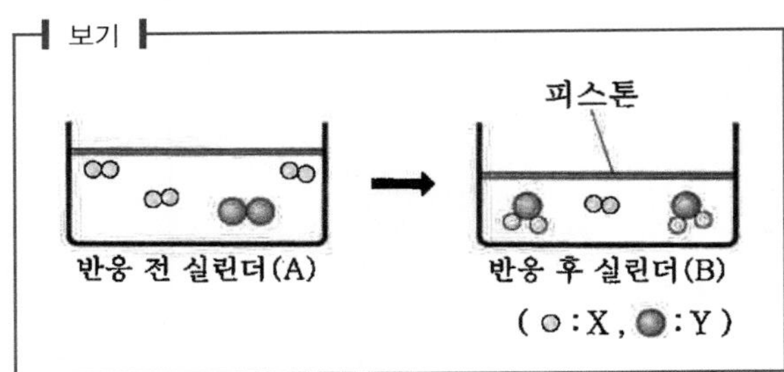

① 3 : 4 ② 4 : 3
③ 9 : 16 ④ 16 : 9

제 3 절 기체 분자운동론과 확산속도

정답 p.395

회독점검

1 ☑☐☐ 14 지방직 9급 17

이상기체로 거동하는 1몰(mol)의 헬륨(He)이 다음 (가)~(다) 상태로 존재할 때, 옳게 설명한 것만을 〈보기〉에서 모두 고른 것은?

	(가)	(나)	(다)
압력(기압)	1	2	2
온도(K)	100	200	400

보기

ㄱ. 부피는 (가)와 (나)가 서로 같다.
ㄴ. 단위 부피당 입자 개수는 (가)와 (다)가 서로 같다.
ㄷ. 원자의 평균 운동 속력은 (다)가 (나)의 2배이다.

① ㄱ ② ㄴ
③ ㄱ, ㄷ ④ ㄴ, ㄷ

2 ☐☐☐ 16 지방직 7급 20

일정 온도와 압력에서 어떤 기체 X 60.0mL가 분출하는 데 10초 걸렸다. 같은 조건에서 수소 기체(H_2) 480.0mL가 분출하는 데 20초가 걸렸다면, 기체 X의 분자량은? (단, H의 원자량은 1이다.)

① 4 ② 16
③ 32 ④ 64

3 ☐☐☐ 16 서울시 9급 14

진한 암모니아수를 묻힌 솜과 진한 염산을 묻힌 솜을 유리관의 양쪽 끝에 넣고 고무마개로 막았더니 잠시 후 진한 염산을 묻힌 솜 가까운 쪽에 흰 연기가 생겼다. 옳은 설명을 모두 고른 것은?

가. 흰 연기의 화학식은 NH_4Cl이다.
나. NH_3의 확산 속도가 HCl보다 빠르다.
다. NH_3 분자가 HCl 분자보다 무겁다.

① 가 ② 나
③ 가, 나 ④ 다

4 ☐☐☐ 18 서울시 1회 7급 18

기체의 분자 운동론에 근거한 H_2와 He의 분자 운동에너지에 대한 설명으로 가장 옳은 것은?
(단, H_2의 분자량은 2이고, He의 원자량은 4이다.)

① 350K에서 분자의 평균 운동 속력은 H_2와 He이 같다.
② He의 평균 운동 속력은 700K에서가 350K에서의 2배이다.
③ 350K, 1atm에서 H_2의 분출 속도는 He의 2배이다.
④ 350K에서 분자의 평균 운동 에너지는 He과 Ar이 같다.

5 □□□ 21 해양 경찰청 08

같은 조건에서 O_2와 기체 X_2O의 확산 속도비는 3 : 2이다. X의 원자량은 얼마인가? (단, X는 임의의 원소 기호이며, 산소의 원자량은 16이다.)

① 16　　② 28
③ 36　　④ 56

6 □□□ 22 해양 경찰청 04

다음 중 기체의 확산 속도에 대한 설명으로 가장 옳지 않은 것은?

① 기체의 확산 속도는 기체 밀도의 제곱근에 반비례한다.
② 기체의 확산 속도는 기체 분자량의 제곱근에 반비례한다.
③ H_2의 확산 속도는 O_2의 16배이다.
④ 기체의 확산 속도는 온도가 높을수록 빠르다.

7 □□□ 24 서울시 7급 14

25℃, 1atm에서 SO_2보다 4배의 분출 속도를 가질 것으로 예상되는 기체는? (단, H, He, C, O, S의 원자량은 각각 1, 4, 12, 16, 32이다.)

① H_2　　② He
③ CH_4　　④ O_2

8 □□□ 24 해양 경찰청 12

다음 〈보기〉는 (㉠)에 관한 설명이다. 이것을 분리할 수 있는 방법(㉡)으로 가장 옳은 것은?

보기

원자번호는 같지만 질량수가 다른 원자

	㉠	㉡
①	동소체	전자수의 차이
②	동소체	확산속도의 차이
③	동위원소	전자수의 차이
④	동위원소	확산속도의 차이

제 4 절 이상 기체와 실제 기체

정답 p.396

회독점검

1 ☑☐☐ 13 국가직 7급 03

기체 1몰의 압력을 1기압에서부터 10기압까지 높일 때, 부피가 가장 많이 감소되는 것은? (단, 온도는 273K로 일정하다.)

① H_2 ② N_2
③ CH_4 ④ NH_3

2 ☐☐☐ 15 서울시 7급 06

다음 실제 기체가 이상 기체에 가까워지는 조건으로 옳지 않은 것은?

① 분자 간의 인력과 반발력이 없을 때 완전 탄성 충돌하는 경우
② 분자량이 작은 헬륨 기체와 수소 기체 같은 경우
③ 온도와 압력이 낮을 경우
④ 보일-샤를의 법칙이 정확히 적용될 수 있는 경우

3 ☐☐☐ 16 지방직 9급 10

van der Waals 상태방정식  $P=\dfrac{nRT}{V-nb}-\dfrac{an^2}{V^2}$**에 대한 설명으로 옳은 것만을 모두 고른 것은? (단, P, V, n, R, T는 각각 압력, 부피, 몰수, 기체상수, 온도이다.)**

> ㄱ. a는 분자 간 인력의 크기를 나타낸다.
> ㄴ. b는 분자 간 반발력의 크기를 나타낸다.
> ㄷ. a는 $H_2O(g)$가 $H_2S(g)$보다 크다.
> ㄹ. b는 $Cl_2(g)$가 $H_2(g)$보다 크다.

① ㄱ, ㄷ ② ㄴ, ㄹ
③ ㄱ, ㄷ, ㄹ ④ ㄱ, ㄴ, ㄷ, ㄹ

4 ☐☐☐ 16 서울시 1회 7급 05

다음 중 실제 기체가 이상 기체에서 가장 벗어난 거동을 보이는 경우는?

① 고온, 고압 ② 고온, 저압
③ 저온, 고압 ④ 저온, 저압

5 ☐☐☐ 18 국가직 7급 14

다음 그래프는 일정한 온도에서 이상기체, 메테인(CH_4), 헬륨(He)의 압력에 따른 PV/nRT 값을 나타낸 것이다. A, B, C에 해당하는 물질을 바르게 묶은 것은?

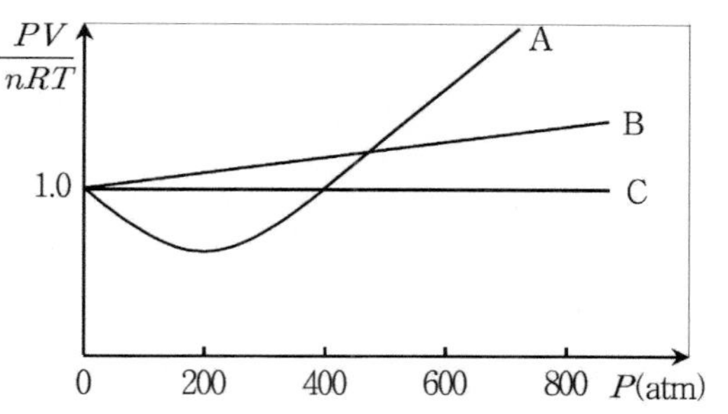

	A	B	C
①	메테인	헬륨	이상기체
②	헬륨	메테인	이상기체
③	이상기체	헬륨	메테인
④	이상기체	메테인	헬륨

6 □□□

19 서울시 2회 9급 10

〈보기〉에 제시된 이상 기체 및 실제 기체에 대한 방정식을 설명한 것으로 가장 옳지 않은 것은?

보기

- 이상 기체 방정식: $PV=nRT$
- 실제 기체 방정식:

$$[P+a(n/V)^2]\times(V-nb)=nRT$$

① 실제 기체 입자들 사이에서 작용하는 인력을 고려할 때, 일정한 압력에서 온도가 낮을수록 실제 기체는 이상 기체에 가까워진다.

② 실제 기체 입자들 사이에서 작용하는 인력을 보정하기 위해 P대신 $[P+a(n/V)^2]$를 사용한다.

③ 실제 기체는 기체 입자가 부피를 가지고 있으므로 이를 보정하기 위해 V대신 $V-nb$를 사용한다.

④ 실제 기체는 낮은 압력일수록 이상 기체에 근접한다.

7 □□□

21 해양 경찰청 07

다음 중 실제 기체가 이상 기체에서 가장 벗어난 거동을 보이는 경우는?

① 저온, 저압 ② 저온, 고압

③ 고온, 저압 ④ 고온, 고압

8 □□□

24 서울시 9급 01

실제 기체가 이상 기체와 비슷한 성질을 갖기 위한 조건으로 옳은 것을 〈보기〉에서 모두 고른 것은?

보기

ㄱ. 온도가 낮을수록 이상 기체에 가깝다.

ㄴ. 분자량이 클수록 이상 기체에 가깝다.

ㄷ. 분자 사이의 거리가 멀수록 이상 기체에 가깝다.

ㄹ. 극성 분자보다는 무극성 분자가 이상 기체에 가깝다.

① ㄱ, ㄷ ② ㄴ, ㄷ

③ ㄴ, ㄹ ④ ㄷ, ㄹ

9 □□□

24 해양 경찰청 20

다음 중 실제 기체가 이상 기체 상태방정식에 근접하는 조건으로 가장 옳지 않은 것은?

① 높은 온도

② 낮은 압력

③ 분자량이 클 경우

④ 분자 간의 인력이 작을 경우

Chapter 08

액체

정답 p.397

회독점검

1 ☑☐☐ 10 지방직 7급 15

다음 그림은 순수한 벤젠, 순수한 톨루엔, 그리고 벤젠과 톨루엔 혼합물의 증기압 곡선을 나타낸 것이다. 증기압 곡선과 물질이 바르게 연결된 것은?

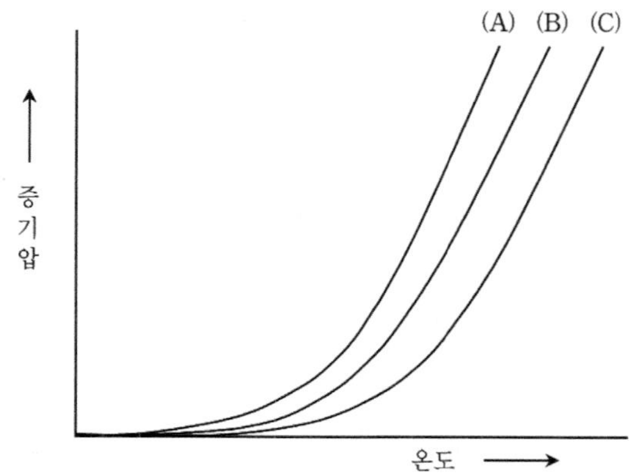

①	순수한 벤젠-(A)	순수한 톨루엔-(B)	벤젠과 톨루엔 혼합물-(C)
②	순수한 벤젠-(C)	순수한 톨루엔-(B)	벤젠과 톨루엔 혼합물-(A)
③	순수한 벤젠-(A)	순수한 톨루엔-(C)	벤젠과 톨루엔 혼합물-(B)
④	순수한 벤젠-(C)	순수한 톨루엔-(A)	벤젠과 톨루엔 혼합물-(B)

2 ☐☐☐ 19 지방직 7급 05

어떤 액체 유기물의 증기압은 250K에서 300mmHg이고 500K에서 900mmHg이다. 이 유기물의 증발열[$Jmol^{-1}$]은? (단, 증발열은 온도에 무관하며, 기체상수 $R = 8JK^{-1}mol^{-1}$이고 $\ln 3 = 1.1$이다.)

① 1,100 ② 2,200
③ 4,400 ④ 6,600

3 ☐☐☐ 20 지방직 9급 20

물질 A, B, C에 대한 다음 그래프의 설명으로 옳은 것만을 모두 고르면?

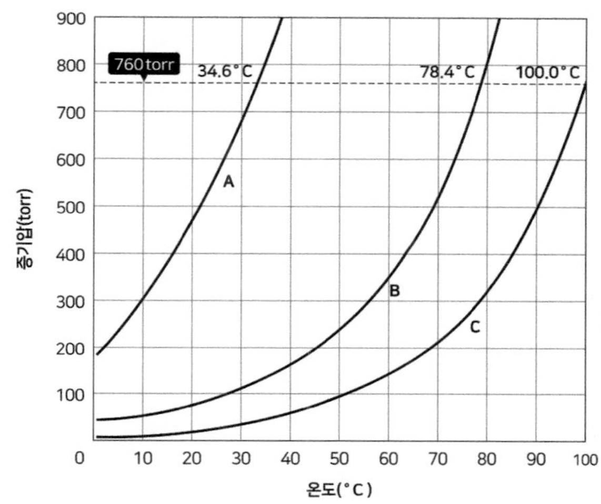

ㄱ. 30℃에서 증기압 크기는 C<B<A이다.
ㄴ. B의 정상 끓는점은 78.4℃이다.
ㄷ. 25℃ 열린 접시에서 가장 빠르게 증발하는 것은 C이다.

① ㄱ, ㄴ ② ㄱ, ㄷ
③ ㄴ, ㄷ ④ ㄱ, ㄴ, ㄷ

4 □□□

20 서울시 2회 7급 17

다음 표는 물(H_2O)과 액체 A의 온도에 따른 증기압에 대한 자료이다.

온도(℃)	증기압(mmHg)	
	$H_2O(l)$	$A(l)$
30	32	79
80	355	808

이에 대한 설명으로 가장 옳은 것은?

① 정상 끓는점은 A가 H_2O보다 높다.

② 분자 간 인력은 A가 H_2O보다 크다.

③ 증발 엔탈피($\Delta H_{증발}$)는 A가 H_2O보다 높다.

④ 각각의 정상 끓는점에서 A와 H_2O의 증기압은 같다.

5 □□□

22 국가직 7급 12

네 가지 액체의 증기 압력 곡선을 나타낸 다음 그래프에 대한 설명으로 옳은 것은?

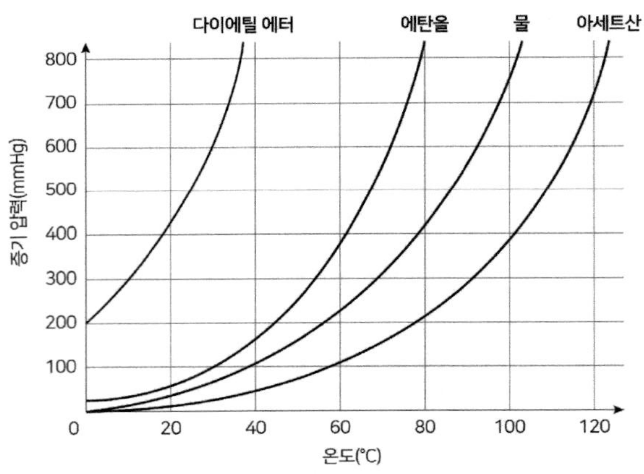

① 500mmHg에서 휘발성이 가장 큰 액체는 아세트산이다.

② 60℃, 1기압에서 에탄올과 아세트산의 안정한 상은 기체이다.

③ 20℃에서 분자 간 인력이 가장 작은 물질은 다이에틸 에터이다.

④ 400mmHg에서 끓는점은 물이 아세트산보다 높다.

6 □□□

23 서울시 2회 7급 16

순수한 액체의 증기압에 대한 설명으로 가장 옳지 않은 것은?

① 증발열($\Delta H_{증발}$)이 클수록 증기압은 작다.

② 온도가 높을수록 증기압은 크다.

③ 분자 간 인력이 클수록 증기압은 크다.

④ 액체의 끓는점은 액체의 증기압이 외부 기압과 같아지는 온도이다.

7 □□□

23 서울시 2회 9급 08

〈보기〉는 1기압에서 H_2O 1g의 온도에 따른 부피 변화를 나타낸 그래프이다.

보기

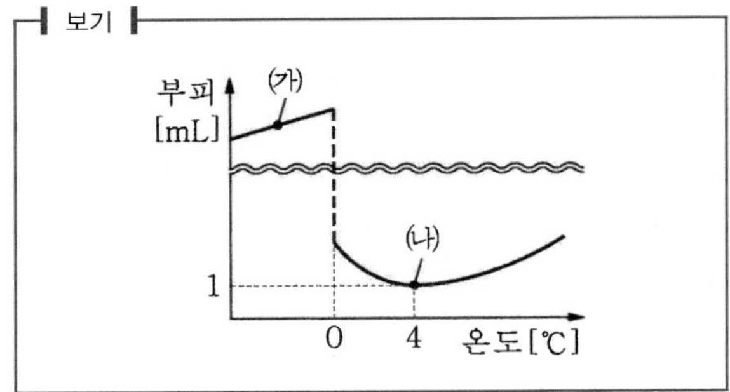

이에 대한 설명으로 가장 옳은 것은?

① 평균 수소 결합의 수는 (가) > (나)이다.

② H_2O의 밀도는 (가) > (나)이다.

③ (나)보다 (가)에서 부피가 큰 이유는 열팽창 때문이다.

④ 0℃일 때 H와 O 사이의 공유 결합이 끊어진다.

Chapter 09

고체

제 1 절 고체의 결정

정답 p.398

회독점검

1 ☑☐☐ 12 지방직 7급 04

탄소 동소체에 대한 설명으로 옳지 않은 것은?

① 공유 결합성 그물 구조인 다이아몬드는 높은 전기전도도를 갖는다.
② sp^2 혼성 탄소로 이루어진 흑연은 이차원 판상 구조이다.
③ 축구공 모양의 C_{60}는 무극성 유기 용매에 녹는다.
④ 관 모양의 탄소 나노튜브는 높은 전기전도도를 갖는다.

2 ☐☐☐ 17 국가직 7급 03

다음 결정성 고체 중 격자 엔탈피(ΔH_L)가 가장 큰 것은? (단, 기하학적 요인은 무시한다.)

① Al_2O_3 ② $NaCl$
③ LiF ④ $CaCl_2$

3 ☐☐☐ 18 지방직 7급 05

고체 결정에 대한 설명으로 옳은 것만을 모두 고르면?

ㄱ. 이온결정은 녹는점이 높으며, 녹으면 전도체가 된다.
ㄴ. 분자결정인 아르곤 결정에서 인력은 단지 London 힘뿐이다.
ㄷ. 공유결정은 단단하고 녹는점이 매우 낮으며 전도체이다.
ㄹ. 금속결정은 열전도성과 전기전도성이 좋으며, 모두 녹는점이 높다.

① ㄱ, ㄴ ② ㄱ, ㄷ
③ ㄴ, ㄷ ④ ㄴ, ㄹ

4 ☐☐☐ 24 국가직 7급 12

흑연, 풀러렌, 탄소나노튜브에 대한 설명으로 옳은 것만을 모두 고르면?

ㄱ. 탄소 동소체이다.
ㄴ. 모두 sp^2 혼성 탄소로 구성되어 있다.
ㄷ. 모두 이온성 고체로 분류된다.

① ㄱ ② ㄷ
③ ㄱ, ㄴ ④ ㄱ, ㄷ

제 2 절 고체의 결정구조

정답 p.399

회독점검

1 ☑☐☐ 17 국가직 7급 14

금속 알루미늄(Al)이 면심 입방 결정구조를 갖고 단위세포의 모서리 길이가 4.0Å일 때, 옳은 것만을 모두 고른 것은?

> ㄱ. 단위세포는 Al 원자 4개를 포함한다.
> ㄴ. Al 원자와 가장 인접한 원자의 개수는 6개이다.
> ㄷ. Al 원자 핵 간 최단거리는 $2\sqrt{2}$ Å이다.

① ㄱ ② ㄴ
③ ㄱ, ㄷ ④ ㄴ, ㄷ

2 ☐☐☐ 17 서울시 7급 18

어떤 금속은 면심 입방 격자 형태의 결정 구조를 가진다. 단위세포의 모서리 길이가 408pm일 때, 금속 원자의 직경은? (단, $\sqrt{2}=1.414$이며, 최종 결과는 소수점 첫째 자리에서 반올림한다.)

① 144pm ② 204pm
③ 288pm ④ 408pm

3 ☐☐☐ 18 지방직 9급 10

체심 입방(bcc) 구조인 타이타늄(Ti)의 단위 세포에 있는 원자의 알짜 개수는?

① 1 ② 2
③ 4 ④ 6

4 ☐☐☐ 19 지방직 9급 18

구조 (가)~(다)는 결정성 고체의 단위 세포를 나타낸 것이다. 이에 대한 설명으로 옳은 것만을 모두 고르면?

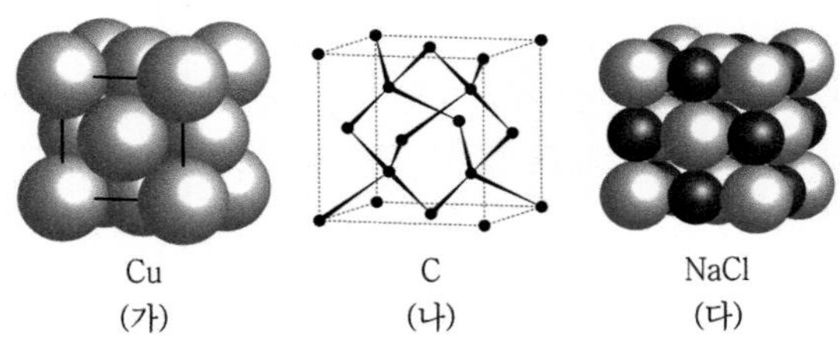

> ㄱ. 전기 전도성은 (가)가 (나)보다 크다.
> ㄴ. (나)의 탄소 원자 사이의 결합각은 CH_4의 H－C－H 결합각과 같다.
> ㄷ. (나)와 (다)의 단위 세포에 포함된 C와 Na^+의 개수 비는 1 : 2이다.

① ㄱ ② ㄷ
③ ㄱ, ㄴ ④ ㄱ, ㄴ, ㄷ

5 ☐☐☐ 20 지방직 7급 13

금속의 세 가지 입방계 결정 형태에서 단위 세포 내의 입자수가 가장 많은 것은?

> ㄱ. 단순 입방체(simple cubic)
> ㄴ. 면심 입방체(face-centered cubic)
> ㄷ. 체심 입방체(body-centered cubic)

① ㄱ ② ㄴ
③ ㄷ ④ 모두 동일하다.

6 □□□ 21 지방직 9급 13

철(Fe) 결정의 단위 세포는 체심 입방 구조이다. 철의 단위 세포내의 입자수는?

① 1개 ② 2개
③ 3개 ④ 4개

7 □□□ 21 지방직 7급 18

NaCl 결정의 단위세포(unit cell)에 대한 설명으로 옳은 것만을 모두 고르면?

ㄱ. 면심 입방(face-centered cubic) 구조이다.
ㄴ. 각 Cl^-는 4개의 Na^+에 의해 둘러싸여 있다.
ㄷ. 한 단위세포는 각각 4개의 Na^+와 Cl^-를 갖는다.
ㄹ. CuCl의 단위세포와 같은 구조이다.

① ㄱ, ㄴ ② ㄱ, ㄷ
③ ㄴ, ㄷ ④ ㄷ, ㄹ

8 □□□ 21 국가직 7급 20

면심 입방 구조인 금(Au) 결정의 쌓임 효율(packing efficiency)은?

① $\frac{\pi}{6}$ ② $\frac{\sqrt{3}\pi}{8}$
③ $\frac{\sqrt{2}\pi}{6}$ ④ $\frac{\sqrt{3}\pi}{6}$

9 □□□ 22 지방직 9급 12

고체 알루미늄(Al)은 면심 입방(fcc) 구조이고, 고체 마그네슘(Mg)은 육방 조밀 쌓임(hcp) 구조이다. 이에 대한 설명으로 옳지 않은 것은?

① Al의 구조는 입방 조밀 쌓임(ccp)이다.
② Al의 단위 세포에 포함된 원자 개수는 4이다.
③ 원자의 쌓임 효율은 Al과 Mg가 같다.
④ 원자의 배위수는 Mg가 Al보다 크다.

10 □□□ 22 서울시 1회 7급 02

〈보기〉에서 면심 입방 격자 구조를 가지고 있는 이온성 고체 NaCl에 대한 설명으로 옳은 것을 모두 고른 것은?

보기

ㄱ. 단위 세포 내에서 Cl^-는 꼭짓점과 면의 중심에 위치한다.
ㄴ. Na^+는 단위 세포의 체심을 관통하는 대각선상의 1/4 거리 지점에 위치한다.
ㄷ. Na^+와 Cl^-는 모두 4 배위수를 가진다.

① ㄱ ② ㄴ
③ ㄷ ④ ㄱ, ㄷ

11 □□□

23 지방직 9급 08

다음은 3주기 원소로 이루어진 이온성 고체 AX의 단위 세포를 나타낸 것이다. 이에 대한 설명으로 옳지 않은 것은?

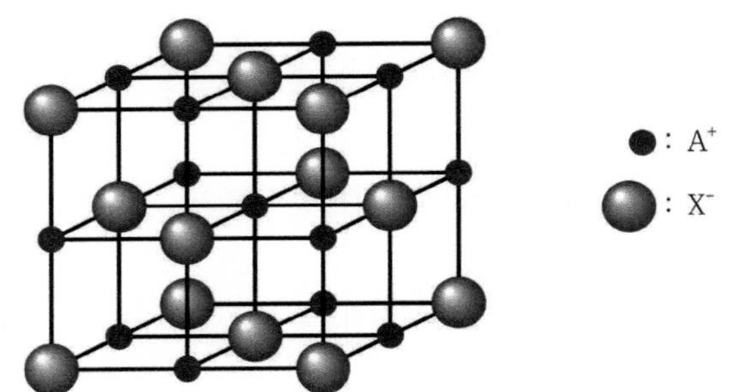

① 단위 세포 내에 있는 A 이온과 X 이온의 개수는 각각 4이다.

② A 이온과 X 이온의 배위수는 각각 6이다.

③ $A(s)$는 전기적으로 도체이다.

④ $AX(l)$는 전기적으로 부도체이다.

12 □□□

24 국가직 7급 19

면심 입방 결정구조를 갖는 금속 원소의 원자량이 M, 원자 반지름이 $r$cm일 때, 이 금속의 밀도[g/cm^3]는? (단, 아보가드로수는 N_A이다.)

① $\frac{\sqrt{2}}{4}\frac{N_A r^3}{M}$　　② $\frac{\sqrt{2}}{8}\frac{N_A r^3}{M}$

③ $\frac{\sqrt{2}}{4}\frac{M}{N_A r^3}$　　④ $\frac{\sqrt{2}}{8}\frac{M}{N_A r^3}$

13 □□□

24 서울시 9급 04

〈보기 1〉은 어떤 금속 결정의 단위 세포에 대한 자료이다. 이에 대한 설명으로 옳은 것을 〈보기 2〉에서 모두 고른 것은?

보기 1

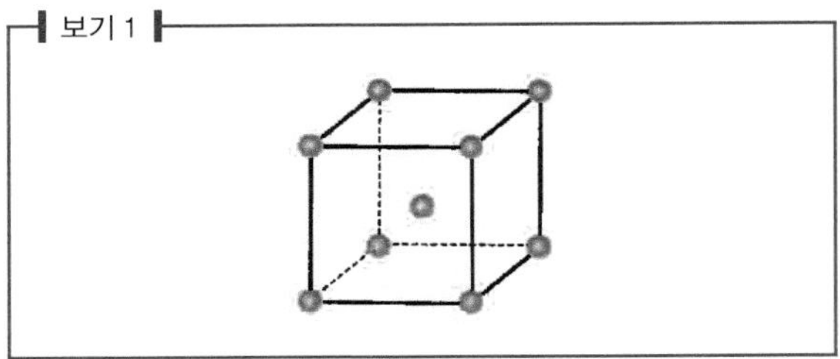

보기 2

ㄱ. 결정 구조는 면심 입방 구조이다.
ㄴ. 단위 세포에 포함한 원자 수는 2이다.
ㄷ. 한 입자를 둘러싸고 있는 가장 가까운 입자 수는 8개이다.

① ㄱ　　② ㄴ

③ ㄴ, ㄷ　　④ ㄱ, ㄴ, ㄷ

제 3 절 실험식의 결정

정답 p.401

회독점검

1 ☑☐☐ 15 서울시 7급 14

다음은 면심 입방 구조를 갖는 금속(M) 양이온(작은 공모양)과 사면체 구멍(체심 위치)에 존재하는 비금속(X) 음이온(큰 공모양)으로 구성된 화합물의 격자 구조 일부를 나타낸 그림이다. 화합물의 화학식은?

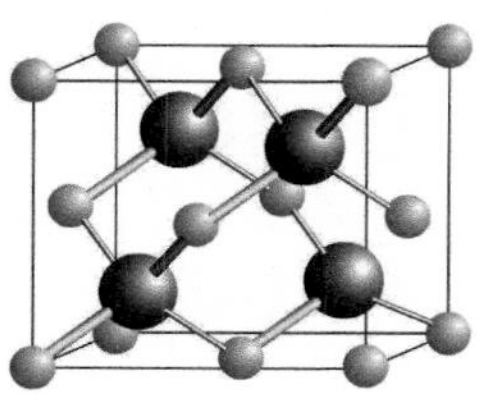

① MX ② MX_2
③ M_2X ④ M_4X

2 ☐☐☐ 17 지방직 7급 11

다음은 어떤 결정의 단위 세포(unit cell)이다. 각 꼭짓점과 중심에 있는 원자 수로부터 이 화합물의 화학식을 A_xB_y로 나타낼 수 있다. 이때 $x+y$의 값은? (단, ○은 양이온 A, ●은 음이온 B를 나타낸다.)

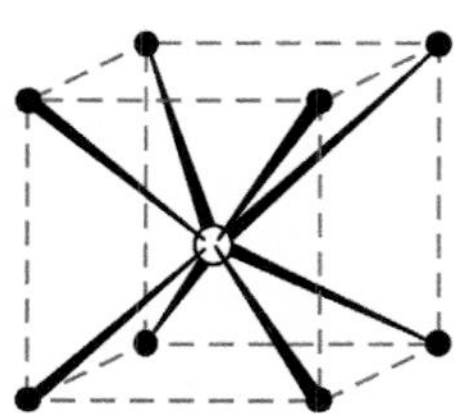

① 2 ② 3
③ 4 ④ 5

3 ☐☐☐ 19 국가직 7급 11

두 원소 A와 B로 구성된 결정성 고체의 단위 세포(unit cell)가 그림과 같을 때, 이 고체의 화학식은?

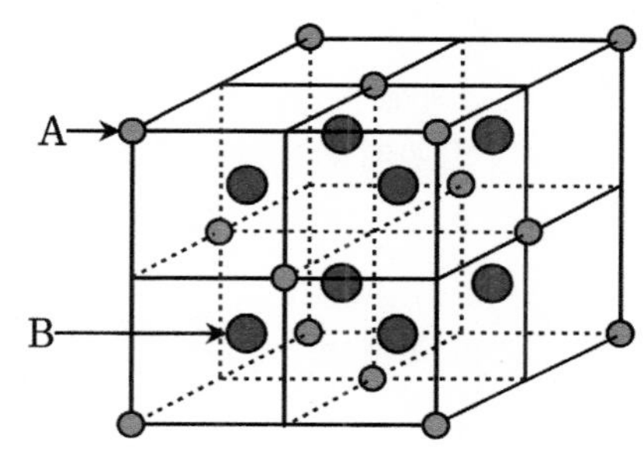

① AB_2 ② A_2B
③ AB_3 ④ A_3B

PART 04 물질의 상태와 용액

Chapter

10

상평형도

정답 p.402

회독점검

1 ☑☐☐ 13 국가직 7급 19

상 그림(phase diagram)에 대한 설명으로 옳은 것은?

① 상 그림은 열린계에서 물질의 상(phase) 사이의 압력-온도 평형 관계를 나타낸다.

② 임계점에서는 고체, 액체, 기체가 평형 상태로 공존한다.

③ 상 그림으로부터 고체, 액체, 기체의 상변환 속도를 예측할 수 있다.

④ 삼중점보다 낮은 압력의 평형 상태에서는 액체가 존재하지 않는다.

2 ☐☐☐ 14 지방직 9급 19

물질 X의 상 그림이 다음과 같을 때, 주어진 온도와 압력 범위에서 X에 대해 설명한 것으로 옳은 것은?

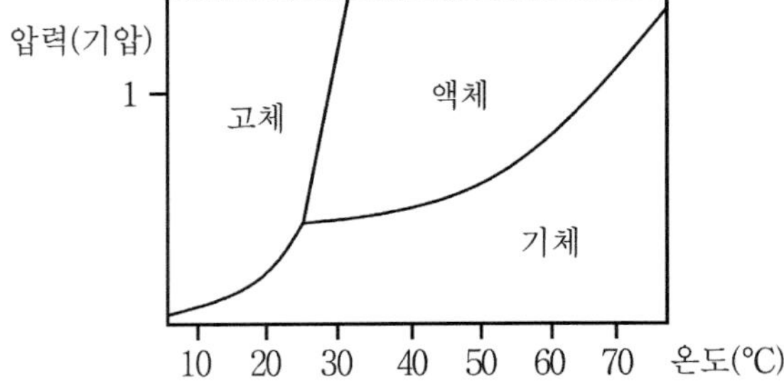

① 정상 끓는점은 60℃보다 높다.

② 정상 녹는점에서 고체의 밀도가 액체의 밀도보다 낮다.

③ 고체, 액체, 기체가 모두 공존하는 온도는 30℃보다 높다.

④ 20℃의 기체에 온도 변화 없이 압력을 가하면 기체가 액체로 응축될 수 있다.

3 ☐☐☐ 15 서울시 7급 02

다음은 이산화탄소(CO_2)의 상평형 그림이다. 이에 대한 설명으로 옳은 것은?

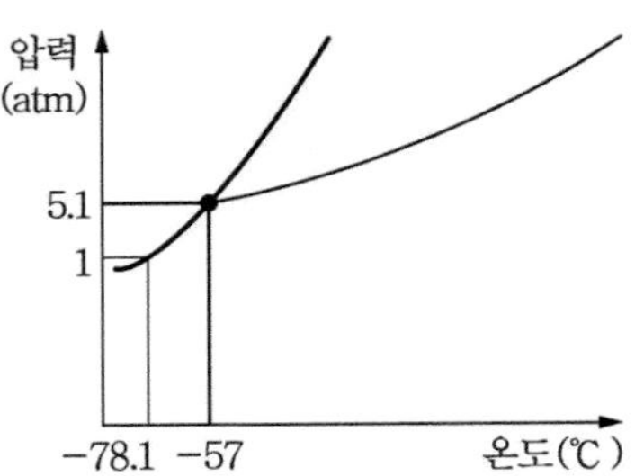

① 1기압에서 액체가 존재할 수 있다.

② −70℃에서 이산화탄소는 증발할 수 있다.

③ 이산화탄소 고체는 액체보다 밀도가 더 크다.

④ −40℃의 히말라야 고산 지대에서 이산화탄소는 고체로 존재한다.

4 ☐☐☐ 19 서울시 2회 7급 09

〈보기〉는 어떤 액체의 상평형 도표에 대한 설명이다. 이 물질의 특성에 대한 설명으로 가장 옳지 않은 것은? (단, 외부 압력은 1atm이며, 고체, 액체, 기체상만 존재한다.)

보기

- 고체의 밀도는 액체보다 항상 높다.
- 350K에서 액체의 증기 압력이 1atm이다.
- 삼중점의 온도와 압력은 각각 177K와 0.85atm이다.

① 끓는점은 350K이다.

② 삼중점의 온도는 어는점보다 높다.

③ 150K일 때, 평형에서는 고체와 기체만 존재한다.

④ 177K일 때, 0.85atm 이상의 압력에서 이 물질은 고체이다.

Chapter 11

용해와 농도

제 1 절 용해

정답 p.403

회독점검

1 ☑☐☐ 18 서울시 3회 7급 17

다음 중 헨리의 법칙(Henry's law)에 대한 설명으로 가장 옳은 것은?

① 기체의 용해도에 대한 법칙이다.
② 용액의 증기압에 대한 법칙이다.
③ 액체의 끓는점에 대한 법칙이다.
④ 고체의 녹는점에 대한 법칙이다.

2 ☐☐☐ 24 지방직 9급 20

25℃에서 탄산수가 담긴 밀폐 용기의 CO_2 부분 압력이 0.41MPa일 때, 용액 내의 CO_2 농도[M]는? (단, 25℃에서 물에 대한 CO_2의 Henry 상수는 $3.4 \times 10^{-4} \mathrm{mol\,m^{-3}Pa^{-1}}$이다.)

① 1.4×10^{-1}　② 1.4
③ 1.4×10　④ 1.4×10^2

3 ☐☐☐ 24 해양 경찰청 17

60℃ 질산칼륨(KNO_3) 포화 수용액 418g을 10℃로 냉각시키면 몇 g의 결정이 석출되는가?(단, 물에 대한 질산칼륨의 용해도(g/물100g)는 60℃에서 109, 10℃에서 22이다.)

① 44g　② 87g
③ 131g　④ 174g

제 2 절 농도

정답 p.403

회독점검

1 ☑☐☐ 14 국가직 7급 08

1M KCl 수용액 500mL와 2M $CaCl_2$ 수용액 500mL를 혼합하였을 때, 이 수용액에 존재하는 Cl^-이온의 농도[M]는? (단, 모든 염은 물에서 완전 해리된다.)

① 1.5　② 2.0
③ 2.5　④ 3.0

2 ☐☐☐ 14 해양 경찰청 12

비중이 1.18이고 무게 농도가 36%인 진한 염산(분자량 = 36.5)의 몰농도는 대략 얼마인가?

① 11.6M　② 18M
③ 3.6M　④ 1.8M

3 ☐☐☐ 15 국가직 7급 01

온도에 따라 값이 변하는 것은?

① 몰농도　② 몰분율
③ 몰랄농도　④ 질량 백분율

4 ☐☐☐ 16 지방직 9급 03

1M $Fe(NO_3)_2$ 수용액에서 음이온의 농도는?
(단, $Fe(NO_3)_2$는 수용액에서 100% 해리된다.)

① 1M　② 2M
③ 3M　④ 4M

5 □□□

16 서울시 3회 7급 09

분자량이 200g/mol인 용질 50.0g을 분자량이 78g/mol인 액체 200.0g에 녹여 밀도가 1.00g/mL인 용액을 얻었다. 이 용액에 대한 설명으로 옳은 것은? (단, 용질에 의한 부피 변화는 무시한다.)

① 몰농도는 0.250M이다.
② 몰농도는 1.00M이다.
③ 몰랄 농도는 0.250m이다.
④ 몰랄 농도는 1.00m이다.

6 □□□

17 서울시 2회 9급 06

0.5mol/L의 KOH 수용액을 만들기 위해 KOH 15.4g을 사용했다면 이때 사용한 물의 양은? (단, KOH의 화학식량은 56g이며 사용된 KOH의 부피는 무시한다.)

① 0.55L ② 0.64L
③ 0.86L ④ 1.10L

7 □□□

17 해양 경찰청 08

12.5% 황산용액에 77.5% 황산용액 200kg을 혼합하였더니 19%의 황산용액이 되었다. 이때 만들어진 19%의 황산용액의 양은? (단, 농도는 중량 퍼센트이다.)

① 1,500kg ② 1,800kg
③ 2,000kg ④ 2,200kg

8 □□□

18 지방직 7급 17

질량 백분율 98.0%, 비중 1.8의 진한 황산용액 1L에서 50.0mL를 취한 다음, 증류수로 희석하여 1L의 묽은 황산용액을 다시 제조하였다. 농도를 모르는 80.0mL의 NaOH 수용액과 당량점까지 중화 반응을 시키는 데 이 묽은 황산용액 40.0mL가 필요하였다. NaOH 수용액의 농도는? (단, 황산의 몰질량은 $98.0g \cdot mol^{-1}$이다.)

① 0.3M ② 0.45M
③ 0.90M ④ 1.8M

9 □□□

18 국가직 7급 01

질량 백분율의 정의로 옳은 것은?

① $\frac{\text{용질의 질량}}{\text{용매의 질량}} \times 100\%$

② $\frac{\text{용질의 질량}}{\text{용액의 질량}} \times 100\%$

③ $\frac{\text{용매의 질량}}{\text{용질의 질량}} \times 100\%$

④ $\frac{\text{용액의 질량}}{\text{용질의 질량}} \times 100\%$

10 □□□

18 서울시 3회 7급 16

질량 백분율이 20%인 아세트산(CH_3COOH) 수용액 A의 밀도는 dg/mL이다. 100mL의 수용액 A를 묽혀 수용액 B 250mL를 만들었다. 수용액 B에서 CH_3COOH의 몰농도는? (단, CH_3COOH의 분자량은 60이다.)

① $\frac{3}{4d}$M ② $\frac{4}{3d}$M
③ $\frac{3d}{4}$M ④ $\frac{4d}{3}$M

11 □□□ 20 지방직 9급 17

용액에 대한 설명으로 옳지 않은 것은?

① 용액의 밀도는 용액의 질량을 용액의 부피로 나눈 값이다.
② 용질 A의 몰농도는 A의 몰수를 용매의 부피(L)로 나눈 값이다.
③ 용질 A의 몰랄농도는 A의 몰수를 용매의 질량(kg)으로 나눈 값이다.
④ 1ppm은 용액 백만 g에 용질 1g이 포함되어 있는 값이다.

12 □□□ 20 지방직 9급 18

바닷물의 염도를 1kg의 바닷물에 존재하는 건조 소금의 질량(g)으로 정의하자. 질량 백분율로 소금 3.5%가 용해된 바닷물의 염도[$\frac{g}{kg}$]는?

① 0.35 ② 3.5
③ 35 ④ 350

13 □□□ 20 해양 경찰청 03

1.5mol/L의 KOH 수용액을 만들기 위해 KOH 84g을 사용했다면 이때 사용한 물의 양(L)은? (단, KOH 화학식량 56, 사용된 KOH 부피 무시는 무시한다.)

① 10 ② 0.1
③ 1 ④ 1.5

14 □□□ 20 해양 경찰청 07

0.25 M HCl용액을 제조하기 위해 0.4M HCl 100mL에 첨가해야 하는 0.2M HCl 용액의 양(mL)은?

① 300 ② 250
③ 200 ④ 150

15 □□□ 21 지방직 7급 11

농도를 구하는 식으로 옳지 않은 것은?

① 성분의 십억분율(ppb) $= \frac{\text{용액속의 성분의 질량}}{\text{용액의 총 질량}} \times 10^9$

② 성분의 몰분율 $= \frac{\text{성분의 몰수}}{\text{모든 성분의 총 몰수}}$

③ 몰농도(M) $= \frac{\text{용질의 몰수}}{\text{용액의 리터수}}$

④ 몰랄 농도(m) $= \frac{\text{용질의 몰수}}{\text{용액의 kg수}}$

16 □□□ 21 해양 경찰청 17

다음은 설탕물의 몰 농도를 알아내기 위한 실험이다.

[실험 과정]
ㄱ. 1L 삼각 플라스크의 질량(W_1)을 측정한다.
ㄴ. ㄱ의 삼각 플라스크에 설탕물 500mL를 넣는다.
ㄷ. 물을 모두 증발시킨 후 삼각플라스크의 질량(W_2)을 측정한다.

[실험 결과]
W_1: 505.0g W_2: 522.1g

설탕물의 몰 농도(M)는? (단, 설탕의 분자량은 342이다.)

① 0.05 ② 0.1
③ 0.25 ④ 0.5

17 □□□

22 지방직 9급 03

X가 녹아 있는 용액에서, X의 농도에 대한 설명으로 옳지 않은 것은?

① 몰 농도[M]는 $\frac{\text{X의 몰(mol) 수}}{\text{용액의 부피[L]}}$이다.

② 몰랄 농도[m]는 $\frac{\text{X의 몰(mol) 수}}{\text{용매의 질량[kg]}}$이다.

③ 질량 백분율[%]은 $\frac{\text{X의 질량}}{\text{용매의 질량}} \times 100$이다.

④ 1ppm 용액과 1,000ppb 용액은 농도가 같다.

18 □□□

23 지방직 9급 01

0.5M 포도당($C_6H_{12}O_6$) 수용액 100mL에 녹아 있는 포도당의 양[g]은? (단, C, H, O의 원자량은 각각 12, 1, 16이다.)

① 9　② 18
③ 90　④ 180

19 □□□

23 지방직 9급 04

1.0M KOH 수용액 30mL와 2.0M KOH 수용액 40mL를 섞은 후 증류수를 가해 전체 부피를 100mL로 만들었을 때, KOH 수용액의 몰농도[M]는? (단, 온도는 25℃이다.)

① 1.1　② 1.3
③ 1.5　④ 1.7

20 □□□

23 서울시 2회 9급 10

〈보기〉는 30℃, 밀도 1.1g/mL인 A 수용액 (가)와 50℃의 A 수용액 (나)를 혼합하여 40℃의 A 수용액 (다)를 얻는 과정이다. A의 화학식량은 60이다.

보기

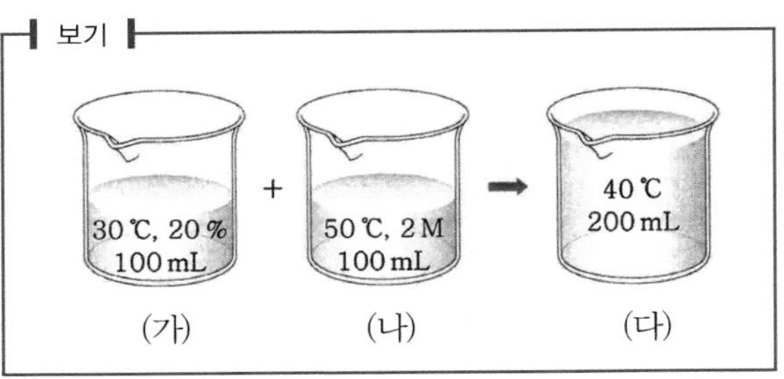

이에 대한 설명으로 가장 옳지 않은 것은? (단, A~D는 임의의 원소 기호이다.)

① (가)의 몰랄 농도는 4m보다 크다.
② (나)를 냉각시키면 몰 농도는 달라진다.
③ (다)의 몰 농도는 3M보다 크다.
④ (다)에 들어 있는 A의 질량은 34g이다.

21 □□□

24 국가직 7급 02

8M 황산 수용액에 증류수를 첨가하여 0.1M 황산 수용액 2L를 만들 때 필요한 황산 수용액의 부피[L]는?

① 0.025　② 0.05
③ 0.125　④ 0.5

22 □□□

24 국가직 7급 10

pH가 가장 낮은 수용액은? (단, NaOH의 분자량은 40이다.)

① 1N NaOH 수용액
② 1M NaOH 수용액
③ 1m NaOH 수용액
④ 1wt% NaOH 수용액

23 □□□

24 지방직 7급 02

2.0M NaCl 수용액 100mL와 1.25M KCl 수용액 400mL를 혼합한 용액에서 Cl^-의 농도[M]는? (단, NaCl과 KCl은 완전 해리한다.)

① 1.3　　② 1.4
③ 1.5　　④ 1.6

24 □□□

24 서울시 9급 07

〈보기〉의 실험 과정을 거쳐 만들어진 황산(H_2SO_4) 표준 용액의 몰 농도의 값[M]은? (단, H_2SO_4의 분자량은 98이다.)

보기

(가) 밀도가 1.4g/mL인 50% 황산을 준비한다.
(나) 1,000mL 부피 플라스크에 증류수를 반쯤 넣는다.
(다) 50% 황산 7mL를 피펫으로 취하여 (나)의 부피 플라스크에 넣고 잘 섞는다.
(라) 증류수를 (다)의 부피 플라스크에 1,000mL 눈금까지 채운 후 잘 섞는다.

① 0.05　　② 0.1
③ 0.5　　④ 1

Chapter 12

용액의 총괄성

제1절 총괄성 종합

정답 p.406

회독점검

1 ☑☐☐ 09 지방직 9급 12

다음 중 총괄성과 관련이 없는 현상은?

① 증류수 속의 적혈구 팽창
② 진한 소금물에서 오이 피클의 쭈그러듦
③ 온도가 올라감에 따른 설탕의 용해도 증가
④ 에틸렌글리콜 용액을 자동차 부동액으로 사용

2 ☐☐☐ 11 지방직 9급 12

소금의 총괄성에 대한 설명으로 옳은 것을 모두 고른 것은?

ㄱ. 소금물의 끓는점은 순수한 물의 끓는점보다 높다.
ㄴ. 소금물의 어는점은 순수한 물의 어는점보다 낮다.
ㄷ. 삼투현상에서 물은 항상 소금물의 농도가 진한 쪽으로 이동한다.

① ㄱ, ㄴ ② ㄱ, ㄷ
③ ㄴ, ㄷ ④ ㄱ, ㄴ, ㄷ

3 ☐☐☐ 12 지방직 7급(하) 15

용액의 총괄성에 대한 설명으로 옳은 것은?

① 삼투압은 분자량이 큰 분자의 몰질량을 측정하는 데 유용하다.
② NaCl은 같은 몰 수의 $CaCl_2$보다 도로의 눈을 녹이는 효과가 더 크다.
③ 1몰랄농도의 설탕물은 1몰랄농도의 소금물보다 끓는점이 더 높다.
④ 동일한 조건에서 소금물은 순수한 물에 비해 증발 속도가 더 빠르다.

4 ☐☐☐ 15 지방직 9급 13

다음 각 화합물의 1M 수용액에서 이온 입자 수가 가장 많은 것은?

① NaCl ② KNO_3
③ NH_4NO_3 ④ $CaCl_2$

5 □□□ 15 서울시 7급 20

다음 용액의 총괄성(colligative property)에 대한 설명 중 옳지 않은 것은?

① 라울(Raoult)의 법칙에 의해 잘 설명된다.
② 용액 내에 녹아 있는 용질의 화학적 특성에 의해 결정된다.
③ 삼투압 현상은 총괄성의 하나이다.
④ 순수한 용매의 어는점은 용액의 어는점보다 높다.

6 □□□ 16 지방직 9급 06

묽은 설탕 수용액에 설탕을 더 녹일 때 일어나는 변화를 설명한 것으로 옳은 것은?

① 용액의 증기압이 높아진다.
② 용액의 끓는점이 낮아진다.
③ 용액의 어는점이 높아진다.
④ 용액의 삼투압이 높아진다.

7 □□□ 18 지방직 9급 20

용액에 대한 설명으로 옳은 것은?

① 순수한 물의 어는점보다 소금물의 어는점이 더 높다.
② 용액의 증기압은 순수한 용매의 증기압보다 높다.
③ 순수한 물의 끓는점보다 설탕물의 끓는점이 더 낮다.
④ 역삼투 현상을 이용하여 바닷물을 담수화할 수 있다.

8 □□□ 19 지방직 9급 07

용액의 총괄성에 대한 설명으로 옳은 것만을 모두 고르면?

ㄱ. 용질의 종류와 무관하고, 용질의 입자 수에 의존하는 물리적 성질이다.
ㄴ. 증기 압력은 0.1M NaCl 수용액이 0.1M 설탕 수용액보다 크다.
ㄷ. 끓는점 오름의 크기는 0.1M NaCl 수용액이 0.1M 설탕 수용액보다 크다.
ㄹ. 어는점 내림의 크기는 0.1M NaCl 수용액이 0.1M 설탕 수용액보다 작다.

① ㄱ, ㄴ
② ㄱ, ㄷ
③ ㄴ, ㄹ
④ ㄷ, ㄹ

9 □□□ 19 지방직 9급 11

전해질(electrolyte)에 대한 설명으로 옳은 것은?

① 물에 용해되어 이온 전도성 용액을 만드는 물질을 전해질이라 한다.
② 설탕($C_{12}H_{22}O_{11}$)을 증류수에 녹이면 전도성 용액이 된다.
③ 아세트산(CH_3COOH)은 KCl보다 강한 전해질이다.
④ NaCl 수용액은 전기가 통하지 않는다.

10 □□□

19 국가직 7급 01

다음 수용액 중 녹아 있는 용질 입자의 총 개수가 가장 많은 것은? (단, 이온결합 화합물은 모두 완전히 해리된다.)

① 20mL 2.0M NaCl

② 0.1L 0.8M C_2H_5OH

③ 20mL 0.4M $FeCl_3$

④ 0.3L 0.1M $CaCl_2$

11 □□□

21 지방직 9급 02

용액의 총괄성에 해당하지 않는 현상은?

① 산 위에 올라가서 끓인 라면은 설익는다.

② 겨울철 도로 위에 소금을 뿌려 얼음을 녹인다.

③ 라면을 끓일 때 스프부터 넣으면 면이 빨리 익는다.

④ 서로 다른 농도의 두 용액을 반투막을 사용해 분리해 놓으면 점차 그 농도가 같아진다.

제 2 절 증기압 내림

정답 p.408

회독점검

1 ☑☐☐ 14 지방직 9급 18

어떤 용액이 라울(Raoult)의 법칙으로부터 음의 편차를 보일 때, 이 용액에 대한 설명으로 옳은 것만을 〈보기〉에서 모두 고른 것은?

보기

ㄱ. 용액의 증기압이 라울의 법칙에서 예측한 값보다 작다.

ㄴ. 용액의 증기압은 용액 내의 용질 입자 개수와 무관하다.

ㄷ. 용질–용매 분자 간 인력이 용매–용매 분자 간 인력보다 강하다.

① ㄱ ② ㄴ
③ ㄱ, ㄷ ④ ㄴ, ㄷ

2 ☐☐☐ 17 서울시 7급 06

25.0℃에서 물의 증기압은 23.8torr이다. 180g의 물에 몇 g의 글루코스를 첨가하면 이 용액의 증기압이 11.9torr가 되겠는가? (단, 물과 글루코스의 분자량은 각각 18g/mol, 180g/mol이다.)

① 90g ② 180g
③ 1800g ④ 3900g

3 ☐☐☐ 18 서울시 1회 7급 04

80℃에서 순수한 액체 A와 B의 증기 압력은 각각 80mmHg, 120mmHg이다. 같은 온도에서 두 액체를 0.5몰씩 혼합한 용액 C의 증기 압력이 110mmHg일 때, 액체 상태에서 A–A 분자 간, B–B 분자 간, A–B 분자 간 인력의 크기를 비교한 것으로 가장 옳은 것은?

① A–A > B–B > A–B
② A–A > A–B > B–B
③ B–B > A–B > A–A
④ A–B > B–B > A–A

4 ☐☐☐ 18 서울시 1회 7급 17

휘발성 유기 화합물 A는 18℃에서 증기 압력이 400mmHg이다. 기체 상수(R) 값을 알고, 40℃에서 A의 증기 압력을 계산하려 할 때 반드시 필요한 데이터는?

① A의 몰질량
② A의 몰증발열
③ A의 헨리 법칙 상수
④ A의 끓는점 오름 상수

5 □□□

18 서울시 3회 7급 15

35.5g의 고체 Na_2SO_4(몰질량: 142g/mol)와 180g의 물(몰질량: 18g/mol)을 온도 T에서 섞었을 때 용액의 증기압은? (단, 온도 T에서 순수한 물의 증기압은 $\frac{1}{20}$atm이다. 용액은 라울의 법칙(Raoult's law)을 만족하고, Na_2SO_4은 수용액에서 모두 해리된다고 가정한다.)

① $\frac{2}{43}$atm
② $\frac{1}{21}$atm
③ $\frac{2}{41}$atm
④ $\frac{1}{20}$atm

6 □□□

18 서울시 3회 7급 18

같은 몰수의 벤젠과 톨루엔이 섞인 액체 혼합물이 30℃에서 그 증기와 평형 상태에 있다. 이 용액이 이상용액일 때, 톨루엔 증기의 몰분율은? (단, 30℃에서 순수한 벤젠과 톨루엔의 증기압은 각각 120mmHg 및 40mmHg으로 가정한다.)

① 0.25
② 0.50
③ 0.75
④ 1.00

7 □□□

20 국가직 7급 17

이상 용액(ideal solution)에 대한 설명으로 옳은 것만을 모두 고르면?

ㄱ. 라울(Raoult) 법칙을 따르는 용액으로 정의된다.
ㄴ. 용질–용질, 용매–용매, 용질–용매 간의 상호작용이 균일하다.
ㄷ. 총괄성은 용질 입자의 수에 무관하고, 종류에 의존한다.

① ㄱ
② ㄴ
③ ㄷ
④ ㄱ, ㄴ

8 □□□

23 국가직 7급 14

t℃에서 물과 에탄올의 증기 압력은 각각 100torr, 250torr이다. t℃에서 물과 에탄올을 각각 40mol%, 60mol%로 혼합한 용액의 증기 압력[torr]은?
(단, 용액은 Raoult 법칙을 따른다.)

① 180
② 190
③ 200
④ 210

제 3 절 끓는점 오름과 어는점 내림

정답 p.409

회독점검

1 ☑☐☐ 14 서울시 9급 06

다음 4가지 종류의 수용액을 제조하여 어는점을 측정하였다.

ㄱ. 0.1m NaCl 수용액
ㄴ. 18g $C_6H_{12}O_6$을 물 1000g에 용해한 수용액
ㄷ. 0.15m K_2SO_4 수용액
ㄹ. 6.5g $CaCl_2$를 물 500g에 용해한 수용액
(단, $CaCl_2$의 분자량 130)

이때 어는점 내림이 가장 큰 순서대로 바르게 표시한 것은? (단, 염은 완전히 해리되었다.)

① ㄴ > ㄷ > ㄱ > ㄹ
② ㄴ > ㄹ > ㄷ > ㄱ
③ ㄷ > ㄹ > ㄱ > ㄴ
④ ㄹ > ㄷ > ㄴ > ㄱ
⑤ ㄹ > ㄱ > ㄷ > ㄴ

2 ☐☐☐ 14 서울시 7급 14

어떤 비휘발성, 비전해질 물질 20g을 물 500g에 녹인 용액의 끓는점이 물보다 0.256g 높게 형성되었다면 이 물질의 분자량(g/mol)은 얼마인가?
(단, 물의 끓는점 오름 상수 $K_b = 0.512\,℃/m$이다.)

① 20
② 40
③ 60
④ 80
⑤ 100

3 ☐☐☐ 14 해양 경찰청 16

어떤 물질 0.75g을 물 25g에 녹인 용액의 어는점이 −0.310℃이다. 이 물질의 분자량은 얼마인가? (단, 물의 몰랄내림상수(K_f)는 1.86℃/m이다.)

① 180
② 240
③ 310
④ 360

4 ☐☐☐ 15 해양 경찰청 11

물 500g에 어떤 비휘발성, 비전해질 물질 5g을 녹인 용액의 끓는점이 물보다 0.26℃ 높게 형성되었다면 이 물질의 분자량은? (단, 물의 끓는점오름 상수(K_b) = 0.52이다.)

① 5
② 20
③ 50
④ 60

5 ☐☐☐ 18 서울시 1회 7급 03

<보기>의 수용액을 끓는점이 낮은 것부터 높은 순서대로 바르게 나열한 것은?

보기

(가) 0.3 몰랄 농도의 포도당($C_6H_{12}O_6$) 수용액
(나) 0.11 몰랄 농도의 탄산칼륨(K_2CO_3) 수용액
(다) 0.05 몰랄 농도의 과염소산 알루미늄 ($Al(ClO_4)_3$) 수용액

① (가) < (나) < (다)
② (다) < (가) < (나)
③ (다) < (나) < (가)
④ (가) < (다) < (나)

6 □□□

19 서울시 2회 7급 04

물 500g에 23g 에틸 알코올(CH_3CH_2OH, 분자량 46g/mol)이 섞여 있다. 이 혼합 용액의 어는점[℃]은? (단, 물의 어는점은 0℃이며, 물의 어는점 내림 상수는 1.86℃ · kg/mol이다.)

① −0.93℃　　② −1.86℃
③ −2.79℃　　④ −3.72℃

7 □□□

19 서울시 2회 9급 03

물에 1몰이 녹았을 때 1몰의 A^{2+}와 2몰의 B^{-}이온으로 완전히 해리되는 미지의 고체 시료 AB_2를 생각해 보자. AB_2 15g을 물 250g에 녹였을 때 물의 끓는점이 1.53K 증가함이 관찰되었다. AB_2의 몰질량[g/mol]은 얼마인가? (단, 물의 끓는점 오름 상수(K_b)는 0.51K · kg · mol^{-1}로 한다.)

① 30　　② 40
③ 60　　④ 80

8 □□□

20 국가직 7급 03

1기압에서 어는점이 가장 낮은 수용액은?

① 0.01m 염화소듐($NaCl$) 수용액
② 0.01m 염화칼슘($CaCl_2$) 수용액
③ 0.03m 글루코스($C_6H_{12}O_6$) 수용액
④ 0.03m 아세트산(CH_3COOH) 수용액

9 □□□

21 해양 경찰청 06

어떤 비휘발성, 비전해질 물질 10g을 물 500g에 녹인 용액의 끓는점이 물보다 0.256℃ 높게 형성되었다면 이 물질의 분자량(g/mol)은 얼마인가?
(단, 물의 끓는점 오름 상수 K_b = 0.512이다.)

① 20　　② 40
③ 60　　④ 80

10 □□□

22 해양 경찰청 12

다음 표는 수용액 (가), (나)에 대한 자료이다.

수용액	(가)	(나)
용질의 종류	A	B
용질의 질량(상댓값)	1	4
용매의 질량(상댓값)	1	2
어는점 내림(상댓값)	3	2

두 수용액에 대한 설명으로 ㄱ~ㄷ 중 옳은 것을 모두 고른 것은?

ㄱ. 몰랄 농도 비는 (가) : (나)=3 : 2이다.
ㄴ. 화학식량 비는 A : B=1 : 3이다.
ㄷ. 용해된 용질의 몰수 비는 (가) : (나)=3 : 4이다.

① ㄱ, ㄴ　　② ㄱ, ㄷ
③ ㄴ, ㄷ　　④ ㄱ, ㄴ, ㄷ

제 4 절 삼투압

정답 p.410

회독점검

1 ☑☐☐ 18 국가직 7급 03

27℃에서 비전해질 A가 녹아 있는 수용액의 삼투압이 6.0atm이다. 이 용액의 몰농도[M]는?
(단, $R = 0.080\,\text{L atm K}^{-1}\text{mol}^{-1}$이다.)

① 0.25 ② 0.50
③ 0.75 ④ 1.0

2 ☐☐☐ 21 국가직 7급 24

실험식이 CH_4O인 비전해질 화합물 0.16g을 녹인 100mL 수용액의 삼투압이 300K에서 0.6atm이면 이 화합물의 분자식은?
(단, 기체 상수 $R = 0.08\,\text{L atm K}^{-1}\text{mol}^{-1}$이고, H, C, O의 원자량은 각각 1, 12, 16이다.)

① CH_4O ② $C_2H_8O_2$
③ $C_3H_{12}O_3$ ④ $C_4H_{16}O_4$

3 ☐☐☐ 24 국가직 7급 22

전해질 A 2몰이 물 1kg에 이온으로 완전히 해리된 용액의 끓는점 오름은 4℃이다. 20mg의 A가 완전히 해리된 수용액 5mL를 만든 후 300K에서 삼투압을 측정한 값이 0.24atm일 때 A의 분자량은?
(단, A의 끓는점 오름 상수는 $1\,℃\,\text{kg mol}^{-1}$이고, 기체 상수 $R = 0.08\,\text{L atm K}^{-1}\text{mol}^{-1}$이다.)

① 400 ② 800
③ 1,600 ④ 2,400

Chapter 13

혼합물의 분리

정답 p.411

회독점검

1 ☑☐☐ 10 지방직 9급 10

혼합물로부터 순물질을 분리해내는 방법은?

① 질량 분광 ② 적외선 분광

③ 크로마토그래피 ④ X-선 회절

콜로이드

정답 p.412

회독점검

1 ☑☐☐ 13 지방직 7급 20

콜로이드에 대한 설명으로 옳은 것만을 모두 고른 것은?

ㄱ. 매질에 10 ~ 100㎛ 크기의 입자가 분산되어 형성된다.
ㄴ. 틴달(Tyndall) 효과를 나타낼 수 있다.
ㄷ. 가열이나 전해질의 첨가에 의해 응집을 일으킬 수 있다.

① ㄱ ② ㄷ
③ ㄱ, ㄴ ④ ㄴ, ㄷ

2 ☐☐☐ 21 지방직 7급 20

콜로이드에 대한 설명으로 옳은 것만을 모두 고르면?

ㄱ. 콜로이드에서는 입자들에 의해 빛이 산란되는 Tyndall 효과가 나타난다.
ㄴ. 안개, 우유, 치즈는 콜로이드이다.
ㄷ. 콜로이드는 입자들 간의 정전기적 반발력에 의해 응집되지 않고 안정한 상태로 존재한다.
ㄹ. 액체－액체 콜로이드를 가열하면 입자들의 운동속도가 증가하여 입자들이 응집된다.

① ㄱ, ㄴ ② ㄴ, ㄷ
③ ㄱ, ㄷ, ㄹ ④ ㄱ, ㄴ, ㄷ, ㄹ

PART

5

화학 반응

Chapter 01

반응열과 헤스의 법칙

제1절 물리적 변화와 화학적 변화

정답 p.413

회독점검

1 ☑☐☐ 10 지방직 9급 12

다음 중 화학적 변화만을 모두 고른 것은?

ㄱ. 얼음을 고온에서 녹인다.
ㄴ. 나무를 불에 태운다.
ㄷ. 음식물이 소화기관에서 분해된다.
ㄹ. 바닷물을 증발시켜 소금을 얻는다.
ㅁ. 물에 전류를 흘려 수소와 산소를 발생시킨다.
ㅂ. 고무줄을 잡아당기면 늘어난다.

① ㄱ, ㄴ, ㅂ ② ㄴ, ㄷ, ㄹ
③ ㄴ, ㄷ, ㅁ ④ ㄹ, ㅁ, ㅂ

2 ☐☐☐ 11 지방직 9급 01

물질이 변화하는 형태는 물리적 변화와 화학적 변화로 구분될 수 있다. 다음 중 화학적 변화로 옳지 않은 것은?

① 공기 중의 수증기가 새벽에 이슬로 응결되는 것
② 과산화수소가 머리카락을 탈색시키는 것
③ 공기 중에 노출된 철판이 녹스는 것
④ 베이킹소다와 식초를 섞을 때 거품이 생기는 것

3 ☐☐☐ 14 지방직 9급 13

다음 중 화학적 변화는?

① 설탕이 물에 녹았다.
② 물이 끓어 수증기가 되었다.
③ 옷장에서 나프탈렌이 승화하였다.
④ 상온에 방치된 우유가 부패하였다.

4 ☐☐☐ 21 지방직 9급 01

다음 물질 변화의 종류가 다른 것은?

① 물이 끓는다.
② 설탕이 물에 녹는다.
③ 드라이아이스가 승화한다.
④ 머리카락이 과산화수소에 의해 탈색된다.

크기 성질과 세기 성질 

5 □□□ 09 지방직 9급 18

다음 물질의 성질 중 세기 성질을 모두 고른 것은?

ㄱ. 질량	ㄴ. 밀도
ㄷ. 농도	ㄹ. 부피
ㅁ. 온도	

① ㄱ, ㄴ, ㄷ ② ㄱ, ㄷ, ㄹ
③ ㄴ, ㄹ, ㅁ ④ ㄴ, ㄷ, ㅁ

6 □□□ 21 서울시 2회 7급 01

모든 물질의 측정 가능한 성질들은 크기 성질(extensive property)과 세기 성질(intensive property)로 구분된다. 〈보기〉에서 크기 성질에 해당하는 것을 모두 고른 것은?

보기

ㄱ. 온도	ㄴ. 압력
ㄷ. 비열	ㄹ. 열용량
ㅁ. 엔탈피	

① ㄱ, ㄴ ② ㄴ, ㄷ
③ ㄷ, ㄹ ④ ㄹ, ㅁ

제 2 절 열평형

정답 p.414

회독점검

1 ☑☐☐ 16 지방직 9급 14

온도가 400K이고 질량이 6.00kg인 기름을 담은 단열 용기에 온도가 300K이고 질량이 1.00kg인 금속공을 넣은 후 열평형에 도달했을 때, 금속공의 최종 온도[K]는? (단, 용기나 주위로 열 손실은 없으며, 금속공과 기름의 비열[J/(kg · K)]은 각각 1.00과 0.50로 가정한다.)

① 350 ② 375
③ 400 ④ 450

2 ☐☐☐ 17 서울시 2회 9급 04

96g의 구리가 20℃에서 7.2kJ의 에너지를 흡수할 때, 구리의 최종 온도는? (단, 구리의 비열은 0.385J/g · K이고, 온도에 따른 비열 변화는 무시하며, 최종 온도는 소수점 첫째 자리에서 반올림한다.)

① 195K ② 215K
③ 468K ④ 488K

3 ☐☐☐ 18 서울시 1회 7급 13

은(Ag)과 철(Fe)의 비열은 각각 0.2350$Jg^{-1}℃^{-1}$과 0.4494 $Jg^{-1}℃^{-1}$이다. 단열이 된 용기 안에 100℃의 은 50g과 0℃의 철 50g을 접촉시켜 두 금속의 온도가 같아질 때까지 방치하였다. 두 금속의 최종 온도에 대한 설명으로 가장 옳은 것은?

① 50℃ 초과 ② 50℃
③ 50℃ 미만 ④ 알 수 없음

4 ☐☐☐ 19 서울시 2회 9급 07

외벽이 완전히 단열된 6kg의 철 용기에 담긴 물 23kg이 20℃의 온도에서 평형상태에 존재한다. 이 물에 온도가 70℃인 10kg의 철 덩어리를 넣고 평형에 도달하게 하였을 때 물의 최종 온도[℃]는? (단, 팽창 또는 수축에 의한 영향은 무시한다. 모든 비열은 온도에 무관하다고 가정하며, 물의 비열은 $4kJ \cdot kg^{-1} \cdot ℃^{-1}$, 철의 비열은 $0.5kJ \cdot kg^{-1} \cdot ℃^{-1}$로 한다.)

① 20 ② 22.5
③ 25 ④ 27.5

5 ☐☐☐ 20 지방직 9급 07

단열된 용기 안에 있는 25℃의 물 150g에 60℃의 금속 100g을 넣어 열평형에 도달하였다. 평형 온도가 30℃일 때, 금속의 비열[$Jg^{-1}℃^{-1}$]은? (단, 물의 비열은 $4Jg^{-1}℃^{-1}$이다)

① 0.5 ② 1.0
③ 1.5 ④ 2.0

6 ☐☐☐ 20 지방직 9급 05

일정 압력에서 2몰의 공기를 40℃에서 80℃로 가열할 때, 엔탈피 변화(ΔH)[J]는? (단, 공기의 정압 열용량은 $20J\,mol^{-1}℃^{-1}$이다)

① 640 ② 800
③ 1,600 ④ 2,400

7 □□□ 22 해양 경찰청 17

온도가 250K이고 질량이 8.00kg인 기름을 담은 단열 용기에 온도가 430K이고 질량이 4.00kg인 금속공을 넣은 후 열평형에 도달했을 때, 금속공의 최종 온도(K)는? (단, 용기나 주위로 열 손실은 없으며, 금속공과 기름의 비열[kcal/kg · K]은 각각 1.00과 0.50으로 가정한다.)

① 300 ② 320
③ 340 ④ 360

8 □□□ 24 서울시 7급 03

실온에서 동일 질량의 A, B 두 물질에 동일한 열량이 가해졌을 때, A는 10℃, B는 20℃의 온도 상승이 발생하였다. 〈보기〉에서 옳은 것을 모두 고른 것은?

보기
ㄱ. A의 비열은 B의 비열보다 크다.
ㄴ. A의 열용량은 B의 열용량보다 크다.
ㄷ. A의 몰열용량은 B의 몰열용량보다 크다.
ㄹ. A의 몰부피는 B의 몰부피보다 크다.

① ㄱ ② ㄱ, ㄴ
③ ㄴ, ㄷ ④ ㄷ, ㄹ

제 3 절 헤스의 법칙

정답 p.415

회독점검

1 ☑☐☐ 09 지방직 9급 16

다음 중 Hess의 법칙을 이용하지 않으면 반응엔탈피를 구하기 어려운 반응을 모두 고른 것은?

ㄱ. $CO_2(s) \rightarrow CO_2(g)$
ㄴ. C(흑연) → C(다이아몬드)
ㄷ. $C(흑연) + \frac{1}{2}O_2(g) \rightarrow CO(g)$
ㄹ. $CO(g) + \frac{1}{2}O_2(g) \rightarrow CO_2(g)$

① ㄱ, ㄴ, ㄷ　② ㄱ, ㄹ
③ ㄴ, ㄷ　④ ㄴ, ㄹ

2 ☐☐☐ 10 지방직 7급 05

다음 반응의 반응열(ΔH)[kJ]?

$$C(s) + \frac{1}{2}O_2(g) \rightarrow CO(g)$$

$C(s) + O_2(g) \rightarrow CO_2(g)$　$\Delta H = -390\text{kJ}$ ... ①

$2CO(g) + O_2(g) \rightarrow 2CO_2(g)$　$\Delta H = -560\text{kJ}$ ... ②

① 170　② −110
③ −170　④ 220

3 ☐☐☐ 13 국가직 7급 05

다음 반응과 주어진 연소열을 이용하여 계산한 메탄올의 표준 생성 엔탈피[kJ/mol]는?

$$C(흑연) + 2H_2(g) + \frac{1}{2}O_2(g) \rightarrow CH_3OH(l)$$

$CH_3OH(l) + \frac{3}{2}O_2(g) \rightarrow CO_2(g) + 2H_2O(l)$　$\Delta H^o_{rxn} = -726\text{kJ/mol}$

$C(흑연) + O_2(g) \rightarrow CO_2(g)$　$\Delta H^o_{rxn} = -394\text{kJ/mol}$

$H_2(g) + \frac{1}{2}O_2(g) \rightarrow H_2O(l)$　$\Delta H^o_{rxn} = -286\text{kJ/mol}$

① −240　② −46
③ 46　④ 240

4 ☐☐☐ 14 국가직 7급 16

다음은 298K에서 황의 연소에 대한 반응식이다.

$2S(s) + 3O_2(g) \rightarrow 2SO_3(g)$　$\Delta H^o = -800\text{kJ/mol}$

$2SO_3(g) \rightarrow 2SO_2(s) + O_2(g)$　$\Delta H^o = +200\text{kJ/mol}$

이 자료를 이용하여 $S(s) + O_2(g) \rightarrow SO_2(g)$ 반응의 ΔH°[kJ/mol]를 구하면?

① −200　② −300
③ −600　④ −1,000

5 ☐☐☐ 14 서울시 9급 03

다이아몬드와 흑연을 연소시키는 반응과 그 반응 엔탈피는 각각 다음과 같다.

㉠ C(다이아몬드) + $O_2(g)$ → $CO_2(g)$
$\Delta H^\circ = -94.50\text{kcal}$

㉡ C(흑연) + $O_2(g)$ → $CO_2(g)$
$\Delta H^\circ = -94.05\text{kcal}$

흑연으로부터 다이아몬드를 얻는 반응에 대해 올바르게 설명한 것은?

① 흡열 반응, $\Delta H^\circ = 188.55\text{kcal}$
② 발열 반응, $\Delta H^\circ = -0.45\text{kcal}$
③ 흡열 반응, $\Delta H^\circ = 0.45\text{kcal}$
④ 발열 반응, $\Delta H^\circ = 0.45\text{kcal}$
⑤ 흡열 반응, $\Delta H^\circ = -188.55\text{kcal}$

6 ☐☐☐ 14 서울시 7급 11

아래의 반응식과 엔탈피의 변화로부터 아세틸렌(C_2H_2)의 표준 생성 엔탈피를 구하여라.

2C(흑연) + $H_2(g) \rightarrow C_2H_2(g)$

㉠ C(흑연) + $O_2(g) \rightarrow CO_2(g)$
$\Delta H^\circ = -393.5\text{kJ}$

㉡ $H_2(g) + \frac{1}{2}O_2(g) \rightarrow H_2O(l)$
$\Delta H^\circ = -285.8\text{kJ}$

㉢ $2C_2H_2(g) + 5O_2(g) \rightarrow 4CO_2(g) + 2H_2O(l)$
$\Delta H^\circ = -2598.8\text{kJ}$

① +226.6kJ ② −453.2kJ
③ −226.6kJ ④ −3278.1kJ
⑤ +453.2kJ

7 ☐☐☐ 14 해양 경찰청 15

다음 열화학 반응식을 이용해서 $C(s) + H_2O(g) \rightarrow CO(g) + H_2(g)$의 반응열($\Delta H$)을 구하면?

$C(s) + O_2(g) \rightarrow CO_2(g) + 80.2\text{kcal}$
$2H_2(g) + O_2(g) \rightarrow 2H_2O(g) + 107.4\text{kcal}$
$2CO(g) + O_2(g) \rightarrow 2CO_2(g) + 126.8\text{kcal}$

① −70.5kcal ② +70.5kcal
③ −36.9kcal ④ +36.9kcal

8 ☐☐☐ 15 서울시 7급 17

주어진 〈자료〉를 이용하여 다음 반응의 반응열을 구하면?

$FeO(s) + Fe_2O_3(s) \rightarrow Fe_3O_4(s)$

자료

$2Fe(s) + O_2(g) \rightarrow 2FeO(s)$
$\Delta H^\circ = -544.0\text{kJ}$

$4Fe(s) + 3O_2(g) \rightarrow 2Fe_2O_3(s)$
$\Delta H^\circ = -1648.4\text{kJ}$

$Fe_3O_4(s) \rightarrow 3Fe(s) + 2O_2(g)$
$\Delta H^\circ = +1118.4\text{kJ}$

① +22.2kJ ② −22.2kJ
③ −1074.0kJ ④ +2184kJ

9 □□□

16 서울시 9급 12

다음 2개의 반응식을 이용해 최종 반응식의 반응 엔탈피(ΔH_3)를 구하면?

- 반응식 1: $A + B_2 \rightarrow AB_2$ $\quad \Delta H_1 = -152kJ$
- 반응식 2: $2AB_3 \rightarrow 2AB_2 + B_2$ $\quad \Delta H_2 = 102kJ$
- 최종: $A + \frac{3}{2}B_2 \rightarrow AB_3$ $\quad \Delta H_3 = ?$

① −254kJ ② −203kJ
③ −178kJ ④ −50kJ

10 □□□

17 서울시 2회 9급 10

다음은 금속 나트륨이 염소 기체와 반응하여 고체 상태의 염화 나트륨을 생성하는 반응이다.

$$Na(s) + \frac{1}{2}Cl_2(g) \rightarrow NaCl(s)$$

이 반응의 전체 에너지 변화(ΔE)는?

- $Na(s)$의 승화에너지
  $Na(s) \rightarrow Na(g)$ $\quad \Delta E = 110kJ/mol$
- $Cl_2(g)$의 결합에너지
  $Cl_2(g) \rightarrow 2Cl(g)$ $\quad \Delta E = 240kJ/mol$
- $Na(g)$의 이온화 에너지
  $Na(g) \rightarrow Na^+(g) + e^-$ $\quad \Delta E = 500kJ/mol$
- $Cl(g)$의 전자친화도
  $Cl(g) + e^- \rightarrow Cl^-(g)$ $\quad \Delta E = -350kJ/mol$
- $NaCl(s)$의 격자 에너지
  $Na^+(g) + Cl^-(g) \rightarrow NaCl(s)$
  $\Delta E = -790kJ/mol$

① −410kJ/mol ② −290kJ/mol
③ 290kJ/mol ④ 410kJ/mol

11 □□□

17 서울시 7급 12

다음 반응은 일산화탄소가 수소 또는 수증기와 반응할 때, 각 생성물 1mol에 대한 엔탈피 변화를 보여 주고 있다.

$CO(g) + H_2(g) \rightarrow C(s) + H_2O(g)$
$\Delta H_1^\circ = -131kJ$

$CO(g) + 3H_2(g) \rightarrow CH_4(g) + H_2O(g)$
$\Delta H_2^\circ = -206kJ$

$CO(g) + H_2O(g) \rightarrow CO_2(g) + H_2(g)$
$\Delta H_3^\circ = -41kJ$

이 반응을 이용하여, 다음과 같은 '석탄 가스화 반응'에 의해 메테인 1mol이 생성될 때 수반되는 엔탈피 변화는 얼마인가?

$2C(s) + 2H_2O(g) \rightarrow CH_4(g) + CO_2(g)$
$\Delta H_4^\circ = ?$

① −378kJ ② −45kJ
③ 15kJ ④ 116kJ

12 □□□

17 해양 경찰청 14

다음 반응식의 25℃에서의 표준 반응열은 얼마인가?

$4HCl(g) + O_2(g) \rightarrow 2H_2O(g) + 2Cl(g)$
(단, 표준 생성열은 $HCl(g)$: −32.063 kcal/mol, $H_2O(g)$: −65.798 kcal/mol

① −1.344kcal ② −3.344kcal
③ −33.735kcal ④ 33.735kcal

13 □□□

19 지방직 9급 12

$CH_2O(g) + O_2(g) \rightarrow CO_2(g) + H_2O(g)$ 반응에 대한 ΔH° 값[kJ]은?

$CH_2O(g) + H_2O(g) \rightarrow CH_4(g) + O_2(g)$ $\Delta H^\circ = +275.6\text{kJ}$

$CH_4(g) + 2O_2(g) \rightarrow CO_2(g) + 2H_2O(l)$ $\Delta H^\circ = -890.3\text{kJ}$

$H_2O(g) \rightarrow H_2O(l)$ $\Delta H^\circ = -44.0\text{kJ}$

① −658.7 ② −614.7
③ −570.7 ④ −526.7

14 □□□

19 서울시 2회 9급 15

탄소($C(s)$), 수소($H_2(g)$), 메테인($CH_4(g)$)의 연소 반응(생성물은 기체 이산화탄소와 액체 물 또는 두 물질 중 하나임.)은 각각 순서대로 390kJ/mol, 290kJ/mol, 890kJ/mol의 열을 방출하는 반응이다. 〈보기〉 반응에서 방출하는 열[kJ/mol]은?

보기

$C(s) + 2H_2(g) \rightarrow CH_4(g)$

① 80 ② 210
③ 1,570 ④ 1,860

15 □□□

19 서울시 2회 7급 06

온도 25℃에서 〈보기〉와 같은 열역학적 특성을 가지는 이온성 고체 $NaF(s)$의 용해 과정에 대한 설명으로 가장 옳지 않은 것은? (단, ΔH_1, ΔH_2, ΔH_3는 각각 격자 엔탈피, 수화 엔탈피, 용해 엔탈피이며, ΔG_3는 용해 반응에 대한 깁스(Gibbs) 자유에너지이다.)

보기

- $NaF(s) \rightarrow Na^+(g) + F^-(g)$ $\Delta H_1 = x\text{kJ/mol}$
- $Na^+(g) + F^-(g) \rightarrow Na^+(aq) + F^-(aq)$ $\Delta H_2 = -927\text{kJ/mol}$
- $NaF(s) \rightarrow Na^+(aq) + F^-(aq)$ $\Delta H_3 = 3.0\text{kJ/mol}$ $\Delta G_3 = 8.0\text{kJ/mol}$

① ΔH_1은 흡열 과정이다.
② $\Delta H_2 = \Delta H_3 - \Delta H_1$의 관계를 가진다.
③ NaF가 물에 용해될 때 엔트로피는 증가한다.
④ NaF가 물에 용해될 때 수용액의 온도는 내려간다.

16 □□□

19 서울시 2회 7급 15

표준 생성 엔탈피(ΔH_f°)를 사용하여 계산한 〈보기〉 반응의 표준 엔탈피 변화 값[kJ]은? (단, 반응물 또는 생성물은 $CH_4(g)$, $CO_2(g)$ 및 $H_2O(g)$의 표준 생성 엔탈피(ΔH_f°)는 각각 −74.6kJ/mol, −393.5kJ/mol, −241.8kJ/mol이다.)

보기

$CH_4(g) + 2O_2(g) \rightarrow CO_2(g) + 2H_2O(g)$

① −318.9kJ ② −560.7kJ
③ −802.5kJ ④ −951.7kJ

17 □□□

19 해양 경찰청 07

다음 그림은 25℃, 1기압에서 물과 관련된 반응의 엔탈피 변화(ΔH)를 나타낸 것이다.

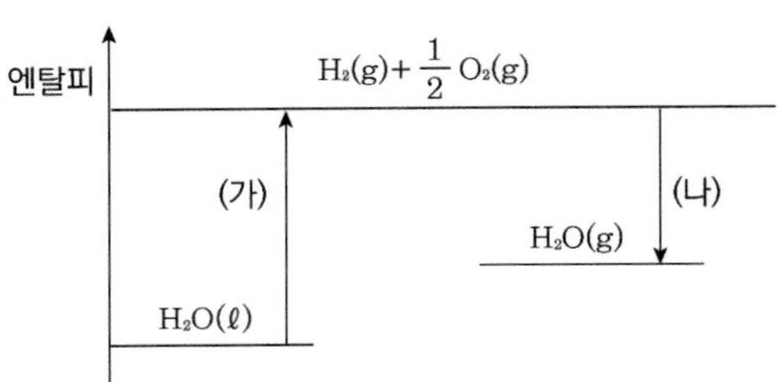

이에 대한 설명으로 옳은 것을 모두 고른 것은?

> ㄱ. (가)에서 $\Delta H > 0$이다.
> ㄴ. (나)가 일어나면 주위의 온도가 올라간다.
> ㄷ. 분해 엔탈피(ΔH)는 $H_2O(l)$이 $H_2O(g)$보다 크다.

① ㄱ　② ㄱ, ㄴ
③ ㄴ, ㄷ　④ ㄱ, ㄴ, ㄷ

18 □□□

20 지방직 7급 04

다음의 정보를 이용하여
$2S(s)+3O_2(g) \rightarrow 2SO_3(g)$의 ΔH°[kJ]를 구하면?

반응식	ΔH°[kJ]
$S(s)+O_2(g) \rightarrow SO_2(g)$	a
$SO_2(g)+\frac{1}{2}O_2(g) \rightarrow SO_3(g)$	b

① $a+b$　② $a-b$
③ $2a+2b$　④ $2a-2b$

19 □□□

20 해양 경찰청 08

다음 2개의 반응식을 이용하여 최종 반응식의 반응 엔탈피(ΔH_3)를 구하면?

> • 반응식 1: $A + B_2 \rightarrow AB_2$　$\Delta H_1 = -270kJ$
> • 반응식 2: $2AB_3 \rightarrow 2AB_2 + B_2$　$\Delta H_2 = 120kJ$
> • 최종 반응식: $A + \frac{3}{2}B_2 \rightarrow AB_3$　$\Delta H_3 = ?$

① −390kJ　② −330kJ
③ −150kJ　④ −40kJ

20 □□□

21 서울시 2회 7급 17

〈보기 1〉에 주어진 화학 반응식 및 표준 엔탈피 변화를 활용하여 계산한 〈보기 2〉 반응의 표준 엔탈피 변화(ΔH°) 값[kJ]은? (단, 최종 결과는 소수점 둘째 자리에서 반올림한다.)

보기 1

> • $3Fe_2O_3(s)+CO(g) \rightarrow 2Fe_3O_4(s)+CO_2(g)$　$\Delta H^o = -48.3kJ$
> • $Fe_2O_3(s)+3CO(g) \rightarrow 2Fe(s)+3CO_2(g)$　$\Delta H^o = -23.4kJ$
> • $Fe_3O_4(s)+CO(g) \rightarrow 3FeO(s)+CO_2(g)$　$\Delta H^o = +21.8kJ$

보기 2

> $FeO(s) + CO(g) \rightarrow Fe(s) + CO_2(g)$

① −93.5　② −49.9
③ −26.5　④ −10.9

21 □□□ 22 해양 경찰청 15

다음 표는 표준 상태에서 3가지 물질이 생성 엔탈피와 연소 엔탈피에 대한 자료의 일부이다. A값은?

물질	생성 엔탈피 (kJ/mol)	연소 엔탈피 (kJ/mol)
$C_2H_6(g)$	A	a
$H_2(g)$		b
$CO_2(g)$	c	

① $a+3b+2c$ ② $a-3b+2c$
③ $-a+3b-2c$ ④ $-a+3b+2c$

22 □□□ 23 서울시 2회 7급 12

〈보기〉의 표준 반응 엔탈피 자료를 이용하여 구한 $HBr(g)$의 표준 생성 엔탈피[kJ/mol]는?

보기

$H_2(g) + Br_2(g) \rightarrow 2HBr(g)$ $\Delta H_1^\circ = -103\text{kJ/mol}$

$Br_2(l) \rightarrow Br_2(g)$ $\Delta H_2^\circ = 31\text{kJ/mol}$

① -36 ② -72
③ -103 ④ -134

23 □□□ 24 지방직 9급 16

다음은 25℃, 표준상태에서 일어나는 열화학 반응식이다. 25℃에서 $C_2H_2(g)$의 표준 연소열(ΔH°)[kcal]은?

$H_2(g) + \frac{1}{2}O_2(g) \rightarrow H_2O(l)$ $\Delta H_1^\circ = -68\text{kcal}$

$C(s) + O_2(g) \rightarrow CO_2(g)$ $\Delta H_2^\circ = -98\text{kcal}$

$2C(s) + H_2(g) \rightarrow C_2H_2(g)$ $\Delta H_3^\circ = 59\text{kcal}$

① -323 ② -225
③ -205 ④ -107

제 4 절 결합 에너지와 반응열

정답 p.418

회독점검

1 ☑☐☐ 18 서울시 3회 7급 10

〈보기〉에 제시한 엔탈피(enthalpy) 자료를 보고 25℃에서 7.00의 질소 기체(N_2)가 과량의 수소 기체(H_2)와 반응하여 암모니아 기체(NH_3)를 생성할 때 발생하는 열을 계산한 것으로 가장 옳은 것은? (단, 원자량은 H=1.0, N=14.0이다.)

보기
- 결합 엔탈피(N ≡ N)=941kJ/mol
- 결합 엔탈피(H − H)=436kJ/mol
- 결합 엔탈피(N − H)=393kJ/mol

① 27kJ/mol ② 56kJ/mol
③ 109kJ/mol ④ 112kJ/mol

2 ☐☐☐ 21 지방직 7급 10

다음은 원자 간 결합길이를 나타낸 것이다. 이에 대한 설명으로 옳지 않은 것은?

결합	결합길이(nm)	결합	결합길이(nm)
Br − Br	0.229	C − C	0.154
Cl − Cl	0.199	C = C	0.134
F − F	0.142	C≡C	0.120

① 두 탄소 간 결합수가 늘어날수록 결합에너지는 커진다.
② 결합에너지의 크기는 HF > HCl > HBr순이다.
③ 결합에너지는 Br_2가 Cl_2보다 크다.
④ Cl_2는 염소원자의 핵 간 거리가 0.199nm일 때 퍼텐셜에너지가 최소가 된다.

3 ☐☐☐ 21 해양 경찰청 20

다음은 25℃, 1기압에서 어떤 반응의 열화학 반응식과 몇 가지 결합의 결합 에너지를 나타낸 것이다.

$$CH_4(g) + 2O_2(g) \rightarrow CO_2(g) + 2H_2O(g) \quad \Delta H = A\,kJ$$

결합	C − H	O = O	C = O	O − H
결합에너지(kJ/mol)	410	498	732	460

위 자료로부터 ΔH=AkJ의 A에 들어갈 값은?

① 668 ② −668
③ 284 ④ −284

4 ☐☐☐ 22 지방직 9급 19

25℃, 1atm에서 메테인(CH_4)이 연소되는 반응의 열화학 반응식과 4가지 결합의 평균 결합 에너지이다. 제시된 자료로부터 구한 a는?

$$CH_4(g) + 2O_2(g) \rightarrow CO_2(g) + 2H_2O(g) \quad \Delta H = a\,kcal$$

결합	C−H	O=O	C=O	O−H
평균 결합 에너지 [$kcal\,mol^{-1}$]	100	120	190	110

① −180 ② −40
③ 40 ④ 180

5 □□□

22 해양 경찰청 16

다음은 표준 상태에서 과산화수소와 관련된 자료이다.

ㄱ. H－H의 결합 에너지	440kJ/mol
ㄴ. O＝O의 결합 에너지	490kJ/mol
ㄷ. O－H의 결합 에너지	460kJ/mol
ㄹ. $H_2O_2(l)$의 생성 엔탈피	－188kJ/mol
ㅁ. $H_2O_2(l)$의 기화 엔탈피	52kJ/mol

이 자료로부터 구한 O－O의 결합 에너지(kJ/mol)는?

① 73　② 146
③ 306　④ 576

6 □□□

23 서울시 2회 9급 19

표준 상태 25℃, 1기압에서 〈보기〉는 몇 가지 결합의 결합 에너지를 나타낸 것이다. 〈보기〉를 이용하여 구한 $H_2O(g)$의 표준 생성 엔탈피(ΔH_f°)의 값[kJ/mol]은?

보기

구분	결합		
	H－H	O＝O	O－H
결합 에너지[kJ/mol]	436	499	463

① ＋240.5　② －240.5
③ ＋482.5　④ －482.5

7 □□□

24 서울시 9급 13

〈보기 1〉은 25℃, 1atm에 HCl(g)이 분해되어 $H_2(g)$와 $Cl_2(g)$를 생성하는 반응의 엔탈피 관계를 나타낸 것이다. 이에 대한 설명으로 옳은 것을 〈보기 2〉에서 모두 고른 것은?

보기 1

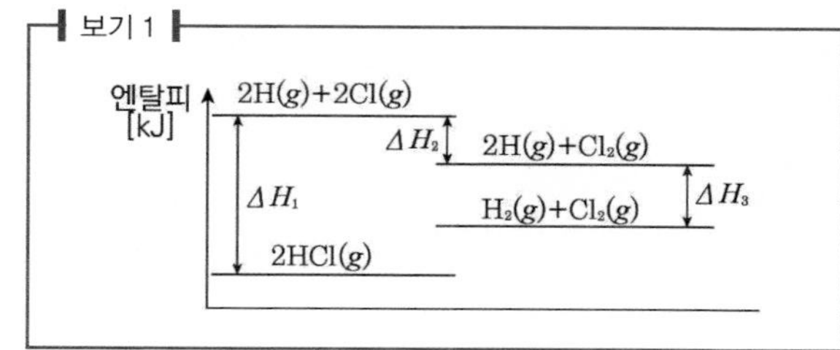

보기 2

ㄱ. H－Cl의 결합 에너지는 $\frac{1}{2}\Delta H_1$kJ/mol이다.
ㄴ. HCl(g)의 생성 엔탈피(ΔH)는 $[(\Delta H_2 + \Delta H_3) - \Delta H_1]$kJ/mol이다.
ㄷ. $H_2(g) + Cl_2(g) \rightarrow 2HCl(g)$의 반응이 일어날 때 주위의 온도는 감소한다.

① ㄱ　② ㄱ, ㄴ
③ ㄴ, ㄷ　④ ㄱ, ㄴ, ㄷ

제5절 열화학 반응식의 해석

정답 p.419

회독점검

1 ☑☐☐ 14 해양 경찰청 13

다음은 0℃, 1기압에서 propane(C_3H_8)의 연소반응을 화학 반응식으로 나타낸 것이다. 이에 대한 설명으로 옳지 않은 것은?

$$C_3H_8(g) + (가)O_2(g) \rightarrow 3CO_2(g) + (나)H_2O(l)$$

① (가)+(나)를 구하면 9이다.

② propane 22g을 연소시키면 물 36g이 생성된다.

③ 이산화탄소 88g이 생성되기 위해서는 propane 22.4L가 필요하다.

④ propane 0.4mol을 완전 연소시키기 위해서는 64g의 산소가 필요하다.

2 ☐☐☐ 16 지방직 9급 17

이온성 고체에 대한 설명으로 옳은 것은?

① 격자에너지는 NaCl이 NaI보다 크다.

② 격자에너지는 NaF가 LiF보다 크다.

③ 격자에너지는 KCl이 $CaCl_2$보다 크다.

④ 이온성 고체는 표준생성엔탈피(ΔH_f°)가 0보다 크다.

3 ☐☐☐ 16 서울시 3회 7급 19

다음은 일산화탄소(CO)와 이산화탄소(CO_2)가 생성되는 과정의 표준 반응 엔탈피(ΔH°)를 나타낸 것이다. 이에 대한 설명으로 옳은 것은?

$$C(s, 흑연) + \frac{1}{2}O_2(g) \rightarrow CO(g) \quad \Delta H^\circ = -110kJ$$
$$CO(g) + \frac{1}{2}O_2(g) \rightarrow CO_2(g) \quad \Delta H^\circ = -280kJ$$

① $CO(g)$의 표준 생성 엔탈피는 −110kJ/mol이다.

② $CO_2(g)$의 표준 생성 엔탈피는 −280kJ/mol이다.

③ $C(s, 흑연)$의 표준 연소 엔탈피는 −280kJ/mol이다.

④ $C(s, 흑연) + O_2(g) \rightarrow CO_2(g)$ 과정의 표준 반응 엔탈피는 −170kJ/mol이다.

4 ☐☐☐ 16 해양 경찰청 17

다음 중 아래의 반응을 나타낸 그래프로 옳은 것은?

$$H_2(g) + \frac{1}{2}O_2(g) \rightarrow H_2O(g) \quad \Delta H = -57.8Kcal$$

①
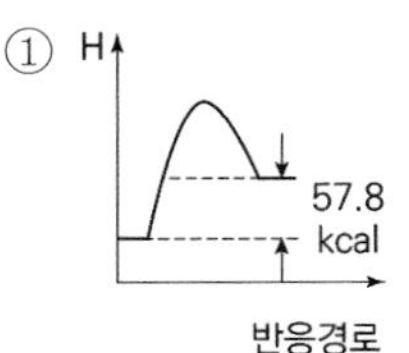

②
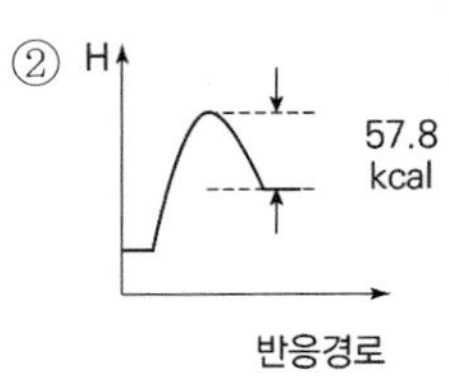

③
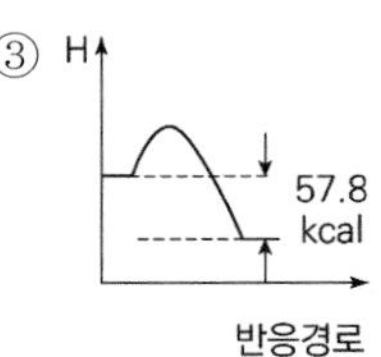

④
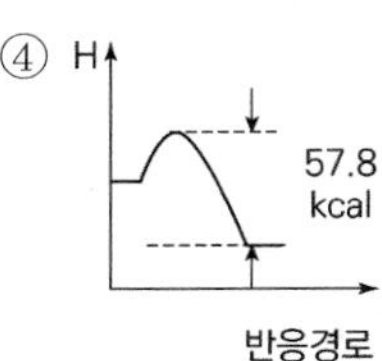

5 ☐☐☐ 18 국가직 7급 13

메테인(CH_4) 1mol을 일정한 압력에서 완전 연소시킬 때, 890kJ의 에너지가 열로 방출된다. 일정한 압력에서 메테인 4g이 완전 연소될 때 발생하는 열량[kJ]은?

① 222.5 ② 445.0
③ 890.0 ④ 3560.0

6 ☐☐☐ 19 지방직 9급 13

다음 열화학 반응식에 대한 설명으로 옳지 않은 것은?

$$2Mg(s) + O_2(g) \rightarrow 2MgO(s) \quad \Delta H^\circ = -1204kJ$$

① 발열 반응 ② 산화-환원 반응
③ 결합 반응 ④ 산-염기 중화 반응

7 ☐☐☐ 20 지방직 9급 19

25℃ 표준상태에서 아세틸렌($C_2H_2(g)$)의 연소열이 $-1,300kJ\,mol^{-1}$일 때, C_2H_2의 연소에 대한 설명으로 옳은 것은?

① 생성물의 엔탈피 총합은 반응물의 엔탈피 총합보다 크다.
② C_2H_2 1몰의 연소를 위해서는 1,300kJ이 필요하다.
③ C_2H_2 1몰의 연소를 위해서는 O_2 5몰이 필요하다.
④ 25℃의 일정 압력에서 C_2H_2이 연소될 때 기체의 전체 부피는 감소한다.

8 ☐☐☐ 20 국가직 7급 10

나프탈렌($C_{10}H_8$) 64g을 통열량계에서 연소시켰을 때, 열량계의 온도가 300K에서 310K으로 상승하였다. 나프탈렌의 연소에 대한 몰당 반응열[kJ/mol^{-1}]은? (단, 수소와 탄소의 원자량은 각각 1, 12이고, 열량계의 열용량은 $10\,kJK^{-1}$이다.)

① −100 ② 100
③ −200 ④ 200

9 ☐☐☐ 21 국가직 7급 08

다음은 산-염기 중화 반응의 열화학 반응식이다.

$$H^+(aq) + OH^-(aq) \rightarrow H_2O(l) \quad \Delta H = -56kJ$$

일정 압력의 단열 용기에서 0.8M $HCl(aq)$ 1L와 0.4M $NaOH(aq)$ 1L를 혼합할 때, 중화 반응에 의한 용액의 온도 변화는? (단, 용액의 밀도는 $1.0gcm^{-3}$이고, 비열은 $4.0\,J\,℃^{-1}\,g^{-1}$이다.)

① 2.8℃ 감소 ② 0.28℃ 감소
③ 0.28℃ 증가 ④ 2.8℃ 증가

10 ☐☐☐ 23 지방직 9급 15

다음 열화학 반응식에 대한 설명으로 옳지 않은 것은? (단, C, H, O의 원자량은 각각 12, 1, 16이다.)

$$C_2H_5OH(l) + 3O_2(g) \rightarrow 2CO_2(g) + 3H_2O(l) \quad \Delta H = -1371\,kJ$$

① 주어진 열화학 반응식은 발열 반응이다.
② CO_2 4mol과 H_2O 6mol이 생성되면 2742kJ의 열이 방출된다.
③ C_2H_5OH 23g이 완전 연소되면 H_2O 27g이 생성된다.
④ 반응물과 생성물이 모두 기체 상태인 경우에도 ΔH는 동일하다.

11 □□□ 24 지방직 7급 15

다음은 수소와 질소로부터 암모니아가 생성되는 반응이다. 이에 대한 설명으로 옳지 않은 것은?

$$3H_2(g) + N_2(g) \rightarrow 2NH_3(g) \quad \Delta H = -92kJ$$

① 이 반응은 발열 반응이다.
② 암모니아 기체의 표준 생성 엔탈피(ΔH_f°)는 -46kJ이다.
③ 반응 경로가 변하면 표준 반응 엔탈피(ΔH°)도 변한다.
④ 수소 기체 6mol이 질소 기체 2mol과 반응할 때 표준 반응 엔탈피는 -184kJ이다.

12 □□□ 24 해양 경찰청 15

다음 〈보기〉의 열화학 반응식에 대한 설명 중 가장 옳지 않은 것은?

보기

$$C(s) + O_2(g) \rightarrow CO_2(g) + 393.5kJ$$

① 흡열반응이다.
② $C(s)$의 연소열(ΔH)은 -393.5kJ이다.
③ $CO_2(g)$의 분해열(ΔH)은 393.5kJ이다.
④ 반응물이 생성물보다 에너지 함량이 많다.

제 6 절 열역학

정답 p.421

1 □□□ 24 해양 경찰청 14

다음 중 카르노 사이클(Carrot cycle)의 가역 과정 순으로 가장 옳은 것은?

① 등온팽창 → 단열팽창 → 등온압축 → 단열압축
② 등온팽창 → 단열팽창 → 단열압축 → 등온압축
③ 등온팽창 → 등온압축 → 단열팽창 → 단열압축
④ 등온팽창 → 등온압축 → 단열압축 → 단열팽창

Chapter 02

반응의 자발성과 깁스 자유 에너지

정답 p.422

1 09 지방직 9급 02

자발적으로 물이 수증기로 기화하는 ΔH, ΔS, ΔG 부호를 순서대로 바르게 나열한 것은?

① +, +, +　　② +, +, −
③ +, −, −　　④ −, −, −

2 11 지방직 9급 13

계의 엔트로피가 감소하는 반응을 모두 고른 것은?

ㄱ. $H_2O(l) \rightarrow H_2O(g)$
ㄴ. $2SO_2(g) + O_2(g) \rightarrow 2SO_3(g)$
ㄷ. $4Fe(s) + 3O_2(g) \rightarrow 2Fe_2O_3(s)$

① ㄱ　　② ㄴ
③ ㄴ, ㄷ　　④ ㄱ, ㄴ, ㄷ

3 11 지방직 9급 14

화학 반응에 대한 설명으로 옳은 것을 모두 고른 것은?

ㄱ. 자발반응에서 Gibbs 에너지는 감소한다.
ㄴ. 발열반응은 화학 반응시 열을 주위에 방출한다.
ㄷ. 에너지는 한 형태에서 다른 형태로 변환되지만, 창조되거나 소멸되지 않는다.

① ㄱ　　② ㄱ, ㄴ
③ ㄴ, ㄷ　　④ ㄱ, ㄴ, ㄷ

4 12 지방직 7급(하) 09

1기압, 끓는점 27℃에서 몰증발열이 27.0kJ/mol인 물질의 액체 → 기체 상전이에 대한 엔트로피 변화값[J/K · mol]은? (단, 0K는 −273℃로 계산한다.)

① −1.11　　② 1.11
③ −90.0　　④ 90.0

5 14 지방직 9급 14

다음 중 엔트로피가 증가하는 과정만을 〈보기〉에서 모두 고른 것은?

보기

ㄱ. 소금이 물에 용해된다.
ㄴ. 공기로부터 질소(N_2)가 분리된다.
ㄷ. 기체의 온도가 낮아져 부피가 감소한다.
ㄹ. 상온에서 얼음이 녹아 물이 된다.

① ㄱ, ㄴ　　② ㄱ, ㄹ
③ ㄴ, ㄷ　　④ ㄷ, ㄹ

6 10 지방직 9급 03

어떤 온도에서 다음 발열 반응의 평형 상수 $K_c = 9.6$일 때 옳은 것은?

$$N_2(g) + 3H_2(g) \rightarrow 2NH_3(g)$$

① $\Delta G > 0$, $\Delta H > 0$, $\Delta S > 0$
② $\Delta G > 0$, $\Delta H > 0$, $\Delta S < 0$
③ $\Delta G < 0$, $\Delta H < 0$, $\Delta S > 0$
④ $\Delta G < 0$, $\Delta H < 0$, $\Delta S < 0$

7 □□□

14 서울시 9급 08

다음 각 반응 중 계의 예상되는 엔트로피 변화가 $\Delta S^\circ > 0$인 것은?

① $2H_2(g) + O_2(g) \rightarrow 2H_2O(l)$

② $H_2O(g) \rightarrow H_2O(l)$

③ $N_2(g) + 3H_2(g) \rightarrow 2NH_3(g)$

④ $I_2(s) \rightarrow 2I(g)$

⑤ $U(g) + 3F_2(g) \rightarrow UF_6(s)$

8 □□□

15 지방직 9급 08

모든 온도에서 자발적으로 과정이기 위한 조건은?

① $\Delta H > 0$, $\Delta S > 0$　② $\Delta H = 0$, $\Delta S < 0$

③ $\Delta H > 0$, $\Delta S = 0$　④ $\Delta H < 0$, $\Delta S > 0$

9 □□□

15 국가직 7급 18

그림은 1기압에서 에탄올의 가열 곡선이며, A ~ C와 D ~ E는 각각 등온 구간이다. 이에 대한 설명으로 옳지 않은 것은?

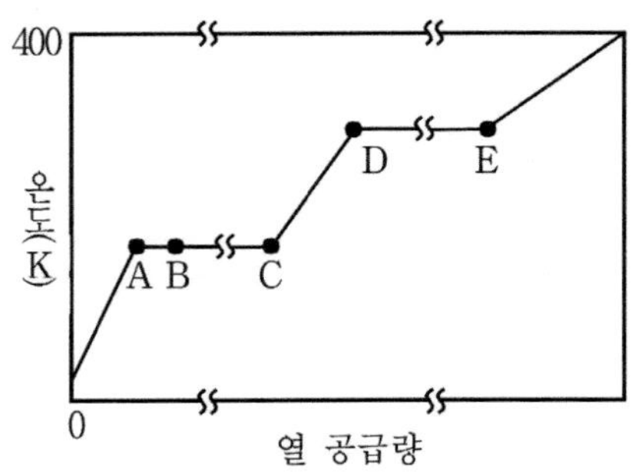

① B지점에서 에탄올은 액체와 고체 상태로 혼재한다.

② 구간의 길이는 A ~ C보다 D ~ E가 길다.

③ B지점보다 C지점의 엔탈피(H)가 크다.

④ D지점보다 E지점의 자유 에너지(G)가 크다.

10 □□□

16 지방직 9급 16

다음 그림은 어떤 반응의 자유에너지 변화(ΔG)를 온도(T)에 따라 나타낸 것이다. 이에 대한 설명으로 옳은 것만을 모두 고른 것은? (단, ΔH는 일정하다.)

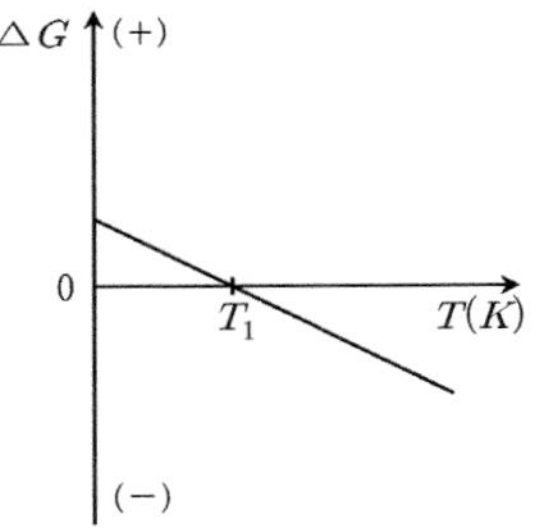

ㄱ. 이 반응은 흡열반응이다.
ㄴ. T_1보다 낮은 온도에서 반응은 비자발적이다.
ㄷ. T_1보다 높은 온도에서 반응의 엔트로피 변화(ΔS)는 0보다 크다.

① ㄱ, ㄴ　② ㄱ, ㄷ

③ ㄴ, ㄷ　④ ㄱ, ㄴ, ㄷ

11 □□□

16 지방직 7급 06

어떤 반응에서 표준 엔탈피 변화를 ΔH°, 표준 엔트로피 변화를 ΔS°라고 할 때, 이 반응이 자발적으로 일어나기 위한 온도 T[K]의 조건은?

① $T > \Delta H^\circ \times \Delta S^\circ$　② $T > \Delta H^\circ / \Delta S^\circ$

③ $T = \Delta H^\circ + \Delta S^\circ$　④ $T = \Delta H^\circ - \Delta S^\circ$

12 ☐☐☐ 16 서울시 9급 17

A에서 B로 변하는 어떠한 과정이 모든 온도에서 비자발적 과정이기 위하여 다음 중 옳은 조건은? (단, ΔH는 엔탈피 변화, ΔS는 엔트로피 변화를 나타낸다.)

① $\Delta H > 0$, $\Delta S < 0$ ② $\Delta H > 0$, $\Delta S > 0$
③ $\Delta H < 0$, $\Delta S < 0$ ④ $\Delta H < 0$, $\Delta S > 0$

13 ☐☐☐ 16 서울시 3회 7급 18

25℃, 1atm에서 프로페인(C_3H_8)이 완전히 연소되는 과정에 대한 반응 엔탈피(ΔH)와 반응 엔트로피(ΔS)의 부호를 모두 옳게 나타낸 것은?

① $\Delta H > 0$, $\Delta S > 0$ ② $\Delta H > 0$, $\Delta S < 0$
③ $\Delta H < 0$, $\Delta S > 0$ ④ $\Delta H < 0$, $\Delta S < 0$

14 ☐☐☐ 17 서울시 2회 9급 16

일정한 압력에서 일어나는 어느 반응에 대해 온도에 따른 Gibbs 자유에너지 변화(ΔG)는 다음과 같다.

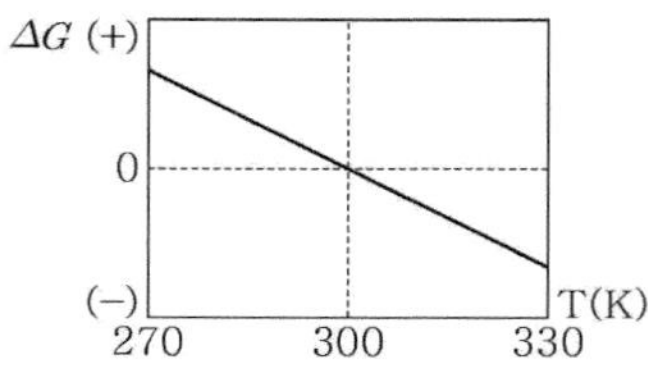

이 그림에 대한 설명으로 옳지 않은 것은?

① 엔트로피 변화(ΔS)는 양수이다.
② 이 계는 300K에서 평형상태에 있다.
③ 이 반응은 온도가 300K보다 높을 때 자발적으로 일어난다.
④ 이 반응의 엔탈피 변화(ΔH)는 음수이다.

15 ☐☐☐ 17 서울시 7급 04

다음 과정의 $\Delta H^\circ = 9.2$kJ/mol이고, $\Delta S^\circ = 43.9$J/mol · K이다.

$$CHCl_3(s) \rightarrow CHCl_3(l)$$

이때 고체 $CHCl_3$의 정상 녹는점은? (단, 최종 결과는 소수점 첫째 자리에서 반올림한다.)

① −63℃ ② 5℃
③ 63℃ ④ 210℃

16 ☐☐☐ 18 지방직 7급 10

다음은 수소 기체에 의한 산화알루미늄 환원 반응이고, 열역학 데이터는 25℃ 1기압에서의 값이다. 이에 대한 설명으로 옳은 것만을 〈보기〉에서 모두 고르면?

$$Al_2O_3(s) + 3H_2(g) \rightarrow 2Al(s) + 3H_2O(g)$$

	$Al_2O_3(s)$	$H_2(g)$	$Al(s)$	$H_2O(g)$
ΔH_f^o(kJ·mol^{-1})	−1,676	0	0	−242
S^o(J·mol^{-1}·K^{-1})	51	131	28	189

보기
ㄱ. 25℃ 1기압에서 이 반응은 흡열반응이다.
ㄴ. 반응의 ΔH°_{rxn}는 −950kJ·mol^{-1}이다.
ㄷ. 반응의 ΔS°_{rxn}는 179 J·mol^{-1}·K^{-1}이다.
ㄹ. 25℃ 1기압에서 이 반응은 자발적이다.

① ㄱ, ㄴ ② ㄱ, ㄷ
③ ㄴ, ㄷ ④ ㄴ, ㄹ

17 □□□

18 서울시 1회 7급 20

1기압에서 암모니아(NH_3)의 어는점은 −78℃이다. 암모니아가 1기압, −80℃에서 〈보기〉와 같이 액체에서 고체가 될 때의 ΔH, ΔS, ΔG의 부호를 옳게 짝지은 것은?

보기

$$NH_3(l) \rightarrow NH_3(s)$$

① $\Delta H > 0$, $\Delta S > 0$, $\Delta G > 0$
② $\Delta H > 0$, $\Delta S < 0$, $\Delta G < 0$
③ $\Delta H < 0$, $\Delta S < 0$, $\Delta G < 0$
④ $\Delta H > 0$, $\Delta S > 0$, $\Delta G < 0$

18 □□□

19 국가직 7급 17

25℃, 1기압에서 물(H_2O)과 다이클로로메테인(CH_2Cl_2) 혼합 용액을 균일한 상태로 만든 후 가만히 놓아두면 층 분리가 자발적으로 일어난다. 이 과정에서 혼합 용액의 엔탈피 변화(ΔH)와 엔트로피 변화(ΔS)를 옳게 짝지은 것은?

① $\Delta H > 0$, $\Delta S > 0$　② $\Delta H > 0$, $\Delta S < 0$
③ $\Delta H < 0$, $\Delta S > 0$　④ $\Delta H < 0$, $\Delta S < 0$

19 □□□

20 서울시 2회 7급 07

다음 표는 300K에서 3가지 기체의 표준 생성 엔탈피(ΔH_f°)와 표준 엔트로피(S°)를 나타낸 것이다. 300K에서 $A(g) + 3B(g) \rightarrow 2C(g)$ 반응의 표준 반응 자유 에너지(ΔG_r°)[kJ]는?

화합물	ΔH_f° [kJ/mol]	S° [J/K · mol]
$A(g)$	0	200
$B(g)$	0	100
$C(g)$	−50	150

① −40kJ　② −20kJ
③ 20kJ　④ 40kJ

20 □□□

20 해양 경찰청 05

다음 중 엔트로피가 증가하는 현상으로 옳은 것을 모두 고른 것은?

ㄱ. 드라이아이스가 승화하는 현상
ㄴ. 에탄올이 증발하는 현상
ㄷ. 물이 얼어 얼음이 되는 현상
ㄹ. 수증기가 응결되어 물방울이 되는 현상

① ㄱ　② ㄱ, ㄴ
③ ㄱ, ㄴ, ㄷ　④ ㄱ, ㄴ, ㄷ, ㄹ

21 □□□

21 서울시 2회 7급 20

〈보기〉는 물질 X의 물리적 상태에 따른 표준 생성열(ΔH_f°)과 표준 몰 엔트로피(ΔS°)를 나타낸 것이다. 이에 대한 설명으로 가장 옳은 것은? (단, 기압은 1atm이다.)

보기

물질	ΔH_f°[kJ/mol]	ΔS°[J/mol · K]
$X(l)$	48	170
$X(g)$	83	270

① X의 표준 기화열은 −35kJ/mol이다.
② X의 끓는점은 400K보다 높다.
③ X의 끓는점에서 X가 기화할 때, 주위의 엔트로피는 감소한다.
④ X의 끓는점에서 X가 기화할 때, 우주의 엔트로피는 증가한다.

22 □□□

22 서울시 1회 7급 04

자유 에너지(G)와 평형 상수(K)에 관한 관계식으로 옳지 않은 것은?

① $\ln K = \Delta G^\circ / RT$($R$: 이상 기체 상수, T : 절대 온도)
② $\Delta G = \Delta G^\circ + RT\ln Q$ (Q : 반응 지수)
③ $\Delta G^\circ = -RT\ln K$ (R : 이상 기체 상수, T :절대 온도)
④ $K = e^{-\frac{\Delta G^\circ}{RT}}$($R$: 이상 기체 상수, T :절대 온도)

23 □□□

22 서울시 3회 7급 06

〈보기〉의 반응에 대한 설명으로 가장 옳은 것은?

보기

$N_2(g) + 2O_2(g) \rightarrow 2NO_2(g)$

$\Delta H^\circ = 66.36\text{kJ/mol}$

① 발열 반응이다.
② 엔트로피는 증가한다.
③ 온도를 높이면 생성물이 감소한다.
④ 이 반응은 모든 온도에서 비자발적이다.

24 □□□

22 서울시 3회 7급 18

〈보기〉 중 엔트로피가 증가하는 것을 모두 고른 것은?

보기

ㄱ. $H_2O(l) \rightarrow H_2O(g)$
ㄴ. $N_2(g) + 3H_2(g) \rightarrow 2NH_3(g)$
ㄷ. $NaCl(s) \rightarrow N^+(aq) + Cl^-(aq)$

① ㄱ　　② ㄴ
③ ㄱ, ㄷ　　④ ㄴ, ㄷ

25 □□□

23 지방직 9급 16

298K에서 다음 반응에 대한 계의 표준 엔트로피 변화(ΔS°)는? (단, 298K에서 $N_2(g)$, $H_2(g)$, $NH_3(g)$의 표준 몰 엔트로피[$Jmol^{-1}K^{-1}$]는 각각 191.5, 130.6, 192.5이다.)

$N_2(g) + 3H_2(g) \rightarrow 2NH_3(g)$

① −129.6　　② 129.6
③ −198.3　　④ 198.3

26 □□□

23 서울시 2회 7급 06

반응물과 생성물이 모두 기체일 때 〈보기〉의 상태 조건 중 정반응이 자발적으로 일어나는 경우만을 모두 고른 것은?

보기

ㄱ. $Q < K$ (Q: 반응 지수, K: 평형 상수)
ㄴ. $\Delta G^{\circ} = 0$ (ΔG°: 표준 반응 자유 에너지)
ㄷ. $\Delta H > T\Delta S$ (ΔH: 반응 엔탈피, T: 온도, ΔS: 반응 엔트로피)

① ㄱ　② ㄱ, ㄴ
③ ㄴ, ㄷ　④ ㄱ, ㄴ, ㄷ

27 □□□

24 지방직 9급 15

일정한 압력과 온도에서 어떤 화학 반응의 $\Delta H = 200\,\mathrm{kJmol^{-1}}$이고, $\Delta S = 500\,\mathrm{Jmol^{-1}K^{-1}}$일 때, 자발적 반응이 일어나는 온도[K]는? (단, H는 엔탈피이고 S는 엔트로피이며, 온도에 따른 ΔH와 ΔS의 값은 일정하다.)

① 360　② 390
③ 420　④ 온도와 무관하다.

28 □□□

24 서울시 7급 04

각 반응의 엔트로피 변화(ΔS)의 부호가 나머지와 다른 것은?

① $CaSO_4(s) \rightarrow CaO(s) + SO_3(g)$
② $4NH_3(g) + 5O_2(g) \rightarrow 4NO(g) + 6H_2O(g)$
③ $I_2(s) \rightarrow I_2(aq)$
④ $2SO_2(g) + O_2(g) \rightarrow 2SO_3(g)$

Chapter 03

화학 반응 속도

제 1 절 반응 속도식의 결정

정답 p.427

 반응 속도 

회독점검

1 ☑☐☐ 19 지방직 9급 15

다음 그림은 $NOCl_2(g) + NO(g) \rightarrow 2NOCl(g)$ 반응에 대하여 시간에 따른 농도 $[NOCl_2]$와 $[NOCl]$를 측정한 것이다. 이에 대한 설명으로 옳은 것만을 모두 고르면?

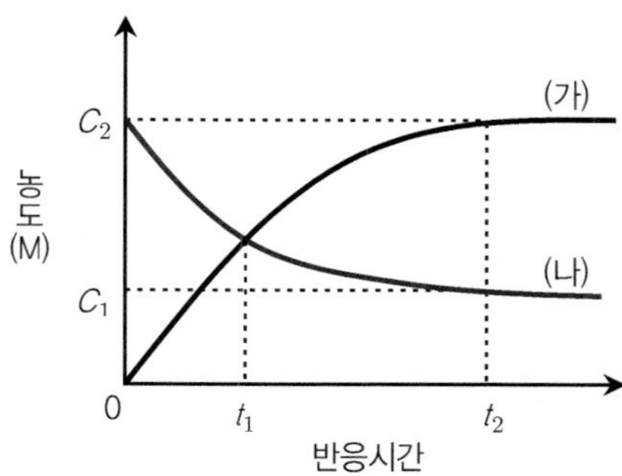

보기

ㄱ. (가)는 $[NOCl_2]$이고 (나)는 $[NOCl]$이다.

ㄴ. (나)의 반응 순간 속도는 t_1과 t_2에서 다르다.

ㄷ. $\Delta t = t_2 - t_1$동안 반응 평균 속도 크기는 (가)가 (나)보다 크다.

① ㄱ ② ㄴ

③ ㄷ ④ ㄴ, ㄷ

 반응 속도식의 결정 

2 ☐☐☐ 09 지방직 9급 20

아래의 실험값으로부터 다음 반응의 속도식을 결정할 수 있다. 이에 대한 설명으로 옳지 않은 것은?

$$2A + B + C \rightarrow D + E$$
$$v = k[A]^x[B]^y[C]^z$$

실험	초기[A]	초기[B]	초기[C]	E의 초기생성속도
1	0.20M	0.20M	0.20M	2.4×10^{-6} Mmin^{-1}
2	0.40M	0.30M	0.20M	9.6×10^{-6} Mmin^{-1}
3	0.20M	0.30M	0.20M	2.4×10^{-6} Mmin^{-1}
4	0.20M	0.40M	0.60M	7.2×10^{-6} Mmin^{-1}

① $x = 2$이고 반응은 [A]에 대해 2차이다.

② 반응속도는 [B]에 무관하므로 $y = 0$이다.

③ $z = 3$이고 반응은 [C]에 대해 3차이다.

④ 속도상수 $k = 3.0 \times 10^{-4} M^{-2} min^{-1}$이다.

3 □□□

10 지방직 7급 18

25℃에서 다음 반응의 반응 속도 자료들이 얻어졌다. 이 반응에 대한 반응 속도식은?

$$A + 2B \rightarrow C + 2D$$

실험	A(M)	B(M)	C의 초기 생성 속도(M/min)
1	0.10	0.10	2.0×10^{-4}
2	0.30	0.30	6.0×10^{-4}
3	0.30	0.10	2.0×10^{-4}
4	0.40	0.20	4.0×10^{-4}

① $2.0\times10^{-3}min^{-1}[A]$

② $2.0\times10^{-4}min^{-1}[A]$

③ $2.0\times10^{-3}min^{-1}[B]$

④ $2.0\times10^{-4}min^{-1}[B]$

4 □□□

14 서울시 7급 16

다음 반응에서, OH^-의 농도를 $4\times10^{-2}mol/L$에서 $2\times10^{-2}mol/L$로 감소시키면 반응속도가 $\frac{1}{4}$로 감소하였다. CH_3Br 농도를 1.5배 증가시켰더니 반응속도는 1.5배 증가하였다. 이 반응의 속도법칙을 썼을 때 옳은 것은?

$$CH_3Br(aq) + OH^-(aq) \rightarrow CH_3OH(aq) + Br^-(aq)$$

① 속도$=k[CH_3Br]^{1.5}[OH^-]$

② 속도$=k[CH_3Br]^{1.5}[OH^-]^2$

③ 속도$=k[OH^-]^2$

④ 속도$=k[CH_3Br][OH^-]^2$

⑤ 속도$=k[CH_3Br]^2$

5 □□□

15 해양 경찰청 20

어떤 화학 반응 $A(g)+B(g)\rightarrow C(g)$에 대한 반응속도를 절대온도 400K에서 측정한 결과가 아래 표와 같을 때 이 온도에서 전체 반응차수를 결정한 것으로 옳은 것은?

A	B	반응속도(mol/L·초)
0.01	0.01	0.003
0.01	0.02	0.006
0.02	0.01	0.012

① 1차 ② 2차

③ 3차 ④ 4차

6 □□□

16 해양 경찰청 16

아세트알데하이드(CH_3CHO)의 분해 반응은 2차 반응이다. 어떤 온도에서 CH_3CHO의 값이 0.1mol/L일 때, 속도는 0.18mol/L · s이었다면 이 반응의 반응속도 상수 k값은?

$$CH_3CHO(g) \rightarrow CH_4(g) + CO(g)$$

① 8L/mol · s ② 12L/mol · s

③ 18L/mol · s ④ 24L/mol · s

7 □□□

17 지방직 7급 13

다음 반응에서 반응속도는 $k[A]^m[B]^n$이다.

$$aA + bB \rightarrow \text{생성물}$$

B의 농도가 일정하고 A의 농도가 2배 증가할 때, 반응속도는 2배 감소하였다. m의 값으로 옳은 것은?

① −2 ② −1

③ 1 ④ 2

8 □□□

17 서울시 7급 02

온도가 일정할 때 다음 반응에 대한 초기 속도가 다음과 같다.

$$2A(g) + B_2(g) \rightarrow 2AB(g)$$

실험	초기[A](M)	초기$[B_2]$(M)	B_2소모의 초기 속도(M/s)
1	0.13	0.20	1.0×10^{-2}
2	0.26	0.20	1.0×10^{-2}
3	0.13	0.10	5.0×10^{-3}

이 반응의 속도법칙은? (단, k는 속도상수이다.)

① $k[A]$　② $k[B_2]$

③ $k[A]^2[B_2]$　④ $k[A][B_2]^2$

9 □□□

17 해양 경찰청 18

다음은 강철 용기에서 일어나는 $A(g)+2B(g) \rightarrow C(g)$의 반응에서 반응속도식을 구하기 위해 몇 번의 실험을 했을 때 이와 관련된 자료이다. n번째 실험에서 A와 B의 초기 농도와 초기 반응 속도는 각각 $[A]_n$, $[B]_n$, v_n이다.

- $\frac{[A]_2}{[A]_1}$가 1이고, $\frac{[B]_2}{[B]_1}$가 2일 때, $\frac{v_2}{v_1}$는 4이다.
- $\frac{[A]_3}{[A]_2}$가 3이고, $\frac{[B]_3}{[B]_2}$가 $\frac{1}{2}$일 때, $\frac{v_3}{v_2}$는 $\frac{3}{4}$이다.

이 반응의 반응 속도식은? (단, 온도는 일정하고, k는 반응 속도 상수이다.)

① $v=k[A]$　② $v=k[B]$

③ $v=k[A][B]$　④ $v=k[A][B]^2$

10 □□□

21 해양 경찰청 04

다음 표는 A+B → C+D 반응에서 반응 물질의 초기 농도를 달리하여 반응 속도를 측정한 실험의 결과이다. 이 반응의 반응 속도 상수 k의 단위로 옳은 것은?

실험	A의 초기 농도 (M)	B의 초기 농도 (M)	반응 속도 $(M \cdot s^{-1})$
1	1×10^{-2}	1×10^{-2}	2×10^{-4}
2	2×10^{-2}	1×10^{-2}	4×10^{-4}
3	0.5×10^{-2}	1×10^{-2}	1×10^{-4}
4	1×10^{-2}	2×10^{-2}	8×10^{-4}

① $M^{-2}s^{-2}$　② $M^{-2}s^{-1}$

③ $M^{-1}s^{-1}$　④ Ms^{-1}

11 □□□

22 국가직 7급 08

뷰테인(C_4H_{10})이 완전 연소하여 이산화탄소와 물을 생성한다. 뷰테인의 반응 속도가 $0.2 mol L^{-1}s^{-1}$일 때, 산소의 반응 속도$[mol L^{-1}s^{-1}]$는?

① $\frac{4}{130}$　② $\frac{1}{5}$

③ $\frac{13}{10}$　④ 2

12 □□□

22 해양 경찰청 20

다음의 실험값으로부터 다음 반응의 속도식을 결정할 수 있다.

$$2A + B + C \rightarrow D + E$$

$$\text{반응 속도} = k[A]^x[B]^y[C]^z$$

실험	초기[A]	초기[B]	초기[C]	E의 초기생성속도
1	0.2M	0.2M	0.2M	2.4×10^{-6}M·min^{-1}
2	0.4M	0.3M	0.2M	9.6×10^{-6}M·min^{-1}
3	0.2M	0.3M	0.2M	2.4×10^{-6}M·min^{-1}
4	0.2M	0.4M	0.6M	7.2×10^{-6}M·min^{-1}

이에 대한 설명으로 가장 옳지 않은 것은?

① $z=2$이고 반응은 [C]에 대해 2차이다.
② 반응 속도는 [B]에 무관하므로 $y=0$이다.
③ 속도 상수 k는 3.0×10^{-4}M^{-2}min^{-1}이다.
④ $x=2$이고 반응은 [A]에 대해 2차이다.

13 □□□

23 지방직 9급 14

A+B→C 반응에서 A와 B의 초기 농도를 달리하면서 C가 생성되는 초기 속도를 측정하였다. 속도 $=k[A]^a[B]^b$라고 나타낼 때, a, b로 옳은 것은?

실험	A[M]	B[M]	C의 초기 생성 속도[Ms^{-1}]
1	0.01	0.01	0.03
2	0.02	0.01	0.12
3	0.01	0.02	0.12
4	0.02	0.02	0.48

	a	b
①	1	1
②	1	2
③	2	1
④	2	2

14 □□□

23 서울시 2회 9급 15

〈보기〉는 273℃에서 반응 물질의 초기 농도에 따른 초기 반응 속도를 나타낸 것이다.

보기

$$2NO(g) + Br_2(g) \rightarrow 2NOBr(g)$$

실험	NO의 초기 농도 [mol/L]	Br_2의 초기 농도 [mol/L]	초기 반응 속도 [mol/L · s]
1	0.10	0.10	8
2	0.10	0.20	16
3	0.10	0.30	24
4	0.20	0.10	32
5	0.30	0.10	72

반응물의 초기 농도 외에 조건이 동일할 때, 이 반응의 반응 속도식 v[mol/L · s]와 반응 속도 상수 k [L^2/mol^2 · s]를 옳게 짝지은 것은?

	v	k
①	$k[NO][Br_2]^2$	8.0×10^3
②	$k[NO][Br_2]^2$	4.0×10^3
③	$k[NO]^2[Br_2]$	8.0×10^2
④	$k[NO]^2[Br_2]$	8.0×10^3

제 2 절 반응 메커니즘

정답 p.429

회독점검

1 ☑☐☐ 13 국가직 7급 17

다음은 브롬화수소(HBr)와 이산화질소(NO_2)의 반응 메커니즘이다. 전체 반응 속도식이 $v = k[HBr][NO_2]$일 때 〈보기〉의 설명 중 옳은 것을 모두 고른 것은?

- 1단계: $HBr + NO_2 \rightarrow HONO + Br$
- 2단계: $2Br \rightarrow Br_2$
- 3단계: $2HONO \rightarrow H_2O + NO + NO_2$

보기

ㄱ. 1단계의 활성화 에너지가 가장 크다.
ㄴ. 2단계의 반응 속도가 가장 느리다
ㄷ. 3단계가 반응 속도 결정 단계이다.
ㄹ. 전체 반응은 $2HBr + NO_2 \rightarrow H_2O + NO + Br_2$ 이다.

① ㄱ, ㄴ　② ㄱ, ㄷ
③ ㄱ, ㄹ　④ ㄴ, ㄹ

2 ☐☐☐ 14 지방직 9급 09

다음의 반응 메커니즘과 부합되는 전체 반응식과 속도 법칙으로 옳은 것은?

$NO + Cl_2 \rightleftarrows NOCl_2$ (빠름, 평형)
$NOCl_2 + NO \rightarrow 2NOCl$ (느림)

① $2NO + Cl_2 \rightarrow 2NOCl$, 속도$=k[NO][Cl_2]$
② $2NO + Cl_2 \rightarrow 2NOCl$, 속도$=k[NO]^2[Cl_2]$
③ $NOCl_2 + NO \rightarrow 2NOCl$, 속도$=k[NO][Cl_2]$
④ $NOCl_2 + NO \rightarrow 2NOCl$, 속도$=k[NO][Cl_2]^2$

3 ☐☐☐ 15 지방직 9급 18

다음 표는 반응 $2A_3(g) \rightarrow 3A_2(g)$의 메커니즘과 각 단계의 활성화 에너지를 나타낸 것이다.

반응 메커니즘		활성화 에너지 [kJ/mol]
단계 (1)	$A_3 \rightarrow A + A_2$	20
단계 (1)의 역과정	$A + A_2 \rightarrow A_3$	10
단계 (2)	$A + A_3 \rightarrow 2A_2$	50

이에 대한 설명으로 옳은 것만을 〈보기〉에서 모두 고른 것은?

보기

ㄱ. A는 반응 중간체이다.
ㄴ. 반응 속도 결정 단계는 단계(2)이다.
ㄷ. 전체 반응의 활성화 에너지는 50kJ/mol이다.

① ㄱ　② ㄷ
③ ㄱ, ㄴ　④ ㄴ, ㄷ

4 □□□
16 지방직 7급 15

다음은 염기성 수용액 속에서 $I^- + OCl^- \rightarrow Cl^- + OI^-$ 반응이 일어날 때 제안된 메커니즘이다.

> • 단계 1:
> $OCl^-(aq) + H_2O(l) \rightleftarrows HOCl(aq) + OH^-(aq)$
> (빠른 평형, 평형 상수 $= K_1$)
>
> • 단계 2:
> $I^-(aq) + HOCl(aq) \rightarrow HOI(aq) + Cl^-(aq)$
> (반응 속도 상수: k_2, 느림)
>
> • 단계 3:
> $OH^-(aq) + HOI(aq) \rightarrow H_2O(l) + OI^-(aq)$
> (반응 속도 상수: k_3, 빠름)

전체 반응에 대한 반응 속도식으로 가장 적절한 것은?

① $k_2[I^-]$

② $k_2k_3[I^-][OCl^-]$

③ $K_1k_3[I^-][OH^-]$

④ $K_1k_2[I^-][OCl^-]/[OH^-]$

5 □□□
16 서울시 9급 19

성층권에서 $CFCl_3$와 같은 클로로플루오로탄소는 다음의 반응들에 의해 오존을 파괴한다. 여기에서 Cl과 ClO의 역할을 올바르게 짝지은 것은?

> $CFCl_3 \rightarrow CFCl_2 + Cl$
> $Cl + O_3 \rightarrow ClO + O_2$
> $ClO + O \rightarrow Cl + O_2$

① (Cl, ClO) = (촉매, 촉매)

② (Cl, ClO) = (촉매, 반응 중간체)

③ (Cl, ClO) = (반응 중간체, 촉매)

④ (Cl, ClO) = (반응 중간체, 반응 중간체)

6 □□□
16 서울시 3회 7급 12

다음은 NOBr이 생성되는 기체상 반응에 대한 메커니즘이다. 이에 대한 설명으로 옳지 않은 것은?

> (단계 1) $NO + Br_2 \rightleftarrows NOBr_2$
> (빠름, 평형 상수K)
>
> (단계 2) $NOBr_2 + NO \rightleftarrows 2NOBr$
> (느림, 속도 상수 K_2)

① $NOBr_2$는 반응 중간체이다.

② 전체 반응의 속도 상수는 K_2이다.

③ NO 1몰이 반응하면 NOBr 1몰이 생성된다.

④ Br_2의 농도를 2배로 하면 반응 속도는 2배가 된다.

7 □□□
17 지방직 9급(상) 19

H_2와 ICl이 기체상에서 반응하여 I_2와 HCl을 만든다.

> $H_2(g) + 2ICl(g) \rightarrow I_2(g) + 2HCl(g)$

이 반응은 다음과 같이 두 단계 메커니즘으로 일어난다.

> • 단계 1: $H_2(g) + ICl(g) \rightarrow HI(g) + HCl(g)$
> (속도 결정 단계)
>
> • 단계 2: $HI(g) + ICl(g) \rightarrow I_2(g) + HCl(g)$
> (빠름)

전체 반응에 대한 속도 법칙으로 옳은 것은?

① 속도 $= k[H_2][ICl]^2$

② 속도 $= k[HI][ICl]^2$

③ 속도 $= k[H_2][ICl]$

④ 속도 $= k[HI][ICl]$

8 □□□ 17 서울시 2회 9급 12

이산화질소와 일산화탄소의 반응 메커니즘은 다음의 두 단계를 거친다. 이에 대한 설명으로 옳지 않은 것은? (단, 단계별 반응 속도상수는 $k_1 << k_2$의 관계를 가진다.)

- 1단계: $NO_2(g) + NO_2(g) \xrightarrow{k_1} NO_3(g) + NO(g)$
- 2단계: $NO_3(g) + CO(g) \xrightarrow{k_2} NO_2(g) + CO_2(g)$

① 반응 중간체는 $NO_3(g)$이다.

② 반응속도 결정단계는 1단계 반응이다.

③ 1단계 반응은 일분자 반응이고, 2단계 반응은 이분자 반응이다.

④ 전체 반응의 속도식은 $k_1[NO_2]^2$이다.

9 □□□ 18 서울시 2회 9급 09

오존이 분해되어 산소가 되는 반응이 〈보기〉의 두 단계를 거쳐 이루어질 때, 반응 메커니즘과 일치하는 반응속도식은? (단, 첫 단계는 빠른 평형을 이루고, 두 번째 단계는 매우 느리게 진행한다.)

보기

$$O_3(g) \rightleftarrows O_2(g) + O$$
$$O + O_3(g) \rightleftarrows 2O_2(g)$$

① $k[O_3]$ ② $k[O_3]^2$

③ $k[O_3]^2[O_2]$ ④ $k[O_3]^2[O_2]^{-1}$

10 □□□ 18 서울시 1회 7급 06

〈보기〉는 $Ni(CO)_4$에서 CO 리간드 하나를 $P(CH_3)_3$로 치환하는 반응의 메커니즘이다. 이 반응에 대한 설명으로 가장 옳은 것은?

보기

- 1단계: $Ni(CO)_4 \rightarrow Ni(CO)_3 + CO$ (느림)
- 2단계: $Ni(CO)_3 + P(CH_3)_3 \rightarrow Ni(CO)_3(P(CH_3)_3)$ (빠름)

① 전체 반응 차수는 2이다.

② 속도 결정 단계는 2번째 단계이다.

③ 전체 반응 속도는 $P(CH_3)_3$의 농도와 무관하다.

④ 전체 반응식은 $Ni(CO)_3 + P(CH_3)_3 \rightarrow Ni(CO)_3(P(CH_3)_3) + CO$ 이다.

11 □□□ 19 해양 경찰청 08

다음 표는 반응 $2A_3(g) \rightarrow 3A_2(g)$의 메커니즘과 각 단계의 활성화 에너지를 나타낸 것이다.

반응 메커니즘		활성화 에너지 [kJ/mol]
단계 (1)	$A_3 \rightarrow A + A_2$	20
단계 (1)의 역과정	$A + A_2 \rightarrow A_3$	10
단계 (2)	$A + A_3 \rightarrow 2A_2$	50

이에 대한 설명으로 옳은 것만을 〈보기〉에서 모두 고른 것은?

보기

ㄱ. A는 반응 중간체이다.
ㄴ. 반응 속도 결정 단계는 단계(2)이다.
ㄷ. 전체 반응의 활성화 에너지는 50kJ/mol이다.

① ㄱ ② ㄱ, ㄴ

③ ㄴ, ㄷ ④ ㄱ, ㄴ, ㄷ

12 □□□

20 지방직 9급 04

N_2O 분해에 제안된 메커니즘은 다음과 같다.

- $N_2O(g) \xrightarrow{k_1} N_2(g) + O(g)$ (느린 반응)
- $N_2O(g) + O(g) \xrightarrow{k_2} N_2(g) + O_2(g)$ (빠른 반응)

위의 메커니즘으로부터 얻어지는 전체반응식과 반응 속도 법칙은?

① $2N_2O(g) \rightarrow 2N_2(g) + O_2(g)$, 속도 $= k_1[N_2O]$

② $N_2O(g) \rightarrow N_2(g) + O(g)$, 속도 $= k_1[N_2O]$

③ $N_2O(g) + O(g) \rightarrow N_2(g) + O_2(g)$, 속도 $= k_2[N_2O]$

④ $2N_2O(g) \rightarrow N_2(g) + 2O_2(g)$, 속도 $= k_2[N_2O]^2$

13 □□□

20 서울시 2회 7급 09

다음 표는 메테인(CH_4)과 염소(Cl_2)의 반응에 대하여 제안된 반응 메커니즘이고, 단계 Ⅱ의 반응 엔탈피는 0보다 크다.

단계	반응	속도
Ⅰ	$Cl_2(g) \underset{k_{-1}}{\overset{k_1}{\rightleftharpoons}} 2Cl(g)$	빠른 평형
Ⅱ	$Cl(g) + CH_4(g) \xrightarrow{k_2} CH_3(g) + HCl(g)$	느림
Ⅲ	$Cl(g) + CH_3(g) \xrightarrow{k_3} CH_3Cl(g)$	빠름

이에 대한 설명으로 가장 옳은 것은? (단, 온도와 잦음률(A)은 일정하고, k_{-1}, k_1, k_2, k_3는 반응 속도 상수이다.)

① 전체 반응 차수는 2이다.

② 단계 Ⅱ의 활성화 에너지는 역반응이 정반응보다 크다.

③ 속도 결정 단계는 단계 Ⅲ이다.

④ CH_4에 대하여 1차인 반응이다.

14 □□□

22 지방직 7급 15

다음은 이산화질소와 일산화탄소가 반응하여 일산화질소와 이산화탄소가 생성되는 전체 반응식과 그에 타당한 메커니즘을 나타낸 것이다. 이에 대한 설명으로 옳은 것만을 모두 고르면?

- 1단계:
  $NO_2(g) + NO_2(g) \xrightarrow{k_1} NO_3(g) + NO(g)$
  (느림)
- 2단계:
  $NO_3(g) + CO(g) \xrightarrow{k_2} NO_2(g) + CO_2(g)$
  (빠름)
- 전체:
  $NO_2(g) + CO(g) \xrightarrow{k_2} NO(g) + CO_2(g)$

ㄱ. 전체 반응의 속도 법칙은 1차 반응이다.

ㄴ. 전체 반응의 반감기는 $\dfrac{1}{k[NO_2]_0}$ 이다.

ㄷ. 실험적으로 결정된 반응 속도 법칙은 $k_1[NO_2]^2$과 일치해야한다.

ㄹ. 전체 반응에서 CO의 양을 2배로 늘리면 전체 반응의 속도는 2배 빨라진다.

① ㄱ, ㄴ　　② ㄴ, ㄷ

③ ㄱ, ㄷ, ㄹ　　④ ㄴ, ㄷ, ㄹ

15 □□□

22 서울시 3회 7급 09

<보기>는 어떤 반응의 메커니즘이다. 이 반응에 대한 설명으로 가장 옳은 것은?

- 1단계: $NO(g) + NO(g) \rightleftharpoons N_2O_2(g)$ (빠른 평형)
- 2단계: $N_2O_2(g) + O_2(g) \rightleftharpoons 2NO_2(g)$ (느림)

① 1단계는 일분자도 반응이다.

② 전체 반응 속도식은 $k[NO]^2$이다.

③ 속도 결정 단계는 가장 빠른 단계이다.

④ 전체 반응식은 $2NO(g) + O_2(g) \rightarrow 2NO_2(g)$이다.

16 □□□

23 국가직 7급 15

다음의 반응 메커니즘에 근거하여, 전체 반응의 속도 법칙으로 옳은 것은? (단, k는 전체 반응의 속도 상수이다.)

• 전체 반응식

$2H^+ + 2Br^- + H_2O_2 \rightarrow Br_2 + 2H_2O$

• 메커니즘

단계 1: $H^+ + H_2O_2 \rightleftarrows H_3O_2^+$ (빠른 평형)

단계 2: $H_3O_2^+ + Br^- \rightarrow HOBr + H_2O$ (느림)

단계 3: $HOBr + H^+ + Br^- \rightarrow Br_2 + H_2O$ (빠름)

① 반응 속도$=k[H^+][Br^-][H_2O_2]$

② 반응 속도$=k[H^+]^2[Br^-]^2[H_2O_2]$

③ 반응 속도$=k[H^+][Br^-][HOBr]$

④ 반응 속도$=k[H^+][Br^-][H_2O_2][HOBr]$

17 □□□

23 서울시 2회 7급 19

미지의 화학종 A, B, C, D에 대해 〈보기〉의 3단계 기초 반응으로 구성되는 전체 반응식 2A+B → C의 반응 속도식으로 가장 옳은 것은?

보기

$A + B \xrightarrow{k_1} C + D$ (slow)

$A + C \xrightarrow{k_2} D$ (fast)

$2D \xrightarrow{k_3} C$ (fast)

① $k_1[A][B]$　② $k_2[A][C]$

③ $k_3[D]^2$　④ $k_1k_2k_3[A]^2[B]$

18 □□□

24 지방직 9급 13

NO와 Br_2로부터 NOBr이 만들어지는 반응 메커니즘이 다음과 같을 때, 전체 반응의 속도법칙은? (단, k_1, k_2, k_{-1}은 속도 상수이다.)

$NO(g) + Br_2(g) \underset{k_{-1}}{\overset{k_1}{\rightleftarrows}} NOBr_2(g)$ (빠름)

$NOBr_2(g) + NO(g) \xrightarrow{k_2} 2NOBr(g)$ (느림)

① 속도$=\dfrac{k_1k_2}{k_{-1}}[NO][Br_2]$

② 속도$=\dfrac{k_1k_2}{k_{-1}}[NO]^2[Br_2]$

③ 속도$=\dfrac{k_{-1}k_2}{k_1}[NO]^2[Br_2]$

④ 속도$=k_2[NOBr_2][NO]$

제 3 절 반감기와 적분 속도식

정답 p.432

회독점검

1 ☑☐☐ 09 지방직 7급(하) 19

분해속도상수가 $1.5 \times 10^{-2}\text{day}^{-1}$인 농약이 1차 반응으로 초기 농도의 50%로 분해되는 데 걸리는 시간[day]은? (단, ln0.25 = −1.39, ln0.5 = −0.69, ln2 = 0.69, ln4 = 1.39로 계산한다.)

① 92 ② 64

③ 46 ④ 2

2 ☐☐☐ 14 해양 경찰청 10

다음은 오존(O_3)의 분해 반응식이며, 그림은 T_1과 T_2에서 O_3의 초기 농도($[O_3]_0$)에 따른 반감기의 역수($\frac{1}{t_{1/2}}$)를 나타낸 것이다.

$$O_3(g) \rightarrow O_2(g) + O(g)$$

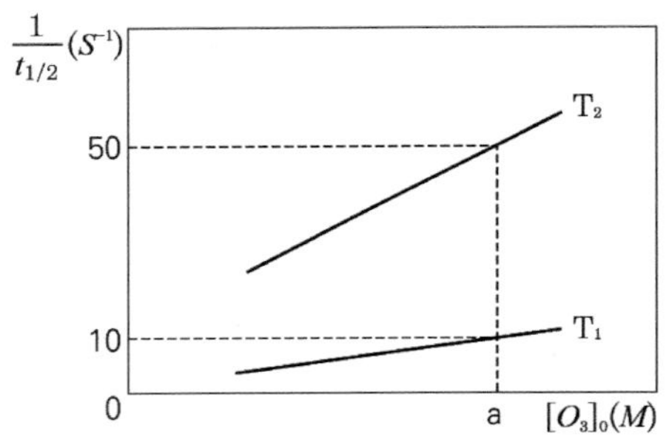

이에 대한 설명으로 가장 적절한 것은?

① 반응 차수는 1이다.

② $T_1 > T_2$이다.

③ T_1, $[O_3]_0 = a$ M에서 초기속도는 $10a$ M/s이다.

④ 반응이 진행됨에 따라 반감기는 감소한다.

3 ☐☐☐ 15 국가직 7급 19

반응 차수에 대한 설명으로 옳은 것을 모두 고른 것은?

ㄱ. 영차 반응의 반응 속도는 반응물의 초기 농도와 무관하다.
ㄴ. 일차 반응의 반감기는 반응물의 초기 농도에 정비례한다.
ㄷ. 동위원소의 방사선 붕괴는 일차 반응이다.
ㄹ. 단일 화합물의 이차 반응의 반감기는 반응물 초기 농도의 역수에 의존한다.

① ㄱ, ㄷ ② ㄴ, ㄹ

③ ㄱ, ㄴ, ㄹ ④ ㄱ, ㄷ, ㄹ

4 ☐☐☐ 16 서울시 1회 7급 15

물질 A는 반감기가 50일인 일차 반응으로 체내에서 줄어든다. 체내의 온도가 일정하다고 가정할 때 물질 A를 섭취한 후 200일이 지나면 체내의 물질 A의 농도는 초기값의 몇 %가 되는가?

① 6.25% ② 12.5%

③ 25% ④ 50%

5 □□□ 17 국가직 7급 09

다음은 분자 A(●)와 B(○) 사이의 반응식과 초기 상태 모형을 나타낸 것이다. 모형 (가), (나), (다)에서 측정된 반응 속도 비가 (가) : (나) : (다) = 2 : 1 : 2일 때, 이에 대한 설명으로 옳은 것은?

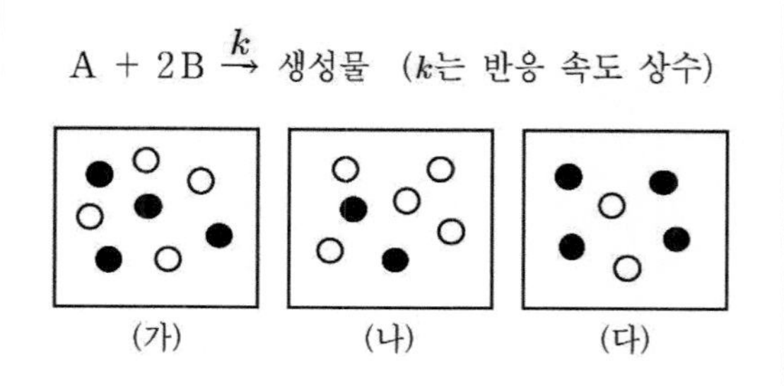

① 속도 법칙은 $v = k[A][B]^2$이다.

② 반응 속도 상수(k)의 단위는 $M^{-1}s^{-1}$이다.

③ 반감기는 반응물의 초기 농도에 반비례한다.

④ 반응 차수는 B의 농도에 대해 0차이다.

6 □□□ 18 지방직 7급 20

물질 A는 2A → B인 2차 비가역 단일반응에 따라 다른 물질 B를 생성한다. 반응기에서 A의 50%가 소모되는 데 10분이 걸렸다면, 90%가 소모되기 위해 필요한 시간은?

① 30분 ② 50분

③ 70분 ④ 90분

7 □□□ 18 국가직 7급 11

화학 반응 A → P는 0차 반응이다. 농도[A]를 시간(t)에 따라 측정하였을 때 직선 관계에 있는 것은? ($[A]_0$는 A의 초기 농도이다.)

① $\frac{1}{[A]}$ 대 t ② $\frac{1}{[A]^2}$ 대 t

③ $\ln\frac{[A]}{[A]_0}$ 대 t ④ $[A]$ 대 t

8 □□□ 18 국가직 7급 15

그림은 어떤 동굴에서 발견된 고대 유골에 남아 있는 탄소-14($^{14}_{6}C$)와 질소-14($^{14}_{7}N$)의 상대적 양을 모형으로 나타낸 것이다. 이 고대 유골의 추정 연대는? (단, 모든 $^{14}_{7}N$는 $^{14}_{6}C$의 붕괴 반응을 통해서만 생성되며, 반응 속도 상수는 1.1×10^{-4}년$^{-1}$이고, $\ln 2 = 0.69$, $\ln 3 = 1.1$이다.)

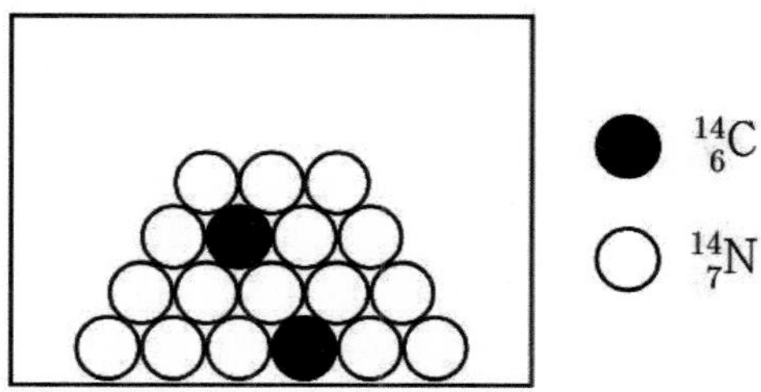

① 약 6,300년 전 ② 약 10,000년 전

③ 약 16,000년 전 ④ 약 20,000년 전

9 □□□

19 국가직 7급 19

일산화질소(NO)와 산소(O_2)가 반응하여 이산화질소(NO_2)를 형성하는 화학 반응의 메커니즘은 다음과 같이 두 단계의 단일 반응으로 구성된다.

- 전체 화학 반응식: $2NO(g) + O_2(g) \rightarrow 2NO_2(g)$
- 단계 1: $NO(g) + NO(g) \underset{k_{-1}}{\overset{k_1}{\rightleftharpoons}} N_2O_2(g)$ (빠른 반응)
- 단계 2: $N_2O_2(g) + O_2(g) \xrightarrow{k_2} 2NO_2(g)$ (느린 반응)

과량의 산소가 존재하는 용기에 소량의 일산화질소를 주입하여 반응이 위 메커니즘에 따라 진행된다면 일산화질소의 농도 변화로 옳은 것은? (단, 산소의 농도는 변하지 않는다.)

①
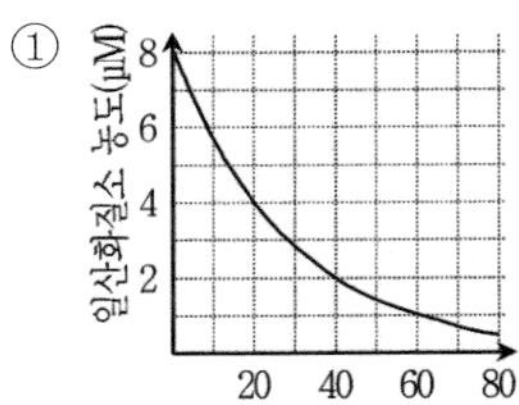

②
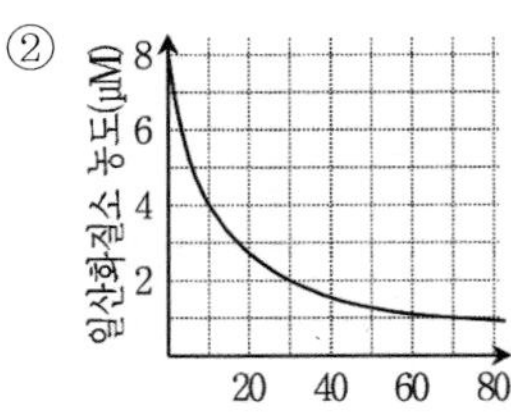

③
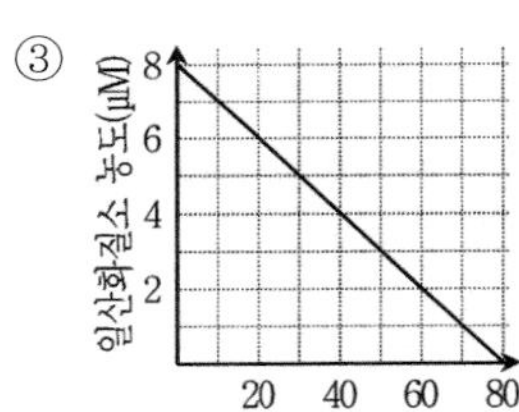

④
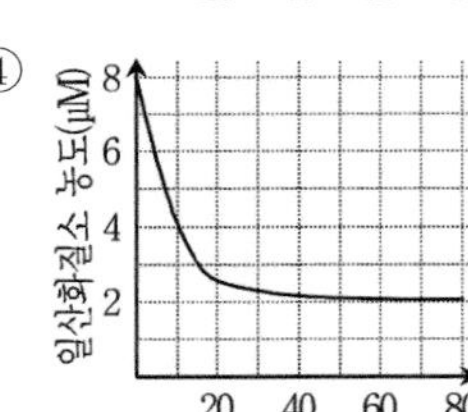

10 □□□

19 서울시 2회 9급 04

$-d[W]/dt = k[W]^2$로 반응속도가 표현되는 화학종 W을 포함하는 화학 반응에 대하여, 가장 반감기를 짧게 만들 수 있는 방법으로 옳은 것은?

① W의 초기 농도를 3배로 높인다.

② 속도상수 k를 3배로 크게 한다.

③ W의 초기 농도를 10배로 높인다.

④ 속도상수 k와 W의 초기 농도를 각각 3배로 크게 한다.

11 □□□

19 서울시 2회 7급 08

화학 반응($A \rightarrow P$)에서 반응물에 대한 2차 반응의 반감기($t_{1/2}$)를 구하는 식으로 옳은 것은? (단, $[A]_0$는 초기 반응물의 농도이고, k는 속도 상수이다.)

① $t_{1/2} = k^{-1} \cdot [A]_0^{-1}$

② $t_{1/2} = 0.693k^{-1}$

③ $t_{1/2} = 0.5[A]_0 \cdot k^{-1}$

④ $t_{1/2} = 0.5[A]^2{}_0 \cdot k^{-1}$

12 □□□

20 지방직 7급 07

NO_2의 분해 반응에 대한 화학 반응식은 다음과 같다.

$$2NO_2(g) \rightarrow 2NO(g) + O_2(g)$$

이 반응의 속도 법칙은 $v = k[NO_2]^2$이고, 반응 속도 상수(k)는 $0.5\,M^{-1}s^{-1}$이다. $[NO_2]_0 = 0.1M$일 때, NO_2의 농도가 0.05M로 감소될 때까지 걸리는 시간[s]은? (단, $[NO_2]_0$은 NO_2의 초기 농도이고, 온도는 일정하다)

① 10

② 20

③ 40

④ 50

13 □□□

20 서울시 2회 7급 15

어느 시약회사에서 반감기가 20일인 어떤 방사능 동위 원소를 생산하고, 생산 당시의 순도는 80.0%라고 한다. 재고조사를 하다가 생산한 지 80일이나 지난 시약병을 창고에서 발견하였다면, 발견 당시의 이 시약의 순도[%]는?

① 2.0%

② 4.0%

③ 5.0%

④ 10.0%

14 □□□

21 국가직 7급 19

다음은 $N_2O_5(g)$의 분해 반응에 대한 반응식, 속도 법칙, 반응 시간에 따른 몰농도를 나타낸 것이다. 이에 대한 설명으로 옳은 것은?

$$2N_2O_5(g) \rightarrow 4NO_2(g) + O_2(g)$$
$$반응\ 속도 = k[N_2O_5]^n$$

반응 시간[s]	0	100	200
$[N_2O_5]$(M)	0.10	0.050	(나)
$[NO_2]$(M)	0	(가)	0.15

① n은 2이다.
② (나)는 0.025이다.
③ (가)는 (나)의 2배이다.
④ 반응 온도가 낮아지면 k는 증가한다.

15 □□□

21 해양 경찰청 01

다음 중 2차 반응의 반감기에 대한 설명으로 가장 옳은 것은?

① 반응 물질의 초기 농도에 정비례한다.
② 반응 물질의 초기 농도에 반비례한다.
③ 반응 물질의 초기 농도의 제곱에 반비례한다.
④ 반응 물질의 초기 농도에 무관하다.

16 □□□

21 서울시 2회 7급 13

〈보기〉는 한 종류의 반응물(A)만이 관여하는 반응의 속도 법칙이다. 이 반응에서 직선 관계를 보이는 그래프는? (단, k는 속도 상수이다.)

보기

$$반응\ 속도 = k[A]^2$$

① 반응 시간 t에 대한 $[A]_t$의 그래프
② 반응 시간 t에 대한 $\frac{1}{[A]_t}$의 그래프
③ 반응 시간 t에 대한 $\log[A]_t$의 그래프
④ 반응 시간 t에 대한 $\ln[A]_t$의 그래프

17 □□□

22 국가직 7급 22

'A → 생성물' 반응에 대하여 시간에 따른 $1/[A]$의 그래프는 선형으로 나타났고, 온도 T_1과 $2T_1$에서 그 기울기는 각각 m_1, $2m_1$이었다. 온도 T_1, 농도 $[A]_0$이던 반응 조건을 바꿔 반응의 초기 속도를 두 배로 만들기 위한 방법은? (단, $[A]$는 A의 농도이고, $[A]_0$는 A의 초기 농도이며, T_1은 절대 온도이다.)

① 농도를 $2[A]_0$, 온도를 T_1으로 한다.
② 농도를 $2[A]_0$, 온도를 $2T_1$으로 한다.
③ 농도를 $\sqrt{2}[A]_0$, 온도를 T_1으로 한다.
④ 농도를 $\sqrt{2}[A]_0$, 온도를 $\sqrt{2}T_1$으로 한다.

18 □□□
22 서울시 1회 7급 13

〈보기〉는 $A \rightarrow 2B$가 되는 반응에 대한 반응 속도식이다. 반감기($t_{1/2}$)는 어떻게 표현될 수 있는가? (단, $[A]_0$는 A의 초기 농도이다.)

보기

반응 속도 = $k[A]$

① $\frac{1}{k[A]_0}$
② $\frac{\ln 2}{k[A]_0}$
③ $\frac{\ln 2}{k}$
④ $\frac{\ln 2}{[A]_0}$

19 □□□
22 해양 경찰청 19

다음은 2가지 화학 반응 (가), (나)의 화학 반응식이다. (가), (나)는 모두 1차 반응이다.

(가) $A(g) \rightarrow 2B(g)$ (나) $X(g) \rightarrow Y(g)$

다음은 25℃에서 부피가 1L인 2개의 강철 용기에 $A(g)$와 $X(g)$ 0.1몰을 각각 넣고 반응시켰을 때, 이와 관련된 자료이다.

- (가)의 반감기는 t초, (나)의 반감기는 $2t$초이다.
- $2t$초 후 생성물의 몰수 비는 B : Y = 1 : x이다.
- $4t$초 후 반응물의 몰수 비는 A : X = y : 1이다.

위 자료 중 $(x \times y)$의 값은?

① $\frac{1}{3}$
② 3
③ 12
④ $\frac{1}{12}$

20 □□□
23 국가직 7급 25

다음은 강철 용기에서 $A \rightarrow B + C$ 반응을 진행한 결과이고, 이 반응의 반응 속도는 $k[A]^n$이다. 이에 대한 설명으로 옳은 것만을 모두 고르면? (단, 온도는 TK로 일정하다.)

시간[min]	0	10	20	40	t
A의 몰농도[M]	$\frac{6}{25}$	$\frac{4}{25}$	$\frac{3}{25}$	$\frac{2}{25}$	$\frac{3}{50}$

ㄱ. TK에서 속도 상수 k는 $\frac{4}{25}\text{M}^{-1}\text{min}^{-1}$이다.
ㄴ. t는 60이다.
ㄷ. 반응 속도는 0min일 때가 20min일 때의 4배이다.

① ㄱ
② ㄴ
③ ㄱ, ㄷ
④ ㄴ, ㄷ

21 □□□
24 지방직 7급 05

그림은 $A \rightarrow P$ 반응에서 시간(t)에 따른 A의 농도 변화를 나타낸 것이다. 이 반응의 차수는? (단, $[A]_t$는 t에서의 A의 농도이고, $[A]_0$는 A의 초기 농도이다.)

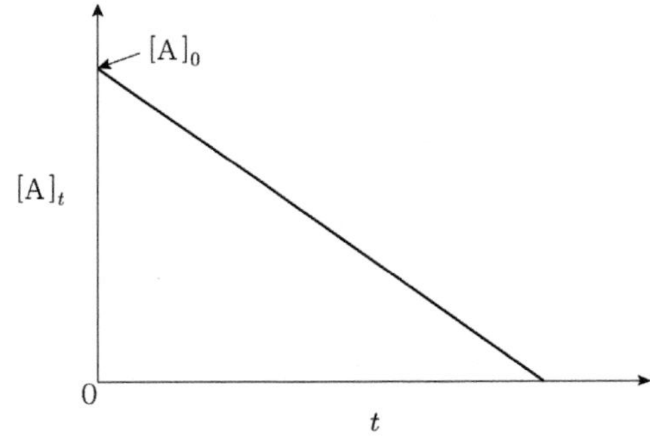

① 0차
② 1차
③ 2차
④ 3차

22 □□□

24 지방직 9급 08

밀폐된 공간에서 반감기가 3.8일인 라돈(Rn) 102.4mg 이 붕괴되어 3.2mg으로 되는 데 경과되는 시간[일]은?

① 3.8 ② 19
③ 22.8 ④ 38

23 □□□

24 서울시 7급 11

A 반응물의 1차 반응의 반감기는 150초이다. A의 농도가 초기 농도의 12.5%까지 줄어드는 데 필요한 시간[초]은?

① 150 ② 300
③ 450 ④ 600

24 □□□

24 서울시 7급 12

반응 속도론에 대한 설명으로 가장 옳지 않은 것은?

① 반응 속도가 단일 반응물 농도의 제곱 또는 서로 다른 두 가지 반응물 농도의 곱에 비례하는 반응은 2차 반응이다.
② 2차 반응의 반감기는 반응물의 초기 농도에 비례한다.
③ 시간에 따른 반응물 농도의 자연로그 값과 시간의 그래프가 직선일 경우 1차 반응이다.
④ 1차 반응의 반감기는 반응물의 초기 농도와 무관하다.

25 □□□

24 서울시 9급 15

〈보기 1〉은 화학 반응 속도에 관한 설명이다. (가)~(다)에 들어갈 단어로 옳은 것을 〈보기 2〉에서 찾아 순서대로 나열한 것은?

보기 1

__(가)__ 는 반응 속도가 반응물의 농도에 비례하는 반응이다. __(나)__ 는 반응 속도가 반응물의 농도와 무관한 반응이다. 반감기는 반응물의 농도가 처음 농도의 반으로 되는데 걸리는 시간으로, 1차 반응에서 반감기는 __(다)__ 하(한)다.

보기 2

ㄱ. 0차 반응 ㄴ. 1차 반응
ㄷ. 일정 ㄹ. 감소

	(가)	(나)	(다)
①	ㄱ	ㄴ	ㄷ
②	ㄱ	ㄴ	ㄹ
③	ㄴ	ㄱ	ㄷ
④	ㄴ	ㄱ	ㄹ

제 4 절 반응 속도론

정답 p.437

회독점검

1 ☑☐☐ 10 지방직 9급 07

정촉매의 역할에 대한 설명으로 옳지 않은 것은?

① 반응에 관여하는 분자들의 충돌 횟수를 증가시켜 반응속도를 증가시킨다.

② 정반응 속도와 역반응 속도를 모두 증가시킨다.

③ 반응 활성화 에너지를 감소시킨다.

④ 반응이 진행되어도 촉매의 양은 줄지 않는다.

2 ☐☐☐ 11 지방직 9급 08

다음 반응도표에 대한 설명으로 옳지 않은 것은?

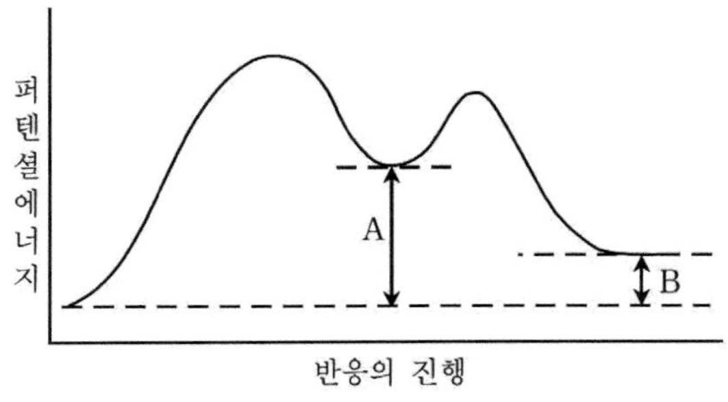

① 2단계 반응이다.

② 전체 반응은 B만큼 흡열한다.

③ 전체 반응 속도는 A에 의존한다.

④ 전체 화학 방정식에 나타나지 않은 중간체가 형성된다.

3 ☐☐☐ 12 지방직 7급 01

화학 반응 속도에 대한 설명으로 옳은 것은?

① 화학 반응 속도에서 속도 상수 k의 단위는 반응의 전체 차수와 관계없다.

② 반응 차수는 오직 실험적으로만 결정할 수 있다.

③ 반응 속도는 온도에 무관한다.

④ 화학 반응 속도에서 반응물 농도의 거듭제곱 수는 균형 화학 방정식의 계수들과 항상 동일하다.

4 ☐☐☐ 14 국가직 7급 15

그림은 반응 진행에 따른 퍼텐셜 에너지(potential energy) 변화를 나타낸 것이다. 전체 반응에 대한 활성화 에너지(activation energy, E_a)로 옳은 것은? (단, 정반응만 고려한다.)

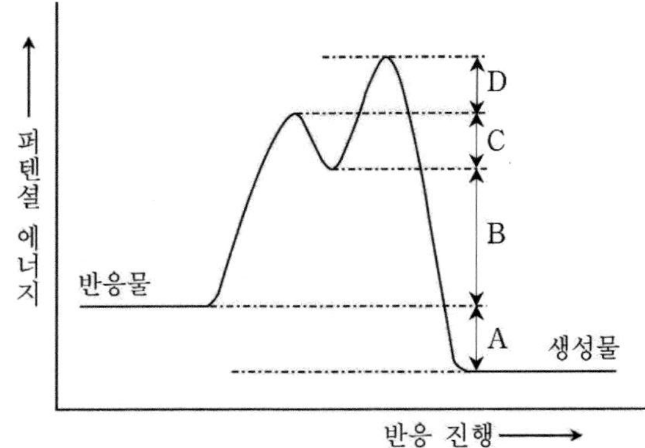

① $E_a = A$　② $E_a = B + C$

③ $E_a = B + C + D$　④ $E_a = A + B + C + D$

5 □□□ 16 국가직 7급 17

어떤 반응에서 반응 온도를 227℃에서 127℃로 낮추었더니 반응 속도 상수가 $\frac{1}{10}$로 감소하였다. 이 반응의 활성화 에너지[$J \cdot mol^{-1}$]는? (단, $\ln 10 = 2.3$, $R = 8.3 J \cdot mol^{-1} \cdot K^{-1}$로 가정한다.)

① 5,454 ② 10,908
③ 22,908 ④ 38,180

6 □□□ 16 서울시 3회 7급 11

화학 반응에서 촉매를 사용하여도 달라지지 않는 것은?

① 정반응 속도 ② 역반응 속도
③ 반응 엔탈피 ④ 활성화 에너지

7 □□□ 16 해양 경찰청 03

일정한 온도와 압력에서 같은 부피의 가늘고 긴 2개의 원통 안에 헬륨(He) 기체와 XO_2 기체를 확산시켰다. 이때 헬륨 기체가 10.0cm 이동하는 동안 XO_2 기체는 2.5cm 이동하였다. 원소 X의 원자량은 얼마인가? (단, X는 임의의 원소 기호이며, He과 O의 원자량은 각각 4, 16이다.)

① 16 ② 24
③ 32 ④ 64

8 □□□ 16 해양 경찰청 20

그림은 반응 $A(g) \rightarrow B(g)$에서 촉매가 없을 때와 부촉매를 넣었을 때의 반응 경로에 따른 에너지를 나타낸 것이다.

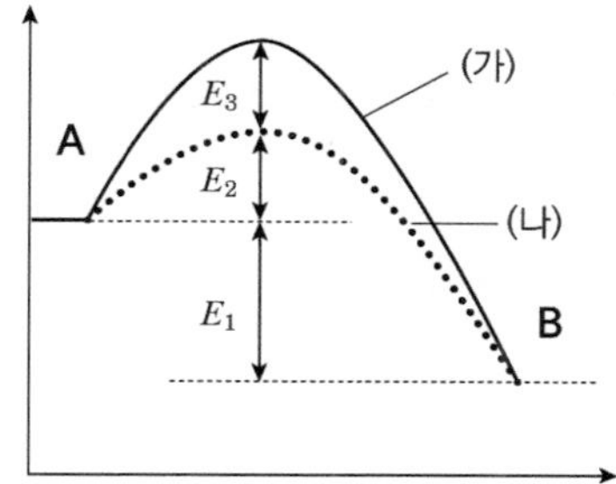

이에 대한 설명으로 가장 옳은 것은?

① 정반응은 흡열 반응이다.
② 부촉매는 역반응의 활성화 에너지를 낮춘다.
③ 촉매가 없을 때 역반응의 활성화 에너지는 $(E_1 + E_2)$이다.
④ 정촉매를 넣은 경우 역반응의 반응열(ΔH)은 E_1보다 작다.

9 □□□ 17 해양 경찰청 17

다음 중 반응 속도에 영향을 미치는 요인으로 가장 거리가 먼 것은?

① 부피 ② 농도
③ 촉매 ④ 압력

10 □□□ 19 지방직 9급 14

화학 반응 속도에 영향을 주는 인자가 아닌 것은?

① 반응 엔탈피의 크기
② 반응 온도
③ 활성화 에너지의 크기
④ 반응물들의 충돌 횟수

11 □□□

20 국가직 7급 19

$2N_2O_5(g) \rightarrow 4NO_2(g) + O_2(g)$ 반응에서, 20℃에서 측정한 속도 상수 k_1은 $2.0\times10^{-5}s^{-1}$였고, 60℃에서 측정한 속도상수 k_2는 $2.9\times10^{-5}s^{-1}$였다. 이 반응의 활성화 에너지(E_a)[$Jmol^{-1}K^{-}$] 계산식은? (단, 빈도 인자(frequency factor)는 온도가 변해도 일정하다.)

① $E_a = \ln\left(\frac{2.9\times10^{-3}}{2.0\times10^{-5}}\right)\times8.314\div\left(\frac{1}{293}-\frac{1}{333}\right)$

② $E_a = \ln\left(\frac{2.0\times10^{-5}}{2.9\times10^{-3}}\right)\times8.314\div\left(\frac{1}{293}-\frac{1}{333}\right)$

③ $E_a = \ln\left(\frac{2.9\times10^{-3}}{2.0\times10^{-5}}\right)\times8.314\div\left(\frac{1}{333}-\frac{1}{293}\right)$

④ $E_a = \ln\left(\frac{2.0\times10^{-5}}{2.9\times10^{-3}}\right)\times8.314\div\left(\frac{1}{333}-\frac{1}{293}\right)$

12 □□□

21 지방직 7급 17

촉매에 대한 설명으로 옳은 것만을 모두 고르면?

ㄱ. 촉매는 새로운 반응 경로를 통해 반응속도를 빠르게 한다.
ㄴ. 촉매는 반응물과 생성물의 에너지 준위 차이를 작게 한다.
ㄷ. 균일 촉매는 흡착과 탈착 과정을 수반한다.

① ㄱ　　② ㄴ
③ ㄱ, ㄴ　　④ ㄴ, ㄷ

13 □□□

22 지방직 9급 13

화학 반응 속도에 대한 설명으로 옳지 않은 것은?

① 1차 반응의 반응 속도는 반응물의 농도에 의존한다.
② 다단계 반응의 속도 결정 단계는 반응 속도가 가장 빠른 단계이다.
③ 정촉매를 사용하면 전이 상태의 에너지 준위는 낮아진다.
④ 활성화 에너지가 0보다 큰 반응에서, 반응 속도 상수는 온도가 높을수록 크다.

14 □□□

22 서울시 1회 7급 03

〈보기〉와 같이 O_3 분해 반응이 진행될 때 정반응의 활성화 에너지(E_a)는 19kJ/mol이고, 반응 엔탈피 변화(ΔH)는 −392kJ/mol이라고 한다면, 역반응의 활성화 에너지(E_a)값[kJ/mol]은? (단, 일정한 온도와 압력에서의 반응이다.)

보기

$O_3(g) + O(g) \rightarrow 2O_2(g)$

① 19　　② 373
③ 392　　④ 411

15 □□□ 23 서울시 2회 9급 16

〈보기〉는 반응의 진행에 따른 엔탈피 변화를 나타낸 그래프이다.

보기

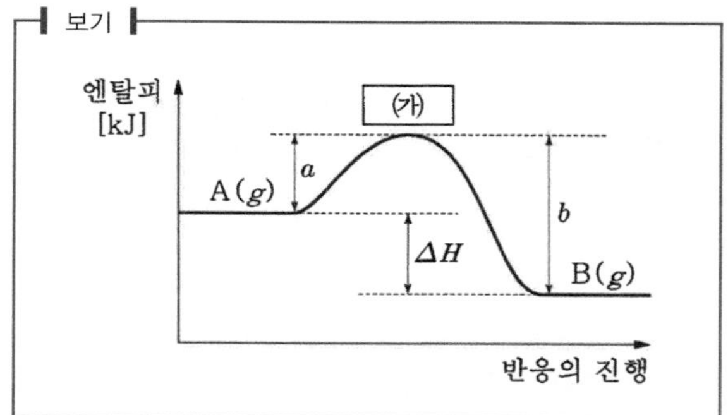

이에 대한 설명으로 가장 옳은 것은?

① 정반응의 반응 엔탈피 $\Delta H < 0$이다.
② 정반응은 흡열 반응이다.
③ 반응 중 생성된 화합물 (가)는 매우 안정한 상태이다.
④ 정반응의 활성화 에너지가 역반응의 활성화 에너지보다 크다.

16 □□□ 24 국가직 7급 25

다음은 반응물 A와 B의 초기 농도와 반응 온도를 변화시키면서 기상반응 A+B → C의 초기 반응속도를 측정한 결과이다. 이에 대한 설명으로 옳은 것은? (단, 기체상수 $R = 8\,\text{Jmol}^{-1}\text{K}^{-1}$이다.)

실험	온도[K]	A의 초기 농도[M]	B의 초기 농도[M]	초기 반응 속도 [Ms^{-1}]
1	400	1	1	0.001
2	400	2	1	0.004
3	400	1	2	0.002
4	500	1	2	0.040

① A에 대한 반응차수는 1차이다.
② B에 대한 반응차수는 2차이다.
③ 활성화 에너지는 $16{,}000\ln 10\,\text{Jmol}^{-1}$이다.
④ 500K에서 반응속도상수(k)는 $0.02\text{M}^{-2}\text{s}^{-1}$이다.

17 □□□ 24 서울시 7급 13

A 반응이 300K에 비해 600K에서의 반응 속도가 64배 빨랐다. A 반응의 활성화 에너지에 가장 가까운 값[kJ/mol]은? (단, ln2=0.7, 기체상수 $R = 8.3\text{J/mol}\cdot\text{K}$이다.)

① 10 ② 20
③ 30 ④ 40

18 □□□ 24 해양 경찰청 08

$a\text{A} + b\text{B} \rightarrow c\text{C}$인 반응이 있다. 위 반응에 대한 설명으로 가장 옳지 않은 것은?

① 반응속도는 A, B의 농도에 의존한다.
② 활성화에너지가 낮아지면 반응속도는 감소한다.
③ 촉매는 반응속도에 영향을 준다.
④ 압력이 증가하면 반응속도는 증가한다.

19 □□□ 24 해양 경찰청 16

다음 〈보기〉는 촉매에 대한 설명이다. 옳은 것은 모두 몇 개인가?

보기

㉠ 촉매는 반응 경로를 바꾼다.
㉡ 촉매는 반응열을 변화시킨다.
㉢ 촉매는 정반응 속도만 빠르게 한다.
㉣ 촉매는 활성화 에너지에 영향을 준다.

① 1개 ② 2개
③ 3개 ④ 4개

PART 05 화학 반응

Chapter

04

화학 평형

제1절 평형 상수와 평형 농도

정답 p.439

회독점검

1 ☑☐☐ 14 국가직 7급 20

화학 평형에 대한 설명으로 옳은 것은?

① 화합물의 용해도곱 상수(K_{sp})는 평형에 포함된 이온들의 농도합과 같다.

② 완충 용액(buffer solution)은 강산 또는 강염기와 이들의 염을 각각 섞어 만들 수 있다.

③ 이온 평형 상태인 수용액에 공통 이온을 가진 용질을 첨가하면 정반응이 항상 우세해진다.

④ 아세트산 나트륨과 아세트산이 섞여 있는 수용액에 아세테이트(CH_3COO^-)이온을 첨가하면 아세트산의 이온화는 감소한다.

2 ☐☐☐ 14 서울시 7급 17

다음 반응에 대한 평형 상수를 옳게 나타낸 것은?

$$3Ag^+(aq) + PO_4^{3-}(aq) \rightleftarrows Ag_3PO_4(s)$$

① $K = \frac{[Ag^+]^3[PO_4^{3-}]}{[Ag_3PO_4]}$

② $K = \frac{[Ag_3PO_4]}{[Ag^+]^3[PO_4^{3-}]}$

③ $K = \frac{[Ag_3PO_4]}{[3Ag^+][PO_4^{3-}]}$

④ $K = [Ag^+]^3[PO_4^{3-}]$

⑤ $K = \frac{1}{[Ag^+]^3[PO_4^{3-}]}$

3 ☐☐☐ 14 해양 경찰청 06

다음은 기체 A와 B가 반응하여 기체 C를 생성하는 균형화학반응식과 25℃에서의 평형 상수(K_C)이다. 아래의 자료는 25℃ 항온장치에 있는 일정부피의 밀폐된 용기 Ⅰ, Ⅱ에서 각 기체의 평형 농도를 나타낸 것이다. 이에 대한 설명으로 가장 적절한 것은?

$$A(g) + xB(g) \rightleftarrows C(g) \qquad \Delta H < 0 \quad K_C = 20$$

	평형 농도(M)		
	A	B	C
용기 Ⅰ	0.5	0.2	0.4
용기 Ⅱ	0.4	0.1	(가)

① 반응식에서 x는 0.1이다.

② (가)는 0.8이다.

③ 용기 Ⅰ의 부피를 반으로 감소시키면 정반응이 진행된다.

④ 용기 Ⅱ에 기체 B를 첨가시키면 역반응이 진행된다.

4 ☐☐☐ 15 지방직 9급 10

다음은 질소(N_2) 기체와 수소(H_2) 기체가 반응하여 암모니아(NH_3) 기체가 생성되는 화학 반응식이다.

$$N_2(g) + 3H_2(g) \rightleftarrows 2NH_3(g)$$

그림은 부피가 1L인 강철용기에 N_2 4몰, H_2 8몰을 넣고 반응시킬 때 반응 시간에 따른 N_2의 몰수를 나타낸 것이다.

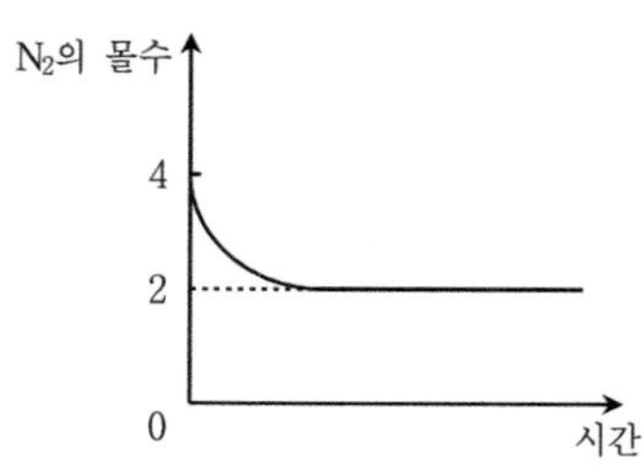

이 반응의 평형 상수(K)값은? (단, 온도는 일정하다.)

① 1 ② 2
③ 4 ④ 8

5 ☐☐☐ 15 해양 경찰청 08

다음은 어떤 화학 반응식이 평형에 도달할 때까지의 경로를 나타낸 그래프이다. 이 그래프에 따른 화학 반응식으로 가장 적절한 것은?

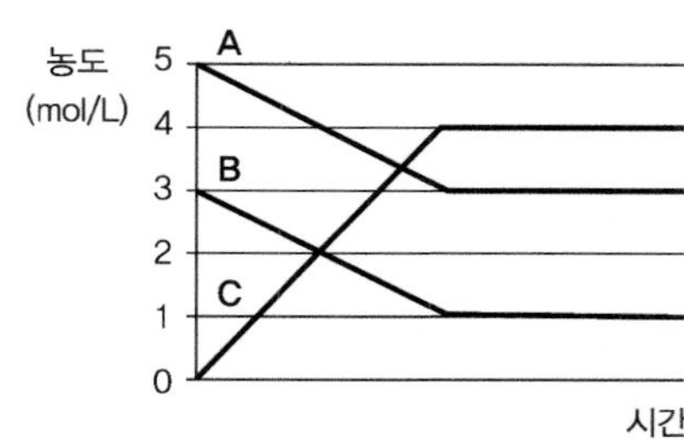

① $A + B \rightarrow 2C$ ② $A + 2B \rightarrow C$
③ $2A + B \rightarrow 2C$ ④ $2A + 2B \rightarrow C$

6 ☐☐☐ 16 지방직 9급 11

다음 반응에 대한 평형 상수는?

$$2CO(g) \rightleftarrows CO_2(g) + C(s)$$

① $K=[CO_2]/[CO]^2$ ② $K=[CO]^2/[CO_2]$
③ $K=[CO_2][C]/[CO]^2$ ④ $K=[CO]^2/[CO_2][C]$

7 ☐☐☐ 16 서울시 9급 11

아래에 나타낸 평형 반응에 대한 평형 상수는?

$$CaCl_2(s) + 2H_2O(g) \rightleftarrows CaCl_2 \cdot 2H_2O(s)$$

① $\dfrac{[CaCl_2 \cdot 2H_2O]}{[CaCl_2][H_2O]^2}$ ② $\dfrac{1}{[H_2O]^2}$
③ $\dfrac{1}{2[H_2O]}$ ④ $\dfrac{[CaCl_2 \cdot 2H_2O]}{[H_2O]^2}$

8 ☐☐☐ 16 서울시 3회 7급 10

아래에 주어진 반응의 평형 상수(K)를 참고하여 다음 화학 반응의 평형 상수를 계산하면 얼마인가?

$$2A(g) \rightleftarrows C(g) + 2D(g) \qquad K_1 = 2.5 \times 10^{-5}$$
$$\frac{1}{2}B(g) + \frac{1}{2}C(g) \rightleftarrows D(g) \qquad K_2 = 5.0 \times 10^{-10}$$

$$2A(g) \rightleftarrows B(g) + 2C(g)$$

① 1.0×10^{14} ② 5.0×10^{4}
③ 2.5×10^{4} ④ 2.0×10^{-5}

PART 05 화학 반응

9 □□□ 17 국가직 7급 07

다음은 기체 A가 기체 B와 C로 분해되는 평형 반응식과 농도로 정의되는 평형 상수(K)를 나타낸 것이다. 일정 온도에서 부피가 2L인 용기에 4mol의 기체 A만을 넣은 후 평형에 도달하게 하였다. 평형 상태에서 A의 농도[M]는?

$$A(g) \rightleftarrows B(g) + C(g) \qquad K = \frac{1}{6}$$

① $\frac{1}{2}$　② 1

③ $\frac{3}{2}$　④ 3

10 □□□ 17 서울시 2회 9급 19

일산화탄소, 수소 및 메탄올의 혼합물이 평형상태에 있을 경우, 화학 반응식은 다음과 같다.

$$CO(g) + 2H_2(g) \rightleftarrows CH_3OH(g)$$

이때 혼합물의 조성이 CO 56g, H_2 5g, CH_3OH 64g이라고 할 때 평형 상수(K_c)의 값은? (단, 분자량은 CO = 28g, H_2 = 2g, CH_3OH = 32g이다.)

① 0.046　② 0.16

③ 0.23　④ 0.40

11 □□□ 17 서울시 7급 05

고체 NH_4NO_3을 진공 용기에 넣고 가열하였더니 다음과 같은 반응이 격렬하게 진행되었다.

$$NH_4NO_3(s) \rightleftarrows NO_2(g) + 2H_2O(g)$$

평형에 도달한 뒤 500℃에서 용기의 전체 압력은 3.00atm이었다. 이때의 K_p(부분 압력으로 나타낸 평형 상수)는?

① 1.00　② 2.00

③ 3.00　④ 4.00

12 □□□ 17 해양 경찰청 04

어떤 온도에서 1L 용기에 N_2 4몰, H_2 4몰이 있을 때 NH_3 2몰이 생성되면서 평형에 도달했을 경우 평형 상수 K의 값은?

$$N_2(g) + 3H_2(g) \rightarrow 2NH_3(g)$$

① $\frac{4}{3}$　② 1

③ $\frac{2}{3}$　④ $\frac{1}{3}$

13 □□□ 17 해양 경찰청 19

암모니아 합성 반응이 다음과 같을 경우 280g의 N_2와 64g의 H_2를 515℃, 300atm에서 반응시켜 평형상태에서 28몰의 기체가 존재하였을 때, 이 평형상태에서 존재한 NH_3의 몰수는 다음 중 어느 것인가?

$$N_2(g) + 3H_2(g) \rightleftarrows 2NH_3(g)$$

① 10몰　② 12몰

③ 14몰　④ 16몰

14 □□□

18 국가직 7급 12

다음의 정보를 이용하여 $2N_2 + 4O_2 \rightleftarrows 4NO_2$ 반응의 평형 상수를 구하면? (단, 모든 반응은 25℃에서 일어난다.)

$2N_2 + O_2 \rightleftarrows 2N_2O$ $K_1 = 10$

$2N_2O + 3O_2 \rightleftarrows 4NO_2$ $K_2 = 5$

① 0.5 ② 2
③ 50 ④ 100

15 □□□

18 서울시 3회 7급 03

〈보기〉는 기체 A와 기체 B가 반응하여 기체 C를 생성하는 반응의 화학 반응식과, 부피가 2L인 서로 다른 용기 X와 Y에서 A와 B가 반응하여 평형에 도달한 상태의 반응물과 생성물의 양을 나타낸 표이다. $\frac{b}{a}$는? (단, 온도는 일정하다.)

보기

$A(g) + B(g) \rightleftarrows 2C(g)$

	용기 X	용기 Y
A	a몰	0.1몰
B	0.4몰	b몰
C	0.1몰	0.2몰

① $\frac{1}{16}$ ② $\frac{1}{8}$
③ 8 ④ 16

16 □□□

19 지방직 7급 02

기체 A 0.8몰과 기체 B 1.2몰을 부피 1L의 반응기에 넣고 다음 반응을 진행시켰다. 기체 C가 0.4몰 생성되어 평형에 도달하였다면 이 반응의 평형 상수 값은? (단, A ~ D는 임의의 이상 기체이다.)

$A(g) + B(g) \rightleftarrows C(g) + D(g)$

① 0.5 ② 1.0
③ 1.5 ④ 2.0

17 □□□

19 해양 경찰청 20

어떤 온도에서 1L 용기에 0.8mol의 H_2와 0.4mol의 N_2를 넣고 반응시켜 0.4mol의 NH_3이 생성되면서 평형에 도달되었을 경우 이 온도에서 평형 상수 K값은?

① 1 ② 50
③ 100 ④ 200

18 □□□

20 지방직 7급 03

$A(g) + 2B(g) \rightleftarrows C(g)$ 반응의 평형 상수가 0.2일 때, $2C(g) \rightleftarrows 2A(g) + 4B(g)$ 반응의 평형 상수는? (단, 모든 반응은 25℃에서 일어난다)

① 0.04 ② 0.2
③ 5 ④ 25

19 □□□

20 서울시 2회 7급 08

<보기>는 A(g)로부터 B(g)가 생성되는 평형 반응의 균형 화학 반응식이다. 용기 속에 들어 있는 A(g)의 초기 농도가 0.5M이고 반응이 진행되어 도달한 평형 상태에서 A(g)와 B(g)의 농도가 각각 0.1M과 0.2M일 때, 반응이 진행되는 과정에서 평형에 도달하기 전 A(g)와 B(g)의 농도가 같아지는 지점에서의 반응지수(Q)는? (단, 반응 초기에 용기 속에는 A(g)만 들어있고 온도와 용기의 부피는 일정하다.)

보기

$$aA(g) \rightleftarrows bB(g)$$

① $\frac{1}{6}$　② $\frac{1}{3}$
③ 3　④ 6

20 □□□

20 해양 경찰청 06

다음 중 화학평형에 대한 설명으로 가장 옳지 않은 것은?

① 완충용액은 약산 또는 약염기와 이들의 염을 각각 섞어 만들 수 있다.
② 아세트산 소듐과 아세트산이 섞여 있는 수용액에 아세테이트 이온을 첨가하면 아세트산의 이온화는 감소한다.
③ 화합물의 용해도곱 상수(K_{sp})는 평형에 포함된 이온들의 농도합과 같다.
④ 성분 이온들 중의 하나가 이미 용액 중에 들어 있으면 그 염은 덜 녹는다.

21 □□□

21 국가직 7급 12

온도 T에서, 반응 $N_2O_4(g) \rightleftarrows 2NO_2(g)$의 평형 상수($K_C$)가 0.2이면 $4NO_2(g) \rightleftarrows 2N_2O_4(g)$ 반응의 K_C는?

① 0.4　② 5
③ 25　④ 50

22 □□□

22 서울시 1회 7급 12

25℃에서 $N_2O_4(g) \rightleftarrows 2NO_2(g)$가 되는 반응의 평형 상수($K_p$)가 0.15이다. NO_2의 평형 압력이 0.3기압일 때, N_2O_4의 부분 압력[기압]은?

① 0.6　② 1.0
③ 1.2　④ 1.5

23 □□□

22 해양 경찰청 10

밀폐 용기에 HI(요오드화 수소) 8몰을 넣고 400℃로 가열하였더니 50%가 분해한 후 평형 상태에 도달하였다. 이때 평형 상수(K)는 얼마인가?

① $\frac{1}{9}$　② $\frac{1}{4}$
③ $\frac{1}{2}$　④ 1

24 □□□

23 국가직 7급 20

다음은 A(g)로부터 B(g)가 생성되는 반응의 반응식과 TK에서 농도로 정의된 평형 상수(K_c)이다. 강철 용기에 A(g)만 들어 있는 초기 상태로부터 반응이 진행되어 평형에 도달하였을 때, 이에 대한 설명으로 옳은 것은? (단, 온도는 TK로 일정하고, 기체는 이상 기체이다.)

$$A(g) \rightleftarrows B(g) \qquad K_c = 0.1$$

① 용기 속 기체의 전체 압력은 평형 상태가 초기 상태보다 작다.

② 용기 속 기체의 총 분자 수는 평형 상태가 초기 상태보다 많다.

③ 평형 상태에서 반응 속도는 정반응이 역반응보다 느리다.

④ 평형 상태에서 부분 압력은 A(g)가 B(g)보다 크다.

25 □□□

24 국가직 7급 06

A 1.0몰과 B 0.6몰을 반응물로 이용하여 부피가 일정한 1L 반응기에서 다음 평형 반응을 진행하였다. 평형에 도달하였을 때 C가 1.0몰 생성되었다면 이 반응의 평형상수(K_C)값은? (단, 반응 초기에 C는 존재하지 않는다.)

$$A(g) + B(s) \rightleftarrows 2C(g)$$

① 0.02 ② 0.2

③ 2 ④ 20

26 □□□

24 지방직 7급 03

다음 반응의 평형 상수는 t℃에서 2.4×10^{-3}이다. 같은 온도의 평형 상태에서 수증기와 수소 기체의 농도가 각각 0.10M, 0.02M일 때 산소 기체의 농도[M]는?

$$2H_2O(g) \rightleftarrows 2H_2(g) + O_2(g)$$

① 0.012 ② 0.06

③ 0.12 ④ 0.6

27 □□□

24 지방직 9급 12

다음은 700K에서 $H_2(g)$와 $I_2(g)$가 반응하여 HI(g)가 생성되는 평형 반응식과 평형상수(K_C)이다. 평형상태에서 10L 반응기에 들어있는 $H_2(g)$와 $I_2(g)$의 몰수가 각각 1mol과 2mol일 때, HI(g)의 농도[M]는? (단, 기체는 이상기체이다.)

$$H_2(g) + I_2(g) \rightleftarrows 2HI(g) \qquad K_C = 60.5$$

① 1.0 ② 1.1

③ 10 ④ 11

28 □□□

24 서울시 9급 08

〈보기 1〉은 무색의 N_2O_4와 적갈색을 띠는 NO_2의 화학 반응식과 평형상수(K)를 나타낸 것이다. 이 반응이 화학 평형 상태에 도달했을 때에 대한 옳은 것을 〈보기 2〉에서 모두 고른 것은?

보기 1

$$N_2O_4(g) \rightleftarrows 2NO_2(g) \qquad K$$

무색 적갈색

보기 2

ㄱ. 정반응 속도와 역반응 속도가 같다.

ㄴ. N_2O_4와 NO_2는 온도와 관계없이 항상 1 : 2의 농도비로 존재한다.

ㄷ. 일정한 온도에서 반응물이나 생성물의 초기 농도와 관계없이 K는 항상 일정하다.

① ㄱ ② ㄱ, ㄷ

③ ㄴ, ㄷ ④ ㄱ, ㄴ, ㄷ

29 □□□

24 해양 경찰청 19

황화수소(H_2S)는 다음 〈보기〉의 두 단계로 이온화한다. 반응(㉠)의 평형상수를 K_1, 반응(㉡)의 평형상수를 K_2라고 할 때 전체 평형상수(K)는 얼마인가?

보기

$H_2S \rightleftarrows H^+ + HS^-$ ············ ㉠

$HS^- \rightleftarrows H^+ + S^{2-}$ ············ ㉡

① $K_1 \times K_2$ ② $K_1 + K_2$

③ K_2 / K_1 ④ K_1 / K_2

 평형 상수와 속도 상수 

30 □□□

24 지방직 7급 10

다음 가역 반응이 단일 단계 반응(elementary reaction)으로 일어난다. 평형 상태에서 정반응의 속도 상수는 $0.3M^{-1}s^{-1}$이고, 평형 상수는 30일 때 역반응의 속도 상수[$M^{-1}s^{-1}$]는?

$$A + B \rightleftarrows C + D$$

① 0.01 ② 0.1

③ 9 ④ 100

제 2 절 화학 평형 이동의 원리

정답 p.443

회독점검

1 ☑☐☐ 09 지방직 7급(하) 10

다음 반응의 평형을 교란시킨 효과로 옳지 않은 것은?

$PCl_5(g) \rightleftarrows PCl_3(g) + Cl_2(g) \quad \Delta H_{rxn} = +87.8\,kJ$

① PCl_5의 농도를 증가시키면 PCl_3의 양이 증가한다.
② 반응 온도를 상승시키면 평형이 오른쪽으로 이동한다.
③ 부촉매를 사용하면 평형이 왼쪽으로 이동한다.
④ 전체 압력을 감소시키면 평형이 오른쪽으로 이동한다.

2 ☐☐☐ 10 지방직 9급 06

이산화질소(적갈색)로부터 사산화이질소(무색)가 생성되는 다음 반응계에 대한 설명으로 옳지 않은 것은?

$2NO_2(g) \rightleftarrows N_2O_4(g) \quad \Delta H = -54.8\,kJ/mol$

① 정반응은 발열반응이다.
② 온도를 높이면 평형 상수가 커진다.
③ 반응용기의 부피를 감소시키면 혼합물이 무색에 가까워진다.
④ 온도를 낮추면 혼합물이 무색에 가까워진다.

3 ☐☐☐ 11 지방직 9급 06

평형 상수(K)에 대한 설명으로 옳지 않은 것은?

① K 값이 클수록 평형에 도달하는 시간이 짧아진다.
② K 값이 클수록 평형위치는 생성물 방향으로 이동한다.
③ 발열반응에서 평형상태에 열을 가해주면 K 값이 감소한다.
④ K 값의 크기는 생성물과 반응물 사이의 에너지 차이에 의해 결정된다.

4 ☐☐☐ 11 지방직 9급 20

900℃에서 반응, $CaCO_3(s) \rightleftarrows CaO(s) + CO_2(g)$에 대한 K_p(압력으로 나타낸 평형 상수)값은 1.04이다. 이에 대한 설명으로 옳은 것을 모두 고른 것은?

ㄱ. 평형에서 CO_2의 압력은 1.04atm이다.
ㄴ. 생성되는 CO_2를 제거하면 정반응이 우세하다.
ㄷ. 같은 온도에서 $CaCO_3$의 양을 변화시키면 평형 상수 값도 변화한다.

① ㄱ　　② ㄱ, ㄴ
③ ㄴ, ㄷ　　④ ㄱ, ㄴ, ㄷ

5 □□□ 13 지방직 7급 17

다음은 X와 Y가 반응하여 Z를 생성하는 균형 반응식이다.

$$aX(g) + bY(g) \rightleftarrows cZ(g)$$

다음 그림은 반응계의 온도와 압력에 따라 생성물 Z의 수득률을 나타낸 것이다.

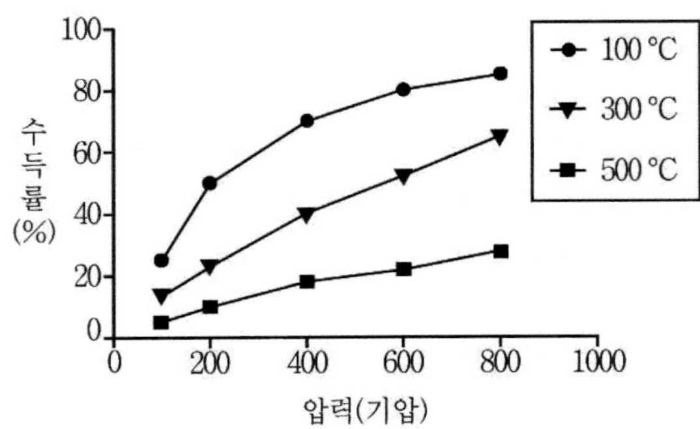

$(a+b-c)$의 부호와 반응 엔탈피(ΔH)의 부호가 옳게 짝지어진 것은? (단, 반응 초기에는 X와 Y만이 존재한다.)

	$a+b-c$	ΔH
①	+	+
②	+	−
③	−	+
④	−	−

6 □□□ 13 국가직 7급 14

평형 상수(K)의 값을 변화시키는 인자로 옳은 것은?

① 기체 반응에서의 압력 증가

② 생성물의 제거

③ 촉매의 첨가

④ 온도의 변화

7 □□□ 14 지방직 9급 06

다음 반응의 평형 위치를 역반응 방향으로 이동시키는 인자는?

$$UO_2(s) + 4HF(g) \rightleftarrows UF_4(g) + 2H_2O(g) + 150kJ$$

① 반응계에 $UO_2(s)$를 첨가하였다.

② $HF(g)$가 반응 용기와 반응하여 소모되었다.

③ 반응계에 $Ar(g)$을 첨가하였다.

④ 반응계의 온도를 낮추었다.

8 □□□ 14 서울시 9급 16

어떤 반응기에서 다음 반응이 평형을 이루고 있다. 여기서 ΔH°는 반응 엔탈피를 의미한다.

$$2NOBr(g) \rightleftarrows 2NO(g) + Br_2(g) \quad \Delta H^\circ = 30kJ/mol$$

아래 조작 중 역반응쪽으로 평형의 이동이 예상되는 경우는?

① Br_2 기체의 제거

② 온도의 증가

③ NOBr 기체의 첨가

④ NO 기체의 제거

⑤ 반응기 부피를 감소

9 □□□ 14 서울시 7급 18

아래의 암모니아 합성반응에서 어떤 변화를 주었을 때, 평형의 위치가 생성물인 암모니아가 얻어지는 오른쪽 방향으로 이동하지 않는 경우는 어느 것인가?

$$N_2(g) + 3H_2(g) \rightleftarrows 2NH_3(g)$$

① $H_2(g)$를 첨가한다.
② $NH_3(g)$를 제거한다.
③ 용기의 부피를 두 배로 증가시킨다.
④ 온도를 낮춘다.(이 반응은 발열 반응이다.)
⑤ $N_2(g)$를 첨가한다.

10 □□□ 16 지방직 9급 19

다음 반응은 300K의 밀폐된 용기에서 평형상태를 이루고 있다. 이에 대한 설명으로 옳은 것만을 모두 고른 것은? (단, 모든 기체는 이상기체이다.)

$$A_2(g) + B_2(g) \rightleftarrows 2AB(g) \qquad \Delta H = 150\text{kJ/mol}$$

ㄱ. 온도가 낮아지면, 평형의 위치는 역반응 방향으로 이동한다.
ㄴ. 용기에 B_2 기체를 넣으면, 평형의 위치는 정반응 방향으로 이동한다.
ㄷ. 용기의 부피를 줄이면, 평형의 위치는 역반응 방향으로 이동한다.
ㄹ. 정반응을 촉진시키는 촉매를 용기 안에 넣으면, 평형의 위치는 정반응 방향으로 이동한다.

① ㄱ, ㄴ　　② ㄱ, ㄷ
③ ㄴ, ㄹ　　④ ㄷ, ㄹ

11 □□□ 16 지방직 7급 08

다음은 질소와 산소가 반응하여 일산화질소가 생성되는 반응의 평형 반응식이다.

$$N_2(g) + O_2(g) \rightleftarrows 2NO(g)$$

이 반응이 밀폐된 강철 용기에서 일어날 때, 평형상수(K_p)는 2,200K에서 1.1×10^{-3}이고, 2,500K에서 3.6×10^{-3}이었다. 이에 대한 설명으로 옳은 것은?

① 이 반응은 발열 반응이다.
② 용기 내 압력은 2,200K에서와 2,500K에서가 동일하다.
③ 2,200K의 평형에서 용기 내 압력을 높이면 평형은 왼쪽으로 이동한다.
④ 2,500K의 평형에서 용기에 $He(g)$를 주입하면 $NO(g)$의 부분 압력은 변하지 않는다.

12 □□□ 16 서울시 9급 10

500℃에서 수소와 염소의 반응에 대한 평형 상수 $K_c = 100$이고, 정반응 속도 $k_f = 2.0\times10^3 M^{-1}s^{-1}$이며 $\Delta H = 20$kJ의 흡열 반응이라면 다음 설명 중 옳은 것은?

① 역반응의 속도가 정반응의 속도보다 빠르다.
② 역반응의 속도는 $0.05M^{-1}s^{-1}$이다.
③ 온도가 증가할수록 평형 상수(K_c)의 값은 감소한다.
④ 온도가 증가할수록 정반응의 속도가 역반응보다 더 크게 증가한다.

13 □□□

16 서울시 1회 7급 16

다음 중 일정 온도에서 계의 부피를 감소시켜도 영향을 받지 않는 화학 평형으로 가장 옳은 것은?

① $2PbS(s) + 3O_2(g) \rightleftarrows 2PbO(s) + 2SO_2(g)$

② $H_2(g) + Cl_2(g) \rightleftarrows 2HCl(g)$

③ $2NOCl(g) \rightleftarrows 2NO(g) + Cl_2(g)$

④ $SO_2(g) + Cl_2(g) \rightleftarrows SO_2Cl_2(g)$

14 □□□

17 지방직 9급(상) 07

다음 반응은 500℃에서 평형 상수 $K=48$이다.

$$H_2(g) + I_2(g) \rightleftarrows 2HI(g)$$

같은 온도에서 10L 용기에 H_2 0.01mol, I_2 0.03mol, HI 0.02mol로 반응을 시작하였다. 이때, 반응 지수 Q의 값과 평형을 이루기 위한 반응의 진행 방향으로 옳은 것은?

① $Q=1.3$, 왼쪽에서 오른쪽

② $Q=13$, 왼쪽에서 오른쪽

③ $Q=1.3$, 오른쪽에서 왼쪽

④ $Q=13$, 오른쪽에서 왼쪽

15 □□□

17 지방직 7급 03

다음과 같은 평형상태를 이루고 있는 혼합물에서 평형의 이동 방향이 다른 반응 조건은?

$$PCl_3(g) + Cl_2(g) \rightleftarrows PCl_5(g) \quad \Delta H_f^\circ = -92.5kJ$$

① 압력을 감소시킨다.

② 반응의 온도를 올린다.

③ $PCl_3(g)$를 소량 제거한다.

④ 염소 기체를 첨가한다.

16 □□□

17 국가직 7급 04

다음은 암모니아가 생성되는 평형 반응식이다. 계의 평형을 오른쪽으로 이동시키는 과정으로 옳지 않은 것은?

$$N_2(g) + 3H_2(g) \rightleftarrows 2NH_3(g) \quad \Delta H = -92kJ$$

① 일정 부피에서 N_2 기체를 첨가한다.

② 계의 온도를 낮춘다.

③ 용기의 부피를 줄인다.

④ 일정 부피에서 Ar 기체를 첨가한다.

17 □□□

18 지방직 7급 03

다음은 수소(H_2)와 질소(N_2)의 기체상 반응을 통한 암모니아 합성 반응식이다.

$$N_2(g) + 3H_2(g) \rightleftarrows 2NH_3(g) \quad \Delta H = -92kJ$$

평형변화에 대한 설명으로 옳은 것은?

① 반응용기를 가열하면 정반응이 일어난다.

② 용기의 부피를 줄여 압력을 높이면 정반응이 일어난다.

③ 암모니아를 첨가하면 정반응이 일어난다.

④ 질소를 첨가하면 역반응이 일어난다.

18 □□□

18 서울시 2회 9급 10

암모니아를 생산하는 하버 프로세스가 〈보기〉와 같을 때, 암모니아 생성을 방해하는 것으로 가장 옳은 것은?

보기

$$N_2(g) + 3H_2(g) \rightleftarrows 2NH_3(g) \quad \Delta H^\circ = -92.2kJ$$

① 고온 ② 고압

③ 수소 추가 ④ 생성된 암모니아 제거

19 □□□ 18 서울시 1회 7급 07

평형 상수에 대한 〈보기〉의 설명 중 옳은 것을 모두 고른 것은? (단, K_c와 K_p는 각각 농도와 압력으로 정의되는 평형 상수이다.)

보기
ㄱ. 모든 평형 상수에는 단위를 표시하지 않는다.
ㄴ. 어떤 발열 반응에서 온도가 증가하면 평형 상수는 증가한다.
ㄷ. 반응물과 생성물이 모든 기체인 평형 반응에서 K_c 값은 항상 K_p값과 같다.
ㄹ. 고체와 기체를 포함하는 불균일 평형 반응의 평형 상수 식에서 고체의 농도는 표시하지 않는다.

① ㄱ, ㄷ ② ㄱ, ㄹ
③ ㄱ, ㄴ, ㄷ ④ ㄴ, ㄷ, ㄹ

20 □□□ 19 지방직 7급 18

다음 반응이 평형 상태에 있을 때 평형을 왼쪽으로 이동시킬 수 있는 방법으로 옳은 것은?

$N_2O_4(g) \rightleftarrows 2NO_2(g)$ $\Delta H^\circ = 58.0\text{kJ}$

① $N_2O_4(g)$를 첨가한다.
② $NO_2(g)$를 제거한다.
③ $N_2(g)$를 첨가하여 전체 압력을 증가시킨다.
④ 온도를 낮춘다.

21 □□□ 19 국가직 7급 04

일산화탄소와 수소의 혼합 연료인 수성 가스는 뜨거운 탄소 위에 수증기를 흘려서 생산하며 다음 반응식으로 표현할 수 있다.

$C(s) + H_2O(g) \rightleftarrows CO(g) + H_2(g)$

수성 가스 생성을 증가시키는 방법만을 모두 고르면?

ㄱ. 반응기의 압력을 낮춘다.
ㄴ. $H_2(g)$를 제거한다.
ㄷ. $H_2O(g)$를 제거한다.
ㄹ. $CO(g)$를 첨가한다.
ㅁ. $C(s)$를 제거한다.

① ㄱ, ㄴ ② ㄴ, ㄷ
③ ㄷ, ㄹ ④ ㄹ, ㅁ

22 □□□ 19 서울시 2회 9급 05

암모니아의 합성 반응이 〈보기〉에 제시되었으며, 특정 실험 온도에서 K값이 6.0×10^{-2}으로 알려져 있다. 해당 온도에서 초기 농도가 $[N_2]=1.0\text{M}$, $[H_2]=1.0\times10^{-2}\text{M}$, $[NH_3]=1.0\times10^{-4}\text{M}$일 때, 평형에 도달하기 위해 화학 반응이 이동하는 방향을 예측한다면?

보기
$N_2(g) + 3H_3(g) \rightarrow 2NH_3(g)$

① 정반응과 역반응 모두 일어나지 않는다.
② 정반응 방향
③ 역반응 방향
④ 정반응과 역반응의 속도가 같다.

23 □□□

19 서울시 2회 7급 07

〈보기〉의 반응이 평형 상태에 있을 때, 일정한 부피와 온도에서 아르곤 기체를 첨가한 결과로 가장 옳은 것은? (단, H, C, N, O의 몰 질량은 각각 1.0, 12.0, 14.0, 16.0g/mol이다.)

보기

$$N_2(g) + 3H_2(g) \rightleftarrows 2NH_3(g)$$

① 평형 상수는 감소한다.
② 평형 상수는 증가한다.
③ 평형 상수의 변화는 없다.
④ 기체 입자의 몰수가 작아지는 방향으로 반응이 이동한다.

24 □□□

19 서울시 2회 7급 18

〈보기〉는 기체 A와 B가 반응하여 기체 C를 생성하는 균형 화학 반응식과 25℃에서의 일정 부피의 밀폐된 용기내 각 기체의 평형 농도이다. 반응에 대한 설명으로 옳지 않은 것은? (단, K_{eq}는 평형 상수, ΔH°는 엔탈피 변화이다.)

보기

$$xA(g) + 2B(g) \rightleftarrows C(g) \quad \Delta H^\circ < 0,\ K_{eq} = 50$$

평형 농도(mol/L)		
A	B	C
0.1	0.2	0.2

① 반응은 표준 상태에서 자발적으로 진행된다.
② 균형 반응식에서 계수 x는 2이다.
③ 용기의 부피를 줄이면 정반응이 진행된다.
④ 용기의 온도를 증가시키면 K_{eq}값이 감소한다.

25 □□□

19 해양 경찰청 16

다음 반응은 300K의 밀폐된 용기에서 평형상태를 이루고 있다. 평형의 위치가 정반응 방향으로 이동하기 위한 설명으로 옳은 것을 모두 고른 것은? (단, 모든 기체는 이상 기체이다.)

$$A(g) + 2B(g) \rightarrow C(g) + D(g) \qquad \Delta H < 0$$

ㄱ. 온도를 낮춘다.
ㄴ. 용기의 부피를 줄인다.
ㄷ. 기체 B를 제거한다.
ㄹ. 정반응을 촉진시키는 촉매를 용기 안에 넣는다.

① ㄱ, ㄴ
② ㄴ, ㄷ
③ ㄱ, ㄴ, ㄹ
④ ㄴ, ㄷ, ㄹ

26 □□□

20 지방직 7급 14

질산 포타슘(KNO_3) 수용액과 이산화탄소(CO_2) 수용액에 대한 설명 중 옳은 것만을 모두 고르면?

ㄱ. KNO_3의 용해 과정은 발열 반응이다.
ㄴ. 25℃에서 $CO_2(g)$의 압력을 증가시키면 용해도는 증가한다.
ㄷ. 25℃에서 KNO_3 수용액의 증기압은 순수한 물의 증기압보다 낮다.

① ㄱ
② ㄴ
③ ㄴ, ㄷ
④ ㄱ, ㄴ, ㄷ

27 □□□ 21 지방직 9급 17

다음은 밀폐된 용기에서 오존(O_3)의 분해 반응이 평형 상태에 있을 때를 나타낸 것이다. 평형의 위치를 오른쪽으로 이동시킬 수 있는 방법으로 옳지 않은 것은? (단, 모든 기체는 이상 기체의 거동을 한다.)

$$2O_3(g) \rightleftarrows 3O_2(g) \qquad \Delta H^\circ = -284.6\text{kJ}$$

① 반응 용기 내의 O_2를 제거한다.
② 반응 용기의 온도를 낮춘다.
③ 온도를 일정하게 유지하면서 반응 용기의 부피를 두 배로 증가시킨다.
④ 정촉매를 가한다.

28 □□□ 21 국가직 7급 11

피스톤이 달린 실린더에서 $N_2(g)+3H_2(g) \rightleftarrows 2NH_3(g)$ 반응이 평형에 도달한 후 변화를 가할 때, 평형의 이동 방향이 나머지와 다른 것은? (단, 온도는 일정하다.)

① 실린더 부피를 일정하게 유지하면서 H_2를 가한다.
② 실린더 부피를 일정하게 유지하면서 NH_3를 제거한다.
③ 외부 압력을 일정하게 유지하면서 Ar를 주입한다.
④ 피스톤에 힘을 가해 실린더의 내부 압력을 증가시킨다.

29 □□□ 21 서울시 2회 7급 12

반응식 $A(g)+B(g) \rightleftarrows 2C(g)$에 따라 A, B, C가 평형 Ⅰ에 도달해 있고, 이때 반응물의 농도는 A 4.0M, B 1.0M, C 4.0M이다. 평형 Ⅰ에 B 3.0M을 첨가하여 새롭게 도달한 평형 Ⅱ에서 C의 농도[M]는? (단, 전체 과정에서 온도와 부피는 일정하다.)

① 4.8 ② 6.0
③ 7.2 ④ 8.4

30 □□□ 22 지방직 9급 18

$CaCO_3(s)$가 분해되는 반응의 평형 반응식과 온도 T에서의 평형 상수(K_p)이다. 이에 대한 설명으로 옳은 것만을 〈보기〉에서 모두 고르면? (단, 반응은 온도와 부피가 일정한 밀폐 용기에서 진행된다)

$$CaCO_3(s) \rightleftarrows CaO(s)+CO_2(g) \qquad K_p=0.1$$

보기
ㄱ. 온도 T의 평형 상태에서 $CO_2(g)$의 부분 압력은 0.1atm이다.
ㄴ. 평형 상태에 $CaCO_3(s)$를 더하면 생성물의 양이 많아진다.
ㄷ. 평형 상태에서 $CO_2(g)$를 일부 제거하면 $CaO(s)$의 양이 많아진다.

① ㄱ, ㄴ ② ㄱ, ㄷ
③ ㄴ, ㄷ ④ ㄱ, ㄴ, ㄷ

31 □□□ 22 지방직 7급 14

다음 화학 반응식은 암모니아를 합성하는 하버 공정을 나타낸 것이다. 이에 대한 설명으로 옳은 것만을 모두 고르면?

$$N_2(g)+3H_2(g) \rightleftarrows 2NH_3(g)+92.2\text{kJ}$$
$$K_c=0.291 \quad 700\text{K에서}$$

ㄱ. 500K에서 K_c는 0.291보다 크다.
ㄴ. 촉매를 사용하면 평형이 오른쪽으로 이동한다.
ㄷ. N_2는 환원되었다.
ㄹ. 같은 몰수의 N_2와 H_2가 반응에 참여할 경우, N_2가 한계 반응물이다.

① ㄱ, ㄴ ② ㄱ, ㄷ
③ ㄴ, ㄹ ④ ㄷ, ㄹ

32 □□□ 22 서울시 1회 7급 14

〈보기〉의 반응은 500℃에서 0.25의 평형 상수 값(K_C)을 가진다. 500℃에서 $A(g)$ 2mol과 $B(g)$ 2mol을 2L 반응 용기에 채웠을 때, 다음의 설명 중 가장 옳은 것은?

보기

$$A(g) + B(g) \rightleftarrows 2C(g)$$

① 평형에서 반응물 A와 B의 농도는 각각 0.6M, 0.8M이다.
② 평형에서 반응 용기 속 생성물 $C(g)$는 0.4mol 존재한다.
③ 평형에서 생성물 $C(g)$의 몰분율은 0.2이다.
④ 반응 용기 속 생성물의 농도가 0.3M이라면, 반응은 왼쪽으로 진행된다.

33 □□□ 22 서울시 3회 7급 11

500K에서 $H_2(g) + I_2(g) \rightleftarrows 2HI(g)$ 반응의 평형 상수(K_p)는 1.0×10^2이다. H_2, I_2, HI의 압력[atm]이 〈보기〉와 같을 때, 정반응으로 진행하는 것은?

보기

	H_2	I_2	HI
ㄱ	0.1	0.1	10
ㄴ	1	1	1
ㄷ	1	1	10
ㄹ	0.1	10	10

① ㄱ ② ㄴ
③ ㄷ ④ ㄹ

34 □□□ 23 지방직 9급 18

다음은 평형에 놓여있는 화학 반응이다. 이에 대한 설명으로 옳은 것은?

$$SnO_2(s) + 2CO(g) \rightleftarrows Sn(s) + 2CO_2(g)$$

① 반응 용기에 SnO_2를 더 넣어주면 평형은 오른쪽으로 이동한다.
② 평형 상수(K_c)는 $\frac{[CO_2]^2}{[CO]^2}$이다.
③ 반응 용기의 온도를 일정하게 유지하면서 CO의 농도를 증가시키면 평형 상수(K_c)는 증가한다.
④ 반응 용기의 부피를 증가시키면 생성물의 양이 증가한다.

35 □□□ 23 서울시 2회 7급 14

〈보기〉 중 반응 평형 상수의 값에 변화를 줄 수 있는 인자를 모두 고른 것은?

보기

ㄱ. 반응물과 생성물의 농도 변화
ㄴ. 압력과 부피 변화
ㄷ. 온도 변화
ㄹ. 촉매의 첨가

① ㄱ ② ㄷ
③ ㄱ, ㄴ ④ ㄴ, ㄷ, ㄹ

36 □□□

23 서울시 2회 9급 14

〈보기 1〉은 평형 상태 (가)에서 부피가 1L인 강철 용기를 가열하여 새로운 평형 상태 (나)에 도달한 것을 나타낸 것이다. 화학 반응식은 $2A(g) \rightleftarrows B(g)$이다.

보기 1

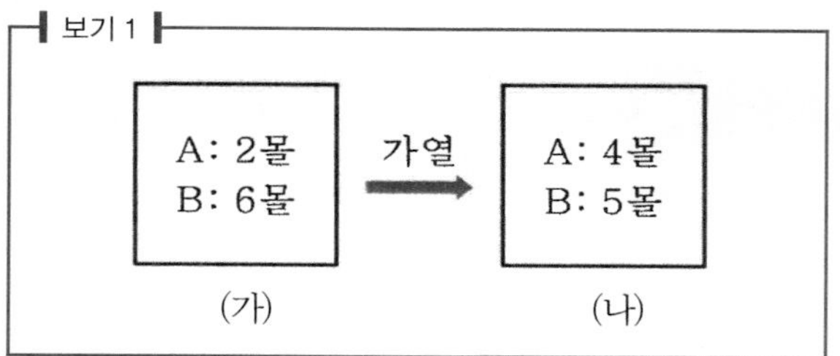

이에 대한 설명으로 옳은 것을 〈보기 2〉에서 모두 고른 것은? (단, A, B 모두 이상 기체이다.)

보기 2

ㄱ. 정반응의 반응 엔탈피 $\Delta H < 0$이다.
ㄴ. 평형 상수는 (가)에서가 (나)에서보다 작다.
ㄷ. 평형 상태에서 역반응의 속도는 (가)에서가 (나)에서보다 빠르다.

① ㄱ ② ㄱ, ㄴ
③ ㄴ, ㄷ ④ ㄱ, ㄴ, ㄷ

37 □□□

24 국가직 7급 05

밀폐된 반응 용기에서 평형에 도달한 후 반응 온도를 일정하게 유지하면서 반응 용기의 부피를 감소시켰을 때, 계의 평형이 오른쪽으로 이동하는 것은?

① $CaCO_3(s) \rightleftarrows CaO(s) + CO_2(g)$
② $N_2(g) + 3H_2(g) \rightleftarrows 2NH_3(g)$
③ $H_2(g) + I_2(g) \rightleftarrows 2HI(g)$
④ $CH_4(g) + H_2O(g) \rightleftarrows CO(g) + 3H_2(g)$

38 □□□

24 지방직 9급 03

다음 반응에서 평형을 오른쪽으로 이동시킬 수 있는 방법으로 옳은 것만을 모두 고르면?

$$N_2(g) + 3H_2(g) \rightleftarrows 2NH_3(g) \quad \Delta H = -92\text{kJ}$$

보기

ㄱ. 온도를 낮춘다.
ㄴ. 정촉매를 사용한다.
ㄷ. 압력을 감소시킨다.
ㄹ. N_2의 농도를 증가시킨다.

① ㄱ, ㄷ ② ㄱ, ㄹ
③ ㄴ, ㄹ ④ ㄷ, ㄹ

39 □□□

24 서울시 9급 19

〈보기〉는 이산화황(SO_2) 기체와 산소(O_2) 기체가 반응하여 삼산화황(SO_3) 기체가 생성되는 열화학 반응식으로 평형에 놓여있다. 이에 대한 설명으로 가장 옳은 것은?

보기

$$2SO_2(g) + O_2(g) \rightleftarrows 2SO_3(g) \quad \Delta H = -188\text{kJ}$$

① SO_3을 넣으면 정반응이 일어난다.
② 압력을 감소시키면 정반응이 일어난다.
③ 온도가 증가하면 평형상수 K는 증가한다.
④ 온도를 낮추면 삼산화황의 수득률이 높아진다.

Chapter 05

산과 염기의 평형

제 1 절 산과 염기의 정의

정답 p.450

회독점검

1 ☑☐☐ 09 지방직 9급 13

다음 산-염기 이론 중 가장 넓은 적용 범위를 갖는 것은?

① Lewis 이론
② Brönsted 이론
③ Arrhenius 이론
④ Brönsted-Lowry 이론

2 ☐☐☐ 09 지방직 9급 07

아미노산인 글리신(NH_2-CH_2-COOH)은 pH가 1.5인 수용액에서 어떤 형태로 녹아 있겠는가?

① NH_2-CH_2-COOH
② $NH_2-CH_2-COO^-$
③ $^+NH_3-CH_2-COO^-$
④ $^+NH_3-CH_2-COOH$

3 ☐☐☐ 14 해양 경찰청 04

다음 몇 가지 화학종의 수용액에서 평형반응식을 나타낸 것이다. 이에 대한 설명으로 가장 적절한 것은? (단, 25℃에서 NH_3의 K_b(염기해리상수) $= 1.8\times10^{-5}$이다.)

(가) $Al(OH)_3(aq) + 2H_2O(l) \rightleftarrows Al(OH)_4^-(aq) + H_3O^+(aq)$
(나) $BF_3 + NH_3 \rightleftarrows BF_3NH_3$
(다) $NH_3(g) + H_2O(l) \rightleftarrows NH_4^+(aq) + OH^-(aq)$

① $Al(OH)_3$, BF_3, NH_3는 루이스 산이다.
② BF_3NH_3의 모든 원자들은 옥텟규칙을 만족한다.
③ 반응식 (다)의 H_2O는 브뢴스테드-로우리의 염기이다.
④ 25℃에서 1M의 $NH_3(g)$가 물에 모두 녹아있을 때, 평형 상태에서 NH_4^+의 농도는 NH_3의 농도보다 크다.

4 □□□ 17 서울시 2회 9급 13

옥사이드 이온(O^{2-})과 메탄올(CH_3OH) 사이의 반응은 다음과 같다. 브뢴스테드-로우리 이론에 따른 산과 염기로 옳은 것은?

$$O^{2-} + CH_3OH \rightleftarrows CH_3O^- + OH^-$$

① 산: O^{2-}, OH^- 염기: CH_3OH, CH_3O^-

② 산: CH_3OH, OH^- 염기: O^{2-}, CH_3O^-

③ 산: O^{2-}, CH_3O^- 염기: CH_3OH, OH^-

④ 산: CH_3OH, CH_3O^- 염기: O^{2-}, OH^-

5 □□□ 17 해양 경찰청 06

다음 중 물(H_2O)이 브뢴스테드-로우리 염기로 작용하는 반응으로 가장 적절한 것은 무엇인가?

① $HNO_3 + H_2O \rightarrow NO_3^- + H_3O^+$

② $CO_3^{2-} + H_2O \rightarrow HCO_3^- + OH^-$

③ $CH_3COO^- + H_2O \rightarrow CH_3COOH + OH^-$

④ $NH_3 + H_2O \rightarrow NH_4^+ + OH^-$

6 □□□ 18 지방직 7급 19

염화수소(HCl)의 해리에 대한 설명으로 옳지 않은 것은?

① HCl 수용액은 매우 강산이다.

② HCl 수용액의 H^+이온과 Cl^-이온은 열역학적으로 매우 안정하게 용해되어 있다.

③ 염화수소(HCl)는 기체상에서 극성공유결합 분자이며 강산이다.

④ 기체상의 H^+이온과 Cl^-이온은 매우 불안정하다.

7 □□□ 18 서울시 2회 9급 03

백열전구가 켜지는 전기 회로의 전극을 H_2SO_4 용액에 넣었더니 백열전구가 밝게 불이 들어왔다. 이 용액에 묽은 염 용액을 첨가했더니 백열전구가 어두워졌다. 어느 염을 용액에 넣은 것인가?

① $Ba(NO_3)_2$ ② K_2SO_4

③ $NaNO_3$ ④ NH_4NO_3

8 □□□ 18 서울시 1회 7급 16

열거된 반응식에서 루이스 산과 염기에 대한 설명으로 가장 옳지 않은 것은?

① $CO_2 + OH^- \rightarrow HCO_3^-$ 반응에서 CO_2는 산

② $BF_3 + NH_3 \rightarrow BF_3NH_3$ 반응에서 BF_3는 산

③ $Cu^{2+} + 4NH_3 \rightarrow Cu(NH_3)_4^{2+}$ 반응에서 Cu^{2+}는 산

④ $H_2O + SO_3 \rightarrow H_2SO_4$ 반응에서 H_2O는 산

9 □□□ 19 국가직 7급 02

다음 화학 평형에 대한 설명으로 옳지 않은 것은?

$$HCO_3^-(aq) + H_2O(l) \rightleftarrows CO_3^{2-}(aq) + H_3O^+(aq)$$

① H_3O^+는 산으로 작용하다.

② CO_3^{2-}는 산으로 작용한다.

③ H_2O의 짝산은 H_3O^+이다.

④ HCO_3^-는 산으로 작용한다.

10 □□□

19 해양 경찰청 11

다음은 HCl과 관련된 실험이다.

(가) 염화수소(HCl) 기체를 물에 녹여 A(aq)를 만들었다.
(나) A(aq)에 Mg(s)을 넣었더니 B(g)가 발생하였다.

이에 대한 설명으로 옳은 것을 모두 고른 것은?

ㄱ. A(aq)는 전기전도성이 있다.
ㄴ. B는 Cl_2이다.
ㄷ. (나)에서 혼합 용액에 들어있는 전체 이온의 수는 반응 전과 후가 같다.

① ㄱ ② ㄱ, ㄷ
③ ㄴ, ㄷ ④ ㄱ, ㄴ, ㄷ

11 □□□

20 국가직 7급 02

다음 산-염기 반응에서 암모니아의 역할은?

$BF_3 + NH_3 \rightarrow F_3B \cdots NH_3$

① 아레니우스 염기
② 브뢴스테드-로우리 염기
③ 루이스 염기
④ 아레니우스 산

12 □□□

20 해양 경찰청 19

다음은 산 · 염기반응의 화학 반응식이다. 이에 대한 설명으로 가장 옳지 않은 것은?

(가) $HCN(aq) + H_2O(l) \rightarrow CN^-(aq) + H_3O^+(aq)$
(나) $CN^-(aq) + H_2O(l) \rightarrow HCN(aq) + OH^-(aq)$
(다) $HCN(aq) + OH^-(aq) \rightarrow CN^-(aq) + H_2O(aq)$
(라) $NH_3(aq) + H_2O(l) \rightarrow NH_4^+(aq) + OH^-(aq)$

① (가)에서 HCN은 아레니우스 산이다.
② (나)에서 CN^-은 브뢴스테드-로우리 염기이다.
③ (다)에서 OH^-은 루이스 염기이다.
④ (라)에서 NH_3는 아레니우스 염기이다.

13 □□□

21 해양 경찰청 10

다음은 산 염기 반응의 화학 반응식이다.

(가)
$CH_3NH_2(g) + H_2O(l) \rightarrow CH_3NH_3^+(aq) + OH^-(aq)$
(나)
$HCOOH(l) + H_2O(l) \rightarrow HCOO^-(aq) + H_3O^+(aq)$
(다)
$H_3O^+(aq) + NH_3(g) \rightarrow H_2O(l) + NH_4^+(aq)$

이에 대한 설명으로 옳은 것만을 〈보기〉에서 있는 대로 고른 것은?

보기

ㄱ. (가)에서 CH_3NH_2는 브뢴스테드-로우리 산이다.
ㄴ. (나)에서 HCOOH는 아레니우스 산이다.
ㄷ. (다)에서 NH_3는 루이스 염기이다.

① ㄱ ② ㄱ, ㄴ
③ ㄴ, ㄷ ④ ㄱ, ㄴ, ㄷ

14 □□□ 22 서울시 1회 7급 18

〈보기〉의 다양성자산 중에서 이양성자산을 모두 고른 것은?

보기

ㄱ. H_2CO_3　　ㄴ. $HOOC-COOH$
ㄷ. H_3PO_3　　ㄹ. H_3AsO_4

① ㄱ, ㄴ　② ㄴ, ㄷ
③ ㄷ, ㄹ　④ ㄱ, ㄴ, ㄷ

15 □□□ 23 국가직 7급 05

Lewis 산-염기에 대한 설명으로 옳지 않은 것은?

① Lewis 염기는 전자쌍 주개이다.
② Lewis 산은 Brønsted-Lowry 산에 포함된다.
③ 착이온 $[Fe(H_2O)_6]^{3+}$이 생성되는 과정에서 H_2O은 Lewis 염기이다.
④ NH_3와 BF_3가 반응하여 H_3NBF_3가 생성되는 과정에서 BF_3는 Lewis 산이다.

16 □□□ 23 서울시 2회 9급 11

〈보기 1〉의 반응식에 대한 설명으로 옳은 것을 〈보기 2〉에서 모두 고른 것은?

보기 1

$$CH_3NH_2(aq) + H_2O(l) \rightleftarrows CH_3NH_3^+(aq) + OH^-(aq)$$

보기 2

ㄱ. 아레니우스의 산 염기 정의에 따라 짝산, 짝염기에 대해 설명할 수 있다.
ㄴ. 물은 반응식에서 산의 역할을 한다.
ㄷ. CH_3NH_2가 $CH_3NH_3^+$로 되었으므로 CH_3NH_2는 산이다.
ㄹ. OH^-는 H_2O의 짝염기이다.

① ㄱ, ㄴ　② ㄱ, ㄷ
③ ㄴ, ㄹ　④ ㄷ, ㄹ

제 2 절 이온화 상수와 산염기의 세기

정답 p.452

회독점검

1 ☑☐☐ 09 지방직 9급 01

산성 물질 HX와 HY를 같은 농도로 물에 녹여 아래와 같은 두 가지 용액을 얻었다. 다음 설명 중 옳은 것은?

H^+ X^- H^+ X^- H^+ X^- H^+ X^- X^- H^+ X^- H^+ H^+ X^- H^+ X^- H^+ H^+ X^-	H^+ HY Y^- H^+ Y^- H^+ Y^- Y^- HY H^+ Y^- H^+ H^+ HY Y^-

① HX가 HY보다 센 산이며 HX가 HY보다 강 전해질이다.

② HY가 HX보다 센 산이며 HX가 HY보다 강 전해질이다.

③ HX가 HY보다 센 산이며 HY가 HX보다 강 전해질이다.

④ HY가 HX보다 센 산이며 HY가 HX보다 강 전해질이다.

2 ☐☐☐ 09 지방직 9급 11

전해질의 세기가 약해지는 순서로 올바르게 나열한 것은?

$NaCl$, NH_3, H_2O, CH_3CH_2OH

① $NaCl > NH_3 > H_2O > CH_3CH_2OH$

② $NaCl > NH_3 > CH_3CH_2OH > H_2O$

③ $NaCl > H_2O > NH_3 > CH_3CH_2OH$

④ $CH_3CH_2OH > NaCl > H_2O > NH_3$

3 ☐☐☐ 10 지방직 9급 13

산의 세기를 비교한 것으로 옳지 않은 것은?

① $HCl < HF$　　② $HBrO_3 < HClO_3$

③ $H_2O < H_2S$　　④ $HClO < HClO_2$

4 ☐☐☐ 10 지방직 7급 08

약산 H_2A는 $H_2A \rightleftarrows 2H^+ + A^{2-}$와 같이 이온화한다. 20℃에서 이 산 0.1몰 수용액의 이온화도가 α라면, 이 수용액 속에 존재하는 화학종(H^+, A^{2-}, H_2A)의 총 몰 수는?

① $0.1(1-\alpha)$　　② $0.1(1+\alpha)$

③ $0.1(1+2\alpha)$　　④ $(1+\alpha)$

5 ☐☐☐ 10 지방직 7급 14

수소화물의 산-염기에 대한 설명으로 옳은 것만을 모두 고른 것은?

> 가. 수용액에서의 산의 세기는 HF가 HCl보다 세다.
> 나. 무수 아세트산에서 산의 세기는 $HI < HBr < HCl$이다.
> 다. H_2O와 H_2S 중 H_2S가 더 강한 산이다.

① 다　　② 가, 다

③ 나, 다　　④ 가, 나, 다

6 □□□ 12 지방직 7급 03

다음 산소산 중 25℃에서 이온화상수(K_a)가 가장 큰 것은?

① $HClO$　② HIO
③ $HClO_3$　④ HIO_3

7 □□□ 12 지방직 7급 08

수용액 중 아세트산의 농도에 따른 해리 백분율의 변화가 가장 잘 나타난 선은? (단, 0.01M 아세트산 수용액의 해리 백분율은 4.2%이다.)

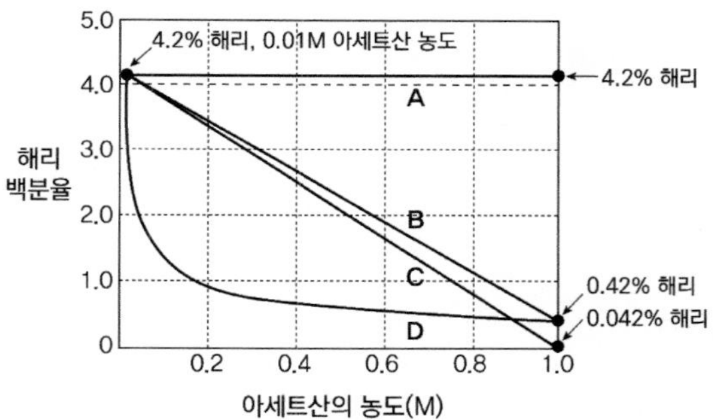

① A　② B
③ C　④ D

8 □□□ 13 지방직 7급 16

다음은 25℃ 수용액에서 옥살산($H_2C_2O_4$)과 아닐린($C_6H_5NH_2$)의 이온화 평형과 해리 상수(K)를 나타낸 것이다.

- $H_2C_2O_4 + H_2O \rightleftarrows HC_2O_4^- + H_3O^+$　$K = 5.9 \times 10^{-2}$
- $HC_2O_4^- + H_2O \rightleftarrows C_2O_4^{2-} + H_3O^+$　$K = 6.4 \times 10^{-5}$
- $C_6H_5NH_2 + H_2O \rightleftarrows C_6H_5NH_3^+ + OH^-$　$K = 4.0 \times 10^{-10}$

이에 대한 설명으로 옳은 것은?

① $HC_2O_4^-$가 $C_2O_4^{2-}$보다 더 센 염기이다.
② $C_6H_5NH_3^+$가 $HC_2O_4^-$보다 더 센 산이다.
③ $C_6H_5NH_3^+$는 $C_6H_5NH_2$의 짝염기이다.
④ 브뢴스테드-로우리의 산-염기 정의에서 H_2O는 양쪽성이다.

9 □□□ 14 지방직 9급 20

다음의 3가지 화학종이 섞여 있을 때, 염기의 세기 순서대로 바르게 나열한 것은?

$H_2O(l)$, $F^-(aq)$, $Cl^-(aq)$

① $Cl^-(aq) < H_2O(l) < F^-(aq)$
② $F^-(aq) < H_2O(l) < Cl^-(aq)$
③ $H_2O(l) < Cl^-(aq) < F^-(aq)$
④ $H_2O(l) < F^-(aq) < Cl^-(aq)$

10 □□□

14 국가직 7급 13

시트릭산($H_3C_6H_5O_7$)은 수용액에서 3개의 수소 이온을 만들어 낼 수 있다. 같은 온도에서 세 이온화 반응의 평형 상수는 K_1, K_2, K_3이다.

- $H_3C_6H_5O_7(aq) \rightleftarrows H^+(aq) + H_2C_6H_5O_7^-(aq)$ K_1
- $H_2C_6H_5O_7^-(aq) \rightleftarrows H^+(aq) + HC_6H_5O_7^{2-}(aq)$ K_2
- $HC_6H_5O_7^{2-}(aq) \rightleftarrows H^+(aq) + C_6H_5O_7^{3-}(aq)$ K_3

동일한 온도에서
$H_3C_6H_5O_7(aq) \rightleftarrows 3H^+(aq) + C_6H_5O_7^{3-}(aq)$ 반응의 평형 상수(K)를 K_1, K_2, K_3로 나타내면?

① $K_1 \cdot K_2 \cdot K_3$
② $K_1 + K_2 + K_3$
③ $\dfrac{1}{K_1 \cdot K_2 \cdot K_3}$
④ $\dfrac{K_2 \cdot K_3}{K_1}$

11 □□□

14 해양 경찰청 03

다음 중 산 HA 0.1M 수용액의 이온화도(α)가 0.6일 경우 이온화상수 K_a로 옳은 것은?

$HA(aq) + H_2O(l) \rightleftarrows A^-(aq) + H_3O^+(aq)$

① 9.0×10^{-2}
② 9.0×10^{-3}
③ 6.0×10^{-2}
④ 6.0×10^{-3}

12 □□□

14 해양 경찰청 09

같은 농도의 수용액 중에서 가장 강산인 물질은?

① HNO_3
② H_2CO_3
③ H_3PO_4
④ CH_3COOH

13 □□□

15 지방직 9급 02

25℃에서 1.0M의 수용액을 만들었을 때 pH가 가장 낮은 것은? (단, 25℃에서 산 해리상수(K_a)는 아래와 같다.)

- C_6H_5OH: 1.3×10^{-10}
- HCN: 4.9×10^{-10}
- $C_9H_8O_4$: 3.0×10^{-4}
- HF: 6.8×10^{-4}

① C_6H_5OH
② HCN
③ $C_9H_8O_4$
④ HF

14 □□□

15 서울시 7급 18

다음 반응들에서 평형은 모두 오른쪽에 치우쳐 있다. 산성이 증가하는 순서를 바르게 나열한 것은?

- $N_2H_5^+ + NH_3 \rightleftarrows NH_4^+ + N_2H_4$
- $NH_3 + HBr \rightleftarrows NH_4^+ + Br^-$
- $2NH_4 + HBr \rightleftarrows N_2H_5^+ + Br^-$

① $HBr > N_2H_5^+ > NH_4^+$
② $N_2H_5^+ > N_2H_4 > NH_4^+$
③ $NH_3 > N_2H_4 > Br^-$
④ $N_2H_5^+ > HBr > NH_4^+$

15 □□□ 15 서울시 7급 19

아세트산(CH_3COOH)의 산 해리 상수(K_a)는 1.8×10^{-5}이다. 0.10M 아세트산 용액의 pH는 얼마인가? (단, log1.8 = 0.255이다.)

① pH = 1.00　② pH = 1.87
③ pH = 2.87　④ pH = 4.74

16 □□□ 16 서울시 1회 7급 17

HClO, $HClO_2$, $HClO_3$ 중 산의 세기가 증가하는 방향으로 옳게 배열한 것은?

① $HClO_3 < HClO_2 < HClO$
② $HClO_2 < HClO < HClO_3$
③ $HClO < HClO_2 < HClO_3$
④ $HClO < HClO_3 < HClO_2$

17 □□□ 16 서울시 1회 7급 18

25℃에서 메틸암모늄 이온($CH_3NH_3^+$)의 산 해리 상수(K_a)는 2.0×10^{-11}이다. 0.1M 메틸아민(CH_3NH_2) 용액의 pH는 얼마인가? (단, log2 = 0.300이다.)

① 10.70　② 11.85
③ 12.70　④ 13.00

18 □□□ 16 서울시 3회 7급 13

수용액 상태에서 산의 세기 비교가 옳은 것은?

① HF > HBr　② $HNO_2 > HNO_3$
③ $H_2SO_3 > H_2CO_3$　④ $NH_3 > HCN$

19 □□□ 17 지방직 9급 10

다음은 25℃, 수용액 상태에서 산의 세기를 비교한 것이다. 옳은 것만을 모두 고른 것은?

ㄱ. $H_2O < H_2S$
ㄴ. HI < HCl
ㄷ. $CH_3COOH < CCl_3COOH$
ㄹ. HBrO < HClO

① ㄱ, ㄴ　② ㄷ, ㄹ
③ ㄱ, ㄷ, ㄹ　④ ㄴ, ㄷ, ㄹ

20 □□□ 17 지방직 7급 06

(가)~(다)의 산도(acidity) 세기를 옳게 비교한 것은?

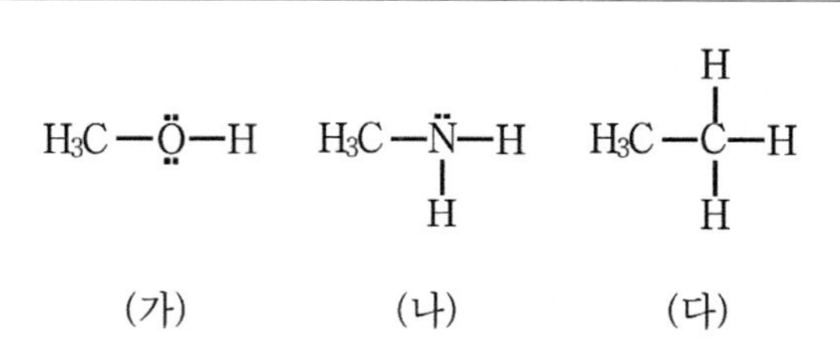

① (가) > (나) > (다)　② (나) > (가) > (다)
③ (나) > (다) > (가)　④ (다) > (나) > (가)

21 □□□ 17 국가직 7급 08

아미노산 중 하나인 알라닌은 두 개의 pK_a값을 갖는다. 다음 중 pK_{a1}에 해당하는 산 해리 평형 반응식은? (단, $pK_{a1}=2.34$, $pK_{a2}=9.69$)

① $H_3\overset{+}{N}CH(CH_3)COOH + H_2O \rightleftharpoons H_3\overset{+}{N}CH(CH_3)COO^- + H_3O^+$

② $H_3\overset{+}{N}CH(CH_3)COOH + H_2O \rightleftharpoons H_2NCH(CH_3)COOH + H_3O^+$

③ $H_3\overset{+}{N}CH(CH_3)COO^- + H_2O \rightleftharpoons H_2NCH(CH_3)COO^- + H_3O^+$

④ $H_2NCH(CH_3)COOH + H_2O \rightleftharpoons H_2NCH(CH_3)COO^- + H_3O^+$

22 □□□ 17 서울시 2회 9급 20

6×10^{-3}M H_3O^+이온을 함유한 아세트산 수용액의 pH는? (단, log2 = 0.301, log3 = 0.477이며, 소수점 셋째 자리에서 반올림한다.)

① 2.22 ② 2.33
③ 4.67 ④ 4.78

23 □□□ 17 해양 경찰청 13

다음에 나열된 화합물의 산도가 큰 순서부터 바르게 나열한 것은?

(가) $HClO_4$	(나) HIO
(다) HClO	(라) HBrO

① (가) > (나) > (다) > (라)
② (가) > (다) > (라) > (나)
③ (나) > (라) > (다) > (가)
④ (나) > (가) > (라) > (다)

24 □□□ 18 지방직 9급 03

다음 평형 반응식의 평형 상수 K값의 크기를 순서대로 바르게 나열한 것은?

ㄱ.
$H_3PO_4(aq) + H_2O(l) \rightleftharpoons H_2PO_4^-(aq) + H_3O^+(aq)$

ㄴ.
$H_2PO_4^-(aq) + H_2O(l) \rightleftharpoons HPO_4^{2-}(aq) + H_3O^+(aq)$

ㄷ.
$HPO_4^{2-}(aq) + H_2O(l) \rightleftharpoons PO_4^{3-}(aq) + H_3O^+(aq)$

① ㄱ > ㄴ > ㄷ ② ㄱ = ㄴ = ㄷ
③ ㄴ > ㄷ > ㄱ ④ ㄷ > ㄴ > ㄱ

25 □□□ 18 서울시 1회 7급 09

〈보기〉의 설명 중 옳은 것을 모두 고른 것은?

보기

ㄱ. H_3PO_4는 H_3AsO_4보다 강산이다.
ㄴ. H_3AsO_3는 H_3AsO_4보다 강산이다.
ㄷ. 25℃에서 pH 1.0인 위액에 존재하는 수산화이온(OH^-)의 농도는 1×10^{-13}M이다.

① ㄱ, ㄴ ② ㄱ, ㄷ
③ ㄴ, ㄷ ④ ㄱ, ㄴ, ㄷ

26 □□□ 18 서울시 1회 7급 19

25℃에서 농도가 xM인 약산 HA의 이온화 백분율이 5%이다. x의 값은? (단, 25℃에서 HA의 산 이온화 상수 K_a는 1.0×10^{-3}이다.)

① 0.1 ② 0.2
③ 0.4 ④ 0.5

27 □□□

18 서울시 3회 7급 14

대기 중에 이산화탄소의 양이 100년 동안 4배 증가하였다고 가정하자. 현재의 산성비의 pH가 5.00이라고 할 때, 현재와 같은 온도에서 100년 H^+의 농도는? (단, 대기 중 물과 이산화탄소에 의해서 발생된 H_2CO_3만 산성비의 pH에 영향을 준다고 가정한다.)

$$H_2CO_3(aq) \rightleftarrows HCO_3^-(aq) + H^+(aq) \quad K_a = 5.0 \times 10^{-8}$$

① 1.0×10^{-6}M ② 2.0×10^{-6}M
③ 5.0×10^{-6}M ④ 2.0×10^{-5}M

28 □□□

19 지방직 9급 19

아세트산(CH_3COOH)과 사이안화수소산(HCN)의 혼합 수용액에 존재하는 염기의 세기를 작은 것부터 순서대로 바르게 나열한 것은? (단, 아세트산이 사이안화수소산보다 강산이다)

① $H_2O < CH_3COO^- < CN^-$
② $H_2O < CN^- < CH_3COO^-$
③ $CN^- < CH_3COO^- < H_2O$
④ $CH_3COO^- < H_2O < CN^-$

29 □□□

19 국가직 7급 16

다양성자산 0.100M H_3PO_4 용액 내 화학종의 농도에 대한 설명으로 옳은 것은? (단, 이온화 상수 $K_{a1} = 7.5 \times 10^{-3}$, $K_{a2} = 6.2 \times 10^{-8}$, $K_{a3} = 4.8 \times 10^{-13}$이다.)

① 용액 내에서 농도는 $H_2PO_4^-$가 H_3PO_4보다 크다.
② 첫 번째 이온화 단계는 H_3O^+의 농도에 가장 크게 기여한다.
③ HPO_4^{2-}의 농도는 $H_2PO_4^-$의 농도보다 크다.
④ 용액 내에 이온화되지 않은 H_3PO_4는 존재하지 않는다.

30 □□□

19 서울시 2회 9급 12

약산인 아질산(HNO_2)은 0.23M의 초기 농도를 갖는 수용액일 때 2.0의 pH를 갖는다. 아질산의 산 이온화 상수(acid ionization constant)인 K_a는?

① 1.8×10^{-5} ② 1.7×10^{-4}
③ 4.5×10^{-4} ④ 7.1×10^{-4}

31 □□□

19 서울시 2회 9급 19

$HSO_4^-(K_a = 1.2 \times 10^{-2})$, $HNO_2(K_a = 4.0 \times 10^{-4})$, $HOCl(K_a = 3.5 \times 10^{-8})$, $NH_4^+(K_a = 5.6 \times 10^{-10})$ 중 1M의 수용액을 형성하였을 때 가장 높은 pH를 보이는 일양성자산은?

① HSO_4^- ② NH_4^+
③ $HOCl$ ④ HNO_2

32 □□□

21 서울시 2회 7급 04

수용액에 같은 농도를 용해시켰을 때 가장 약한 산성을 나타내는 화학종은?

① HF ② HCl

③ HBr ④ HI

33 □□□

22 국가직 7급 19

이양성자산 H_2A의 pK_1과 pK_2는 각각 3, 5이다. 이 산에 대한 설명으로 옳은 것만을 모두 고르면? (단, K_1과 K_2는 H_2A의 산 해리 상수이다.)

ㄱ. pH=3일 때, $[H_2A]=[HA^-]$이다.
ㄴ. pH=4일 때, $[H_2A]=[A^{2-}]$이다.
ㄷ. pH=4.5일 때, $[H_2A]>[A^{2-}]$이다.

① ㄱ ② ㄷ

③ ㄱ, ㄴ ④ ㄴ, ㄷ

34 □□□

22 국가직 7급 20

아세트산($HC_2H_3O_2$)과 사이안화 수소(HCN)를 각각 0.1mol씩 1L의 물에 녹였다. 형성되는 짝염기와 물의 염기 세기를 큰 것부터 순서대로 바르게 나열한 것은? (단, 아세트산의 산 해리 상수는 1.8×10^{-5}, 사이안화 수소의 산 해리 상수는 4.9×10^{-10}이다.)

① CN^-, $C_2H_3O_2^-$, H_2O

② $C_2H_3O_2^-$, H_2O, CN^-

③ $C_2H_3O_2^-$, CN^-, H_2O

④ H_2O, $C_2H_3O_2^-$, CN^-

35 □□□

22 해양 경찰청 05

다음 산소산 중 25℃에서 이온화 상수(K_a)가 가장 큰 것은?

① HIO ② HClO

③ $HClO_2$ ④ $HClO_3$

36 □□□

23 서울시 2회 9급 20

〈보기〉는 25℃에서 아세트산(CH_3COOH), 탄산(H_2CO_3), 황화 수소(H_2S)의 이온화 반응식과 산의 이온화 상수(K_a)를 나타낸 것이다.

보기

(가) $CH_3COOH + H_2O \rightleftarrows CH_3COO^- + H_3O^+$ $K_a = 1.8\times10^{-5}$

(나) $H_2CO_3 + H_2O \rightleftarrows HCO_3^- + H_3O^+$ $K_a = 4.4\times10^{-7}$

(다) $H_2S + H_2O \rightleftarrows HS^- + H_3O^+$ $K_a = 1.0\times10^{-7}$

이에 대한 설명으로 가장 옳은 것은? (단, 25℃에서 물의 이온화 상수 K_W는 1.0×10^{-14}이다.)

① HS^-의 염기의 이온화 상수(K_b)는 1.0×10^{-7}보다 크다.

② HCO_3^-의 짝산은 H_3O^+이다.

③ CH_3COO^-의 염기의 이온화 상수(K_b)는 1.8×10^{-9}이다.

④ H_2O는 세 반응에서 모두 염기로 작용한다.

37 □□□ 24 국가직 7급 09

25℃ 수용액에서 pK_a값이 가장 작은 것은?

① (페놀: 벤젠 고리 – OH)

② (벤질 알코올: 벤젠 고리 – CH_2 – OH)

③ H_3C – (벤젠 고리) – OH

④ O_2N – (벤젠 고리) – OH

제 3 절 물의 자동 이온화와 수용액의 액성

정답 p.457

회독점검

1 ☑☐☐ 09 지방직 9급 17

아래와 같은 물의 자동이온화는 흡열과정이다. 물의 온도가 오를 때 일어나는 현상을 바르게 설명한 것은?

$$2H_2O(l) \rightleftarrows H_3O^+(aq) + OH^-(aq)$$

① pH는 변하지 않고 중성이다.
② pH는 증가하고 중성이다.
③ pH는 감소하고 더 산성이 된다.
④ pH는 감소하고 중성이다.

2 ☐☐☐ 09 지방직 7급(하) 06

산과 염기에 대한 설명으로 옳은 것은?

① $[Co(H_2O)_6]^{3+}$와 같이 수화된 금속 양이온은 수용액에서 약한 염기성을 가진다.
② 약한 산과 그 약한 산의 염을 함유한 용액들은 같은 농도의 약한 산만을 함유한 용액들보다 pH가 낮다.
③ 피리딘(pyridine, C_6H_5N)은 아세트산과 유사한 약한 산성을 가진다.
④ 체온(37℃)에서 물의 이온곱상수(K_w)는 1.0×10^{-14}보다 크다.

3 ☐☐☐ 10 지방직 9급 04

25℃에서 pH가 5.0인 HCl 수용액을 1,000배 묽힌 용액의 pH에 가장 가까운 값은? (단, log2 = 0.30이다.)

① 6.0 ② 7.0
③ 7.5 ④ 8.0

4 ☐☐☐ 14 해양 경찰청 18

수산화이온 농도가 5.0×10^{-3}M인 암모니아 용액의 pH는 얼마인가? (단, log2≒0.30, log3≒0.48)

① 2.3 ② 9.3
③ 11.3 ④ 11.7

5 ☐☐☐ 15 국가직 7급 13

37℃의 순수한 물에 대한 설명으로 옳은 것은? (단, 37℃에서 물의 자동이온화 상수(K_w)는 2.5×10^{-14}이다.)

① $[H^+] > 10^{-7}$M ② $[OH^-] = 10^{-7}$M
③ pH = 7.0 ④ pH > pOH

6 ☐☐☐ 16 지방직 9급 13

25℃에서 $[OH^-] = 2.0 \times 10^{-5}$M일 때, 이 용액의 pH 값은? (단, log2 = 0.30이다.)

① 2.70 ② 4.70
③ 9.30 ④ 11.30

7 ☐☐☐ 16 서울시 9급 13

25℃에서 $[OH^-] = 2.0 \times 10^{-5}$M일 때, 이 용액의 pH 값은? (단, log2 = 0.30)

① 1.80 ② 4.70
③ 9.30 ④ 11.20

8 □□□ 18 서울시 3회 7급 13

0.1M NaOH 수용액의 하이드로늄이온(H_3O^+)의 농도는? (단, 온도는 25℃이다.)

① 1.0×10^{-14}M ② 1.0×10^{-13}M
③ 1.0×10^{-12}M ④ 1.0×10^{-7}M

9 □□□ 19 서울시 2회 9급 06

25℃에서 어떤 수용액의 $[H^+]=2.0\times10^{-5}$M일 때, 이 용액의 $[OH^-]$값[M]으로 옳은 것은?

① 2.0×10^{-5}M ② 3.0×10^{-6}M
③ 4.0×10^{-8}M ④ 5.0×10^{-10}M

10 □□□ 19 해양 경찰청 19

25℃에서 $[OH^-]=3.0\times10^{-5}$M일 때, 이 용액의 pH 값은?(단, log3 = 0.47이다.)

① 3.53 ② 4.53
③ 9.47 ④ 10.47

11 □□□ 20 지방직 9급 01

25℃에서 측정한 용액 A의 $[OH^-]$가 1.0×10^{-6}M일 때, pH 값은? (단, $[OH^-]$는 용액 내의 OH^- 몰농도를 나타낸다)

① 6.0 ② 7.0
③ 8.0 ④ 9.0

12 □□□ 22 지방직 9급 14

$Ba(OH)_2$ 0.1 mol이 녹아 있는 10L의 수용액에서 H_3O^+ 이온의 몰 농도[M]는? (단, 온도는 25℃이다.)

① 1×10^{-13} ② 5×10^{-13}
③ 1×10^{-12} ④ 5×10^{-12}

13 □□□ 22 서울시 3회 7급 16

어떤 화학자가 25℃의 순수한 물에 HCl을 첨가하여 용액의 pH가 4.0이 되도록 하였다. 이 용액에 대한 설명으로 가장 옳지 않은 것은?

① pOH = 10.0
② 염기성 용액이다.
③ $[OH^-]=1.0\times10^{-10}$M
④ $[H_3O^+]=1.0\times10^{-4}$M

14 □□□ 23 국가직 7급 13

25℃의 수용액에서 H^+ 이온 개수가 OH^- 이온 개수의 10^6배일 때, 수용액의 pH는?

① 1.0 ② 2.0
③ 4.0 ④ 6.0

15 □□□ 24 서울시 7급 15

0.05M $Ca(OH)_2$ 수용액의 pH값은? (단, 온도는 25℃이다.)

① 11 ② 12
③ 13 ④ 14

제 4 절 가수 분해와 완충 용액

정답 p.458

회독점검

1 ☑☐☐ 09 지방직 7급(하) 04

완충용액에 대한 설명으로 가장 옳지 않은 것은?

① 공통이온 효과를 이용한 용액이다.

② H_2SO_4 수용액 + $NaHSO_4$는 완충용액이다.

③ 혈액은 완충용액의 일종으로 7.4 내외의 pH를 유지한다.

④ 외부에서 산성이나 염기성 물질이 첨가되더라도 pH가 크게 변하지 않는다.

2 ☐☐☐ 10 지방직 9급 05

다음 중 완충용액에 대한 설명으로 옳은 것만을 모두 고른 것은?

ㄱ. 산이나 염기를 소량 첨가해도 pH가 거의 변하지 않는다.
ㄴ. 약한 산과 그것의 짝염기를 비슷한 농도 비로 혼합하여 만들 수 있다.
ㄷ. 사람의 혈액은 탄산을 주요 성분으로 하는 완충계를 가진다.
ㄹ. pH의 큰 변화 없이 완충용액이 흡수할 수 있는 H^+나 OH^-의 양을 완충용량이라 한다.

① ㄱ　② ㄱ, ㄴ
③ ㄱ, ㄴ, ㄷ　④ ㄱ, ㄴ, ㄷ, ㄹ

3 ☐☐☐ 13 지방직 7급 05

다음의 두 수용액이 부피비 1 : 1로 혼합될 때 완충용액으로 가장 적절한 것은?

① 0.10M HCl + 0.15M NH_3

② 0.10M HCl + 0.05M NaOH

③ 0.10M HCl + 0.20M CH_3COOH

④ 0.10M HCl + 0.20M NaCl

4 ☐☐☐ 13 지방직 7급 09

25℃에서 0.55M CH_3COOH 수용액 100.0mL와 0.05M NaOH 수용액 100.0mL를 혼합한 용액의 pH는? (단, 25℃에서 CH_3COOH의 $pK_a = 4.8$이다.)

① 2.8　② 3.8
③ 4.8　④ 5.8

5 ☐☐☐ 14 서울시 9급 05

여러 가지 염이 물에 용해될 때 일어나는 용액의 pH 변화에 대한 설명 중 옳은 것은?

① NaCl을 물에 녹이면 용액의 pH는 7보다 높아진다.

② NH_4Cl을 물에 녹이면 용액의 pH는 7보다 낮아진다.

③ CH_3COONa를 물에 녹이면 용액의 pH는 7보다 낮아진다.

④ $NaNO_3$를 물에 녹이면 용액의 pH는 7보다 높아진다.

⑤ KI를 물에 녹이면 용액의 pH는 7보다 높아진다.

6 □□□

15 국가직 7급 08

다양성자산인 인산(H_3PO_4)의 산 해리 상수는 각각 $K_{a1}=7.5\times10^{-3}$, $K_{a2}=6.2\times10^{-8}$, $K_{a3}=4.8\times10^{-13}$이다. pH가 7.4인 완충 용액을 제조하기 위해 가장 적절한 조합은?

① H_3PO_4와 NaH_2PO_4

② NaH_2PO_4와 Na_2HPO_4

③ Na_2HPO_4와 Na_3PO_4

④ NaH_2PO_4와 Na_3PO_4

7 □□□

15 서울시 7급 11

완충 용액에 관한 설명으로 옳은 것은?

① H_3O^+를 첨가하면 급격한 pH 변화가 있다.

② 사람의 혈액은 완충 용액 역할을 수행하지 못한다.

③ 소량의 OH^-를 첨가하면 급격히 염기성으로 변한다.

④ 약한 짝산과 그의 짝염기로 구성되었다.

8 □□□

16 서울시 3회 7급 14

동일한 소량의 산을 혼합 수용액 (가)~(라)에 첨가할 때, pH의 변화가 가장 작은 것은?

(가) 0.2M CH_3COOH 10mL+0.2M CH_3COONa 10mL의 혼합액
(나) 0.2M CH_3COOH 10mL+0.4M CH_3COONa 10mL의 혼합액
(다) 0.2M CH_3COOH 20mL+0.2M CH_3COONa 20mL의 혼합액
(라) 0.4M CH_3COOH 20mL+0.2M CH_3COONa 20mL의 혼합액

① (가) ② (나)
③ (다) ④ (라)

9 □□□

17 지방직 9급(상) 16

0.100M $CH_3COOH(K_a=1.8\times10^{-5})$ 수용액 20.0mL에 0.100M NaOH 수용액 10.0mL를 첨가한 후, 용액의 pH를 구하면? (단, log1.80 = 0.255이다.)

① 2.875 ② 4.745
③ 5.295 ④ 7.875

10 □□□

17 지방직 7급 09

1.1mol의 아세트산(CH_3COOH)을 포함한 수용액 0.9L에 1M NaOH 수용액 0.1L를 첨가하여 완충 용액을 제조하였다. 이 완충 용액의 수소이온 농도(pH)는? (단, 두 용액을 전체 용액의 부피는 정확히 1.0L이고, 아세트산의 $K_a=1.8\times10^{-5}$, $pK_a=4.74$이다.)

① 3.74 ② 4.74
③ 5.74 ④ 6.74

11 □□□

17 지방직 7급 14

다음 염의 수용액이 염기성인 것은?

① NH_4Cl ② NaF
③ CH_3NH_3Br ④ $Al(ClO_4)_3$

12 □□□

18 국가직 7급 08

그림은 어떤 약산(HA)과 짝염기(A^-)로 구성된 완충 용액 (가) ~ (라)의 초기 농도를 모형으로 나타낸 것이다. (가) ~ (라) 중 완충 용량이 가장 큰 용액은? (단, 용액의 온도와 부피는 모두 같다.)

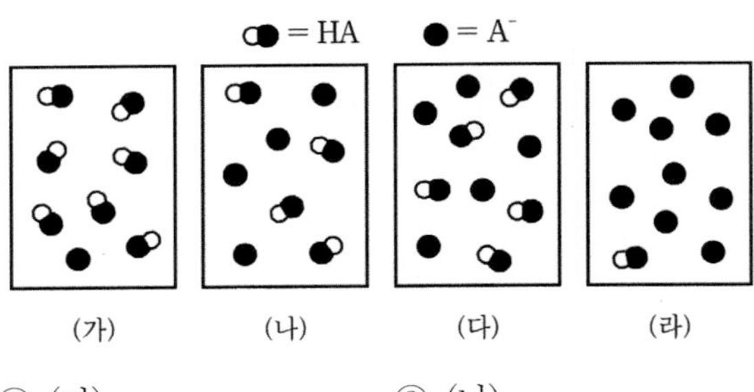

① (가) ② (나)
③ (다) ④ (라)

13 □□□

18 서울시 3회 7급 09

25℃에서 0.4M $CH_3COOH(aq)$ 500mL와 0.1M $CH_3COONa(aq)$ 500mL를 혼합할 때, 이 혼합 수용액의 pH는? (단, 25℃에서 $CH_3COOH(aq)$의 $pK_a = 4.74$이고, $\log 2 = 0.3$이다.)

① 4.14 ② 4.34
③ 4.74 ④ 5.04

14 □□□

19 서울시 2회 9급 11

완충 용액에 대한 설명 중 가장 옳지 않은 것은?

① 완충 용액은 약산과 그 짝염기의 혼합으로 만들 수 있다.
② 완충 용액은 약염기와 그 짝산의 혼합으로 만들 수 있다.
③ 완충 용액은 센산(strong acid)이나 센염기(strong base)가 조금 가해졌을 때 pH가 잘 변하지 않는다.
④ 완충 용량은 pH가 완충 용액에서 사용하는 약산의 pK_a에 근접할수록 작아진다.

15 □□□

19 서울시 2회 7급 14

물에 녹았을 때 산성 용액을 만드는 것으로 가장 옳은 것은?

① $MgCl_2$ ② Na_2CO_3
③ K_2S ④ NH_4NO_3

16 □□□

19 서울시 2회 7급 20

용액 1.0L에 약산(HA, $K_a = 1.0 \times 10^{-5}$) 0.1M과 그 짝염기 0.1M이 녹아 있다. 이 용액의 pH는?

① 3.0 ② 4.0
③ 5.0 ④ 6.0

17 □□□

20 지방직 7급 08

아세트산(CH_3COOH)과 아세트산 소듐(CH_3COONa)을 이용하여 pH가 5.74인 완충 용액을 제조하였다. 이때, $\frac{[CH_3COOH]}{[CH_3COO^-]}$의 값은?
(단, 아세트산의 $pK_a = 4.74$이고, 온도는 일정하다)

① 0.01　② 0.1
③ 1　④ 10

18 □□□

21 서울시 2회 7급 16

일양성자산인 프로피온산(propionic acid)의 2/3가 해리되는 pH는? (단, 프로피온산의 $pK_a = 4.90$|고, log2 = 0.3, log3 = 0.48이다.)

① 4.7　② 4.9
③ 5.2　④ 5.5

19 □□□

22 해양 경찰청 08

다음 중 완충 용액에 대한 설명으로 옳은 것을 모두 고른 것은?

ㄱ. 산이나 염기를 소량 첨가해도 pH가 거의 변하지 않는다.
ㄴ. 약한 산과 그것의 짝염기를 비슷한 농도비로 혼합하여 만들 수 있다.
ㄷ. 사람의 혈액은 탄산을 주요 성분으로 하는 완충계를 가진다.
ㄹ. pH의 큰 변화없이 완충 용액이 흡수할 수 있는 H^+나 OH^-의 양을 완충 용량이라 한다.

① ㄱ, ㄹ　② ㄱ, ㄴ, ㄷ
③ ㄱ, ㄴ, ㄹ　④ ㄱ, ㄴ, ㄷ, ㄹ

20 □□□

23 국가직 7급 18

25℃에서 0.10M HA 수용액 60mL와 0.10M NaOH 수용액 xmL를 혼합하여 만든 수용액의 pH가 4.0일 때, x는? (단, 25℃에서 HA의 산 해리 상수는 2.0×10^{-4}이다.)

① 20　② 30
③ 36　④ 40

21 □□□

23 서울시 2회 7급 10

5℃에서 약산 HA와 짝염기 NaA를 혼합하여 만든 완충 용액에서 $\frac{[A^-]}{[HA]} = 10^{-1}$이고, HA의 산 이온화 상수 $K_a = 1.0 \times 10^{-4}$일 때, 이 완충 용액의 pH 값은?

① 3.0　② 4.0
③ 5.0　④ 6.0

22 □□□

24 서울시 7급 16

물에 녹였을 때 완충 용액이 될 수 없는 조합은?

① KOH 0.5몰 + Na_2CO_3 1.0몰
② KOH 0.5몰 + CH_3COOH 1.0몰
③ Na_2CO_3 1.0몰 + $NaHCO_3$ 1.0몰
④ KOH 0.5몰 + $NaHCO_3$ 1.0몰

23 □□□

24 서울시 9급 14

물에 녹였을 때 수용액의 pH가 가장 낮은 염은?

① KCl　② NH_4Cl
③ CH_3COONa　④ Na_2SO_4

제 5 절 중화 반응의 양적 관계

정답 p.462

회독점검

1 ☑ ☐ ☐ 09 지방직 7급(하) 18

벤조산은 염기 용액의 표준화에 필요한 1차 표준 물질로 사용된다. 벤조산 1.00g의 시료가 다음과 같은 반응식에 따라 반응한다.

$$C_6H_5COOH(s) + NaOH(aq) \rightarrow C_6H_5COONa(aq) + H_2O(l)$$

NaOH 수용액 30.00mL로 중화되었다면 이 염기 용액이 몰농도[M]는?
(단, 벤조산의 분자량은 122.1g/mol이다.)

① 0.473 ② 0.373
③ 0.273 ④ 0.173

2 ☐ ☐ ☐ 14 서울시 7급 19

pH가 3.00인 강산용액 5.0mL와 pH가 11.00인 강염기용액 4.0mL를 섞은 용액의 pH는 약 얼마인가?

① 3 ② 4
③ 5 ④ 8
⑤ 11

3 ☐ ☐ ☐ 14 해양 경찰청 08

0.20M $NaOH(aq)$ 150mL을 중화시키는 데 필요한
0.20M $HCl(aq)$, 0.10M $H_2SO_4(aq)$,
0.20M $H_3PO_4(aq)$의 부피는 각각 얼마인가?

	HCl	H_2SO_4	H_3PO_4
①	150mL	75mL	150mL
②	300mL	75mL	50mL
③	300mL	75mL	150mL
④	150mL	150mL	50mL

4 ☐ ☐ ☐ 14 해양 경찰청 14

아래의 표는 농도가 같은 염산과 수산화나트륨 수용액의 부피를 달리하여 혼합한 후, 혼합 용액의 최고 온도를 측정한 것이다. 이에 대한 설명으로 가장 적절한 것은?

실 험	Ⅰ	Ⅱ	Ⅲ	Ⅳ	Ⅴ
염산의 부피 (mL)	10	15	20	25	30
수산화나트륨 수용액의 부피 (mL)	30	25	20	15	10
혼합 용액의 최고 온도 (℃)	28	30	34.1	(가)	28.0

① (가)의 온도는 34.1℃보다 높다.
② 생성되는 물의 양은 Ⅲ이 Ⅳ보다 많다.
③ 실험Ⅰ과 실험Ⅳ의 혼합용액을 섞으면 pH는 7보다 작다.
④ 실험Ⅴ의 혼합용액에 페놀프탈레인을 넣으면 붉은색으로 변한다.

5 ☐ ☐ ☐ 15 지방직 9급 05

0.1M 황산(H_2SO_4) 용액 1.5L를 만드는 데 필요한 15M 황산의 부피는?

① 0.01L ② 0.1L
③ 22.5L ④ 225L

6 □□□ 15 지방직 9급 09

다음 반응에서 28.0g의 NaOH(화학식량: 40.0)이 들어있는 1.0L 용액을 중화하기 위해 필요한 2.0M HCl의 부피는?

$NaOH(aq) + HCl(aq) \rightarrow NaCl(aq) + H_2O(l)$

① 150.0mL ② 250.0mL
③ 350.0mL ④ 450.0mL

7 □□□ 15 해양 경찰청 10

다음 중 4g의 NaOH를 중화시키는 데 필요한 1mol/L HCl 수용액의 부피는?

① 100mL ② 200mL
③ 500mL ④ 1000mL

8 □□□ 15 해양 경찰청 18

다음의 그래프는 묽은 염산(HCl) 10mL에 수산화나트륨(NaOH) 수용액을 조금씩 넣었을 때 가해준 NaOH(*aq*)의 부피에 따른 혼합 용액 속의 2가지 이온 수를 나타낸 것이다.

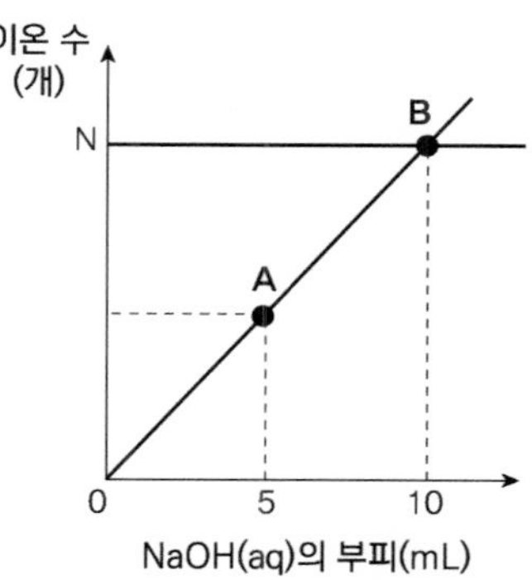

이에 대한 설명으로 옳지 않은 것은? (단, HCl와 NaOH은 수용액에서 완전히 이온화된다.)

① 혼합 용액의 pH는 B에서보다 A에서 더 크다.
② 혼합 용액의 온도는 A에서보다 B에서 더 높다.
③ A에서 혼합 용액 속에 가장 많이 존재하는 이온은 Cl^-이다.
④ B까지 반응하는 동안 혼합 용액의 단위 부피당 총 이온 수는 감소한다.

PART 05 화학 반응

9 □□□

16 서울시 1회 7급 04

다음의 반응에서 0.4M KOH 용액 60.0mL를 중화시키려면 1.2M H_2SO_4는 몇 mL가 필요하겠는가?

$$H_2SO_4 + 2KOH \rightarrow K_2SO_4 + 2H_2O$$

① 5mL ② 10mL
③ 15mL ④ 20mL

10 □□□

17 지방직 9급 06

0.100M의 NaOH 수용액 24.4mL를 중화하는 데 H_2SO_4 수용액 20.0mL를 사용하였다. 이때, 사용한 H_2SO_4 수용액의 몰 농도[M]는?

$$2NaOH(aq) + H_2SO_4(aq) \rightarrow Na_2SO_4(aq) + 2H_2O(l)$$

① 0.0410 ② 0.0610
③ 0.122 ④ 0.244

11 □□□

17 지방직 7급 05

0.10M 질산(HNO_3) 용액 400mL를 완전히 중화시키려면 몇 g의 강염기 $M(OH)_2$가 필요한가?
(단, $M(OH)_2$의 몰질량은 60g/mol이다.)

① 0.4 ② 0.6
③ 1.2 ④ 2.4

12 □□□

17 해양 경찰청 02

0.1M H_2SO_4 수용액 20mL를 완전히 중화시키는 데 필요한 NaOH 수용액의 농도와 부피로 옳은 것은?

① 0.1M, 10mL ② 0.1M, 20mL
③ 0.2M, 20mL ④ 0.2M, 40mL

13 □□□

17 해양 경찰청 09

다음 중 0.15mol/L HCl 용액 80mL와 0.08mol/L NaOH 용액 120mL를 혼합하였을 때 혼합 용액의 pH로 가장 적절한 것은?
(단, log2 = 0.3, log3 = 0.48이다.)

① 1.92 ② 2.22
③ 2.40 ④ 2.86

14 □□□

18 지방직 9급 11

0.50M NaOH 수용액 500mL를 만드는 데 필요한 2.0M NaOH 수용액의 부피[mL]는?

① 125 ② 200
③ 250 ④ 500

15 □□□ 19 서울시 2회 9급 20

강산인 0.10M HNO_3 용액 0.5L에 강염기인 0.12M KOH 용액 0.5L를 첨가하였다. 반응이 완료된 후의 pH는? (단, 생성물로 생기는 물의 부피는 무시한다.)

① 6 ② 8
③ 10 ④ 12

16 □□□ 19 해양 경찰청 02

다음 반응에서 28g의 NaOH이 들어있는 1L 용액을 중화하기 위해 필요한 2mol/L HCl의 부피는? (단, NaOH의 화학식량은 40이다.)

$$NaOH(aq) + HCl(aq) \rightarrow NaCl(aq) + H_2O(l)$$

① 150mL ② 250mL
③ 350mL ④ 450mL

17 □□□ 20 해양 경찰청 02

0.3M 황산(H_2SO_4) 용액 2L를 만드는 데 필요한 15M 황산의 부피는?

① 1L ② 10L
③ 0.4L ④ 0.04L

18 □□□ 21 지방직 9급 15

0.1M $CH_3COOH(aq)$ 50mL를 0.1M $NaOH(aq)$ 25mL로 적정할 때, 알짜 이온 반응식으로 옳은 것은? (단, 온도는 일정하다.)

① $H_3O^+(aq) + OH^-(aq) \rightarrow 2H_2O(l)$
② $CH_3COOH(aq) + NaOH(aq) \rightarrow CH_3COONa(aq) + H_2O(l)$
③ $CH_3COOH(aq) + OH^-(aq) \rightarrow CH_3COO^-(aq) + H_2O(l)$
④ $CH_3COO^-(aq) + Na^+(aq) \rightarrow CH_3COONa(aq)$

19 □□□ 21 지방직 9급 18

약산 HA가 포함된 어떤 시료 0.5g이 녹아 있는 수용액을 완전히 중화하는 데 0.15M $NaOH(aq)$ 10mL가 소비되었다. 이 시료에 들어있는 HA의 질량 백분율[%]은? (단, HA의 분자량은 120이다.)

① 72 ② 36
③ 18 ④ 15

20 □□□ 21 지방직 7급 19

농도 X의 HCl 수용액 200mL에 0.5M NaOH 수용액 200mL를 섞었을 때 발생한 반응열은 2.81kJ이다. HCl 수용액의 농도 X[M]는? (단, HCl과 NaOH 반응의 중화열은 $56.2kJmol^{-1}$이고, HCl과 NaOH는 완전해리 한다.)

① 0.05 ② 0.1
③ 0.25 ④ 0.5

21 □□□

22 서울시 1회 7급 17

농도를 알 수 없는 이양성자산 50mL를 중화시키기 위하여 0.4M KOH 용액 25mL가 사용되었다면, 다음 설명 중 가장 옳지 않은 것은?

① 이양성자산의 농도는 0.1M이다.
② 이양성자산 100mL를 중화시키는 데 필요한 KOH의 몰수는 0.01mol이다.
③ 이양성자산 1mol당 KOH 2mol이 반응한다.
④ 이 중화반응을 통해 생성되는 물의 몰수는 0.01mol이다.

22 □□□

22 해양 경찰청 18

다음의 반응에서 0.4M KOH 용액 60.0mL를 중화시키려면 1.2M H_2SO_4는 몇 mL가 필요하겠는가?

$$H_2SO_4 + 2KOH \rightarrow K_2SO_4 + 2H_2O$$

① 10 ② 15
③ 20 ④ 25

23 □□□

23 서울시 2회 7급 18

수산화마그네슘[$Mg(OH)_2$]과 HBr 수용액 간의 중화 반응에 대한 알짜 이온 반응식은?

① $Mg(OH)_2(s) + 2H^+(aq) + 2Br^-(aq) \rightarrow Mg^{2+}(aq) + 2Br^-(aq) + 2H_2O(l)$
② $2OH^-(l) + 2H^+(aq) \rightarrow 2H_2O(l)$
③ $Mg^{2+}(aq)\ 2OH^-(aq) + 2H^+(aq) + 2Br^-(aq) \rightarrow Mg^{2+}(aq) + 2Br^-(aq) + 2H_2O(l)$
④ $Mg(OH)_2(s) + 2H^+(aq) \rightarrow Mg^{2+}(aq) + 2H_2O(l)$

24 □□□

23 서울시 2회 9급 13

0.5M의 H_2SO_4 용액 200mL와 0.7M의 NaOH 용액 500mL를 혼합시켰을 때, 〈보기〉의 (가)와 (나)에 들어갈 내용을 옳게 짝지은 것은? (단, H, O의 원자량은 각각 1, 16이다.)

보기

H_2SO_4 용액과 NaOH 용액이 혼합되어 반응이 완결된 후, 생성된 물의 양은 (가)g이고, 이때 용액의 액성은 (나)이다.

	(가)	(나)
①	2.7	염기성
②	3.6	염기성
③	3.6	산성
④	5.4	산성

25 □□□

24 지방직 9급 10

1M의 HCl 수용액 100mL에 대한 설명으로 옳은 것만을 모두 고르면? (단, 온도는 25℃이고, HCl과 NaOH는 물에서 완전히 해리된다.)

보기

ㄱ. 500mL의 증류수를 첨가하면 0.2M이 된다.
ㄴ. 용액 안에 존재하는 이온의 총량은 2mol이다.
ㄷ. 페놀프탈레인 용액을 넣었을 때 색이 변하지 않는다.
ㄹ. 2M의 NaOH 수용액 50mL를 첨가하면 pH는 7이다.

① ㄱ, ㄷ ② ㄱ, ㄹ
③ ㄴ, ㄹ ④ ㄷ, ㄹ

제 6 절 중화 적정

정답 p.466

회독점검

1 ☑☐☐ 13 국가직 7급 18

0.10M 아세트산 ($pK_a = 5$) 수용액 100.0mL를 0.10M 수산화나트륨 수용액으로 적정하는 과정에서 수산화나트륨 수용액을 한 방울 떨어뜨렸을 때, pH가 가장 작게 변하는 구간은?

① 25mL 근처 ② 50mL 근처
③ 75mL 근처 ④ 100mL 근처

2 ☐☐☐ 15 지방직 9급 03

약염기를 강산으로 적정하는 곡선으로 옳은 것은?

①
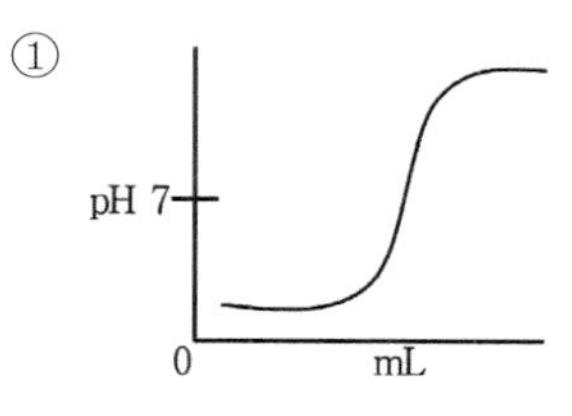

②
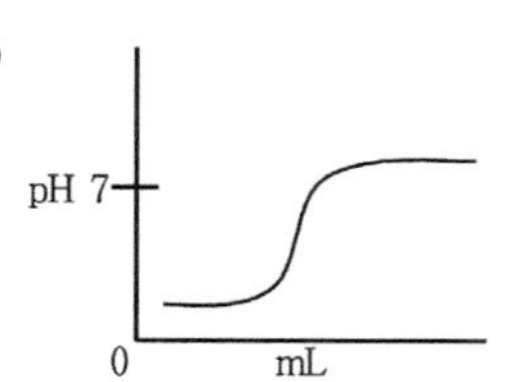

③
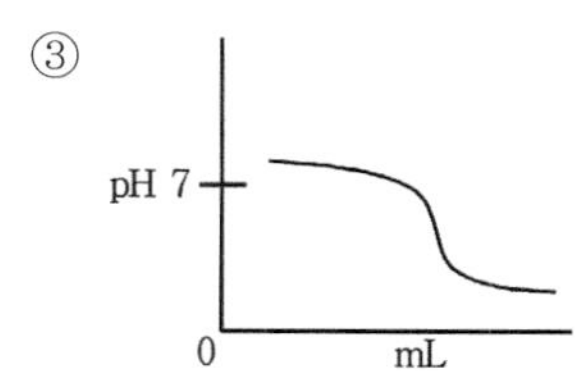

④
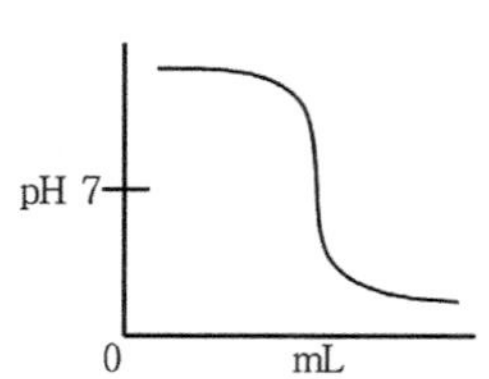

3 ☐☐☐ 16 지방직 7급 16

소량의 지시약을 넣은 아세트산(CH_3COOH) 수용액 50.0mL를 0.20M 수산화포타슘(KOH) 수용액으로 적정할 때 당량점까지 들어간 KOH 수용액의 부피는 100mL이었다. 이 적정에 대한 설명으로 옳은 것은? (단, 온도는 25℃이다.)

① 아세트산의 농도는 0.1M이다.
② 당량점의 pH는 7이다.
③ 지시약으로 적절한 것은 메틸 오렌지이다.
④ 알짜 이온 반응식은
$CH_3COOH(aq) + OH^-(aq)$
$\rightarrow CH_3COO^-(aq) + H_2O(l)$이다.

4 ☐☐☐ 16 국가직 7급 09

1M HCl 수용액 100mL를 1M NaOH 수용액으로 적정하였을 때, NaOH 수용액 첨가량에 따른 용액 내 양이온의 몰수를 나타낸 그래프는?

①
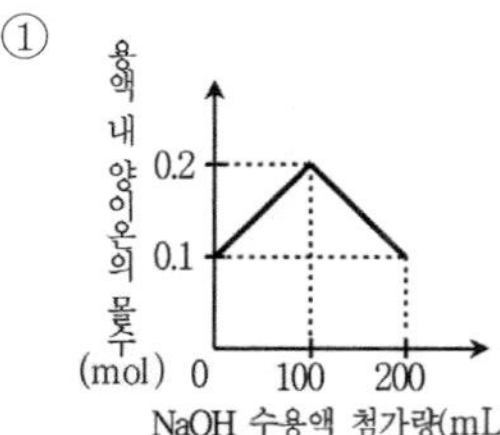

②
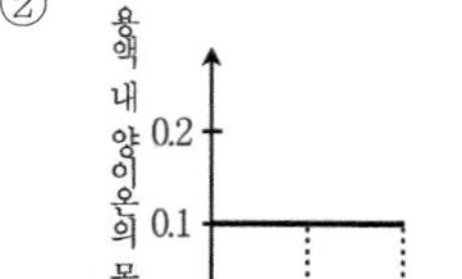

③
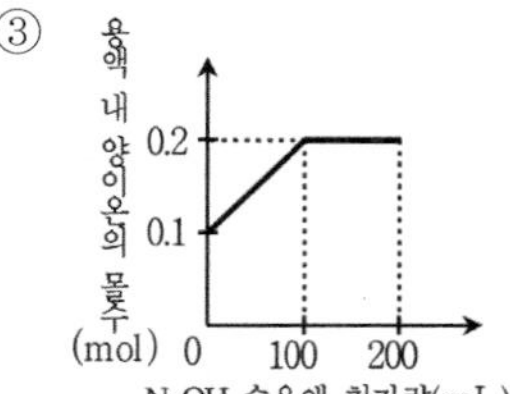

④
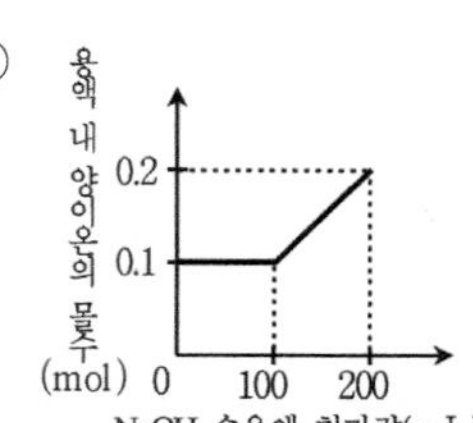

5 □□□ 16 서울시 3회 7급 15

다음과 같이 약산 HA와 강염기의 적정에서 그림과 같은 적정 곡선을 얻었을 때 〈보기〉에서 이를 바르게 설명한 것을 모두 고르면?

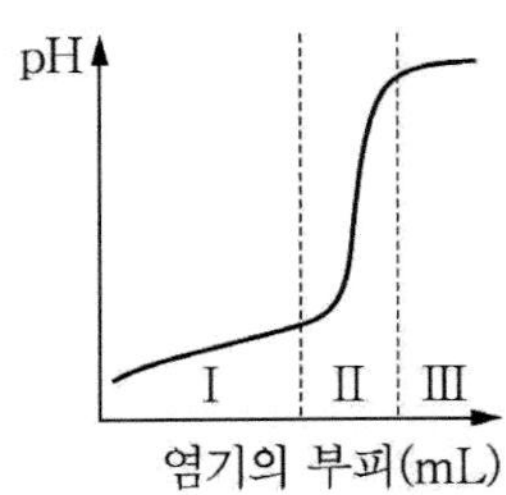

$$HA(aq) \rightleftarrows H^+(aq) + A^-(aq)$$

보기

ㄱ. 당량점(화학양론점)은 영역 Ⅱ에 존재한다.
ㄴ. 최대 완충 영역은 Ⅲ에 해당한다.
ㄷ. pH가 [HA]에만 의존하는 영역이 Ⅱ에 존재한다.
ㄹ. 영역 Ⅲ에서는 pH가 첨가된 과량의 강염기의 양에만 의존한다.

① ㄱ ② ㄱ, ㄴ
③ ㄱ, ㄷ ④ ㄱ, ㄹ

6 □□□ 17 서울시 7급 13

납축전지 전해액의 주성분은 H_2SO_4 수용액이다. 납축전지에서 1.00mL의 전해액을 피펫으로 취한 뒤 플라스크에 넣고 물과 페놀프탈레인 지시약을 첨가하였다. 그 용액을 0.50M NaOH 용액으로 적정하였더니 연분홍빛으로 변하게 하는데 12.0mL가 필요하였다. 1L의 납축전지 전해액에 존재하는 H_2SO_4의 양은 대략 몇 g인가? (단, H_2SO_4의 분자량은 98g/mol이며, 최종 결과의 유효 숫자는 두 개가 되도록 반올림한다.)

① 240 ② 290
③ 480 ④ 580

7 □□□ 20 국가직 7급 14

다음 그래프는 25℃에서 임의의 염 Na_2A 수용액 10.0mL를 0.1M HCl 수용액으로 적정하여 얻은 것이다. 이에 대한 설명으로 옳은 것만을 모두 고르면? (단, 다양성자산 H_2A의 단계별 산 해리 상수는 각각 $K_{a1} = 4.3 \times 10^{-7}$, $K_{a2} = 5.6 \times 10^{-11}$이다.)

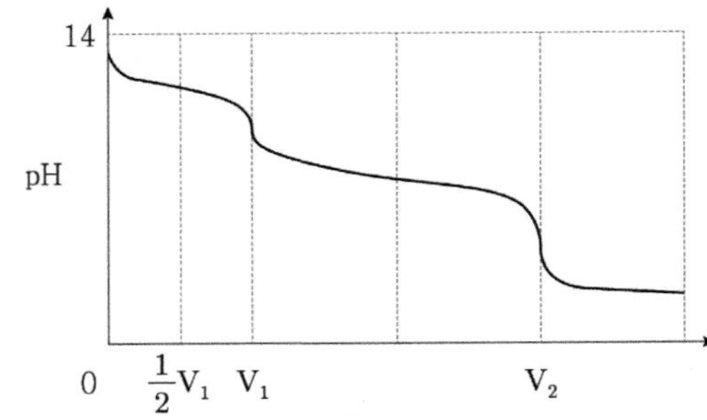

ㄱ. V_1 지점에서 용액에 존재하는 화학종은 A^{2-}, Cl^-, Na^+, H_2O이다.
ㄴ. V_2 지점에서 $[HA^-] = [H_2A]$의 관계식이 성립한다.
ㄷ. $\frac{1}{2}V_1$ 지점에서 $pH = pK_{a2}$이다.

① ㄱ ② ㄴ
③ ㄷ ④ ㄱ, ㄴ

Chapter 06

불용성 염의 용해 평형

제 1 절 용해도와 K_{sp}

정답 p.467

회독점검

1 ☑☐☐ 17 서울시 2회 9급 17

25℃의 물에서 $Cd(OH)_2(s)$의 용해도를 S라고 할 때, $Cd(OH)_2(s)$의 용해도곱 상수(solubility product constant, K_{sp})로 옳은 것은?

① $2S^2$ ② S^3

③ $2S^3$ ④ $4S^3$

2 ☐☐☐ 18 서울시 1회 7급 14

요오드화 납(PbI_2)의 물에 대한 용해도는 4.0×10^{-5}M이라고 가정하자. 요오드화 납의 용해도곱 상수는?

① 1.6×10^{-9} ② 4.0×10^{-5}

③ 6.4×10^{-14} ④ 2.6×10^{-13}

3 ☐☐☐ 19 서울시 2회 7급 13

$Ca(OH)_2$ 74g을 물에 녹여 1L를 만들고 평형에 도달할 때까지 기다렸다. 용액 속에 존재하는 Ca^{2+}의 농도는? (단, $Ca(OH)_2$의 몰질량은 74g이고, 용해도곱 상수(K_{sp})는 4×10^{-6}이다.)

① 0.01M ② 0.1M

③ 0.2M ④ 1.0M

4 ☐☐☐ 22 서울시 3회 7급 19

〈보기〉 반응의 K_{sp}가 4.0×10^{-12}일 때, Ag_2CO_3의 몰용해도에 가장 가까운 값[mol/L]은?

보기

$$Ag_2CO_3(s) \rightleftarrows 2Ag^+(aq) + CO_3^{2-}(aq)$$

① 1.0×10^{-4} ② 1.6×10^{-5}

③ 1.6×10^{-6} ④ 1.0×10^{-7}

제 2 절 불용성 염의 용해 평형에 영향을 미치는 요인

정답 p.468

회독점검

1 ☑☐☐ 13 지방직 7급 10

다음은 비휘발성 염 MX, M_2Y, MZ_2 각각의 용해도 평형과 100℃에서의 용해도곱 상수(K_{sp})를 나타낸 것이다.

- $MX(s) \rightleftarrows M^+(aq) + X^-(aq)$ $K_{sp} = 1.0 \times 10^{-4}$
- $M_2Y(s) \rightleftarrows 2M^+(aq) + Y^{2-}(aq)$ $K_{sp} = 4.0 \times 10^{-3}$
- $MZ_2(s) \rightleftarrows M^{2+}(aq) + 2Z^-(aq)$ $K_{sp} = 3.2 \times 10^{-5}$

포화 수용액의 끓는점이 높은 순으로 바르게 나열한 것은? (단, 수용액 형성 과정에서 용질에 의한 부피 변화는 없고, 온도에 따른 용해도 변화는 무시한다.)

① $MX > M_2Y > MZ_2$
② $MX > MZ_2 > M_2Y$
③ $M_2Y > MZ_2 > MX$
④ $MZ_2 > M_2Y > MX$

2 ☐☐☐ 16 서울시 9급 18

25℃에서 수산화 알루미늄($Al(OH)_3(s)$)의 용해도곱 상수(K_{sp})가 3.0×10^{-34}이라면 pH = 10으로 완충된 용액에서 $Al(OH)_3(s)$의 용해도는 얼마인가?

① 3.0×10^{-22} M ② 3.0×10^{-17} M
③ 1.73×10^{-17} M ④ 3.0×10^{-4} M

3 ☐☐☐ 16 서울시 3회 7급 17

$Ag_2CO_3(s)$의 평형 반응식과 25℃에서의 K_{sp}가 다음과 같을 때 $Ag_2CO_3(s)$의 용해도에 대한 설명으로 옳은 것은?

$Ag_2CO_3(s) \rightleftarrows 2Ag^+(aq) + CO_3^{2-}(aq)$
$K_{sp} = 8 \times 10^{-12}$

① 용액에 $HNO_3(aq)$를 첨가하면 $Ag_2CO_3(s)$의 용해도는 증가한다.
② 용액에 $CO_2(g)$를 녹여주면 $Ag_2CO_3(s)$의 용해도는 증가한다.
③ 용액에 $NH_3(aq)$를 첨가하면 $Ag_2CO_3(s)$의 용해도는 감소한다.
④ 용액에 $Na_2CO_3(s)$를 첨가하면 $Ag_2CO_3(s)$의 용해도는 증가한다.

4 ☐☐☐ 18 서울시 1회 7급 08

〈보기〉의 고체 중에서 물에서보다 산성 용액에서 용해도가 증가하는 것을 모두 고른 것은?

보기
수산화아연($Zn(OH)_2$), 플루오린화납(PbF_2), 황산바륨($BaSO_4$)

① $Zn(OH)_2$, PbF_2
② $Zn(OH)_2$, $BaSO_4$
③ PbF_2, $BaSO_4$
④ $Zn(OH)_2$, PbF_2, $BaSO_4$

5 □□□

19 국가직 7급 15

25℃, 1기압에서 pH=11인 완충 용액에 대한 $Mn(OH)_2$의 몰용해도는? (단, 25℃, 1기압에서 $Mn(OH)_2$의 용해도곱 상수(K_{sp})는 1.6×10^{-13}이다.)

① 1.6×10^{-10}M
② 4.0×10^{-10}M
③ 1.6×10^{-7}M
④ 4.0×10^{-7}M

6 □□□

21 국가직 7급 16

t℃의 물에서 MgF_2의 용해도곱 상수(K_{sp})가 4×10^{-9}일 때, t℃에서 MgF_2의 용해 거동에 대한 설명으로 옳은 것만을 모두 고르면? (단, NaF은 물에서 이온으로 완전히 해리된다.)

ㄱ. 물에서 MgF_2의 몰용해도는 1×10^{-3}M이다.

ㄴ. $\frac{\text{물에서 } MgF_2 \text{의 몰용해도}}{0.1M\ HCl \text{ 수용액에서 } MgF_2 \text{의 몰용해도}}$는 1보다 작다.

ㄷ. $\frac{\text{물에서 } MgF_2 \text{의 몰용해도}}{0.1M\ NaF \text{ 수용액에서 } MgF_2 \text{의 몰용해도}}$는 10^4이다.

① ㄱ, ㄴ
② ㄱ, ㄷ
③ ㄴ, ㄷ
④ ㄱ, ㄴ, ㄷ

7 □□□

21 서울시 2회 7급 11

Ag_2CrO_4의 용해도가 가장 높은 경우는?

① 0.5M AgCl 수용액에 녹이는 경우
② 0.3M AgCl 수용액에 녹이는 경우
③ 0.3M $AgNO_3$ 수용액에 녹이는 경우
④ 순수한 물(deionized water, DI water)에 녹이는 경우

8 □□□

22 국가직 7급 21

다음 각 이온 화합물의 수용액에 HNO_3를 첨가했을 때, 용해도 변화가 가장 적은 것은?

① AgI
② $Cu(OH)_2$
③ $CaCO_3$
④ CaF_2

9 □□□

22 서울시 1회 7급 15

25℃에서 $CaF_2(s)$의 용해도곱 상수(K_{sp})는 1.5×10^{-10}이다. 25℃에서 0.01M $NaF(aq)$가 존재할 때, $CaF_2(s)$의 몰 용해도 값[M]으로 가장 가까운 것은?

① 1.5×10^{-6}
② 1.5×10^{-8}
③ 1.5×10^{-10}
④ 1.5×10^{-12}

10 □□□

23 국가직 7급 22

25℃의 물에서 CuBr의 몰 용해도는 2.0×10^{-4}mol L^{-1}이다. 25℃의 0.10M NaBr 수용액에서 CuBr의 몰 용해도는[mol L^{-1}]는?

① 2.0×10^{-4}
② 2.0×10^{-5}
③ 4.0×10^{-7}
④ 4.0×10^{-9}

제 3 절 선택적 침전 정답 p.470

회독점검

1 ☑☐☐ 17 서울시 7급 09

어떤 용액에 0.10M Cl^-과 0.10M CrO_4^{2-}이 들어 있다. 이 용액에 0.10M 질산은 용액을 한 방울씩 첨가했을 때, 다음 중 가장 먼저 침전되는 물질은? (단, 크롬산은의 $K_{sp}=9.0\times10^{-12}$이고, 염화은의 $K_{sp}=1.6\times10^{-10}$이다.)

① 염화은

② 크롬산은

③ 질산은

④ 주어진 정보로는 알 수 없다.

2 ☐☐☐ 18 국가직 7급 18

1.4×10^{-3}M Pb^{2+}이온과 1.0×10^{-4}M Cu^+이온의 혼합 용액에 I^-이온을 첨가할 때 가장 먼저 침전되는 물질은? (단, PbI_2와 CuI의 용해도곱 상수(K_{sp})는 각각 1.4×10^{-8}과 5.3×10^{-12}이다.)

① CuI

② PbI_2

③ 침전이 생성되지 않는다.

④ CuI와 PbI_2가 동시에 침전된다.

Chapter 07

환경 화학

정답 p.470

1 ☑☐☐ 09 지방직 9급 09

성층권에 도달하여 오존층을 파괴하는 물질을 모두 고른 것은?

ㄱ. CF_2Cl_2	ㄴ. $CFCl_3$
ㄷ. CF_3CHCl_2	ㄹ. CF_3CF_2H

① ㄱ ② ㄱ, ㄴ
③ ㄱ, ㄴ, ㄷ ④ ㄱ, ㄴ, ㄷ, ㄹ

2 ☐☐☐ 10 지방직 9급 01

다음 중 산성비의 피해를 가장 많이 입을 수 있는 건축 재료는?

① 대리석 ② 화강암
③ 유리 ④ 모래

3 ☐☐☐ 10 지방직 9급 08

산성비의 형성과 관계없는 반응은?

① $CO + H_2O \rightarrow HCO_2H$
② $2NO_2 + H_2O \rightarrow HNO_2 + HNO_3$
③ $SO_3 + H_2O \rightarrow H_2SO_4$
④ $2SO_2 + O_2 \rightarrow 2SO_3$

4 ☐☐☐ 11 지방직 9급 05

오존층 파괴와 관련된 설명으로 옳지 않은 것은?

① 오존층 파괴는 CFC 내에 존재하는 Cl에 의해 진행된다.
② 냉매와 공업용매로 많이 사용되는 CFC는 공기와 화학적인 반응성이 크다.
③ 오존층 파괴의 주된 화학물질로 알려진 CFC는 클로로플루오로카본의 약자이다.
④ 오존층에 존재하는 오존은 자외선으로부터 지구의 생명체를 보호하는 역할을 한다.

5 ☐☐☐ 11 지방직 9급 15

산성비에 대한 설명으로 옳지 않은 것은?

① 산성비는 대리석을 부식시킨다.
② 산성비로 인한 호수의 산성화를 막기 위하여 염화칼슘을 사용한다.
③ 질소산화물은 산성비의 원인 물질 중 하나이다.
④ 화석연료에 대한 탈황시설의 설치를 의무화하면 산성비를 줄일 수 있다.

6 □□□

14 지방직 9급 02

다음 화합물 중 물에 녹았을 때 산성 용액을 형성하는 것의 개수는?

SO_2	NH_3	BaO	$Ba(OH)_2$

① 1 ② 2
③ 3 ④ 4

7 □□□

15 지방직 9급 17

대기 중에서 일어날 수 있는 다음 반응 중 산성비 형성과 관계가 없는 것은?

① $O_3(g) \rightarrow O_2(g) + O(g)$
② $S(s) + O_2(g) \rightarrow SO_2(g)$
③ $N_2(g) + O_2(g) \rightarrow 2NO(g)$
④ $SO_3(g) + H_2O(l) \rightarrow H_2SO_4(aq)$

8 □□□

15 지방직 9급 20

광화학 스모그를 일으키는 주된 물질은?

① 이산화탄소 ② 이산화황
③ 질소 산화물 ④ 프레온 가스

9 □□□

16 지방직 9급 08

대기 오염 물질인 기체 A, B, C가 〈보기 1〉과 같을 때 〈보기 2〉의 설명 중 옳은 것만을 모두 고른 것은?

보기 1

A : 연료가 불완전 연소할 때 생성되며, 무색이고 냄새가 없는 기체이다.
B : 무색의 강한 자극성 기체로, 화석 연료에 포함된 황 성분이 연소 과정에서 산소와 결합하여 생성된다.
C : 자극성 냄새를 가진 기체로 물의 살균 처리에도 사용된다.

보기 2

ㄱ. A는 헤모글로빈과 결합하면 쉽게 해리되지 않는다.
ㄴ. B의 수용액은 산성을 띤다.
ㄷ. C의 성분 원소는 세 가지이다.

① ㄱ, ㄴ ② ㄱ, ㄷ
③ ㄴ, ㄷ ④ ㄱ, ㄴ, ㄷ

10 □□□

17 지방직 9급 11

화석 연료는 주로 탄화수소(C_nH_{2n+2})로 이루어지며, 소량의 황, 질소 화합물을 포함하고 있다. 화석 연료를 연소하여 에너지를 얻을 때, 연소 반응의 생성물 중에서 산성비 또는 스모그의 주된 원인이 되는 물질이 아닌 것은?

① CO_2 ② SO_2
③ NO ④ NO_2

11 □□□ 18 지방직 9급 04

방사성 실내 오염 물질은?

① 라돈(Rn) ② 이산화질소(NO_2)
③ 일산화탄소(CO) ④ 폼알데하이드(CH_2O)

12 □□□ 18 지방직 9급 18

물과 반응하였을 때, 산성이 아닌 것은?

① 에테인(C_2H_6) ② 이산화황(SO_2)
③ 일산화질소(NO) ④ 이산화탄소(CO_2)

13 □□□ 19 지방직 9급 06

온실 가스가 아닌 것은

① $CO_2(g)$ ② $H_2O(g)$
③ $N_2(g)$ ④ $CH_4(g)$

14 □□□ 21 지방직 9급 12

광화학 스모그 발생과정에 대한 설명으로 옳지 않은 것은?

① NO는 주요 원인 물질 중 하나이다.
② NO_2는 빛 에너지를 흡수하여 산소 원자를 형성한다.
③ 중간체로 생성된 하이드록시라디칼은 반응성이 약하다.
④ O_3는 최종 생성물 중 하나이다.

15 □□□ 23 지방직 9급 20

대기 오염 물질에 대한 설명으로 옳지 않은 것은?

① 이산화황(SO_2)은 산성비의 원인이 된다.
② 휘발성 유기 화합물(VOCs)은 완전 연소된 화석 연료로부터 주로 발생한다.
③ 일산화탄소(CO)는 혈액 속 헤모글로빈과 결합하여 산소 결핍을 유발한다.
④ 오존(O_3)은 불완전 연소된 탄화수소, 질소 산화물 산소 등의 반응으로 생성되기도 한다.

16 □□□ 24 해양 경찰청 04

전기를 생산하는 원료로 석탄을 사용하는데, 이때 석탄에는 많은 양의 황(S)을 함유하고 있다. 다음 화합물 중 대기 또는 수질오염 유발물질이 아닌 것으로 가장 옳은 것은?

① 이산화황(SO_2)
② 삼산화황(SO_3)
③ TBM(tert−butylmercaptan, $C_4H_{10}S$)
④ 황산(H_2SO_4)

Chapter 08

전기 화학

제1절 산화-환원 반응의 구별

정답 p.472

회독점검

1 ☑☐☐ 09 지방직 9급 08

다음 반응 중 산화-환원 반응이 아닌 것을 모두 고른 것은?

ㄱ. 프로판의 연소
ㄴ. 착화합물의 형성
ㄷ. 물의 전기 분해
ㄹ. 건전지에서 일어나는 반응
ㅁ. 산성비에 의한 대리석상의 손상

① ㄱ, ㄴ, ㄹ ② ㄱ, ㄷ, ㅁ
③ ㄴ, ㅁ ④ ㄷ, ㄹ

2 ☐☐☐ 13 국가직 7급 10

다음 반응 중 산화-환원 반응이 아닌 것은?

① $2H_2O_2 \rightarrow 2H_2O + O_2$
② $N_2 + 3H_2 \rightarrow 2NH_3$
③ $CH_4 + 2O_2 \rightarrow CO_2 + 2H_2O$
④ $HClO_4 + NH_3 \rightarrow NH_4ClO_4$

3 ☐☐☐ 14 지방직 9급 03

산화-환원 반응이 아닌 것은?

① $N_2 + 3H_2 \rightarrow 2NH_3$
② $2H_2O_2 \rightarrow 2H_2O + O_2$
③ $HClO_4 + NH_3 \rightarrow NH_4ClO_4$
④ $2AgNO_3 + Cu \rightarrow 2Ag + Cu(NO_3)_2$

4 ☐☐☐ 14 서울시 7급 07

다음의 각 반응식 중에서 산화-환원반응에 해당하는 것은?

① $BF_3(g) + NH_3(g) \rightarrow NH_3BF_3(s)$
② $AgNO_3(aq) + NaCl(aq) \rightarrow AgCl(s) + NaNO_3(aq)$
③ $Cu(s) + 2H_2SO_4(aq) \rightarrow CuSO_4(aq) + SO_2(g) + 2H_2O(l)$
④ $H_2SO_4(aq) + Ba(OH)_2(aq) \rightarrow BaSO_4(aq) + 2H_2O(l)$
⑤ $HCl(aq) + H_2O(l) \rightarrow H_3O^+(aq) + Cl^-(aq)$

5 ☐☐☐

14 국가직 7급 05

다음 반응 중에서 산화-환원 반응이 아닌 것은?

① $2Ca(s) + O_2(g) \rightarrow 2CaO(s)$

② $Mg(s) + 2HCl(aq) \rightarrow MgCl_2(aq) + H_2(g)$

③ $Mn(s) + Pb(NO_3)_2(aq) \rightarrow Mn(NO_3)_2(aq) + Pb(s)$

④ $Mg(OH)_2(aq) + 2HCl(aq) \rightarrow MgCl_2(aq) + 2H_2O(l)$

6 ☐☐☐

16 해양 경찰청 05

산화-환원 반응이 아닌 것은?

① $N_2 + 3H_2 \rightarrow 2NH_3$

② $2H_2O_2 \rightarrow 2H_2O + O_2$

③ $HClO_4 + NH_3 \rightarrow NH_4ClO_4$

④ $2AgNO_3 + Cu \rightarrow 2Ag + Cu(NO_3)_2$

7 ☐☐☐

17 지방직 9급(상) 01

다음 중 산화-환원 반응이 아닌 것은?

① $2Al + 6HCl \rightarrow 3H_2 + 2AlCl_3$

② $2H_2O \rightarrow 2H_2 + O_2$

③ $2NaCl + Pb(NO_3)_2 \rightarrow PbCl_2 + 2NaNO_3$

④ $2NaI + Br_2 \rightarrow 2NaBr + I_2$

8 ☐☐☐

18 지방직 9급 16

다음 중 산화-환원 반응은?

① $Na_2SO_4(aq) + Pb(NO_3)_2(aq) \rightarrow PbSO_4(s) + 2NaNO_3(aq)$

② $3KOH(aq) + Fe(NO_3)_3(aq) \rightarrow Fe(OH)_3(s) + 3KNO_3(aq)$

③ $AgNO_3(aq) + NaCl(aq) \rightarrow AgCl(s) + NaNO_3(aq)$

④ $2CuCl(aq) \rightarrow CuCl_2(aq) + Cu(s)$

9 ☐☐☐

20 지방직 9급 15

다음 중 산화-환원 반응은?

① $HCl(g) + NH_3(g) \rightarrow NH_4Cl(s)$

② $HCl(aq) + NaOH(aq) \rightarrow H_2O(l) + NaCl(aq)$

③ $Pb(NO_3)_2(aq) + 2KI(aq) \rightarrow PbI_2(s) + 2KNO_3(aq)$

④ $Cu(s) + 2Ag^+(aq) \rightarrow 2Ag(s) + Cu^{2+}(aq)$

10 ☐☐☐

22 해양 경찰청 14

다음 반응 중 산화-환원 반응이 아닌 것을 모두 고른 것은?

ㄱ. 프로판의 연소
ㄴ. 착화합물의 형성
ㄷ. 물의 전기 분해
ㄹ. 산성비에 의한 대리석상의 손상

① ㄱ, ㄷ, ㄹ ② ㄴ, ㄹ
③ ㄱ, ㄴ ④ ㄷ, ㄹ

11 ☐☐☐

23 지방직 9급 17

산화-환원 반응이 아닌 것은?

① $2HCl + Mg \rightarrow MgCl_2 + H_2$

② $CH_4 + 2O_2 \rightarrow CO_2 + 2H_2O$

③ $CO_2 + H_2O \rightarrow H_2CO_3$

④ $3NO_2 + H_2O \rightarrow 2HNO_3 + NO$

제 2 절 산화 - 환원과 산화수

정답 p.473

 화합물과 산화수 

회독점검

1 ☑ ☐ ☐

14 서울시 9급 18

다음은 암모니아(NH_3)를 이용하여 질산(HNO_3)을 제조하는 과정을 나타낸 것이다.

$$\underline{N}H_3(g) \xrightarrow[\text{촉매}]{O_2} \underline{N}O(g) \xrightarrow{O_2} \underline{N}O_2(g)$$
$$\xrightarrow{H_2O} H\underline{N}O_3(aq) + NO(g)$$

밑줄 친 N(질소)의 산화수를 차례대로 바르게 나타낸 것은?

① −3, +2, +4, +5
② −3, −2, +4, +5
③ −3, +2, −4, −5
④ +3, +2, +4, +5
⑤ +3, −2, −4, +5

2 ☐ ☐ ☐

15 지방직 9급 07

산화수에 대한 설명으로 옳은 것만을 모두 고른 것은?

ㄱ. 화학 반응에서 산화수가 감소하는 물질은 환원제이다.
ㄴ. 화합물에서 수소의 산화수는 항상 +1이다.
ㄷ. 홑원소 물질을 구성하는 원자의 산화수는 0이다.
ㄹ. 단원자 이온의 산화수는 그 이온의 전하수와 같다.

① ㄱ, ㄴ ② ㄱ, ㄷ
③ ㄴ, ㄹ ④ ㄷ, ㄹ

3 ☐ ☐ ☐

15 서울시 7급 01

다음 설명 중 옳지 않은 것은?

① FeO에서 Fe의 산화수는 +2이다.
② N_2O_5에서 N의 산화수는 +5이다.
③ NaH에서 H의 산화수는 +1이다.
④ H_2SO_3에서 S의 산화수는 +4이다.

4 ☐ ☐ ☐

16 지방직 9급 04

밑줄 친 원자(C, Cr, N, S)의 산화수가 옳지 않은 것은?

① $H\underline{C}O_3^-$, +4 ② $\underline{Cr_2}O_7^{2-}$, +6
③ $\underline{N}H_4^+$, +5 ④ $\underline{S}O_4^{2-}$, +6

5 ☐ ☐ ☐

16 해양 경찰청 09

물질 (가)~(라)에서 밑줄 친 원자의 산화수를 모두 합한 값은 얼마인가? (단, 전기음성도는 F>O>Cl>H이다.)

(가) $H\underline{Cl}$	(나) $H\underline{Cl}O$
(다) $H_2\underline{O}_2$	(라) $\underline{O}F_2$

① −3 ② −1
③ 0 ④ +1

6 □□□ 19 지방직 9급 17

$KMnO_4$에서 Mn의 산화수는?

① +1　② +3
③ +5　④ +7

7 □□□ 21 해양 경찰청 02

다음 〈보기〉의 4가지 물질에서 밑줄 친 원자의 산화수를 모두 합한 것은?

보기
$K\underline{H}$　$H_2\underline{O}_2$　$\underline{O}F_2$　$N\underline{H}_3$

① −4　② −2
③ 1　④ 2

8 □□□ 22 지방직 9급 06

황(S)의 산화수가 나머지와 다른 것은?

① H_2S　② SO_3
③ $PbSO_4$　④ H_2SO_4

9 □□□ 22 지방직 7급 01

금속 양이온의 산화수가 나머지와 다른 것은?

① Fe_2O_3　② $SrSO_4$
③ CdI_2　④ ZnS

10 □□□ 22 서울시 3회 7급 07

NO_3^-에서 N과 O의 산화수를 순서대로 바르게 나열한 것은?

① +4, −2　② +4, −3
③ +5, −2　④ +5, −3

11 □□□ 23 지방직 9급 07

황(S)의 산화수가 가장 큰 것은?

① K_2SO_3　② $Na_2S_2O_3$
③ $FeSO_4$　④ CdS

12 □□□ 23 서울시 2회 9급 05

〈보기 1〉은 몇 가지 물질의 화학식이다. 〈보기 1〉의 물질을 구성하는 원소들의 산화수에 대한 설명으로 옳은 것을 〈보기 2〉에서 모두 고른 것은?

보기 1
$KMnO_4$　MgH_2　CH_3NH_2　HNO_2

보기 2
ㄱ. 구성 원소 중 산화수가 가장 큰 것은 Mn이다.
ㄴ. MgH_2에서 H의 산화수와 HNO_3에서 H의 산화수는 같다.
ㄷ. CH_3NH_2에서 N의 산화수와 HNO_2에서 N의 산화수의 합은 0이다.

① ㄱ, ㄴ　② ㄱ, ㄷ
③ ㄴ, ㄷ　④ ㄱ, ㄴ, ㄷ

13 □□□

24 국가직 7급 03

Cu의 산화수가 나머지 셋과 다른 것은?

① Cu_2O　　② $Cu(OH)_2$

③ $CuCl_2$　　④ $CuSO_4$

14 □□□

24 지방직 7급 04

밑줄 친 원소의 산화수가 나머지와 다른 것은?

① $Na_2\underline{S}O_3$　　② $Al_2\underline{O}_3$

③ $Fe\underline{O}$　　④ $H_2\underline{S}$

15 □□□

24 지방직 9급 09

산화수에 대한 계산으로 옳지 않은 것은?

① SO_2에서 S와 O의 산화수의 합은 +2이다.

② NaH에서 Na와 H의 산화수의 합은 0이다.

③ N_2O_5에서 N과 O의 산화수의 합은 +3이다.

④ $KMnO_4$에서 K, Mn, O의 산화수의 합은 +5이다.

16 □□□

24 서울시 7급 17

〈보기〉의 화합물에 있는 각 원소의 산화수의 절댓값이 가장 큰 것은?

보기

K_2O_2　　CS_2　　$CaBr_2$

① O　　② C

③ S　　④ Ca

산화－환원 반응과 산화수 

17 □□□

12 지방직 7급 12

다음 반응에 대한 〈보기〉의 설명 중 옳은 것을 모두 고른 것은?

$$Cd(s)+NiO_2(s)+2H_2O(l) \rightarrow Cd(OH)_2(s)+Ni(OH)_2(s)$$

보기

ㄱ. Cd는 반응 후 산화수가 증가한다.

ㄴ. NiO_2는 산화제로 작용한다.

ㄷ. H_2O는 산화제이며 환원제이다.

① ㄱ　　② ㄱ, ㄴ

③ ㄴ, ㄷ　　④ ㄱ, ㄴ, ㄷ

18 □□□

14 해양 경찰청 20

다음은 몇 가지 산화 환원 반응식이다.

(Ⅰ) $2H_2+O_2 \rightarrow 2H_2O$

(Ⅱ) $4Fe+O_2 \rightarrow 2Fe_2O_3$

(Ⅲ) $CH_4+2O_2 \rightarrow CO_2+2H_2O$

(Ⅳ) $Mg+CuCl_2 \rightarrow MgCl_2+Cu$

이에 대한 설명으로 가장 적절한 것을 〈보기〉에서 모두 고른 것은?

보기

ㄱ. (Ⅰ)에서 H_2는 산화제이다.

ㄴ. (Ⅱ)에서 Fe의 산화수는 증가한다.

ㄷ. (Ⅲ)에서 CH_4는 환원 반응을 한다.

ㄹ. (Ⅳ)에서 $MgCl_2$중 Mg의 산화수는 +2이다.

① ㄱ, ㄴ　　② ㄱ, ㄷ

③ ㄴ, ㄹ　　④ ㄷ, ㄹ

19 □□□

16 지방직 9급 15

아래 반응에서 산화되는 원소는?

$$14HNO_3 + 3Cu_2O \rightarrow 6Cu(NO_3)_2 + 2NO + 7H_2O$$

① H ② N
③ O ④ Cu

20 □□□

16 지방직 7급 18

다음 산화 · 환원 반응에서 산화제와 환원제는?

$$16H^+(aq) + 2Cr_2O_7^{2-}(aq) + C_2H_5OH(l) \rightarrow 4Cr^{3+}(aq) + 11H_2O(l) + 2CO_2(g)$$

	산화제	환원제
①	H^+	$Cr_2O_7^{2-}$
②	H^+	C_2H_5OH
③	C_2H_5OH	$Cr_2O_7^{2-}$
④	$Cr_2O_7^{2-}$	C_2H_5OH

21 □□□

17 지방직 7급 04

환원 반응이 아닌 것은?

① Fe^{3+}가 Fe^{2+}로 되었다.
② 이황화물(R－S－S－R)이 두 개의 싸이올(R－SH)로 되었다.
③ 메테인이 이산화탄소로 되었다.
④ $SnO_2(s)$가 $Sn(s)$으로 되었다.

22 □□□

17 해양 경찰청 15

다음은 황산의 제조와 이용에 관련된 반응식이다.

(A) $2H_2S(g) + 3O_2(g) \rightarrow 2SO_2(g) + 2H_2O(l)$
(B) $SO_3(g) + H_2O(l) \rightarrow H_2SO_4(aq)$
(C) $BaO_2(g) + H_2SO_4(aq) \rightarrow BaSO_4(s) + H_2O_2(aq)$

이 반응에 대한 서명으로 〈보기〉에서 옳은 것을 모두 고른 것은?

보기

(가) (A)에서 H_2S 1몰당 이동한 전자의 몰수는 6이다.
(나) (B)에서 S의 산화수는 증가한다.
(다) (C)에서 BaO_2는 환원제로 작용한다.

① (가) ② (나)
③ (다) ④ (나), (다)

23 □□□

18 지방직 9급 07

산화수 변화가 가장 큰 원소는?

$$PbS(s) + 4H_2O_2(aq) \rightarrow PbSO_4(s) + 4H_2O(l)$$

① Pb ② S
③ H ④ O

24 □□□

18 지방직 7급 04

다음 산화환원 반응에 대한 설명으로 옳지 않은 것은?

$$PbO(s)+CO(g) \rightarrow Pb(s)+CO_2(g)$$

① 납 산화물을 일산화탄소로 처리하여 납 금속을 만드는 반응이다.
② PbO는 산화제이다.
③ 반응을 통해 CO는 산화되었다.
④ 환원된 생성물 Pb의 산화수는 +2이다.

25 □□□

19 지방직 9급 10

수용액에서 $HAuCl_4(s)$를 구연산(citric acid)과 반응시켜 금 나노입자 $Au(s)$를 만들었다. 이에 대한 설명으로 옳은 것만을 모두 고르면?

보기

ㄱ. 반응 전후 Au의 산화수는 +5에서 0으로 감소하였다.
ㄴ. 산화-환원 반응이다.
ㄷ. 구연산은 환원제이다.
ㄹ. 산-염기 중화 반응이다.

① ㄱ, ㄴ
② ㄱ, ㄷ
③ ㄴ, ㄷ
④ ㄴ, ㄹ

26 □□□

19 해양 경찰청 15

다음은 공기 중의 질소(N_2)의 순환과 관련된 반응의 화학 반응식이다.

(가) $N_2 + O_2 \rightarrow 2NO$
(나) $2NO + O_2 \rightarrow 2NO_2$
(다) $aNO_2 + H_2O \rightarrow bHNO_3 + cNO$
($a \sim c$는 반응 계수)

이에 대한 설명으로 옳은 것을 〈보기〉에서 모두 고른 것은?

보기

ㄱ. $a=b+c$이다.
ㄴ. (나)에서 NO는 산화제이다.
ㄷ. (가)~(다)는 모두 산화 · 환원 반응이다.

① ㄱ
② ㄱ, ㄷ
③ ㄴ, ㄷ
④ ㄱ, ㄴ, ㄷ

27 □□□

20 지방직 9급 11

반응식 $P_4(s) + 10Cl_2(g) \rightarrow 4PCl_5(s)$에서 환원제와 이를 구성하는 원자의 산화수 변화를 옳게 짝지은 것은?

	환원제	반응 전 산화수	반응 후 산화수
①	$P_4(s)$	0	+5
②	$P_4(s)$	0	+4
③	$Cl_2(g)$	0	+5
④	$Cl_2(g)$	0	−1

28 □□□

20 해양 경찰청 18

다음은 Cu와 관련된 3가지 반응의 화학 반응식이다. 이에 대한 설명으로 옳은 것을 모두 고른 것은?

(가) $CuO + H_2 \rightarrow Cu + H_2O$
(나) $Cu_2S + O_2 \rightarrow 2Cu + SO_2$
(다) $3Cu + 8HNO_3 \rightarrow 3Cu(NO_3)_2 + 4H_2O + 2NO$

ㄱ. (가)에서 CuO는 환원된다.
ㄴ. (나)에서 Cu와 O의 산화수는 모두 감소한다.
ㄷ. (다)에서 HNO_3은 산화제이다.

① ㄱ
② ㄱ, ㄴ
③ ㄴ, ㄷ
④ ㄱ, ㄴ, ㄷ

29 □□□

20 해양 경찰청 20

다음 화학 반응식에 대한 설명으로 가장 옳지 않은 것은?

(가) $NH_3(aq) + H_2O(l) \rightarrow NH_4^+(aq) + OH^-(aq)$
(나) $2Na(s) + Cl_2(g) \rightarrow 2NaCl(s)$
(다) $H_2(g) + Cl_2(g) \rightarrow 2HCl(g)$

① (가)에서 NH_3는 염기이다.
② (나)는 산화 환원반응이다.
③ (다)에서 H의 산화수는 증가한다.
④ (가)에서 결합각은 NH_3가 NH_4^+보다 크다.

30 □□□

21 지방직 9급 20

다음은 철의 제련 과정과 관련된 화학 반응식이다. 이에 대한 설명으로 옳지 않은 것은?

(가) $2C(s) + O_2(g) \rightarrow 2CO(g)$
(나) $Fe_2O_3(s) + 3CO(g) \rightarrow 2Fe(s) + 3CO_2(g)$
(다) $CaCO_3(s) \rightarrow CaO(s) + CO_2(g)$
(라) $CaO(s) + SiO_2(s) \rightarrow CaSiO_3(l)$

① (가)에서 C의 산화수는 증가한다.
② (가) ~ (라) 중 산화-환원 반응은 2가지이다.
③ (나)에서 CO는 환원제이다.
④ (다)에서 Ca의 산화수는 변한다.

31 □□□

21 해양 경찰청 16

다음은 3가지 산화 환원 반응이다.

ㄱ. 나트륨을 산소(O_2)와 반응시켰더니 나트륨이 [A]가 (이) 되었다.
ㄴ. 질소를 [B]시켜 암모니아를 합성한다.
ㄷ. 메테인의 연소 반응에서 메테인은 [C]가(이) 된다.

A, B, C로 가장 적절한 것은?

	A	B	C
①	산화	산화	산화
②	산화	환원	산화
③	환원	환원	환원
④	환원	산화	환원

제 3 절 이온 전자법

정답 p.477

회독점검

1 ☑☐☐ 15 해양 경찰청 03

다음 반응식에서 (　　) 안에 들어갈 알맞은 내용은?

$$MnO_4^- + 8H^+ + (\ \ ) \rightarrow Mn^{2+} + 4H_2O$$

① $2e^-$　② $3e^-$
③ $4e^-$　④ $5e^-$

2 ☐☐☐ 16 국가직 7급 16

Fe^{2+}이온과 과망간산칼륨($KMnO_4$) 용액의 반응식은 다음과 같다. Fe^{2+}이온이 녹아있는 수용액을 0.10M 과망간산칼륨 수용액으로 적정하였다. 총 0.30L의 과망간산칼륨 수용액이 첨가되어 종말점에 이르렀다면, 적정 전 수용액에 들어있던 Fe^{2+}이온의 몰수는?

$$aMnO_4^-(aq) + bFe^{2+}(aq) + cH_3O^+(aq) \rightarrow dMn^{2+}(aq) + eFe^{3+}(aq) + fH_2O(l)$$

① 0.12　② 0.15
③ 0.18　④ 0.21

3 ☐☐☐ 16 해양 경찰청 15

과망가니즈산 이온은 황산 용액에서 철(II) 이온을 철(III) 이온으로 변화시키고 과망가니즈산 이온 자신은 망가니즈(II) 이온으로 변한다. 이 반응의 산화 반쪽 반응식과 환원 반쪽 반응식은 다음과 같다.

- $Fe^{2+} \rightarrow Fe^{3+} + e^-$
- $MnO_4^- + aH^+ + be^- \rightarrow Mn^{2+} + cH_2O$

이에 대한 설명으로 옳은 것은?

① $b+c$는 8이다.
② 과망가니즈산 이온(MnO_4^-)은 산화된다.
③ 수소 이온(H^+)은 산화제이다.
④ 5몰의 철(Ⅱ)이온이 철(Ⅲ)이온으로 변할 때 반응하는 과망가니즈산 이온은 1몰이다.

4 ☐☐☐ 18 서울시 2회 9급 15

과망간산칼륨($KMnO_4$)은 산화제로 널리 쓰이는 시약이다. 염기성 용액에서 과망간산 이온은 물을 산화시키며 이산화망간으로 환원되는데, 이때의 화학 반응식으로 가장 옳은 것은?

① $MnO_4^-(aq) + H_2O(l) \rightarrow MnO_2(s) + H_2(g) + OH^-(aq)$

② $MnO_4^-(aq) + 6H_2O(l) \rightarrow MnO_2(s) + 2H_2(g) + 8OH^-(aq)$

③ $4MnO_4^-(aq) + 2H_2O(l) \rightarrow 4MnO_2(s) + 3O_2(g) + 4OH^-(aq)$

④ $2MnO_4^-(aq) + 2H_2O(l) \rightarrow 2Mn^{2+}(aq) + 3O_2(g) + 4OH^-(aq)$

5 □□□ 18 서울시 3회 7급 02

〈보기〉의 반응식에 대한 설명으로 가장 옳지 않은 것은?

보기

$5H_2O_2 + 2MnO_4^- + 6H^+ \rightarrow 2Mn^{2+} + 8H_2O + xO_2$

① $x = 5$이다.

② H_2O_2는 환원되었다.

③ MnO_4^-는 산화제이다.

④ 반응 전후 화합물 내 H의 산화수는 모두 같다.

6 □□□ 19 국가직 7급 10

다음은 산성 수용액에서 일어나는 산화-환원의 불균형 반응식이다. 이에 대한 설명으로 옳지 않은 것은?

$MnO_4^{2-}(aq) + C_2O_4^{2-}(aq) \rightarrow Mn^{2+}(aq) + CO_2(g)$

① MnO_4^-에서 Mn의 산화수는 +7이다.

② C의 산화수는 2만큼 증가한다.

③ 균형 반응식에서 H_2O는 생성물로 나타난다.

④ 균형 반응식에서 MnO_4^-와 $C_2O_4^{2-}$의 몰비는 2 : 5이다.

7 □□□ 21 국가직 7급 17

다음은 산성 용액에서 일어나는 산화-환원 과정의 불균형 반응식이다.

$$Sn(s) + Cl^-(aq) + NO_3^-(aq) \rightarrow SnCl_6^{2-}(aq) + NO_2(g)$$

이 과정에 대한 설명으로 옳은 것은?

① Cl의 산화수는 감소한다.

② NO_3^-은 환원제이다.

③ 1몰의 Sn이 반응할 때 4몰의 H_2O이 생성된다.

④ 1몰의 Sn이 반응할 때 2몰의 전자가 이동한다.

8 □□□ 21 서울시 2회 7급 14

산성 수용액에서 H_2O_2와 Fe^{2+}의 산화-환원 반응이 일어난 H_2O와 Fe^{3+}이 생성되는 과정에 대한 설명으로 가장 옳은 것은?

① H_2O_2 1몰이 반응할 때 Fe^{3+} 2몰이 생성된다.

② H_2O_2 1몰이 반응할 때 전자 1몰이 이동한다.

③ O의 산화수는 2만큼 낮아진다.

④ 반응의 진행과 함께 수용액의 pH가 낮아진다.

9 □□□

22 지방직 7급 09

다음 화학 반응식은 산성 용액에서 과망가니즈산 이온과 철 이온사이의 반응을 나타낸 것이다. 이에 대한 설명으로 옳은 것만을 모두 고르면? (단, $a \sim f$는 최소 정수비를 가진다.)

$$aMnO_4^-(aq) + bFe^{2+}(aq) + cH^+(aq) \rightarrow dFe^{3+}(aq) + eMn^{2+}(aq) + fH_2O(l)$$

ㄱ. 전체 반응식의 균형을 맞추기 위해서는 8개의 수소 양이온이 필요하다.
ㄴ. 전체 반응식의 균형을 맞추기 위해서는 6개의 전자가 필요하다.
ㄷ. 철 이온은 환원제로 사용되었다.
ㄹ. $a+b+d+e=14$

① ㄱ, ㄷ　　② ㄴ, ㄹ
③ ㄱ, ㄷ, ㄹ　　④ ㄴ, ㄷ, ㄹ

10 □□□

22 국가직 7급 25

다이크로뮴산 소듐($Na_2Cr_2O_7$)은 탄소와 반응하여 산화 크로뮴(Ⅲ), 탄산 소듐, 일산화탄소를 생성한다. 이에 대한 설명으로 옳은 것만을 모두 고르면?

ㄱ. 반응물인 탄소는 환원제로 작용한다.
ㄴ. 반응에서 Cr의 산화수 변화는 −4이다.
ㄷ. 생성물에서 탄소 원자의 산화수는 동일하다.
ㄹ. 균형 맞춘 반응식에서 두 반응물의 반응 계수 비는 1 : 1이다.

① ㄱ　　② ㄴ
③ ㄱ, ㄹ　　④ ㄴ, ㄷ, ㄹ

11 □□□

22 서울시 3회 7급 05

산성 용액에서 화학 반응 ($MnO_4^- + ClO_3^- \rightarrow Mn^{2+} + ClO_4^-$)의 균형 잡힌 반응식을 구했을 때 총계수의 합은?

① 23　　② 25
③ 27　　④ 29

12 □□□

22 해양 경찰청 06

과망간산칼륨($KMnO_4$)은 산화제로 널리 쓰이는 시약이다. 염기성 용액에서 과망간산 이온은 물을 산화시키며 이산화망간으로 환원되는데 이때의 화학 반응식으로 가장 옳은 것은?

① $MnO_4^-(aq) + H_2O(l) \rightarrow MnO_2(s) + H_2(g) + OH^-(aq)$
② $MnO_4^-(aq) + 6H_2O(l) \rightarrow MnO_2(s) + 2H_2(g) + 8OH^-(aq)$
③ $4MnO_4^-(aq) + 2H_2O(l) \rightarrow 4MnO_2(s) + 3O_2(g) + 4OH^-(aq)$
④ $4MnO_4^-(aq) + 4H_2O(l) \rightarrow 4Mn^{2+}(aq) + 6O_2(g) + 8OH^-(aq)$

13 □□□

22 서울시 3회 7급 15

산성 조건에서 진행되는 〈보기〉의 산화−환원 반응의 균형을 맞추었을 때, α, β, γ, δ의 합은?

보기

$$\alpha Cl_2(g) + \beta S_2O_3^{2-}(aq) \rightarrow \gamma Cl^-(aq) + \delta SO_4^{2-}(aq)$$

① 8　　② 10
③ 15　　④ 16

14 □□□ 23 지방직 9급 12

다음은 산성 수용액에서 일어나는 균형 화학 반응식이다. 염기성 조건에서의 균형 화학 반응식으로 옳은 것은?

$$Co(s) + 2H^+(aq) \rightarrow Co^{2+}(aq) + H_2(g)$$

① $Co^{2+}(aq) + H_2(g) \rightarrow Co(s) + 2H^+(aq)$

② $Co(s) + 2OH^-(aq) \rightarrow Co^{2+}(aq) + H_2(g)$

③ $Co(s) + H_2O(l) \rightarrow Co^{2+}(aq) + OH^-(aq)$

④ $Co(s) + 2H_2O(l) \rightarrow Co^{2+}(aq) + 2OH^-(aq)$

15 □□□ 23 서울시 2회 7급 04

〈보기〉는 어떤 갈바니 전지를 선표기법으로 나타낸 것이다. 산성 용액에서 일어나는 이 전지의 산화－환원 반응의 균형 반응식에서 NO(g)의 계수는?

보기

$$Sn(s)|Sn^{2+}(aq) \| HNO_3(aq)|NO(g)|Pt(s)$$

① 2 ② 3

③ 5 ④ 6

16 □□□ 24 서울시 9급 09

〈보기 1〉은 산화, 환원 반응의 화학 반응식이다. 이에 대한 설명으로 옳은 것을 〈보기 2〉에서 모두 고른 것은?

보기 1

$$aCo^{2+}(aq) + bMnO_4^-(aq) + cH^+(aq) \rightarrow dCo^{4+}(aq) + eMn^{2+}(aq) + fH_2O(l)$$

보기 2

ㄱ. Co^{2+}는 환원제이다.
ㄴ. $a+b+c-f=15$이다.
ㄷ. Mn의 산화수는 -1에서 $+2$로 증가한다.

① ㄱ ② ㄷ

③ ㄱ, ㄴ ④ ㄴ, ㄷ

제 4 절 금속의 반응성과 화학 전지

정답 p.480

금속의 반응성

회독점검

1 ☑☐☐ 20 서울시 2회 7급 06

환원력이 가장 작은 금속은?

① Mg ② K

③ Au ④ Pb

2 ☐☐☐ 22 서울시 1회 7급 16

가장 강한 환원제는?

① Li ② Cu

③ Cd ④ Zn

화학 전지

3 ☐☐☐ 11 지방직 9급 10

표준상태에 있는 다음 두 반쪽 반응을 기본으로 하는 볼타전지를 만들었다. 이에 대한 설명으로 옳지 않은 것은?

- $Zn^{2+}(aq) + 2e^- \rightarrow Zn(s) \quad E° = -0.76\,V$
- $Cu^{2+}(aq) + 2e^- \rightarrow Cu(s) \quad E° = +0.34\,V$

① Zn은 환원제로 작용했다.

② 전지의 $E°$는 1.10V이다.

③ Zn은 환원전극이고, Cu는 산화전극이다.

④ 두 금속에서 일어나는 산화-환원은 자발적이다.

4 ☐☐☐ 14 지방직 9급 08

볼타(Volta) 전지에 대한 설명으로 옳지 않은 것은?

① 자발적 산화-환원 반응에 의해 화학 에너지를 전기 에너지로 변환시킨다.

② 전기도금을 할 때 볼타 전지가 이용된다.

③ 다이엘(Daniell) 전지는 볼타 전지의 한 예이다.

④ $Zn(s)|Zn^{2+}(aq) \| Cu^{2+}(aq)|Cu(s)$로 표기되는 전지가 작동할 때 산화전극의 질량이 감소한다.

5 ☐☐☐ 14 서울시 9급 11

납축전지는 $Pb(s)$ 전극과 $PbO_2(s)$전극으로 구성되어 있으며 전해질은 H_2SO_4 수용액이다. 납축전지의 방전과정에서 일어나는 반응은 다음과 같다.

$$Pb(s) + PbO_2(s) + 2H_2SO_4(aq) \rightarrow 2PbSO_4(s) + 2H_2O(l)$$

이에 관한 다음 서술 중 옳은 것을 모두 고르시오.

ㄱ. 자동차의 배터리에 이용된다.
ㄴ. 1차 전지에 속하며 충전할 수 있다.
ㄷ. 방전될수록 두 전극의 질량은 증가한다.
ㄹ. 방전될수록 전해질의 황산농도가 증가한다.

① ㄱ, ㄷ ② ㄴ, ㄹ

③ ㄱ, ㄴ ④ ㄱ, ㄹ

⑤ ㄴ, ㄷ

6 □□□

14 서울시 7급 20

갈바니 전지에 대한 설명 중 옳지 않은 것은?

① 자발적 반응이 일어나는 경우 일반적으로 전위차 값을 음수로 나타낸다.
② 갈바니 전지에서는 산화, 환원 반응이 모두 일어난다.
③ 염다리를 사용할 수 있다.
④ 자발적인 화학 반응이 전기를 생성한다.
⑤ 아연은 자발적인 산화, 구리이온은 자발적인 환원을 일으킨다.

7 □□□

15 서울시 7급 13

다음은 Zn과 Cu 사이의 산화-환원 반응을 이용하는 볼타 전지(voltaic cell)의 반응식을 나타낸 것이다. 시간 경과 후 관측되는 현상을 올바르게 설명한 것은?

$$Zn(s) + Cu^{2+}(aq) \rightarrow Zn^{2+}(aq) + Cu(s)$$

① Zn^{2+}의 농도가 감소한다.
② Zn 전극의 질량이 감소한다.
③ Cu 전극의 질량이 감소한다.
④ Cu^{2+}의 농도가 증가한다.

8 □□□

16 국가직 7급 01

$Cu^{2+}(aq) + Co(s) \rightarrow Cu(s) + Co^{2+}(aq)$ 반응식을 갖는 볼타 전지가 있다. 25℃에서 이 전지의 표준 전지 전위 $E^\circ = 0.62\,V$이고, 환원 전극의 표준 환원 전위 $E^\circ = 0.34\,V$일 때, 산화 전극의 표준 환원 전위 $E^\circ[V]$는?

① −0.28　　② −0.96
③ +0.28　　④ +0.96

9 □□□

16 국가직 7급 05

25℃ 수용액에서 다음과 같은 표준 환원 전위(E°)가 측정되었다. 다음 반응식의 화학종 중에서 가장 강한 산화제는?

$Al^{3+}(aq) + 3e^- \rightarrow Al(s)$　　$E^\circ = -1.66\,V$
$Fe^{3+}(aq) + e^- \rightarrow Fe^{2+}(aq)$　　$E^\circ = +0.77\,V$

① $Al^{3+}(aq)$　　② $Al(s)$
③ $Fe^{3+}(aq)$　　④ $Fe^{2+}(aq)$

10 □□□

16 서울시 9급 20

다음 갈바니 전지 반응에 대한 표준 자유에너지 변화(ΔG°)는 얼마인가? (단, $E^\circ(Zn^{2+}) = -0.76\,V$, $E^\circ(Cu^{2+}) = 0.34\,V$이고, F = 96,500C/mol, V = J/C이다.)

$$Zn(s) + Cu^{2+}(aq) \rightarrow Cu(s) + Zn^{2+}(aq)$$

① −212.3kJ　　② −106.2kJ
③ −81.1kJ　　④ −40.5kJ

11 □□□

16 서울시 3회 7급 20

다음 두 반쪽 전지를 결합하여 갈바니 전지(galvanic cell)를 구성하였을 때 예상되는 기전력은 얼마인가?

$Al^{3+}(aq) + 3e^- \rightarrow Al(s)$　　$E^\circ = -1.66\,V$
$Mg^{2+}(aq) + 2e^- \rightarrow Mg(s)$　　$E^\circ = -2.37\,V$

① $+3.79\,V$　　② $+0.71\,V$
③ $-0.71\,V$　　④ $-3.79\,V$

PART 05 화학 반응

12 □□□

17 지방직 9급 09

다음은 어떤 갈바니 전지(또는 볼타 전지)를 표준 전지 표시법으로 나타낸 것이다. 이에 대한 설명으로 옳은 것은?

$$Zn(s)|Zn^{2+}(aq) \parallel Cu^{2+}(aq)|Cu(s)$$

① 단일 수직선(|)은 염다리를 나타낸다.

② 이중 수직선(‖) 왼쪽이 환원 전극 반쪽 전지이다.

③ 전지에서 Cu^{2+}는 전극에서 Cu로 환원된다.

④ 전자는 외부 회로를 통해 환원 전극에서 산화 전극으로 흐른다.

13 □□□

17 서울시 2회 9급 18

양성자 교환막 연료 전지는 수소기체와 산소기체가 만나 물을 얻는 반응을 이용하여 전기를 생산한다. 이때 산화 전극에서 일어나는 반쪽 반응은 다음과 같다.

$$2H_2(g) \rightarrow 4H^+(aq) + 4e^-$$

다음 중 환원전극에서 일어나는 반쪽 반응으로 옳은 것은?

① $O_2(g) + 4H^+(aq) + 4e^- \rightarrow 2H_2O(l)$

② $O_2(g) + 2H_2(g) \rightarrow 2H_2O(l)$

③ $H^+(aq) + OH^-(aq) \rightarrow H_2O(l)$

④ $2H_2O(l) \rightarrow 4H^+(aq) + 4e^- + O_2(g)$

14 □□□

18 지방직 9급 05

볼타 전지에서 두 반쪽 반응이 다음과 같을 때, 이에 대한 설명으로 옳지 않은 것은?

$Ag^+(aq) + e^- \rightarrow Ag(s)$ $E^o = 0.799V$

$Cu^{2+}(aq) + 2e^- \rightarrow Cu(s)$ $E^o = 0.337V$

① Ag는 환원 전극이고, Cu는 산화 전극이다.

② 알짜 반응은 자발적으로 일어난다.

③ 셀 전압(E°_{cell})은 1.261 V이다.

④ 두 반응의 알짜 반응식은 $2Ag^+(aq) + Cu(aq) \rightarrow 2Ag(s) + Cu^{2+}(aq)$이다.

15 □□□

18 서울시 2회 9급 18

〈보기〉의 화학 반응식의 산화 반쪽 반응으로 가장 옳은 것은?

보기

$$Zn(s) + 2H^+(aq) \rightarrow Zn^{2+}(aq) + H_2(g)$$

① $Zn(s) \rightarrow Zn^{2+}(aq) + 2e^-$

② $Zn^{2+}(aq) + 2e^- \rightarrow Zn(s)$

③ $2H^+(aq) + 2e^- \rightarrow H_2(g)$

④ $H_2(g) \rightarrow 2H^+(aq) + 2e^-$

16 □□□

19 국가직 7급 20

산소 기체와 물이 철을 녹슬게 하는 부식 반응에 대한 설명으로 옳지 않은 것은?

① 철의 초기 반응은 $Fe(s) \rightarrow Fe^{2+}(aq) + 2e^-$이다.

② 환원되는 화학종은 산소 기체(O_2)이다.

③ 이 부식 반응의 표준 기전력은 음의 값을 갖는다.

④ 철의 최종 부식 생성물은 산화철(Ⅲ)이다.

17 □□□

20 지방직 9급 10

25℃ 표준상태에서 다음의 두 반쪽 반응으로 구성된 갈바니 전지의 표준 전위[V]는? (단, E°는 표준 환원 전위 값이다)

> $Cu^{2+}(aq) + 2e^- \rightarrow Cu(s)$ $E^\circ = +0.34V$
> $Zn^{2+}(aq) + 2e^- \rightarrow Zn(s)$ $E^\circ = -0.76V$

① -0.76 ② 0.34
③ 0.42 ④ 1.1

18 □□□

21 국가직 7급 10

다음은 2개의 반쪽 전지와 염다리로 구성된 갈바니 전지의 전지 반응식과, 25℃에서 반쪽 반응의 표준 환원 전위(E°)이다. 25℃에서 이 전지에 대한 설명으로 옳은 것은? (단, 패러데이 상수 $F = 96{,}500\,C\,mol^{-1}$이다.)

> • 전지 반응:
> $2Ag^+(aq) + Cu(s) \rightarrow 2Ag(s) + Cu^{2+}(aq)$
> • 반쪽 반응: $Ag^+(aq) + e^- \rightleftarrows Ag(s)$ $E^o = +0.80V$
> $Cu^{2+}(aq) + 2e^- \rightleftarrows Cu(s)$
> $E^o = +0.34V$

① 표준 기전력은 1.26V이다.
② Ag 전극은 (−)극이다.
③ 전지 반응의 표준 반응 자유 에너지는 $-(0.92 \times 96.5)$kJ이다.
④ Cu 전극이 포함된 반쪽 전지에서 $Cu^{2+}(aq)$ 농도를 높이면 기전력이 증가한다.

19 □□□

22 지방직 7급 03

다음은 갈바니 전지를 선 표시법으로 나타낸 것이다. 환원 전극에서 일어나는 반응은?

> $Pt(s)|Fe^{2+}(aq), Fe^{3+}(aq) \parallel Ag^+(aq)|Ag(s)$

① $Fe^{2+}(aq) \rightarrow Fe^{3+}(aq) + e^-$
② $Ag(s) \rightarrow Ag^+(aq) + e^-$
③ $Fe^{3+}(aq) + e^- \rightarrow Fe^{2+}(aq)$
④ $Ag^+(aq) + e^- \rightarrow Ag(s)$

20 □□□

23 국가직 7급 24

다음은 납 축전지의 전지 반응식과 25℃에서의 표준 기전력(E°)이다.

> $Pb(s) + PbO_2(s) + 2H^+(aq) + 2HSO_4^-(aq)$
> $\rightleftarrows 2PbSO_4(s) + 2H_2O(l)$ $E^\circ = 2.05V$

이에 대한 설명으로 옳지 않은 것은?

① pH를 증가시키면 기전력은 증가한다.
② H_2O를 추가하면 기전력은 감소한다.
③ Pb를 추가해도 기전력은 변하지 않는다.
④ 전지가 평형 상태에 도달하면 기전력은 $0V$이다.

21 □□□

23 서울시 2회 7급 02

1기압, 298K에서 동작하는 〈보기〉의 전기화학 셀의 전압을 변화시킬 수 있는 방법이 아닌 것은?

보기

$Cu(s)|Cu^{2+}(aq, 1M) \| Ag^{+}(aq, 1M)|Ag(s)$

① $Cu^{2+}(aq)$의 농도를 2M으로 증가시킨다.

② $Ag^{+}(aq)$의 농도를 2M으로 증가시킨다.

③ 구동 온도를 400K로 올린다.

④ 외부 압력을 2기압으로 올린다.

22 □□□

24 지방직 9급 17

일정한 온도와 압력에서 10mol의 전자가 전위차 1.5V인 전지에서 가역적으로 이동할 때, $|\Delta G^{\circ}|$[kJ]는? (단, G는 Gibbs 에너지이고, Faraday 상수는 $96{,}500\text{Cmol}^{-1}$이다.)

① 1.44×10^{-3}　　② 1.44

③ 1.44×10^{3}　　④ 1.44×10^{6}

23 □□□

24 서울시 9급 05

〈보기 1〉은 수소 연료 전지의 구조이다. 수소 연료 전지의 구조와 활용에 대한 설명으로 옳은 것을 〈보기 2〉에서 모두 고른 것은?

보기 1

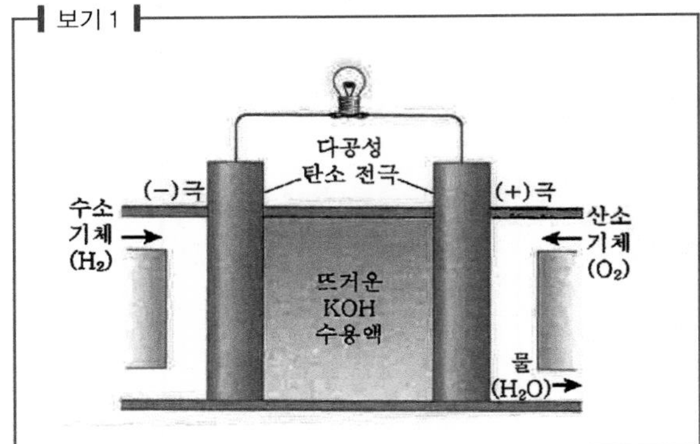

보기 2

ㄱ. (−)극에서는 $2H_2(g) + 4OH^-(aq) \rightarrow 4H_2O(l) + 4e^-$의 환원 반응이 일어난다.

ㄴ. 수소를 얻는 방법으로 물의 전기 분해나 화석 연료의 리포밍, 물의 광분해 반응 등이 있다.

ㄷ. 반응 과정에서 나오는 열을 이용하면 최대 80% 가까이 효율을 높일 수 있는 친환경 차세대 에너지원으로 활용이 가능하다.

① ㄴ　　② ㄱ, ㄷ

③ ㄴ, ㄷ　　④ ㄱ, ㄴ, ㄷ

24 □□□ 24 서울시 9급 17

〈보기 1〉은 금속 A와 B를 묽은 황산에 넣은 후 도선으로 연결한 화학 전지를 나타낸 것이다. 이에 대한 설명으로 옳은 것을 〈보기 2〉에서 모두 고른 것은? (단, 온도와 부피는 일정하고, 금속의 이온은 A^{2+}와 B^{2+}로 임의의 원소 기호이며, A와 H의 원자량은 각각 65, 1이다.)

보기 1

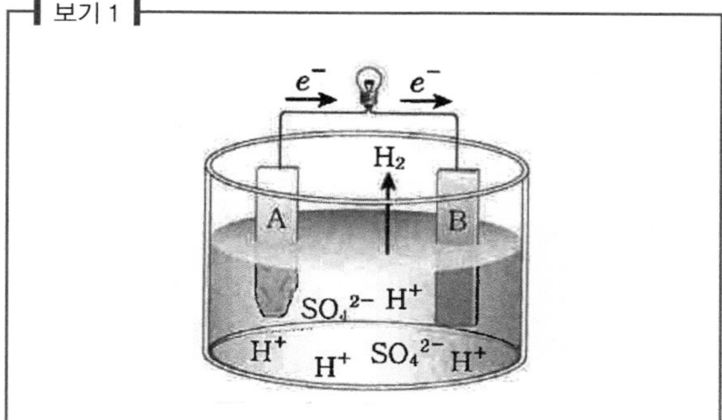

보기 2

ㄱ. 수용액의 밀도가 감소한다.
ㄴ. 전극 A는 (−)극이다.
ㄷ. 환원 반응은 $2H^+ + 2e^- \rightarrow H_2$이다.

① ㄱ　　② ㄴ
③ ㄴ, ㄷ　　④ ㄱ, ㄴ, ㄷ

제 5 절 네른스트식

정답 p.482

네른스트식

회독점검

1 □□□ 13 국가직 7급 06

다음 전지에 대한 설명으로 옳은 것을 모두 고른 것은?

$Zn(s)|Zn^{2+}(1.0M) \parallel Cu^{2+}(1.0M)|Cu(s)$

- $Zn^{2+} + 2e^- \rightarrow Zn$ $E^o = -0.76V$
- $Cu^{2+} + 2e^- \rightarrow Cu$ $E^o = -0.34V$

ㄱ. Zn은 산화 전극이고 Cu는 환원 전극이다.
ㄴ. 298K에서 $E = 1.1V - \frac{0.0592V}{2}\log\frac{[Cu^{2+}]}{[Zn^{2+}]}$
ㄷ. 전자는 Zn 전극에서 Cu 전극으로 이동한다.
ㄹ. Zn 전극의 질량은 감소하고, Cu 전극의 질량은 증가한다.

① ㄱ, ㄴ, ㄷ ② ㄱ, ㄴ, ㄹ
③ ㄱ, ㄷ, ㄹ ④ ㄴ, ㄷ, ㄹ

2 □□□ 17 서울시 7급 19

다음 전지에서 주석 전극은 1.0M Sn^{2+} 용액에, 니켈 전극은 0.1M Ni^{2+} 용액에 각각 담겨 있다. 이때 아래의 두 반쪽 반응을 기초로 한 전기화학 전지의 전위 E에 가장 가까운 값은? (단, 최종 결과는 소수점 셋째 자리에서 반올림한다.)

$Sn^{2+}(aq) + 2e^- \rightarrow Sn(s)$ $E^\circ = -0.14V$
$Ni^{2+}(aq) + 2e^- \rightarrow Ni(s)$ $E^\circ = -0.23V$

① $-0.37V$ ② $0.06V$
③ $0.09V$ ④ $0.12V$

3 □□□ 22 지방직 9급 20

다니엘 전지의 전지식과, 이와 관련된 반응의 표준 환원 전위(E^o)이다. Zn^{2+}의 농도가 0.1M이고, Cu^{2+}의 농도가 0.01M인 다니엘 전지의 기전력[V]에 가장 가까운 것은? (단, 온도는 25℃로 일정하다)

$Zn(s)|Zn^{2+}(aq) \parallel Cu^{2+}(aq)|Cu(s)$

- $Zn^{2+}(aq) + 2e^- \rightleftarrows Zn(s)$ $E^o = -0.76V$
- $Cu^{2+}(aq) + 2e^- \rightleftarrows Cu(s)$ $E^o = +0.34V$

① 1.04 ② 1.07
③ 1.13 ④ 1.16

4 □□□ 19 서울시 2회 7급 19

25℃에서 〈보기〉의 갈바니 전지에 대한 설명으로 옳지 않은 것은?

보기

$Ni(s)|Ni^{2+}(aq, 1.0M) \parallel Pb^{2+}(aq, 1.0M)|Pb(s)$

- $Ni^{2+}(aq) + 2e^- \rightarrow Ni(s)$ $E^o = -0.26V$
- $Pb^{2+}(aq) + 2e^- \rightleftarrows Pb(s)$ $E^o = -0.13V$

① 전지의 표준 전지전위($E^\circ_{전지}$) 값은 0.13V이다.
② 전지 반응에서 Pb 전극의 질량은 증가한다.
③ 전지 반응은 전지전위($E^\circ_{전지}$) 값이 0이 될 때까지 진행된다.
④ 두 전해질 용액의 농도를 각각 0.5M로 묽혀주면 표준 전지전위($E^\circ_{전지}$)가 감소한다.

 반쪽 전지의 기전력 결정

5 □□□ 19 서울시 2회 9급 17

미지의 화학종 A가 포함된 두 가지 반쪽 반응의 표준 환원 전위(E°)는 각각 $E^\circ(A^{2+} \mid A) = +0.3\,V$와 $E^\circ(A^{+} \mid A) = +0.4\,V$이다. 이를 바탕으로 계산한 $E^\circ(A^{2+} \mid A^{+})$ 값[V]은?

① +0.2
② +0.1
③ −0.1
④ −0.2

제 6 절 전해 전지

정답 p.483

회독점검

1 ☑☐☐ 14 국가직 7급 07

그림은 염화나트륨(NaCl) 수용액의 전기분해 장치를 나타낸 것이다. 10A의 전류를 965초 동안 흘려주었을 때, 이에 대한 설명으로 옳지 않은 것은? (단, 전자 1몰의 전하량은 96,500쿨롱이다.)

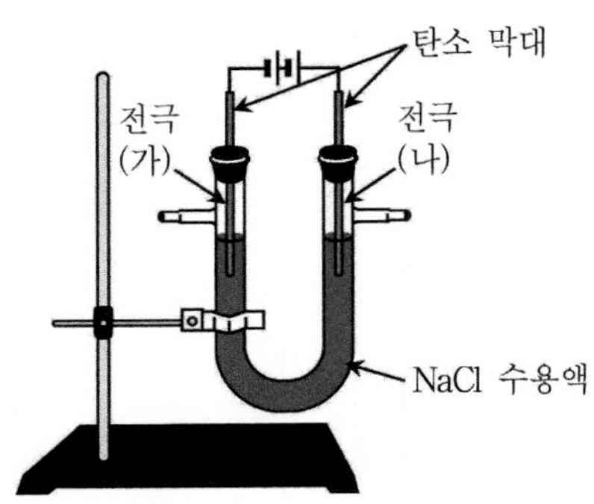

① 전극 (가)에서 발생하는 기체의 양은 0.05몰이다.
② 전극 (나)에서 발생하는 기체에 성냥불을 갖다 대면 '펑'소리를 내면서 잘 탄다.
③ 각 전극에서 발생하는 기체의 부피비는 (가) : (나) =1 : 1이다.
④ 전극 (가)에서는 환원 반응이 일어난다.

2 ☐☐☐ 14 해양 경찰청 07

$CuSO_4$용액에 8.7A의 전류를 2시간 동안 흘려주면 Cu는 몇 g이 석출되겠는가? (단, 분자량은 Cu : 64, S : 32)

① 18.49 ② 20.77
③ 41.54 ④ 51.93

3 ☐☐☐ 15 국가직 7급 14

금속 이온(M^{3+})을 포함한 수용액을 m[F]의 전기량으로 전기분해하였더니 n[g]의 금속 M이 석출되었다. 이 금속의 원자량은?

① $\frac{n}{m}$ ② $\frac{m}{n}$
③ $\frac{3n}{m}$ ④ $\frac{n}{3m}$

4 ☐☐☐ 16 국가직 7급 19

질량이 각각 0.500g인 두 개의 은(Ag) 전극을 1M 질산은($AgNO_3$) 수용액 1L에 넣고 10.0mA의 전류를 흘려 전기분해하고자 한다. 전기분해를 시작한 후 19,300초가 흘렀을 때 은이 석출된 전극의 총 질량[g]은? (단, Ag : $108g \cdot mol^{-1}$, 1몰의 전자가 갖는 전하량은 96,500쿨롱(C)이고, 전극 표면에서 산화-환원 이외의 부반응은 없다고 가정한다.)

① 0.608 ② 0.716
③ 0.824 ④ 0.932

5 ☐☐☐ 17 국가직 7급 11

$CuSO_4$ 수용액을 전기 분해하여 구리 25.6g을 얻으려고 한다. 이때 필요한 전하량[C]은? (단, Cu의 원자량은 64.0이고, Faraday 상수는 $96,500C\ mol^{-1}$)

① 38,600 ② 57,900
③ 77,200 ④ 96,500

6 □□□ 19 해양 경찰청 05

질산은($AgNO_3$) 수용액을 전기분해하여 (−)극에서 은(Ag) 10.8g을 얻었을 때, (+)극에서 발생하는 기체의 종류와 0℃, 1기압에서의 부피로 가장 옳은 것은? (단, Ag의 원자량은 108이다.)

① O_2, 560mL
② NO_2, 560mL
③ O_2, 2,140mL
④ NO_2, 2,140mL

7 □□□ 22 국가직 7급 18

충분한 양의 니켈 이온(Ni^{2+})이 녹아 있는 수용액에 0.1A의 전류를 흘려주었다. 0.001mol의 니켈을 얻기 위해서 필요한 반응 시간[초]은? (단, 패러데이 상수는 96,500C mol^{-1}이고, 모든 전류는 산화−환원 반응에만 사용된다.)

① 965
② 1,930
③ 9,650
④ 19,300

8 □□□ 23 서울시 2회 9급 12

〈보기〉 중 묽은 염산의 전기 분해에 대한 설명으로 옳은 것을 모두 고른 것은?

보기

ㄱ. (−)극에서 수소 기체가 발생한다.
ㄴ. (+)극에서 염소 기체가 발생한다.
ㄷ. 전기 분해가 진행되면 수용액의 pH는 점점 증가한다.

① ㄱ, ㄴ
② ㄱ, ㄷ
③ ㄴ, ㄹ
④ ㄱ, ㄴ, ㄷ

9 □□□ 24 서울시 9급 16

〈보기 1〉은 염화나트륨 수용액의 전기 분해 모형이다. 이에 대한 설명으로 옳은 것을 〈보기 2〉에서 모두 고른 것은?

보기 1

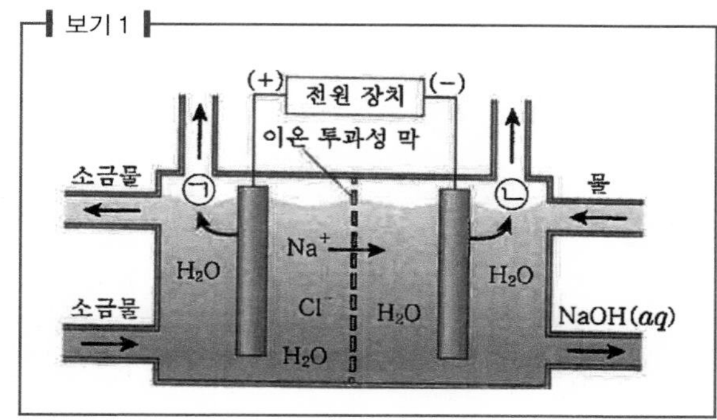

보기 2

ㄱ. (−)극 주변의 pH값은 커진다.
ㄴ. ㉠은 Cl_2 기체가, ㉡은 O_2 기체가 발생한다.
ㄷ. 단위 시간당 발생한 기체의 양은 ㉠이 ㉡보다 많다.

① ㄱ
② ㄷ
③ ㄱ, ㄴ
④ ㄱ, ㄷ

BOND CHEMISTRY

공무원 화학

유기체

유형별 기출문제 체크체크

정답 및 해설

목차 _ 정답 및 해설

Part 1 원자의 구조와 원소의 주기성

Part 2 화학 결합과 분자 간 인력

Part 3 원소와 화합물

Part 4 물질의 상태와 용액

PART 1 원자의 구조와 원소의 주기성

Chapter 01 원자의 구성 입자와 전자 배치

제 1 절 | 원자의 구성 입자

01 ③	02 ④	03 ②	04 ④	05 ④
06 ②	07 ②	08 ③	09 ①	10 ④
11 ①	12 ①	13 ④	14 ③	15 ④
16 ③	17 ②	18 ④	19 ②	20 ③

1

양성자 개수가 8이고, 질량수가 17인 중성 원자는 $^{17}_{8}O$ 이다.

중성자 개수는 17－8＝9이고, 중성 원자이므로 전자의 개수는 8이고, 전자껍질수가 2개이므로 주기율표에서 2주기 16족 원소이다.

정답 ③

2

④ 동위원소란 양성자 수는 같지만 중성자수가 달라서 질량수가 다른 원소를 말한다. 양성자 수가 같으므로 당연히 전자수도 같다.

정답 ④

3

양성자 수로부터 A와 B는 탄소(C)로 동위 원소이다. C는 질소(N)이고, D는 산소(O)이다.

① A와 B가 동위 원소이다.

② B와 C의 질량수는 14로 동일하다.

③ B의 원자번호는 양성자 수와 같으므로 6이다.

④ D는 양성자 수보다 전자 수가 더 적으므로 양이온(+2)이다.

정답 ②

4

① 질량 수는 63이다.

② 전자 수는 29－1＝28이다.

③ 양성자의 수는 원자 번호와 같으므로 29이다.

④ 중성자의 수는 63－29＝34이다.

정답 ④

5

A : $^{10}_{5}B$, B : $^{11}_{5}B$, C : $^{14}_{7}N^{3-}$, D : $^{16}_{8}O$

ㄱ. 중성인 화학종은 A, B, D로 총 3개이다.

ㄴ. C의 전하는 －3이다.

ㄷ. A와 B는 양성자 수가 5로 같고 질량수가 다르므로 동위원소이다.

ㄹ. 질량수는 D(16)가 C(14)보다 크다.

정답 ④

6

① 양성자수가 작은 원자들은 같은 수의 중성자를 갖지만 양성자수가 많은 원자들은 양성자간의 반발력이 커져서 양성자수보다 많은 중성자를 갖는다.

③ 같은 원자번호를 가지는 두 가지 동위원소는 양성자수와 전자수가 같고 중성자수가 달라서 질량수가 다르다.

④ 원자의 질량수는 양성자와 중성자수의 합이다.

정답 ②

7

표를 올바르게 고치면 아래와 같다.

	원자번호	양성자수	전자수	중성자수
① $^{3}_{1}H$	1	1	1	2
② $^{13}_{6}C$	6	6	6	7
③ $^{17}_{8}O$	8	8	8	9
④ $^{15}_{7}N$	7	7	7	8

정답 ②

8

③ $1\text{amu} = \frac{1}{12} \times$ 탄소 원자 1개의 질량

탄소 원자 6.02×10^{23}개의 질량은 12g이므로 탄소 원자 1개의 질량은 $\frac{12}{6.02 \times 10^{23}} = 1.99 \times 10^{-23}$g이다.

$$1\text{amu} = \frac{1}{12} \times 1.99 \times 10^{-23} = 1.66 \times 10^{-24}\text{g}$$

정답 ③

9

Sr의 양성자 수는 원자번호와 같으므로 38이고, 중성자 수는 질량수에서 양성자수를 뺀 값으로 90－38＝52이다.

정답 ①

10

양성자의 수는 원자번호와 같으므로 9이고, 중성자 수는 질량수에서 양성자 수를 뺀 값이므로 19－9＝10이다. 전자 수는 -1가 음이온이므로 양성자 수보다 1이 더 많은 10이다.

정답 ④

11

A	B	C	D
${}^{14}_{7}N$	${}^{16}_{8}O^{2+}$	${}^{14}_{6}C$	${}^{12}_{6}C$

ㄱ. C의 원자번호는 6이다.

ㄴ. B는 ${}^{16}_{8}O^{2+}$이므로 양이온이다.

ㄷ. A와 C의 질량수는 14로 같다.

ㄹ. B와 D는 원자 번호가 다르므로 동위원소가 아니다.

정답 ①

12

양성자 수로부터, A와 B는 Cl이고, C는 Ar, D는 K이다.

① 이온 $A^-(Cl^-)$와 중성원자 C(Ar)의 전자수는 18개로 같다.

② 이온 $A^-(Cl^-)$와 이온 $B^+(Cl^+)$의 질량수는 35와 37로 같지 않다.

③ 이온 $B^-(Cl^-)$와 중성원자 D(K)의 전자수는 18개와 19개로 같지 않다.

④ 질량수는 양성자 수와 중성자 수의 합이므로 각 원자의 질량수는 다음 표와 같다.

원자	A	B	C	D
양성자 수	17	17	18	19
중성자 수	18	20	22	20
질량수	35	37	40	39

따라서 원자 A~D 중 질량수가 가장 큰 원자는 C이다.

정답 ①

13

원자가전자 수가 같다는 것은 같은 족 원소를 말한다.

원자 번호	1	2	4	5	6	9	12	17	35
원소 기호	H	He	Be	B	C	F	Mg	Cl	Br

원자 번호 9, 17, 35가 17족 원소로 7개의 원자가전자 수를 갖는다.

정답 ④

14

ㄱ, ㄴ. (가)는 O^{2-}이다. 따라서 (가)로부터 A는 중성자 수, B는 전자수이다.

ㄷ. (나)는 ${}^{24}_{12}Mg$, (다)는 ${}^{26}_{12}Mg$으로 동위 원소이다.

정답 ③

15

ㄱ. 양성자는 양(+)의 전하를 띤다.

ㄴ. 원자 크기의 대부분을 차지하는 것은 빈 공간이며 중성자는 원자핵을 구성입자는 입자로 전하를 갖고 있지 않으며 양성자보다 약간 더 무겁다.

정답 ④

16

③ 양성자수가 증가할수록 중성자가 더 많이 증가하므로 전기적으로 중성인 원자에 대해 질량수와 전자의 수가 항상 같지는 않다.

정답 ③

17

질량수 = 양성자수 + 중성자수

중성자수 = 질량수 − 양성자수 = 46 − 20 = 26

정답 ②

18

양성자수: 17, 중성자수: 35 − 17 = 18,

전자수: 17 + 1 = 18

양성자수와 중성자수와 전자수의 합은 17 + 18 + 18 = 53이다.

정답 ④

19

동위 원소란 양성자의 개수가 같고 중성자수가 달라 질량수가 다른 원소이다. 동위 원소라도 ^{13}C 의 양성자의 개수가 6개로 같으므로 중성자의 개수는 13 − 6 = 7 개다.

정답 ②

20

ㄱ. 궤도를 따라 전자가 핵 주위를 운동하다고 설명한 이론은 보어 이론이다.

정답 ③

제 2 절 | 동위원소

01 ①	**02** ②	**03** ③	**04** ④	**05** ④
06 ②	**07** ①	**08** ④	**09** ②	**10** ①
11 ①	**12** ③	**13** ③	**14** ④	

1

탄소 연대측정이 가장 많이 사용되는 대상은 유기물이 포함되어 있는 고고학 유물이다. 대기 중의 탄소−14 비율은 일정했다고 알려져 있고 식물은 광합성, 동물은 호흡을 통해 대기 중에 있는 탄소를 주고 받기 때문에, 살아있는 동물과 식물이 가지고 있는 탄소−14의 비율은 공기 중의 비율과 일치한다. 사후에는 외부와 격리된 상태에서 탄소−14만이 방사성으로 시간에 따라 감소하므로 반감기를 통해 경과시간 추정이 가능해진다.

정답 ①

2

^{37}Cl의 존재비율을 x라고 가정을 하고, 평균 원자량 공식에 대입을 하면,

$$35.46 = (1-x) \times 35 + x \times 37 \qquad x = 0.245$$

%로 나타내었으므로 100을 곱하면, ^{37}Cl의 존재비[%]는 24.5%이다.

정답 ②

3

	(가)			(나)	
동위 원소	A	B	C	D	E
질량수	24	25	26	35	37

① (가)의 질량수는 24, 25, 26이다. 이중 질량수가 24인 존재 비율이 가장 크므로 평균 원자량이 24보다는 커야 하지만 25가 될 수는 없다.
계산으로 확인을 해보면 다음과 같다.

$$0.79 \times 24 + 0.1 \times 25 + 0.11 \times 26 = 24.32$$

② (가)의 동위원소 중 원자 1개의 질량이 가장 큰 것은 질량수가 가장 큰 C이다.

③ (나)의 동위원소 중 같은 질량(1g) 속에 들어 있는 원자의 개수는 질량수가 작은 D가 E보다 많다.

④ A와 D로 이루어진 화합물과 C와 E로 이루어진 화합물의 화학적 성질은 동위 원소로 이루어졌으므로 동일하다.

정답 ③

4

^{a+1}X 의 존재 비율이 주어지지 않았으므로 고려할 필요가 없다.

$$^{a}X \text{의 존재 비율: } x$$

$$a + 0.2 = x \times a + (1-x)(a+2)$$

$$= ax + a + 2 - ax - 2x$$

$$2x = 1.8$$

$$x = 0.9 \times 100 = 90$$

정답 ④

5

피크들의 상대적인 세기 비($[M]^+ : [M+2]^+ : [M+4]^+$)라는 것이 결국 동위원소로 이루어진 분자의 존재비율을 말한다. 동원원소의 존재비가 3 : 1이므로 분자의 존재비는 $3^2 : 3\times2 : 1^2 = 9 : 6 : 1$이다.

정답 ④

6

^{37}Cl의 존재비를 x라 하면,

$$35.5 = x\times37+(1-x)\times35 \quad x=0.25$$

%로 나타내면 $0.25\times100=25.0\%$이다.

정답 ②

7

동위 원소란 양성자수는 같지만 중성자수가 달라서 질량수가 다른 원소를 말한다. 양성자 수가 같고 질량수가 다른 A와 Y가 동위 원소에 해당된다.

정답 ①

8

① ^{16}O의 원자 번호는 8이고, 16은 ^{16}O의 질량수이다.

② 자연계에 존재하는 $^{35}_{17}Cl$의 다른 한 가지 동위원소의 질량은 Cl의 평균원자질량이 35.453amu이므로 35amu보다 커야한다.

③ $^{137}_{56}Ba^{2+}$ 이온의 양성자 개수는 원자번호와 같은 56개이다.

정답 ④

9

② 중성자 수는 질량수에서 양성자수를 뺀 것이므로 $11-5=6$이다.

정답 ②

10

① 동소체란 한 종류의 원소로 이루어졌으나 그 성질이 다른 물질로 존재할 때, 이 여러 형태를 부르는 이름이다. 이는 원소 하나가 다른 여러 방식으로 결합되어 있기 때문이다. 예를 들면, 탄소의 동소체에는 다이아몬드(탄소 원자가 사면체 격자 배열로 결합됨), 흑연(탄소 원자가 육각형 격자구조 판처럼 결합됨), 그래핀(흑연의 판 중 하나) 및 풀러렌(탄소 원자가 구형, 관형, 타원형으로 결합됨)이 포함된다. 동소체라는 말은 원소에만 쓰이고, 화합물에는 쓰이지 않는다. 따라서 ^{12}C와 ^{13}C는 동소체 관계가 아니고 동위 원소 관계이다.

②, ③ ^{12}C와 ^{13}C는 동위 원소 관계이다. 따라서 양성자 수와 전자 수가 같고, 중성자 수는 질량수가 큰 ^{13}C이 ^{12}C보다 크다.

④ 평균 원자량이 12.01이므로 자연계에 존재하는 양은 ^{12}C가 ^{13}C보다 많다.

정답 ①

11

HD 분자의 양성자 수와 질량수를 나타내보면 다음과 같다.

$^1_1H^2_1D$

	^1_1H	^2_1D
양성자수	1	1
중성자수	0	1
전자수	1	1
질량수	1	2

$$a=1+1=2$$
$$b=0+1=1$$
$$c=1+1=2$$

① a는 b보다 크다.

② a는 c와 같다.

③ b는 c보다 작다.

④ a와 b의 합은 3이다.

정답 ①

PART 01 원자의 구조와 원소의 주기성

12

^{35}Cl의 존재비를 x라고 하면,

$$35.5 = 35x + 37(1-x)$$
$$x = 0.75$$
$$^{35}Cl : {}^{37}Cl = 3:1$$

정답 ③

13

ㄱ. 원자 질량 단위(amu)는 ^{12}C의 질량을 12amu로 정한다.

ㄴ. 동위 원소들의 화학적 성질이 완벽하게 동일하지는 않다. 전형적인 예는 동위원소는 원자 질량이 다르기 때문에 결합 에너지에서 약간의 차이가 난다. $^{1}H_2$의 결합 에너지는 436kJ/mol, $^{2}H_2$의 결합 에너지는 439kJ/mol이다. 또한 원자 질량의 차이로 화학 반응 속도가 미세하게 다르다. 중수소(^{2}H)는 ^{1}H보다 무거워서 화학 반응 속도가 느려지는 경향이 있다.

정답 ③

14

평균 원자량 구하는 공식에 대입한다.

$$10.2 = x \times 10 + (1-x) \times 11$$
$$\therefore x = 0.8$$

퍼센트 비율로 나타내면,

$$\therefore x = 0.8 \times 100 = 80\%$$

정답 ④

제 3 절 | 보어의 원자 모형

01 ②	02 ①	03 ④	04 ③	05 ③
06 ④	07 ④	08 ③	09 ①	10 ②

1

ㄱ. 에너지와 파장은 반비례한다. (나)의 에너지(가시광선)가 (라)의 에너지(적외선)보다 크므로 파장은 (라)가 크다.

ㄴ. (가)는 $n=2 \rightarrow n=1$이므로 에너지는 $\frac{3}{4}k$,

(다) $n=4 \rightarrow n=2$이므로 에너지는 $\frac{3}{16}k$이므로

(가)의 에너지는 (다)의 4배이다.

ㄷ. (나), (다)는 $n=2$으로 수렴하므로 가시광선 영역의 빛이 방출된다.

정답 ②

2

수소 원자의 선 스펙트럼을 설명할 수 있는 것은 보어의 이론이다. 톰슨과 러더퍼드는 보어 이전의 이론으로 수소 원자의 선 스펙트럼을 설명할 수 없다.

정답 ①

3

$$f = \frac{c}{\lambda} = \frac{3.00 \times 10^{8}\,\text{m/s}}{522 \times 10^{-9}\,\text{m}} = 5.75 \times 10^{14}\,\text{Hz}$$

정답 ④

4

수소 원자의 오비탈 에너지 준위 $E_n = -k\frac{1}{n^2}\,\text{kJ/mol}$

이다.

$\Delta E_1 = E_\infty - E_1 = 0 - (-k) = k\,\text{kJ/mol}$

$\Delta E_2 = E_4 - E_2 = -\frac{1}{4^2}k - (-\frac{1}{2^2}k) = \frac{3}{16}k\,\text{kJ/mol}$

$$\frac{\Delta E_2}{\Delta E_1} = \frac{\frac{3}{16}k}{k} = \frac{3}{16}$$

정답 ③

5

파장이 증가하는 순서는 다음과 같다.

자외선 < 가시광선 < 적외선 < 마이크로파

정답 ③

6

파장이 짧을수록, 진동수가 클수록 에너지가 크다.

라디오파 < 마이크로파 < 적외선 < 가시광선 < 자외선 < X-선 < 감마선

따라서 광자당 에너지가 가장 큰 전자기 복사선은 감마선이다.

정답 ④

7

보어 모형에 따른 수소 원자의 에너지 준위는 $E_n = -\frac{k}{n^2}$ 이고, 전자 전이에 따른 에너지 변화 $\Delta E = E_{나} - E_{처}$ 를 이용하여 구할 수 있다.

먼저, $n=4$ 준위에서 $n=2$ 준위로 전이할 때 방출하는 에너지(A),

$$\Delta E_{4\to2} = -\frac{k}{2^2} - \left(-\frac{k}{4^2}\right) = -\frac{3k}{16}$$

다음으로, $n=8$ 준위에서 $n=4$ 준위로 전이할 때 방출하는 에너지(B),

$$\Delta E_{8\to4} = -\frac{k}{4^2} - \left(-\frac{k}{8^2}\right) = -\frac{3k}{64} - \frac{3k}{16}$$

$$= 4 \times -\frac{3k}{64}$$

$$\mathrm{A} = 4\mathrm{B}$$

정답 ④

8

$$c = f \times \lambda$$

$$\lambda = \frac{c}{f} = \frac{3.0\times10^8}{1.2\times10^6} = 2.5\times10^2\,\mathrm{m}$$

정답 ③

9

드브로이 파장 $\lambda = \frac{h}{mv}$

문제에서 플랑크 상수(h)와 속력이 같으므로 결국 파장은 질량의 역수에 비례한다.

$$\lambda \propto \frac{1}{m}$$

$$7.31\times1 = \lambda\times2000$$

$$\lambda = 3.65\times10^{-3}\,\text{Å} \times \frac{10^{-10}\,\mathrm{m}}{1\,\text{Å}} \times \frac{10^{12}\,\mathrm{pm}}{1\,\mathrm{m}} = 0.365\,\mathrm{pm}$$

정답 ①

10

전자기파의 에너지가 낮은 것부터 순서대로 나열하면 다음과 같다.

마이크로파 < 가시광선 < 자외선 < X선

ㄴ < ㄷ < ㄹ < ㄱ

정답 ②

제 4 절 | 원자 모형과 오비탈과 양자수

01 ②	02 ②	03 ④	04 ③	05 ④
06 ③	07 ①	08 ④	09 ③	10 ④
11 ④	12 ④	13 ④	14 ②	15 ④
16 ③	17 ①	18 ③	19 ①	20 ②
21 ④	22 ④	23 ①	24 ④	

원자 모형

1

① 전자의 전하량은 밀리컨의 기름방울 실험으로 밝혀졌다.

③ 광전 효과 실험에서 방출되는 전자의 에너지는 쪼여주는 빛의 세기가 아니라 각각의 광자의 에너지 혹은 진동수에 영향을 받는다.

④ 돌턴의 원자론에서는 원자는 더 이상 쪼갤 수 없는 가장 작은 입자로 공모양이라고 주장했다. 이 시기에는 양성자, 중성자, 전자의 개념은 밝혀지지 않았다.

정답 ②

2

돌턴의 원자론에서는 원자내의 입자에 대한 언급은 없다. 원자내의 입자에 대한 것은 돌턴의 원자론 이후에 발견된 것이다.

정답 ②

3

제시된 특정 원자 모형은 현대적 원자 모형이다.
ㄱ. 전자를 발견한 음극선 실험은 톰슨의 원자 모형이다.

정답 ④

 **오비탈과 양자수** 

4

③ 껍질에 있는 부껍질의 수는 $n-1$개가 아니고 n개다.

정답 ③

5

$l=0$이므로 $m_l=0$만이 가능하다.

정답 ④

6

껍질에 채워질 수 있는 최대 전자 수는 $2n^2$개이므로 $n=4$일 때, $2\times4^2=32$개이다.

정답 ③

7

가능한 양자수 조건은 다음과 같다.

$$n=1, 2, 3, \ldots\ldots$$
$$l=0, 1, 2, \ldots, n-1$$
$$-l < m_l < +l$$
$$s=-\frac{1}{2} \text{ 또는 } s=+\frac{1}{2}$$

허용되는 것은 ①뿐이다.

정답 ①

8

② Na의 전자배치는 $[\text{Ne}]3s^1$이므로 원자가전자는 $3s$ 궤도함수에 있다.
③ Si의 전자배치는 $[\text{Ne}]3s^2 3p^2$이므로 원자가전자 수는 4이다.
④ 포타슘(K)의 전자 배치는 $[\text{Ar}]4s^1$으로 원자가전자는 $4s$ 궤도함수에 있다.

정답 ④

9

주 양자수는 오비탈의 에너지와 크기와 관련된 양자수이고, 오비탈의 모양과 에너지에 관련된 것은 각 운동량 양자수, 전자의 스핀과 관련된 것이 스핀 양자수이다.

정답 ③

10

④ 스핀 양자수는 전자의 회전 방향을 나타낸다.

정답 ④

11

$n=4,\ l=3,\ m_l=-3, -2, -1, 0, +1, +2, +3$
7개의 오비탈이 가능하므로 전자의 최대 개수는
$2\times7=14$개이다.

정답 ④

12

㉠ $n=4$일 때, $l=0,\ 1,\ 2,\ 3$이므로 가능한 l값의 개수는 4개이다.
㉡ $l=2$일 때, $m_l=-2,\ -1,\ 0,\ +1,\ +2$이므로 가능한 m값의 개수는 5개이다.
㉢ $l=2$ 이상일 때부터 $m=2$가 될 수 있으므로 가능한 l값 중 최소값은 2이다.

정답 ④

13

주양자수가 $n=5$인 경우 가능한 각운동량 양자수 l값은 0부터 4까지이다. 이를 양자수와 오비탈로 정리하면 다음과 같다.

주양자수(n)	5				
각운동량 양자수(l)	0	1	2	3	4
오비탈	$5s$	$5p$	$5d$	$5f$	$5g$

정답 ④

14

②에서 $l=2$이므로 가능한 자기 양자수는 $-2<m_1<+2$이다.

정답 ②

15

① $n=4$인 에너지 준위에 존재하는 오비탈은 $4s$(1개) $4p$(3개) $4d$(5개) $4f$(7개)로 총 16개이다.
② $n=4$인 에너지 준위에 존재하는 부껍질의 수는 $l=0, 1, 2, 3$에 해당하는 껍질이므로 4개이다.
③ 부껍질의 각운동량 양자수 l은 각각 0, 1, 2, 3이다.
④ $4f$ 오비탈은 주양자수 $n=4$이므로 각운동량 양자수 $l=0, 1, 2, 3$이다. 따라서 자기 양자수 m_l은 −3, −2, −1, 0, 1, 2, 3이다.

정답 ④

16

d오비탈 중 d_{xy}, d_{yz}, d_{zx}, $d_{x^2-y^2}$는 모양이 유사하지만 d_{z^2} 오비탈의 모양은 도우넛 형태이다.

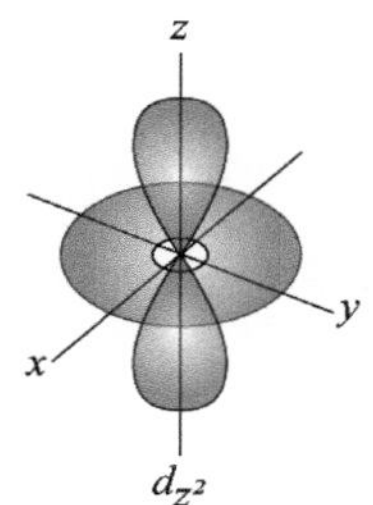

d_{z^2}

정답 ③

17

유효핵전하는 핵에 가까울수록 핵과 전자 간 인력이 크므로 $2s>2p$이고, 침투 효과는 s-character이 클수록 크므로 $2s>2p$이다.

정답 ①

18

양자수 조건에 따라 가능한 양자수를 나열해보면 다음과 같다.

a	b	c	전자수
5	1	0	2
	3	−2, 0, +2	6
	5	−4, −2, 0, +2, +4	10

따라서 수용할 수 있는 전자의 최대 개수는 총 18개이다.

정답 ③

19

① 주양자수(n)가 3일 때, 가능한 각운동량 양자수(l)는 0, 1, 2이다.

정답 ①

20

②에서 각 운동량 양자수(l)이 0이므로 자기 양자수(m_l)는 0이어야 한다.

정답 ②

21

주양자수의 조건 $n=1, 2, 3, \ldots\ldots, \infty$
각운동량 양자수의 조건 $l=0, 1, 2, \ldots\ldots, n-1$
(가) $2p$ (나) $1s$ (다) $3d$ (라) $3s$

정답 ④

22

$n=3$, $l=2$인 오비탈은 $3d$ 오비탈로 5개가 존재한다. $m_s = +\frac{1}{2}$인 전자는 파울리의 배타 원리에 의해 각 오비탈에 1개씩만 존재할 수 있으므로 위의 양자수를 가질 수 있는 전자의 최대 전자 수는 5개이다.

$3d_{xy}$	$3d_{yz}$	$3d_{zx}$	$3d_{x^2-y^2}$	$3d_{z^2}$
↑	↑	↑	↑	↑

정답 ④

23

① 수소 원자의 오비탈의 에너지는 주양자수(n)에만 의존한다. 따라서 $2p$ 오비탈과 $2s$ 오비탈의 주양자수가 같으므로 두 오비탈의 에너지 준위는 같다.

정답 ①

24

㉠ 오비탈의 공간적인 방향을 결정하는 양자수는 자기 양자수이고, ㉡ 전자의 운동방향에 따라 결정되는 양자수는 스핀 양자수, ㉢ 오비탈의 에너지 준위를 결정하는 양자수는 주양자수이다.

정답 ④

제 5 절 | 오비탈과 마디수 및 전자수

01 ①	02 ③	03 ④	04 ①	05 ①
06 ③	07 ③			

1

ㄱ. 수소의 에너지 준위는 주양자수가 같으면 에너지 준위가 같다. $2s$와 $2p$의 주양자수가 $n=2$로 같으므로 에너지 준위가 같다.

ㄴ. 리튬의 유효 핵전하량이 수소보다 크기 때문에 리튬의 $1s$ 오비탈의 에너지 준위가 수소의 $1s$ 오비탈의 에너지 준위보다 더 낮다.

ㄷ. 리튬의 $2s$ 오비탈의 방사상 마디수는 $n-l-1$으로 $n=2$, $l=0$이므로 $2-0-1=1$개의 방사상 마디를 갖는다.

정답 ①

2

① 주양자수가 증가함에 따라 방사 확률 분포의 봉우리 개수는 주양자수가 하나 증가함에 따라 한 개씩 증가한다.

② 방사 확률 분포의 봉우리가 여러 개일 경우, 바깥쪽 봉우리가 안쪽 봉우리보다 크다.

④ 주양자수가 증가함에 따라 방사 확률 분포의 마디 개수는 증가한다.(방사 방향 마디 개수: $n-l-1$)

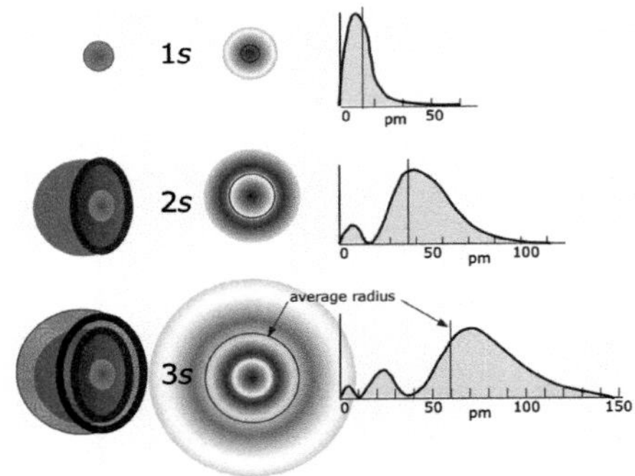

정답 ③

3

수소 원자의 $2s$ 오비탈은 1개의 방사 방향 마디를 갖고 있고, $2s$ 오비탈은 구형이므로 특정한 위치에서 전자를 발견할 확률은 핵 근처에서 최대가 되지만, 구형 껍질의 부피는 핵으로부터의 거리에 비례하여 증가한다. 따라서 핵으로부터 밖으로 나아갈수록 주어진 점에서 전자를 발견할 확률은 감소한다. 이러한 경향을 모두 만족하는 그래프는 ④이다.

정답 ④

4

	방사 방향 마디수 ($n-l-1$)	각운동량 마디수 (l)
$1s$	$1-0-1=0$	0
$2p_x$	$2-1-1=0$	1
$3d_{xy}$	$3-2-1=0$	2
$4d_{xy}$	$4-2-1=1$	2

방사방향 마디(radial nodes) 개수와 각운동량 마디(angular nodes) 개수가 서로 같은 원자 오비탈은 $1s$ 오비탈이다.

정답 ①

5

p 오비탈에 들어 있는 전자 수로부터 A = N, B = F, C = Al 임을 알 수 있다. A와 B는 2주기, 15족과 17족 원소이므로 각 원자에 전자가 들어 있는 총 오비탈 수는 5개이고, C는 3주기 13족 원소이므로 총 오비탈 수는 7개이다.

$_{7}N : 1s^2 2s^2 2p^3$

$_{9}F : 1s^2 2s^2 2p^5$

$_{13}Al : 1s^2 2s^2 2p^6 3s^2 3p^1$

원자	A	B	C
전자가 들어있는 총 오비탈 수	5	5	7

총 오비탈 수를 비교하면 다음과 같다.

C > A = B

정답 ①

6

주양자수 $n=3$인 오비탈은 다음과 같다.

$$3s^2 3p^6 3d^{10}$$

$3s$ 오비탈은 1개, $3p$ 오비탈은 3개, $3d$ 오비탈은 5개이므로 오비탈의 총 개수는 9개이다.

정답 ③

7

방사방향 확률함수의 마디 수 $n-l-1$이다. 따라서 $3-0-1=2$이다.

정답 ③

제 6 절 | 전자배치의 원리

01 ①	02 ②	03 ②	04 ③	05 ④
06 ④	07 ①	08 ③	09 ④	10 ②
11 ③	12 ①	13 ②	14 ①	

1

① 한 원자 내에 4가지 양자수가 모두 동일한 전자는 존재하지 않는다는 파울리의 배타 원리의 또 다른 표현이다.

② 주양자수가 다르더라도 동일한 각운동량 양자수를 가질 수 있다. $n=2$, $\ell=0$과 $n=3$, $\ell=0$의 조합이 가능하다.

③ 한 개의 궤도함수에는 스핀 방향이 다른 전자가 최대 2개까지 채워질 수 있다.

④ 동일한 주양자수(n)를 갖는 전자들은 $+\frac{1}{2}$ 또는 $-\frac{1}{2}$의 스핀 양자수를 가질 수 있다.

정답 ①

2

헬륨의 전자는 2개이므로 총 8개의 전자를 갖는 화학종은 N^-이다. 선택지의 전자수는 ① 10개 ② 8개 ③ 9개 ④ 9개이다.

정답 ②

3

	P^+	P	P^-	P^{2-}
홀전자 수	2	3	2	1

홀전자의 수가 가장 많은 것은 P이다.

정답 ②

4

전자 배치로부터 A=N, B와 C는 같은 C임을 알 수 있다.

① A는 질소이므로 질소의 원자가전자 수는 5개이다.

② B는 스핀 방향이 같은 전자가 쌍을 이루었으므로 파울리 배타 원리를 만족하지 못한다.

④ 바닥상태에서 A의 홀전자 수는 3개이고 C의 바닥상태에서 전자 배치는 $1s^2 2s^2 2p^2$이다. 따라서 C의 바닥상태에서의 홀전자 수는 2개이므로 같지 않다.

정답 ③

5

전자배치로부터 A는 Li, B는 N, C는 Na, D는 S임을 알 수 있다.

① A는 쌓음의 원리에 위배된 들뜬 상태의 전자배치이다.

② B의 원자가전자 수는 5개이다.

③ C의 홀전자 수는 1개, D의 홀전자 수는 2개이므로 C의 홀전자 수는 D의 홀전자 수보다 적다.

④ C는 최외각껍질의 전자수가 1개이므로 전자 1개를 잃어 +1가의 양이온이 될 때 안정한 이온이 된다.

정답 ④

6

전자 배치의 원리중 하나로, 에너지 준위가 같은 여러 개의 오비탈에 전자가 채워질 때 가능한 전자는 쌍을 이루지 않게 배치될 때 가장 안정하게 되는데 이것을 훈트 규칙이라고 한다. ④에서 비어있는 d오비탈이 있음에도 불구하고 전자들이 쌍을 이루었으므로 훈트 규칙을 위반한 것이다.

정답 ④

7

17족 할로젠 원소는 최외각 껍질의 전자수가 7개이다.

정답 ①

8

바닥 상태의 전자 배치란 쌓음의 원리, 파울리의 배타 원리 그리고 훈트의 규칙을 충족한 전자 배치를 말한다. 여기에 위배된 전자 배치를 들뜬 상태의 전자 배치라고 한다.

ㄱ은 쌓음의 원리에 위배되었고, ㄹ은 훈트의 규칙을 위배되었다.

정답 ③

9

전자배치로부터 A는 O, B는 F, C는 Na, D는 Mg이다.

① A의 산화수는 B_2A에서 +2, DA에서 −2이다.

② 전하량의 곱이 큰 DB_2의 정전기적 인력이 커서 녹는점이 높다.

③ A의 산화수는 −2로 같다.

④ 화합물 C_2A_2는 초과산화물 Na_2O_2이므로 가능하다. Na의 산화수가 +1이고, O의 산화수가 −1이므로 Na_2O_2는 가능한 화합물이다.

정답 ④

10

S^{2-}의 전자수는 18개이다. 이를 전자 배치의 원리에 따라 배치하면 다음과 같다.

$$1s^2 2s^2 2p^6 3s^2 3p^6$$

정답 ②

11

수소 원자의 전자 궤도 함수의 에너지 준위는 전자간의 반발력이 존재하지 않으므로 오직 주양자수에만 의존한다. 즉, 주양자수가 클수록 에너지 준위도 커지고 주양자수가 같다면 방위 양자수와 상관없이 오비탈의 에너지 준위도 같다.

$$1s < 2s = 2p < 3s = 3p = 3d < 4s$$

정답 ③

12

O^+	O^{2+}	O^-	O^{2-}
3	2	1	0

정답 ①

13

① 원자가전자의 개수는 6개이다.
③ 쌓음의 원리와 훈트의 규칙을 만족하고 있으므로 바닥상태의 전자 배치이다.
④ 전자가 배치된 오비탈의 총 개수는 $1s$, $2s$, $2p_x$, $2p_y$, $2p_z$로 총 5개이다.

정답 ②

14

질소 원자의 바닥 상태 전자 배치는 다음과 같다.

$1s^2 2s^2 2p^3$

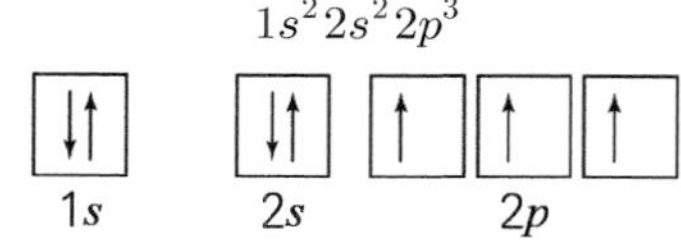

① 모든 s 오비탈에 채워진 전자는 총 4개이다. $(1s^2 2s^2)$
② 원자가 전자는 5개이다. $(2s^2 2p^3)$
③ 전자가 두 개 채워진 p 오비탈은 없다.
④ 전자가 두 개 채워진 오비탈의 개수(2개)는 전자가 한 개 채워진 오비탈의 개수(3개)보다 적다.

정답 ①

Chapter 02 원소의 주기적 성질

제 1 절 | 원자와 이온의 반지름

01 ②	02 ③	03 ④	04 ④	05 ②
06 ①	07 ②	08 ④	09 ③	10 ④
11 ③	12 ①			

1

전자배치로부터 A는 O, B는 F, C는 Na이다.
② 유효 핵전하는 같은 주기에서 원자번호에 비례한다. B의 원자번호가 더 크므로 $2p$ 전자의 유효 핵전하는 B가 A보다 더 크다.
③ $C_2A(Na_2O)$는 금속 산화물로 액성은 염기성이다.

$$Na_2O(s) + H_2O(l) \rightarrow 2NaOH(aq)$$

④ B^-와 C^+은 전자 수 10개인 등전자 이온이므로 원자번호가 클수록 이온 반지름은 작다. 따라서 원자번호가 작은 B^-의 반지름이 C^+의 반지름보다 더 크다.

정답 ②

2

전자수가 다른 이온이다. 전자 수에 따라 전자껍질수가 결정되는데 전자껍질수가 많을수록 이온의 크기가 커진다. Na^+와 Mg^{2+}의 전자 수는 10개, Cl^-와 Ar의 전자 수는 18개이므로 Cl^-와 Ar의 반지름이 Na^+와 Mg^{2+}의 반지름보다 더 크고, 둘 중에서는 양성자수가 작은 Cl^-의 반지름이 더 크다. Na^+와 Mg^{2+}는 전자수가 10개로 같은 등전자 이온이고 둘 중에서는 원자번호가 작은 Na^+의 반지름이 더 크다. 따라서 반지름을 크기 순으로 나열해보면 다음과 같다.

$$Cl^- > Ar > Na^+ > Mg^{2+}$$

따라서 이온 반지름이 가장 큰 것은 Cl^-이다.

정답 ③

3

④ 3주기 원소 P(110pm)의 원자 반지름이 2주기 원소 O(66pm)의 원자 반지름이 더 크다.

정답 ④

4

등전자 이온이므로 원자번호가 증가할수록 정전기적 인력이 증가하여 이온 반지름은 감소한다.

$$P^{3-} > S^{2-} > Cl^{-} > K^{+}$$

정답 ④

5

낯선 원소의 경우 전하수를 기준으로 하여 2, 3주기 원소에 대응시켜서 생각해보면 된다.

$_{38}Sr^{2+}$	$_{34}Se^{2-}$	$_{35}Br^{-}$	$_{37}Rb^{+}$
Mg^{2+}	O^{2-}	F^{-}	Na^{+}

결국 등전자 이온이므로 원자번호가 작을수록 반지름이 크므로 O^{2-}에 해당하는 $_{34}Se^{2-}$이 반지름이 가장 크다.

$$Sr^{2+} < Rb^{+} < Br^{-} < Se^{2-}$$

정답 ②

6

같은 2족 원소의 이온이므로 주기가 클수록 이온 반지름은 증가한다.

$$Be^{2+} < Mg^{2+} < Ca^{2+} < Sr^{2+}$$

정답 ①

7

모두 전자수 10개로 등전자 이온이므로 원자번호가 클수록 정전기적 인력이 증가하여 이온 반지름은 감소한다. 따라서 원자번호가 가장 큰 Mg^{2+}이 가장 작은 이온 반지름을 갖는다.

정답 ②

8

① 이온 결합 물질의 전자 친화도 차이가 크다는 것은 전자를 잘 얻는 비금속 원자와 전자를 잘 얻지 않는 금속 원자와의 결합을 말하므로 그 차이가 클수록 이온 결합력은 강하다.

③ 같은 족 원소의 이온이므로 주기가 증가할수록 이온 반지름은 커지게 된다.

④ Al^{3+}과 Mg^{2+}은 전자수가 10개로 동일한 등전자 이온이다. 등전자 이온의 경우 원자번호가 증가할수록 정전기적 인력이 증가하여 원자 반지름이 작아진다. 따라서 이온 반지름의 크기는 $Al^{3+} < Mg^{2+}$이다.

정답 ④

9

전자수가 10개인 등전자 이온이다. 등전자 이온의 경우 원자번호가 클수록 유효핵전하가 증가하여 정전기적 인력이 커지므로 이온 반지름은 작아지게 된다. 따라서 이온 반지름이 가장 큰 것은 원자번호가 가장 작은 O^{2-}이다.

정답 ③

10

① 같은 주기에서는 원자 번호가 클수록 원자의 크기가 작아진다. ($Na > Mg > Al$)

② 비금속이 전자를 얻어 음이온이 되면 전자간의 반발력으로 인해 원자일 때보다 이온의 크기가 더 커지게 된다. ($S^{2-} > S > Cl$)

③ 같은 족에서는 전자 껍질수가 클수록 원자의 크기가 커진다($Ca < Sr$). 4주기의 K과 5주기의 Sr의 크기를 주기성에 의해서는 판단이 불가능하다. 주기가 작은 K의 원자 반지름(227pm)이 주기가 큰 Sr의 원자 반지름(215pm)보다 더 크다. 데이터에 의하면 $K > Sr > Ca$ 순서이다.

④ 금속이 전자를 잃게 되면 전자껍질수가 줄어들어 양이온의 크기가 작아진다. Fe과 Ca은 4주기 원소로 Fe과 Ca의 원자번호는 26과 20이므로 원자번호가 작은 Ca이 Fe보다 원자 반지름이 더 크다. ($Fe^{3+} < Fe < Ca$)

정답 ④

11

같은 주기에 속한 원자의 원자 반지름은 주기율표에서 오른쪽으로 갈수록 유효 핵전하가 증가하므로 정전기적 인력이 증가하여 (감소)하고, 같은 족에 속한 원자의 원자 반지름은 주기율표에서 아래로 내려갈수록 전자껍질수가 증가하므로 정전기적 인력이 감소하여 (증가)하는 경향이 있다.

정답 ③

12

우선적으로 전자껍질수가 가장 많은 S^{2-}의 반지름이 가장 크고, F^-와 O^{2-}는 전자수가 10개인 등전자 이온으로 양성자수가 작은 O^{2-}의 반지름이 더 크다. F^-는 전자 간의 반발력으로 인한 오비탈의 팽창에 의해 F보다 반지름이 더 크다. 이를 정리해서 부등호 나타내면 다음과 같다.

$$F < F^- < O^{2-} < S^{2-}$$

따라서 반지름이 가장 작은 것은 F이다.

정답 ①

제 2 절 | 이온화 에너지

01 ①	02 ②	03 ①	04 ②	05 ②
06 ④	07 ①	08 ③	09 ④	10 ②
11 ③	12 ①	13 ②	14 ②	15 ④
16 ④	17 ③	18 ②	19 ②	

1

제3 이온화 에너지와 제4 이온화 에너지 사이에서 크게 증가한 것으로 보아 최외각 전자수가 3인 13족 원소 붕소(B)임을 알 수 있다.

정답 ①

2

주기율표에서 오른쪽 위로 올라갈수록 원자의 유효 핵전하가 커져서 정전기적 인력이 커지므로 전자를 잃기 어려워 이온화 에너지가 커진다. Ne이 주기율표에서 가장 오른쪽 위에 위치하므로 이온화 에너지가 가장 크다.

정답 ②

3

이 원소는 2차 이온화 에너지와 3차 이온화 사이에서 크게 증가한 것으로 보아 최외각전자수가 2인 알칼리 토금속으로 +2가 양이온을 잘 만든다.

정답 ①

4

① 1차 이온화 에너지가 가장 큰 원소는 원자의 크기가 가장 작은 헬륨(He)이다.
② 마그네슘(Mg)뿐만 아니라 모든 원자의 2차 이온화 에너지는 1차 이온화 에너지보다 더 크다.
③ 할로젠 원소 중 1차 이온화 에너지가 가장 큰 것은 원자의 크기가 작은 플루오린(F)이다.
④ 1차 이온화 에너지는 원자의 크기가 큰 리튬(Li)이 네온(Ne)보다 더 작다.

정답 ②

5

원소 T는 전자 배치로부터 14족 원소인 Si이고, 원소 X는 8번째 이온화 에너지가 급격히 증가하였으므로 17족 원소이다. 따라서 T와 X는 비금속 원소로 공유 결합하므로 화합물의 화학식은 TX_4이다.

정답 ②

6

주어진 정보로부터 각 원소를 결정하면 다음과 같다. 주의해야 할 점은 3원소 모두 금속 원소라는 점이다.

A	B	C
Al	Mg	Be

① A는 13족 원소이므로 A의 산화물의 화학식은 A_2O_3이다.
② 원자번호가 가장 작은 것은 C이다.
③ C의 바닥상태 전자배치는 $1s^22s^2$이다.
④ A와 B는 3주기로 같은 주기 원소이다.

정답 ④

7

ㄱ. 같은 주기에서 원자 반지름은 원자 번호가 작을수록 크다. 따라서 Li이 F보다 원자 반지름이 크다.
ㄴ. 등전자 이온에서 이온 반지름은 원자 번호가 클수록 작다. 따라서 Mg^{2+}이 Na^+보다 이온 반지름이 더 작다.
ㄷ. 2차 이온화 에너지가 가장 큰 원소는 최외각 전자수가 1개인 1족 원소이므로 Na이 Mg보다 더 크다.

정답 ①

8

A, B, C는 각각 C, N, O로 같은 2주기 원소이다. 같은 주기에서는 원자 번호가 증가할수록 이온화 에너지가 증가하나 13족과 16족에서 예외가 존재한다. 따라서 1차 이온화 에너지의 크기를 나타내면 N > O > C 순이므로 B > C > A이다.

정답 ③

9

A는 13족, B와 C는 2족 원소이다. 따라서 A는 Al이고, 이온화 에너지가 더 큰 C가 Be이고, B가 Mg이다. A가 3주기 원소인 이유는 만약 A가 2주기 13족 원소라면, 크기가 더 큰 3주기 2족 원소인 B의 제1 이온화 에너지보다 A의 제1 이온화 에너지가 더 작기 때문에 원소의 주기성에 모순된다. 따라서 A는 3주기 원소이어야 한다.

① A는 13족 원소이므로 A의 산화물의 화학식은 A_2O_3이다.
② 원자 번호는 C가 가장 작다.
③ C의 바닥상태 전자배치는 $1s^2 2s^2$이다.
④ A와 B는 같은 주기의 3주기 원소이다.

정답 ④

10

제3 이온화 에너지에서 이온화 에너지가 많이 증가하였으므로 최외각 껍질의 전자수가 2개인 2족 원소이다. 따라서 17족 염소와의 안정한 화합물의 화학식은 MCl_2이다.

정답 ②

11

4차 이온화 에너지 값에서 이온화 에너지가 가장 많이 증가하였으므로 최외각껍질의 전자수가 3개인 13족 원소(Al)임을 알 수 있다.

정답 ③

12

A에서 B로 1차 이온화 에너지가 증가하다가 C에서 갑자기 줄었다는 것은 주기가 2주기에서 3주기로 바뀌었다는 것을 의미하고, C에서 D로 이온화 에너지가 증가하는 것은 원자 번호가 증가하는 것을 의미한다. 따라서 A = F, B = Ne, C = Na, D = Mg이다.

① A_2 분자는 F_2이고, 분자궤도함수에서 홀전자가 없으므로 반자기성이다.
② 원자 반지름은 B(Ne)가 C(Na)보다 주기가 작으므로 작다.
③ A(F)는 비금속, C(Na)는 금속이므로 A와 C로 이루어진 화합물은 이온 결합 화합물이다.
④ 2차 이온화 에너지(IE_2)는 1족 원소가 항상 가장 크므로 C(Na)가 D(Mg)보다 크다.

정답 ①

13

ㄴ. 1차 이온화 에너지가 큰 원소일수록 전자를 제거하기 어렵다는 것이므로 양이온이 되기 어렵다.

정답 ②

14

①, ③, ④ 같은 족에서는 원자 번호가 증가할수록 원자의 크기가 커져서 전자를 제거하기 쉬우므로 이온화 에너지는 감소한다.
② 원소의 주기성에 의하면 원자번호가 증가할수록 1차 이온화 에너지는 증가하여야 한다. 다만 16족에서는 전자쌍에서 전자를 제거하므로 전자쌍간의 반발력으로 인해 이온화 에너지가 감소되는 예외가 존재하기 때문에 산소가 질소보다 이온화 에너지가 작다.

올바른 이온화 에너지의 경향은 다음과 같다.

$$F > N > O > C$$

정답 ②

15

IE_4에서 에너지가 많이 증가하였으므로 이 원소는 3주기 원소로 최외각껍질의 전자 수가 3개인 Al이다.

ㄱ. Al의 바닥 상태의 전자 배치는 $[Ne]3s^2 3p^1$이다.
ㄴ. 최외각껍질의 전자수가 3개이므로 가장 안정한 산화수는 +3이다.

ㄷ. Al은 금속 원소로 수소(H)보다 반응성이 크므로 염산과 반응하면 수소 기체가 발생한다.

$2Al(s) + 6HCl(aq) \rightarrow 2AlCl_3(aq) + 3H_2(g)$

따라서 옳은 것은 ㄴ, ㄷ이다.

정답 ④

16

모두 2주기 원소로 원자번호가 증가할수록 이온화 에너지는 증가한다. 다만, 13족과 16족에서 예외적으로 이온화 에너지의 감소가 있으므로 이온화 에너지가 큰 것부터 순서대로 나열하면 다음과 같다.

$$N > O > Be > B$$

정답 ④

17

3차 이온화 에너지보다 4차 이온화 에너지가 많이 증가하였으므로 최외각껍질의 전자가 3개인 13족 원소임을 알 수 있다. 따라서 3주기 원소인 Al이 정답이다.

정답 ③

18

ㄱ. 이온화 에너지가 크다는 것은 전자를 떼어내기 어려운 것이므로 양이온이 되기 어렵다.

ㄴ. 동일 원소의 1차 이온화 에너지는 전기적 중성인 원자로부터 전자 1몰을 제거할 때 필요한 에너지이고, 2차 이온화 에너지는 이미 전자 1몰을 잃은 양이온 상태에서 전자 1몰을 제거하는 것이므로 정전기적 인력이 강해져서 동일 원소의 2차 이온화 에너지는 1차 이온화 에너지보다 항상 크다.

정답 ②

19

전자 배치로부터 ㉠ Ne ㉡ Na ㉢ Mg이다. 원자의 크기가 작을수록 핵과 전자사이의 인력이 증가하므로 일차 이온화 에너지 또한 증가한다. 2주기 원소인 Ne 원자의 크기가 가장 작으므로 Ne의 일차 이온화 에너지가 가장 클 것이고, 같은 3주기 원소에서 크기가 더 작은 Mg이 그 다음으로 클 것이고, 원자의 크기가 가장 큰 Na의 일차 이온화 에너지가 가장 작을 것이다.

$$Ne > Mg > Na$$

정답 ②

제 3 절 | 전기음성도

01 ③

1

전기음성도는 주기율표상에서 오른쪽, 위로 갈수록 증가한다. 즉 같은 주기에서는 원자번호가 증가할수록, 같은 족에서는 원자번호가 감소할수록 전기음성도는 증가한다.

① C > H ② S > P ③ S < O ④ Cl > Br

정답 ③

제 4 절 | 종합편

01 ③	02 ②	03 ④	04 ①	05 ③
06 ⑤	07 ①	08 ④	09 ②	10 ③
11 ④	12 ③	13 ③	14 ④	15 ④
16 ④	17 ③	18 ③	19 ②	20 ②
21 ①	22 ④	23 ③	24 ③	25 ②
26 ④	27 ④			

1

원자 반지름은 정전기적 인력과 반비례하고, 이온화 에너지, 전기음성도는 정전기적 인력에 비례한다. 같은 주기에서 원자 번호가 증가할 때 핵전하량이 증가하여 정전기적 인력이 증가하므로 원자 반지름은 감소하고, 이온화 에너지와 전기음성도는 증가한다.

정답 ③

2

가. 이온화 에너지라는 것은 중성 원자로부터 전자 1몰을 떼어내는 데 공급되는 에너지이므로 원자의 이온화 에너지는 항상 양의 값을 갖는다.

나. 전자 친화도는 중성 원자에 전자 1몰을 첨가할 때의 에너지 변화를 말한다. 원칙적으로 에너지를 방출하는 발열 과정이므로 음의 값을 갖지만, 예외적으로 오비탈이 채워져 있는 2족, 18족 원소들의 전자친화도는 흡열 과정이므로 양의 값을 갖는다.

다. Na의 2차 이온화 에너지는 $2p$ 오비탈에서 전자를 제거하고, Mg의 2차 이온화 에너지는 $3s$ 오비탈에서 전자를 제거한다. 에너지 준위가 더 높은 $3s$ 오비탈에서 전자를 제거하는 것이 에너지 준위가 더 낮은 $2p$ 오비탈에서 전자를 제거하는 것보다 더 작은 에너지가 필요하다. 따라서 Na의 2차 이온화 에너지는 Mg의 2차 이온화 에너지보다 크다.

라. 전자 친화도는 원칙적으로 발열 과정이지만 15족의 경우 전자 1개를 받아들임으로써 홀전자가 전자쌍이 되므로 전자간의 반발력으로 인해 보다 적은 에너지가 방출되므로 14족인 탄소의 전자친화도가 더 큰 음의 값을 갖는다.

정답 ②

3

② 3주기 원소인 Cl의 원자 반지름이 2주기 원소의 원자 반지름보다 더 크다.

③ 결합 차수를 생각해보면 다음과 같다.

	N_2	O_2	F_2	Cl_2
결합 차수	3	2	1	1

따라서 동핵 2원자 분자의 결합 차수가 가장 높은 것은 질소이다.

④ 홀전자수가 가장 많은 것은 15족인 N이다.
N(3개), O(2개), F(1개), Cl(1개)

정답 ④

4

② 이온화 에너지는 기체 상태의 원자가 전자를 잃어 양이온이 될 때 필요한 에너지이다.

③ 같은 족에서 원자 번호가 증가할수록 껍질수가 증가하여 이온화 에너지는 감소한다.

④ 전기음성도는 공유 결합에서 공유 전자쌍을 잡아당기는 상대적 세기를 나타내며, 이 값이 클수록 음이온이 되기 쉽다.

정답 ①

5

ㄱ. 같은 주기에서 원자 번호가 증가할수록 전기음성도는 증가하므로 전기음성도의 순서는 F > O > N이다.

ㄴ. 같은 주기에서 원자 반지름의 크기는 원자 번호가 증가할수록 감소하므로 원자 반지름의 순서는 N > O > F이다.

ㄷ. 결합 차수가 클수록 결합 길이는 짧아진다. F_2는 1차, O_2는 2차, N_2는 3차이므로 결합 길이의 순서는 $F_2 > O_2 > N_2$이다.

정답 ③

6

같은 주기에서 오른쪽으로 갈수록 유효 핵전하량이 증가하여 핵과 전자사이의 정전기적 인력이 증가하므로 원자 반지름은 감소하고, 이온화 에너지는 증가하고 전기음성도도 증가한다.

정답 ⑤

7

주기율표의 위치로부터 임의의 원소를 결정한다.

A	B	C	D	E
Li	C	F	Mg	Cl

① 같은 주기에서 원자 번호가 증가할수록 이온화 에너지는 증가하므로 A는 B보다 이온화 에너지가 작다.

② C는 A보다 원자번호가 크기 때문에 정전기적 인력이 증가하므로 전자 밀도는 크고 원자 반경은 작다.

③ C와 E는 같은 족 원소이므로 원자가 전자수가 같고 유사한 반응성을 갖는다.

④ D는 금속 원소이고, E는 비금속 원소이므로 금속인 D의 전자 친화도가 비금속인 E보다 작다.

정답 ①

8

주기율표의 위치로부터 임의의 원소를 결정한다.

A	B	C	D	E	F
H	He	Li	F	Na	Cl

① A ~ F 중 금속 원소는 C와 E, 2가지이다.
② B는 음이온이 되려는 성질이 없는 비활성 기체이다.
③ 같은 족에서 원자번호가 증가할수록 전자를 잃기 쉽기 때문에 E가 C보다 전자를 더 쉽게 잃는다.
④ CF와 EF는 금속 원소의 종류가 다르므로 불꽃 반응으로 구별할 수 있다.

정답 ④

9

① 최외각전자가 느끼는 유효 핵전하는 원자 번호와 비례하므로 원자 번호가 큰 Mg의 유효 핵전하가 Na보다 더 크다.
② 중성자 수는 원자 반지름의 크기에 영향을 미치지 않는다.
③ Al은 Mg보다 원자 번호가 더 크지만 전자를 제거하는 오비탈이 Al의 경우 Mg보다 더 높은 에너지 준위의 오비탈($3p$)에서 전자를 제거하기 때문에 마그네슘의 일차 이온화 에너지는 알루미늄의 일차 이온화 에너지보다 크다.(제1 이온화 에너지의 예외에 해당한다.)
④ Al^{3+}은 전자 배치가 네온의 전자 배치와 같아 홀전자가 없으므로 반자성이다.

정답 ②

10

① 같은 주기에서는 원자 번호가 증가할수록 원자 반지름은 작아진다. 따라서 Na는 Al보다 원자 반지름이 크다.
② 같은 족에서는 주기가 작을수록 원자 반지름이 작다. 따라서 Li은 K보다 원자 반지름이 작다.
③ 16족 O는 15족 N보다 이온화 에너지가 작지만 C보다는 일차 이온화 에너지가 크다.
④ 같은 족에서는 주기가 작을수록 일차 이온화 에너지는 증가한다. 따라서 K은 Rb보다 일차 이온화 에너지가 크다.

정답 ③

11

A^+	B^{2+}	C^-	D^{2-}
Na^+	Mg^{2+}	F^-	O^{2-}

(가) A와 B는 3주기 원소이고, C와 D는 2주기 원소이다.
(나) 모두 전자수가 10개인 등전자 이온이므로 이온 반지름이 가장 작은 것은 양성자수가 가장 많은 B^{2+}이다.
(다) 전기음성도가 가장 큰 중성원자는 F인 C이다.

정답 ④

12

① 같은 주기에서는 1족에 있는 원자의 반지름이 가장 크므로 일차 이온화 에너지는 가장 작다.
② 모든 원소 중에서 일차 이온화 에너지가 가장 큰 원자는 원자 반지름이 가장 작아야 한다. 모든 원소 중에서 원자 반지름이 가장 작은 원소는 He이다.
③ 2주기에서 알칼리 금속부터 할로젠 원소까지 원자번호가 커짐에 따라 유효 핵전하량이 증가하여 핵과 전자사이의 정전기적 인력 또한 증가하게 되므로 원자의 반지름은 작아지게 된다.
④ 알칼리 토금속(2족)은 전자친화과정이 예외적으로 흡열이므로 같은 주기에서 알칼리 금속의 전자친화도는 알칼리 토금속보다 더 크다.

정답 ③

13

A와 B는 바닥 상태에 있는 2주기 원소이므로 A에서 전자가 들어 있는 s 오비탈의 수는 2개이다. 따라서 B의 p 오비탈에 들어 있는 전자의 수가 2개이므로 B는 탄소(C)임을 알 수 있다. 또한 B의 전자가 들어 있는 오비탈의 수는 $1s^2 2s^2 2p^2$로 총 4개이므로 A의 전자쌍의 수가 4개이기 위해서는 p 오비탈의 전자수는 5개이어야 하므로 A는 F임을 알 수 있다.

① A(F)는 F으로 비금속이다.
② 전자친화도는 같은 2주기 원소이므로 A(F)가 B(C)보다 크다.
③ 원자 반지름은 B(C)가 A(F)보다 크다.
④ 제1 이온화 에너지는 A(F)가 B(C)보다 크다.

정답 ③

14

전자 배치로부터 A는 F이고, B는 Na이다.

ㄱ. 홀전자 개수는 1개로 동일하다.

ㄴ. 제1 이온화 에너지는 원자의 크기가 더 작은 A가 B보다 더 크다.

ㄷ. A^-와 B^+는 등전자 이온이므로 유효 핵전하가 더 큰 B의 양이온(B^+)이 A의 음이온(A^-)보다 더 작다.

ㄹ. B가 들뜬 상태가 되면($B^*: 1s^2 2s^2 2p^6 4s^1$) 에너지 준위가 더 높은 오비탈에서 전자를 제거하므로 제1 이온화 에너지가 더 작아진다.

정답 ④

15

A ~ D를 정리하면 다음과 같다.

A	B	C	D
F	Be	O	N

ㄱ. 제1 이온화 에너지는 원자 반지름이 작은 A가 D보다 크다.

ㄴ. 원자 번호의 차이가 클수록 원자 반지름의 차이도 크다. A와 B의 원자 번호 차이가 C와 D의 원자 번호 차이보다 크므로 A와 B의 원자 반지름 차이는 C와 D의 원자 반지름 차이보다 크다.

정답 ④

16

주기율표의 위치로부터 A : F, B : Na, C : Mg, D : Al임을 알 수 있다.

① A(F)은 17족 원소이므로 원자가 전자 개수는 7이다.

② 같은 주기에서 2차 이온화 에너지는 1족 원소가 가장 크므로 B(Na)가 C(Mg)보다 크다.

③ $C^{2+}(Mg^{2+})$와 $B^+(Na^+)$는 등전자 이온이므로 원자 번호가 작을수록 이온 반지름의 크기는 크므로 $B^+(Na^+)$가 $C^{2+}(Mg^{2+})$보다 크다.

④ 같은 주기에서 원자가전자에 대한 유효 핵전하는 원자 번호가 클수록 크므로 D(Al)가 C(Mg)보다 크다.

정답 ④

17

같은 주기에서 오른쪽으로 간다는 것은 원자번호가 증가하여 유효 핵전하가 증가하므로 이온화 에너지는 감소하고, 이온화 에너지와 전기 음성도는 증가한다.

정답 ③

18

원소	A(13족)	B(14족)	C(15족)	D(16족)
원자가전자 수	3	4	5	6
전기 음성도	2.0	1.9	3.0	2.6
원소 기호	B	Si	N	S
원자 번호	5	14	7	16

원자 번호를 비교하면 다음과 같다.

D>B>C>A

정답 ③

19

(가) Na (나) Mg (다) Al (라) Cl

4 원소는 모두 2주기 원소들이다. 2주기 원소 중 2차 이온화 에너지가 가장 큰 원자(A)는 1족 원소로 Na이고, 전자 친화도가 가장 큰 원자(B)는 17족 원소인 Cl이다.

정답 ②

20

Be, Mg, Ca는 모두 2족 원소이다.

ㄱ. 같은 족에서 전기음성도는 원자번호가 증가할수록 감소하므로 전기음성도의 크기 순서는 Be > Mg > Ca이다.

ㄴ. 같은 족에서 원자 반지름은 원자번호가 증가할수록 증가하므로 원자 반지름의 크기 순서는 Be < Mg < Ca이다.

ㄷ. 같은 족에서 유효 핵전하는 원자번호가 증가할수록 증가하므로 유효 핵전하의 크기 순서는 Be < Mg < Ca이다.

정답 ②

21

X : Li, Y : Be, Z : O로 모두 2주기 원소들이다.

① 최외각 전자의 개수는 원자가전자 수와 같으므로 Z : 6개, Y : 2개, X : 1개이므로 Z > Y > X 순이다.

② 전기음성도의 크기는 2주기에서 원자번호가 증가할수록 증가하므로 Z > Y > X 순이다.

③ 원자 반지름의 크기는 2주기에서 원자번호가 증가할수록 감소하므로 X > Y > Z 순이다.

④ 이온 반지름의 크기를 판단하기 전에 우선적으로 이온의 전자수부터 계산해야 한다.

Z^{2-}는 전자가 10개이므로 전자 껍질수가 2개이고, 나머지 Y^{2+}와 X^{+}는 2개로 전자 껍질수가 1개이다. 따라서 당연히 껍질수가 많은 Z^{2-}의 반지름이 가장 크고, Y^{2+}와 X^{+}는 2개의 전자로 등전자 이온에 해당된다. 등전자 이온의 경우 양성자가 많을수록 이온 반지름이 작아지므로 순서를 정리하면 $Z^{2-} > X^{+} > Y^{2+}$ 순이다.

정답 ①

22

① 유효 핵전하는 원자 번호에서 가리움 상수를 뺀 값으로 정의한다.

② 최외각 껍질에서 p 전자는 s 전자에 비해 가리움 효과가 크므로 핵 인력을 더 약하게 느낀다.

③ 3주기 주족 원소는 주기율표에서 오른쪽으로 갈수록 전자수 증가에 따른 가리움 효과의 증가량보다 양성자수의 증가량이 더 크므로 유효 핵전하는 증가한다.

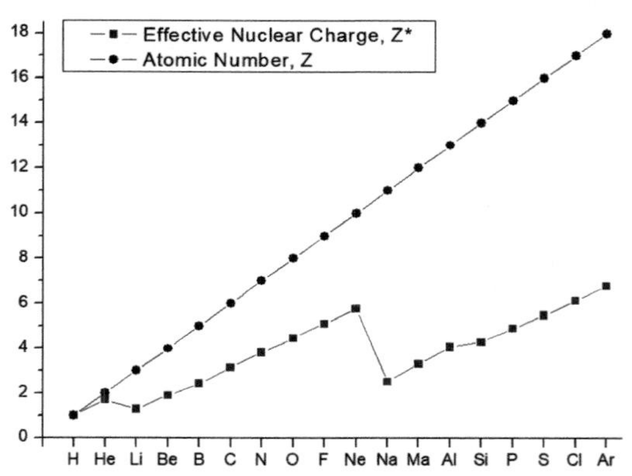

④ 알칼리 금속은 원자 번호가 증가할수록 양성자수가 증가하므로 유효 핵전하가 증가한다.

정답 ④

23

2주기 원소인 F는 3주기 원소인 S보다 원자 반지름이 작기 때문에 정전기적 인력이 크므로 전기음성도와 제1 이온화 에너지가 S보다 더 크다.

정답 ③

24

그래프로부터 A~C는 Mg, O, F이다.

① BC_2는 OF_2로 공유 결합 물질이다.

② 제1 이온화 에너지의 크기는 원자의 크기가 가장 작은 C가 가장 크다.

③ AB는 MgO로 A 이온과 B 이온은 Ne과 같은 전자 배치를 가진다.

정답 ③

25

(가)의 정보로부터 전자가 들어 있는 오비탈의 개수가 6개이므로 A는 3주기, 1족 원소임을 알 수 있다.(3주기 17족 원소는 전자가 들어 있는 오비탈의 개수가 9개이다.)

(나)로부터 B는 2주기 1족 원소이고, C도 2주기 원소로 16족 또는 17족임을 알 수 있다.

(가)와 (나)에서 A, B의 홀전자 수는 모두 1개이고, D와 E 중 D의 홀전자 수가 더 크다고 하였으므로 D는 홀전자 수가 2개인 2주기 16족 원소이고, C는 2주기 17족, E는 3주기 17족 원소에 해당된다.

A, B, C, D를 주기율표에 나타내면 다음과 같다.

	1	2	13	14	15	16	17	18
2	B					D	C	
3	A						E	

② E는 3주기 원소이다.

정답 ②

26

설명에 따라 원소를 결정하면 다음과 같다.

	A	B	C	D	E
	Be	F	Cl	S	Na
원자 번호	4	9	17	16	11

① 2주기 원소는 Be과 F으로 2개이다.
② B와 D는 모두 비금속 원소이므로 공유결합을 한다.
③ 원자 번호가 홀수인 원소는 F, Cl, Na로 3개이다.
④ 각 원자 번호를 더해보면,
A+B+C =4+9+17=30, D+E =16+11=27
따라서 원자 번호는 A+B+C < D+E이다.

정답 ④

27

전자배치로부터 각 원자를 결정하면 다음과 같다.

A	B	C	D
F	Na	Mg	Cl

ㄱ. 원자 반지름은 Mg > Cl이다. 같은 주기에서는 원자 번호가 클수록 원자 반지름은 감소한다.
ㄴ. 이온 반지름은 F^- > Na^+이다. 등전자 이온에서는 원자번호가 클수록 이온 반지름은 감소한다.
ㄷ. 화합물의 녹는점은 NaF > NaCl이다. 전하량의 곱이 같은 경우 결합길이가 짧은 NaF의 녹는점이 NaCl보다 더 높다.

정답 ④

제 5 절 | 핵화학

01 ③	02 ④	03 ①	04 ③	05 ④
06 ②	07 ③	08 ①	09 ③	

1

베타 붕괴란 중성자가 양성자와 전자로 붕괴되는 것이므로 질량수의 변화는 없으나 원자 번호가 1만큼 증가한다.

$$^1_0n \rightarrow {}^1_1\mathrm{P} + {}^{0}_{-1}e$$

정답 ③

2

8번의 알파 붕괴로 4.0×10^{-9}몰의 $^4_2$He이 검출되었다면 1번 알파 붕괴시 검출된 $^4_2$He의 양 만큼 $^{238}_{92}$U이 존재하였을 것이다. 따라서 이 광석에 포함되어 있던 $^{238}_{92}$U의 양은 다음과 같다.

$$4.0\times10^{-9}\text{몰}\times\frac{1}{8}=5.0\times10^{-10}\text{몰}$$

정답 ④

3

α−붕괴에 의해 양성자수는 2감소하고, 질량수는 4가 감소한다. β−붕괴에 의해 양성자수는 1증가한다.
질량수의 변화 232−(6 × 4)=208
양성자수의 변화 90−(2 × 6)+4=82
따라서 생성된 최종 동위원소는 $^{208}_{82}$Pb이다.

정답 ①

4

각 원소들의 중성자 수를 먼저 계산해보면,

	$^{235}_{92}$U	$^{141}_{56}$U	$^{92}_{36}$Kr
중성자 수	143	85	56

우라늄의 중성자수 143개와 중성자 1개가 충돌하므로 반응전의 중성자의 총수는 143+1=144개이고, 반응후의 중성자수는 85+56=141개이므로 반응의 결과로 생성되는 중성자의 개수는 3개이다.

정답 ③

5

α 붕괴시 양성자수는 2감소하고, 질량수는 4감소하고, β^- 붕괴시 양성자수는 1증가한다.
먼저 질량수의 변화를 보면 238−206=32 / 4=8번의 α붕괴가 일어났고, 따라서 α붕괴시 양성자수의 변화를 보면 92−16=76이다. 양성자 수가 76에서 82로 6 증가하였으므로 β^-는 6회 일어났다.

정답 ④

6

핵변환 반응에서 질량수와 양성자수는 각각 보존되어야 한다.

질량수가 보존되기 위해서는 $14+x=17+1$ $x=4$

양성자 수가 보존되기 위해서는 $7+y=8+1$ $y=2$

양성자수가 2인 원소는 He이다.

정답 ②

7

베타 붕괴는 중성자가 양성자와 전자로 변환되는 것이므로 질량수의 변화는 없으나 원자 번호가 1만큼 증가한다.

$${}^{1}_{0}n \rightarrow {}^{1}_{1}\mathrm{P} + {}^{0}_{-1}e$$

정답 ③

8

α-입자가 1개 방출될 때 양성자수는 2감소하고, 질량수는 4감소한다. 따라서 우라늄 동위 원소 ${}^{238}_{92}\mathrm{U}$이 α-입자 1개를 방출할 때 생성되는 핵종은 양성자수 $92-2=90$, 질량수는 $238-4=234$이므로 ${}^{234}_{90}\mathrm{Th}$이다.

정답 ①

9

알파(α) 입자는 헬륨핵(He^{2+})이므로 +2의 전하를 띠고, 감마(γ)선은 전자기파로서 전하를 띠지 않는다.

정답 ③

Chapter 01 화학 결합과 화합물

01 ①	02 ③	03 ④	04 ②	05 ①
06 ②	07 ①	08 ②	09 ②	10 ③
11 ④	12 ④	13 ③	14 ④	15 ②
16 ④	17 ③	18 ①	19 ④	20 ②
21 ②				

1

① 수소 원자가 수소 분자를 형성하는 이유는 낮은 에너지를 갖기 위함이므로 C보다 B에서 안정된 수소 분자를 형성한다.

② 수소 원자의 공유 결합 반지름은 결합 길이의 절반에 해당된다.

$$0.074\text{nm} \times \frac{1}{2} = 0.037\text{nm}$$

③ 수소 분자를 형성하는데 435kJ의 에너지가 방출되었으므로 H－H의 결합을 끊어 수소 원자 2몰을 만드는데 필요한 에너지도 435kJ이다.

④ 공유 결합 에너지는 분자 내에서 원자 간의 결합을 끊을 때 방출하는 에너지가 아니라 공급해야 할 에너지를 의미한다.

정답 ①

2

붕소는 질소의 고립 전자쌍을 받아들여 배위 결합을 형성한다.

③ 불소(F)는 붕소(B)와 전자를 공유하여 팔우설을 만족시킨다.

$$\begin{array}{c}\text{H}\\|\\\text{H}-\text{N}\!:\\|\\\text{H}\end{array} + \begin{array}{c}\text{F}\\|\\\text{B}-\text{F}\\|\\\text{F}\end{array} \longrightarrow \begin{array}{c}\text{H}\\|\\\text{H}-\text{N}\\|\\\text{H}\end{array}\!\rightarrow\!\begin{array}{c}\text{F}\\|\\\text{B}-\text{F}\\|\\\text{F}\end{array}$$

정답 ③

3

HCN	N_2H_2	C_2H_4	NH_3
H－C≡N:	H－N=N－H (각 N에 비공유 전자쌍)	$H_2C=CH_2$	H－N̈－H, N에 H (비공유 전자쌍 1개)

ㄱ. 비공유 전자쌍이 있는 분자는 HCN, N_2H_2, NH_3로 3가지이다.

ㄴ. 단일 결합으로만 이루어진 분자는 NH_3로 1가지이다. HCN는 3중 결합, N_2H_2와 C_2H_4는 2중 결합을 포함하고 있다.

ㄷ. 4가지 분자의 중심 원자는 모두 옥텟규칙을 만족한다.

정답 ④

4

A는 전자 1개를 잃어서 전자수가 10개이므로 양성자가 11개인 Na이고, B는 전자 1개를 얻어서 전자수가 10개이므로 양성자가 9개인 F이다.

① 양성자의 수를 안다고 하여 그 화합물의 몰질량을 알 수는 없다.

② 원자 A는 1족 원소인 Na이므로 원자가전자는 1개이다.

③ $B_2(F_2)$는 단일 결합을 갖는다.

④ B(F)는 2주기 비금속 원소이고, A(Na)는 3주기 금속 원소이므로 원자 반지름은 B가 A보다 더 작다.

정답 ②

5

① 격자 에너지는 이온 화합물이 생성되는 여러 단계의 에너지를 서로 더하여 계산한다.

정답 ①

6

CO_2	N_2	H_2O	C_2H_4
$\ddot{O}=C=\ddot{O}$	$:N\equiv N:$	$H-\ddot{O}-H$	$H_2C=CH_2$
2차	3차	1차	2차

분자내 원자들간의 결합 차수가 가장 높은 것은 N_2이다.

정답 ②

7

① 격자 에너지는 이온 결합력으로 판단할 수 있다. 따라서 전하량의 곱이 같으므로 결합 길이가 짧은 $NaCl(s)$이 $KI(s)$보다 크다.

② 전기음성도는 같은 주기에서 원자 번호가 증가할수록 증가하므로 플루오린(F)이 탄소(C)보다 크며, 이 둘 간의 화학 결합은 서로 다른 핵간 결합이므로 극성 공유 결합이다.

③ 포타슘(K)은 금속 원소이고 염소(Cl)는 비금속 원소이므로 KCl을 형성하는 결합은 이온 결합이다.

정답 ①

8

비공유 전자쌍의 개수로부터 X = N, Y = O, Z = F이다.

① N는 홀전자 수가 3개이므로 최대 3개의 공유 결합을 이룰 수 있다.

② 공유 전자쌍 수가 N_2는 3쌍, O_2는 2쌍이므로 공유 전자쌍 수는 N_2가 O_2보다 많다.

③ 비공유 전자쌍 수는 NF_3가 10쌍, OF_2는 8쌍이므로 OF_2가 NF_3보다 많다.

④ O_2에는 이중 결합이 있다.

정답 ②

9

① 지점 ⓐ에서 지점 ⓑ로 갈수록 핵간거리가 가까워지므로 원자간 핵-전자 인력이 커진다.

② 지점 ⓒ는 핵간 거리가 점점 가까워져서 결합이 형성되는 지점이므로 핵간 반발력을 무마시키기 위해서는 전자밀도가 높아야한다. 따라서 지점 ⓑ보다 지점 ⓒ의 핵간 전자밀도가 더 높다.

③ 지점 ⓒ는 수소 분자가 형성된 지점으로 퍼텐셜 에너지가 가장 낮은 지점이고, 지점 ⓐ는 수소 원자의 퍼텐셜 에너지이므로 그 퍼텐셜 에너지 차이는 수소 분자의 결합 에너지와 같다.

$$H_2(g) + E \rightarrow 2H(g)$$

④ 지점 ⓒ에서 지점 ⓓ로 갈수록 핵간 거리가 가까워지므로 핵간 반발력이 커진다.

정답 ②

10

KF, $CaCl_2$, LiBr는 금속과 비금속간의 이온 결합 물질이고 CH_4는 비금속간의 공유 결합 물질이다.

정답 ③

11

KBr은 이온 결합 물질이고, Cl_2와 NH_3는 단일 결합으로 이루어진 공유 결합이고, O_2만이 2중 결합으로 이루어진 공유 결합 물질이다.

$$:\ddot{O}=\ddot{O}:$$

정답 ④

12

이온 결합 화합물의 녹는점은 양이온과 음이온사이의 정전기적 인력에 비례하는데, 각 이온의 전하량의 곱이 클수록 정전기적 인력이 커지고 녹는점은 높아진다. NaF, KCl, NaCl은 전하량의 곱이 |1| 이고 MgO는 |2| 이므로 MgO가 녹는점이 가장 높다.

정답 ④

13

H_2O, ICl, NH_3는 모두 비금속 원자간의 공유 결합이고, $MgCl_2$은 금속과 비금속 원자간의 이온 결합이다.

정답 ③

14

공유 결합 성질이 크다는 것은 이온 결합성이 작다는 것이므로 이온 결합성이 작기 위해서는 전기음성도의 차가 작은 원소간의 결합이어야 한다. 따라서 같은 산소 원자와 결합한 원자중 Cl와 O의 전기음성도의 차가 가장 작으므로 공유 결합 성질이 가장 큰 산화물은 Cl_2O_7이다.

정답 ④

15

격자 에너지는 전하량의 곱이 클수록 크고, 결합 길이가 짧을수록 크다. Na_2O가 전하량의 곱이 작으므로 격자 에너지가 가장 작고, MgO와 BeO는 전하량의 곱은 같으나 결합길이가 짧은 BeO의 격자 에너지가 더 크다. 따라서 격자 에너지가 작은 것부터 순서대로 나열하면 다음과 같다.

$$Na_2O < MgO < BeO$$

정답 ②

16

ㄱ. CaS는 금속 양이온(Ca^{2+})과 비금속 음이온(S^{2-})간의 결합이므로 이온결합 화합물이다.

ㄴ. 질소 원자는 홀전자 수가 3개, 수소 원자는 홀전자 수가 1개이므로 질소 원자 한 개와 수소 원자 세 개의 비율로 암모니아가 형성되고, 비금속간의 결합이므로 공유결합 물질이고, 4개의 원자로 이루어진 다원자 분자이며 화학식은 NH_3이다.

ㄷ. HCl은 수소 원자(H)와 염소 원자(Cl)간의 공유 결합 물질($HCl(g)$)이다. $HCl(g)$이 물에 녹아 H^+ 양이온과 Cl^- 음이온으로 이온화되는 것이다.

$$H(g) + Cl(g) \rightarrow HCl(g)$$

$$HCl(g) + H_2O(l) \rightleftarrows H_3O^+(aq) + Cl^-(aq)$$

ㄹ. K은 1족 원소로 +1의 전하를 띠고, I은 17족 원소로 −1의 전하를 띤다. 따라서 KI는 K^+와 I^-의 이온 결합 화합물이다.

정답 ④

17

NaCl과 KCl의 핵간 거리로부터 K이 Na보다 0.041nm 더 크다. 따라서 KF의 핵간 거리는 NaF의 핵간 거리보다 0.041nm 더 길 것이므로 예측된다.

따라서, KF의 핵간거리는 0.25+0.041=0.291nm이다.

정답 ③

18

이온 결합 화합물의 녹는점은 전하량의 곱이 클수록, 결합 길이가 짧을수록 정전기적 인력이 강하므로 녹는점이 높아진다.

녹는점이 높은 것부터 순서대로 나열하면 다음과 같다.

$$MgO > LiF > KCl$$

정답 ①

19

격자 에너지는 전하량의 곱이 클수록, 결합 길이가 짧을수록 커진다.

$$LiCl > LiBr > LiI$$

정답 ④

원소와 화합물

20

ㄱ. 산소 분자는 홑원소 물질이므로 원소이다.

ㄴ. 물은 화합물이므로 순물질이다.

ㄷ. 소금물은 용액이므로 균일 혼합물이다.

정답 ②

21

① (가)에서 원소는 Li, Cl_2로 2가지이다.

② (나)에서 분자는 CH_4, O_2, CO_2, H_2O로 4가지이다.

③ (다)에서 ㉠은 NH_3이므로 비료의 원료로 사용된다.

> **참고**
>
> 생성물 CH_4N_2O는 $(NH_2)_2CO$를 분자식으로 표현한 것이다.

④ (라)에서 화합물은 NH_3이므로 1가지이다.

정답 ②

Chapter 02 루이스 구조식과 형식 전하와 공명 구조

01 ①	02 ②	03 ②	04 ④	05 ①
06 ③	07 ②	08 ③	09 ④	10 ①
11 ④	12 ②	13 ①	14 ③	15 ②
16 ④	17 ①	18 ①		

1

전기음성도가 큰 산소 원자에 (−)전하가 있고, 형식 전하의 분리가 작은 ①일 때 가장 안정하다.

정답 ①

2

NO_2는 공유결합에 참여할 수 있는 원자가 전자수가 질소 7개, 산소 16개로 총 23개이다. 홀수개의 원자가전자수이므로 모든 원자가 옥텟 규칙을 만족할 수 없다. NO 또한 홀수개의 원자가전자이므로 옥텟 규칙을 만족할 수 없다.

※ 암기사항입니다.

정답 ②

3

② (나)에서 Cl의 형식 전하는 0이다.

정답 ②

4

중심 원자의 주위 원자 수보다 결합수가 더 큰 경우인 O_3, NO_2^-가 공명구조를 갖는다.

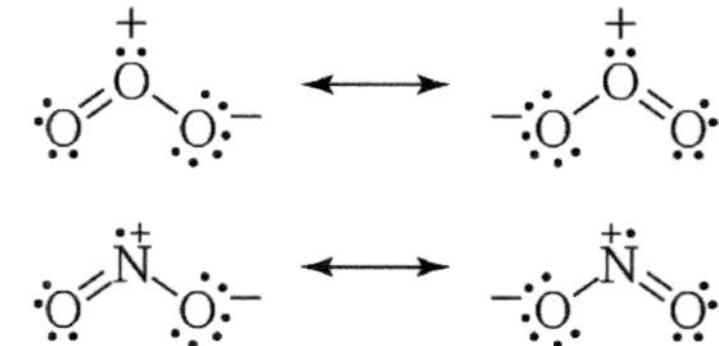

정답 ④

5

ClO_3^-의 루이스 구조식과 형식전하를 구해보면 다음과 같다.

ClO_3^-는 입체수가 4이므로 삼각뿔 구조로 중심 원자의 형식전하는 $7-5=+2$이다.

정답 ①

6

NO_3^-의 공명 구조는 3개이다.

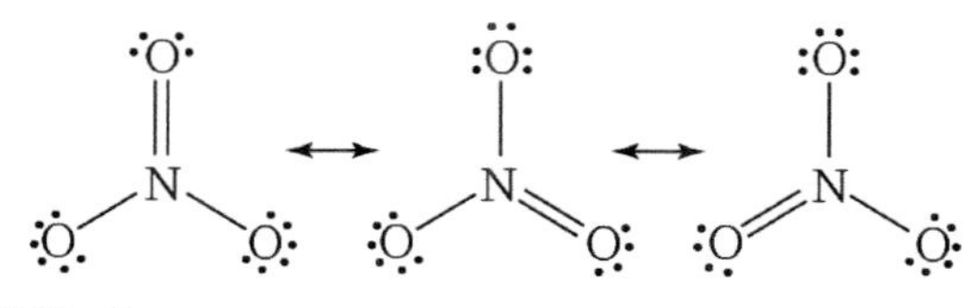

정답 ③

7

	H_2O	SF_4	ClF_3	XeF_4
비공유 전자쌍의 수	2	1	2	2

비공유 전자쌍의 수가 모두 2이고 SF_4만 1쌍이다.

정답 ②

8

각 원자의 형식 전하를 구하면 다음과 같다.

	O	S	O
형식 전하	−1	+1	0

각 원자의 형식전하를 모두 더하면 0이다.

정답 ③

9

NO의 총 전자수를 구해보면 7+8=15로 홀수개의 전자를 가지므로 두 원자 중 하나는 옥텟 규칙을 만족시키지 못하게 되는데 질소 원자가 옥텟을 만족시키지 못하는 경우가 형식 전하의 원리에 의해 좀 더 안정한 구조이다.

N=O and N=O

stable

정답 ④

10

O의 형식전하가 −1이 되기 위해서는 비공유 전자쌍이 3쌍이어야 한다. 즉 6−7=−1이 되어야 한다. 이를 만족하는 것은 ①이다.

정답 ①

11

B의 경우 홀전자수보다 1개의 결합을 더 하였으므로 형식전하는 −1이고, 산소의 경우 고립 전자쌍이 1쌍이므로 +1, F의 경우 고립 전자쌍이 3쌍이므로 0이다.

정답 ④

12

NF_3는 공명 구조를 갖지 않고, 나머지는 모두 공명 구조를 갖는다.

:F−N−F:
|
:F:

O_3의 공명구조

O−O=O ⟷ O=O−O

CO_3^{2-}의 공명구조

O=C−O ⟷ O−C−O ⟷ O−C=O

C_6H_6의 공명구조

[C₆H₆ ⟷ C₆H₆]

정답 ②

13

I_3^-의 형식 전하를 구해보면 다음과 같다.

:I−I−I:
−1

OCN^-의 형식 전하를 구해보면 다음과 같다.

0 0 −1
:N≡C−O:

−1 0 0
N=C=O

−2 0 +1
:N−C≡O:

중심 원자의 형식 전하의 합은 −1+0=−1이다.

정답 ①

14

중심 원자 황에 존재하는 비공유 전자쌍의 수가 1쌍이므로 비공유 전자의 수는 2개이다.

:O:
|
:O−S−O:

비공유 전자쌍의 수를 묻는 것이 아니고 비공유 전자의 수를 묻고 있다.

정답 ③

15

NO은 옥텟 규칙의 예외로 홀수개의 원자가전자 수를 갖는 분자이다.
NO의 루이스 구조식을 그려보면 다음과 같다.

$$\dot{\text{N}}=\ddot{\text{O}} \qquad \ddot{\text{N}}=\dot{\text{O}}$$

① NO는 이중 결합을 하므로 각각 한 개씩의 σ결합과 π결합을 가진다.

②, ③ NO는 홀수개의 원자가전자 수를 갖기 때문에 질소가 홀전자를 가질 수 있거나 또는 산소가 홀전자를 가질 수 있는데 이를 판단할 수 있는 근거가 형식 전하이다.

위의 왼쪽 그림에서 질소와 산소의 형식 전하는 각각 0이지만, 오른쪽 그림에서 질소와 산소의 형식 전하는 각각 −1과 +1이다. 형식 전하의 합은 두 가지 경우 모두 0이지만 오른쪽 구조의 경우 전기 음성도가 더 큰 산소가 +의 형식 전하를 가짐으로써 불안정한 구조이다. 따라서 질소가 홀전자수를 갖는 왼쪽 그림의 구조가 좀 더 안정한 구조라고 할 수 있다.

④ NO는 O_2와 반응하여 쉽게 NO_2로 된다.

$$2NO(g) + O_2(g) \rightarrow 2NO_2(g)$$

정답 ②

16

공명 구조가 존재하지 않는 것은 NH_4^+이다.

정답 ④

17

① 고립 전자쌍이 3쌍인 산소 원자의 형식 전하만 −1이고 나머지 원자의 형식전하는 모두 0이므로 이온 전체의 전하수는 -1이다. 따라서 $x = -1$이다.

② 파이(π) 결합은 2개이다.

③ 공명 구조란 원자핵은 변하지 않고 전자간의 배열만 달라지는 것이므로 전자의 비편재화를 위해 이중결합을 한 산소와 단일결합을 한 산소의 전자 배열이 다른 공명 구조가 존재한다.

④ sp^2 혼성 오비탈을 갖는 탄소는 3개이다.

정답 ①

18

① 아세트산 이온(CH_3COO^-)에서는 음전하가 두 산소 원자에 걸쳐 비편재(delocalization)될 수 있기 때문에 공명 구조가 존재한다. 반면, 아세트산(CH_3COOH)에서는 OH 작용기의 수소 원자가 전자를 특정 위치에 고정시키기 때문에 공명 구조가 형성되지 않는다.

정답 ①

Chapter 03 분자의 구조와 결합각

01 ②	02 ③	03 ③	04 ②	05 ④
06 ②	07 ④	08 ③	09 ③	10 ④
11 ①	12 ①	13 ②	14 ③	15 ②
16 ②	17 ①	18 ④	19 ②	20 ③
21 ①	22 ①	23 ①	24 ②	25 ④
26 ①	27 ①	28 ③	29 ④	30 ③
31 ①	32 ③	33 ②	34 ①	35 ④
36 ②	37 ②	38 ④	39 ②	40 ③
41 ①	42 ③	43 ④	44 ②	45 ③
46 ④	47 ④	48 ③	49 ①	50 ①
51 ①	52 ④	53 ②	54 ②	55 ②
56 ②	57 ③	58 ③	59 ②	60 ④
61 ②	62 ④	63 ①	64 ③	65 ①
66 ④	67 ③	68 ④	69 ②	70 ④
71 ②	72 ②			

1

극성 결합이란 이종 핵간 결합을 말하고, 쌍극자 모멘트를 갖지 않는다는 것은 무극성 분자를 말한다. 이 두 가지 조건을 만족하는 것은 CCl_4뿐이다.

H_2는 동종 핵간 결합으로 무극성 분자이고, HCl와 CO는 극성 결합이지만 쌍극자 모멘트를 갖는 분자이다.

정답 ②

2

SN5(3)이므로 공유 전자쌍 2쌍, 고립 전자쌍 3쌍으로 전자쌍의 수는 총 5쌍이고 구조는 선형이다.

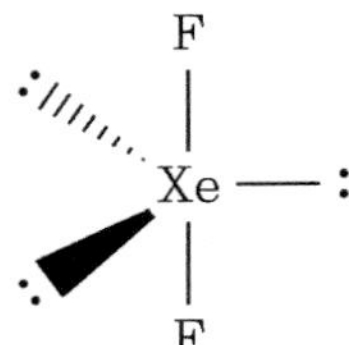

정답 ③

3

③ 공명 구조이므로 S와 O간의 결합 길이는 같다.

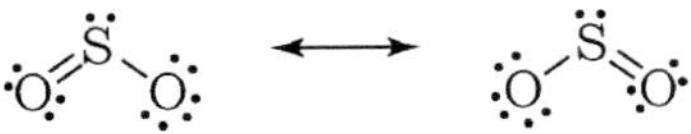

① 중심 원자가 한 쌍의 비공유 전자쌍을 갖는다.

② 모든 원자가 팔전자 규칙을 만족한다.

④ 분자 구조는 굽은형이다.

정답 ③

4

①	②	③	④
CH_3Br	CO_2	H_2O	NH_3
사면체형	직선형	굽은형	삼각뿔형
극성	무극성	극성	극성

무극성 분자는 CO_2이다.

정답 ②

5

①	②	③	④
NCl_3	AsH_3	H_3O^+	ClF_3
삼각뿔 형			뒤틀린 T형

다른 기하학적 구조를 갖는 것은 ClF_3이다.

정답 ④

6

	CO_2	H_2S	NH_3
분자의 구조	직선형	굽은형	삼각뿔형
분자의 성질	무극성	극성	극성

정답 ②

7

전자쌍들의 반발력을 최소화하기 위해 결합각을 최대로 하는 원자가껍질 전자쌍반발 이론으로 설명할 수 있다.

정답 ④

8

중심 원자의 비공유 전자쌍의 수는 다음과 같다.

$POCl_3$	SO_4^{2-}	ClO_3^-	ClO_4^-
0	0	1	0
:O: ‖ :Cl–P–Cl: | :Cl:	:O: | :O–S–O: | :O:	[:O–Cl–O: | :O:]	:O:⁻ | +3 :O⁻–Cl–O:⁻ | :O:⁻

중심 원자의 비공유 전자쌍의 개수가 나머지와 다른 것은 ClO_3^-이다.

정답 ③

9

BF_4^-	BrF_4^-	CH_4	NH_4^+	SF_4
사면체	평면 사각형	사면체	사면체	시소형

사면체 기하 구조인 것은 BF_4^-, CH_4, NH_4^+이다.

정답 ③

10

극성은 전기 음성도의 차이가 클수록 크다. H와 Si의 전기음성도 차가 가장 작으므로 극성이 가장 작다.

정답 ④

11

(가)는 OF_2, (나)는 BF_3이다.

① (가)는 서로 다른 원자간의 결합이므로 극성 공유 결합을 갖는다.
② (나)의 분자 구조는 평면 삼각형이다.
③ (나)의 중심 원자인 B는 홀전자수가 3개로 옥텟 규칙을 만족하지 못한다.
④ (가)의 결합각은 약 104.5°, (나)의 결합각은 120°로 (가)가 (나)보다 작다.

정답 ①

12

NH_3의 루이스 구조식은 다음과 같다.

H–N̈–H
 |
 H

NH_3는 입체수 4이고 고립 전자쌍 1쌍을 가지고 있으므로 삼각뿔 구조이다. ∠HNH은 107°이고 전자쌍의 분포가 편재되어 쌍극자 모멘트의 합이 0이 아닌 극성 분자이다.

정답 ①

13

SF_4에서 중심원자 황의 입체수는 5인데 고립 전자쌍이 1쌍이 존재하므로 시소형 구조이다.

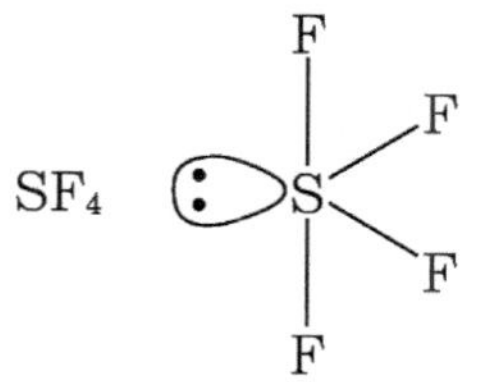

See-saw shape

정답 ②

14

SF_6	CO_2	H_2O	XeF_2	NH_3
무극성	무극성	극성	무극성	극성

SF_4	CCl_4	$CHCl_3$
극성	무극성	극성

극성인 화합물은 H_2O, NH_3, SF_4, $CHCl_3$이다.

정답 ③

15

① (가)의 중심 원자인 붕소(B)는 비공유 전자쌍을 갖고 있지 않다.
② (나)의 분자 모양은 정사면체형으로 입체 구조이다.
③ (다)의 중심 원자에 있는 전자쌍 사이의 반발력은 공유−공유 전자쌍간의 반발력과 비공유−공유 전자쌍간의 반발력 있는데 그 크기는 비공유−공유 전자쌍간의 반발력이 공유−공유 전자쌍간의 반발력보다 더 크다.
④ 물에 대한 용해도는 무극성 분자인 (가)가 극성 분자인 (다)보다 작다.

정답 ②

16

암모니아(NH_3)는 삼각뿔 모양, 염화수소(HCl)는 직선형, 이산화황(SO_2)은 굽은형으로 모두 극성 분자이고, 이산화탄소(CO_2)가 직선형으로 무극성 분자이다.

정답 ②

17

XeF_4의 구조는 평면 사각형이다.

CH_4와 PCl_4^+ 는 정사면체, SF_4는 시소형, $PtCl_4^{2-}$가 평면 사각형이므로 같은 분자구조를 갖는 화합물의 총 개수는 1개이다.

정답 ①

18

①	②	③	④
$BeCl_2$	CO_2	XeF_2	SO_2
선형	선형	선형	굽은형

분자 구조가 나머지와 다른 것은 SO_2이다.

정답 ④

19

각 분자의 구조는 다음과 같다.

①	②	③	④
SO_3^{2-}	NO_3^-	PF_3	IF_4^+
삼각뿔	평면 삼각형	삼각뿔	시소형

따라서 입체 구조가 평면인 것은 NO_3^-이다.

정답 ②

20

	①	②	③	④
	SO_2	PCl_3	XeF_4	IF_5
분자의 모양	굽은형	삼각뿔	평면 사각형	사각뿔
분자의 성질	극성	극성	무극성	극성

쌍극자 모멘트가 없는 분자는 무극성분자인 XeF_4이다.

정답 ③

21

XeF_4의 루이스 구조식은 아래와 같다.

:F: — Xe — :F: (위아래 :F:)

중심 원자 Xe의 입체수는 6으로 고립 전자쌍이 2쌍이므로 분자 구조는 사각평면이다.

정답 ①

22

HClO는 중심 원자인 산소에 고립 전자쌍이 2쌍 있으므로 굽은형 구조이다.

:Cl — O — H

정답 ①

23

H_2S만 굽은형 구조로 극성 물질이고, 나머지 분자들은 모두 무극성 분자들이다.

정답 ①

24

① 중심 원자인 산소는 2쌍의 공유 전자쌍과 2쌍의 고립 전자쌍을 가지므로 sp^3 혼성 궤도를 가지고 있다.

② H_2O와 NH_3에서 중심 원자인 산소와 질소의 혼성 오비탈은 sp^3 혼성 궤도함수로 동일하나 H−O−H에서 산소는 2쌍의 고립 전자쌍이, H−N−H에서 질소는 1쌍의 고립 전자쌍이 존재한다. 고립 전자쌍간의 반발력이 공유 전자쌍과 고립 전자쌍간의 반발력보다 더 크므로 결합각은 물(104.5°)이 암모니아(107°)보다 더 작다.

③ H_2O과 CH_4에서 중심 원자의 혼성 궤도함수는 sp^3로 같지만 O−H의 결합은 C−H의 결합보다 전기음성도의 차이가 크므로 공유 전자쌍이 전기음성도가 더 큰 산소쪽으로 치우치게 되므로 O−H의 결합 길이는 메테인(CH_4)의 C−H 결합 길이보다 더 짧다.

④ 물의 분자 구조는 굽은 형으로 쌍극자 모멘트의 합이 0이 아니기 때문에 극성 분자이다.

정답 ②

25

① 탄소(C)의 산화수는 +4에서 +3으로 감소되었으므로 환원되었다.

② ClO의 최외각껍질의 전자수의 합이 7+6=13으로 홀수이므로 홀전자를 갖는 원자가 존재한다.

③ 오존(O_3) 분자 구조내의 π 결합은 공명 구조로 비편재화가 되어 있다.

④ O_3의 분자 구조는 다음과 같다.

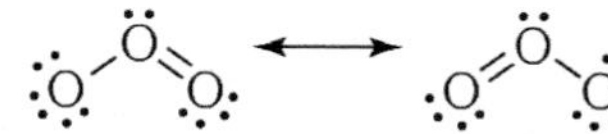

중심 원자 산소에 비공유 전자쌍이 1쌍이 존재하므로 입체수 3인 굽은형이므로 결합각 ∠O−O−O은 120°보다 약간 작다.

정답 ④

26

①		②	
BF_3	BF_3	CH_4	PO_4^{3-}
평면 삼각형	뒤틀린 T형	사면체	
③		④	
NH_3	ClO_3^-	SF_6	$Mo(CO)_6$
삼각뿔		정팔면체	

정답 ①

27

①		②	
I_3^-	CO_2	SF_4	CH_4
선형		시소	사면체
③		④	
BrF_5	PF_5	$BeCl_2$	H_2O
사각뿔	삼각쌍뿔	직선형	굽은형

같은 기하 구조를 갖는 분자는 I_3^-와 CO_2이다.

정답 ①

28

NO_2^-, SO_2, HOCl은 모두 굽은형이고 HCN는 직선형 구조이다.

정답 ③

29

③ XeF_2의 분자 구조는 직선형이다. 결합에 참여하지 않는 비공유 전자쌍의 배치는 평면 삼각형이므로 비공유 전자쌍 사이 각도는 120°이다.

④ 비공유 전자쌍 수는 시소형(SF_4)이 1쌍이고, T-자형(ClF_3)은 2쌍이므로 시소형이 T-자형보다 적다.

정답 ④

30

①	②	③	④
$BeCl_2$	CH_4	PCl_5	IF_5
직선형	정사면체형	삼각쌍뿔	사각뿔

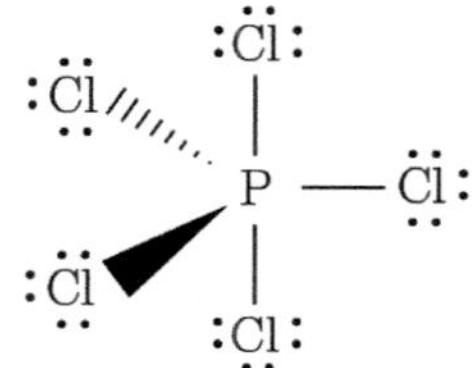

정답 ③

31

쌍극자 모멘트를 갖지 않는 화합물이란 무극성 분자를 말한다. CO_2가 직선 구조이고 쌍극자 모멘트의 합이 0이므로 무극성 분자이다.

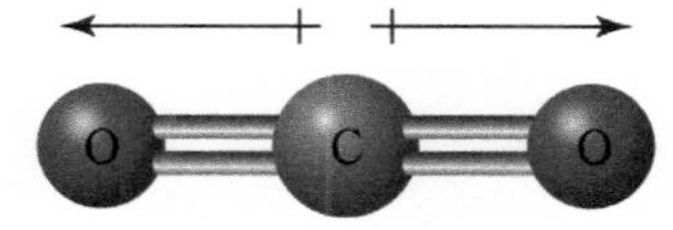

쌍극자 모멘트의 합=0

└ 이산화 탄소: 무극성 분자

정답 ①

32

①		②	
$BeCl_2$	C_2H_2	BF_3	NO_3^-
직선형		평면 삼각형	
③		④	
CH_4	SO_3^{2-}	NH_3	H_3O^+
정사면체	삼각뿔	삼각뿔	

정답 ③

33

전기음성도의 차이가 클수록 결합의 극성 크기도 크다. 각 원자의 전기음성도가 주어져 있으므로 전기음성도의 차를 구해보면 다음과 같다.

① $C-F(1.5) < Si-F(2.2)$

② $C-H(0.4) > Si-H(0.3)$

③ $O-F(0.5) \fallingdotseq O-Cl(0.5)$

④ $C-O(1.0) < Si-O(1.7)$

그러나 굳이 전기음성도의 차를 계산하지 않고도 극성의 크기를 판단할 수 있다.

①에서 F이 동일한 원자이고 또한 가장 전기음성도가 크므로 C와 Si 중 C의 전기음성도가 더 크기 때문에 그 차이는 작을 것이다. 따라서 틀린 내용이다.

②에서는 H가 동일한 원자이고 또한 가장 전기음성도가 작으므로, C와 Si 중 C의 전기음성도가 더 크기 때문에 그 차이는 더 클 것이므로 맞는 지문이다.

③에서는 O가 동일한 원자인데 F과 O, Cl와 O의 전기음성도차가 같으므로 결합의 극성 크기도 비슷하다.

④에서는 O가 동일한 원자이고 또한 가장 전기음성도가 크므로, C와 Si 중 C의 전기음성도가 더 크기 때문에 그 차이는 작을 것이다. 따라서 틀린 내용이다.

정답 ②

34

	①	②	③	④
	XeF_2	XeF_4	ClF_3	SF_2
비공유 전자쌍	3쌍	2쌍	2쌍	2쌍
분자의 모양	직선형	평면 사각형	(뒤틀린) T형	굽은형

정답 ①

35

① NH_3: 쌍극자 모멘트의 합이 0이 아니다.

② CH_2Cl_2: 입체 구조이다.

③ C_6H_6: 탄소-탄소 결합이 무극성 공유 결합이다.

정답 ④

36

①		②	
NH_4^+	$AlCl_4^-$	ClF_3	PF_3
사면체		T형	삼각뿔
③		④	
$BeCl_2$	XeF_2	$FeCl_4^-$	SO_4^{2-}
선형		사면체	

정답 ②

37

		중심원자의 주위 원자수	중심 원자의 고립 전자쌍수	입체수
ㄱ	SF_4	4	1	5
ㄴ	CF_4	4	0	4
ㄷ	XeF_2	2	3	5
ㄹ	PF_5	5	0	5

정답 ②

38

PCl_3의 루이스 구조식은 아래와 같다.

$$:\ddot{\underset{..}{Cl}}-\ddot{P}-\ddot{\underset{..}{Cl}}:$$
$$|$$
$$:\underset{..}{Cl}:$$

중심원자 P의 입체수가 4이고 중심원자에 고립 전자쌍이 1쌍이 존재하므로 삼각뿔 구조이다. 중심원자 P의 형식전하는 5−5=0이다.(삼각뿔 구조가 없으므로 사면체가 정답에 근접하다.)

정답 ④

39

	ㄱ	ㄷ	ㄴ
	CO_2	HCN	H_2O
분자의 모양	직선형		굽은형

따라서 동일한 기하 구조를 갖는 화합물은 CO_2와 HCN이다.

정답 ②

40

	BF_3	NH_3	H_2O
분자의 모양	평면 삼각형	삼각뿔형	굽은형
결합각	120°	107°	104.5°

ㄱ. 결합각이 가장 큰 분자는 120°인 BF_3이다.

ㄴ. 구성 원자가 모두 동일 평면에 존재하는 분자는 BF_3와 H_2O이므로 2가지이다.

ㄷ. 무극성 분자는 BF_3으로 1가지이다.

정답 ③

41

A	B	C
B	O	F

ㄱ. B_2는 O_2이다. 이중 결합을 하므로 분자의 공유 전자쌍 수는 2개이다.

ㄴ. AC_3는 BF_3이다. BF_3 분자에서 B는 옥텟 규칙을 만족하지 못한다.

ㄷ. BC_2는 OF_2로 분자의 구조는 굽은형이다.

정답 ①

42

	①	②	③	④
	XeF_4	BrF_4^-	IF_4^-	SF_4
분자의 모양	평면 사각형			시소형

정답 ③

43

ㄱ. SF_4는 입체수 5에 비공유 전자쌍이 1쌍인 시소형이다.

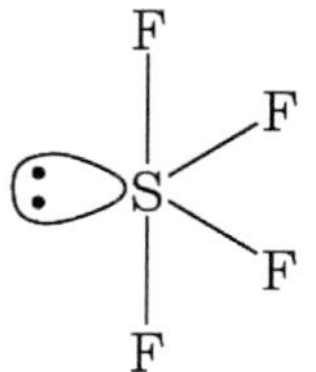

ㄴ. 입체수가 5로 옥텟의 확장으로 팔전자 규칙을 만족하지 않는다.

ㄷ. 형식 적하는 원자가전자수(6)−자신만의 전자수(6)이므로 형식 전하는 0이다.

정답 ④

44

	①	②	③	④
	I_3^-	BrF_3	CBr_4	SbF_5
분자의 모양	직선형	T형	정사면체	삼각쌍뿔
분자의 성질	무극성	극성	무극성	무극성

쌍극자 모멘트의 합이 0이 아닌 뒤틀린 T형의 BrF_3는 극성이다.

정답 ②

45

(가)	H_2O BF_3 CH_2O
(나)	NH_3 CCl_4
(다)	H_2O NH_3 CH_2O
(라)	BF_3 CCl_4
(마)	H_2O NH_3 CCl_4 CH_2O
(바)	BF_3

③ (가), (다), (마)에 모두 해당되는 분자는 H_2O와 CH_2O으로 2가지이다.

정답 ③

46

각 분자들의 모양과 성질을 알아보면 다음과 같다.

	SO_2	CCl_4	HCl	SF_6
모양	굽은형	정사면체형	직선형	정팔면체형
성질	극성	무극성	극성	무극성

정답 ④

47

ICl_4^-의 루이스 구조식은 다음과 같다.

$$\left[\begin{array}{c} :\ddot{Cl}: \\ | \\ :\ddot{Cl}-\ddot{I}-\ddot{Cl}: \\ | \\ :\ddot{Cl}: \end{array}\right]^-$$

①, ③ 입체수 6이고 비공유 전자쌍이 2쌍이므로 사각 평면형 구조로 무극성 화합물이다.

② 중심 원자의 형식 전하는 $7-8=-1$이다.

④ 주위 원자는 팔전자 규칙을 만족하고 있으나 중심 원자인 I는 공유 전자쌍이 6개이므로 옥텟 규칙의 확장에 해당한다.

정답 ④

48

① PCl_5는 입체수 5로 비공유 전자쌍이 없는 삼각쌍뿔 구조로 팔전자 규칙을 초과한다.

② ClF_3는 입체수 5로 비공유 전자쌍이 1쌍인 (뒤틀린)T형 구조로 역시 팔전자 규칙을 초과한다.

③ XeO_3는 입체수 4로 비공유 전자쌍이 1쌍인 삼각뿔 구조로 팔전자 규칙을 만족한다.

④ BF_3는 입체수 3으로 중심 원자인 붕소의 공유 전자쌍이 3쌍인 평면 삼각형으로 팔전자 규칙의 축소에 해당한다.

정답 ③

49

IF_4^+의 루이스 구조식은 다음과 같다.

$$\left[\begin{array}{c} :\ddot{F}: \\ | \\ :\ddot{F}-\dot{I}-\ddot{F}: \\ | \\ :\ddot{F}: \end{array}\right]^+$$

입체수 5에 중심 원자에 고립 전자쌍이 1쌍 있으므로 시소형에 해당된다.

정답 ①

50

원자의 개수가 보존됨을 이용해서 ⓐ = HClO, ⓑ = H_3O^+임을 알 수 있다.

ⓐ = HClO	ⓑ = H_3O^+
$:\ddot{Cl}-\ddot{O}-H$	$[H_3O]^{\oplus}$ (삼각뿔 구조, O에 비공유 전자쌍 1쌍)

ㄱ. ⓐ의 구성 원소는 3가지, ⓑ의 구성 원소는 2가지이므로 ⓐ가 ⓑ보다 구성 원소의 가짓수가 많다.

ㄴ. ⓑ는 삼각뿔 모양이므로 입체 구조이다.

ㄷ. ⓐ의 비공유 전자쌍의 수는 5쌍, ⓑ의 비공유 전자쌍의 수는 1쌍이므로 비공유 전자쌍의 수는 ⓐ가 ⓑ의 5배이다.

정답 ①

51

주어진 자료로 분자를 분류하면 다음과 같다.

(가)	(나)	(다)	(라)
HCN	NH_3	H_2O	BF_3

ㄱ. (가)는 HCN으로 분자의 모양은 직선형이다.

ㄴ. (라)는 BF_3으로 평면 삼각형이므로 평면 구조를 가진다.

ㄷ. (다)의 결합각은 104.5°, (나)의 결합각은 107°이므로 (다)의 결합각은 (나)의 결합각보다 작다.

정답 ①

52

	①	②	③	④
	CO_2	BF_3	PCl_5	CH_3Cl
분자의 모양	직선형	평면 삼각형	삼각쌍뿔	사면체형
분자의 성질	무극성			극성

정답 ④

53

분자이온의 구조는 중성 상태로 만들어서 생각하면 쉽다. 음이온이라면 중심 원자의 족수에 음전하수 만큼 더해서 중성 분자의 중심 원자의 족수를 결정해서 입체수를 판단하면 되고, 양이온이면 양전하수 만큼 빼면 된다.

ㄱ	ㄴ	ㄷ	ㄹ
SbF_4^-	SF_5^-	SeF_3^+	I_3^-
SF_4	IF_5	PF_3	XeI_2
시소형	사각뿔	삼각뿔형	직선형

정답 ②

54

PO_3^{3-}은 삼각뿔 구조이고, 나머지(SO_3, NO_3^-, CO_3^{2-})는 평면 삼각형 구조이다.

:Ö–P̈–Ö:
|
:Ö:

정답 ②

55

	ㄱ	ㄴ	ㄷ	ㄹ
	H_2O	CO_2	NH_3	CH_4
분자의 구조	굽은형	직선형	삼각뿔형	정사면체
극성/무극성	극성	무극성	극성	무극성

정답 ②

56

	①	②	③	④
	SF_4	OF_2	PCl_3	SF_6
비공유 전자쌍의 수	1쌍	2쌍	1쌍	0쌍
기하 구조	시소형	굽은형	삼각뿔	팔면체

정답 ②

57

③ CH_2Cl_2는 사각 평면 구조가 아니라 사면체 구조를 갖는 극성 분자이다.

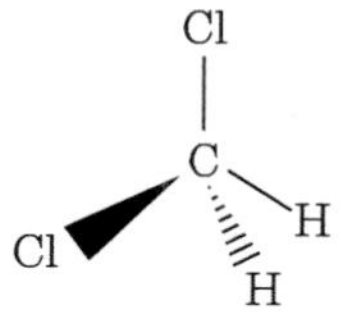

정답 ③

58

ㄱ. PCl_4^-는 입체수 5에 비공유 전자쌍이 1쌍이므로 시소형 구조이다. 입체수 5의 경우 축 방향과 적도 방향으로 원자들이 결합되므로 결합각 크기는 같지 않다.

ㄴ. PCl_5는 입체수 5에 비공유 전자쌍이 없는 삼각쌍뿔 구조이다. 따라서 P의 비공유 전자쌍 개수는 0이다.

ㄷ. PCl_6^-는 입체수 6에 비공유 전자쌍이 0이므로 기하 구조는 팔면체이다.

PCl_4^-	PCl_5	PCl_6^-
[:Cl: , :Cl , :Cl , :Cl: , P —:]⁻	:Cl: , :Cl , :Cl , :Cl: , P — :Cl:	[:Cl: , :Cl , :Cl: , :Cl , :Cl: , :Cl: , P]⁻

정답 ③

59

전자쌍 반발의 원리에 의할 때 PF_3는 삼각뿔형, PF_5는 삼각쌍뿔 구조이다.

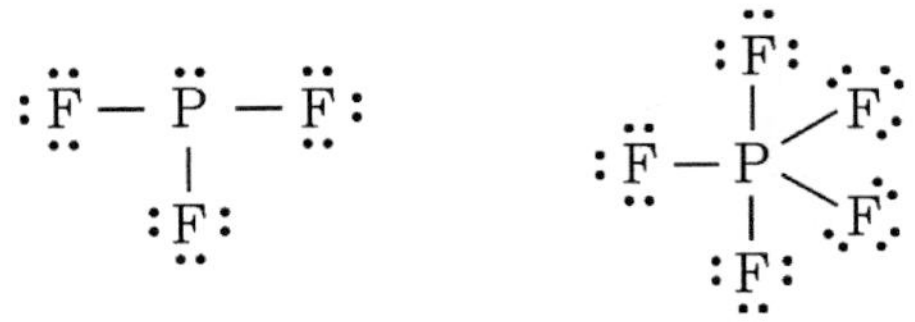

	PF_3	PF_5
P 원자의 전자수	8	10
P의 형식전하	0	0
P의 비공유 전자쌍의 수	1쌍	0쌍
극성/ 무극성	극성	무극성

정답 ②

60

루이스 전자점식으로부터 A, B, C, D는 순서대로 F, C, O, N이다. 따라서 (가)는 COF_2, (나)는 NOF임을 알 수 있다.

① 전기음성도는 A가 B보다 크다.

② (나)는 극성 분자이다.

③ $\frac{(\text{비공유 전자쌍 수})}{(\text{공유 전자쌍 수})}$는 (가)=(나)이다.

	(가)	(나)
$\frac{(\text{비공유 전자쌍 수})}{(\text{공유 전자쌍 수})}$	$\frac{8}{4}=2$	$\frac{6}{3}=2$

④ (가)와 (나)에는 다른 원자 간의 결합이 존재하므로 모두 극성 공유 결합이 존재한다.

정답 ④

61

중심 원자의 고립 전자쌍 개수와 기하 구조를 바르게 연결해보면 다음과 같다.

		중심 원자의 고립 전자쌍 개수	기하 구조
①	CF_4	0	정사면체
②	PF_3	1	삼각뿔
③	SO_2	1	굽은형
④	SF_2	2	굽은형

올바르게 연결된 것은 ② PF_3이다.

정답 ②

62

	PCl_5	SF_4	BCl_3	I_3^-
분자 구조	삼각쌍뿔형	시소형	평면 삼각형	직선형

모든 원자가 한 평면에 존재하는 화학종은 BCl_3과 I_3^-이다.

정답 ④

63

BF_3는 평면 삼각형 구조로 무극성 분자이고, H_2S와 H_2O는 굽은 형으로 극성 분자이나 전기음성도의 차가 더 큰 H_2O의 쌍극자 모멘트의 세기가 더 크다.

따라서 쌍극자 모멘트의 세기가 큰 것부터 나타내면 다음과 같다.

$$H_2O > H_2S > BF_3$$

정답 ①

64

③ SO_2 – 굽은형

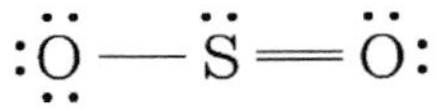

$$:\ddot{\underset{\cdot\cdot}{O}}-\ddot{S}=\ddot{O}:$$

정답 ③

65

루이스 전자점식으로부터 각 원소를 결정할 수 있다.

A	B	C	D
H	C	N	O

① CO_2는 분자 내 결합의 쌍극자 모멘트의 합이 0이다.

② HCN는 직선형 구조를 갖는다.

③ NH_3의 결합각(107°)은 H_2O의 결합각(104.5°)보다 크다.

④ CH_4 기체 분자는 무극성 분자로 전기장 내에서 일정한 방향으로 배열되지 않는다.

정답 ①

분자의 결합각

66

	H_2F^+	H_3O^+	NH_4^+
분자의 모양	굽은형	삼각뿔형	정사면체형
결합각	104.5°	107°	109.5°
비공유 전자쌍의 수	2쌍	1쌍	0

중심 원자의 혼성 오비탈은 sp^3로 동일하지만 고립 전자쌍이 존재함으로써 전자쌍간의 반발력이 커서 많은 공간을 필요로 하게 되므로 결합각은 작아지게 된다. 따라서 결합각의 크기가 증가하는 순서대로 나열하면 다음과 같다.

$H_2F^+(104.5°) < H_3O^+(107°) < NH_4^+(109.5°)$

정답 ④

67

각 분자들의 결합각을 알아보면, 직선형의 CO_2가 180°, 평면 삼각형 구조인 HCHO가 120°이다. 나머지 세 분자들은 중심 원자의 입체수가 4로 모두 같지만 비공유 전자쌍이 없는 CH_4는 109.5°, 비공유 전자쌍이 1쌍인 NH_3는 107°, 비공유 전자쌍이 2쌍인 H_2O은 104.5°이다. 즉 전자쌍의 배치가 같은 경우 비공유 전자쌍간의 반발력이 공유전자쌍간의 반발력보다 더 크기 때문에 비공유 전자쌍의 수가 늘어날수록 전자쌍간의 반발력이 커지기 때문에 결합각은 감소하게 된다. 따라서 결합각의 크기를 감소하는 순으로 나열하면 다음과 같다.

$$CO_2 > HCHO > CH_4 > NH_3 > H_2O$$

정답 ③

68

H_2O	NH_3	CH_4	BeF_2
104.5°	107°	109.5°	180°

결합각 크기를 순서대로 나열하면 다음과 같다.

$$H_2O < NH_3 < CH_4 < BeF_2$$

정답 ④

69

① NF_3의 결합각은 NH_3보다 작다. → NH_3에서 중심 원자인 N가 주위 원자인 H보다 더 커서 중심 원자의 전자 밀도가 증가하므로 전자쌍간의 반발력이 증가해서 결합각은 커진다. NF_3에서 주위 원자인 F의 전기음성도가 중심 원자인 N보다 더 커서 중심 원자의 전자 밀도가 감소되므로 결합각은 작아지게 된다. $(NF_3 < NH_3)$

② NCl_3의 결합각은 PCl_3보다 크다. → 중심 원자 N가 P보다 전기음성도가 더 크므로 중심 원자의 전자 밀도가 증가하여 반발력이 커지므로 결합각이 커진다. $(NCl_3 > PCl_3)$

③ H_2S의 결합각은 H_2O보다 크다. → 중심 원자 O의 전기음성도가 S보다 더 크기 때문에 중심 원자의 전자밀도가 증가하여 전자쌍간의 반발력이 커져서 결합각은 더 커진다. $(H_2S < H_2O)$

④ $SbCl_3$의 결합각은 $SbBr_3$보다 크다. → 주위 원자인 Cl의 전기음성도가 Br인 보다 크므로 중심 원자의 전자밀도가 감소하여 결합각은 감소한다. $(SbCl_3 < SbBr_3)$

※ 중심 원자가 같고 주위 원자가 같은 족의 원소인 경우에는 주위 원자의 주기가 클수록 결합각도 크다

정답 ②

70

	ㄱ	ㄴ	ㄷ
	BeF_2	CH_4	BF_3
결합각	180°	104.5°	120°

결합각 크기를 비교하면 다음과 같다.

$$ㄱ > ㄷ > ㄴ$$

정답 ④

71

H_2S는 입체수 4이고, 중심 원자에 2쌍의 고립 전자쌍이 존재하므로 전자쌍 간의 반발력으로 인해 약 104.5°의 결합각을 나타낸다.

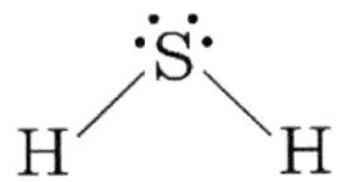

정답 ②

72

BCl_3	OF_2	CH_2Cl_2
120°	104.5°	109.5°
평면 삼각형 구조	굽은형 구조	사면체 구조

정답 ②

Chapter 04 혼성 궤도 함수

01 ①	02 ③	03 ②	04 ④	05 ③
06 ①	07 ③	08 ②	09 ④	10 ④
11 ②	12 ①	13 ①	14 ②	15 ②
16 ④	17 ③	18 ③	19 ①	20 ③
21 ②	22 ④	23 ③	24 ④	25 ④
26 ②	27 ②	28 ②		

1

$2s$ 오비탈 1개와 $2p$ 오비탈 3개를 혼성하여 에너지 준위가 같은 $2sp^3$ 혼성 궤도함수 4개가 만들어지므로 $2s$ 오비탈보다는 에너지가 높고 $2p$ 오비탈보다는 낮은 에너지를 갖는다.

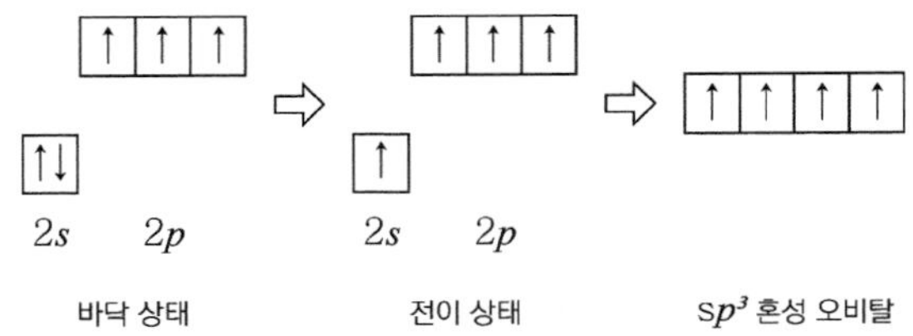

정답 ①

2

① sp^3 ② sp ③ sp^2 ④ dsp^3

정답 ③

3

에틸렌	메탄올	아세틸렌	이산화탄소
sp^2	sp^3	sp	sp

정답 ②

4

① 산화수의 변화가 없으므로 산화－환원 반응이 아니다.

② $SnCl_3^-$는 중심 원자에 1쌍의 비공유 전자쌍이 있다.

$$\left[:\ddot{Cl}-\ddot{Sn}-\ddot{Cl}:\right]$$ (아래에 :Cl:)

③ $SnCl_4$는 중심 원자의 비공유 전자쌍이 없으므로 루이스 염기가 아니다.

(Sn 중심에 :Cl: 4개가 결합한 루이스 구조)

④ $SnCl_4$에서 Sn은 주위 원자수 4개에 고립 전자쌍이 없으므로 입체수 4이고 혼성 오비탈은 sp^3이다.

정답 ④

5

①	C_2H_6	C_6H_{12}
	sp^3	
②	CO_2	C_2H_2
	sp	
③	C_2H_4	C_6H_6
	sp^2	
④	PCl_5	I_3^-
	dsp^3	

sp^2 혼성화를 이루는 화합물로 옳게 짝지어진 것은 ③이다.

정답 ③

6

	①	②	③	④
	BeF_2	BF_3	CH_4	C_2H_6
혼성 오비탈	sp	sp^2	sp^3	
s－character	50%	33%	25%	

중심 원자의 혼성 궤도에서 s－성질이 가장 큰 것은 BeF_2이다.

정답 ①

7

(구조식: H₂C=CH–CH₃, 표시: $2p-2p$, sp^2-1s, sp^2-sp^2)

정답 ③

8

$CH_2=CH_2$의 루이스 구조식은 다음과 같다.

(구조식: $H_2C=CH_2$)

탄소의 입체수가 3이므로 에틸렌 분자 내의 탄소의 혼성 궤도함수는 sp^2이다.

정답 ②

9

	H_2NNH_2	NH_3
루이스 구조식	H－N̈－N̈－H (각 N에 H)	H－N̈－H (N에 H)
혼성 오비탈	sp^3	sp^3

정답 ④

10

①, ②, ③ 메테인은 sp^3 혼성을 하므로 결합각은 109.5°, 에텐은 sp^2 혼성으로 결합각은 120°이다. 메테인은 대칭형 구조로 쌍극자 모멘트의 합이 0인 무극성 분자이다.

④ 에텐은 2중 결합을 포함하고 있으므로 Br_2와 첨가 반응을 할 수 있다.

정답 ④

11

② 흑연의 탄소 원자의 혼성 오비탈은 sp^2이므로 다른 탄소 원자와 평형 삼각형 구조로 결합된다.

정답 ②

12

① 흑연은 혼성에 참여하지 않는 탄소 원자들의 π 결합을 통해 전자들을 움직여 전기 전도성을 갖는다.

정답 ①

13

① CH_4를 형성하는 데 관여한 탄소의 sp^3 혼성 궤도함수는 탄소의 순수한 s 궤도함수보다는 높고, p 궤도함수보다 낮은 에너지 준위이다.

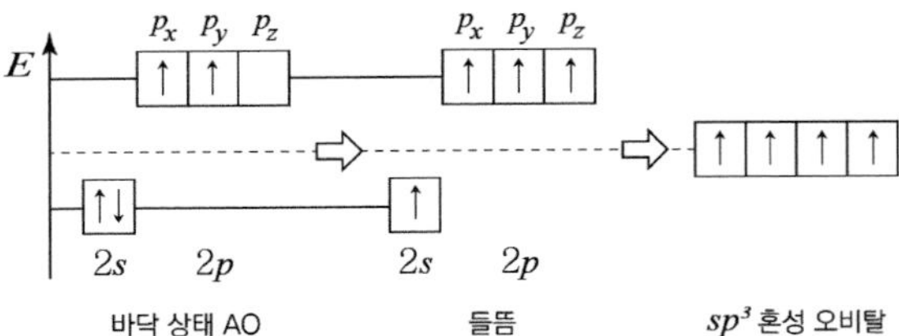

정답 ①

14

에텐의 파이 결합 수는 1개, 옥살레이트 이온의 파이 결합 수는 2개로 파이 결합 수는 총 3개이다.

정답 ②

15

XeF_2에서 Xe의 혼성은 dsp^3이다.

정답 ②

16

①, ②, ③ 아세틸렌(C_2H_2)은 1개의 σ 결합과 2개의 π 결합으로 이루어진 분자이다.

H－C≡C－H

acetylen

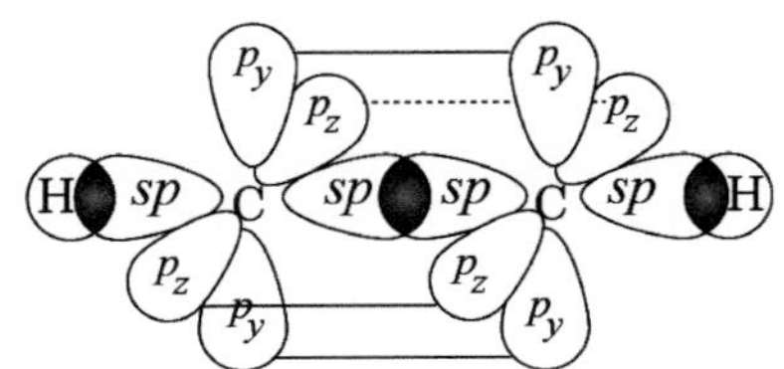

④ s 오비탈의 특징이 방향성이 없는 것이라면, p 오비탈의 특징은 방향성을 갖는다는 것이다. 따라서 p 오비탈간의 결합이 이루어지기 위해서는 반드시 방향성이 맞아야 한다. 즉 서로 같은 방향을 갖는 평행한 오비탈간의 결합만이 가능하며 서로 수직인 오비탈간의 결합은 불가능하다.

정답 ④

17

sp^3는 1개, sp^2는 3개이다.

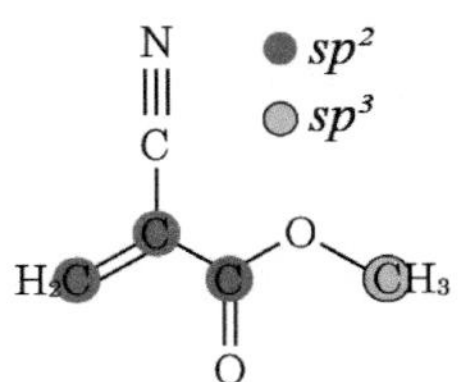

정답 ③

18

O는 고립 전자쌍 2쌍과 탄소와 수소로 결합하고 있으므로 입체수가 4이므로 혼성궤도함수는 sp^3이다.

정답 ③

19

아세트알데하이드의 루이스 구조식은 다음과 같다.

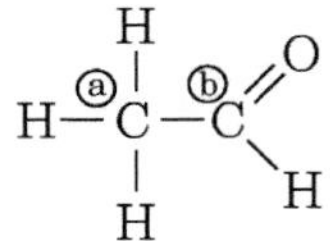

혼성 오비탈은 원자의 입체수(SN)에 대응한다.

ⓐ 탄소의 입체수는 4이므로 sp^3 혼성 오비탈이고,

ⓑ 탄소의 입체수는 3이므로 sp^2 혼성 오비탈이다.

정답 ①

20

① sp^2 혼성화 질소 원자 개수: (가) 0<(나) 2

② sp^3 혼성화 질소 원자 개수: (가) 2<(나) 3

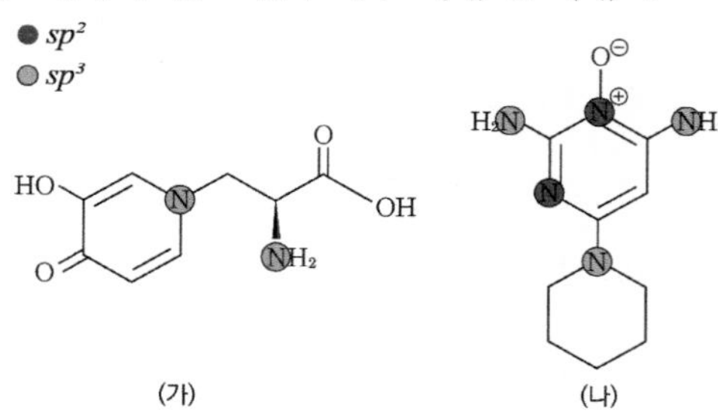

③ sp^2 혼성화 탄소 원자 개수: (가) 6>(나) 4

④ sp^3 혼성화 탄소 원자 개수: (가) 2<(나) 5

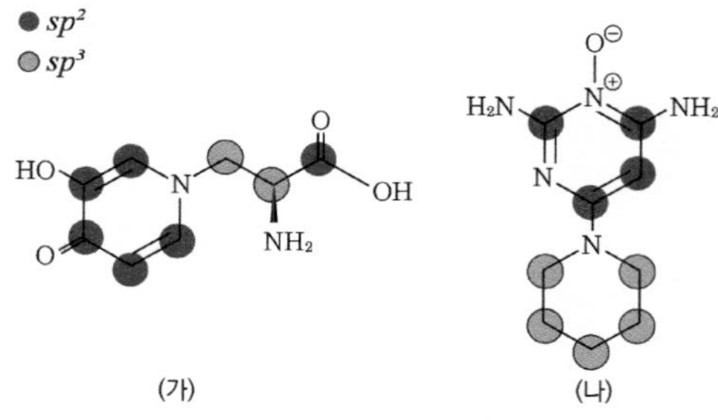

정답 ③

21

흑연, 벤젠, 폼알데하이드에서 탄소 원자의 혼성 오비탈은 sp^2이고 다이아몬드에서 탄소 원자의 혼성 오비탈은 sp^3이다.

정답 ②

22

① 전자들의 분포가 대칭적이지 않으므로 극성 분자이다.

② 모든 단일 결합은 시그마(σ) 결합이므로 총 3개이다.

③ C의 형식 전하는 0이다.

④ C의 입체수가 3이므로 혼성 오비탈은 sp^2이다.

정답 ④

23

③ 탄소와 이중 결합을 한 산소 원자는 sp^2 혼성을 갖는다.

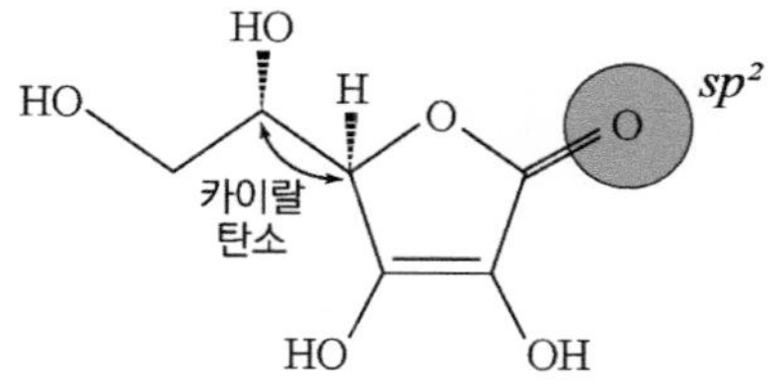

정답 ③

24

① $\underline{C}_2H_4-\underline{N}H_3(sp^2-sp^3)$

② $\underline{N}H_3-\underline{B}F_3(sp^3-sp^2)$

③ $\underline{B}F_3-H_2\underline{O}(sp^2-sp^3)$

④ $\underline{C}_2H_4-\underline{B}F_3(sp^2-sp^2)$

정답 ④

25

	C_1	C_2	C_3	C_4
혼성 오비탈	sp^3	sp^2	sp^3	sp
s−character	25%	33%	25%	50%

s 오비탈의 기여가 가장 큰 혼성 오비탈을 지닌 탄소는 혼성 오비탈이 sp인 C_4이다.

정답 ④

26

OF_2	NO_2^-	CH_3^-	CH_2Cl_2
sp^3	sp^2	sp^3	sp^3

정답 ②

특이한 분자

27

ㄱ, ㄴ. 알렌의 구조식은 다음과 같다.

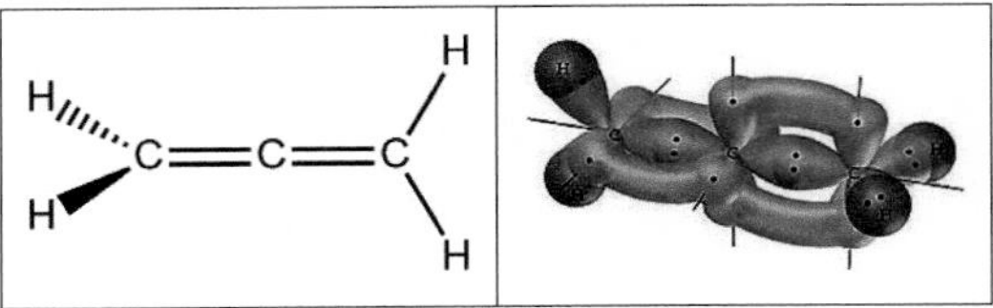

위의 구조식으로부터 알 수 있듯이 H_a와 H_b가 같은 평면 위에 있다면, H_c와 H_d는 H_a와 H_b가 존재하는 평면에 있지 않다.

ㄷ, ㄹ. 모든 탄소는 같은 평면 위에 존재하지만, 가운데 탄소의 혼성 오비탈은 sp이고, 양 끝에 위치한 탄소의 혼성 오비탈은 sp^2이므로 모든 탄소가 같은 혼성화 오비탈을 가지고 있지 않다.

정답 ②

28

다이보레인(B_2H_6)에서 붕소와 수소의 결합이 모두 동일하지는 않다. 다이보레인은 특이한 결합 구조를 가지기 때문에 결합 유형이 다르다.

(1) 다이보레인의 구조

다이보레인(B_2H_6) 분자는 두 개의 붕소 원자와 여섯 개의 수소 원자로 이루어져 있다. 구조식은 다음과 같다.

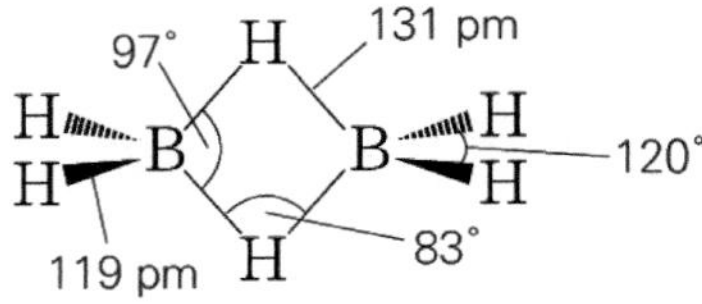

① 두 개의 붕소 원자는 서로 직접 결합하지 않는다.
② 네 개의 수소 원자는 각 붕소에 종단 결합(terminal bond)으로 결합한다.
③ 두 개의 수소 원자는 두 붕소 사이에서 공유 결합을 형성하며, 이를 다리형 결합(bridge bond)라고 한다.

(2) 결합의 종류

다이보레인에는 두 가지 다른 결합 형태가 존재한다.

① 종단 결합(B−H)
네 개의 수소는 각 붕소에 단순히 결합한다. 이 결합은 일반적인 공유 결합이다.

② 다리형 결합(B−H−B)
두 개의 수소는 두 붕소 원자 사이에서 다리를 형성한다. 이 결합은 비전형적인 3원자−2전자 결합으로, 수소 원자 하나와 두 붕소 원자가 전자 한 쌍을 공유한다. 이 구조 때문에 다리형 수소는 종단 수소와는 다른 결합 세기를 갖는다.

(3) 결합 세기의 차이

① 종단 결합(B−H)
종단 수소는 일반적인 단일 공유 결합 형태를 띠므로 결합 에너지가 상대적으로 더 크다.

② 다리형 결합(B−H−B)
다리형 결합은 전자가 3원자에 걸쳐 분산되므로 결합 에너지가 더 작다. 따라서 다리형 결합은 종단 결합보다 결합력이 약하다.

정답 ②

Chapter 05 분자 궤도 함수

01 ④	02 ②	03 ②	04 ④	05 ①
06 ①	07 ④	08 ②	09 ④	10 ①
11 ①	12 ②	13 ④	14 ①	15 ④
16 ③	17 ①	18 ④	19 ②	20 ③
21 ④	22 ③	23 ②		

1

결합 차수가 작을수록 결합 길이가 길어져서 결합력이 약하다.

화학종	O_2^{2-}	O_2^-	O_2	O_2^+
결합 차수	1.0	1.5	2.0	2.5

결합 차수가 1차인 O_2^{2-}가 결합력이 가장 약하다.

정답 ④

2

① 마디 면(nodal plane)은 전자를 발견할 확률이 1인 평면이다.
→ 마디 면(nodal plane)은 전자를 발견할 확률이 0인 평면이다.

③ 시그마(sigma) 결합 분자 궤도함수는 원자 궤도함수들의 측면 겹침에 의해 형성된다.
→ 시그마(sigma) 결합 분자 궤도함수는 원자 궤도함수들의 정면 겹침(head-to-head)에 의해 형성된다.

④ 결합 분자 궤도함수는 참여한 원자 궤도함수보다 에너지가 더 높다.
→ 결합 분자 궤도함수는 참여한 원자 궤도함수보다 에너지가 더 낮다.

정답 ②

3

	①	②	③	④
화학종	O_2	F_2	CN^-	NO^+
결합 차수	2	1	3	

결합 차수가 가장 낮은 것은 F_2이다.

정답 ②

4

결합 차수는 (결합 오비탈의 전자수 - 반결합 오비탈의 전자수)/2이다.

$$BO = \frac{8-6}{2} = 1$$

정답 ④

5

먼저, 주어진 그림으로부터 화학종은 반자기성임을 알 수 있다. 따라서 각 화학종의 전자수를 확인해보면, C_2^-는 13개, CN^-, N_2, NO^+는 14개로 같다. 14개의 전자를 분자 궤도함수에 배치하게 되면 반자기성임을 N_2로부터 알 수 있고, 전자수가 13개인 C_2^-는 반자기성을 띨 수 없다.

정답 ①

6

화학종	O_2	O_2^+	O_2^-	O_2^{2-}
결합 차수	2.0	2.5	1.5	1.0
자기성	상자기	상자기	상자기	반자기

③ 결합의 세기는 결합 차수가 클수록 결합 길이가 짧아질수록 강하다. O_2의 결합 차수가 O_2^{2-}의 결합 차수보다 크므로 결합 세기는 O_2가 O_2^{2-}보다 크다.

④ 결합 길이는 결합 차수가 클수록 짧아진다. 결합차수가 가장 큰 O_2^+의 결합 길이가 가장 짧다.

정답 ①

7

각 화학종의 양성자수의 합이 16보다 작으므로 N_2 계열의 에너지 다이아그램을 갖는다. 전자수에 따라 전자배치를 하여 결합 차수를 구해보면 다음과 같다.

	전자수	결합 차수
C_2^{2-}	14	$B.O = \frac{6-0}{2} = 3.0$
NO	15	$B.O = \frac{6-1}{2} = 2.5$
NO^-	16	$B.O = \frac{6-2}{2} = 2.0$
N_2^{2-}	16	$B.O = \frac{6-2}{2} = 2.0$

정답 ④

8

① O_2의 결합 차수는 2, O_3의 결합 차수는 1.5이므로 산소 원자간 결합길이는 결합 차수가 큰 O_2내 산소 원자간의 결합거리가 더 짧다.

② O_2의 결합 차수는 2, O_2^+의 결합 차수는 2.5이므로 산소 원자간 결합길이는 결합 차수가 큰 O_2^+내 산소 원자간의 결합거리가 더 짧다.

③ O_2의 결합 차수는 2, O_2^-의 결합 차수는 1.5이므로 산소 원자간 결합길이는 결합 차수가 큰 O_2내 산소 원자간의 결합거리가 더 짧다.

④ 산소 원자(O)에서 제거해야할 전자가 존재하는 $2p$ 오비탈의 에너지가 O_2에서 제거해야 할 전자가 존재하는 π_{2p}^* 오비탈의 에너지보다 더 낮으므로 산소 원자의 이온화 에너지가 산소 분자의 이온화 에너지보다 더 크다.

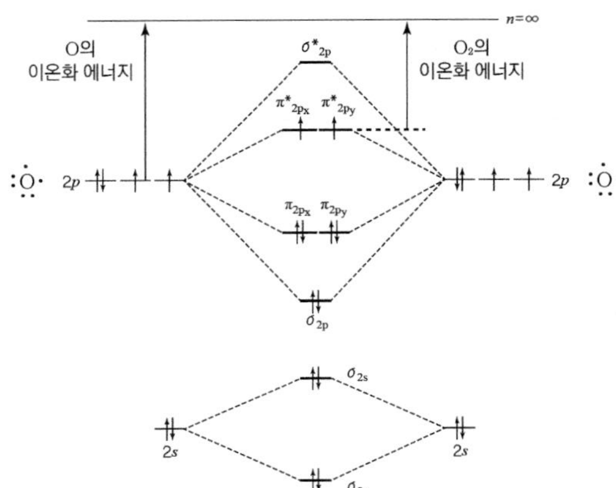

정답 ②

9

F_2의 전자들을 분자 오비탈에 배치하게 되면 홀전자가 존재하지 않으므로 F_2의 자기적 성질은 반자기성이다.

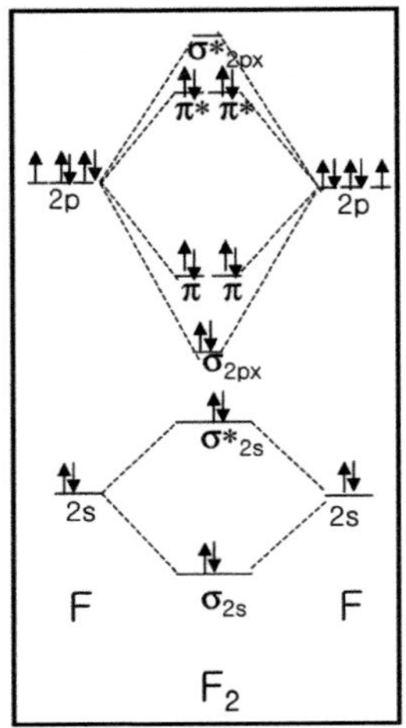

정답 ④

10

① O_2와 NO의 분자 궤도 함수를 보면 모두 홀전자가 존재하므로 모두 상자기성(paramagnetic)이다.

② 결합 차수가 클수록 결합의 세기가 강하다.
각가의 결합 차수를 구해보면,

O_2의 결합 차수 $= \frac{6-2}{2} = 2$,

NO의 결합 차수 $= \frac{6-1}{2} = 2.5$이다. 따라서 O_2의 결합세기는 NO의 결합세기보다 약하다.

③ NO^+와 CN^-는 전자수가 14개로 N_2와 분자 궤도함수가 동일하므로 모두 반자기성이고 결합차수는 3으로 같다.

④ NO의 이온화 에너지는 NO^+의 이온화 에너지보다 크다.
전자를 제거하려는 높은 에너지의 오비탈이 NO^+가 NO보다 더 낮으므로 이온화 에너지는 NO^+가 NO보다 더 크다.

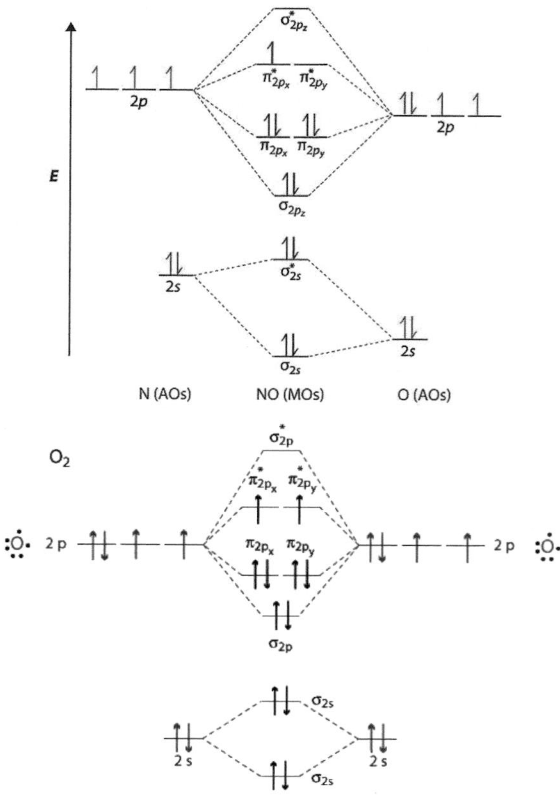

정답 ①

11

결합 차수는 [결합성 오비탈의 전자수−반결합성 오비탈의 전자수]/2이다.

$$BO = \frac{8-6}{2} = 1$$

정답 ①

12

자기장에 의해 끌린다는 것은 상자기성을 나타낸다. 분자 궤도 함수에서 홀전자수가 존재하면 상자기성을 나타내는데 홀전자수가 존재하는 것은 O_2뿐이다.

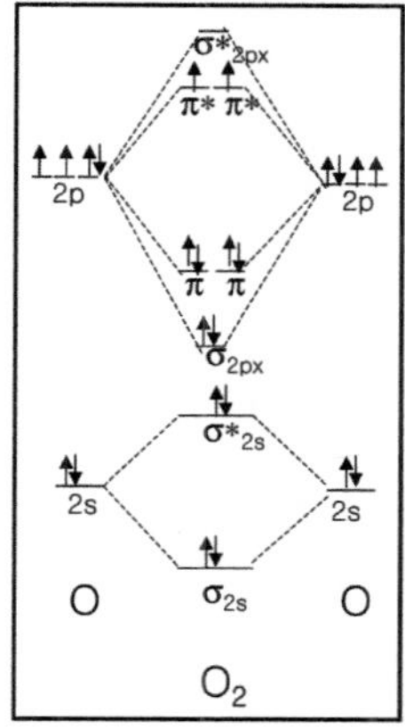

정답 ②

13

σ_{2p} 오비탈의 에너지 준위가 π_{2p} 오비탈의 에너지 준위보다 낮은 것은 전자수가 16개 이상인 산소 분자(O_2)뿐이고 나머지 분자들은 π_{2p} 오비탈의 에너지 준위가 σ_{2p} 오비탈의 에너지 준위보다 낮다.

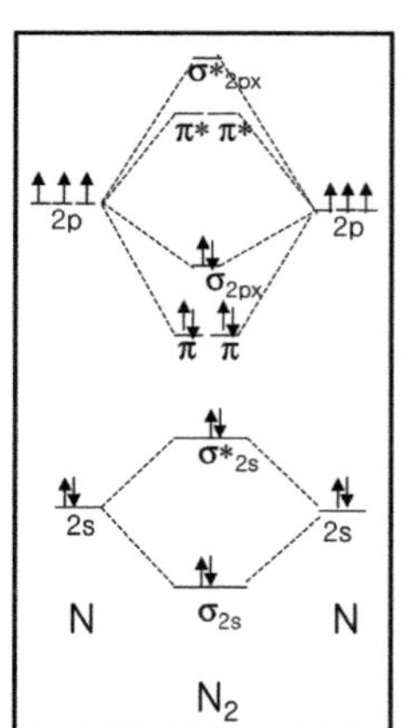

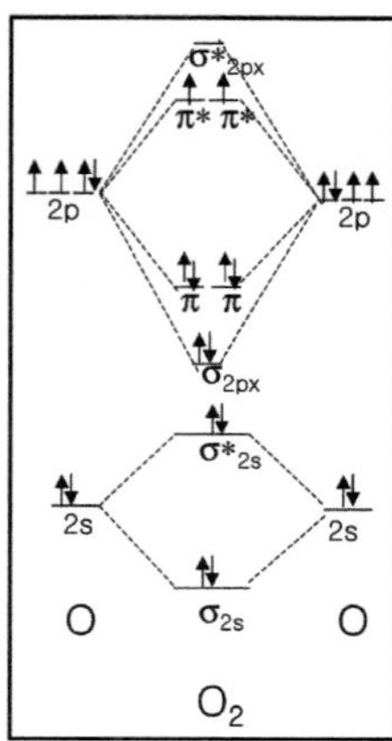

정답 ④

14

CO는 전자수가 14개로 N_2의 전자배치와 같아 π_{2p}궤도함수와 σ_{2p}궤도함수의 에너지 준위가 바뀐 ㄱ과 같고, O_2는 전자수가 16개로 에너지 준위는 π_{2p}궤도함수보다 σ_{2p}궤도 함수의 에너지가 더 낮은 ㄷ과 같다.

정답 ①

15

질소 분자의 반자기성에 대한 설명이다. 전자 배치상으로 홀전자가 없는 전자배치를 찾으면 된다.

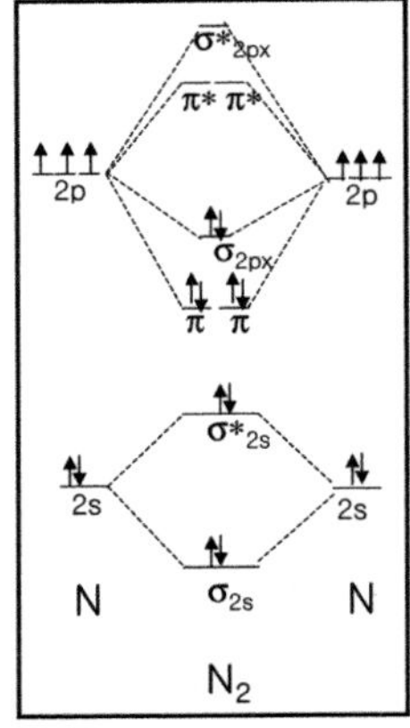

참고로 질소 분자의 분자 궤도함수의 에너지 준위는 산소와 달리 σ_{2p} 오비탈의 에너지가 π_{2p} 오비탈의 에너지보다 더 높으므로 쉽게 답을 찾을 수도 있다.

정답 ④

16

〈보기〉의 설명에 의할 때 2주기 원소 동종 이원자 분자 중에서 상자기성을 띠는 B_2와 O_2를 제외하면 X_2는 F_2이다.

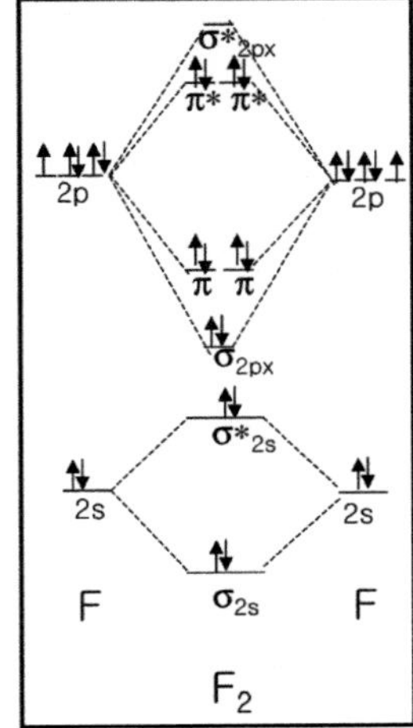

① 바닥 상태에서 원자인 F는 1개의 홀전자가 존재하므로 상자기성이다.
② F이므로 2주기 원소 중 전기음성도가 가장 크다.
③ F_2의 결합 차수는 단일 결합하였으므로 1이다.
④ F_2에서 F의 주위 원자수가 1개이고 고립 전자쌍의 수가 3이므로 입체수가 4이고 혼성궤도함수는 sp^3이다.

정답 ③

17

각 분자들의 결합 차수를 알아보면 다음과 같다.

C_2	N_2	O_2	F_2
2차	3차	2차	1차

같은 결합 차수를 갖는 분자는 C_2와 O_2이다.

정답 ①

18

	B_2	C_2	N_2	O_2	F_2
자기성	상자기	반자기	반자기	상자기	반자기
결합 차수	1	2	3	2	1

ㄱ. B_2, O_2는 상자기성 분자이고, C_2는 반자기성 분자이다.

ㄴ. 반자기성 분자는 C_2, N_2, F_2로 3개이다.

ㄷ. 결합 차수가 클수록 결합 엔탈피는 증가한다. 따라서 결합 엔탈피는 결합 차수가 가장 큰 N가 가장 크다. 결합 차수가 1차로 동일한 B_2와 F_2 중에서는 원자의 크기가 큰 B_2가 결합 엔탈피가 작을 것으로 예상되지만 실제로는 F_2의 결합 엔탈피가 더 작다. 그 이유는 F_2의 경우 원자의 크기가 작음에도 불구하고 많은 수의 전자가 존재하여 전자 간의 반발력이 매우 크기 때문이다.

ㄹ. 결합 차수가 클수록 결합길이는 짧아지므로 결합 길이는 B_2가 가장 길고, N_2가 가장 짧다.

정답 ④

19

B_2와 O_2의 분자 궤도 함수를 그려보면, 홀전자가 2개씩 존재하므로 B_2와 O_2는 상자기성을 띤다. 반면 N_2는 홀전자가 없으므로 반자기성을 띤다.

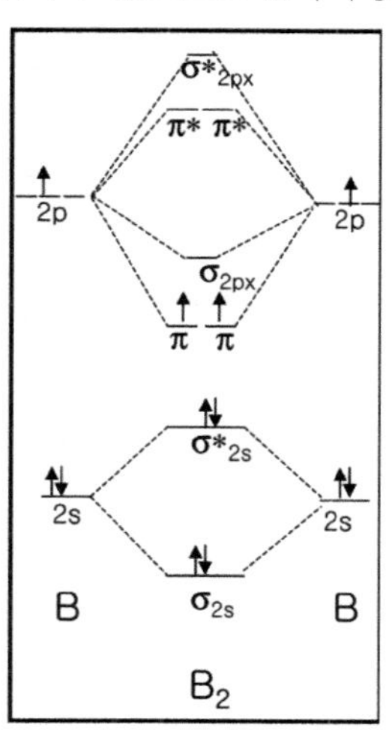

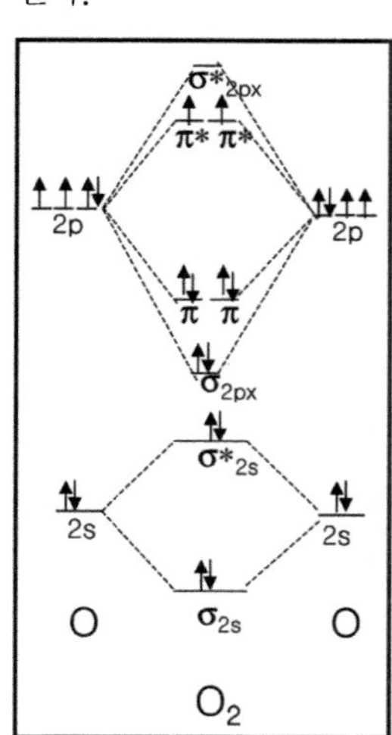

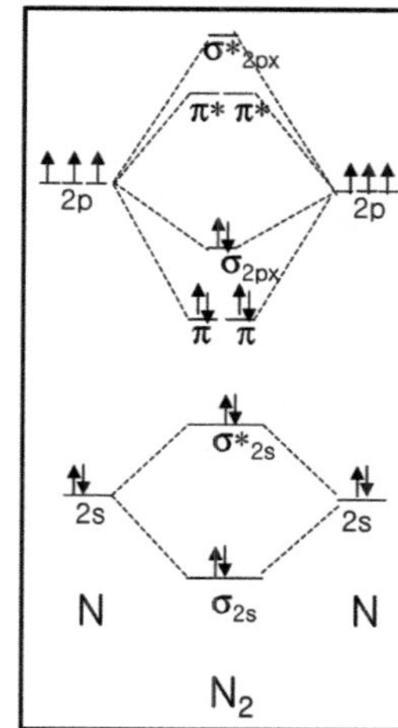

정답 ②

20

화학종의 결합 차수를 구해보면 다음과 같다.

	O_2^+	O_2	O_2^-
결합 차수	$\frac{6-1}{2}=2.5$	$\frac{6-2}{2}=2$	$\frac{6-3}{2}=1.5$

결합 차수가 클수록 결합이 강하므로 결합이 센 순서대로 나열하면 다음과 같다.

$$O_2^+ > O_2 > O_2^-$$

정답 ③

21

4가지 산소 화학종의 결합차수와 자기성을 정리하면 다음과 같다.

	O_2^+	O_2	O_2^-	O_2^{2-}
결합 차수	2.5	2.5	1.5	1.0
자기성	상자기성	상자기성	상자기성	반자기성

① O_2^-의 결합 차수는 1.5이다.

② O_2^{2-}는 반상자기성이다.

③ 결합 세기는 결합차수와 비례하므로 O_2가 O_2^{2-}보다 강하다.

④ 결합 길이는 결합차수와 반비례하므로 결합차수가 가장 큰 O_2^+의 결합 길이가 가장 짧다.

정답 ④

22

분자들의 결합 길이를 묻고 있으므로 분자 오비탈의 에너지 다이아그램을 통하여 결합 차수를 구해서 결합 길이를 비교할 수 있다. 결합 차수가 클수록 결합 길이는 짧아진다.

	O_2^+	O_2	F_2^+	F_2	B_2	B_2^-	N_2	N_2^-
결합 차수	2.5	2.0	1.5	1.0	1.0	1.5	3.0	2.5
결합 길이	$O_2^+ < O_2$		$F_2^+ < F_2$		$B_2 > B_2^-$		$N_2 < N_2^-$	

정답 ③

23

	H_2	N_2	O_2	F_2
결합 차수	1	3	2	1

결합 차수가 가장 높은 분자는 N_2이다.

정답 ②

Chapter 06 분자 간 인력

01 ②	02 ③	03 ③	04 ②	05 ②
06 ②	07 ④	08 ②	09 ③	10 ③
11 ④	12 ①	13 ③	14 ④	15 ④
16 ②	17 ①	18 ①	19 ④	20 ①
21 ③	22 ③	23 ④	24 ①	25 ②
26 ③	27 ②	28 ④	29 ①	30 ③
31 ①	32 ③	33 ④		

1

물의 수소 결합으로 인한 특성은 상태 변화, 표면 장력이 매우 큰 것, 비열이 큰 것, 특이한 밀도 변화가 있는 것, 회합체를 형성하는 것이다. 순수한 물이 전기를 통하지 않는 것은 물이 공유결합 물질이기 때문이다.

정답 ②

2

분자량이 클수록 끓는점이 높고, 분자량이 같을 경우 표면적이 클수록 끓는점이 높다. 탄소수가 같은 탄화수소의 경우 표면적의 크기는 $n-$ > $iso-$ > $neo-$ 순이므로 끓는점의 크기 또한 같은 순서이다.

정답 ③

3

ㄱ. 극성 분자이지만 분자량의 기여도가 크기 때문에 분자량이 클수록 분산력이 커서 끓는점도 높다.
($HBr < HI$)

ㄴ. 분자량이 비슷할 때 극성이 클수록 끓는점이 높다.
($O_2 < NO$)

ㄷ. 수소 결합이 가능한 분자가 끓는점이 더 높다.
($HCOOH > CH_3CHO$)

정답 ③

4

수소 결합을 할 수 있는 화합물이 끓는점이 높은데, 물과 에탄올이 수소 결합할 수 있다. 이 중에 물(100℃)이 에탄올(78℃)보다 끓는점이 더 높다.

정답 ②

5

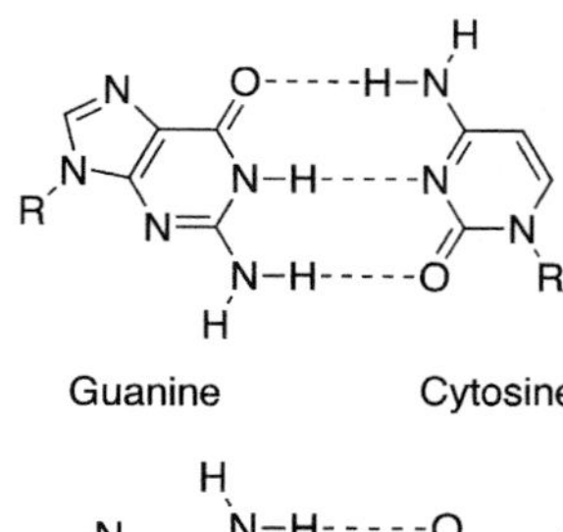

Guanine Cytosine

Adenine Thymine

그림에서 알 수 있듯이 구아닌과 사이토신에서 3개의 수소 결합이 가능하다.

정답 ②

6

10℃에서 온도가 감소할수록 부피가 감소되므로 밀도가 증가하다가 4℃부터 강력한 수소 결합으로 인해 부피가 증가하게 되므로 밀도가 감소하게 된다. 여기에 부합되는 그래프는 ②이다. 따라서 물은 4℃에서 밀도가 최대가 된다.

정답 ②

7

할로젠화수소화물 중에서 끓는점이 가장 높은 것은 수소 결합을 하는 HF이다.

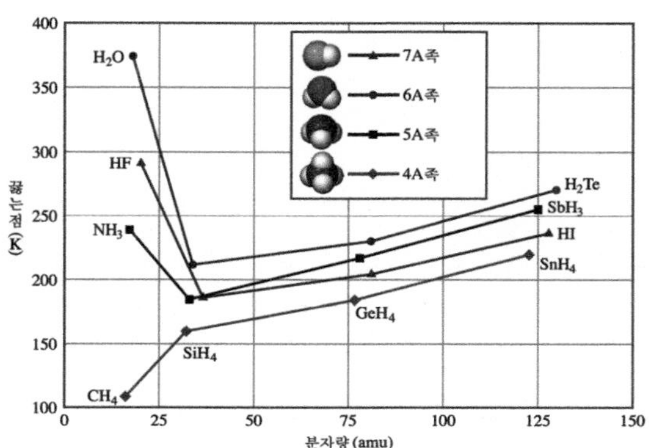

정답 ④

8

① 두 분자는 이성질체 관계이므로 분자를 구성하는 탄소와 수소 원자의 개수는 서로 같다.

② 노말뷰테인은 아이소뷰테인에 비해 표면적이 더 크므로 분자 간의 힘(분산력)이 더 크다.

n-뷰테인 *iso*-뷰테인

③ 아이소뷰테인은 카이랄 탄소가 존재하지 않으므로 거울상 이성질체를 갖지 않는다.

④ 두 분자 모두 노말 헥세인($n-$hexane)보다 분자량이 작으므로 분자간 인력이 약해서 낮은 끓는점을 갖고 있다.

정답 ②

9

① 가열 곡선에서 기울기의 역수와 비열이 비례한다. 고체일 때의 기울기가 기체일 때의 기울기보다 완만하므로 비열은 고체가 기체보다 더 크다.

② 잠열의 크기는 시간에 비례하므로 고체를 녹이는 데 필요한 에너지(융해열)는 같은 질량의 액체를 기화시키는 데 필요한 에너지(기화열)보다 작다.

③ $t_1 \sim t_2$ 시간 동안 액체가 기체로 되는 상태 변화가 일어나므로 계의 엔트로피는 증가한다.

④ (가)는 고체 상태, (나)는 기체 상태이므로 분자 간 인력은 (나)가 (가)보다 작다.

정답 ③

10

① 뷰테인(butane)은 2개의 구조 이성질체를 갖는다.

```
  H H H H              H  H  H
  | | | |              |  |  |
H-C-C-C-C-H          H-C--C--C-H
  | | | |              |  |  |
  H H H H              H  |  H
                        H-C-H
                          |
                          H
```

n-뷰테인 *iso*-뷰테인

② 프로페인(propane)은 뷰테인(butane)보다 분자량이 작아서 분산력이 작기 때문에 낮은 온도에서 끓는다.

③ 카이랄 중심이라는 것은 탄소와 결합한 4개의 치환기들이 모두 다른 경우를 말한다. 2,2-다이메틸프로페인(2,2-dimethylpropane)의 중심 탄소 원자는 모두 동일한 메틸기($-CH_3$)를 가지고 있으므로 카이랄(chiral) 중심이 없다.

```
        CH3
        |
H3C  —  C  — CH3
        |
        CH3
```

④ 2,2-다이메틸프로페인(2,2-dimethylpropane)이 n-펜테인(n-pentane)보다 표면적이 작아서 분산력이 작기 때문에 낮은 온도에서 끓는다.

정답 ③

11

수소 결합을 하지 않는 He의 끓는점이 가장 낮고, 수소 결합을 하는 물질 중에서는 $H_2O > HF > NH_3$순이다. 따라서 끓는점이 높은 순서대로 나열하면 다음과 같다.

$$H_2O > HF > NH_3 > He$$

정답 ④

12

① 표면 장력이 클수록 큰 분자 간 힘을 갖는다.

③ 분자 간 힘이 클수록 증발하기 어려우므로 낮은 증기압을 갖는다.

정답 ①

13

H_2O과 NH_3는 수소 결합을 하는 물질이므로 끓는점이 높다.

ICl와 BF_3는 수소 결합을 하지 못하므로 H_2O과 NH_3에 비해 상대적으로 끓는점이 낮은데, 그 중에서 BF_3는 무극성 분자로 분산력만 작용하므로 끓는점이 가장 낮다.

정답 ③

14

ㄱ. NH_3의 분자량이 PH_3에 비해 작음에도 극성이 매우 큰 수소 결합을 하기 때문에 끓는점이 높다.

정답 ④

15

ㄱ. CH_3OH는 수소 결합을 하므로 CH_3SH보다 끓는점이 높다.

ㄴ. CO는 N_2와 결합 차수도 3차로 동일하고, 분자량도 비슷하나 극성분자이므로 쌍극자간의 힘으로 인해 녹는점과 끓는점이 높다.

ㄷ. 영족 기체(18족 원소)는 같은 족에서 원자번호가 클수록 분자량이 증가하여 분산력이 커져 끓는점이 높아진다.

ㄹ. 하이드록시벤조산($C_6H_4(OH)(COOH)$)의 오쏘(ortho-) 이성질체는 메타(meta-) 혹은 파라(para-) 이성질체와 달리 극성의 정도는 더 크나 분자내 수소 결합의 영향으로 메타(meta-) 혹은 파라(para-) 이성질체보다 녹는점이 낮다.

CO_2H / OH CO_2H / OH CO_2H / OH

para- meta- ortho-

정답 ④

16

수소 결합이 가능하기 위해서는 전기음성도가 강한 원자 F, O, N에 직접 H원자가 결합하고 있어야 한다. 이러한 조건을 충족한 분자는 ②뿐이다.

정답 ②

17

16족 수소 화합물에서 수소 결합이 가능한 H_2O의 끓는점이 가장 높고, 나머지 분자들은 분자량이 클수록 끓는점이 높다. 이를 정리해서 순서대로 나열하면 다음과 같다.

$$H_2O > H_2Te > H_2Se > H_2S$$

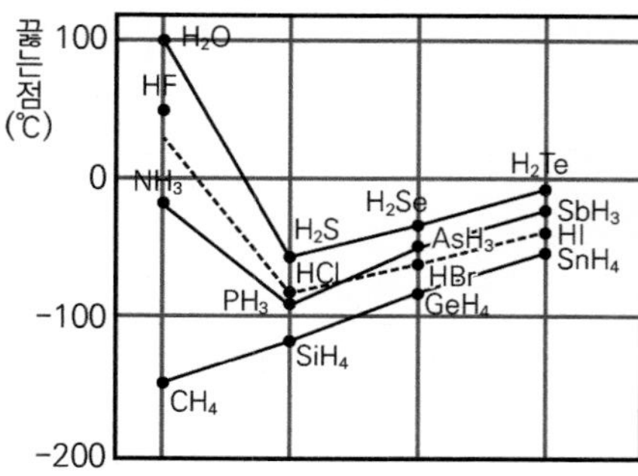

정답 ①

18

결합 A는 공유 결합, 결합 B는 분자간 인력중 수소 결합에 해당한다.

① 공유 결합인 결합 A는 분자간 인력인 결합 B보다 강하다.

② 액체에서 기체로 상태변화를 할 때에는 분자간 인력인 결합 B가 끊어진다.

③ 산소 원자는 공유 결합인 결합 A에 의해 팔전자 규칙(octet rule)을 만족한다.

④ 수소 결합인 결합 B는 공유결합으로 이루어진 분자 중 전기 음성도가 큰 F, O, N에 직접 결합한 수소 원자가 있는 분자에서만 관찰된다.

정답 ①

19

①, ②, ③은 수소 결합으로 인한 분자간 상호 작용에 관한 것이고, ④ 순수한 물이 전기를 통하지 않은 것은 분자, 즉 원자간 상호 작용에 관한 것이다.

정답 ④

20

$CH_3CH_2OCH_2CH_3$은 eter로 수소 결합을 하지 않는 화합물로 끓는점이 가장 낮을 것으로 예측된다. 나머지 화합물들은 수소 결합이 가능한 $-OH$와 $-NH$가 있는데 이 중 $-OH$가 $-NH$보다 전기음성도의 차이가 커서 좀 더 강한 수소 결합을 할 수 있다. 하나 있는 것보다는 여러 개 있을 때 보다 강한 수소 결합을 할 수 있으므로 끓는점이 가장 높은 화합물은 $HOCH_2CH_2CH_2OH$이다.

정답 ①

21

분자량이 모두 같은 탄소 화합물은 표면적이 작을수록 끓는점이 낮다. 아래 그림으로부터 알 수 있듯이 표면적이 가장 작은 것은 neopentane이므로 끓는점이 가장 낮은 것으로 예상할 수 있다. 참고로 cyclopentane의 끓는점은 49.2℃로 neopentane의 끓는점 9.5℃보다는 높다.

$CH_3-CH_2-CH_2-CH_2-CH_3$	$CH_3-CH(CH_3)-CH_2-CH_3$	$CH_3-C(CH_3)_2-CH_3$
n-pentane	isopentane	neopentane
36℃	27.8℃	9.5℃

cyclopentane (H_2C 고리 5개)

49.2℃

> **참고**
>
> 사이클로알케인의 밀도는 같은 탄소 수의 $n-$알케인보다 약 20% 정도 더 크다. 이것은 사이클로알케인 분자들이 $n-$알케인 분자보다 더 가까운 위치에 존재한다는 것을 의미한다. 분자 간 힘(London 분산력)은 분자 간 거리에 반비례 하므로, 사이클로알케인의 분자 간 힘이 더 크고, 따라서 끓는점도 더 높다. 이것은 $n-$알케인은 사슬형으로 다양한 입체구조가 가능하기에 불규칙한 기하구조로 인해 분자 간 빈 공간이 많이 생길 수 있는 반면, 사이클로알케인은 고리로 인한 한정된(제한된) 입체구조로 인해 분자들이 더 질서있게 효과적으로 접근할 수 있어서 분자 간 빈 공간이 거의 없기 때문이라고 설명할 수 있다. 어려운 내용이니 참고만 하길 바란다. 유기체 선택지에 사이클로알케인이 있어 참고삼아 끓는점을 제시한 것뿐이고, 결국은 분산력 때문이다.

정답 ③

22

수소 결합이 가능한 H_2O와 HF가 끓는점이 가장 높고, 둘 중에서는 H_2O이 HF보다 끓는점이 더 높다. 극성 분자인 H_2S는 무극성 분자인 CH_4보다 끓는점이 더 높다. 끓는점이 낮은 것부터 높은 순서대로 나열하면 다음과 같다.

(나)–(라)–(가)–(다)

정답 ③

23

① 메테인(CH_4)은 공유 결합으로 이루어진 무극성 물질이다.

② 이온 결합 물질은 양이온과 음이온 사이에 강력한 정전기적 인력에 의해 결합되어 있으므로 상온에서 항상 고체 상태이다.

③ 이온 결합 물질은 액체 상태에서는 이온들이 이동할 수 있으므로 전류가 흐른다.

④ 분산력은 비극성 분자뿐만 아니라 모든 분자 사이에 작용하는 힘이다.

정답 ④

24

Cl_2, Br_2, I_2는 17족 원소로 주기만 서로 다른 무극성 분자이다. 주기가 커질수록 분자량이 커져서 분산력이 증가하기 때문에 끓는점이 높아진다.

②, ③, ④ 분자 내 결합 거리, 결합 극성, 결합 세기는 분자 하나 즉, 원자 간에 해당되므로 분자 간 인력인 끓는점과는 상관이 없음을 주의해야 한다.

정답 ①

25

ㄱ. H_2O 분자 내에서 H와 O 사이에는 공유 결합이 존재한다. 수소 결합은 분자 간 인력이므로 분자 내에서는 성립될 수 없다.

ㄴ. 수소 결합이 형성되기 위해서는 비공유 전자쌍과 전기음성도가 큰 원자와 결합한 수소가 있어야 한다. HF는 F에는 비공유 전자쌍이 3쌍이 존재하고, F와 결합되어 있는 H는 more positive한 상태이므로 수소 결합이 가능하다. 그러나 BH_3는 중심 원자인 B에 비공유 전자쌍이 존재하지 않고, 결합되어 있는 H는 B보다 전기음성도가 오히려 커서 부분적인 음전하(δ^-)를 띠고 있으므로 수소 결합을 형성 할 수 없다. (전기음성도 H = 2.20, B = 2.04)

ㄷ. NH_3 와 H_2O_2는 모두 중심 원자에 비공유 전자쌍이 존재하고, 전기음성도가 큰 중심 원자와 H가 결합되어 있으므로 NH_3 와 H_2O_2 사이에는 수소 결합이 형성될 수 있다.

정답 ②

26

액체 에탄올(C_2H_5OH)은 수소 결합이 가능한 분자이므로 이온–쌍극자 힘은 존재할 수 없다.

정답 ③

27

Cl과 Br은 17족 원소로 주기가 다르므로 전기음성도 차이로 인한 극성의 영향보다는 원자량 차이로 인한 분산력의 영향이 더 크다고 할 수 있다. 따라서 $CH_3CH_2CH_2-Cl$과 $CH_3CH_2CH_2-Br$ 중 원자량이 작은 Cl이 치환된 $CH_3CH_2CH_2-Cl$의 분자량이 작으므로 끓는점이 더 낮다.

$CH_3CH_2CH_2-Cl$과 $(CH_3)_2CH-Cl$ 중 표면적이 작은 $(CH_3)_2CH-Cl$의 끓는점이 가장 낮다. 따라서 끓는점이 가장 낮은 화학종은 $(CH_3)_2CH-Cl$이다.

정답 ②

28

각 알코올의 명명은 다음과 같다.

① 1–butanol

② isobutanol(2–methyl–1–propanol)

③ 2–butanol

④ t–butanol(2–methyl–2–propanol)

분자식이 같고 구조식이 다른 경우 표면적이 작을수록 끓는점이 낮다. 따라서 t–butanol이 표면적이 가장 작으므로 끓는점이 가장 낮다.

정답 ④

29

① $n-$펜테인(pentane)이 2,2$-$다이메틸프로페인(neopentane)보다 표면적이 더 크기 때문에 더 큰 분산력을 갖는다.

$$CH_3-CH_2-CH_2-CH_2-CH_3 \quad (n\text{-pentane})$$

$$CH_3-CH(CH_3)-CH_2-CH_3 \quad (iso\text{-pentane})$$

$$C(CH_3)_4 \quad (neo\text{-pentane})$$

n-pentane　*iso*-pentane　*neo*-pentane

정답 ①

30

ㄱ. 분산력은 모든 분자에 작용하는 힘이다.

ㄴ. C_4H_{10}인 구조 이성질체로는 $n-C_4H_{10}$과 $iso-C_4H_{10}$이 있는데, 표면적이 더 큰 $n-C_4H_{10}$의 끓는점(-0.5℃)이 $iso-C_4H_{10}$의 끓는점(-11.5℃)보다 더 높다.

$$CH_3-CH_2-CH_2-CH_3 \quad (n\text{-뷰테인})$$

$$CH_3-CH(CH_3)-CH_3 \quad (iso\text{-뷰테인})$$

n-뷰테인　*iso*-뷰테인

ㄷ. 분자량이 더 큰 Br_2의 분자 간 인력이 HBr의 분자 간 인력보다 더 크다.

정답 ③

31

이온 결합 물질(NaF)의 끓는점이 가장 높고, 분자 중에서는 수소 결합하는 물(H_2O)이 무극성 분자인 산소(O_2)보다 끓는점이 높다.

$$NaF > H_2O > O_2$$

정답 ①

32

A 결합은 공유결합이고, B 결합은 분자 간 인력인 수소 결합이다.

ㄱ. 물을 전기분해해서 수소와 산소가 발생하기 위해서는 공유 결합이 끊어져야 하므로 B 결합과는 무관하다.

ㄴ. 수소 결합에 의해 물이 얼게 되면 부피가 증가하게 되므로 겨울철에 수도관이 얼어 터지는 경우가 있다.

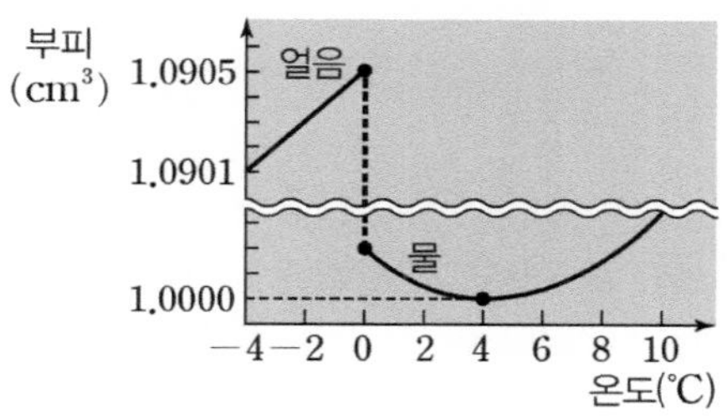

ㄷ. 물은 강력한 수소 결합을 하므로 1atm에서 분자량이 비슷한 메테인보다 끓는점이 높다.

정답 ③

33

분자 간 인력이 클수록 끓는점이 높다. 수소 결합이 가능한 H_2O과 NH_3보다 분자량이 매우 큰 BI_3의 분자 간 인력이 가장 크고, 그 다음은 H_2O과 NH_3 순서이고 무극성 분자인 C_2H_6의 분자 간 인력이 가장 작다. 따라서 끓는점이 낮은 화합물에서 높은 화합물의 순서로 나열하면 다음과 같다.

㉢ < ㉣ < ㉠ < ㉡
C_2H_6 < NH_3 < H_2O < BI_3

정답 ④

Chapter 01 알칼리 금속과 할로젠 원소

01 ②	02 ③	03 ④	04 ③	05 ④
06 ①	07 ①	08 ③	09 ②	

1

ㄱ. 같은 족에서 껍질수가 증가할수록 정전기적 인력이 작아져 이온화 에너지가 감소한다.

ㄴ. 원자 번호가 커질수록 밀도는 증가하다가 K에서 감소한다.

ㄷ. 비금속과의 반응에서 환원력은 원자 번호가 클수록 증가한다.

$$Li < Na < K$$

ㄹ. 물과의 반응에서 환원력은 산화−환원 전위 때문에 Li이 K보다 크다.

> **참고**
> 알칼리 금속의 반응성(환원력)에 대한 문제에서는 대상 물질이 비금속인지 물인지에 따라 그 결과가 다르므로 꼭 구분해서 판단하여야 한다.

정답 ②

2

ㄱ. Li과 K은 1족 원소이므로 주기가 클수록 원자 반지름도 커진다. 따라서 원자 반지름은 Li < K이다.

ㄴ. Li의 이차 이온화 에너지는 $1s$ 오비탈에서, Be의 일차 이온화 에너지는 $2s$ 오비탈에서 전자를 제거한다. 따라서 에너지 준위가 더 높은 $2s$ 오비탈에서 전자를 제거하는 Be의 일차 이온화 에너지가 Li의 이차 이온화 에너지보다 더 작다.

ㄷ. Li은 금속으로 비금속인 F보다 전기 음성도가 작다.

ㄹ. Li은 금속, F은 비금속이므로 이온 결합물을 만든다.

정답 ③

3

④ 원자 반지름이 커질수록 정전기적 인력이 감소되어 일차 이온화 에너지 값은 작아진다.

정답 ④

4

② 물과 반응할 때, 환원력의 순서는 Li > K > Na이나 알칼리 금속이 비금속(17족) 원소와 반응할때의 환원력 순서는 물과 반응할 때와 다르다는 것을 주의하여야 한다.

$$Li < Na < K$$

③ 알칼리 금속의 일차 이온화 에너지는 주기가 증가할수록 감소하므로 Li > Na > K순이다.

정답 ③

5

Li과 Na은 1족 원소로 주기만 다르다. 2주기 Li이 3주기 Na 보다 원자 반지름이 작으므로 이온화 에너지와 전기음성도가 더 크다.

정답 ④

6

ㄱ. 수소를 제외한 1족 원소이며 물과 반응하여 수소 기체를 생성한다.

$$2M(s) + 2H_2O(g) \rightarrow 2MOH(aq) + H_2(g)$$

ㄴ. 전자 한 개를 쉽게 잃고 +1 전하를 갖는 이온이 되기 쉽다.

$$M(g) \rightarrow M^+(g) + e^-$$

ㄷ. 알칼리 금속은 반응성이 매우 커서 무극성 용매인 석유나 벤젠에 넣어 보관해야한다.

ㄹ. 알칼리 금속은 자기가 속한 주기 내에서 원자 반지름이 가장 크므로 전자를 떼어내기 쉬우므로 가장 작은 1차 이온화 에너지값을 갖는다.

정답 ①

7

알칼리 원소에서 원자 번호가 증가함에 따라

① 핵과 전자사이의 인력이 약해지므로 전기음성도가 작아진다.

② 원자의 크기가 커지므로 정상 녹는점은 낮아진다.

③ 25℃, 1atm에서 양성자의 수가 늘어나므로 밀도는 증가한다. 다만, K에서 예외적으로 작아진다.

④ 원자가 전자의 개수는 같은 족 원소이므로 일정하다.

정답 ①

8

①, ②, ④ 알칼리 금속에서 원자 번호가 증가함에 따라 원자 반지름이 증가하므로 1차 이온화 에너지는 감소하고, 녹는점은 낮아진다. 원자 반지름도 증가하므로 이온(M^+) 반지름도 증가한다.

③ 원자 번호가 증가함에 따라 산화되기 쉽고 환원되기는 어려우므로 $M^+ + e^- \rightarrow M$에 대한 표준 환원 전위는 감소한다.

정답 ③

9

①, ③ 수소 결합을 하는 HF가 끓는점은 가장 높고, 녹는점은 HCl이 가장 낮다.

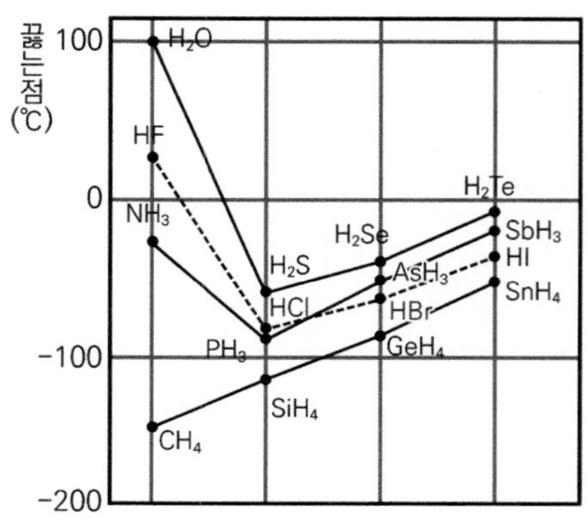

② 할로젠화 수소는 물에 녹았을 때, HCl, HBr, HI는 완전히 해리되므로 강산이나 HF는 약간만 해리되므로 약산이다.

④ 결합 길이가 가장 긴 HI가 결합 엔탈피가 가장 작다.

정답 ②

Chapter 02 탄소 화합물

제 1 절 | 탄소 화합물

01 ③	02 ③	03 ①	04 ④	05 ③
06 ④	07 ①	08 ②	09 ⑤	10 ④
11 ②	12 ③	13 ②	14 ②	15 ②
16 ④	17 ④	18 ④	19 ②	20 ②
21 ①	22 ①	23 ②	24 ④	25 ③
26 ④	27 ③	28 ①	29 ①	30 ③
31 ①	32 ④	33 ③	34 ④	

1

ㄱ. 에테인(C_2H_6)는 sp^3혼성－입체

ㄴ. 에틸렌(C_2H_4)는 sp^2혼성－평면

ㄷ. 아세틸렌(C_2H_2)는 sp혼성－평면

ㄹ. 시클로헥산(C_6H_{12})는 sp^3혼성－입체

ㅁ. 벤젠(C_6H_6)는 sp^2혼성－평면

따라서 모든 원자들이 같은 평면상에 있는 분자는 에틸렌, 아세틸렌 그리고 벤젠이다.

정답 ③

2

ㄱ. 에스테르화 반응

ㄹ. 수소 첨가 반응

ㄴ, ㄷ. 산화환원반응

정답 ③

3

• 수용액이 산성이고 알코올과 에스테르화 반응을 하기 위해서 작용기로는 카복시기(－COOH)가 있어야 한다.

• 암모니아성 질산은 용액을 환원시키므로 환원성이 있어야 하므로 작용기로는 포르밀기(－CHO)가 있어야 한다.

위 조건에 해당하는 화합물은 HCOOH이다.

정답 ①

4

에탄올(C_2H_5OH)을 230℃에서 가열하면 분자간 탈수로 다이에틸에테르가 생성되고, 400℃에서 가열하면 분자 내 탈수로 에텐이 생성된다.

정답 ④

5

③ 첨가 반응에서 탄소에 결합된 일부 원자나 원자단은 증가되고, 탄소간 결합의 불포화 정도(이중결합 → 단일결합)는 감소한다.

정답 ③

6

단일 결합은 시그마(σ) 결합이고, 다중 결합은 시그마(σ) 결합과 파이(π) 결합으로 구성된다.

σ 결합=4개의 C－C 결합 +1개의 C＝C 결합 +4개의 C－N결합

π 결합=1개의 C＝C 결합 +4개의 C－N결합(C－N 결합당 2개)

따라서 시그마 결합은 9개이고, 파이 결합도 9개이다.

정답 ④

7

카보닐기는 C＝O이다.

① 에터(－O－)

② 알데하이드(－CHO－)

③ 케톤(－CO－)

④ 에스터(－COO－)

정답 ①

8

② 포도주의 효소에 의해 에탄올(C_2H_5OH)이 아세트산(CH_3COOH)으로 산화되는 반응이 일어난다.

정답 ②

9

⑤ 데옥시라이보오스는 DNA를 구성하는 주요 성분 중의 하나이다.

정답 ⑤

10

① 알켄의 일반식은 C_nH_{2n}으로 이중 결합을 적어도 한 개 이상 가지고 있다.

② 상온에서 탄소-탄소 이중결합은 π 결합으로 인해 회전이 쉽게 일어날 수 없다.

③ 알켄 분자들은 탄소와 수소로만 이루어져 있으므로 수소결합을 할 수 없다.

⑤ 알켄의 시스 이성질체는 두 개의 작용기가 같은 쪽에 있고, 트랜스는 두 개의 기가 서로 반대쪽에 있다.

정답 ④

11

a와 b는 Na과 반응하여 수소를 발생시키므로 작용기로 －OH나 －COOH를 포함하여야 한다. a를 산화시키면 알데하이드(aldehyde)가 생성되므로 a는 －OH를 포함하고 있어야 하고, b를 산화시키면 케톤(ketone)이 생성되므로 b는 2차 알코올이어야 하므로 여기에 충족되는 조합은 ②이다.

정답 ②

12

ㄱ. 페놀과 알코올은 모두 －OH 작용기를 가지고 있다.

페놀	에탄올
OH (벤젠 고리에 결합)	H H | | H－C－C－O－H | | H H

ㄴ. 알코올은 수소 결합이 가능하므로 알코올의 끓는점은 분자량이 비슷한 에터(ether)나 탄화수소보다 훨씬 더 높다.

ㄷ. 알코올은 Na과 반응하여 수소 기체를 발생시킨다.

$$2R-OH + 2Na \rightarrow 2RONa + H_2$$

정답 ③

13

각 탄화수소를 표로 나타내면 다음과 같다.

(가)	(나)	(다)	(라)
C_2H_2	C_2H_4	C_3H_6	C_6H_6
H−C≡C−H	$H_2C=CH_2$	△	⌬

① (다)는 고리형 탄화수소로 다중 결합이 존재하지 않는다.
② (가)와 (라)의 실험식은 CH로 같다.
③ (가)의 결합각은 180°, (나)의 결합각은 120°이므로 H−C−C의 결합각은 (가)가 (나)보다 크다.
④ (가)는 3중 결합, (나)는 2중 결합, (다)는 단일 결합이므로 탄소원자 사이의 결합 길이는 (가) < (나) < (다)이다.

정답 ②

14

① (가)의 분자식은 C_6H_{12}이고, (나)의 분자식은 C_6H_6이다.
② (나)는 평면 육각형 구조이다.
③ (가)의 결합각은 109.5°, (나)의 결합각은 120°이다.
④ (가)와 (나)에서 탄소의 몰수가 같으므로 1몰이 완전 연소할 때 생성되는 CO_2의 몰 수도 (가)와 (나)가 같다.

정답 ②

15

결합 차수가 클수록 결합 길이가 짧아진다.

	(가)	(나)	(다)	(라)
	C_2H_2	C_2H_4	C_2H_6	C_6H_6
결합 차수	3차	2차	1차	1.5차

결합 길이가 짧은 것부터 순서대로 나열하면 다음과 같다.

(가) < (나) < (라) < (다)

정답 ②

16

(가)	(나)	(다)
C_6H_{12}	C_6H_6	C_6H_{10}

① (다)의 결합 차수는 1.5차이므로 불포화 탄화수소이다.
② (나)에서 탄소의 혼성 오비탈이 sp^2이므로 구성 원자는 동일 평면에 있다.
③ (가)는 고리모양의 탄화수소로 탄소의 혼성 오비탈이 sp^3이므로 결합각이 109.5° 에 가깝다.
④ (가)에서 수소 원자의 수는 12개, (다)에서 수소 원자의 수는 10개이므로 같은 분자수를 완전 연소시킬 때 생성되는 물 분자의 수는 (가) > (다)이다.

정답 ④

17

④ 물과 가솔린이 섞이지 않은 것은 물은 극성 물질이고 가솔린은 무극성 물질이기 때문이다.

정답 ④

18

알코올 중 1차 알코올과 2차 알코올만 산화 반응이 일어난다. 3차 알코올은 탄소와 직접 결합한 수소가 없으므로 산화될 수가 없다.

정답 ④

19

①, ② (가)는 아미노산으로 브뢴스테드−로우리 산(−COOH)과 염기(−NH_2)로 모두 작용할 수 있다.
③ (나)는 포도당이다.
④ 데옥시라이보핵산(DNA)에서 (다)는 당과 직접 결합되어 있다.

정답 ②

20

ㄱ. 알케인(C_nH_{2n+2})은 탄소–탄소 단일 결합으로만 이루어져있다.

ㄴ. 사이클로뷰테인(C_4H_8)은 단일 결합으로만 이루어진 포화 탄화수소이다.

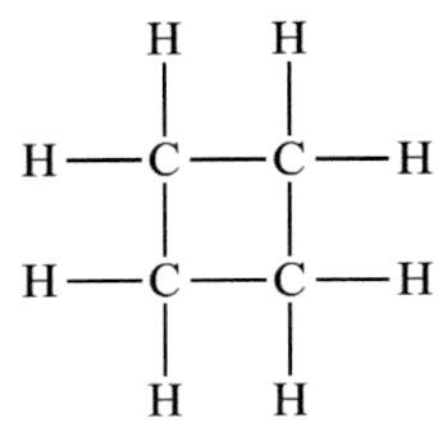

ㄷ. 사이클로헥세인(C_6H_{12})은 입체 구조이다.

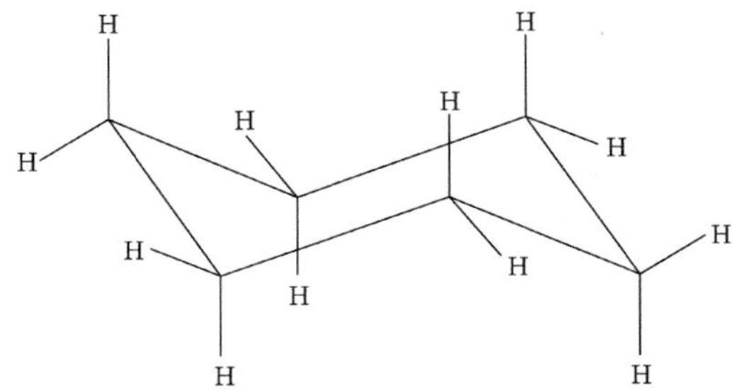

ㄹ. 알카인(C_nH_{2n-2})은 탄소–탄소 삼중 결합을 가진다.

ㅁ. 펜테인(C_5H_{12})은 단일 결합으로만 이루어져 있으므로 포화 탄화수소이고, 1–펜텐(C_5H_{10})은 1개의 2중 결합을 포함하므로 불포화 탄화수소이다.

펜테인	1–펜텐
H–C–C–C–C–C–H (각 C에 H 두 개씩 위아래로 결합: H H H H H / H H H H H)	H–C=C–C–C–C–H (위: H H H, 아래: H H H H H)

정답 ②

21

에터	아민	알코올	카복실산
R–O–R′	$R-NH_2$	R–OH	R–COOH

정답 ①

22

실험식은 가장 간단한 원자수의 비이므로 아세틸렌과 벤젠의 실험식은 CH이고, 에틸렌의 실험식은 CH_2, 에테인의 실험식은 CH_3, 아세트산과 글루코오스의 실험식은 CH_2O, 에탄올의 실험식은 C_2H_5O, 아세트알데하이드의 실험식은 C_2H_4O이다.

정답 ①

23

위의 반응의 생성물은 메탄올(CH_3OH)이고, 아래 반응은 에스터의 가수분해 반응이므로 생성물은 CH_3COOH와 C_2H_5OH이다. 따라서 생성물에 공통적으로 들어 있는 작용기는 –OH이다.

정답 ②

24

알코올과 카복시산의 에스터 반응이므로 에스터(ester)가 생성된다.

R–C(=O)–OH + H–O–R′ —(에스터화 반응)→ R–C(=O)–O–R′ + H_2O

카복시산+알코올 → 에스터 물

정답 ④

25

결합차수가 작을수록 결합 길이는 길다.

분자	C_2H_6	C_6H_6	C_2H_4	C_2H_2
결합 차수	1차	1.5차	2차	3차

$$C_2H_6 > C_6H_6 > C_2H_4 > C_2H_2$$

정답 ③

26

① 에터(ether)기: R–O–R
② 아민(amine)기: R–N–R
③ 하이드록시(hydroxy)기: R–OH
④ 에스터(ester)기: R–COO–R

에스터기는 존재하지 않는다.

정답 ④

27

① 벤젠 링에 카복시산 작용기(−COOH)가 결합 되어 있다.

② 에스터 작용기(−COO)가 있으므로 에스터화 반응을 통해 합성할 수 있다.

③ 이중 결합을 하고 있는 산소 원자의 혼성 궤도함수는 sp^2이므로 같은 평면에 존재하지만 단일 결합한 산소 원자의 혼성 궤도함수는 sp^3이므로 이중 결합을 하고 있는 산소 원자와 같은 평면에 존재할 수 없다.

④ 이중 결합을 하고 있는 산소 원자의 혼성 궤도 함수가 sp^2이므로 sp^2 혼성을 갖는 산소 원자의 개수는 2이다.

정답 ③

28

알켄의 안정성은 알켄에 치환기 수가 증가하면 알켄의 안정도는 증가한다. C = C의 채워지지 않은 파이 궤도함수와 치환기에 있는 이웃한 C − H 시그마 결합궤도함수 사이에 상호작용으로 인해 더 안정화된다. 이를 하이퍼콘쥬게이션(hyperconjugation)이라 한다.

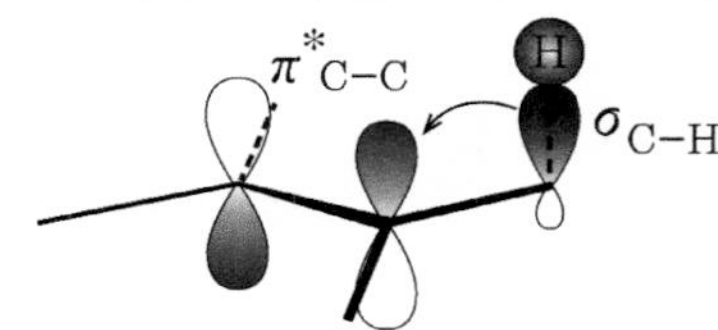

결론적으로 알켄에 치환기 수가 많으면 많을수록 하이퍼콘쥬게이션을 할 수 있는 기회가 많아지므로 알켄은 안정화된다.

$R_2C=CR_2$ > $R_2C=CHR$ > $RHC=CHR$ > $R_2C=CH_2$

사치환 > 삼치환 > *trans*-이치환 > *cis*-이치환

〈보기〉의 알켄을 구조식으로 나타내면 다음과 같다.

ㄱ. 2,3−dimethylbut−2−ene	ㄴ. 2,3−dimethylbut−1−ene
H_3C, CH_3 / H_3C, CH_3	CH_3, H_3C, CH_2, CH_3
ㄷ. *cis*−but−2−ene	ㄹ. *trans*−but−2−ene
H_3C, CH_3 / C=C / H, H	H_3C, H / C=C / H, CH_3

ㄱ이 알켄에 4개의 치환기가 결합되어 있으므로 가장 안정하다. ㄷ과 ㄹ 중에서는 트랜스형이 시스형보다 더 안정하다.

정답 ①

29

〈보기 1〉로부터 (가)는 에탄올(C_2H_5OH)이고, (나)는 아세트산(CH_3COOH)이다.

ㄱ. C_2H_5OH을 산화시키면 CH_3CHO를 거쳐 CH_3COOH이 된다.

ㄴ. CH_3COOH의 액성은 산성이다.

ㄷ.

	(가)	(나)
$\frac{(\text{분자 1mol 내의 H 원자 개수})}{(\text{분자 1mol 내의 C 원자 개수})}$	$\frac{6}{2}=3$	$\frac{4}{2}=2$

(가)가 (나)보다 크다.

정답 ①

30

③ 벤젠은 공명 구조로 탄소−탄소의 결합 길이가 모두 같다.

정답 ③

31

① 에터(ether)	② 에스터(ester)
R − O − R	R − COO − R
③ 케톤(ketone)	④ 알데하이드(aldehyde)
R − CO − R	R − CHO

정답 ①

32

④ 아민(amine) − NH_2

정답 ④

33

불포화도(D.U) 공식은 다음과 같다.

$$D.U = C - \frac{H+X}{2} + \frac{N}{2} + 1$$

(X : 할로젠 원자의 개수)

위 공식에 각 원자의 개수를 대입해서 불포화도를 구할 수 있다.

$$D.U = 20 - \frac{32+1}{2} + \frac{1}{2} + 1 = 5$$

정답 ③

34

탄소양이온(carbocation)의 구조

탄소의 혼성 궤도함수는 sp^2이다.

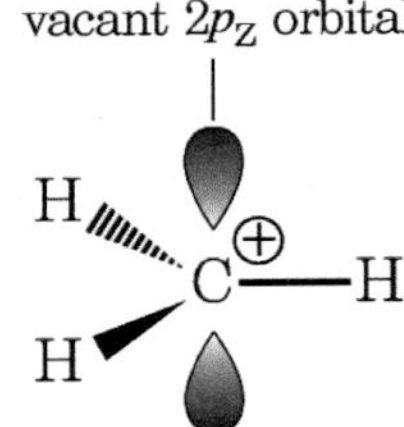

열역학적으로 측정해보면 탄소양이온은 치환기의 수가 많을수록 안정성이 크다.

안정도 순서도 $3^{\circ} > 2^{\circ} > 1^{\circ} > CH_3^+$ 순서이다.

치환기를 더 많이 가지고 있는 탄소양이온이 치환기를 더 적게 가지는 탄소양이온보다 더 안정한 이유는 유발효과(inductive effect)와 하이퍼콘쥬게이션(hyperconjugation)으로 설명할 수 있다.

유발효과는 가까이 있는 원자들의 전기음성도 때문에 시그마결합의 전자가 한 쪽으로 이동하면서 발생된다. 탄소 양이온 탄소에 수소 원자만 결합된 것보다 비교적 크고 편극되기 쉬운 알킬기가 결합된 것이 치환기의 전자가 인접한 탄소 양이온 쪽으로 훨씬 이동하기 쉽다. 따라서 양으로 하전된 탄소에 결합된 알킬기의 수가 많으면 많을수록 유발효과에 의해 양이온 쪽으로 전자 밀도가 이동하여 양이온의 안정성이 커지게 된다.

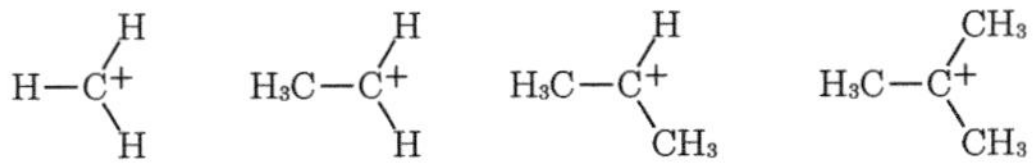

Methyl 양이온 (Methyl)	Ethyl 양이온 (1°)	Isopropyl 양이온 (2°)	*tert*-Butyl 양이온 (3°)

탄소양이온 안정성 증가

비어있는 p 궤도함수는 적절하게 배향되어 있는 인접한 탄소의 C−H 시그마결합 궤도함수와 상호작용한다. 탄소양이온에 치환된 알킬기가 많으면 많을수록 하이퍼콘쥬게이션을 일으킬 가능성은 많아지고, 탄소양이온은 더욱 안정된다.

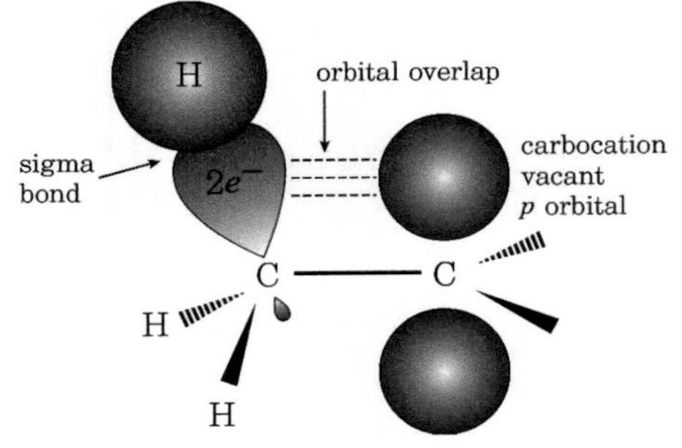

(가) 탄소양이온이 불안정할수록 해리엔탈피는 크다. 따라서 해리엔탈피가 큰 ㉠은 CH_3Cl이다.

㉠	㉡	㉢	㉣
CH_3Cl	CH_3CH_2Cl	$(CH_3)_2CHCl$	$(CH_3)_3CCl$

(나) 치환기가 더 많은 화합물 ㉢(2°)가 치환기가 적은 화합물 ㉡(1°)보다 안정하다.

(다) ㉠과 ㉡의 해리엔탈피 차이는 치환기의 개수에 차이가 있으므로 유발효과로 설명할 수 있다.

(라) ㉢과 ㉣의 해리엔탈피 차이 또한 치환기의 개수에 차이가 있으므로 하이퍼콘쥬게이션(hyperconjugation)으로 설명할 수 있다.

정답 ④

제 2 절 | 탄소 화합물과 이성질체

01 ③	02 ①	03 ④	04 ②	05 ③
06 ⑤	07 ②	08 ②	09 ③	10 ②
11 ③	12 ②	13 ②	14 ③	15 ④
16 ①	17 ②	18 ①	19 ④	20 ①
21 ③	22 ③	23 ④	24 ②	25 ②

1

$CH_2(Cl)-CH_2-CH_2-CH_3$
1-chlorobutane

$CH_3-CH(Cl)-CH_2-CH_3$
2-chlorobutane

$CH_2(Cl)-CH(CH_3)-CH_3$
1-chloro-2-methylpropane

$CH_3-C(CH_3)(Cl)-CH_3$
2-chloro-2-methylpropane

정답 ③

2

카이랄 탄소란 중심 원자 탄소의 4개의 치환기가 모두 다른 탄소를 말한다.

①의 경우 양쪽에 CH_3-CH_2가 있으므로 카이랄 탄소를 갖지 않는다.

정답 ①

3

메틸사이클로헥센(methylcyclohexene)의 분자식은 C_7H_{12}이다.

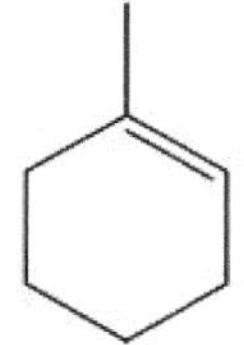
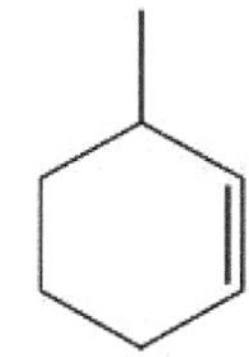
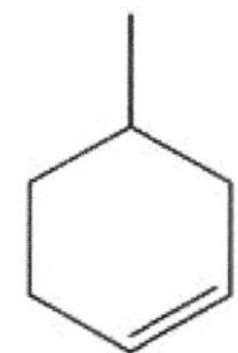

구조 이성질체의 개수는 3개이고, 분자 1개당 수소 원자의 개수는 12개이다.

정답 ④

4

C_6H_{14}의 구조 이성질체의 개수는 총 5개이다.

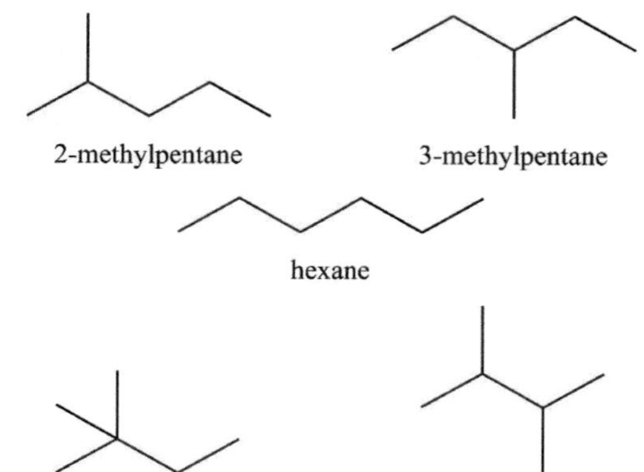

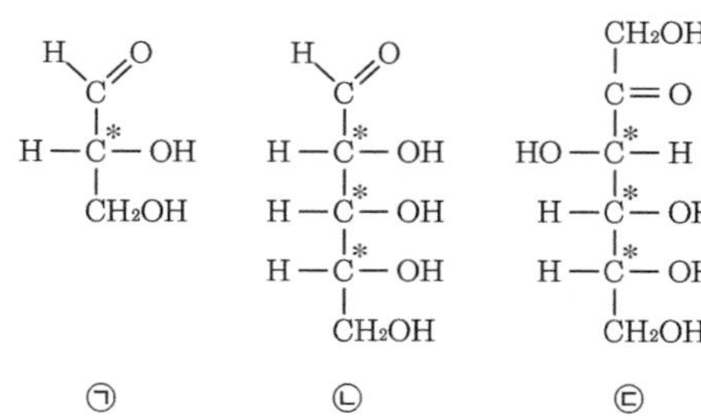

정답 ②

5

㉠ $H-C(=O)-C^{*}H(OH)-CH_2OH$

㉡ $H-C(=O)-C^{*}H(OH)-C^{*}H(OH)-C^{*}H(OH)-CH_2OH$

㉢ $CH_2OH-C(=O)-C^{*}H(OH)-C^{*}H(OH)-C^{*}H(OH)-CH_2OH$ (HO−C*−H, H−C*−OH, H−C*−OH)

정답 ③

6

(1) $CH_3-CH(Cl)-CH_2-CH_2-CH_3$

(2) $ClCH_2CH_2CH_2CH_2CH_3$

(3) $CH_3-CH_2-CH(Cl)-CH_2CH_3$

(4) $CH_3-C(CH_3)(Cl)-CH_2-CH_3$

(5) $CH_3-CH(Cl)-CH(CH_3)-CH_3$

(6) $CH_3-C(CH_3)_2-CH_2Cl$

(7) $ClCH_2CH_2CH(CH_3)CH_3$

(8) $ClCH_2CH(CH_3)CH_2CH_3$

정답 ⑤

7

1-chloropropene의 시스와 트랜스 이성질체

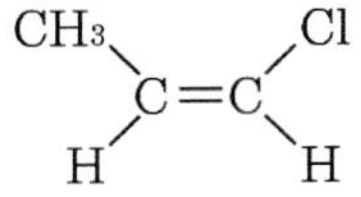

$$\underset{\text{Cis-isomer}}{\overset{CH_3 \quad\quad Cl}{\underset{H \quad\quad H}{C=C}}} \qquad \underset{\text{Trans-isomer}}{\overset{CH_3 \quad\quad H}{\underset{H \quad\quad Cl}{C=C}}}$$

Cis-isomer 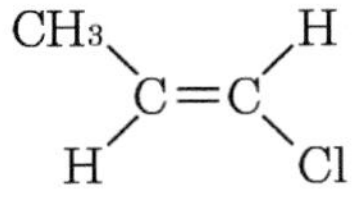 *Trans*-isomer

정답 ②

8

CHF = CHF는 기하 이성질체를 갖는다.

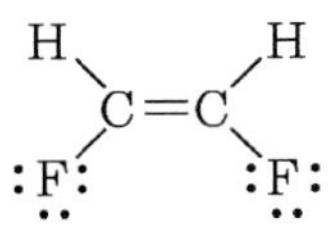

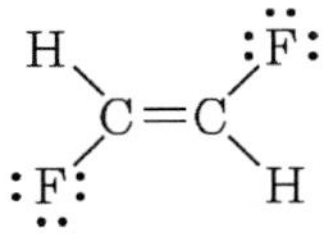

정답 ②

9

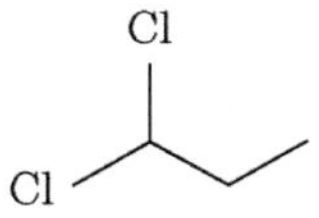

1,1-dichloropropane 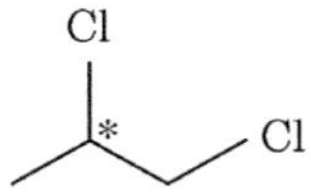 1,2-dichloropropane

1,3-dichloropropane 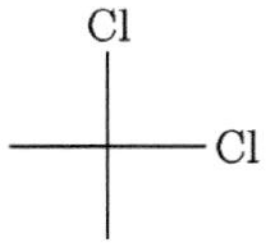 2,2-dichloropropane

1,2-dichloropropane이 광학 이성질체에 해당하므로 모든 이성질체의 개수는 5개이다.

정답 ③

10

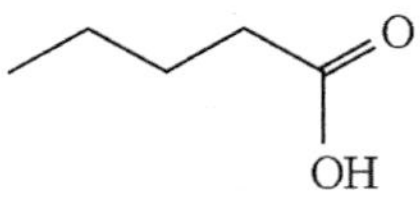

pentanoic acid 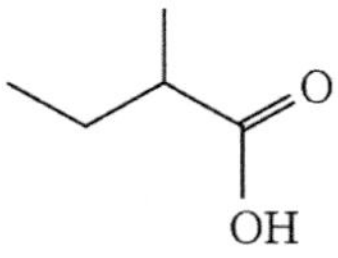 2-methylbutanoic acid

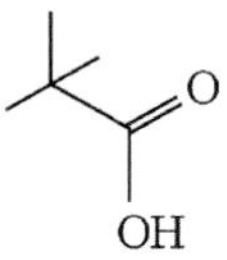

pivalic acid 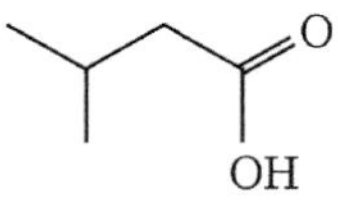 3-methylbutanoic acid

정답 ②

11

$CH_3-CH_2-CH_2-CH_2-CH_3$ *n*-pentane

$CH_3-CH(CH_3)-CH_2-CH_3$ *iso*-pentane

$CH_3-C(CH_3)_2-CH_3$ *neo*-pentane

정답 ③

12

$CH_3CH_2CH_2CH_2C{\equiv}CH$ 1-Hexyne

$CH_3CH_2CH_2C{\equiv}CCH_3$ 2-Hexyne

$CH_3CH_2C{\equiv}CCH_2CH_3$ 3-Hexyne

$CH_3CH(CH_3)CH_2C{\equiv}CH$ 4-Methyl-1-pentyne

$CH_3CH_2CH(CH_3)C{\equiv}CH$ 3-Methyl-1-pentyne

$CH_3CH(CH_3)C{\equiv}CCH_3$ 4-Methyl-2-pentyne

$CH_3C(CH_3)_2C{\equiv}CH$ 3,3-Dimethyl-1-butyne

정답 ②

13

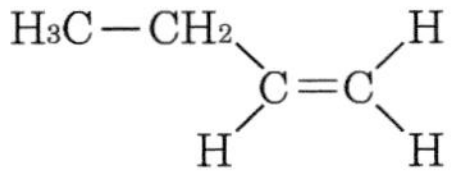

$H_3C-CH_2(H)C=CH_2$ 1-butene

$H_3C(H)C=C(H)CH_3$ *Trans*-2-butene

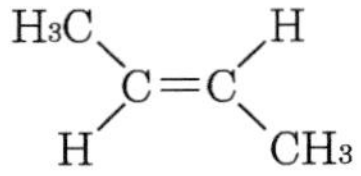

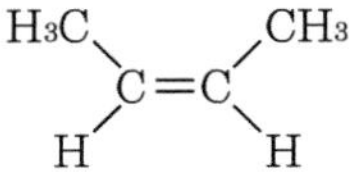

$H_3C(H)C=C(H)CH_3$ *Cis*-2-butene

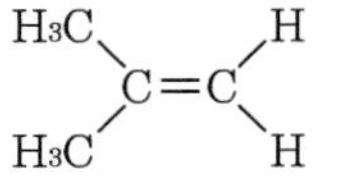

$(H_3C)_2C=CH_2$ 2-methyl-1-propene

※ 알켄의 이성질체에 대한 문제이므로 고리형(알케인)은 고려하지 않는다.

정답 ②

14

C_5H_{12}의 가능한 이성질체(구조 이성질체)의 수는 3개이다.

$CH_3-CH_2-CH_2-CH_2-CH_3$ *n*-pentane

$CH_3-CH(CH_3)-CH_2-CH_3$ *iso*-pentane

$CH_3-C(CH_3)_2-CH_3$ *neo*-pentane

정답 ③

15

① 카이랄 탄소는 탄소의 4개의 치환기가 모든 다른 탄소를 말한다. 2-butanol에 카이랄 탄소가 있다.
② 벤젠 고리가 없으므로 지방족 알코올이다.
③ 2-methy-2-propanol이 3차 알코올이다.

$\overset{4}{CH_3}-\overset{3}{CH_2}-\overset{2}{CH_2}-\overset{1}{CH_2}-OH$

butan-1-ol

$\overset{4}{CH_3}-\overset{3}{CH_2}-\underset{2}{CH}(OH)-\overset{1}{CH_3}$

butan-2-ol

$\overset{3}{CH_3}-\underset{2}{CH}(CH_3)-\overset{1}{CH_2}-OH$

2-methylpropan-1-ol

$\overset{1}{CH_3}-\overset{2}{C}(CH_3)(OH)-\overset{3}{CH_3}$

2-methylpropan-2-ol

④ 1몰이 완전 연소할 때 소모되는 O_2는 6몰이다.

$$C_4H_{10}O + 6O_2 \rightarrow 4CO_2 + 5H_2O$$

정답 ④

16

카이랄 탄소란 4개의 치환기가 모든 다른 탄소를 말한다. 카이랄 탄소를 표시하면 다음과 같다.

(가) $H-CH_2-C^*(Cl)(Br)-C^*H(CH_3)-CH_2-CH_2-H$

(나) $O=CH-C^*H(OH)-C^*H(OH)-C^*H(OH)-C^*H(OH)-CH_2-H$

(가)는 2개, (나)는 4개의 카이랄 탄소가 존재한다.

정답 ①

17

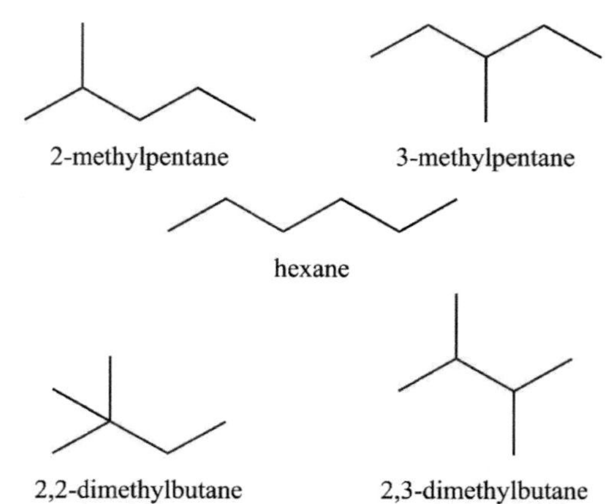

카이랄 탄소가 없으므로 거울상 이성질체는 없다.

정답 ②

18

ㄴ, ㄷ, ㄹ은 기하 이성질체 관계이고, ㄱ은 구조 이성질체 관계이다.

정답 ①

19

4가지의 사이클로헥세인 구조중 체어형의 에너지가 가장 낮아 안정한 구조이다.

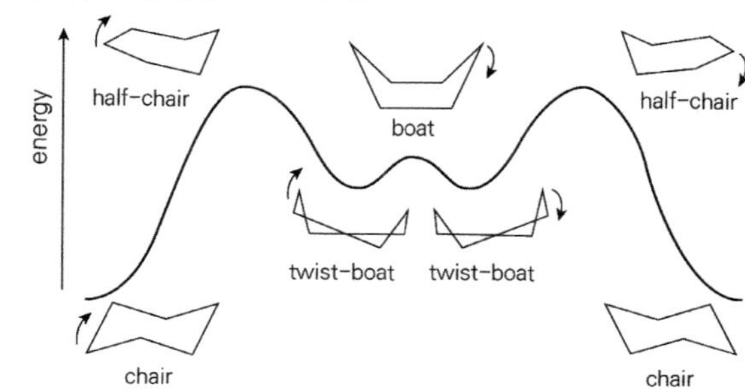

사이클로헥세인(체어형)

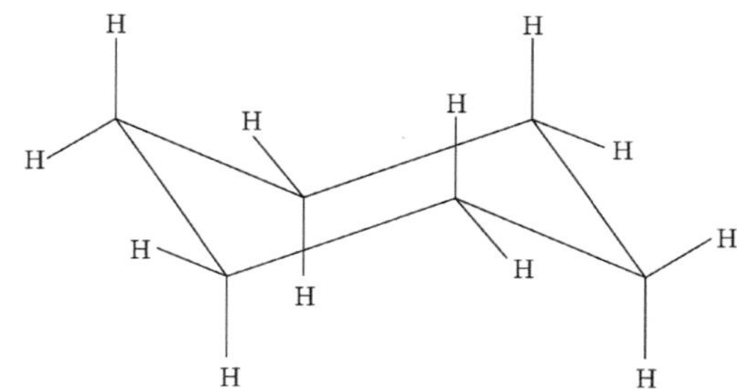

정답 ④

20

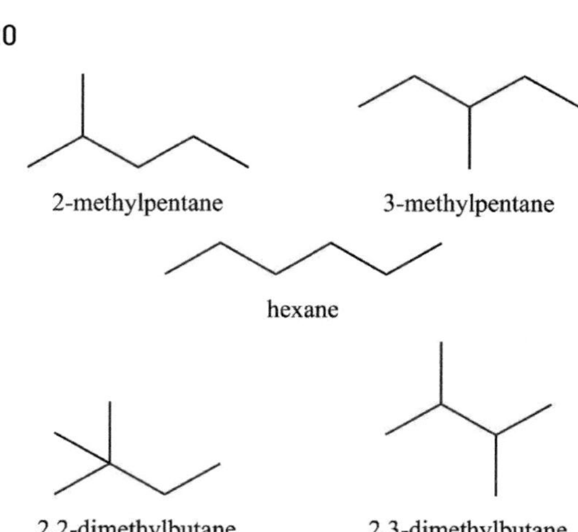

정답 ①

21

카이랄 중심의 탄소는 결합한 4개의 원자단이 모두 다른 경우이다. 이를 나타내면 모두 7개이다.

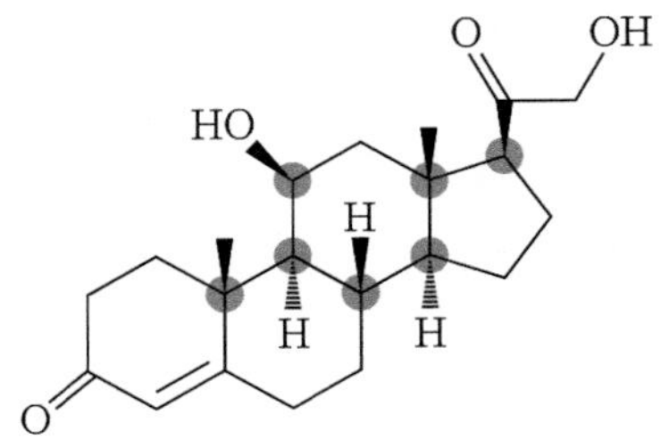

정답 ③

22

카이랄 탄소는 결합한 4개의 치환기들이 모두 달라야 한다.
C_1와 C_4는 2개의 산소 원자와 결합하고 있으므로 카이랄 탄소가 아니다.
C_2은 2개의 수소 원자와 결합하고 있으므로 카이랄 탄소가 아니다.
C_3와 결합한 치환기($C_2H_2C_1ONH_2$, H, NH_2, C_4OOH)들은 모두 다르므로 C_3는 카이랄 탄소이다.

정답 ③

23

ㄱ, ㄴ, ㄷ은 구조 이성질체 관계이고, ㄹ은 기하 이성질체 관계이다.

정답 ④

24

4개의 치환기가 모두 다른 카이랄 중심 탄소는 왼쪽에서 두 번째 탄소이다.

$$HO-CH_2-\overset{*}{C}H(OH)-\underset{\underset{O}{\|}}{C}-CH_2-OH$$

정답 ②

25

trans−1,2−dimethylcyclohexane에서 메틸기가 축방향(axial)과 적도방향(equatorial)으로 배치될 때의 안정성에 대한 문제이다.

(1) **적도방향에 배치되는 경우**

trans−1,2−dimethylcyclohexane에서 두 메틸기가 서로 반대쪽에 위치하면서 각각 적도방향에 배치될 때, 두 메틸기는 서로의 충돌을 피하고, 고리의 평면에 가까운 위치에서 상대적으로 더 안정한 구조를 형성한다.

(2) **축방향에 배치되는 경우**

메틸기가 축방향에 위치할 때, 메틸기들이 사이클로헥세인 고리의 축을 따라 배치되며, 이로 인해 서로 충돌할 가능성이 높다. 이러한 충돌은 상당한 입체장애(steric strain)을 유발하여 구조를 불안정하게 만든다. 따라서 trans−1,2−dimethylcyclohexane에서 두 메틸기가 모두 적도방향에 위치할 때가 더 안정한 구조이다. 이 경우에는 steric strain이 최소화되어 구조가 더 안정적이다.

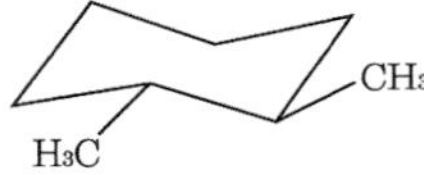

trans-1,2-dimethylcyclohexane
equatorial-equatorial

H3C
CH3

trans-1,2-dimethylcyclohexane
axial-axial

정답 ②

제 3 절 | 탄소 화합물의 명명법

01 ②	02 ①	03 ①	04 ②	05 ①
06 ④	07 ①	08 ①	09 ①	10 ④
11 ④				

1

주사슬로 가장 탄소수가 많은 것을 찾는다. 탄소 9개가 가장 길고 다중 결합이 없는 포화 탄화수소이고, 3,5,6번 탄소에 메틸기로 치환되고, 6번 탄소도 에틸기로 치환된 6－ethyl－3,5,6－trimethylnonane이다.

정답 ②

2

탄소수가 가장 많은 것을 주사슬로 하고, 이중 결합이 있는 탄소의 번호가 작은 번호가 부여되도록 한다. 탄소가 5개이므로 penta가 기본이고, 1번 탄소에 이중 결합이 있으므로 1－pentene이 주사슬이다. 2번, 3번 탄소의 수소가 메틸기로 치환되었으므로 명칭은 2,3－dimethyl－1－pentene이다.

정답 ①

3

주사슬은 헥세인이고, 치환기의 번호가 작은 수가 되도록 하려면 왼쪽 탄소부터 번호를 붙이고, 치환기 이름이 알파벳 순서 규칙에 우선하는 치환기부터 명명한다. 즉 에틸기의 알파벳이 우선하므로 에틸기부터 명명하고 그 다음으로 메틸기를 명명한다.
4–에틸–2–메틸헥세인(4–ethyl–2–methylhexane)

정답 ①

4

탄소수가 7개이고, 치환기가 먼저 오는 탄소 번호가 낮도록 탄소 번호를 부여하고, 탄소 번호가 낮은 치환기의 갯수가 많도록 3번 탄소에 메틸기가 2개, 5번 탄소에 메틸기가 1개인 3,3,5－trimethylheptane이다.

정답 ②

5

② 3,5–dimethylhexane → 1,3–dimethylhexane (치환기의 번호가 작은 수가 되도록 사슬의 번호를 매긴다.)
③ 3–methyl–5–ethylheptane
→ 3–ethyl–5–methylheptane
④ 2,2–dimethyl–4–ethylhexane
→ 2,2–ethyl–4–dimethylhexane
※ ③, ④: 2개 이상의 치환기를 명명할 때에는 알파벳 순으로 한다. m보다 e가 먼저이므로 ethyl기를 먼저 명명한다.

정답 ①

6

치환기의 번호가 작은 수가 되도록 사슬의 번호를 정해야 한다. 오른쪽 끝에 있는 메틸기의 탄소부터 번호를 정하는 것이 명명법의 규칙에 부합한다.
6–methyloct–3–yne

정답 ④

7

이중 결합을 포함한 가장 긴 사슬을 결정하고, 이중 결합을 포함한 탄소에 적은 숫자를 부여하고 치환기들을 알파벳 순서로 명명한다.

정답 ①

8

① 1－ethyl－2－methylcyclohexane

정답 ①

9

① $C_5H_{10}O_2$ ethyl propanoate(=ethyl proprionate)

정답 ①

PART 03 원소와 화합물

10

C_5H_{10}의 구조 이성질체는 다음과 같다.

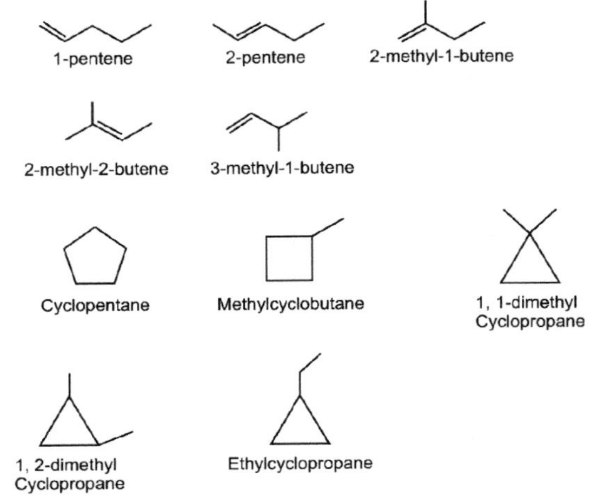

C_5H_{10}의 구조 이성질체의 IUPAC 명명법으로 옳지 않은 것은 ④이다. 올바르게 고치면 2－methyl－2butene이다.

정답 ④

11

ㄷ. 아닐린

ㄹ. 4－메틸－2－헥센

정답 ④

Chapter 03 고분자 화합물

01 ③	02 ①	03 ②	04 ④	05 ④
06 ②	07 ③	08 ②	09 ④	

1

에틸렌(C_2H_4)을 첨가 중합하여 폴리에틸렌을 제조한다.

정답 ③

2

두 가지 단위체가 아마이드결합을 한 B는 축합 중합을 하고, 한 가지 단위체로만 이루어진 A, C, D는 첨가 중합을 한다.

정답 ①

3

단위체로부터 고분자가 합성될 때 물이 함께 생성되는 것은 축합 중합 반응이다. 두 단위체가 축합 중합을 하면서 간단한 분자인 물 분자가 생성되는 아마이드 결합은 축합 중합 반응이다.

정답 ②

4

첨가 중합이 일어나기 위해서는 단량체에 탄소와 탄소사이의 2중 결합이 있어야한다. ㉣의 경우 탄소와 탄소사이의 결합이 단일 결합이므로 첨가 중합이 일어날 수 없다.

정답 ④

5

고분자에서 에스테르를 가수 분해하면 알코올과 카복시산이 생성되므로 단량체는 양 쪽 말단에 하이드록시기가 포함된 단량체와 양쪽 말단에 카복시기를 포함한 단량체로 이루어진 화합물이다.

정답 ④

6

ㄱ. 폴리에틸렌은 에틸렌 단위체가 연속으로 이어진 첨가 중합 고분자이다.

ㄴ. 6,6-나일론은 두 가지 다른 종류의 단위체가 축합 중합된 고분자이다(아디프산, 헥사메틸렌다이아민).

ㄷ. 표면 처리제로 사용되는 테플론은 C−F결합 특성 때문에 화학 약품에 강하다.

정답 ②

7

ㄱ. 작은 분자가 떨어져 나오는 중합 반응은 축합 중합이다.

ㄴ. 폴리염화 바이닐(PVC)은 첨가 중합체이다.

정답 ③

8

폴리에틸렌 테레프탈레이트(polyethylene terephthalate, PET)는 일반적으로 "폴리에스터"라고 부르는 고분자의 명칭이다. PET는 섬유로 가장 많이 사용되지만, 플라스틱으로도 많이 사용된다.

이 PET는 테레프탈산(terephthalic acid)과 에틸렌 글리콜(ethylene glycol, EG)의 축합 반응으로부터 합성된다.

2 HO−C(=O)−C₆H₄−C(=O)−OH + 2 HO−CH₂−CH₂−OH ⟶

테레프탈산　　에틸렌글리콜

HO−C(=O)−C₆H₄−C(=O)−O−CH₂−CH₂−O−C(=O)−C₆H₄−C(=O)−O−CH₂−CH₂−OH + 2 H₂O

①, ③, ④는 모두 첨가 중합체이다.

정답 ②

9

중합체인 셀룰로스의 단위체는 β−포도당이고, 프럭토스는 과당에 해당된다.

정답 ④

Chapter 04 전이 금속 화합물

제1절 | 전이 금속 일반

01 ②	02 ④	03 ③	04 ④	05 ④
06 ②	07 ①	08 ④	09 ③	10 ③
11 ④	12 ③	13 ①	14 ④	15 ④
16 ④				

1

염산을 가해도 암모니아가 방출되지 않았다는 것은 암모니아가 중심 금속인 Co와 배위 결합을 형성하였기 때문이다. 3개의 Cl 중에서 1개는 NH_3와 마찬가지로 Co와 배위결합하였고, 나머지 2개는 음이온의 형태로 존재한다. 따라서 6배위 화합물이므로 화학식은 $[Co(NH_3)_5Cl]Cl_2$이다. 전기전도도는 단위 부피당 이온수와 비례하므로 이온수가 3인 $Mg(NO_3)_2$과 가장 비슷할 것이다.

정답 ②

2

Fe^{2+}의 전자 수는 24개이다. $[Ne]3s^23p^63d^6$이다.

정답 ④

3

바닥 상태 전자 배치란 쌓음의 원리와 파울리의 배타 원리, 훈트의 규칙을 만족하는 전자 배치를 말한다. 또한 원자가 전자를 잃어 양이온이 될 때에는 높은 오비탈의 전자를 먼저 잃게 된다. 여기서 주의해야 할 것은 쌓음의 원리에서 전자가 채워져 있지 않을 때에는 s 오비탈의 침투효과에 의해 $4s$ 오비탈이 $3d$ 오비탈보다 에너지가 낮아지게 되어 $3d$ 오비탈보다 $4s$ 오비탈에 먼저 전자가 채워지나 전자가 채워진 이후에는 늘어난 전자들의 가리움 효과 증가로 인해 $4s$ 오비탈의 에너지가 더 높아지게 되므로 원자가 전자를 잃어 양이온이 될 때에는 에너지가 더 높은 $4s$ 오비탈에 있는 전자를 먼저 잃는다. 따라서 ③은 ${}_{29}Cu^+ : 1s^22s^22p^63s^23p^63d^{10}$가 되어야 한다.

정답 ③

4

Cr은 주의해야 할 전자배치를 가진 원소로 $[Ar]4s^1 3d^5$ 이다. Cr의 최대 산화수가 +6이므로 원자가전자수는 6이고, d오비탈의 전자수는 5이다.

정답 ④

5

Cr^{3+}의 전자 수는 21개이다. $[Ar]3d^3$

정답 ④

6

Cr은 팔면체 착화합물을 형성하는 6배위 전이금속이므로 질산은($AgNO_3$) 수용액을 첨가하여 침전이 생성되려면 염소가 착이온과 반대 전하를 띤 음이온(Cl^-)으로 존재해야 한다. $[Cr(NH_3)_6]Cl_3$에 질산은 수용액을 첨가하면 흰색의 AgCl 침전이 생성될 것이다.

$$[Cr(NH_3)_6]Cl_3 \rightarrow [Cr(NH_3)_6]^{3+} + 3Cl^-$$

정답 ②

7

Co의 바닥 상태의 전자 배치는 $[Ar]4s^2 3d^7$이다.

정답 ①

8

Cr 원자의 바닥 상태의 전자 배치는 다음과 같다.

Cr : $[Ar]4s^1 3d^5$이므로 홀전자 개수는 6개이다.

[Ar]	1	1	1	1	1	1
	$4s$	$3d$	$3d$	$3d$	$3d$	$3d$

정답 ④

9

①, ④ $_{29}Cu$의 바닥 상태의 전자 배치를 보면, $[Ar]4s^1 3d^{10}$으로 홀전자가 있으므로 상자성을 띤다.

② 산소와 반응하여 산화물(CuO, Cu_2O)을 형성한다.

③ $_{29}Cu$는 Zn보다 반응성이 작으므로 산화하기 어렵다. 따라서 Zn보다 환원력이 약하다.

정답 ③

10

③ 착이온 내에서 전이 금속 이온과 리간드 사이에 형성되는 배위수는 금속 이온의 크기, 전하 및 전자 배치에 따라 두 개에서 여덟 개까지 다양하다. 가장 흔한 배위수는 6이다. 많은 금속 이온들이 한 가지 이상의 배위수를 나타낸다.

정답 ③

11

질량수(52)는 양성자 개수(24)의 2배 이상이다.

정답 ④

12

Cr의 전자 배치는 d 오비탈에 전자가 반만 채워졌을 때가 바닥상태이다.

$$_{24}Cr : [Ar]4s^2 3d^4 \rightarrow [Ar]4s^1 3d^5$$

정답 ③

13

Cl가 중심 원자와 배위 결합한 리간드인지 또는 음이온인지에 따라 침전물의 양은 달라지는데 음이온으로 존재하는 Cl가 많을수록 Ag^+과의 반응으로 침전물($AgCl(s)$)의 양이 많아지므로 $[Co(NH_3)_6]Cl_3$의 경우에 가장 많은 침전물이 얻어진다.

$$Ag^+(aq) + Cl^-(aq) \rightarrow AgCl(s)$$

착화합물의 몰수는 0.01mol이고 첨가되는 $AgNO_3$의 몰수는 0.05mol이므로 침전되는 양을 구체적으로 알아보면 다음과 같다.

① $[Co(NH_3)_6]Cl_3 \rightarrow [Co(NH_3)_6]^{3+} + 3Cl^-$

Cl^-의 양이 0.03mol이므로 $AgCl(s)$의 양은 0.03mol이다.

② $[Co(NH_3)_5Cl]Cl_2 \rightarrow [Co(NH_3)_5Cl]^{2+} + 2Cl^-$

Cl^-의 양이 0.02mol이므로 $AgCl(s)$의 양은 0.02mol이다.

③ $[Co(NH_3)_4Cl_2]Cl \rightarrow [Co(NH_3)_4Cl_2]^+ + Cl^-$

Cl^-의 양이 0.01mol이므로 $AgCl(s)$의 양은 0.01mol이다.

④ $[Co(NH_3)_3Cl_3]$은 음이온으로 존재하는 Cl이 없으므로 침전이 일어나지 않는다.

정답 ①

14

$_{24}Cr$은 d 오비탈이 반만 채워졌을 때 좀 더 안정한 상태의 전자 배치를 갖는다. 따라서 바닥 상태의 전자 배치는 다음과 같다.

$$_{24}Cr : 1s^2 2s^2 2p^6 3s^2 3p^6 4s^1 3d^5$$

홀전자로 채워진 오비탈은 1개의 $4s$와 5개의 $3d$ 오비탈로 총 6개이다.
이와 더불어 $_{29}Cu$ 또한 유사한 전자 배치를 갖는다는 것을 주의해야 한다.

$$_{29}Cu : 1s^2 2s^2 2p^6 3s^2 3p^6 4s^1 3d^{10}$$

정답 ④

15

$_{24}Cr$의 바닥상태 전자배치는 다음과 같다.

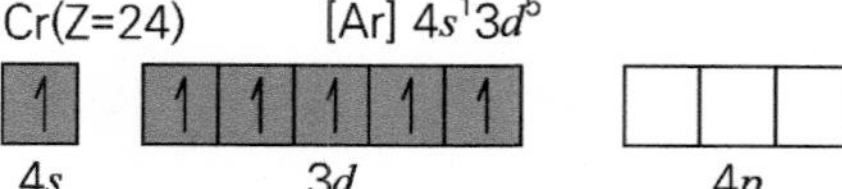

따라서 바닥상태에서 홀전자로 채워진 오비탈의 개수는 6개이다.

정답 ④

16

④ $_{29}Cu$: $[Ar]4s^1 3d^{10}$

정답 ④

제 2 절 | 착이온의 배위수와 산화수

01 ④	02 ①	03 ④	04 ①	05 ①

1

착이온의 전하수는 +2이다. 중성 리간드인 NH_3의 전하수는 0이고 I^-에서 I의 전하수는 −1이다. Rh의 전하수를 x라고 한다면 $x + (-1) = +2$이므로 Rh의 산화수 x는 +3이다.

정답 ④

2

시스플라틴의 구조는 다음과 같다.

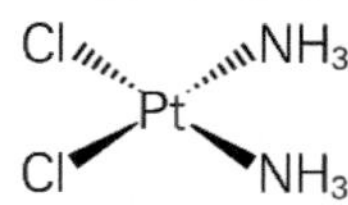

NH_3는 중성 리간드이고 Cl의 전기음성도가 더 크므로 백금(Pt)의 산화 상태는 +2이다.

정답 ①

3

NH_3와 en이 중성 리간드이므로 Co의 산화수는 +3이다.

$$x - 2 = +1 \quad x = +3$$

배위수는 NH_3 2개, 2자리수 리간드인 en이 1개, Cl 2개이므로 총 6이다.

정답 ④

4

중심 금속인 Cr의 산화수는 +3이다.

$$x - 1 = +2 \qquad x = +3$$

두 자리수 리간드인 en이 2개, 한 자리수 리간드인 NH_3와 Cl이므로 배위수는 6이다.

정답 ①

5

$[Co(NH_3)_2(CN)_4]^-$에서 $x - 4 = -1 \qquad x = +3$

$[Co(OH_2)_3(OH)_3]^-$에서 $x - 3 = -1 \qquad x = +2$

정답 ①

제 3 절 | 결정장 이론과 착이온의 이성질체

01 ②	02 ④	03 ①	04 ②	05 ①
06 ④	07 ①	08 ④	09 ③	10 ③
11 ①	12 ②	13 ③	14 ④	15 ④
16 ③	17 ①	18 ④	19 ④	20 ②
21 ④	22 ③	23 ①	24 ①	25 ①
26 ②	27 ①	28 ②	29 ③	30 ③
31 ①	32 ④	33 ③	34 ④	35 ④
36 ③	37 ④	38 ②	39 ③	

1

② 같은 팔면체 착이온에서 약한장 리간드와 결합한 $[CoF_6]^{3-}$의 결정장 갈라짐 에너지가 강한장 리간드와 결합한 $[Co(CN)_6]^{3-}$의 결정장 갈라짐 에너지보다 작다.

③ $[CoF_6]^{3-}$는 팔면체 결정장 내에서 F는 약한장 리간드이므로 고스핀 배열을 하게 된다. 따라서 t_{2g}에 4개, e_g에 2개의 전자가 존재하는 고스핀 착물이다.

High-spin

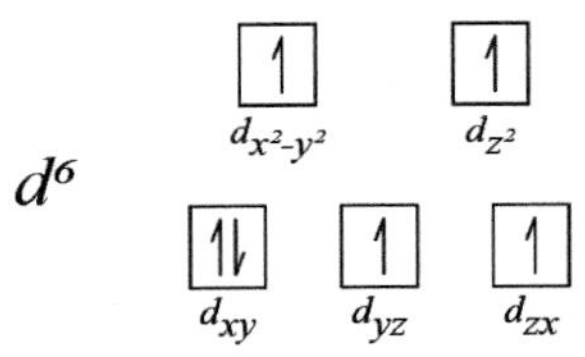

paramagnetic

④ $[Co(CN)_6]^{3-}$ 착물의 리간드인 CN은 강한장 리간드이므로 결정장 갈라짐 에너지가 전자 짝지음 에너지보다 크므로 저스핀 전자 배치를 하게 된다.

정답 ②

2

① 리간드의 세기는 $F^-, Cl^-, Br^-, I^- < H_2O < NH_3$이므로 할로젠 음이온은 암모니아보다 약한 결정장 세기를 갖는다.

② 금속 이온 용액의 색은 금속의 전자 배치에 따라 특유의 색을 띤다.

③ 결정장 갈라짐 에너지는 $\Delta_t = \frac{4}{9}\Delta_o$이므로 팔면체가 사면체보다 크다.

정답 ④

3

팔면체 구조이므로 A, B, C의 배위수는 모두 6이다. A는 중성 분자이므로 산화수의 합이 0이고, 이온화하지 않는다.

①, ② A는 $[Co(NH_3)_3Cl_3]$이다. A는 mer, fac의 2개의 이성질체가 있다.

③ B는 염이고 3몰의 염화은이 침전되므로 Cl^- 3몰이 착이온과 이온결합을 하므로 착이온의 산화수는 +3이다. B는 $[Co(NH_3)_6]Cl_3$이다.

④ C는 염이고, 물에 녹이면 2몰의 이온 중 1몰이 K^+이므로 착이온의 산화수는 −1이다. C는 $[Co(NH_3)_2Cl_4]$이다. NH_3 리간드가 2개 있으므로 $cis, trans$의 기하 이성질체를 갖는다.

정답 ①

4

$cis, trans$의 2가지 기하 이성질체가 존재하고, 착이온의 산화수가 −1이므로 중심 금속 Co의 산화수를 x라고 한다면 $-1 = x + (-1) \times 4$이므로 산화수 x는 +3이다.

참고

$[Co(NH_3)_4Cl_2]^+$

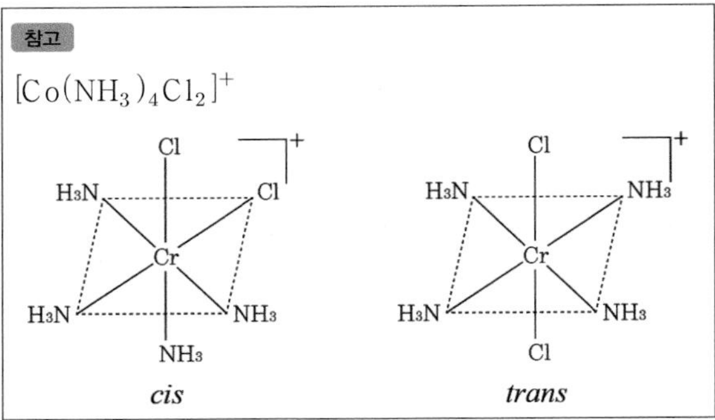

정답 ②

5

중심금속과 결합하는 리간드의 세기에 따라 전자배치가 달라지므로 홀전자의 개수도 달라진다.

Co^{3+}의 d오비탈에 존재하는 전자수는 6개, 강한장 리간드이므로 저스핀 전자배치를 가지므로 홀전자의 개수는 0이다.

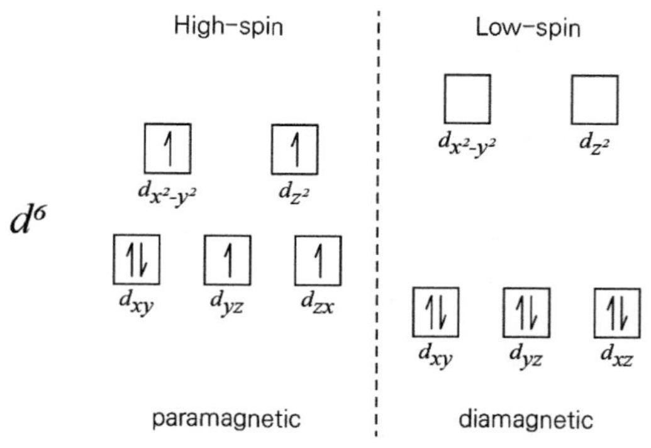

정답 ①

6

에틸렌디아민은 2자리수 리간드이고, 3개의 에틸렌디아민이 결합되어있으므로 중심 금속의 배위수는 6이다. $M(en)_3$ 구조의 착화합물은 거울상 이성질체가 존재하므로 카이랄성 물질이다.

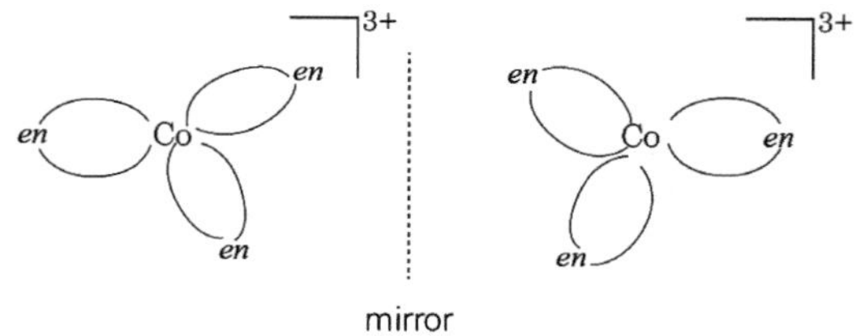

mirror

정답 ④

7

리간드를 2개 포함하면 기하 이성질체인 *cis*, *trans* 이성질체를 갖는다.

ㄱ. $Pt(NH_3)_2Br_2$

cis *trans*

ㄴ. $[Co(NH_3)_4Cl_2]^+$

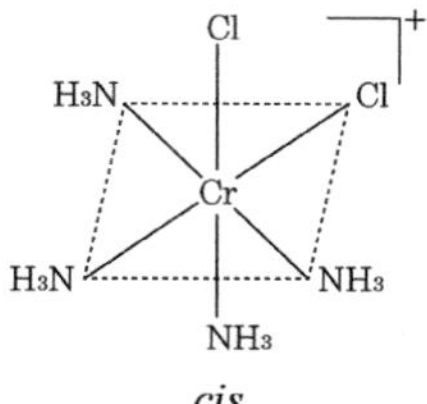

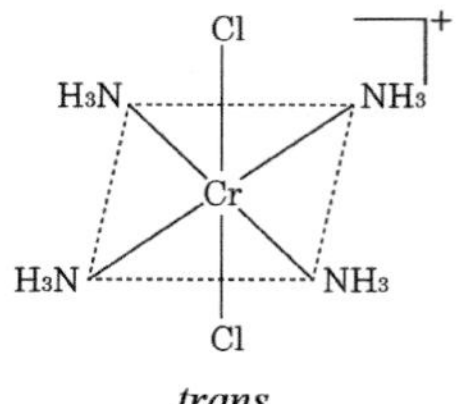

정답 ①

8

착화합물이 수용액에서 색을 나타내는 것은 d 오비탈에서 홀전자가 전이할 때 가시광선 영역의 빛을 흡수하여 보색인 색을 띠는 것인데, 홀전자가 없으면 착물은 색을 나타내지 않는다. 중심 금속 Zn^{2+}은 d 오비탈의 전자수가 $30-18-2=10$으로 홀전자수가 없어 색을 띠지 않는다.

정답 ④

9

① 리간드의 산화수가 모두 -1이고, 배위수가 6이므로 착물의 산화수의 합과 원소의 산화수의 합이 같음을 이용하면 $-3=x+(-1)\times6$이고, $x=+3$이므로 Co의 산화수는 $+3$이다.

② 중심 금속이 같을 때 결합한 리간드의 세기가 강할수록 결정장 갈라짐 에너지는 커진다. F^-는 약한장 리간드이고, CN^-는 강한장 리간드이므로 $[CoF_6]^{3-}$의 결정장 갈라짐 에너지가 $[Co(CN)_6]^{3-}$의 결정장 갈라짐 에너지보다 작다.

③ 배위수가 6이므로 정팔면체구조를 갖고, 중심 금속 Co^{3+}의 홀전자수는 원자 번호가 27, 산화수가 $+3$이므로 d 오비탈의 전자수는 $27-18-3$인 6개이고, F^-은 약한장 리간드이므로 결정장 갈라짐 에너지가 작아서 t_{2g}준위에 전자를 먼저 배치한 후 e_g준위에도 전자를 배치하여 t_{2g}준위에 전자 4개, e_g준위에 전자 2개가 존재하는 고스핀 착물이다.

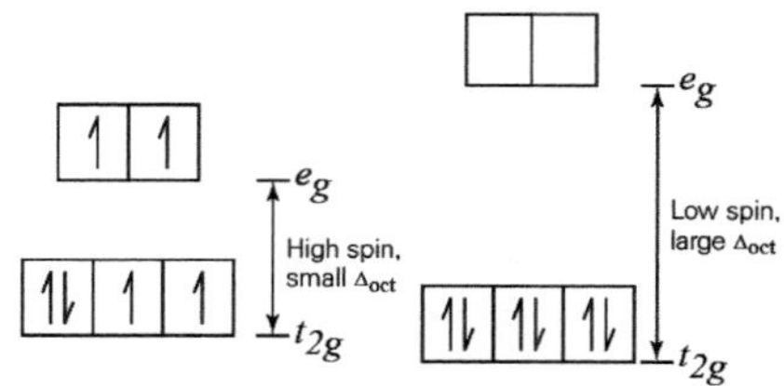

④ CN^-는 강한장 리간드이므로 착물의 결정장 갈라짐 에너지는 전자 짝지음 에너지보다 크다.

정답 ③

10

중심 금속의 산화수를 x이라 하고, d 오비탈의 전자수는 원자번호 − 18 − 산화수이다.

① 6배위수, 리간드의 산화수가 −1이므로 $x+(-1)\times 6=-3$, $x=+3$, Mn^{3+}의 d 오비탈의 전자수는 25 − 18 − 3 = +4, 리간드가 약한장 리간드이므로 홀전자수는 4개이고, 상자기성이다.

② 6배위수, 리간드의 산화수가 -1이므로 $x+(-1)\times 6=-4$, $x=+2$, Fe^{2+}의 d 오비탈의 전자수는 26 − 18 − 2 = +6, 리간드가 강한장 리간드이므로 홀전자수는 0이므로 반자기성이다.

③ 6배위수이고 리간드가 중성 리간드이므로 $x=+2$, Fe^{2+}의 d 오비탈의 전자수는 26 − 18 − 2 = +6, 리간드가 약한장 리간드이므로 홀전자수는 4개이고, 상자기성이다.

④ 6배위수이고 리간드가 중성 리간드이므로 $x=+2$, Co^{2+}의 d 오비탈의 전자수는 27 − 18 − 2 = +7, 리간드가 약한장 리간드이므로 홀전자수는 3개이고, 상자기성이다.

조건을 모두 만족하는 금속 착이온은 $[Fe(H_2O)_6]^{2+}$이다.

정답 ③

11

배위수가 6이므로 팔면체 구조이고, t_{2g}의 에너지 준위가 e_g 에너지 준위보다 낮다. 중심 금속 Mn^{3+}의 d 오비탈의 전자수는 원자번호 − 18 − 산화수이므로 25 − 18 − 3 = +4이다. CN^-는 강한장 리간드이므로 결정장 갈라짐 에너지가 전자 짝지음 에너지보다 커서 t_{2g} 오비탈에 전자 4개가 모두 배치된다.

정답 ①

12

ㄱ. 리간드 Cl^-가 6개이므로 배위수는 6이다. 착화합물의 산화수의 합은 0이므로 착이온의 산화수는 −3이다.

ㄴ. Ni의 산화수를 x라 하면 $x+(-1)\times 6=-3$이므로 $x=+3$이다.

ㄷ. d 오비탈의 전자수는 28 − 18 − 3 = 7개이다. Cl는 약한장 리간드이므로 고스핀 전자배치이다. 홀전자수가 3개 존재하므로 상자기성이다.

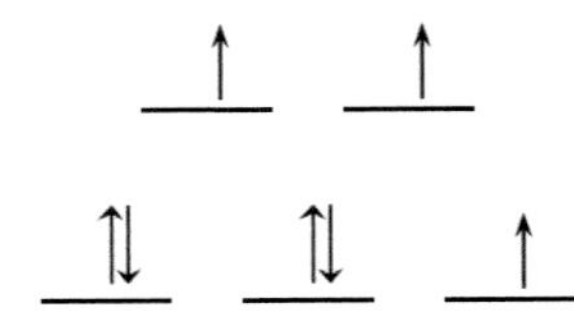

정답 ②

13

$[Cr(en)_3]^{3+}$	$[Mn(CN)_6]^{3-}$	$[Co(H_2O)_6]^{2}$	$[NiF_6]^{4-}$
d^3	d^4	d^7	d^8
강한장	강한장	약한장	약한장
— — ↑ ↑ ↑	— — ⇅ ↑ ↑	↑ ↑ ⇅ ⇅ ↑	↑ ↑ ⇅ ⇅ ⇅
3개	2개	3개	2개

정답 ③

14

기하 이성질체만 가지므로 광학 활성이 달라지지 않는다.

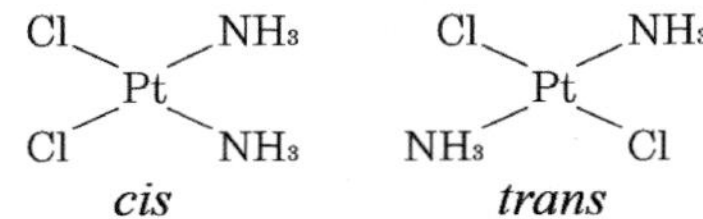

정답 ④

15

① $[Fe(CN)_6]^{4-}$의 자기성을 알기 위해 중심 금속의 d 오비탈의 전자수를 알아야한다. Fe^{2+}의 d오비탈의 전자수는 원자번호 $-18-$산화수이므로 $+6$이다. 배위수가 6이고 CN^-는 강한장 리간드이므로 정팔면체이므로 d오비탈의 6개의 전자를 배치하면 t_{2g}준위에 6개의 전자가 모두 채워지므로 홀전자가 없어 반자기성이다.

② 결정장 갈라짐의 크기는 중심 금속의 산화수가 클수록 커진다. 따라서 중심 금속의 산화수가 $+2$인 $[Cr(H_2O)_6]^{2+}$가 산화수가 $+3$인 $[Cr(H_2O)_6]^{3+}$보다 작다.

③ 중심 금속에 배위 결합한 리간드의 세기가 클수록 결정장 갈라짐 에너지가 크고, 파장이 짧은 빛을 흡수한다. 강한장 리간드를 갖는 $[Co(CN)_6]^{4-}$가 약한장 리간드를 갖는 $[CoF_6]^{4-}$보다 단파장의 빛을 흡수한다.

④ 중심 금속의 크기가 커질수록 결정장 갈라짐 에너지가 커진다. 6주기 원소인 Pt^{2+} 착물이 4주기 원소인 Ni^{2+} 착물보다 크다.

정답 ④

16

팔면체 착물인 Ma_3bcd형의 경우 이성질체는 기하 4개, 광학1개를 가지고, 거울상 이성질체 쌍의 경우는 *all cis* 형으로 1개이다.

정답 ③

17

정사면체 착화합물을 형성할 때 4개의 음이온들은 축과 축사이로 중심 금속 이온을 향해 접근하므로 d_{xy}, d_{yz}, d_{zx} 오비탈의 전자는 $d_{x^2-y^2}$, d_{z^2} 오비탈의 전자보다 강하게 반발하게 되어 에너지 준위가 더 높아지게 된다. 결과적으로 정팔면체 착물의 에너지 준위와 순서가 반대이다.

정답 ①

18

Mn의 산화수는 $+2$이고 원자번호는 25이므로 d 오비탈의 전자수는 5개이다. H_2O는 약한장 리간드이므로 고스핀 전자배치를 하므로 홀전자 수는 5개이다.

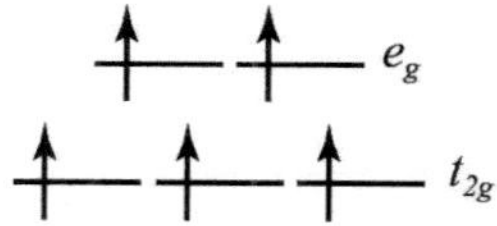

정답 ④

19

① 리간드의 수가 6개이므로 정팔면체 구조이다.

② 코발트 이온의 산화수는 $x-6=-3$ $x=+3$이다.

③ CN^-는 강한장 리간드이다.

④ Co^{3+}의 d오비탈의 전자수는 6개이고, 강한장 리간드이므로 저스핀 전자배치를 하기 때문에 홀전자수는 0개이다. 따라서 자기적 성질은 반자기성이다.

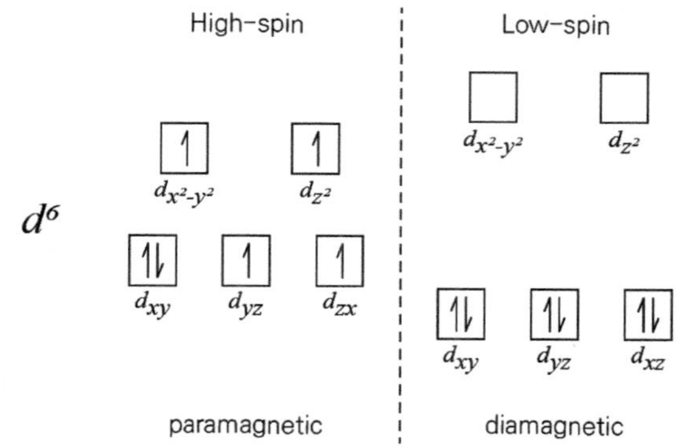

정답 ④

20

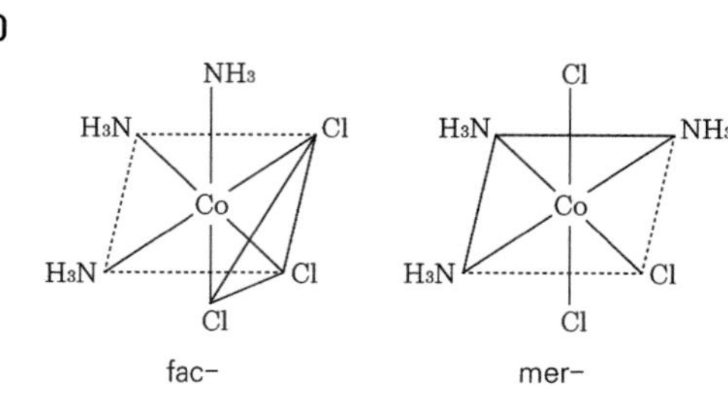

정답 ②

21

ㄱ. 착이온의 중심 금속 Fe^{3+}이므로 d오비탈의 홀전자 수는 $26-18-3=+5$이고, CN^-는 강한장 리간드이므로 홀전자수는 1개이므로 상자기성이다.

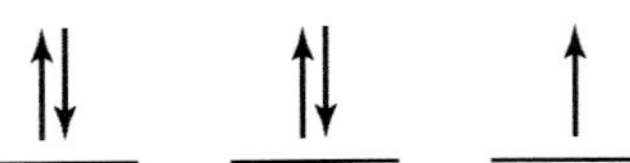

ㄴ. $[Fe(en)_3]^{3+}$는 거울상 이성질체를 갖는다.

ㄷ. Cl^-이 2개이므로 *cis*, *trans*의 기하 이성질체를 갖는다. 2개의 Cl^-가 *cis* 위치일 때 거울상 이성질체를 형성하므로 총 3개의 입체 이성질체를 갖는다.

정답 ④

22

몰 조성비에 맞게 착화합물의 화학식을 나타내면 $[Fe(NH_3)_4Cl_2]Cl$이다.

① $[Fe(NH_3)_4Cl_2]^+$이므로 중심 금속의 산화수는 +3이다.

$$x-2=+1 \quad x=+3$$

② 기하 이성질체를 갖는다.

③ Fe^{3+}의 d오비탈의 전자수는 5개이고 강한장 리간드인 NH_3의 수가 더 많으므로 저스핀의 전자배치를 갖는다. 따라서 홀전자가 1개 존재하므로 상자기성을 갖는다.

④ 1몰이 물에 녹아 완전히 해리되면 이온 2몰이 생긴다.

$$[Fe(NH_3)_4Cl_2]Cl \rightarrow [Fe(NH_3)_4Cl_2]^+ + Cl^-$$

정답 ③

23

홀전자의 개수를 구하기 위해 d 오비탈의 전자수를 구한다. d 오비탈의 전자수=원자번호−18−산화수

H_2O, F^-, Cl^-는 약한장 리간드, CN^-은 강한장 리간드이다.

① Mn^{2+} $25-18-2=+5$, 약한장 리간드이므로 홀전자수 5개

② Co^{3+} $27-18-2=+7$, 약한장 리간드이므로 홀전자수 3개

③ Ni^{2+} $28-18-2=+8$, 약한장 리간드이고 홀전자수 2개

④ Fe^{3+} $26-18-3=+5$, 강한장 리간드이므로 홀전자수 1개

d 오비탈의 홀전자수의 개수가 가장 많은 착물은 $[Mn(H_2O)_6]^{2+}$이다.

정답 ①

24

ㄱ. 착이온 $[PtCl_4]^{2-}$에서 Pt의 산화수는 $x-4=-2$

$$x=+2$$

ㄴ, ㄷ. d오비탈의 전자수는 족수에서 전이금속의 산화수를 빼면 구할 수 있으므로 10−2=8이다. Pt는 리간드가 4개인 경우 평면 사각형 화합물을 생성한다. 따라서 아래의 그림과 같이 홀전자가 없으므로 반자기성이다.

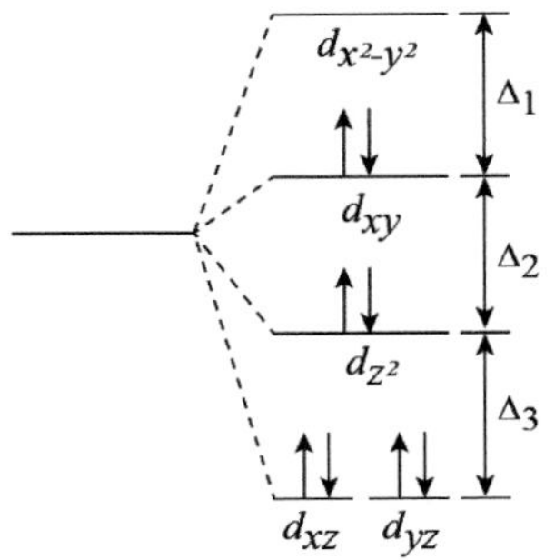

정답 ①

25

착이온의 산화수는 원소의 산화수의 합을 이용하여 중심 금속의 산화수를 구하고, 중심 금속의 d 오비탈의 전자수를 구한다. d 오비탈의 전자수가 6이고 강한장 리간드일 경우, 반자성, d 오비탈의 전자수가 10이고, 약한장 리간드일 경우 반자성이고, 나머지의 경우는 모두 홀전자가 있으므로 상자성을 띤다.

H_2O는 약한장 리간드, CN^-은 강한장 리간드이다.

① Mn^{4+}: d 오비탈의 전자수=25−18−4=+3, 강한장 리간드이고 홀전자 수는 3개이므로 상자기성이다.

② Co^{3+}: d 오비탈의 전자수=27−18−3=+6, 강한장 리간드이고 홀전자 수가 없으므로 반자기성이다.

③ Cu^+: d 오비탈의 전자수=29−18−1=10, 홀전자수가 없으므로 반자기성이다.

④ Zn^{2+}: d 오비탈의 전자수=30−18−2=10, 홀전자수가 없으므로 반자기성이다.

정답 ①

26

자화율이 작다는 것은 자기적 성질이 작다는 것을 말하는 것이므로 결국 이 문제는 전이금속 화합물의 자기적 성질을 묻는 문제이다. 자기적 성질은 d 오비탈의 전자수와 결합한 리간드의 종류에 따라 결정된다. 이를 표로 정리하면 다음과 같다. 참고로 CN^-는 강한장 리간드이고, Cl^-와 F^-는 약한장 리간드이다.

	전하수	d오비탈의 전자수	홀전자수	자기적 성질
$[Fe(CN)_6]^{3-}$	Fe^{3+}	d^5	1	상자기성
$[Co(CN)_6]^{3-}$	Co^{3+}	d^6	0	반자기성
$[FeCl_6]^{4-}$	Fe^{2+}	d^6	4	상자기성
$[CoF_6]^{3-}$	Co^{3+}	d^6	4	상자기성

홀전자수가 0인 $[Co(CN)_6]^{3-}$이 반자기성을 가지므로 자화율이 가장 작은 값을 갖는다.

정답 ②

27

	산화수	이온의 몰수	기하 이성질체
$[Co(NH_3)_4(H_2O)Br]Cl_2$	+3	3몰	○
$[Co(NH_3)_5Cl]Cl_2$	+3	3몰	×
$[Co(H_2O)_6](NO_3)_2$	+2	3몰	×
$[Co(en)_2Cl_2]Cl$	+3	2몰	○

보기의 조건에 가장 적절한 것은 $[Co(NH_3)_4(H_2O)Br]Cl_2$이다.

정답 ①

28

ㄱ. $[Ni(CN)_4]^{2-}$에서 Ni^{2+}이므로 $3d$ 오비탈의 전자 개수는 28−18−2=8이다.

ㄴ. $[Ni(CN)_4]^{2-}$의 구조는 평면 사각형이다. 따라서 각 d 오비탈들은 다음과 같은 에너지 준위를 갖고 여기에 8개의 전자를 배치하게 되면 홀전자가 존재하지 않으므로 반자기성을 띤다.

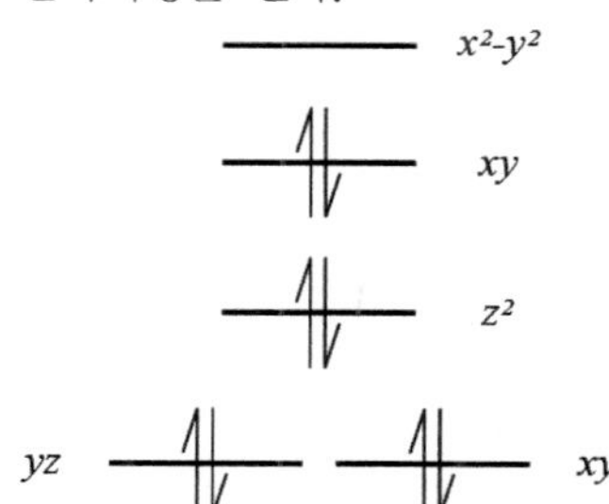

ㄷ. 착이온이 음이온이므로 착이온의 이름 끝에 '−산(−ate)'을 붙여야 하므로 화합물 이름은 테트라사이아노니켈 '산' 포타슘이다.

정답 ②

29

아래의 그림에서 알 수 있듯이 d_{z^2} 오비탈은 e_g오비탈에 해당되므로 t_{2g} 오비탈의 에너지보다 더 높다.

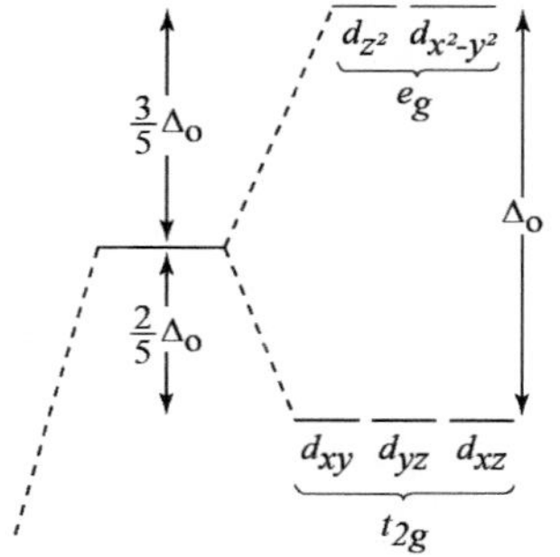

정답 ③

30

	$[CoF_6]^{3-}$	$[Co(CN)_6]^{3-}$
산화수	+3	+3
d오비탈의 전자수	6	6
홀전자수	4	0
전자 배치	고스핀	저스핀
자기성	상자기성	반자기성

ㄹ. $[CoF_6]^{3-}$ 착물의 e_g 오비탈에는 2개의 전자가 배치되어 있다.

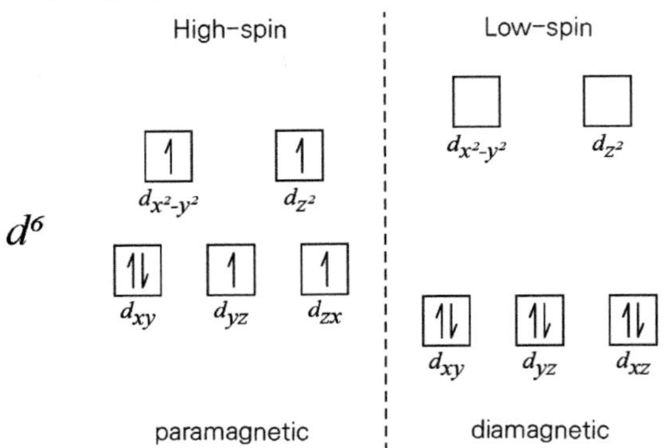

정답 ③

31

착이온의 홀전자수는 d오비탈의 전자수와 리간드의 세기에 따라 달라진다.

	산화수	d 오비탈의 전자수	리간드	홀전자수
$[Fe(H_2O)_6]^{2+}$	Fe^{2+}	d^6	약	4
$[Cr(CN)_6]^{4-}$	Cr^{2+}	d^4	강	2
$[Fe(CN)_6]^{3-}$	Fe^{3+}	d^5	강	1
$[CoCl_4]^{2-}$	Co^{2+}	d^7	약	3

정답 ①

32

ㄱ. NH_3와 Br이 시스-트랜스 기하 이성질체를 갖는다.

ㄴ. en, NH_3와 Br가 모두 시스일 때 광학 이성질체를 갖는다.

ㄷ. 중심 금속의 산화수는 +3이다.

정답 ④

33

팔면체 구조를 갖는 중심 원자 Co의 혼성 오비탈은 d^2sp^3이므로, s오비탈 1개, p오비탈 3개, d오비탈 2개의 혼성으로 이루어져있다.

정답 ③

34

①, ②, ③ 착이온의 기하구조가 사면체라면 $n=1$이고 Co의 배위수는 4이다. 기하구조가 팔면체라면 $n=2$이고 Co의 배위수는 6이다. L이 중성 리간드이므로 n값과 상관없이 Co의 산화수는 +3이고, d오비탈의 전자수는 6개다.
착이온의 기하구조가 사면체인 경우 결정장 갈라짐 에너지가 비교적 작기 때문에 강한장 리간드와 결합하지 못하고 거의 대부분 약한장 리간드와 결합하므로 고스핀 전자 배치를 갖는다. 따라서 d^{10}인 경우에만 반자기성이고 대부분의 경우 상자기성이다. 결론적으로 문제에서 주어진 착이온의 기하구조는 팔면체형이다.

④ d 오비탈의 전자수는 27−18−3=6이고, 강한장 리간드 수가 약한장 리간드 수보다 더 많으므로 결정장 갈라짐 에너지가 크므로 $[CoL_n(NH_3)Cl]^{2+}$은 저스핀 착이온으로 홀전자수가 0인 반자기성착물이다.

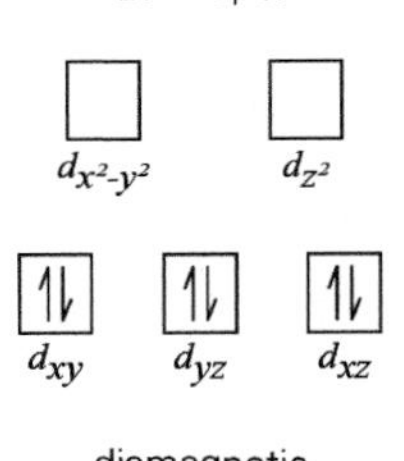

정답 ④

35

중심 금속이온의 산화수는 +3이고, d−오비탈의 전자수는 26−18−3=5개이고, 약한장 리간드인 Cl^-는 고스핀 전자 배치를 하므로 홀전자수는 5개이다.

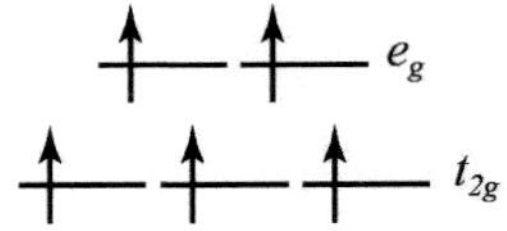

정답 ④

36

③ Fe^{2+}의 d 오비탈에 존재하는 전자수는 26−18−2 =6개이고, 강한장 리간드인 CN^-와 배위하였으므로 저스핀 전자 배치를 하므로 d 오비탈에 존재하는 홀전자수는 없으므로 반자성이다.

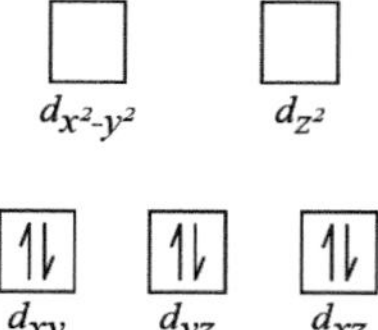

정답 ③

37

	$[FeCl_4]^-$	$[PtCl_4]^{2-}$
금속의 산화수	+3	+2
기하 구조	사면체	평면 사각형
d 오비탈의 전자 수	5	8
홀전자 수	5	0
자기성	상자기성	반자기성

ㄷ. $[PtCl_4]^{2-}$의 $d_{x^2-y^2}$ 오비탈은 비어 있다.

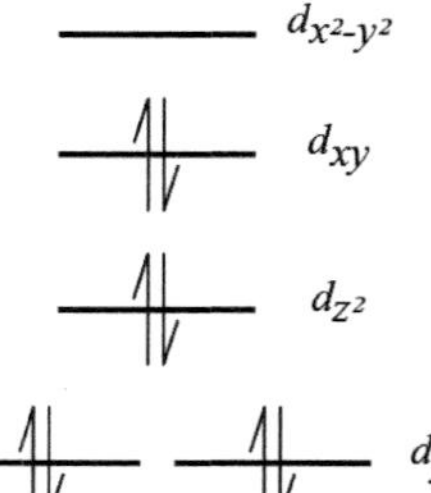

ㄹ. $[FeCl_4]^-$의 홀전자 수는 5이다.

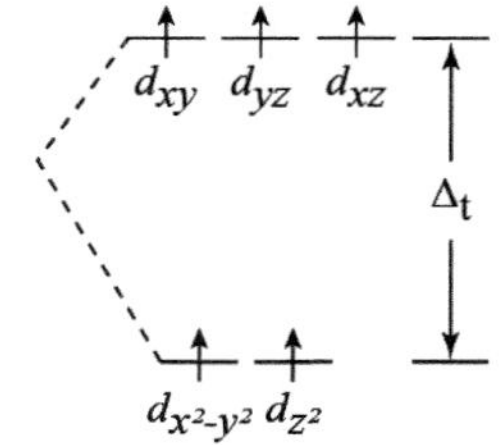

정답 ④

38

① 착이온의 전하수는 +2이므로 Co의 산화수는 +3이다.

②, ③ 기하 이성질체 2개와 각 리간드가 모두 cis 위치일 때 거울상 이성질체가 존재하므로 입체 이성질체의 수는 3개다.

정답 ②

39

리간드의 세기가 증가하는 순서대로 나열하면 다음과 같다.

$$I^- < F^- < NH_3 < CN^-$$

따라서 결정장 갈라짐 에너지가 가장 큰 리간드는 CN^-이다.

정답 ③

제 4 절 | 리간드장 이론

01 ② 02 ① 03 ④

1

착물의 중심 금속은 같고 리간드만 다른 경우로 리간드의 세기가 클수록 짧은 파장의 빛을 흡수하고, 보색 관계인 색을 띤다. 리간드의 세기는 $CN^- > NH_3 > H_2O > Cl^-$이다. 노란색을 띠는 착물은 보색인 보라색을 흡수하므로 결정장 갈라짐 에너지가 가장 크다. 결정장 갈라짐 에너지의 크기와 리간드의 세기는 비례하므로 착물은 강한장 리간드 CN^-를 포함한 착물 $[Co(CN)_6]^{4-}$이다.

정답 ②

2

착이온이 노란색, 진한 주황색, 빨간색을 띤다는 것은 그 보색을 흡수한다는 것이므로 순서대로 보라색, 파란색, 초록색을 흡수한다. 따라서 보라색, 파란색, 초록색으로 갈수록 에너지가 감소하므로 분광화학적 계열을 큰 순서부터 나열하면 $NH_3 > NCS^- > H_2O$이 된다.

정답 ①

3

가시광선 영역에서 가장 긴 파장의 빛을 흡수하는 착이온은 약한장 리간드(F)와 배위한 착이온이다.

정답 ④

Chapter 01 화학의 기초

01 ④	02 ①	03 ⑤	04 ③	05 ④
06 ③	07 ①	08 ③	09 ④	10 ②
11 ①	12 ②	13 ③	14 ①	15 ②
16 ③	17 ①			

1

앙금 생성 반응의 경우 반응 전과 후에 상태의 변화가 없는 이온이 구경꾼 이온이므로 이에 해당하는 이온은 $Na^+(aq)$과 $NO_3^-(aq)$이다.

정답 ④

2

② $NaI(aq) + AgNO_3(aq) \rightarrow NaNO_3(aq)\ AgI(s)$

③ $Cu(OH)_2(aq) + Mg(s) \rightarrow Mg(OH)_2(s) + Cu(s)$

④ $BaCl_2(aq) + SrSO_4(aq) \rightarrow SrCl_2(aq) + BaSO_4(s)$

정답 ①

3

$$T_F = T_C \times \frac{9°F}{5°F} + 32°F$$

$$T_F = 100℃ \times \frac{9°F}{5°F} + 32°F = 212°F$$

$$T_F = 25℃ \times \frac{9°F}{5°F} + 32°F = 77°F$$

$$T_F = 0℃ \times \frac{9°F}{5°F} + 32°F = 32°F$$

정답 ⑤

4

- 이온화도가 클수록 전해질의 세기가 크다.
- 염화나트륨(NaCl)은 100% 해리, 아세트산(CH_3COOH)은 약전해질, 물은 자동 이온화만큼 매우 소량 이온화, 설탕은 대표적인 비전해질이다. 따라서 전해질의 세기를 나열하면 다음과 같다.

  $NaCl > CH_3COOH > H_2O > C_{12}H_{22}O_{11}$

정답 ③

5

밀도는 질량을 부피로 나눈 값이다. 또한 둘 이상의 측정값을 곱하거나 나눈 값의 결과의 유효숫자는 각 숫자의 유효숫자의 수가 가장 작은 것을 따른다.

질량 22.222g의 유효숫자는 6개, 부피 20.0cm^3의 유효숫자는 3개이므로 결과의 유효숫자는 3개이다.

따라서 정답은 ④이다.(밀도를 직접 계산할 필요는 없다.)

정답 ④

6

모든 0이 아닌 숫자는 의미가 있다.

ㄱ. 숫자 왼쪽에 있는 0은 의미가 없다. 그러나 소수점 뒤에 붙은 0은 의미가 있다. 따라서 0.02230의 유효숫자는 4개이다.

ㄴ. 내부의 0(두 숫자 사이에 있는 0)은 의미가 있다. 따라서 2.0003의 유효숫자는 5개이다.

ㄷ. 0.102의 유효숫자는 3개이다.

ㄹ. 뒤에 붙은 0(소수점 뒤에 붙은 0)은 의미가 있다. 따라서 3.200×10^3의 유효숫자는 4개이다. 10의 거듭제곱으로 나타낸 것은 측정값이나 계산값의 유효숫자를 분명하게 나타내기 위한 표기법에 해당되므로 유효숫자 개수와는 상관이 없다.

정답 ③

7

유효 숫자의 곱셈과 나눗셈에서는 각 숫자의 유효숫자의 수가 가장 작은 것으로 제한된다.

먼저 유효숫자의 개수를 알아보면, 13.59는 4자리, 6.3은 2자리, 12도 2자리이므로 결과값 또한 유효숫자의 개수는 2자리수이어야 한다. 따라서 정답은 ①이다.

정답 ①

8

① ClO_2^-: 아염소산 이온

② NO_2^-: 아질산 이온

④ MnO_4^-: 과망가니즈산 이온

정답 ③

9

ㄴ. $Cr_2O_7^{2-}$: 중크로뮴산 이온

ㄹ. $Fe(ClO_4)_2$: 과염소산 철(Ⅱ)

정답 ④

10

Na_2SO_4는 염으로 수용액에서 100% 해리된다. 전기적 중성을 충족시켜야하므로 양이온의 전하량의 합과 음이온의 전하량의 합이 같아야 한다.
따라서 (−2) × 3=(+1) × 6이어야 한다.

정답 ②

11

	화학식	물질명
②	HNO	아질산→나이트록실
③	H_2SO_3	과황산 → 아황산
④	MgO	과산화 마그네슘 → 산화 마그네슘

정답 ①

12

① N^{3-}: 7+3=10

② CO_3^{2-}: 6+(3 × 8)+2=32

③ NH_4^+: 7+(1 × 4)−1=10

④ Na^+: 11−1=10

정답 ②

13

HClO−하이포아염소산, KCN−시안화칼륨

정답 ③

14

① NO_3^-의 명명이 질산 이온이므로 산소가 하나 부족한 NO_2^-의 명명은 아질산 이온이다.

정답 ①

15

24.8g의 유효 숫자는 3개, $1.0\times10^3cm^3$의 유효 숫자는 2개이다. 밀도는 질량을 부피로 나누어서 구하는데 둘 이상의 측정값을 곱한 결과의 유효 숫자는 각 숫자의 유효숫자의 수가 적은 것을 따른다.

$$d=\frac{m}{V}=\frac{24.8g}{1.0\times10^3cm^3}=0.0248g/cm^3$$

두 개의 유효 숫자로 맞추기 위해 반올림을 하면 $0.025g/cm^3$가 된다.

정답 ②

16

㉠ Fe	㉡ NH_3	㉢ CO_2	㉣ $C_6H_{12}O_6$

① ㉠은 홑원소 물질이다.

② ㉡은 분자이며, 화합물이다.

④ ㉢은 2종류, ㉣은 3종류의 원소로 구성된 화합물이다.

정답 ③

17

덧셈과 뺄셈의 결과 값은 소수점이하 자리수가 가장 적은 유효숫자의 자리수로 제한된다. 21은 소수점이하 자리수가 없고, 13.84는 소수점이하 자리수가 2자리이다. 따라서 결과값은 소수점이하 자리수가 없는 7이 유효숫자에 맞게 나타낸 것이다.

정답 ①

Chapter 02 화학식량과 몰

01 ④	02 ③	03 ①	04 ①	05 ④
06 ①	07 ②	08 ③	09 ④	10 ③
11 ④	12 ③	13 ②	14 ①	15 ③
16 ③	17 ②	18 ②	19 ①	20 ②
21 ②	22 ②	23 ③	24 ①	25 ②
26 ②	27 ③			

1

① N_A개(H_2O) ② $3N_A$개(CO_2)

③ N_A개 ④ $4N_A$개(NH_4^+)

정답 ④

2

③ 몰수에 대한 설명인데 용액 1L에 용해된 용질의 양이 몰농도를 말하므로 몰농도에 용액의 부피를 곱해야 몰수를 나타낸다.

정답 ③

3

0℃, 1atm에서 1몰의 부피는 22.4L임을 이용한다.

ㄱ. D의 몰질량은 25로 B(32)가 더 크다.

$$M_D = \frac{10}{0.4} = 25$$

ㄴ. 기체 A의 부피가 22.4L이므로 기체의 몰수는 1몰이다. 따라서 A와 B는 1몰로 몰수는 같다.

ㄷ. 기체 B의 몰수가 1몰이므로 기체 B의 부피는 22.4L이고, 기체 D의 몰수가 0.4몰이므로 기체 D의 1몰의 부피는 0.4 × 22.4=8.96L이므로 부피는 기체 B(22.4L)가 기체 D(8.96L)보다 크다.

ㄹ. 기체 C의 몰수가 2몰이고 분자량이 44이므로 C질량은 2 × 44=88g이다. 따라서 질량은 A(16)가 C(88g)보다 작다.

표를 완성하면 다음과 같다.

기체	몰 질량 (g/mol)	몰 수 (mol)	부피 (L)	질량 (g)
A	16	1	22.4	16
B	32	1	22.4	32
C	44	2	44.8	88
D	25	0.4	8.96	10

정답 ①

4

① $\frac{3.0\times10^{22}}{6.0\times10^{23}} = \frac{1}{20}$몰 ② $\frac{28}{56} = \frac{1}{2}$몰

③ $\frac{40}{160} = \frac{1}{4}$몰 ④ $\frac{23}{46} = \frac{1}{2}$몰

정답 ①

5

① $\frac{14}{28} = \frac{1}{2}$몰 ② $\frac{23}{46} = \frac{1}{2}$몰

③ $\frac{54}{54} = 1$몰 ④ $\frac{2.0\times10^{23}}{6.0\times10^{23}} = \frac{1}{3}$몰

정답 ④

6

※ 문제에서는 리튬의 원자량(6.941g/mol)이 주어지지 않았음

$$\frac{2.1}{6.941} \times 6.02\times10^{23} = 1.82\times10^{23}\text{개}$$

정답 ①

7

0℃, 1기압에서 11.2 L의 암모니아(NH_3) 기체에 포함된 질소 원자수는 0.5mol × 1=0.5mol이다.

ㄱ. 물(H_2O) 9g에 포함된 물 분자수: $\frac{9}{18} = \frac{1}{2}$mol

ㄴ. 물분자 3.0×10^{23}개에 포함된 수소 원자의 수: $\frac{1}{2}$mol $\times 2 = 1$mol

ㄷ. 이산화탄소(CO_2) 0.25몰에 포함된 산소 원자의 수: $\frac{1}{4}$mol $\times 2 = \frac{1}{2}$mol

ㄹ. 0℃, 1기압에서 수소(H_2) 기체 22.4 L에 포함된 수소 분자의 수: 1mol

정답 ②

8

같은 온도와 같은 압력인 경우, 부피가 같으면 기체의 종류와 상관없이 같은 분자수를 갖는다.

① $n_{O_2} = \frac{4}{32} = \frac{1}{8}$mol이므로 기체 X의 몰수도 $\frac{1}{8}$mol이다.

따라서 $M_X = \frac{6}{\left(\frac{1}{8}\right)} = 48$이다.

② 같은 온도와 압력에서 기체의 밀도는 분자량에 비례한다($d \propto M$). (가)의 분자량이 (나)의 분자량보다 1.5배 더 크므로 (가)의 밀도 또한 (나)보다 1.5배 크다.

③ 같은 온도와 압력에서 부피가 같은 경우 기체의 분자수는 같다.

④ X는 산소 원자로만 이루어져 있고, X의 분자량은 48이고 산소 원자의 원자량은 16이므로 X의 분자식은 O_3이다. 따라서 산소 원자의 개수비는 (가) : (나) =3 : 2이다.

정답 ③

9

같은 온도와 압력에서 부피가 같으면 기체의 종류와 관계없이 분자수도 같다. 먼저 CH_4의 질량은 0.2g, XO_2의 질량은 1g이다.

CH_4의 질량이 0.2g이므로 $n_{CH_4} = \frac{0.2}{16} = 0.0125$mol이다.

따라서 XO_2의 몰수와 CH_4의 몰수가 같아야 한다.

$$n_{XO_2} = \frac{1}{M} = 0.0125 \qquad M = 80$$

X의 원자량을 x라 하면,

$$x + 32 = 80 \qquad x = 48$$

정답 ④

10

① 같은 질량 관계이므로 몰수가 2배인 B_2의 분자량이 AB_2의 0.5배이다. 따라서 A의 원자량은 B의 2배이다.

② 같은 질량 관계이므로 B_2와 AB_2의 몰수의 비가 2 : 1이므로 B_2와 AB_2의 분자량의 비는 1 : 2이다.

③ (가)와 (나)에서 원자의 총 몰수비는 2 × 2 : 1 × 3 =4 : 3이다.

④ $\frac{v_{B_2}}{v_{AB_2}} = \sqrt{\frac{M_{AB_2}}{M_{B_2}}} = \sqrt{\frac{2}{1}} = \sqrt{2}$

평균 분자운동속도는 B_2가 AB_2의 $\sqrt{2}$ 배이다.

정답 ③

11

① $\frac{12g}{12g/mol} = 1mol = N_A$개

② $\frac{32g}{32g/mol} = 1mol = N_A$개

③ 염화암모늄 1몰을 상온에서 물에 완전히 녹였을 때 생성되는 암모늄 이온의 몰수는 1몰이다. 1mol$=N_A$개

$$NH_4Cl(aq) \rightarrow NH_4^+(aq) + Cl^-(aq)$$

④ $\frac{18g}{18g/mol} = 1mol \times 3 = 3mol = 3N_A$개

정답 ④

12

먼저 화합물 1몰이 있다고 가정을 하고, 원소 X와 산소(O)의 질량 그리고 산소 원자의 몰수를 구해본다.

	X의 질량	O의 질량	O의 몰수
ㄱ	$160 \times 0.3 = 48g$	$160 - 48 = 112g$	$\frac{112}{16} = 7$
ㄴ	$80 \times 0.2 = 16g$	$80 - 16 = 64g$	$\frac{64}{16} = 4$
ㄷ	$70 \times 0.3 = 21g$	$87 - 21 = 49g$	$\frac{49}{16} = 3.0625$
ㄹ	$64 \times 0.5 = 32g$	$64 - 32 = 32g$	$\frac{32}{16} = 2$

다른 화합물과 비교해볼 때 산소 원자의 몰수가 정수가 아닌 ㄷ이 산소일 가능성이 가장 낮다고 할 수 있다.

정답 ③

13

표준 상태에서 11.2L(0.5몰)의 질량이 32g이므로 AO_2의 분자량은 64이다.

$$64 = x + 32 \qquad x = 32$$

정답 ②

14

$$n_A = \frac{33}{44} = \frac{3}{4}\text{mol} \qquad n_B = \frac{1}{4}\text{mol}$$

C의 질량을 우선 구하면,

질량=밀도×부피이므로 $w = \frac{800\text{g}}{1\text{L}} \times 0.06\text{L} = 48\text{g}$이다.

$$n_C = \frac{48}{48} = 1\text{mol}$$

분자 수를 비교하면, C>A>B이다.

정답 ①

15

$^{14}_{7}\text{N}$와 $^{28}_{14}\text{Si}$의 질량이 동일한 경우, 원자량의 비가 1 : 2이므로 원자의 몰수의 비는 2 : 1이다.

① 질소 원소의 총 원자 수와 규소 원소의 총 원자 수는 2 : 1이다.

② 질소 원소의 총 양성자 수(2 × 7=14)와 규소 원소의 총 양성자 수는 14로 동일하다.

③ 질소 원소의 총 전자 수와 규소 원소의 총 전자 수는 14로 동일하다.

④ 질소 원소의 총 중성자 수와 규소 원소의 총 중성자 수는 14로 동일하다.

정답 ③

16

원자의 개수=원자의 몰수 × N_A

원자의 몰수=분자의 몰수 × 분자 한 개를 구성하는 원자수

포도당 30g은 $\frac{30\text{g}}{180\text{g/mol}} = \frac{1}{6}\text{mol}$이다.

$$\frac{1}{6}\text{mol} \times 24 \times N_A = 4N_A$$

정답 ③

17

① $0.5N_A$개 ② $\frac{84\text{g}}{28\text{g/mol}} = 3$몰 $= 3N_A$개

③ N_A개

④

$$\begin{array}{cccc} 2\text{CO}(g) & + \ \text{O}_2(g) & \rightarrow & 2\text{CO}_2(g) \\ 2\text{mol} & 1.0\text{mol} & & \\ -2 & -1 & & +2 \\ \hline & & & 2\text{mol} \times N_A = 2N_A\text{개} \end{array}$$

정답 ②

18

같은 질량 관계의 문제이다. 같은 질량이므로 분자량이 클수록 몰수는 적어야 한다. A_3와 BA_2의 부피비가 4 : 3이므로 분자량의 비는 3 : 4이다.

따라서 $M_A : M_B = 1:2$임을 알 수 있다.

정답 ②

19

㉠	㉡	㉢	㉣
2mol	1.5mol	$\frac{1}{3}$mol	$\frac{1}{2}$mol

몰수를 비교하면 다음과 같다.

㉠>㉡>㉣>㉢

정답 ①

20

ㄱ. (가)와 AB_3에서 A의 질량이 2.7g으로 같으므로 (가)에서 A의 몰수는 1몰이다. (가)에서 B의 질량이 AB_3의 절반으로 B 원자의 몰수는 1.5몰이다.

따라서 (가)의 실험식은 $AB_{1.5} = A_2B_3$이다.

ㄴ. 먼저 실험식으로부터 A의 원자량을 구하면,

$$A : B = 2 : 3 = \frac{2.7}{M_A} : \frac{6}{16} \qquad M_A = 10.8\text{g/mol}$$

^{10}A의 존재비를 x라 하면,

$$10.8 = x \times 10 + (1-x) \times 11 \qquad x = 0.2$$

동위 원소의 존재비는 $^{10}\text{A} : {}^{11}\text{A} = 1:4$이다.

ㄷ. A 원자의 수는 분자의 몰수에 분자를 구성하는 A 원자의 개수를 곱해서 구한다.

$M_{A_2B_3} = 10.8 \times 2 + 16 \times 3 = 69.6$

$M_{AB_3} = 10.8 + 16 \times 3 = 58.8$

$$\begin{array}{ccc} A_2B_3 & & AB_3 \\ \frac{1}{69.6} \times 2 & > & \frac{1}{58.8} \times 1 \end{array}$$

따라서, 같은 질량에 포함된 A 원자의 수는 AB_3가 A_2B_3보다 작다.

※ A의 몰수가 AB_3에 비해 A_2B_3에서 2배인데 A_2B_3의 분자량이 AB_3의 분자량보다 2배보다 적으므로 A 원자의 수는 AB_3가 A_2B_3보다 작다.

정답 ②

21

CaC_2는 다음과 같이 해리된다.

$$CaC_2 \rightarrow Ca^{2+} + C_2^{2-}$$

CaC_2 32g의 몰수는 $\frac{32g}{64g/mol} = 0.5$몰이므로 이온의 총 몰수는 1몰이므로 총 개수는 6.0×10^{23}개다.

정답 ②

22

최종적으로 수소 원자의 몰수를 구해야하는 문제이다. 메탄올(CH_3OH)의 부피와 밀도를 이용해서 질량을 구하면,

$$w = d \times V = 20mL \times 0.8g/mL = 16g$$

메탈올의 몰수는 $n = \frac{w}{M} = \frac{16}{32} = 0.5mol$이므로 수소 원자의 몰수는 2몰이다. 따라서 수소 원자의 개수는 $2 \times 6.02 \times 10^{23} = 1.20 \times 10^{24}$개이다.

정답 ②

23

ㄱ. 일정 온도와 압력에서 부피비가 1 : 2이므로 분자 수 비도 $X_2 : X_3 = 1 : 2$이다.

ㄴ. 밀도 비는 분자량에 비례하므로 $X_2 : X_3 = 2 : 3$이다.

ㄷ. 총 원자 수는 분자의 몰수에 분자를 구성하는 원자의 개수를 곱해서 구하므로 총 원자 수 비는 1 : 3이다.

$$X_2 : X_3 = 1 \times 2 : 2 \times 3 = 1 : 3$$

정답 ③

24

탄소 원자의 몰수 =분자의 몰수×분자를 구성하는 탄소 원자의 수

① 22g C_3H_8 ; $\frac{1}{2}mol \times 3 = \frac{3}{2}mol$

② 0.50mol C_2H_4 ; $\frac{1}{2}mol \times 2 = 1mol$

③ 44g CO_2 ; $1mol \times 1 = 1mol$

④ 탄소(C) 원자 6.0×10^{23}개 ; $1mol \times 1 = 1mol$

가장 많은 수의 탄소 원자를 포함하는 것은 22g C_3H_8이다.

정답 ①

25

에탄올에서 산소의 질량 백분율

$= \frac{\text{산소 원자의 질량}}{\text{에탄올의 분자량}} \times 100$

$= \frac{16}{46} \times 100 = 34.8\% \fallingdotseq 35\%$

정답 ②

26

같은 온도, 같은 부피이므로 압력과 몰수는 비례 관계이다. 용기 내부 압력은 (가)가 (나)의 2배이므로 몰수 또한 (가)가 (나)의 2배이다. 몰수는 질량을 분자량으로 나누어 구할 수 있으므로 이를 식으로 정리하면 다음과 같다.

$$n_{XY} : n_{XY_2} = 2 : 1 = \frac{12g}{M_{XY}} : \frac{8g}{M_{XY_2}}$$

$$M_{XY} : M_{XY_2} = 3 : 4$$

$$x + y = 3,\ x + 2y = 4$$

$$x = 2,\ y = 1$$

X와 Y의 원자량의 비는 2 : 1이다.

정답 ②

27

원자의 총 몰수는 분자의 총 몰수에 구성 원자수를 곱해서 구할 수 있다.

① $2mol \times 3 = 6mol$ ② $1mol \times 5 = 5mol$

③ $6mol \times 6 = 36mol$ ④ $3mol \times 11 = 33mol$

정답 ③

Chapter 03 원소 분석 실험

01 ①	02 ②	03 ①	04 ②	05 ③
06 ①	07 ③	08 ④	09 ①	10 ②
11 ③	12 ③	13 ②	14 ②	15 ③
16 ②	17 ③	18 ①		

1

A와 C의 반응식은 아래와 같다.

$$A + 4C \rightarrow AC_4$$

A의 질량을 알기 위해 A의 몰수를 알아야 한다. 화합물 AC_4에서 원자수의 비가 $A : C = 1 : 4$임을 이용한다. A의 원자량을 M_A라고 하면 탄소의 원자량의 12배이므로 $M_A = 12 \times 12 = 144$이다.

원자수의 비 $1 : 4 = \frac{W_A}{12 \times 12} : \frac{1}{12}$이므로 A의 질량 W_A는 3.00g이다.

정답 ①

2

실험식은 가장 간단한 원자수의 비이므로 원자의 질량을 원자량으로 나누어 화합물에서 원자의 몰수 비를 구할 수 있다.

$$A : B = \frac{25}{M_A} : \frac{75}{M_B}$$

원소 B의 원소 A의 원자량의 2배이므로 $M_A : M_B = 1 : 2$이므로 식을 정리하여 $M_B = 2M_A$를 위의 식에 대입한다. $A : B = \frac{25}{M_A} : \frac{75}{2M_A}$이고 약분하면 원자수의 비는 $A : B = 2 : 3$이다. 따라서 실험식은 A_2B_3이다.

정답 ②

3

질량을 100으로 가정하여 질량 백분율을 원소의 질량으로 두고, 질량을 원자량으로 나누어 원자수의 비를 구하여 실험식을 알 수 있다. $N : O = \frac{64}{14} : \frac{36}{16} = 2 : 1$이므로 화합물의 실험식은 N_2O이다.

정답 ①

4

화합물이므로 일정성분비의 법칙을 이용한다.

$$C : 176g \times \frac{12}{44} = 48g \ , \ H : 144g \times \frac{2}{18} = 16g$$

화합물에서 탄소와 수소의 질량을 빼면 산소의 질량을 구할 수 있다.

$$O : 128 - (48 + 16) = 64g$$

실험식은 가장 간단한 원자수의 비이므로 몰수의 비를 구하기 위해 각 원소의 질량을 원자량으로 나눈다.

$$C : H : O = \frac{48}{12} : \frac{16}{1} : \frac{64}{16} = 4 : 16 : 4 = 1 : 4 : 1$$

실험식은 CH_4O이다.

정답 ②

5

$$C : H : O = \frac{49.3}{12} : \frac{6.9}{1} : \frac{43.8}{16} = 3 : 5 : 2$$

실험식은 $C_3H_5O_2$이고, 분자량이 실험식량의 2배 $(73 \times 2 = 146)$이므로 분자식은 $C_6H_{10}O_4$이다.

정답 ③

6

$S : O = \frac{1}{2} : \frac{1}{1} = 1 : 2$이므로 실험식은 SO_2이다.

정답 ①

7

XY_2로부터 X와 Y의 원자량의 비를 구할 수 있다.

$$X : Y = 1 : 2 = \frac{3}{M_X} : \frac{1}{M_Y} \qquad M_X : M_Y = 6 : 1$$

X_2Y_3에서,

$$X : Y = 2 : 3 = \frac{x}{6} : \frac{y}{1} \qquad x : y = 4 : 1$$

4 : 1의 비를 만족하는 조성은 X 80%, Y 20%이다.

정답 ③

8

황의 질량을 같게 해주기 위해, 황의 산화물 A에서 황의 질량을 16g에서 32g으로 2배 증가시키면 산소의 질량도 2배 증가하므로 16g에서 32g이 된다.
따라서 일정량의 황과 결합하는 산소의 질량비는 32 : 48=2 : 3이 된다.

정답 ④

9

산화물에서 금속의 질량을 뺀 질량은 산소의 질량이다. 원소의 비를 구하기 위해 질량을 화학식량으로 나누어 몰수의 비를 구한다.

$x : y = \frac{112}{56} : \frac{(160-112)}{16}$ 이므로 $x=2, y=3$이다.

정답 ①

10

수소와 B의 몰수의 비가 3 : 1이므로

$$\mathrm{H : B} = 3:1 = \frac{20}{1} : \frac{80}{M_B} \qquad \therefore M_B = 12$$

정답 ②

11

$\mathrm{C:H:N:O} = \frac{70.6}{12} : \frac{4.2}{1} : \frac{11.8}{14} : \frac{13.4}{16} \fallingdotseq 7:5:1:1$

실험식은 C_7H_5NO이고, 실험식량과 분자량이 같으므로 분자식도 C_7H_5NO이다.

정답 ③

12

수소의 질량 = $\frac{2}{18} \times 27 = 3\mathrm{mg}$

탄소의 질량 = $\frac{12}{44} \times 44 = 12\mathrm{mg}$

산소의 질량 = $23 - 15 = 8\mathrm{mg}$

$\mathrm{C:H:O} = \frac{12}{12} : \frac{3}{1} : \frac{8}{16} = 2:6:1$

실험식 C_2H_6O이다.

정답 ③

13

C의 질량 = $\frac{12}{44} \times 4.4 = 1.2\mathrm{g}$

H의 질량 = $\frac{2}{18} \times 2.25 = 0.25\mathrm{g}$

$\mathrm{C:H} = \frac{1.2}{12} : \frac{0.25}{1} = 0.1 : 0.25 = 2:5$

따라서 실험식은 C_2H_5이다.

정답 ②

14

CH_2 1몰이 4.5몰의 O_2와 반응하였음을 알 수 있다.
즉, $CH_2 : O_2 = 2:9$이므로 이를 바탕으로 화학 반응식을 작성하면 다음과 같다.

$$2C_nH_{2n}(g) + 9O_2(g) \rightarrow 2nCO_2(g) + 2nH_2O(l)$$

※ 실험식으로 화학 반응식을 작성해서는 안 된다.
반응전의 산소 원자의 몰수가 18몰이므로 반응후의 산소 원자의 몰수도 18몰이어야 한다.

$$18 = 4n + 2n = 6n \quad n = 3$$

따라서 분자식은 C_3H_6이다.

정답 ②

15

산화 칼슘의 화학식은 CaO이다.
질량 보존의 법칙에 의해 반응한 산소의 양은 16g이다.

$2Ca(s)$	+	$O_2(g)$	→	$2CaO(s)$
40g	+	x	=	56g

$$\therefore x = 16\mathrm{g}$$

정답 ③

16

화학식 A_2B로부터 A와 B의 원자의 몰수비가 2 : 1임을 알 수 있고 또한 질량 조성으로부터 원소 A와 B의 원자량의 비를 구할 수 있다.

$$A:B = \frac{3}{M_A}:\frac{2}{M_B} = 2:1$$

$$M_A : M_B = 3:4$$

원소 A와 B의 원자량의 비를 구했으므로 AB_3를 구성하는 A와 B의 질량비는 다음과 같다.

$$A:B = \frac{w_A}{3}:\frac{w_B}{4} = 1:3$$

$$w_A : w_B = 1:4$$

정답 ②

17

C의 양$=\frac{12}{44}\times 44g = 12g$, H의 양$=\frac{2}{18}\times 27g = 3g$

O의 양$=23-(12+3)=8g$

$$C:H:O = \frac{12}{12}:\frac{3}{1}:\frac{8}{16} = 2:6:1$$

따라서 화학식(실험식)은 C_2H_6O이다.

정답 ③

18

화합물 A를 구성하는 수소의 개수는 원자 B개수의 4배이므로 이를 실험식으로 나타내면, BH_4이다. 따라서

$$B:H = 1:4 = \frac{3}{M_B}:\frac{2}{1}$$

$$\therefore M_B = 6$$

정답 ①

Chapter 04 화학 반응식의 완성

01 ③	02 ④	03 ②	04 ②	05 ④
06 ②	07 ④	08 ③	09 ②	10 ②
11 ②	12 ③	13 ③	14 ③	

1

원자의 개수가 보존됨을 이용해서 화학 반응식의 계수를 결정할 수 있다.

Al의 개수: $a=c$ O의 개수: $3a=2d$

H의 개수: $3a+b=2d$ Cl의 개수: $b=3c$

$c=1$로 가정하면, $a=1$, $b=3$, $c=1$, $d=3$

$$a+d=1+3=4$$

정답 ③

2

가장 복잡한 화합물의 계수를 1로 두어 간단하게 만든다. $a=1$을 대입하여 반응물에 탄소의 수가 4개이므로 생성물에도 탄소의 수가 4개가 되도록 CO_2의 계수를 4로 맞춘다. 반응물의 수소의 수가 10개이므로 생성물에도 수소의 개수가 10개가 되도록 H_2O의 계수를 5로 한다. 마지막으로 생성물의 산소의 개수와 반응물의 산소의 개수가 같도록 하는데 생성물의 산소의 개수가 13이면 반응하는 산소의 계수가 $\frac{13}{2}$가 되어야 하므로 화학 반응식의 양변에 2를 곱하여 계수를 모두 정수로 만들어 준다.

$$a=2, b=13, c=8, d=10$$

정답 ④

3

화학 반응식을 완성하면 다음과 같다.

$$6NO + 4NH_3 \rightarrow 5N_2 + 6H_2O$$

모든 계수의 합은 6+4+5+6=21이다.

정답 ②

4

가장 복잡한 화합물의 계수를 1로 둔다. $a=1$ 반응물의 탄소의 개수와 생성물의 탄소의 개수가 같아야하므로 $c=8$이고, 반응물의 수소의 개수와 생성물의 수소의 개수가 같아야 하므로 $d=9$이다. 생성물의 산소의 개수와 반응물의 산소의 개수가 같아야 하므로 $b=\frac{25}{2}$이다.

a, b, c, d는 정수이므로 양변에 2를 곱한다.

$$a=2, b=25, c=16, d=18$$

$$a+b+c+d=2+25+16+18=61$$

정답 ②

5

화학 반응식의 균형을 맞추면 다음과 같다.

$$Al(OH)_3 + 3HCl \rightarrow AlCl_3 + 3H_2O$$

$$b=3,\ d=3$$

$$b+d=3+3=6$$

정답 ④

6

화학 반응식의 균형을 맞추면 다음과 같다.

$$3NaHCO_3(aq) + C_6H_8O_7(aq) \rightarrow 3CO_2(g) + 3H_2O(l) + Na_3C_6H_5O_7(aq)$$

(가) 3 (나) 3 (다) 1

정답 ②

7

화학 반응식의 균형을 맞추면 다음과 같다.

$$2KOH(aq) + Fe(NO_3)_2(aq) \rightarrow Fe(OH)_2(s) + 2KNO_3(aq)$$

반응물과 생성물의 모든 계수의 합은 $2+1+1+2=6$이다.

정답 ④

8

균형 화학 반응식에서 가장 중요한 것은 반응 전과 반응 후의 원자의 개수가 보존되어야 한다는 것이다. 이를 만족하는 것은 ③뿐이다.

정답 ③

9

화학 반응식을 균형을 맞추면 다음과 같다.

$$Al_4C_3(s) + 12H_2O(l) \rightarrow 4Al(OH)_3(s) + 3CH_4(g)$$

$$a=1,\ b=12,\ c=4,\ d=3$$

$$a+b+c+d=1+12+4+3=20$$

정답 ②

10

균형 화학 반응식은 다음과 같다.

$$4NO_2(g) + 2H_2O(l) + O_2(g) \rightarrow 4HNO_3(aq)$$

$$a=4,\ b=2,\ c=4$$

$$a+b+c=4+2+4=10$$

정답 ②

11

균형 화학 반응식을 완성하면 다음과 같다.

$$2C_6H_{14} + 19O_2 \rightarrow 12CO_2 + 14H_2O$$

(가) 2 (나) 19 (다) 12 (라) 14

$$2+19+12+14=47$$

정답 ②

12

$c=1$로부터 시작하여 각 원자의 개수를 맞춰나간다.

$$a=4,\ b=8,\ c=1,\ d=6$$

정답 ③

13

미정 계수법을 이용하여 화학 반응식의 계수를 구할 수 있다.

N의 수: $a=c+d$

O의 수: $2a+b=3c+d$

H의 수: $2b=c$

$$b=1\ \ c=2,\ a=3,\ d=1$$

$$\therefore a:b:c=3:1:2$$

정답 ③

14

원자의 개수는 보존되어야 하므로 이에 의하면 $m=1$, $n=6$, $x=4$이다. 따라서 $m+n=1+6=7$이다.

정답 ③

Chapter 05 화학 반응과 양적 관계

제 1 절 | 화학 반응식이 주어진 유형

01 ③	02 ③	03 ④	04 ③	05 ⑤
06 ②	07 ①	08 ③	09 ④	10 ③
11 ③	12 ③	13 ①	14 ①	15 ②
16 ②	17 ④	18 ①	19 ④	20 ②

1

화학 반응식이 주어지고 물질의 질량이 주어졌으므로 몰수전환관계식을 이용하여 질량을 몰질량으로 나누어 몰수를 구한다.

$2C_6H_5Cl$ +	C_2HOCl_3 →	$C_{14}H_9Cl_5$ + H_2O
226g	157g	
(2mol)	(1.068mol)	
-2	-1	$+1$
0.0mol	10g(0.068mol)	1mol

① 한계시약은 반응 후 모두 소모된 클로로벤젠이다.

② 반응한 클로랄의 몰수는 1몰, 질량은 147g이므로 10g의 클로랄이 남는다.

③ 수득률이 100%일 경우 2몰의 클로로벤젠과 1몰의 클로로벤젠이 반응하여 1몰의 DDT를 생성한다.

④ 수득률은 실제값을 이론값으로 나누고 100을 곱하여 구하므로 DDT의 수득률은 $\frac{177}{354}\times 100 = 50\%$이다.

정답 ③

2

수득률(%) $= \frac{\text{실제값}}{\text{이론값}} \times 100\%$이다.

이론값을 구하기 위해 양적 관계를 따져보면 다음과 같다.

2A +	B →	3C +	D
3	2		
-3	$-\frac{3}{2}$	$+\frac{9}{2}$	$+\frac{3}{2}$
	$\frac{1}{2}$	$\frac{9}{2}$	$\frac{3}{2}$

C의 실제값은 4몰이고 이론값은 $\frac{9}{2}$몰이다. 따라서 C의 수득률은 89%이다.

$$\frac{4}{\left(\frac{9}{2}\right)} \times 100 = 89\%$$

정답 ③

3

수득률 $= \frac{\text{실험값}}{\text{이론값}} \times 100$이다.

B_2H_6 0.2몰을 얻기 위해서 0.3몰의 $NaBH_4$을 사용한다면 이때의 수득률은 100%이다. 따라서 $NaBH_4$ 0.3몰 이상을 사용하여야 70%의 수득률을 얻을 수 있다. 따라서 정답은 쉽게 ④임을 알 수 있다.

※ 정답인 $NaBH_4$ 0.429몰을 이용해서 역으로 계산해보면, 이론상 얻을 수 있는 B_2H_6은 0.286몰이 된다.

$$3:2 = 0.429:x \quad x = 0.286$$

이때의 수득률을 계산해보면 수득률은 69.93%이다.

$$\frac{0.2}{0.286} \times 100 = 69.93\%$$

정답 ④

4

①, ② A는 벤젠 링이 있으므로 방향족 화합물이고, B는 카보닐기(C = O)를 갖는다.

클로로벤젠(A)	클로랄(B)
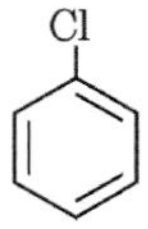 Cl	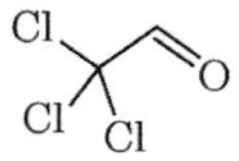 Cl Cl Cl O

③ 한계 반응물은 A이다.

④ 수득률은 $\frac{\text{실제값}}{\text{이론값}} \times 100\%$이다.

DDT의 실제값은 0.5몰이고, 클로로벤젠과 DDT의 몰수의 비가 2 : 1이므로 DDT의 이론값은 1몰이다. 따라서 수득률은 50%이다.

$$\frac{0.5}{1.0} \times 100\% = 50\%$$

정답 ③

5

반응하는 질량비를 이용하여 계산할 수 있다.(물론 몰수의 비를 이용하여 계산할 수도 있다.)

$w_{H_2} : w_{O_2} : w_{H_2O} = 2\times2 : 1\times32 : 2\times18 = 1:8:9$

수소와 산소의 반응하는 질량비가 1:8이므로 10g의 수소 기체가 산소와 완전히 반응하는 데 필요한 산소의 양은 80g이다.

정답 ⑤

6

질량이 주어진 경우이므로 질량비를 이용해서 양적 관계를 계산할 수 있다.

$w_{NH_3} : w_{CO_2} : w_{(NH_2)_2CO} = 2\times17 : 44 : 60$

한계 반응물이 이산화탄소이므로 $(NH_2)_2CO$의 질량은 60g이다.

정답 ②

7

$4Al(s)$	+	$3O_2(g)$	→	$2Al_2O_3(s)$
1mol		1mol		
-1		$-\frac{3}{4}$		$+\frac{1}{2}$
		$\frac{1}{4}$		$\frac{1}{2}$

$Al_2O_3(s)$의 질량은 $\frac{1}{2}$mol × 102.0g/mol = 51.0g이다.

정답 ①

8

화학 반응식의 균형을 맞추면 다음과 같다.

$C_3H_8(g) + 5O_2(g) \rightarrow 3CO_2(g) + 4H_2O(l)$

① $a+b+c=5+3+4=12$이다.

② CO_2 11g은 $\frac{1}{4}$mol이므로 필요한 C_3H_8의 질량은 $\left(\frac{1}{4}\text{mol}\times\frac{1}{3}\right)\times 44\text{g/mol} = \frac{11}{3}$g이다.

③ C_3H_8 1몰과 O_2 5몰을 완전 연소시켰을 때 생성된 기체의 총 몰수는 3몰이다. 생성된 H_2O는 기체(g)가 아니라 액체(l)이므로 항상 상태를 확인해야 한다.

④ 0℃, 1기압에서 C_3H_8 5.6L은 $\frac{1}{4}$mol이므로 필요한 O_2의 질량은 $\left(\frac{1}{4}\text{mol}\times5\right)\times32\text{g/mol} = 40$g이다.

정답 ③

9

실험 Ⅲ으로부터 반응하는 기체의 부피비가 1:3:2임을 알 수 있다. 따라서 화학 반응식은 다음과 같다.

$A(g) + 3B(g) \rightarrow 2C(g)$

① 화학 반응식의 계수의 비로부터 생성된 C의 몰 수는 반응한 A의 몰 수의 2배이다.

② 실험 Ⅰ에서 반응하지 않고 남은 기체는 A이고, 모두 소비된 기체는 B이므로 B를 더 넣어주면 A와 반응하게 되어 C가 더 생성된다.

③ 실험 Ⅱ에서 A를 5mL, B를 20mL 더 넣어주면 A가 반응을 다하지 않고 약간 남는다.

$A(g)$	+	$3B(g)$	→	$2C(g)$
(5+5)mL		20mL		20mL
$-\frac{20}{3}$		-20		$+\frac{40}{3}$
$\frac{10}{3}$				$\frac{100}{3}$

④ A와 B의 계수의 비가 1:3이므로 A 1몰을 완전히 반응시키기 위해 필요한 B의 몰 수는 3몰이다.

정답 ④

10

원자는 새로 생성되거나 소멸되지 않으므로 반응물의 원자의 개수의 합과 생성물의 원자의 개수가 같아야 한다. 반응물의 탄소의 개수가 6이므로 생성물의 탄소의 개수도 6이어야 하므로 $x=6$이고, 반응물의 수소의 개수가 12이므로 생성물의 수소의 개수도 12이어야 하므로 $y=6$이다.

균형을 맞춘 화학 반응식은 아래와 같다.

$C_6H_{12}O_6(s) + 6O_2(g) \rightarrow 6CO_2(g) + 6H_2O(g)$

글루코오스의 질량이 주어졌으므로 화학식량으로 나누어 몰수를 구한다. 90g의 글루코오스는 0.5몰이다. 반응하는 질량을 구하기 위해서 몰수를 알아야하므로 화학 반응식의 계수의 비를 이용한다. 반응하는 몰수의 비가 $C_6H_{12}O_6$:

O_2 : CO_2 : H_2O = 1 : 6 : 6 : 6이므로 0.5몰의 글루코오스가 완전히 반응하기 위해 필요한 산소의 몰수와 생성되는 이산화탄소, 물의 몰수는 모두 3몰이다. 질량을 구하기 위해 몰수에 화학식량을 곱하면 산소의 질량은 96g, 이산화탄소의 질량은 132g, 물의 질량은 54g이다.

정답 ③

11

화합물의 질량이 주어졌으므로 화학식량으로 나누어 몰수로 전환한다. C_2H_6 30g은 1mol이고, O_2 224g은 7mol이다. 화학 반응식의 계수를 통해 생성되는 이산화탄소와 물의 몰수를 알 수 있다.

$2C_2H_6(g)$ +	$7O_2(g)$ →	$4CO_2(g)$ +	$6H_2O(g)$
1mol	7mol		
−1	−3.5	+2	+3
0.0mol	3.5mol	2mol	3mol

질량은 몰수와 화학식량의 곱이므로 이산화탄소의 질량은 2 × 44=88g이고, 물의 질량은 3 × 18=54g이다.

정답 ③

12

화학 반응식의 계수의 비를 이용하여 몰수의 비를 알 수 있고, 화합물의 질량이 주어졌으므로 화학식량으로 나누어 몰수로 전환한다. 암모니아의 화학식량은 17이므로 암모니아 850g은 50몰이고, 이산화탄소의 화학식량은 44이므로 이산화탄소 880g은 20몰이다.

$2NH_3(g)$ +	$CO_2(g)$ →	$(NH_2)_2CO(aq)$ + $H_2O(l)$
50mol	20mol	0.0mol
−40	−20	+20
10mol	0.0mol	20mol

화학 반응식의 계수의 비는 반응하는 몰수의 비이므로 한계 반응물은 모두 반응한 이산화탄소이고, 초과 반응물은 반응 후에도 남아있는 암모니아이다. 화학 반응식의 계수의 비를 통해 20몰의 요소가 생성됨을 알 수 있다. 요소의 질량은 몰수와 화학식량의 곱이므로 20mol × 60g/mol=1200g이다.

실제 얻어진 요소의 질량이 1,000g이므로

수득률(%) $= \frac{\text{실제값}}{\text{이론값}} \times 100\%$이므로

$\frac{1000}{1200} \times 100\% = 83.3\%$이다.

정답 ③

13

① 암모니아를 구성하는 수소와 질소의 질량비는 $w_H : w_N = 3 \times 1 : 1 \times 14 = 3 : 14$이다.

② 암모니아의 몰질량은 원자량의 합이므로 14+1 × 3 =17g/mol이다.

③ 화학 반응에 참여하는 수소 기체와 질소 기체의 질량비는 $3 \times 2 : 1 \times 28 = 3 : 14$이다.

④ 2몰의 수소 기체와 1몰의 질소 기체가 반응할 경우 이론적으로 $\frac{4}{3}$몰의 암모니아 기체가 생성된다.

$3H_2(g)$ +	$N_2(g)$ →	$2NH_3(g)$
2	1	
−2	$-\frac{2}{3}$	$+\frac{4}{3}$
	$\frac{1}{3}$	$\frac{4}{3}$

정답 ①

14

화학 반응식을 완성하면 다음과 같다.

$M_2CO_3(s) + 2HCl(aq)$
$\rightarrow 2MCl(aq) + H_2O(l) + CO_2(g)$

화학 반응식이므로 부터 $n_{M_2CO_3} : n_{CO_2} = 1 : 1$이다.

$$n_{CO_2} = \frac{17.6}{44} = \frac{2}{5}\text{mol} = n_{M_2CO_3}$$

M의 원자량을 x라 하면,

$$n_{M_2CO_3} = \frac{2}{5}\text{mol} = \frac{w}{2x+60}$$

$$x = \frac{5w}{4} - 30$$

정답 ①

15

먼저 화학 반응식의 균형을 맞춘다.

$2NH_3(g) + 3O_2(g) + 2CH_4(g) \rightarrow 2HCN(g) + 6H_2O(g)$

반응물의 질량이 각각 100.0g으로 같을 때 분자량이 큰 O_2의 몰수가 가장 작고, 계수는 크기 때문에 O_2가 한계 반응물이다.

따라서 생성되는 HCN의 질량은 56g이다.

$$\left(\frac{100}{32}\times\frac{2}{3}\right)\text{mol}\times 27\text{g/mol} = 56\text{g}$$

정답 ②

16

CO $\frac{280\text{g}}{28\text{g/mol}} = 10\text{mol}$ H_2 $\frac{50\text{g}}{2\text{g/mol}} = 25\text{mol}$

양적 관계를 판단해보면, 한계 반응물은 CO이다.

$CO(g)$	+	$H_2(g)$	→	$CH_3OH(l)$
10mol		25mol		
−10		−20		−10
		5mol		10mol

따라서 메탄올의 질량은 320g이다.

$$10\text{mol} \times 32\text{g/mol} = 320\text{g}$$

정답 ②

17

화학 반응의 양적 관계를 따져보면, 한계 반응물이 N_2이고 생성물인 NH_3의 양은 소비되는 N_2의 2배이므로 최대로 얻을 수 있는 NH_3의 몰수는 4몰이다.

N_2	+	$3H_2$	⇄	$2NH_3$
2		9		
-2		-6		+4
		3		4

정답 ④

18

수득률 $= \frac{\text{실험값}}{\text{이론값}} \times 100\%$이므로, 생성물인 C 4몰이 실험값이다. 이론값을 구하기 위해 양적 관계를 알아보면 다음과 같다.

2A	+	B	→	3C
3		2		
−3		$-\frac{3}{2}$		$+\frac{9}{2}$
		$\frac{1}{2}$		$\frac{9}{2}$

생성물 C의 이론값은 $\frac{9}{2}$mol이다.

따라서 수득률은 $\frac{4}{\left(\frac{9}{2}\right)} \times 100\% = 89\%$이다.

정답 ①

19

CO_2의 질량을 묻고 있으므로 질량비를 이용해서 해결하는 것이 편리할 수 있다.

먼저 질량비를 구해보면 다음과 같다.

$$4NH_3 : 7O_2 : 4NO_2 : 6H_2O$$
$$= 4\times17 : 7\times32 : 4\times46 : 6\times18$$
$$= 17 : 56 : 46 : 27$$

반응한 산소의 양이 $14(20-6)\text{mol} \times 32\text{g/mol} = 448\text{g}$이므로 비의 8배이다($56\times8=448$). 모두 반응한 NH_3의 질량 또한 비의 8배 반응하였으므로 $17\times8=136\text{g}$이다. 따라서 초기 혼합물의 CO_2의 질량은 $200-136=64\text{g}$이다.

정답 ④

20

$C_3H_4(g)$의 연소 반응식을 완성하면 다음과 같다.

$$C_3H_4(g) + 4O_2(g) \rightarrow 3CO_2(g) + 2H_2O(g)$$

① $a=1,\ b=4,\ c=3,\ d=2$
각 계수를 대입하면, $1+4=3+2$이다.
따라서 $a+b=c+d$이다.

② 화학 반응식으로부터, $n_{O_2} : n_{H_2O} = 2:1$
O_2 32g은 1몰이므로 생성되는 H_2O의 양은 0.5몰이다. 0℃, 1atm에서 기체 0.5몰의 부피는 11.2L이다.

③ 화학 반응식으로부터, $n_{C_3H_4} : n_{CO_2} = 1:3$
C_3H_4 $\frac{1}{2}$몰이 연소하면 생성되는 CO_2의 몰수는 1.5몰이므로 해당 질량은 $1.5mol \times 44g/mol = 66g$이다.

④ 화학 반응식으로부터, $n_{C_3H_4} : n_{CO_2} = 1:4$
C_3H_4 10g은 $\frac{1}{4}$몰이므로 필요한 O_2의 양은 1몰이므로 32g이 소모된다.

정답 ②

제 2 절 | 화학 반응식을 작성해야 하는 유형

01 ②	02 ①	03 ②	04 ③	05 ②
06 ④	07 ①	08 ③	09 ②	10 ②
11 ④	12 ③	13 ②	14 ③	15 ③
16 ②	17 ②	18 ①	19 ②	20 ②
21 ③	22 ④	23 ①	24 ③	25 ③
26 ②	27 ③			

1

먼저 화학 반응식을 나타내면 다음과 같다.

$$2KClO_3(s) \rightarrow 2KCl(aq) + 3O_2(g)$$

$KClO_3$ 46.0g이 완전히 분해되었을 때 발생한 O_2의 몰수는 $\left(\frac{46}{122.6}\right) \times \frac{3}{2}$몰이므로 발생한 O_2의 질량은 $\left(\frac{46}{122.6}\right) \times \frac{3}{2} \times 32 = 18g$이다.

정답 ②

2

일산화탄소와 수소 기체로 에탄올의 생성 반응식을 나타내면 다음과 같다.

$$CO(g) + 2H_2(g) \rightarrow CH_3OH(l)$$

일산화탄소와 수소의 질량이 주어져있으므로 몰질량으로 나누어 몰수를 구한다.

$CO(g)$	+	$2H_2(g)$	→	$CH_3OH(l)$
3mol		5mol		0.0mol
−2.5		−5		+2.5
0.5mol		0.0mol		2.5mol

① 반응 후 모두 소모된 H_2가 한계 반응물이다.

② 반응하는 몰수의 비는 화학 반응식의 계수를 통해 알 수 있으므로 $n_{CO} : n_{H_2} = 1:2$이다.

③ 메탄올의 이론적 수득량은 2.5몰에 화학식량 32를 곱한 80g이다.

④ 반응물 CO와 H_2의 몰수는 $\frac{84g}{28g/mol} = 3mol$, $\frac{10g}{2g/mol} = 5mol$이다.

정답 ①

3

알칼리토 금속의 원자량은 질량을 몰수로 나누어 구할 수 있다.
알칼리토 금속과 묽은 염산의 화학 반응식은 아래와 같다.

$$M(s) + 2HCl(aq) \rightarrow MCl_2(aq) + H_2(g)$$

화학 반응식을 통해 반응하는 알칼리토 금속과 생성된 수소의 몰수가 같으므로 알칼리토 금속의 몰수가 수소의 몰수와 같은 y몰임을 알 수 있다. 따라서 금속 M의 원자량은 질량 x를 몰수 y로 나눈 $\frac{x}{y}$이다.

정답 ②

4

화학 반응식을 작성하면 다음과 같다.

$$C_6H_{12}O_6 + 6O_2 \rightarrow 6CO_2 + 6H_2O$$

글루코스 $\frac{90g}{180g/mol} = \frac{1}{2}mol$이므로 반응하는 산소의 몰수는 6배인 3몰이다.

정답 ③

5

화학 반응식을 작성하면 아래와 같다.

$$2Al + 3Br_2 \rightarrow Al_2Br_6$$

화학 반응식의 계수의 비가 $Al : Br_2 : Al_2Br_6 = 2:3:1$ 이므로 4몰의 Al과 6몰의 Br_2가 반응하여 최대 2몰의 Al_2Br_6을 얻을 수 있다.

$2Al$	+	$3Br_2$	→	Al_2Br_6
4mol		8mol		0.0mol
−4		−6		+2
0.0mol		2mol		2mol

정답 ②

6

모형에서 A_2 1mol과 B_2 3mol이 반응하여 생성된 기체 AB_3 2mol이 생성되었으므로 화학 반응식은 아래와 같다.

$$A_2(g) + 3B_2(g) \rightarrow 2AB_3(g)$$

A_2	+	$3B_2$	→	$2AB_3$
1mol		2mol		0.0mol
$-\frac{2}{3}$		−2		$+\frac{4}{3}$
$\frac{1}{3}$mol		0.0mol		$\frac{4}{3}$mol

A_2 1mol과 B_2 2mol이 반응하면 한계 반응물이 B_2이므로 AB_3 $\frac{4}{3}$mol이 생성된다.

정답 ④

7

탄산칼슘에 열을 가하여 산화칼슘과 이산화탄소로 분해되는 반응식은 아래와 같다.

$$CaCO_3(s) \rightarrow CaO(s) + CO_2(g)$$

위 반응식에서 생성된 산화칼슘과 이산화황이 반응하여 아황산칼슘이 생성되는 반응식은 아래와 같다.

$$CaO(s) + SO_2(g) \rightarrow CaSO_3(s)$$

화학 반응식에서 계수의 비를 통해 몰수의 비를 알 수 있다. 반응한 탄산칼슘의 몰수=생성된 산화칼슘의 몰수=반응한 이산화황의 몰수이다.

질량이 주어졌으므로 화학식량으로 나누어 탄산칼슘의 몰수를 알 수 있다. 탄산칼슘의 화학식량은 100이다. 150g의 탄산칼슘은 $\frac{150g}{100g/mol} = 1.5mol$이고, 반응한 이산화황의 몰수도 1.5mol이다. 기체의 부피는 몰수와 1몰의 부피의 곱이다. 0℃, 1기압에서 1몰의 부피는 22.4L이므로 소비된 이산화황의 부피는 $1.5mol \times 22.4L/mol = 33.6L$이다.

정답 ①

8

먼저 프로판올의 연소 반응식을 세우면 다음과 같다.

$$C_3H_7OH(l) + \frac{9}{2}O(g) \rightarrow 3CO_2(g) + 4H_2O(l)$$

프로판올 120.0g은 2몰에 해당하므로 생성되는 물의 질량은 $8mol \times 18g/mol = 144g$이다.

정답 ③

9

화학 반응식을 작성하면 다음과 같다.

$$2NH_3(g) + CO_2(g) \rightarrow (NH_2)_2CO(g) + H_2O(l)$$

NH_3와 $(NH_2)_2CO$의 몰수비가 2:1이고, $(NH_2)_2CO$ 60g은 1몰이므로 NH_3의 질량은 $2mol \times 17g/mol = 34g$이다.

정답 ②

10

화학 반응식을 나타내면 다음과 같다.

$$CH_3OH + \frac{3}{2}O_2 \rightarrow CO_2 + 2H_2O$$

$$C_2H_5OH + 3O_2 \rightarrow 2CO_2 + 3H_2O$$

메탄올(CH_3OH) 16.0g은 0.5몰, 에탄올(C_2H_5OH) 11.5g은 0.25몰이다.

① 메탄올 0.5몰로부터 탄소의 몰수는 0.5몰, 에탄올 0.25몰부터 탄소의 몰수는 0.5몰이므로 탄소 원자의 총 몰수는 1몰이므로 발생하는 CO_2의 몰수는 1몰이므로 CO_2의 질량은 44.0g이다.

② 메탄올 0.5몰로부터 수소 원자의 몰수는 2몰, 에탄올 0.25몰부터 수소 원자의 몰수는 1.5몰이므로 수소 원자의 총 몰수는 3.5몰이다. 따라서 발생하는 H_2O의 몰수는 1.75몰이므로 H_2O의 질량은 31.5g이다.

③ 화학 반응식으로부터 메탄올 0.5몰이 완전 연소되기 위해 필요한 O_2의 몰수는 0.75몰, 에탄올 0.25몰이 완전 연소되기 위해 필요한 O_2의 몰수는 0.75몰이므로 완전 연소를 위해 소요되는 산소 기체(O_2)의 최소량은 1.5몰이다.
④ 메탄올 대신 같은 g 수의 메탄(CH_4)을 넣으면 분자량이 다르므로 몰수가 달라지고 발생하는 CO_2의 양도 다르다.

정답 ②

11

화학 반응식을 작성해보면,

$$C_4H_{10} + \frac{13}{2}O_2 \rightarrow 4CO_2 + 5H_2O$$

C_4H_{10} 1L가 완전 연소시 필요한 O_2는 $\frac{13}{2}$L이므로 필요한 공기는 $\frac{13}{2} \times 5 = 32.5$L 이다.

정답 ④

12

화학 반응식의 계수의 비는 반응하는 몰수의 비와 같다. 4몰의 X와 8몰의 Y가 반응하므로 X : Y = 1 : 2이고, 생성된 화합물은 XY_2이다.

X	+	2Y	→	XY_2
4mol		10mol		0.0mol
−4		−8		+4
0.0mol		2mol		4mol

정답 ③

13

에탄올의 연소 반응식을 작성하여 양적 관계를 나타내면 다음과 같다.

C_2H_5OH	+	$3O_2$	→	$2CO_2$	+	$3H_2O$
10mol		27mol				
−9		−27		+18		+24
1				18		24

① 한계 반응물은 모두 소비된 산소(O_2)이다.
③ 물은 24몰 생성된다.
④ 이산화탄소는 18몰 생성된다.

정답 ②

14

먼저 완전 연소시 생성되는 CO_2와 H_2O의 몰 수는 같으므로 이로부터 탄소 원자와 수소 원자의 몰수의 비는 1 : 2임을 알 수 있다. 다음으로 질량 백분율은 O가 H의 4배이므로 이로부터 산소 원자와 수소 원자의 몰수의 비는 1 : 4임을 알 수 있다. 따라서 탄소와 수소와 산소의 원자의 수가 C : H : O = 2 : 4 : 1이므로 이 탄소 화합물의 화학식은 $C_{2n}H_{4n}O_n$이고 실험식은 가장 간단한 원자수의 비로 나타낸 것이므로 C_2H_4O이다. 분자식은 분자량이 실험식량의 2배이므로 $C_4H_8O_2$이다.

① 물질 X에서 질량 비는 C : O = 2 × 12 : 1 × 16 = 3 : 2이다.
② 실험식은 C_2H_4O이다.
③ 반응물과 생성물은 모두 분자이어야 한다. 1몰을 완전 연소시킬 때 반응물의 화학식은 분자식인 $C_4H_8O_2$이다. 분자 1몰에 수소 원자가 8몰 있으므로 생성물인 H_2O은 4몰이 생성된다.
④ 연소 반응식을 세워보면 다음과 같다.

$$C_4H_8O_2(g) + 5O_2(g) \rightarrow 4CO_2(g) + 4H_2O(l)$$

따라서, 완전 연소시 반응하는 O_2와 생성되는 CO_2의 몰수의 비는 5 : 4이다.

정답 ③

15

CH_4 1몰에는 H 4몰이 있으므로 반응후에도 수소 원자가 보존되기 위해서는 H_2O는 2몰이 생성되어야 한다. 32g의 CH_4은 2몰이므로 H_2O는 4몰이 생성되므로 물의 질량은 4 × 18 = 72g이다.

정답 ③

16

암모니아 생성 반응식은 아래와 같다.

$$N_2(g) + 3H_2(g) \rightarrow 2NH_3(g)$$

질소와 수소의 질량이 주어졌으므로 화학식량으로 나누어 몰수를 구한다.

$N_2(g)$	+	$3H_2(g)$	→	$2NH_3(g)$
0.5mol		3.5mol		0.0mol
−0.5		−1.5		+1.0
0.0mol		2.0mol		1.0mol

반응하는 몰수의 비는 화학 반응식의 계수의 비와 같다. 물질의 질량은 몰수와 화학식량의 곱이므로 과량 반응물은 반응하고 남은 수소 기체이고, 질량은 2mol×2g/mol =4g이고, 생성된 암모니아의 질량은 1mol×17g/mol =17g이다.

정답 ②

17

문제에서 필요한 물질로만 화학 반응식을 나타내면 다음과 같다.

$$C_2H_4(g) \rightarrow 2CO_2(g)$$

CO_2 11.2L는 0℃, 1기압에서 0.5몰이므로 C_2H_4의 몰수는 0.25몰이고 질량은 0.25 × 28=7.0g이다.

정답 ②

18

② CO와 H_2는 1:2의 몰비로 반응한다.

$CO(g)$	+	$2H_2(g)$	→	$CH_3OH(l)$
3mol		5mol		
−2.5		−5		+2.5
0.5		0.0		2.5

①, ④ 한계반응물은 H_2이고, 반응물 CO와 H_2의 몰수는 각각 3몰과 5몰이다.

③ CH_3OH의 이론적 수득량은 2.5mol × 32g/mol= 80g이다.

정답 ①

19

문제에서 필요한 물질로만 화학 반응식을 나타내면 다음과 같다.

$C_2H_6(g)$	→	$2CO_2(g)$
$15g = \frac{1}{2}mol$		V

CO_2 1몰이 생성되므로 표준상태에서 부피는 22.4L이다.

정답 ②

20

화학 반응식을 작성하면 다음과 같다.

$$2H_2(g) + O_2(g) \rightarrow 2H_2O(l)$$

1 mol의 산소(O_2)와 반응하는 수소의 몰수는 2mol이므로 수소의 질량[g]은 2mol × 2g/mol=4g이다.

정답 ②

21

화학 반응식을 작성하면 다음과 같다.

$$2LiOH(aq) + CO_2(g) \rightarrow Li_2CO_3(aq) + H_2O(l)$$

LiOH 12kg은 0.5몰이므로 CO_2의 질량은 0.25mol × 44g/mol=11g이다.

정답 ③

22

프로판올의 연소 반응식을 나타내면 다음과 같다.

$$C_3H_7OH(l) + \frac{9}{2}O_2(g) \rightarrow 3O_2(g) + 4H_2O(g)$$

C_3H_7OH 240.0g은 $\frac{240g}{60g/mol}$ =4mol이므로 생성되는 물은 4배인 16몰이므로 생성되는 물의 질량은 16mol×18g/mol=288g이다.

정답 ④

23

메테인(CH_4) 16g은 1몰이고, 수증기(H_2O) 27g은 1.5몰이다. 주어진 화학 반응식으로부터, CH_4와 H_2O의 화학 반응식의 계수의 비가 1 : 2이므로 한계 반응물은 수증기이고, 생성된 수소의 양은 한계 반응물인 수증기의 2배이므로 3몰이다. 따라서 생성된 수소의 질량은 $3mol \times 2g/mol = 6g$이다.

정답 ①

24

우선 프로페인(C_3H_8)의 연소 반응식을 작성한다.

$$C_3H_8(g) + 5O_2(g) \rightarrow 3CO_2(g) + 4H_2O(l)$$

C_3H_8 44kg은 $44kg \times \frac{1}{44g/mol} = 10^3 mol$이므로 화학 반응식의 계수의 비로부터 C_3H_8을 완전 연소시키는 데 필요한 O_2의 몰수는 $5 \times 10^3 mol$이고, 혼합 기체에서 산소와 질소의 몰비가 1 : 4이므로 N_2의 몰수는 $20 \times 10^3 mol$이다. 따라서 혼합 기체의 질량은 다음과 같다.

O_2의 질량+N_2의 질량

$= 5 \times 10^3 mol \times 32g/mol + 20 \times 10^3 mol \times 28g/mol$

$= 720kg$

정답 ③

25

화학 반응식을 작성하면 다음과 같다.

$$(NH_4)_2CO_3(s) \rightarrow 2NH_3(g) + CO_2(g) + H_2(g)$$

탄산암모늄과 암모니아의 질량비를 구하면,

$$w_{(NH_4)_2CO_3} : w_{H_3} = 96 : (2 \times 17)$$

탄산암모늄의 질량이 질량비의 절반($96 \times \frac{1}{2} = 48g$)이 분해되었으므로 암모니아의 질량도 질량비의 절반인 $34 \times \frac{1}{2} = 17g$이 생성된다.

정답 ③

26

먼저, 화학 반응식을 작성하면 다음과 같다.

$$2NH_3(g) + 3CuO(s) \rightarrow N_2(g) + 3Cu(s) + 3H_2O(l)$$

이론적인 수득량에 대한 물음이므로 비가역적으로 완전히 반응이 진행되어야 하므로 한계 반응물이 존재한다. 같은 몰수(2mol)인 경우 화학 반응식의 계수가 큰 CuO가 한계 반응물이므로 N_2의 이론적인 수득량은 다음과 같이 구할 수 있다.

$2NH_3(g)$	+	$3CuO(s)$	→
2mol		2mol	
$-\frac{3}{4}$		-2	
$\frac{2}{3}mol$			

$$\frac{2}{3}mol \times 28g/mol = 18.48g$$

정답 ②

27

암모니아 합성 반응식은 다음과 같다.

$$N_2(g) + 3H_2(g) \rightarrow 2NH_3(g)$$

NH_3 51g은 3몰이므로 필요한 N_2의 몰수는 1.5몰이고 표준상태에서 기체 1.5몰의 부피는 33.6L이다.

정답 ③

Chapter 06 수용액 반응의 양적 관계

01 ② **02** ④ **03** ③ **04** ① **05** ③

1

$$n_{BC} = MV = 0.2 \times 0.25 = 0.05\text{mol}$$

화학 반응식의 계수의 비로부터,

$$n_A = \frac{1}{2} \times n_{BC} = \frac{1}{2} \times 0.05 = 0.025\text{mol}$$

$$M_A = \frac{w_A}{n_A} = \frac{0.6078\text{g}}{0.025\,\text{mol}} = 24.312\text{g/mol}$$

정답 ②

2

산소 분자의 몰수는 $\frac{6.02 \times 10^{21}}{6.02 \times 10^{23}} = 0.01\text{mol}$ 이므로

$FeCl_2$의 몰수는 $0.01\text{mol} \times \frac{4}{3} = \frac{0.04}{3}\text{mol}$이다.

따라서 $FeCl_2$의 부피는

$$V = \frac{n}{M} = \frac{\frac{0.04}{3}}{0.5} = \frac{0.04}{3} \times 2 = 0.0267\text{L} = 26.7\text{mL}$$

이다.

정답 ④

3

몰농도와 부피를 곱하면 몰수를 알 수 있다. Na_3PO_4는 3mmol, $Pb(NO_3)_2$은 4mmol이다. 화학 반응식의 계수의 비는 반응하는 몰수의 비와 같으므로 Na_3PO_4 : $Pb(NO_3)_2 = 2:3$이므로 Na_3PO_4 3mmol이 모두 반응하기 위해서 $Pb(NO_3)_2$는 4.5mmol이 필요하므로 한계 시약은 $Pb(NO_3)_2$이다.

정답 ③

4

흰색 침전은 AgCl로 알짜 침전 반응식은 다음과 같다.

$$Ag^+(aq) + Cl^-(aq) \rightarrow AgCl(s)$$

AgCl $\frac{0.717\text{g}}{143.4\text{g/mol}} = 5 \times 10^{-3}\text{mol}$이므로 $AgNO_3$의 몰수 또한 $5 \times 10^{-3}\text{mol}$이어야 한다.

따라서 $AgNO_3$의 최소 부피는

$$V = \frac{n}{M} = \frac{5 \times 10^{-3}}{0.5} = 10^{-2}\text{L} = 10\text{mL}$$

정답 ①

5

ㄱ. 화학 반응식을 완성하면 다음과 같다.

$$Pb(NO_3)_2(aq) + 2KI(aq) \rightarrow 2KNO_3(aq) + PbI_2(s)$$

따라서 $a+b+c+d = 1+2+2+1 = 6$이다.

ㄴ. 앙금 생성 반응에서 알짜이온 반응식은 다음과 같다.

$$Pb^{2+}(aq) + 2I^-(aq) \rightarrow PbI_2(s)$$

따라서 알짜이온 반응식에서 생성물은 PbI_2이다.

ㄷ. $Pb(NO_3)_2(aq)$ 2몰과 $KI(aq)$ 2몰이 완전히 반응하는 경우 한계 반응물은 $KI(aq)$이고, 따라서 생성되는 $PbI_2(s)$는 $KI(aq)$의 절반인 1몰이다.

정답 ③

Chapter 07 기체

제 1 절 | 기체의 법칙

01 ④	02 ⑤	03 ③	04 ①	05 ②
06 ④	07 ④	08 ①	09 ④	10 ④
11 ②	12 ②	13 ③	14 ①	15 ②
16 ④	17 ④	18 ②	19 ①	20 ④

1

혼합 기체의 압력을 묻는 문제인데, 혼합하여도 혼합 전과 혼합 후의 기체의 몰수가 변함이 없음을 이용한다.

$$(PV)_{O_2} + (PV)_{N_2} = (PV)_{전체}$$

$$(2\times 2)+(4\times 4)=P\times 6$$

$$P=3.3기압$$

정답 ④

2

화학 반응식은 다음과 같다.

$$2NH_3(g) \rightarrow N_2(g) + 3H_2(g)$$

암모니아가 완전히 분해되었으므로 $n_{N_2} : n_{H_2} = 1:3$이고, 따라서 수소의 몰분율 $f_{H_2} = \frac{3}{4}$이다.

$$P_{H_2} = P_T \times f_{H_2} = 800 \times \frac{3}{4} = 600\text{mmHg}$$

정답 ⑤

3

몰수와 부피가 일정한 경우, $P \propto T$이다.

$$\frac{P_1}{T_1} = \frac{P_2}{T_2} \qquad \frac{3}{300} = \frac{P_2}{320} \qquad P_2 = 3.2\text{atm}$$

압력 증가 $\Delta P = P_2 - P_1 = 3.2 - 3.0 = 0.2\text{atm}$

정답 ③

4

(가)와 (나)에 존재하는 기체의 모형들을 분자식으로 나타내면 다음과 같다.

(가)	(나)
$2Y_2+X_2$	$2XY_2$

(가)에서 두 기체들이 모두 반응하여 (나)의 결과가 된 것이므로 이를 화학 반응식으로 나타내면 다음과 같다.

$$X_2(g) + 2Y_2(g) \rightarrow 2XY_2(g)$$

① (가)의 기체들은 모두 같은 원소로 이루어졌으므로 홑원소 물질이다.

② (가)와 (나)의 부피가 같으므로 밀도는 질량으로부터 판단할 수 있다. (가)와 (나)에서 X와 Y의 개수가 같으므로 질량이 같다.

(가)	(나)
4Y＋2x	4Y＋2x

따라서 기체의 밀도는 (가)와 (나)가 같다.

③ 분자의 몰 수 비는 (가) : (나)＝3 : 2이다.

④ 부피와 압력이 같을 때 $n \times T =$ 일정이다. (가)의 몰수가 (나)보다 더 많으므로 부피와 압력의 곱이 같기 위해서는 용기의 온도는 (가)가 (나)보다 낮아야 한다.

정답 ①

5

샤를의 법칙에 관한 문제이다. 특히 온도에 주의해야 한다.

$$\frac{V_1}{T_1} = \frac{V_2}{T_2} \qquad \frac{576}{15+273} = \frac{V_2}{0+273} \qquad V_2 = 546\text{mL}$$

정답 ②

6

① Dalton의 분압 법칙은 혼합 기체의 압력과 관련된 법칙이고, ② Graham의 법칙은 기체의 확산 속도, ③ Boyle의 법칙은 일정한 온도와 몰수에서 압력과 부피에 관한 법칙이다. ④ Henry의 법칙은 기체의 용해도와 관련된 법칙이다. 용해되는 기체의 압력은 그 기체에 작용하는 압력에 비례한다.

정답 ④

7

샤를의 법칙을 묻는 문제이다.

$$\frac{V_1}{T_1} = \frac{V_2}{T_2} \qquad \frac{V}{10+273} = \frac{2V}{T_2}$$

$$T_2 = 566\text{K} = 293℃$$

정답 ④

8

산소 기체의 부분 압력은 전체 압력과 산소의 몰분율의 곱이다. 몰분율은 구하고자하는 기체의 몰수를 전체 기체의 몰수로 나눈 것이므로 산소의 몰분율은 $\frac{15}{15+25}$ $= \frac{15}{40} = \frac{3}{8}$ 이다.

따라서, 산소의 부분 압력은 $8\text{atm} \times \frac{3}{8} = 3\text{atm}$ 이다.

정답 ①

9

압력은 단위 면적당 작용하는 힘으로 높이에 비례한다.

$$P = \rho g h$$

액체가 같고, 높이가 같으므로 작용하는 압력은 모두 동일하다.

정답 ④

10

단위 환산을 주의해서 정리를 한다.

$$1\text{m}^3 = 10^3\text{L}, \ 20℃ = 293\text{K}$$

$$P = \frac{nRT}{V} = \frac{\left(\frac{20 \times 10^3}{32}\right) \times 0.082 \times 293}{10^3} = 15\text{atm}$$

게이지 압력 = 절대 압력 - 대기압

게이지 압력은 $15-1=14$기압

정답 ④

11

헬륨의 부분 압력은 전체 압력에서 산소의 부분 압력을 빼서 구할 수 있다.

$$P_{He} = P_T - P_{O_2}$$

산소의 부분 압력이 1140mmHg이므로 atm단위로 환산을 하면 $P_{O_2} = 1140\text{mmHg} \times \frac{1\text{atm}}{760\text{mmHg}} = 1.5\text{atm}$ 이다.

$$P_{He} = P_T - P_{O_2} = 7 - 1.5 = 5.5\text{ atm}$$

정답 ②

12

기체의 몰수만 일정한 경우이므로 보일-샤를의 법칙에 의해, $\frac{P_1 V_1}{T_1} = \frac{P_2 V_2}{T_2}$ 를 이용한다.

$$\frac{1 \times 20}{100} = \frac{4 \times V}{200}$$

$$V = 10\text{L}$$

정답 ②

13

샤를의 법칙은 일정 압력, 일정 몰수에서 기체의 부피는 절대 온도에 비례하는 것이다. $V=$ 상수 $\times$ T이다.

정답 ③

14

$$P_{Ne} = P_T \times f_{Ne} = 1\text{atm} \times \frac{0.01}{0.05} = 0.20\text{atm}$$

정답 ①

15

관련 반응식은 다음과 같다.

$$2NH_3(g) \rightarrow N_2(g) + 3H_2(g)$$

질소 기체와 수소 기체의 압력의 합이 900mmHg이므로 질소 기체와 수소 기체의 압력은 몰분율에 비례하고 완전히 분해되었으므로 생성된 몰수는 화학 반응식의 계수에 비례한다.

따라서

$$P_{N_2} = P_T f_{N_2} = 900 \times \frac{1}{4} = 225\text{mmHg}$$

$$P_{H_2} = P_T f_{H_2} = 900 \times \frac{1}{3} = 675\text{mmHg}$$

정답 ②

16

온도와 부피가 일정하므로 기체의 압력은 몰수에 비례한다. 따라서 몰수가 클수록 기체의 압력은 크다.

① O_2 64g은 2몰이다.

② CH_4 64g은 4몰이다.

③ H_2 6g은 3몰, O_2 32g은 1몰이므로 총 몰수는 4몰이다.

④ H_2 6g은 3몰, CH_4 32g은 2몰이므로 총 몰수는 5몰이다.

몰수가 가장 큰 H_2 6g과 CH_4 32g의 혼합한 경우가 압력이 가장 크다.

정답 ④

17

용기 연결 전과 연결 후, 기체의 몰수는 변함이 없다.

$$(PV)_{O_2} + (PV)_{N_2} = (PV)_T$$

$$2 \times 2 + 4 \times 4 = P \times (2+4)$$

$$\therefore P_T = \frac{20}{6} = 3.3\text{기압}$$

정답 ④

18

두 이상 기체의 몰수가 같으므로 보일-샤를의 법칙에 의해 다음과 같은 관계식을 만족해야 한다.

$$n = \left(\frac{PV}{T}\right)_{(가)} = \left(\frac{PV}{T}\right)_{(나)}$$

이상 기체 (나)를 보면, 이상 기체 (가)에 비해 온도가 2배, 부피도 2배이므로 압력은 같아야 한다.

따라서 $P = 1\text{atm}$이다.

정답 ②

19

보일의 법칙과 관련한 문제이다.

$$P_1 V_1 = P_2 V_2$$

일정한 온도에서 부피가 2배로 증가하였으므로 압력은 절반으로 감소한다.

$$1\text{atm} = 760\text{mmHg}$$

$$P_2 = 760\text{mmHg} \times \frac{1}{2} = 380\text{mmHg}$$

정답 ①

20

기체의 부분압력은 전체 압력(5atm)과 성분 기체의 몰분율에 비례한다.

$$P_{H_2} = P_T \times f_{H_2} = 5 \times \frac{3}{4} = 3.75\,\text{atm}$$

$$P_{N_2} = P_T \times f_{N_2} = 5 \times \frac{1}{4} = 1.25\,\text{atm}$$

또는 $P_{N_2} = P_T - P_{H_2} = 5 - 3.75 = 1.25\,\text{atm}$

정답 ④

제 2 절 | 기체 양론

01 ①	02 ③	03 ①	04 ③	05 ④
06 ④	07 ①	08 ③	09 ④	10 ④
11 ①	12 ②	13 ③	14 ①	

1

일정 온도에서 압력과 부피의 곱이 몰수에 비례함을 이용하여 몰수의 비를 알 수 있다.($PV \propto n$).

A_2의 몰수는 4.0 × 0.56=2.24mol, A_2B의 몰수는 2.0 × 1.12=2.24mol, CB_2의 몰수는 0.5 × 2.24=1.12mol이다.

몰수의 비 $n_{A_2} : n_{A_2B} : n_{CB_2} = 2.24 : 2.24 : 1.12 = 2 : 2 : 1$

다음으로, 질량이 주어졌으므로 몰수로 나누어 분자량의 비를 알 수 있다.

$$M_{A_2} = \frac{0.2}{2} = 0.1 \quad M_A = 0.05$$

$$M_{A_2B} = \frac{1.8}{2} = 0.9 \quad M_B = 0.8$$

$$M_{CB_2} = \frac{3.2}{1} = 3.2 \quad M_C = 1.4$$

$$M_A : M_B : M_C = 0.05 : 0.8 : 1.4 = 1 : 16 : 28$$

	A_2	A_2B	CB_2
몰수(mol)의 비	2	2	1
분자량의 비	1	16	32

ㄱ. 원자량은 B가 0.8, A가 0.05이므로 16배이다

ㄴ. A_2 : CB_2의 분자량의 비는 1 : 32이다.

ㄷ. 1.8g의 A_2B는 2mol이므로 총원자수는 $2\times3=6N_A$이고, 3.2g의 CB_2는 1mol이므로 총원자수는 $1\times3=3N_A$이다. 따라서 총 원자수는 1.8g의 A_2B가 3.2g의 CB_2의 2배이다.

정답 ①

2

이상기체 상태방정식을 이용하여 분자량을 결정하면 기체의 종류를 결정할 수 있다.

$$M=\frac{wRT}{PV}=\frac{16\times0.082\times300}{1\times24.6}=16$$

분자량이 16인 기체는 CH_4이다.

정답 ③

3

이상기체 상태방정식을 이용해서 몰수를 구한다.

$$n=\frac{PV}{RT}=\frac{2\times5.6}{0.082\times273}=\frac{1}{2}\text{mol}$$

분자수는 $\frac{1}{2}\times6.02\times10^{23}=3.01\times10^{23}$개이다.

정답 ①

4

$$n_{O_2}=\frac{16}{32}=\frac{1}{2}\text{mol}$$

산소 기체가 포함된 풍선의 2배 크기라는 것은 이산화탄소의 부피가 산소 기체의 2배라는 것이므로

즉 $n_{CO_2}=1$mol이므로 이산화탄소 기체의 질량은 1mol×44g/mol=44g이다.

정답 ③

5

이상기체 상태방정식을 응용한 $PM=dRT$를 이용해서 공기의 밀도를 구할 수 있다. 이 식을 이용하기 위해서는 먼저 공기의 분자량부터 결정해야 한다.

공기의 퍼센트 비를 존재 비율로 해서 분자량을 결정할 수 있다.

$$M_{N_2}\times f_{N_2}+M_{O_2}\times f_{O_2}=28\times0.8+32\times0.2=28.8$$

$$d=\frac{PM}{RT}=\frac{1\times28.8}{0.1\times300}=0.96\text{g/L}$$

정답 ④

6

0℃, 1기압에서 기체 1몰의 부피는 22.4L/mol이므로 각 기체의 몰수를 구하면 다음과 같다.

기체	A	B	C
몰수(mol)	1	2	0.5
부피[L]	22.4	(나)=44.8	11.2
질량[g]	(가)=20	34	8
분자량	20	17	(다)=16

(가)+(나)+(다)=20+44.8+16=80.8이다.

정답 ④

WITH REACTION

7

$$n_K=\frac{11.5\text{g}}{39.1\text{g/mol}}=0.294\text{mol}$$

$$n_{Cl_2}=\frac{PV}{RT}=\frac{0.293\times8.2}{0.082\times293}=0.1\text{mol}$$

$2K(s)$	+	$Cl_2(g)$	→	$2KCl(s)$
0.294mol		0.1mol		
−0.2		−0.1		+0.2
0.094				0.2

$w_{KCl}=0.2\text{mol}\times74.5\text{g/mol}=14.9\text{g}$

정답 ①

8

화학 반응의 양적 관계를 나타내면 다음과 같다.

$2H_2(g)$	+	$O_2(g)$	→	$2H_2O(l)$
0.5mol		0.75mol		
−0.5		−0.25		+0.5
		0.5		0.5

① 반응 전 수소의 질량은 0.5mol × 2g/mol=1g이다.

② 산소 분자의 몰수가 0.75몰이고 2원자 분자이므로 반응 전 산소 원자의 몰수는 0.75 × 2=1.5mol이다.

③ 이상기체 상태방정식을 이용해서 압력을 구할 수 있다.

$$P=\frac{n}{V}RT=\frac{(0.5+0.75)}{5.6}\times0.082\times273=5\text{atm}$$

④ 반응하지 않고 남은 산소 기체는 0.5mol×32g/mol=16g이다.

정답 ③

9

반응을 화학 반응식으로 나타내면 다음과 같다.

$$2KClO_3(s) \rightarrow 2KCl(s) + 3O_2(g)$$

산소의 몰수는 이상기체 상태방정식을 이용해서 구할 수 있다.

$$n_{O_2} = \frac{PV}{RT} = \frac{2 \times 30}{0.08 \times 500} = 1.5\text{mol}$$

화학 반응식으로부터 $n_{KClO_3} : n_{O_2} = 2:3$이므로,

$$n_{KClO_3} = 1.0\text{mol}$$

정답 ④

10

먼저 화학 반응식의 균형을 맞춘다.

$$2C_2H_2(g) + 5O_2(g) \rightarrow 4CO_2(g) + 2H_2O(g)$$

(가) $a+b=2+5=7 > c+d=4+2=6$

(나) 생성된 H_2O 3.6g은 0.2mol이므로 연소된 C_2H_2의 질량은 0.2mol × 26g/mol=5.2g이다.

(다) $P_{CO_2} = \frac{nRT}{V} = \frac{0.4 \times 0.082 \times 273}{2} = 4.48\text{atm}$

정답 ④

11

각 용기의 부피를 V라 하고, 몰수를 이용하여 양적 관계를 알아보면, 일정한 온도에서 $n \propto PV$이므로

$2NO(g)$	+	$O_2(g)$	→	$2NO_2(g)$
V		V		
$-V$		$-0.5V$		$+V$
		$0.5V$		V

용기 내부의 총 몰수는 $1.5V$이고, 용기의 부피는 $2V$이므로,

$$P = \frac{n}{V}RT\text{에서}$$

$$P = \frac{1.5V}{2V} = 0.75\text{기압}$$

정답 ①

12

C_3H_8의 질량을 구하기 위해 몰수가 필요한 경우인데, 이상 기체 상태 방정식을 이용해서 구할 수 있다.

$$n = \frac{PV}{RT} = \frac{0.5 \times 24}{0.08 \times 300} = \frac{1}{2}\text{mol}$$

C_3H_8의 질량은 $\frac{1}{2} \times 44 = 22\text{g}$이다.

정답 ②

13

$$P_{H_2} = P_T \times f_{H_2}$$

수소의 몰분율을 구하기 위해 양적 관계를 생각해본다.

$N_2(g)$	+	$3H_2(g)$	→	$2NH_3(g)$
1mol		2.5mol		
−0.5		−1.5		+1mol
0.5		1.0		1.0

총 몰수는 2.5.몰이므로 수소 기체의 몰분율은 $\frac{1}{2.5}$이다.

따라서 $P_{H_2} = P_T \times f_{H_2} = 5\text{atm} \times \frac{1}{2.5} = 2\text{atm}$이다.

정답 ③

14

$$d = \frac{w}{V}$$

질량은 반응 전과 후에 보존되므로 일정하다. 부피는 아보가드로의 법칙에 의해 몰수와 비례하는데 4개의 분자가 3개의 분자로 감소하였다.

$$d_A : d_B = \frac{1}{4} : \frac{1}{3} = 3:4$$

정답 ①

제 3 절 | 기체 분자 운동론과 확산속도

01 ①	02 ③	03 ③	04 ④	05 ②
06 ③	07 ②	08 ④		

1

ㄱ. 일정 몰수에서 부피는 $V \propto \frac{T}{P}$ 이므로 (가)의 부피는 $\frac{100}{1} = 100$, (나)의 부피는 $\frac{200}{2} = 100$, (다)의 부피는 $\frac{400}{2} = 200$으로 (가)와 (나)의 부피는 같다.

ㄴ. 단위 부피당 입자의 개수는 압력과 비례하므로 (가)와 (다)는 다르다.

ㄷ. 원자의 평균 운동 속력은 $v = \sqrt{\frac{3RT}{M}}$ 이므로 (다)는 (나)의 $\sqrt{2}$ 배이다.

정답 ①

2

이동한 거리를 속도로 나누어 속도의 비를 구할 수 있다. 수소 기체와 기체 X의 속도의 비는 4 : 1이다. 속도는 $\sqrt{\frac{1}{M}}$ 에 비례하므로 $4:1 = \sqrt{\frac{1}{2}} : \sqrt{\frac{1}{M}}$ 이고, M에 대해 정리하면 $M = 32$이다.

정답 ③

3

위의 반응을 화학 반응식으로 나타내면 다음과 같다.

$$NH_3(g) + HCl(g) \rightarrow NH_4Cl(s)$$

기체의 확산속도는 분자량의 제곱에 반비례한다.

$$v \propto \sqrt{\frac{1}{M}}$$

따라서, NH_3의 분자량보다 HCl의 분자량이 더 크므로 확산 속도는 NH_3이 HCl보다 더 빠르다.

정답 ③

4

기체의 운동 에너지는 온도에만 의존한다.

$$\frac{1}{2}Mv^2 = \frac{3}{2}RT$$

기체의 평균 운동 속력은 온도가 높을수록, 분자량이 작을수록 빠르다.

$$v = \sqrt{\frac{3RT}{M}}$$

① 350K에서 분자의 평균 운동 속력은 분자량이 작은 H_2가 He보다 더 빠르다.

② He의 평균 운동 속력은 700K에서가 350K에서의 $\sqrt{2}$ 배이다.

$$\sqrt{700} : \sqrt{350} = \sqrt{2} : 1$$

③ 350K, 1atm에서 H_2의 분출 속도는 He의 $\sqrt{2}$ 배이다.

$$v_{H_2} : v_{He} = \sqrt{\frac{1}{2}} : \sqrt{\frac{1}{4}} = \frac{\sqrt{2}}{2} : \frac{1}{2} = \sqrt{2} : 1$$

④ 350K에서 분자의 평균 운동 에너지는 온도에만 의존한다. 즉 온도가 같으므로 He과 Ar의 운동 에너지는 같다.

정답 ④

5

X의 원자량을 x라고 하면,

$$\frac{v_{O_2}}{v_{X_2O}} = \frac{3}{2} = \sqrt{\frac{M_{X_2O}}{M_{O_2}}} = \sqrt{\frac{2x+16}{32}} \qquad \therefore x = 28$$

정답 ②

6

기체의 확산 속도 $v \propto \sqrt{\frac{T}{M}}$ 이므로,

①, ② 기체의 밀도와 분자량은 비례하므로 기체의 확산 속도는 기체 밀도의 제곱근에 반비례하고, 기체 분자량의 제곱근에 반비례한다.

④ 기체의 확산 속도는 온도의 제곱근에 비례하므로 온도가 높을수록 빠르다.

③ $\frac{v_{H_2}}{v_{O_2}} = \sqrt{\frac{M_{O_2}}{M_{H_2}}} = \sqrt{\frac{32}{2}} = 4$

H_2의 확산 속도는 O_2의 4배이다.

정답 ③

7

$$\frac{v_{SO_2}}{v_X} = \frac{1}{4} = \sqrt{\frac{M_X}{64}}$$

$$M_X = 4$$

$$X = \text{He}$$

정답 ②

8

원자번호는 같지만 질량수가 다른 원자는 동위 원소에 관한 설명이고, 동위 원소는 질량수 차이로 결국 분자량이 차이가 나므로 확산 속도의 차이로 분리할 수 있다. 즉, 무거운 분자일수록 확산 속도가 느리다.

$$v = \sqrt{\frac{3RT}{M}}$$

정답 ④

제 4 절 | 이상 기체와 실제 기체

01 ④	02 ③	03 ④	04 ③	05 ①
06 ①	07 ②	08 ④	09 ③	

1

분자간의 인력이 클수록 압력이 증가할 때 부피가 많이 감소한다. 따라서 수소 결합이 가능한 NH_3의 부피가 가장 많이 감소되리라고 예측된다.

정답 ④

2

실제 기체가 이상 기체에 가까워지는 조건은 온도가 높고, 압력이 낮아 분자 간 인력이 존재하는 않는 경우이다.

정답 ③

3

ㄱ, ㄷ a는 분자간 인력을 보정한 상수이며 분자간 인력의 크기를 나타낸다. 수소 결합을 하는 분자인 H_2O가 극성 분자인 H_2S보다 분자간 인력이 크다. 따라서 a는 H_2O가 H_2S보다 크다.

ㄴ, ㄹ b는 분자간 반발력의 크기, 즉 분자 자체의 크기를 나타낸다. 분자량이 클수록 분자 자체의 크기가 커서 분자간 반발력의 크기도 크다. 3주기 원자인 Cl_2가 1주기 원자인 H_2보다 분자의 크기가 더 크므로 b값도 Cl_2가 H_2보다 더 크다.

정답 ④

4

실제 기체가 이상 기체에 가장 근접한 거동을 보이는 조건이 고온, 저압이므로 실제 기체가 이상 기체에서 가장 벗어난 거동을 보이는 조건은 저온, 고압일 경우이다.

정답 ③

5

압력이 증가함에도 불구하고 압축인자(PV/nRT)값이 일정한 C가 이상기체이고, 분자간의 인력이 없는 B가 헬륨, 나머지 A가 CH_4이다.

정답 ①

6

① 실제 기체 입자들 사이에서 작용하는 인력을 고려할 때, 일정한 압력에서 온도가 낮을수록 분자간 거리가 가까워지므로 분자간 인력이 작용하게 되어 실제 기체는 이상 기체로부터 벗어나게 된다.

정답 ①

7

실제 기체가 이상 기체에서 벗어난 거동을 보이는 경우는 분자간 인력이 작용하는 경우이고 분자간 인력이 작용하기 위해서는 분자간 거리가 가까워져야 하므로 저온, 고압일 때이다.

정답 ②

8

실제 기체가 이상 기체와 비슷한 성질을 갖기 위해서는 실제 기체 분자 간의 인력을 무시할 수 있어야 한다. 분자 간 인력을 무시할 수 있기 위해서는 분자 간의 거리가 멀어야 하므로 온도는 높고 압력은 낮아야 한다. 또한 분자 간 인력이 약한 무극성 분자가 분자 간 인력이 상대적으로 강한 극성 분자보다 이상 기체와 비슷한 성질을 갖는다.

정답 ④

9

이상 기체란 분자 간의 인력을 무시할 수 있는 가상의 기체이다. 따라서 실제 기체가 이상 기체 상태방정식에 근접하기 위해서는 분자 간의 인력이 작아져야 한다. 높은 온도와 낮은 압력은 기체 분자 간의 거리를 멀어지게 하므로 분자 간의 인력이 작아지게 된다. 분자량이 클 경우에는 전자들의 분산이 잘 일어나게 되어 분자 간의 인력이 증가하므로 실제 기체가 이상 기체 상태방정식에 근접하는 조건으로는 옳지 않다.

정답 ③

Chapter 08 액체

01 ③	**02** ③	**03** ①	**04** ④	**05** ③
06 ③	**07** ①			

1

벤젠(C_6H_6)과 톨루엔($C_6H_5CH_3$)을 비교해보면 C_6H_6의 극성의 정도가 약하므로 순수한 액체의 증기압은 C_6H_6이 $C_6H_5CH_3$보다 더 클 것으로 예측된다. 한편 이 둘의 혼합 용액은 혼합 비율과 상관없이 증기압이 큰 C_6H_6보다는 작을 것이고 증기압이 작은 $C_6H_5CH_3$보다는 큰 증기압을 가질 것으로 예측된다.

정답 ③

2

Clausius-Clapeyron식을 이용하여 해결할 수 있는 문제이다.

$$\ln\left(\frac{P_2}{P_1}\right) = -\frac{\Delta H}{R}\left(\frac{1}{T_2}-\frac{1}{T_1}\right)$$

$250\text{K} = T_1$, $300\text{mmHg} = P_1$, $500\text{K} = T_2$, $900\text{mmHg} = P_2$

각각을 대입하면,

$$\ln\left(\frac{900}{300}\right) = -\frac{\Delta H}{8}\left(\frac{1}{500}-\frac{1}{250}\right)$$

$$\Delta H = 4400\text{J/mol}$$

정답 ③

3

ㄱ. 30℃에서 위로 직선을 그어보면 그래프와 닿는 y축 값이 증기압이다. 따라서 증기압의 크기는 C<B<A이다.

ㄴ. 정상 끓는점이란 증기압과 대기압이 같을 때의 온도이다. 대기압이 760torr이므로 B의 증기압이 760torr일 때의 온도가 78.4℃이므로 B의 정상 끓는점은 78.4℃이다.

ㄷ. 25℃ 열린 접시에서 가장 빠르게 증발하는 것은 분자간 인력이 작아서 증기압이 큰 A이다.

정답 ①

4

같은 온도에서 $A(l)$의 증기압이 $H_2O(l)$보다 더 크기 때문에 ① 정상 끓는점은 A가 H_2O보다 낮고, ② 분자 간 인력은 A가 H_2O보다 작고, ③ 증발 엔탈피($\Delta H_{증발}$)는 A가 H_2O보다 작다. ④ 액체의 증기압과 대기압이 같을 때 액체는 끓기 때문에 각각의 정상 끓는점에서 A와 H_2O의 증기압은 같다.

정답 ④

5

① 500mmHg에서 휘발성이 가장 큰 액체는 증기 압력이 가장 큰 다이에틸 에터이다.
② 60℃, 1기압에서 에탄올과 아세트산의 안정한 상은 액체이다.
③ 20℃에서 분자 간 인력이 가장 작은 물질은 증기 압력이 가장 큰 다이에틸 에터이다.
④ 400mmHg에서 끓는점은 아세트산이 물보다 높다.

정답 ③

6

③ 분자 간 인력이 클수록 증발하기 어려우므로 증기압은 작다.

정답 ③

7

그래프로부터 (가)는 얼음, (나)는 물이다.
① 평균 수소 결합의 수는 물보다 얼음일 때 더 많으므로 (가) > (나)이다.
② H_2O의 밀도는 부피가 더 작은 (나)에서 더 크므로 (가) < (나)이다.
③ (나)보다 (가)에서 부피가 큰 이유는 물분자간의 수소 결합으로 인해 큰 공간이 생기기 때문이다.
④ 0℃일 때 H_2O의 상태 변화가 일어나므로 분자 내의 H와 O 사이의 공유 결합은 끊어지지 않는다.

정답 ①

Chapter 09 고체

제 1 절 | 고체의 결정

01 ① **02** ① **03** ① **04** ③

1

① 다이아몬드는 공유 결합 물질로 전기 전도성을 갖지 않는다.
② sp^2 혼성의 탄소는 입체수 3으로 평면 구조를 이루므로 흑연은 이차원(평면상의) 판상 구조이다.
③ 축구공 모양의 C_{60}는 무극성 분자이므로 무극성 유기 용매에 녹는다.
④ 관 모양의 탄소 나노튜브는 흑연과 마찬가지로 높은 전기 전도도를 갖는다.

정답 ①

2

격자의 전하량의 곱이 클수록, 결합 길이가 짧을수록 격자 엔탈피(ΔH_L)가 크다. Al_2O_3의 전하량의 곱이 가장 크므로 ΔH_L도 가장 크다.(전하량의 곱이 큰 경우 일반적으로 결합 길이가 짧다)

정답 ①

3

ㄱ. 이온결정은 이온 결합 물질로 결합력이 강하기 때문에 녹는점이 높으며, 녹으면 양이온과 음이온들이 서로 이동할 수 있으므로 전도체가 된다.
ㄴ. 분자결정인 아르곤 결정에서 인력은 단지 London 힘만 존재한다. 여기서 말하는 London 힘은 분산력을 말한다.
ㄷ. 공유결정은 매우 단단해서 녹는점이 매우 높으며 녹더라도 이온으로 되지 않기 때문에 비전도체이다.
ㄹ. 금속결정은 열전도성과 전기전도성이 좋으며, 금속이라고 하여 녹는점이 모두 높은 것은 아니다. 알칼리 금속의 경우 녹는점이 낮다. Cs의 경우 녹는점은 36℃ 정도로 다른 금속에 비해 녹는점이 낮은 편이다.

정답 ①

4

ㄷ. 모두 공유 결합 물질로 흑연과 탄소나노튜브는 원자 결정이고, 풀러렌은 분자 결정으로 분류된다.

정답 ③

제 2 절 | 고체의 결정구조

01 ③	02 ③	03 ②	04 ③	05 ②
06 ②	07 ②	08 ③	09 ④	10 ①
11 ④	12 ④	13 ③		

1

ㄱ. 알루미늄은 면심 입방구조를 가지므로 단위 세포내 입자수는 4개이다.

ㄴ. 면심 입방구조에서 배위수는 12로, 알루미늄 원자와 가장 인접한 원자의 개수는 12개이다.

ㄷ. 알루미늄 원자 핵간 최단 거리는 원자 반지름의 2배이다. $r=\frac{\sqrt{2}\,a}{4}$ 이고, 모서리의 길이 $a=4.0\,\text{Å}$ 이므로 원자 핵간 최단거리는

$2r=2\times\frac{\sqrt{2}}{4}\times 4\,\text{Å}=2\sqrt{2}\,\text{Å}$ 이다.

정답 ③

2

면심 입방 구조인 경우 원자의 반지름과 모서리의 관계

$$r=\frac{\sqrt{2}}{4}a$$

$$r=\frac{\sqrt{2}}{4}\times 408=102\sqrt{2}$$

직경 $2r=2\times 102\sqrt{2}=204\times 1.414=288\,\text{pm}$

정답 ③

3

체심 입방구조에는 격자 중심에 1개, 8개의 꼭지점에 원자가 위치하므로 단위 세포의 알짜 개수

$$1\times 1+\frac{1}{8}\times 8=2$$

정답 ②

4

(가)는 금속 결정인 구리, (나)는 원자 결정인 다이아몬드, (다)는 이온 결정인 염화나트륨이다.

ㄱ. 고체 상태인 원자 결정인 (나) 다이아몬드와 이온결정인 (다) 염화나트륨은 전기전도성이 없고, 금속 결정인 (가) 구리는 전기전도성이 크다. 따라서 전기전도성은 (가)가 (나)보다 크다.

ㄴ. (나)인 다이아몬드에서 탄소는 주위의 4개 탄소와 공유결합을 하는 sp^3 혼성 구조이므로 같은 sp^3 혼성을 하는 메테인의 결합각과 같다.

ㄷ. (나)는 다이아몬드로서 단위격자 내에 8개의 탄소 원자가 포함되어있고, (다)는 염화나트륨에서 나트륨 이온은 4개가 포함되어있으므로 개수의 비는 2 : 1이다.

C : 꼭지점$(\frac{1}{8}\times 8)$+면$(\frac{1}{2}\times 6)$+체심$(1\times 4)=8$개

Na^+: 체심(1) + 모서리$(\frac{1}{4}\times 12)=4$개

정답 ③

5

단순 입방체는 입방체의 각 꼭지점에 격자점이 존재하므로 단위 세포내 존재하는 입자수는 $\frac{1}{8}\times 8=1$개다.

면심 입방체는 입방체의 각 꼭지점과 면에 격자점이 존재하므로 단위 세포내 존재하는 입자수는

$\frac{1}{8}\times 8+\frac{1}{2}\times 6=4$개다.

체심 입방체는 입방체의 각 꼭지점과 체심에 격자점이 존재하므로 단위 세포내 존재하는 입자수는

$\frac{1}{8}\times 8+1=2$개이다. 따라서 단위 세포내 입자수가 가장 많은 것은 면심 입방체이다.

정답 ②

6

체심 입방 격자(Body Centered Cubic lattice, BCC)는 입방체의 각 꼭짓점과 입방체의 중심에 1개의 원자가 배열된 결정구조이다. 따라서 입방체내의 입자수는 $\frac{1}{8}\times 8+1=2$이다.

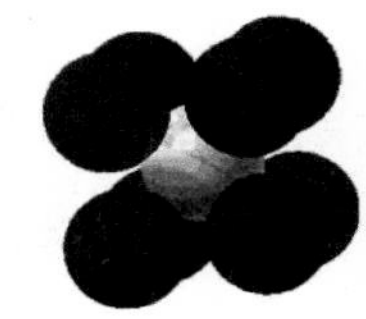 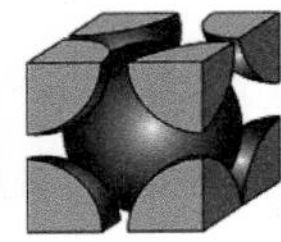 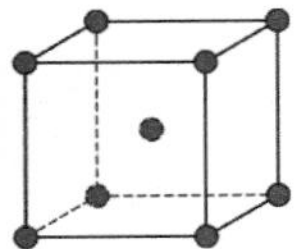

정답 ②

7

ㄱ. NaCl 결정은 면심 입방 구조이다.

ㄴ. 각 Cl^-는 6개의 Na^+에 의해 둘러싸여 있다.

ㄷ. 단위세포는 각각 4개의 Na^+와 Cl^-를 갖는다.

ㄹ. 이온 결정의 구조를 결정하는 여러 가지 요소 중 한 가지가 양이온과 음이온의 반지름비율 즉, radius ratio에 따라 구조가 결정이 된다는 것이다. CuCl의 경우는 NaCl에 비해 양이온의 크기가 크기 때문에 NaCl과 같은 구조를 가질 수 없다. CuCl은 ZnS와 같은 구조를 갖는다.

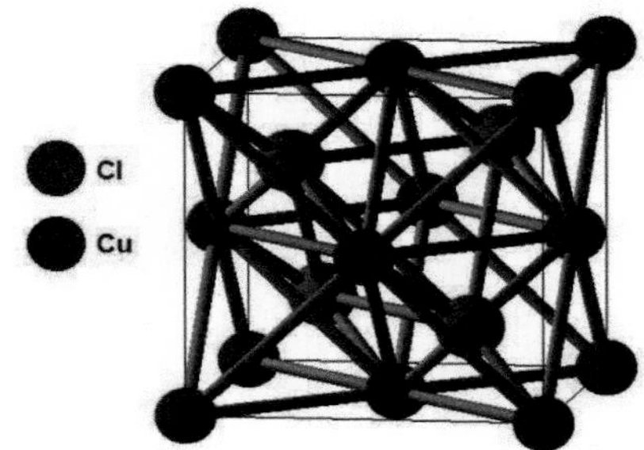

정답 ②

8

결정의 쌓임 효율은 $\frac{\text{입자의 부피}}{\text{결정 격자의 부피}}$이다.

모서리의 길이를 a라 하면, 결정 격자의 부피는 a^3이다. 입자의 부피는 입자 한 개의 부피에 입자수를 곱해서 구한다.

면심 입방 구조이므로 입자수는 4이고, 입자의 반지름은 $\frac{\sqrt{2}}{4}a$이다.

따라서

$$\frac{\text{입자의 부피}}{\text{결정 격자의 부피}}=\frac{\frac{4}{3}\pi\times\left(\frac{\sqrt{2}}{4}a\right)^3\times 4}{a^3}=\frac{\sqrt{2}\,\pi}{6}$$

정답 ③

9

② Al이 면심 입방 구조이므로 Al의 단위 세포에 포함된 원자 개수는 4이다.

③ 면심 입방(fcc) 구조와 육방 조밀 쌓임(hcp) 구조의 쌓임 효율은 74%로 같다.

④ 면심 입방(fcc) 구조와 육방 조밀 쌓임(hcp) 구조의 배위수는 12로 같다.

정답 ④

10

ㄴ. Na^+는 단위 세포의 체심을 관통하는 대각선상의 1/2 거리 지점에 위치한다.

ㄷ. Na^+와 Cl^-는 각각 6배위수를 가진다.

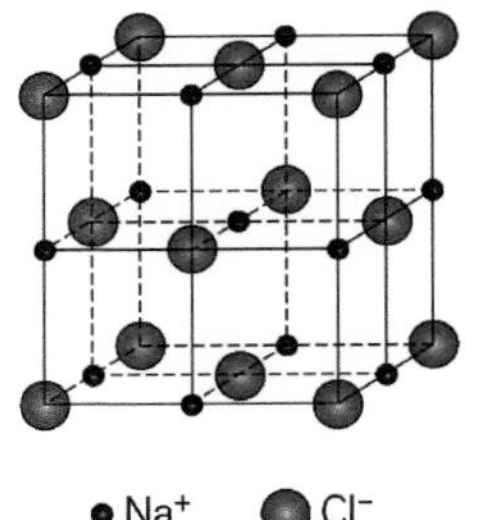

정답 ①

11

3주기 원소로 이루어진 이온성 고체 AX는 NaCl에 해당된다고 예측할 수 있다.

① A^+는 체심 위치에 1개, 모서리 위치에 12개 있으므로 A^+의 입자수는 $1+\frac{1}{4}\times 12=4$개다. X^-는 꼭지점 위치에 8개, 면심 위치에 6개 있으므로 X^-의 입자수는 $\frac{1}{8}\times 8+\frac{1}{2}\times 6=4$개다. 따라서 단위 세포 내에 있는 A 이온과 X 이온의 개수는 각각 4이다.

② A 이온과 X 이온의 배위수는 각각 6이다.
③ A(s)는 금속 결정이므로 전기적으로 도체이다.
④ AX(l)는 용융액으로 $A^+(l)$과 $X^-(l)$으로 서로 떨어져 있어서 이온이 움직일 수 있으므로 전기적으로 도체이다.

정답 ④

12

면심 입방 결정 구조이므로 단위 결정에 존재하는 입자수는 4개이고, 단위 결정의 밀도와 금속 결정의 밀도는 같으므로 금속 결정의 밀도는 다음과 같이 나타낼 수 있다.

$$d = \frac{w}{V} = \frac{N \times \left(\frac{M}{N_A}\right)}{a^3}$$

우선적으로 모서리의 길이(a)는 반지름으로부터 알 수 있다. 면심 입방 결정구조에서 원자 반지름과 모서리의 관계는 다음과 같다.

$$r = \frac{\sqrt{2}}{4}a \qquad a = 2\sqrt{2}\,r$$

밀도의 공식에 대입하면 다음과 같다.

$$d = \frac{N \times \left(\frac{M}{N_A}\right)}{a^3} = \frac{4 \times \left(\frac{M}{N_A}\right)}{(2\sqrt{2}\,r)^3} = \frac{\sqrt{2}\,M}{8N_A r^3}$$

정답 ④

13

ㄱ. 결정 구조는 체심 입방 구조이다.
ㄴ. 단위 세포에 포함한 원자는 꼭지점과 체심의 위치에 존재하므로 $\frac{1}{8} \times 8 + 1 = 2$이다.
ㄷ. 체심의 위치에 있는 입자를 기준으로 가장 가까운 입자는 각 꼭지점에 위치한 원자이므로 그 입자 수는 8개이다.

정답 ③

제 3 절 | 실험식의 결정

01 ① **02** ① **03** ①

1

금속(M) 양이온은 꼭지점과 면에 위치하고, 비금속(X) 음이온은 체심에 위치하므로 단위 격자에 존재하는 입자수를 알아보면,

금속(M) 양이온(작은 공 모양): $\frac{1}{8} \times 8 + \frac{1}{2} \times 6 = 4$

비금속(X) 음이온(큰 공 모양): $1 \times 4 = 4$

$M : X = 4 : 4 = 1 : 1$으므로 화학식은 MX이다.

정답 ①

2

양이온 A는 단위세포의 중심에 위치하므로 원자의 개수는 $1 \times 1 = 1$개, 음이온 B는 꼭지점에 위치하므로 원자의 개수는 $\frac{1}{8} \times 8 = 1$개로 화학식은 AB이다.

$$x + y = 1 + 1 = 2$$

정답 ①

3

A는 꼭지점과 면의 중앙에 위치하므로 원자의 개수는 $\frac{1}{8} \times 8 + \frac{1}{2} \times 6 = 4$이다.

B는 체심에 위치하므로 원자의 개수는 $1 \times 8 = 8$이므로 $A : B = 4 : 8 = 1 : 2$이므로 화학식은 AB_2이다.

정답 ①

Chapter 10 상평형도

01 ④ **02** ① **03** ③ **04** ②

1

① 상 평형도는 닫힌계에서 물질의 상(phase) 사이의 압력－온도 평형 관계를 나타낸 것이다.
② 고체, 액체, 기체가 평형 상태로 공존하는 지점은 삼중점에 대한 설명이다.
③ 상그림으로부터 고체, 액체, 기체의 상변환 속도를 예측할 수는 없다.
④ 삼중점보다 낮은 압력의 평형 상태에서는 승화가 일어나므로 액체가 존재하지 않는다.

정답 ④

2

① 외부 압력(1기압)과 증기 압력이 같을 때의 온도가 정상 끓는점이다. 따라서 정상 끓는점은 60℃보다 높다.
② 융해 곡선이 양의 기울기를 가지므로 고체의 밀도가 액체의 밀도보다 높다.
③ 고체, 액체, 기체가 모두 공존하는 지점은 삼중점으로 30℃보다 낮다.
④ 삼중점 이상의 온도에서 압력을 가해야 기체가 액체로 응축될 수 있다. 삼중점의 온도가 30℃이므로 20℃에서 기체가 액체로 응축될 수 없다.

정답 ①

3

① 이산화탄소는 삼중점의 압력이 1기압보다 높으므로 1기압에서는 승화만 가능하므로 액체로 존재할 수 없다.
② 이산화탄소는 삼중점의 온도가 －57℃이므로 －70℃에서 이산화탄소는 승화만 가능하다.
③ 이산화탄소의 융해 곡선은 양의 기울기이므로 이산화탄소 고체는 이산화탄소 액체보다 밀도가 더 크다.
④ －40℃는 삼중점 온도보다 높은 온도이므로 히말라야 고산 지대에서 이산화탄소는 고체로 존재할 수 없다.

정답 ③

4

- 고체의 밀도가 액체보다 항상 높다는 것은 융해 곡선의 기울기가 우상향이다.
- 350K에서 액체의 증기 압력이 1atm이므로 이 액체의 끓는점은 350K이다.

주어진 자료로부터 상평형 도표를 그리면 다음과 같다.

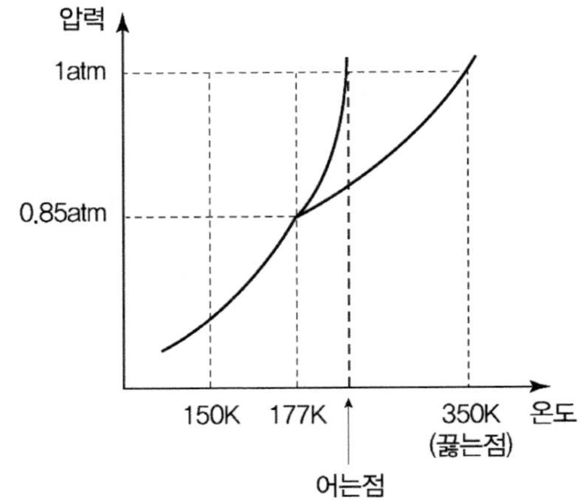

① 대기압과 증기압이 1기압으로 같아졌을 때의 온도가 끓는점이므로 끓는점은 350K이다.
② 삼중점의 온도는 어는점보다 낮다.
③ 150K일 때, 평형에서는 고체와 기체만 존재한다.
④ 177K일 때, 0.85atm 이상의 압력에서 이 물질은 고체이다.

정답 ②

Chapter 11 용해와 농도

제 1 절 | 용해

01 ①	02 ①	03 ④

1

헨리의 법칙이란 기체의 용해도에 관한 법칙으로 동일한 온도에서 같은 양의 액체에 용해될 수 있는 기체의 양은 기체의 부분압과 정비례한다는 것이다.

$$P_B = f_B \times K_B (K_B\text{는 헨리상수})$$

정답 ①

2

기체의 용해도는 기체의 분압에 비례하므로 Henry 상수 (k_H)를 이용하여 다음과 같이 나타낼 수 있다.

$$C = k_H \times P$$

$$= 3.4 \times 10^{-4} \frac{mol}{m^3 Pa} \times 0.41 \times 10^6 Pa$$

$$= 1.394 \times 10^2 \frac{mol}{m^3 \times \frac{1L}{10^{-3} m^3}} = 1.4 \times 10^{-1} M$$

※ $1L = 1000cm^3 \times \left(\frac{1m}{10^2 cm}\right)^3 = 10^{-3} m^3$

정답 ①

3

60℃에서 용매 100g에 대한 포화 수용액은 209g이고 418g은 209g의 2배이다. 209g을 10℃로 냉각시켰을 때의 석출량이 109－22＝87g이므로 418g일 때의 석출량 또한 87g의 2배인 174g이 된다.

정답 ④

제 2 절 | 농도

01 ③	02 ①	03 ①	04 ②	05 ②
06 ①	07 ③	08 ③	09 ②	10 ④
11 ②	12 ③	13 ③	14 ①	15 ④
16 ②	17 ③	18 ①	19 ①	20 ④
21 ①	22 ④	23 ②	24 ①	

1

KCl에서 Cl^-의 몰수=$1M \times 0.5L = 0.5mol$

$CaCl_2$에서 Cl^-의 가수가 2이므로

Cl^-의 몰수=$2 \times 2M \times 0.5L = 2mol$

혼합 용액의 부피는 $500mL + 500mL = 1000mL = 1L$

$$[Cl^-] = \frac{(0.5+2)mol}{1L} = 2.5M$$

정답 ③

2

비중이 1.18이므로 1L에 대한 용액의 질량은 1180g이다.

$$M = \frac{\left(\frac{1180 \times 0.36}{36.5}\right) mol}{1L} = 11.64M$$

정답 ①

3

온도가 변함에 따라 변할 수 있는 물리량은 부피이다. 농도의 정의에 부피를 포함하고 있는 몰농도만이 온도에 따라 값이 변한다. 즉 온도가 증가하면 부피가 증가하게 되므로 몰농도 값은 감소하게 된다.

정답 ①

4

$Fe(NO_3)_2$는 수용액에서 100% 해리되므로 해리 반응식은 아래와 같다.

$$Fe(NO_3)_2 \rightarrow Fe^{2+}(aq) + 2NO_3^-(aq)$$

화학 반응식의 계수의 비는 몰수의 비와 같으므로 1M $Fe(NO_3)_2$ 수용액에서 NO_3^-의 농도는 2M이다.

정답 ②

5

용액의 질량이 250g이므로 밀도로부터 용액 250g에 대한 부피를 구할 수 있다.

$$\frac{1000g}{1L} = \frac{250g}{0.25L}$$

즉, 용액 0.25L에 용질 $\frac{50g}{200g/mol} = 0.25mol$이 녹아 있으므로 몰농도는 $M = \frac{n}{V} = \frac{0.25mol}{0.25L} = 1M$이다.

용액 250g중에 용질이 50.0g이므로 용매의 질량은 200g이므로 몰랄 농도는 1.25m이다.

$$m = \frac{n}{W} = \frac{0.25mol}{0.2kg} = 1.25m$$

정답 ②

6

문제에서 요구하는 것은 물의 양(L)이다. 여기서 용질(결정)의 부피는 용매인 물의 부피에 비해 매우 작으므로 용질의 부피를 무시할 수 있다. 결국 물의 양은 용액의 부피와 같다.

$$n_{KOH} = \frac{15.4}{56} = 0.275mol$$

$$0.5M = \frac{0.275}{V} \qquad V = 0.275 \times 2 = 0.55L$$

※ 참고: 질량 관계에서는 용질의 질량을 무시할 수 없다.

정답 ①

7

혼합 전과 혼합 후의 용질의 양은 같아야 한다.

12.5% 황산 수용액의 질량은 $x$kg이라고 한다면,

$$\frac{12.5}{100} \times x + \frac{77.5}{100} \times 200 = \frac{19}{100} \times (200 + x)$$

$$\therefore x = 1800kg$$

19% 황산 용액의 양은 200 + 1800 = 2000kg이다.

정답 ③

8

질량 백분율 98.0%, 비중 1.8의 진한 황산용액 1L의 몰농도를 구해보면,

$$M = \frac{(1800 \times 0.98)/98}{1} = 18M$$

여기서 50.0mL를 취했으므로 황산의 몰수는

$$n = 18 \times (50 \times 10^{-3}) = 0.9mol$$

증류수로 희석하여 1L의 묽은 황산용액으로 제조하였으므로 이 묽은 황산 용액의 몰농도는 $M = \frac{0.9}{1} = 0.9M$이다.

$$n_{H^+} = n_{OH^-}$$

$$2 \times 0.9 \times 40 = 1 \times M \times 80$$

$$M = 0.90M$$

정답 ③

9

$$\frac{\text{용질의 질량}}{\text{용액의 질량}} \times 100\%$$

정답 ②

10

A용액의 질량 = 부피 × 밀도 = $1000d$이므로, A 수용액의 몰농도를 구하면,

$$[A] = \frac{\frac{(1000d \times 0.2)\,g}{60g/mol}}{1L} = \frac{\left(\frac{10}{3}d\right)mol}{1L} = \frac{\left(\frac{1}{3}d\right)mol}{0.1L}$$

$$[B] = \frac{\left(\frac{1}{3}d\right)mol}{0.25L} = \frac{4d}{3}\,M$$

정답 ④

11

몰농도의 정의는 용질의 몰수를 용액의 부피로 나눈 값이다.

$$M = \frac{n_{\text{용질}}}{V_{\text{용액}}}$$

정답 ②

12

소금 3.5%는 바닷물 100g 중에 소금 3.5g이 존재한다는 것이므로 $\frac{3.5}{100} \times 100 = 3.5$이다.

따라서 염도는 $\frac{35}{1000} \times 1000 = 35$이다.

정답 ③

13

$$1.5\frac{\text{mol}}{\text{L}} = \frac{\frac{84}{56}}{V} = \frac{1.5}{V} \qquad V = 1.0\text{L}$$

정답 ③

14

혼합 전과 혼합 후의 용질의 양은 같아야 한다.

$$0.4 \times 100 + 0.2 \times V = 0.25(100 + V)$$
$$V = 300\text{mL}$$

정답 ①

15

몰랄 농도는 용질의 몰수를 용액의 kg수로 나누는 것이 아니라 용매의 kg수로 나눠야한다.

$$\text{몰랄 농도(m)} = \frac{\text{용질의 몰수}}{\text{용매의 kg수}}$$

정답 ④

16

설탕의 질량은 522.1−505.0=17.1g이다.

$$M = \frac{\frac{w}{M}}{V} = \frac{\left(\frac{17.1}{342}\right)\text{mol}}{0.5\text{L}} = 0.1\text{M}$$

정답 ②

17

③ 질량 백분율[%]은 $\frac{\text{X의 질량}}{\text{용액의 질량}} \times 100$이다.

정답 ③

18

포도당의 질량=포도당의 몰수 × 포도당의 분자량

0.5M 포도당($C_6H_{12}O_6$) 수용액 100mL에 녹아 있는 포도당의 몰수 $n = MV = 0.5 \times 0.1 = 0.05\text{mol}$, 포도당의 분자량은 180g/mol이다.

따라서 포도당의 질량 $w = 0.05\text{mol} \times 180\text{g/mol} = 9\text{g}$이다.

정답 ①

19

$$[\text{KOH}] = \frac{(1 \times 30 + 2 \times 40) \times 10^{-3}\text{mol}}{0.1\text{L}} = 1.1\text{M}$$

정답 ①

20

먼저 (가)와 (나)에서 용질의 질량을 구한다.

(가) 밀도를 이용해서 $1.1\text{g mL}^{-1} = \frac{110\text{g} \times 0.2 = 22\text{g}}{100\text{mL}}$ 이므로 용질의 질량은 22g, 용매의 질량은 88g이다.

(나) 용질의 몰수가 $MV = 2 \times 0.1 = 0.2\text{mol}$이므로 용질의 질량은 $0.2\text{mol} \times 60\text{g mol}^{-1} = 12\text{g}$이다.

④ (다)에 들어 있는 A의 질량은 22g+12g=34g이다.

① (가)의 몰랄 농도는 $\frac{\frac{22}{60}\text{mol}}{0.088\text{kg}} = \frac{100}{24}\text{m} > 4\text{m}$ 보다 크다.

② (나)를 냉각시키면 용액의 부피가 감소되므로 몰 농도는 증가한다.

③ (다)의 몰 농도는 $\frac{\frac{34}{60}\text{mol}}{0.2\text{L}} = \frac{17}{6}\text{M} < 3\text{M}$보다 작다.

정답 ④

21

희석 전과 희석 후의 몰수가 같음을 이용한다. 또한 황산(H_2SO_4)은 2가 산이다.

$$(nMV)_{\text{희석전}} = (nMV)_{\text{희석후}}$$
$$2 \times 8 \times V = 2 \times 0.1 \times 2$$
$$V = \frac{0.2}{8} = 0.025\text{L}$$

정답 ①

PART 04 물질의 상태와 용액

22

pH가 낮을수록 $[OH^-]$는 작아진다.

NaOH는 1당량이므로 1N NaOH 수용액과 1M NaOH 수용액에서 $[OH^-]$는 같다.

②, ③, ④ 수용액을 질량 단위로 환산해서 비교하면 다음과 같다.

1M NaOH	1m NaOH	1wt% NaOH
$\frac{40g}{1000g}=0.04$	$\frac{40g}{1040g}=0.038$	$\frac{1g}{100g}=0.01$

1M NaOH를 질량 단위로 환산하기 위해서는 용액의 밀도가 주어줘야 하는데 주어지지 않은 경우 용액의 밀도는 일반적으로 $1g/cm^3$으로 가정해서 환산하면 된다. 따라서 가장 $[OH^-]$가 작은 것은 1wt% NaOH 수용액이다.

정답 ④

23

$$[Cl^-]=\frac{(2\times0.1)+(1.25\times0.4)}{0.5}=1.4M$$

정답 ②

24

밀도는 세기 성질이므로, $\frac{1.4g}{1mL}=\frac{9.8g}{7mL}$

H_2SO_4의 질량은 $9.8g\times0.5=4.9g$

$$M=\frac{\left(\frac{4.9g}{98g/mL}\right)}{1L}=0.05M$$

정답 ①

Chapter 12 용액의 총괄성

제1절 | 총괄성 종합

01 ③	02 ④	03 ①	04 ④	05 ②
06 ④	07 ④	08 ②	09 ①	10 ④
11 ①				

1

①, ② 삼투압과 관련 ④ 어는점 내림과 관련

③ 온도가 올라감에 따라 설탕의 용해도가 증가하는 것은 고체의 용해 과정이 흡열 과정이기 때문이다.

정답 ③

2

순물질인 물보다 혼합물인 소금물은 용질이 용매를 방해하기 때문에 끓는점은 올라가고, 어는점은 내려간다. 삼투현상에서 물의 알짜이동은 항상 소금물의 농도가 진한 쪽으로 이동한다.

정답 ④

3

② NaCl의 반트호프 계수 $i=2$이고, $CaCl_2$의 반트호프 계수는 $i=3$이므로, 같은 몰수인 경우 반트호프 계수가 큰 $CaCl_2$의 어는점 내림 효과가 크다.

③ 설탕물은 비전해질이므로 $i=1$, 소금물은 전해질이므로 $i=2$이다. 끓는점 오름은 $\Delta T_b=imK_b$이므로 몰랄 농도가 같고, K_b도 같으므로 반트호프 인자가 큰 소금물의 끓는점이 더 높다.

④ 소금물의 용질인 소금이 물이 증발하는 것을 방해한다. 따라서 소금물의 증기압이 낮고, 증발 속도도 낮다.

정답 ①

4

제시된 물질은 같은 농도이고 모두 이온 결합을 한 물질이므로 수용액에서 100% 해리가 되므로 이온의 입자수는 ① $2N_A$ ② $2N_A$ ③ $2N_A$ ④ $3N_A$이다.

정답 ④

5

② 용액의 총괄성은 용액 내에 녹아 있는 용질의 화학적 특성에 의해 영향 받지 않고 오직 입자수에 의해서만 결정된다.

정답 ②

6

설탕을 더 녹인다는 것은 용액의 농도가 증가한다는 것이고 그만큼 용질이 용매의 운동을 방해하는 것이 증가되므로, 용액의 증기압은 낮아지고, 끓는점은 높아지고, 어는점은 낮아진다. 삼투압 또한 농도가 증가할수록 높아진다.($\pi = CRT$)

정답 ④

7

① 순수한 물의 어는점 보다 소금물의 어는점이 더 낮다.
② 용액의 증기압은 순수한 용매의 증기압보다 낮다.
③ 순수한 물의 끓는점보다 설탕물의 끓는점이 더 높다.
④ 고농도의 바닷물에 삼투압 이상의 압력을 가하여 담수화 할 수 있다.

정답 ④

8

ㄱ. 용액의 총괄성은 용질의 종류와 무관하고, 용질의 입자수에 의존하는 물리적 성질이다.
ㄴ. 전해질 용액인 NaCl 수용액은 비전해질인 설탕 수용액보다 용질이 용매를 더 많이 방해하므로 증기압 내림이 크기 때문에 증기압은 비전해질인 설탕 수용액이 더 크다.
ㄷ, ㄹ. 끓는점 오름과 어는점 내림도 몰랄 농도에 비례한다. 같은 농도일 때 입자수는 전해질이 비전해질보다 많으므로 끓는점 오름과 어는점 내림의 크기는 NaCl 수용액이 설탕 수용액보다 크다.

정답 ②

9

① 전해질의 정의에 해당하는 표현이다.
② 설탕은 대표적인 비전해질이다.
③ 아세트산(CH_3COOH)은 약전해질으로 대부분 수화된 분자 상태로 존재하고, 염화칼륨(KCl)은 수용액에서 100% 해리되어 이온으로 존재한다.
④ 염화나트륨(NaCl)은 수용액에서 100% 해리되어 이온으로 존재하므로 전기 전도성이 있다.

정답 ①

10

용질의 개수는 몰수와 비례한다. 가수와 몰농도와 부피를 곱하여 몰수를 구할 수 있다.

① 염화나트륨은 이온 결합 물질이다.

$$NaCl(aq) \rightarrow Na^{+}(aq) + Cl^{-}(aq)$$
$$2 \times 2.0M \times 0.02L = 0.08N_A(\text{개})$$

② 에탄올은 비전해질이다.

$$1 \times 0.8M \times 0.1L = 0.08N_A(\text{개})$$

③ 염화철(Ⅲ)은 이온 결합 물질이다.

$$FeCl_3(aq) \rightarrow Fe^{3+}(aq) + 3Cl^{-}(aq)$$
$$4 \times 0.4M \times 0.02L = 0.032N_A(\text{개})$$

④ 염화칼슘은 이온 결합 물질이다.

$$CaCl_2(aq) \rightarrow Ca^{2+}(aq) + 2Cl^{-}(aq)$$
$$3 \times 0.1M \times 0.3L = 0.09N_A(\text{개})$$

정답 ④

11

용액의 총괄성이란 용질의 입자수가 늘어날수록 용액의 증기압이 내려가고 끓는점이 높아지고 어는점이 내려가는 것을 말한다.

① 산 위에 올라가서 끓인 라면이 설익는 것은 산위에 올라가면 대기압이 낮아져서 끓는점이 낮아지므로 라면이 설익게 되는 것이므로 용질의 입자수와는 관련이 없다.

정답 ①

제 2 절 | 증기압 내림

01 ③	02 ③	03 ②	04 ②	05 ①
06 ①	07 ④	08 ②		

1

ㄱ, ㄷ. 음의 편차는 용매−용매간 인력보다 용질−용매 간 인력이 강하기 때문에 증발되기 어렵고, 증기압은 라울의 법칙에서 예측한 값보다 작다.

ㄴ. 용액의 증기압은 용질의 종류와 상관없이 용질의 입자수에만 의존한다.

정답 ③

2

증기압 내림을 이용하여 해결할 수 있다.

$$\Delta P = P^{\circ} f_{용질}$$

$$(23.8 - 11.9) = 23.8 \times f_{용질} \qquad f_{용질} = \frac{1}{2}$$

물의 몰수가 10몰이므로 용질의 몰수를 n이라 하면,

$$\frac{1}{2} = \frac{n}{10+n} \qquad n = 10$$

글루코스의 질량 10mol × 180g/mol = 1800g이다.

정답 ③

3

액체의 분자간 인력이 작을수록 증기압은 크다. 따라서 A−A의 증기압이 B−B의 증기압보다 작으므로 분자간 인력은 A−A가 B−B보다 더 크다. 당연히 A−B는 중간값을 갖을 것이다.

정답 ②

4

온도가 다른 경우 증기 압력은 Clausius−Clapeyron식에 의해 구할 수 있다.

$$\ln\left(\frac{P_2}{P_1}\right) = -\frac{\Delta H_{vap}}{R}\left(\frac{1}{T_2} - \frac{1}{T_1}\right)$$

따라서 필요한 데이터는 A의 몰증발열이다.

정답 ②

5

Na_2SO_4은 전해질이므로 반트호프 인자(i)는 3이다.

$$Na_2SO_4(aq) \rightarrow 2Na^{+}(aq) + SO_4^{2-}(aq)$$

Na_2SO_4 35.5g은 0.25몰, 물 180g은 10몰이다.

용액의 증기압은

$$P_{용액} = P^{\circ} \times f_{용매} = \frac{1}{20} \times \frac{10}{10+(0.25\times 3)} = \frac{2}{43}\text{atm}$$

정답 ①

6

벤젠(B)과 톨루엔(T)의 혼합 용액의 증기압은

$$P_{용액} = P_B^{\circ} \times f_B + P_T^{\circ} \times f_T = 120 \times \frac{1}{2} + 40 \times \frac{1}{2}$$

$$= 80\text{atm}$$

$$P_T = P_{용액} \times g_T$$

$$20 = 80 \times g_T$$

$$g_T = 0.25$$

정답 ①

7

이상 용액은 용질−용질, 용매−용매, 용매−용질간의 상호 작용이 균일한 라울의 법칙을 따르는 용액이다. 총괄성은 용질의 종류에 무관하고, 입자수에만 의존한다.

정답 ④

8

라울의 법칙에 의해

$$P_{용액} = P_{물} + P_{에탄올}$$

$$= P_{물}^{\circ} f_{물} + P_{에}^{\circ} f_{에} = 100 \times \frac{4}{10} + 250 \times \frac{6}{10}$$

$$= 190\text{ torr}$$

정답 ②

제 3 절 | 끓는점 오름과 어는점 내림

01 ③	02 ④	03 ①	04 ②	05 ②
06 ②	07 ③	08 ④	09 ②	10 ④

1

먼저, 용질의 종류부터 구분하여야 한다. NaCl, K_2SO_4와 $CaCl_2$은 전해질이고 $C_6H_{12}O_6$은 비전해질이다. 즉 어는점 내림은 반트호프인자와 몰랄농도의 곱($i \times m$)에 비례하므로

ㄱ. $2 \times 0.1 = 0.2$

ㄴ. $1 \times 0.1 = 0.1$

ㄷ. $3 \times 0.15 = 0.45$

ㄹ. $3 \times 0.1 = 0.3$

따라서, 어는점 내림이 가장 큰 순서대로 나열하면 ㄷ > ㄹ > ㄱ > ㄴ 순서이다.

정답 ③

2

$$\Delta T_b = m K_b \qquad m = \frac{\frac{w}{M}}{W}$$

$$\frac{1}{2}\text{m} = \frac{\frac{20}{M}}{0.5} \qquad M = 80\text{g/mol}$$

정답 ④

3

문제에서 제시되지는 않았지만, 어떤 물질은 비휘발성, 비전해질로 간주한다.

$$\Delta T_f = \frac{\left(\frac{w}{M}\right)}{W} \times K_b = \frac{\left(\frac{0.75}{M}\right)}{0.025} \times 1.86 = 0.31$$

$$M = 180$$

정답 ①

4

물의 끓는점오름 상수가 0.52℃/m이라는 것은 용액의 농도가 1m일 때 끓는점 오름이 0.52℃이므로 끓는점이 물보다 0.26℃ 높게 형성되었으므로 용액의 몰랄 농도는 0.5m이다.

$$m = \frac{\frac{w}{M}}{W} \qquad \frac{1}{2} = \frac{\frac{5}{M}}{0.5} \qquad M = 20$$

정답 ②

5

입자수가 많을수록 용질이 용매를 많이 방해하므로 용매간의 분자간 인력을 끊기 어려우므로 많은 에너지를 공급하여야 하므로 끓는점은 점점 높아진다.

입자수를 판단할 때에는 몰랄 농도와 함께 반트호프 인자를 고려해야 하는데, 즉 전해질과 비전해질을 구분하여야 한다. 포도당은 비전해질이고, 탄산칼륨과 과염소산 알루미늄은 전해질이다.

입자수를 고려해보면,

(가) 0.3 몰랄 농도의 포도당($C_6H_{12}O_6$) 수용액

$i \times m = 1 \times 0.3 = 0.3$

(나) 0.11 몰랄 농도의 탄산칼륨(K_2CO_3) 수용액

$K_2CO_3(aq) \rightarrow 2K^+(aq) + CO_3^{2-}(aq)$

$i \times m = 3 \times 0.11 = 0.33$

(다) 0.05 몰랄 농도의 과염소산 알루미늄($Al(ClO_4)_3$) 수용액

$Al(ClO_4)_3(aq) \rightarrow Al^{3+}(aq) + 3ClO_4^-(aq)$

$i \times m = 4 \times 0.05 = 0.2$

입자수가 증가할수록 끓는점은 높아지므로 끓는점이 낮은 것부터 높은 순서대로 나열하면 다음과 같다.

(다) < (가) < (나)

정답 ②

6

몰랄 농도를 구해보면,

$m = \frac{0.5\text{몰}}{0.5\text{kg}} = 1\text{m}$이므로 어는점은 −1.86℃이다.

정답 ②

PART 04 물질의 상태와 용액

7

$\Delta T_b = i \times m \times K_b = i \times \dfrac{\left(\dfrac{w}{M}\right)}{W} \times K_b$를 이용한다.

먼저 AB_2는 전해질로 반트호프 인자 $i=3$이다.

$$1.53 = 3 \times \frac{\left(\dfrac{15}{M}\right)}{0.25} \times 0.51 \qquad M=60$$

정답 ③

8

어는점 내림은 반트호프 인자와 몰랄 농도의 곱에 비례한다.

① 0.01m 염화소듐(NaCl) 수용액: 2×0.01

② 0.01m 염화칼슘($CaCl_2$) 수용액: 3×0.01

③ 0.03m 글루코스($C_6H_{12}O_6$) 수용액: 1×0.03

④ 0.03m 아세트산(CH_3COOH) 수용액

CH_3COOH	$\rightarrow$	CH_3COO^-	$+$	H^+
0.03mol				
$-\alpha$		$+\alpha$		$+\alpha$
$0.03-\alpha$		α		α

$\alpha \neq 0$이므로 총 입자수는 $0.03+\alpha$이다. 즉 0.03보다 많은 입자수를 가지므로 어는점이 가장 낮다.

정답 ④

9

$K_b=0.512$이므로 끓는점 오름이 0.256℃이라면 이 용액의 몰랄 농도는 0.5m이다.

$$m = \frac{\dfrac{n}{M}}{W} \qquad 0.5\text{m} = \frac{\left(\dfrac{10}{M}\right)\text{mol}}{0.5\text{kg}}$$

$$M = 40\text{g/mol}$$

정답 ②

10

$$\Delta T_f = im K_b = i\left(\frac{n}{W}\right)K_b = i\left(\frac{\dfrac{w}{M}}{W}\right)K_b$$

ㄱ. 몰랄 농도의 비는 어는점 내림과 비례하므로 (가) : (나)=3 : 2이다.

ㄴ. $\Delta T_b(\text{가}) : \Delta T_b(\text{나}) = 3:2 = \dfrac{\dfrac{1}{M_A}}{1} : \dfrac{\dfrac{4}{M_B}}{2}$

$$M_A : M_B = 1:3$$

ㄷ. $n_A : n_B = \dfrac{1}{1} : \dfrac{4}{3} = 3:4$

정답 ④

제 4 절 | 삼투압

01 ① **02** ② **03** ②

1

$\pi = iCRT$

$$C = \frac{\pi}{RT} = \frac{6}{0.080 \times 300} = 0.25\text{M}$$

정답 ①

2

실험식(CH_4O)이 주어지고 분자식을 구하는 경우에는 분자량을 알아야하므로 삼투압을 이용해서 분자량을 구할 수 있다.

$$n = \frac{\pi V}{RT} = \frac{0.6 \times 0.1}{0.08 \times 300} = \frac{1}{400}\text{mol}$$

$$\text{분자량 } M = \frac{w}{n} = \frac{0.16}{\dfrac{1}{400}} = 64\text{g/mol}$$

실험식량이 32이므로 정수배 $n=2$이다. 따라서 분자식은 $C_2H_8O_2$이다.

정답 ②

3

전해질이므로 끓는점 오름 공식을 이용해서 반트호프 인자부터 구한다.

$$\Delta T_f = imK_f$$

$$4℃ = i \times 2 \times 1 \qquad \therefore i = 2$$

삼투압 공식을 이용해서 분자량을 구할 수 있다.

$$\pi = iCRT = i\frac{\left(\frac{w}{M}\right)}{V}RT$$

$$0.24 = 2 \times \frac{\left(\frac{20 \times 10^{-3}}{M}\right)}{5 \times 10^{-3}} \times 0.08 \times 300$$

$$\therefore M = 800$$

정답 ②

Chapter 13 혼합물의 분리

01 ③

1

③ 크로마토그래피는 고정상과 이동상을 이용하여 여러 가지 물질들이 섞여 있는 혼합물을 이동속도 차이에 따라 분리하는 방법이다.

① 질량분석법은 형성된 이온을 각각의 질량에 따라 질량 대 전하의 비로 측정하며 분리시키는 방법이다.

② 적외선 분광법의 기본 원리는 분자의 진동에 바탕을 두고 있다. 이들 특징적인 분자 진동은 적외선(파장범위: 4000−40cm−1)이 통과할 때 분자간 원자내의 진동에너지와 일치하여 시료의 분자구조에 따른 특성 흡수영역을 형성함으로 정보를 얻게 된다.

④ X선을 결정에 부딪히게 하면 그 중 일부는 회절을 일으키고 그 회적각과 강도는 물질 구조상 고유한 것으로 이 회절 X선을 이용하여 시료에 함유된 결정성 물질의 종류와 양에 관계되는 정보를 알 수 있다. 즉 결정성 물질의 구조에 관한 정보를 얻기 위한 분석방법이 X선 회절법이다.

정답 ③

Chapter 14 콜로이드

01 ④ **02** ④

1

ㄱ. 콜로이드는 10^{-7}cm ~ 10^{-5}cm 크기의 입자가 분산되어 형성된다.

$1\mu m = 10^{-6}m$ 이므로

$10\mu m = 10^{-3}cm^{3}$이므로 콜로이드 입자의 크기보다 더 크므로 콜로이드에 해당되지 않는다.

정답 ④

2

모두 옳은 설명이다.

정답 ④

Chapter 01 반응열과 헤스의 법칙

제 1 절 | 물리적 변화와 화학적 변화

01 ③ **02** ① **03** ④ **04** ④ **05** ④
06 ④

1

변화에는 물질의 성질이 변하는 화학적 변화와 물질의 상태만 변하는 물리적 변화로 나눌 수 있다.

ㄱ. 융해 과정이므로 물리적 변화이다.
ㄴ. 연소 반응으로 화학적 변화이다.
ㄷ. 분해 반응으로 화학적 변화이다.
ㄹ. 소금물(혼합물)에서 소금(화합물)을 분리하는 것은 물리적 변화이다.
ㅁ. 물의 전기분해로 화학적 변화이다.
ㅂ. 고무줄을 잡아당기면 모양만 변하는 물리적 변화로 성질은 변하지 않는다.

정답 ③

2

결과적으로 물리적 변화를 찾는 것이다.

① 수증기(기체)에서 물(액체)로 상태만 변하는 물리적 변화이다.

$$H_2O(g) \rightarrow H_2O(l)$$

② 염색, 탈색은 대표적인 산화－환원 반응으로 화학적 변화를 이용한 것이다.
③ 철판이 녹스는 것은 철과 공기 중의 산소와 수증기가 반응하여 산화철이 되는 화학적 변화이다.
④ 베이킹소다(염기)와 식초(산)가 반응하여 발생되는 이산화탄소로 인해 거품이 생기는 중화 반응으로 화학적 변화이다.

$$NaHCO_3(s) + CH_3COOH(aq) \rightarrow CH_3COONa(aq) + CO_2(g) + H_2O(l)$$

정답 ①

3

① 설탕(고체)에서 설탕물(수용액)로 상태가 변화(물리적 변화)
② 물(액체)에서 수증기(기체)로 상태가 변화(물리적 변화)
③ 승화 반응: 고체에서 기체로 상태가 변화(물리적 변화)
④ 우유의 부패는 성질이 변화(화학적 변화)

정답 ④

4

① 물이 끓는다.: 상태 변화이므로 물리적 변화이다.
② 설탕이 물에 녹는다.: 용해 현상은 물리적 변화이다.
③ 드라이아이스가 승화한다.: 상태 변화이므로 물리적 변화이다.
④ 머리카락이 과산화수소에 의해 탈색된다.: 탈색은 산화환원 반응으로 화학적 변화이다.

정답 ④

크기 성질과 세기 성질

5

• 세기 성질은 시료의 양에 따라 달라지지 않는 성질이다. 예를 들면 끓는점, 압력, 농도, 온도, 밀도, 기전력 등이 있다.
• 크기 성질은 시료의 양에 따라 달라지는 성질이다. 예를 들면 질량, 부피, 에너지 등이 있다.

정답 ④

6

크기 성질(extensive property)이란 계를 나타내는 성질 중 전체계의 값이 각 부분계 값의 합으로 나타내어지는 성질을 말한다. 부피, 질량 및 에너지 등이 전형적인 크기 성질이다.

세기 성질(intensive property)이란 계를 나타내는 성질 중 전체계에 해당하는 값이 각 부분계에 해당하는 값과 같은 성질을 말한다. 온도와 압력은 전형적인 세기 성질이다.

정답 ④

제 2 절 | 열평형

01 ②	02 ④	03 ③	04 ②	05 ②
06 ③	07 ③	08 ②		

1

열량 구하는 공식 $Q = c \times m \times \Delta t$

기름이 잃은 열량과 금속공이 얻은 열량이 같음을 이용한다.

기름이 잃은 열량=금속공이 얻은 열량

$$0.5\text{J/kg·K} \times 6.00\text{kg} \times (400 - T)\text{K}$$
$$= 1.0\text{J/kg·K} \times 1.00\text{kg} \times (T - 300)\text{K}$$

단위를 소거하고, T에 대해 정리하면,

$$\therefore T = 375\text{K}$$

정답 ②

2

$$Q = cm\Delta t$$
$$7200\text{J} = 0.385\text{J/g·K} \times 96\text{g} \times \Delta t$$
$$\Delta t = 194.8\text{K}$$
$$t = (20 + 273)\text{K} + 194.8\text{K} = 488\text{K}$$

정답 ④

3

고온의 은이 잃은 열량과 저온의 철이 얻은 열량이 같음을 이용한다.

두 금속의 최종 온도를 t라 하면,

고온의 은이 잃은 열량$= 0.235 \times 50 \times (100 - t)$

저온의 철이 얻은 열량$= 0.4494 \times 50 \times (t - 0)$

$$0.235 \times 50 \times (100 - t) = 0.4494 \times 50 \times t$$
$$t = 34.33$$

따라서 두 금속의 최종 온도는 50℃ 미만이다.

정답 ③

4

고온의 철 덩어리가 잃은 열량과 저온의 물이 얻은 열량이 같음을 이용해서 물의 최종 온도를 구할 수 있다.

물의 최종 온도를 t℃ 라고 하면,

$$4 \times 23 \times (t - 20) = 0.5 \times 10 \times (70 - t)$$
$$t = 22.5℃$$

정답 ②

5

열평형에 관한 문제이다. 잃은 열량과 얻은 열량이 같음을 이용해서 문제를 해결할 수 있다. 열량을 구하는 공식은 $Q = cm\Delta T$이다.

잃은 열량은

$$(4\text{J g}^{-1}℃^{-1}) \times (150\text{g}) \times (30 - 25)℃ = 3000\text{J}$$

얻은 열량은

$$3000\text{J} = (x\text{J g}^{-1}℃^{-1}) \times (100\text{g}) \times (60 - 30)℃$$
$$x = 1\text{Jg}^{-1}℃^{-1}$$

정답 ②

6

2몰에 대한 공기의 정압 열용량은 $2 \times 20 = 40\text{J mol}^{-1}℃^{-1}$이므로 일정 압력하에서의 엔탈피 변화 $\Delta H = C_p\Delta t = 40 \times 40 = 1{,}600\text{J}$이다.

정답 ③

7

기름이 얻은 열량과 금속공이 잃은 열량($Q = cm\Delta t$)이 같음을 이용한다.

금속공의 최종 온도를 T라고 하면,

$$0.5 \times 8 \times (T - 250) = 1 \times 4 \times (430 - T)$$
$$T = 340\text{K}$$

정답 ③

8

ㄱ, ㄴ. 같은 질량의 경우 온도 변화가 클수록 그 물질의 비열은 작다.

$$(cm\Delta t)_A = (cm\Delta t)_B$$
$$c \propto \frac{1}{\Delta t}$$
$$\Delta t_A < \Delta t_B$$
$$c_A > c_B \qquad C_A > C_B$$

ㄷ, ㄹ. 몰열용량과 몰부피는 분자량에 대한 정보가 필요한 물리량이다. 분자량에 대한 정보가 없으므로 몰열용량과 몰부피는 알 수 없다.

정답 ②

제 3 절 | 헤스의 법칙

01 ③	02 ②	03 ①	04 ②	05 ③
06 ①	07 ④	08 ②	09 ②	10 ①
11 ③	12 ②	13 ④	14 ①	15 ③
16 ③	17 ④	18 ③	19 ②	20 ④
21 ④	22 ①	23 ①		

1

ㄴ. 흑연이 다이아몬드로 되는 반응은 매우 큰 압력과 매우 큰 활성화 에너지가 필요한 반응이기 때문에 매우 느리게 일어나므로 반응 엔탈피를 측정하기가 곤란하다.

ㄷ. 흑연을 연소시켜 생성된 일산화탄소는 불안정하여 매우 빠르게 안정한 이산화탄소가 되므로 실험으로 반응 엔탈피를 정확히 측정하기 어렵다.

정답 ③

2

$$\Delta H = ① - \left(\frac{1}{2}\times ②\right)$$
$$= -390 - \left(\frac{1}{2}\times -560\right) = -110\text{kJ}$$

정답 ②

3

$$\Delta H^{\circ} = \Delta H_2^{\circ} + 2\Delta H_3^{\circ} - \Delta H_1^{\circ}$$
$$= -394 + (2\times -286) - (-726)$$
$$= -240\text{kJ/mol}$$

정답 ①

4

$$\Delta H^{\circ} = \frac{1}{2}\times \Delta H_1^{\circ} + \frac{1}{2}\times \Delta H_2^{\circ}$$
$$= \left(\frac{1}{2}\times -80\right) + \frac{1}{2}\times 200 = -300\text{kJ/mol}$$

정답 ②

5

흑연으로부터 다이아몬드를 얻는 반응은 ㉡－㉠으로 구할 수 있으므로 이때의 엔탈피 변화량도 ㉡－㉠으로 구할 수 있다.

$$\Delta H^{\circ} = -94.05 - (-94.50) = 0.45\text{kcal}$$

$\Delta H^{\circ} > 0$ 이므로 흡열 반응이다.

정답 ③

6

C_2H_2의 표준 생성 반응식은 다음과 같다.

$$2\text{C}(\text{흑연}) + H_2(g) \rightarrow C_2H_2(g)$$

$$\Delta H_f^{\circ} = 2㉠ + ㉡ - \frac{1}{2}㉢$$
$$= 2\times(-393.5) + (-285.8) + \left(-\frac{1}{2}\times -2598.8\right)$$
$$= +226.6\text{kJ}$$

정답 ①

7

열화학 반응식에서 발생한 열 에너지가 반응열(Q)로 주어져 있으므로 ΔH로 계산하기 위해서는 부호를 반대로 하여야 한다.

$$\Delta H = \Delta H_1 - \frac{1}{2}\Delta H_3 - \frac{1}{2}\Delta H_2$$
$$= -80.2 - \left(\frac{1}{2}\times -126.8\right) - \left(\frac{1}{2}\times -107.4\right)$$
$$= +36.9\text{kcal}$$

정답 ④

PART 05 화학 반응

8

$$\Delta H = -③ - \left(\frac{1}{2}\times ①\right) - \left(\frac{1}{2}\times ②\right)$$

$$= -\Delta H_3° - \left(\frac{1}{2}\times \Delta H_1°\right) - \left(\frac{1}{2}\times \Delta H_2°\right)$$

$$\Delta H = -(1118.4) - \left(\frac{1}{2}\times -544.0\right) - \left(\frac{1}{2}\times -1648.4\right)$$

$$= -22.2\text{kJ}$$

정답 ②

9

헤스의 법칙에 의해,

$$\Delta H_3 = \Delta H_1 - \frac{1}{2}\Delta H_2 = -152 - \left(\frac{1}{2}\times 102\right) = -203\text{kJ}$$

정답 ②

10

이 반응의 전체 에너지 변화는 결국 $NaCl(s)$의 생성열에 해당된다. 본-하버 순환에 따라 모든 에너지를 더하게 되면 $NaCl(s)$의 생성열이 된다. 다만, 주의해야할 것은 $Cl_2(g)$의 결합에너지는 염소 원자 2개가 대한 값이고, 반응에 참여하는 것은 염소 원자 1개이므로 $Cl_2(g)$의 결합에너지의 절반을 더해야 한다.

$$110 + \left(\frac{1}{2}\times 240\right) + 500 - 350 - 790 = -410\text{kJ/mol}$$

정답 ①

11

$$\Delta H_4^\circ = (2\times -\Delta H_1^\circ) + \Delta H_2^\circ + \Delta H_3^\circ$$

$$= 2\times -(-131) - 206 - 41 = 15\text{kJ}$$

정답 ③

12

생성물의 생성열의 합에서 반응물의 생성열의 합을 빼면 반응 엔탈피를 구할 수 있다.

$$\Delta H = 2\Delta H_f^\circ(H_2O) - 4\Delta H_f^\circ(HCl)$$

$$= 2\times -65.798 - (4\times -32.063) = -3.344\text{kcal}$$

정답 ②

13

주인공, 위치, 계수를 생각하고, 상태 변화에 주의한다. $\Delta H_1°$식과 $\Delta H_2°$식을 더해 $CH_4(g)$와 $O_2(g)$ 소거한 후 남은 $2H_2O(l)$을 $-2\times\Delta H_3°$식을 더해 소거한다.

$$\therefore \Delta H° = \Delta H_1° + \Delta H_2° - 2\times\Delta H_3°$$

$$= 275.6 + (-890.3) - \{2\times(-44)\} = -526.7\text{kJ}$$

정답 ④

14

반응물과 생성물의 연소열이 제시되었으므로, 엔탈피 변화량은 반응물의 연소열의 합에서 생성물의 연소열의 합을 빼서 구할 수 있다.

$$\Delta H = [\Delta H_C(C) + 2\times\Delta H_C(H_2)] - [\Delta H_C(CH_4)]$$

$$= [-390 + (2\times -290)] - (-890) = -80\text{kJ/mol}$$

주어진 자료들은 반응열로 주어져 있으므로 방출되는 열은 80kJ/mol이다.

정답 ①

15

① 헤스의 법칙에 의해, $\Delta H_3 = \Delta H_1 + \Delta H_2$이다.
$\Delta H_1 = \Delta H_3 - \Delta H_2 = 3 - (-927) = +930\text{kJ/mol}$
따라서 ΔH_1은 흡열과정이다.

② $\Delta H_2 = \Delta H_3 - \Delta H_1$이다.

③ NaF은 이온결합 물질인데 일반적으로 이온결합물질이 물에 용해되는 과정은 입자수가 증가하는 반응이다. 중요한 것은 이 문제에서는 입자수 증가를 판단하는 열역학적 함수인 ΔS를 주어진 자료를 이용하여 정량적으로 계산하여 판단하여야 한다. 이 문제와 달리 수치로 제시된 자료가 없다면 이온결합물질의 용해과정은 일반적으로 무질서도가 증가하는 과정이지만 이 문제처럼 자료가 제시된 경우는 계산에 의해 ΔS를 판단하여야 한다.

$$\Delta S = \frac{\Delta H - \Delta G}{T} = \frac{3{,}000 - 8{,}000}{298} = -16.8\text{J/K} < 0$$

$\Delta S < 0$이므로 NaF가 물에 용해되는 과정은 엔트로피가 감소하는 과정이다.

④ NaF가 물에 용해되는 과정은 $\Delta H_1 > 0$이므로 흡열과정이다. 흡열 과정이므로 수용액의 온도가 내려간다.

정답 ③

16

생성물의 생성열의 합에서 반응물의 생성열의 합을 빼면 반응 엔탈피를 구할 수 있다.

$$\Delta H = [\Delta H_f^\circ(CO_2) + 2\Delta H_f^\circ(H_2O)] - [\Delta H_f^\circ(CH_4)]$$
$$= [-393.5 + (2\times -241.8)] - (-74.6) = -802.5\text{kJ}$$

정답 ③

17

ㄱ. (가) 반응은 물이 분해되는 반응이다. 에너지를 공급해야 물이 분해되므로 $\Delta H > 0$이다.

ㄴ. (나) 반응은 물이 합성되는 반응이므로 발열 반응이다. 따라서 열이 주위로 방출되므로 주위의 온도가 올라간다.

ㄷ. (가) 반응의 화살표 길이가 $H_2O(l)$의 분해 엔탈피이고, (나) 반응의 역반응의 화살표 길이가 $H_2O(g)$의 분해 엔탈피이므로 분해 엔탈피(ΔH)는 $H_2O(l)$이 $H_2O(g)$보다 크다.

정답 ④

18

$$\Delta H^\circ = 2a + 2b$$

정답 ③

19

$$\Delta H = \Delta H_1 - \frac{1}{2}\Delta H_2 = -270 - \left(\frac{1}{2}\times 120\right) = -330\text{kJ}$$

정답 ②

20

$$\Delta H^\circ = \left(\frac{1}{3}\times -\Delta H_3^\circ\right) + \left(\frac{1}{2}\times \Delta H_2^\circ\right) - \left(\frac{1}{6}\times \Delta H_1^\circ\right)$$
$$= \left(\frac{1}{3}\times -21.8\right) + \left(\frac{1}{2}\times -23.4\right) - \left(\frac{1}{6}\times -48.3\right)$$
$$= -10.9\text{kJ}$$

정답 ④

21

주어진 자료를 해당하는 화학 반응식으로 나타낸 다음 헤스의 법칙을 이용해서 해결한다.

$2C(s) + 3H_2(g) \rightarrow C_2H_6(g)$	$\Delta H = A$
$C_2H_6(g) + \frac{7}{2}O_2(g) \rightarrow 2CO_2(g) + 3H_2O(l)$	$\Delta H = a$
$H_2(g) + \frac{1}{2}O_2(g) \rightarrow H_2O(l)$	$\Delta H = b$
$C(s) + O_2(g) \rightarrow CO_2(g)$	$\Delta H = c$

H_2의 연소열 = H_2O의 생성열

$C_2H_6(g)$의 연소반응에 대해서 생생반

$a = 2c + 3b - A$

$A = -a + 3b + 2c$

정답 ④

22

$HBr(g)$의 생성 반응식은 다음과 같다.

$$\frac{1}{2}H_2(g) + \frac{1}{2}Br_2(l) \rightarrow HBr(g)$$

헤스의 법칙에 의해,

$$\Delta H = \frac{1}{2}\Delta H_1^\circ + \frac{1}{2}\Delta H_2^\circ$$
$$= \frac{1}{2}\times -103 + \frac{1}{2}\times 31 = -36\text{kJ/mol}$$

※ 생생반을 이용해서 해결할 수도 있다.

$HBr(g)$의 표준 생성 엔탈피를 x라고 하면,

$$-103 = 2x - (0+31)$$
$$x = -36\text{kJ/mol}$$

정답 ①

23

주어진 열화학 반응식은 모두 생성 반응식이고 각 엔탈피 변화량은 생성 엔탈피이다. 따라서 생생반에 의해서 계산할 수 있다.

$C_2H_2(g)$의 연소 반응식은 다음과 같다.

$$C_2H_2(g) + \frac{5}{2}O_2(g) \rightarrow 2CO_2(g) + H_2O(l)$$
$$\Delta H = ?$$

$$\Delta H = -\Delta H_3^\circ + 2\Delta H_2^\circ + \Delta H_1^\circ$$
$$= -59 + (2\times -98) + (-68) = -323\text{kcal}$$

정답 ①

제 4 절 | 결합 에너지와 반응열

01 ①	02 ③	03 ②	04 ①	05 ②
06 ②	07 ①			

1

화학 반응식을 작성해 보면 다음과 같다.

$$N_2(g) + 3H_2(g) \rightarrow 2NH_3(g)$$

결합 엔탈피가 주어진 경우이므로 반응의 엔탈피 변화량(ΔH)는 반응물의 결합 엔탈피의 합에서 생성물의 결합 엔탈피의 합을 빼서 구할 수 있다.

$$\Delta H = [D(N \equiv N) + 3D(H-H)] - 6(D(N-H))$$
$$= [941 + 3 \times 436] - 6 \times 393 = -109\text{kJ/mol}$$

N_2 7.00g은 0.25몰이므로 $-109 \times \frac{1}{4} = -27\text{kJ/mol}$ 이다.

주의해야 할 것은 문제에서 생성할 때 발생하는 열(Q)을 계산하라고 하였으므로 정답은 27kJ/mol이다.

정답 ①

2

① 두 탄소 간 결합수가 늘어날수록 결합 길이가 짧아지므로 결합 에너지는 커진다.

② $HF < HCl < HBr$ 순서로 결합 길이가 증가하므로 결합 에너지의 크기는 $HF > HCl > HBr$순이다.

③ 결합 에너지는 결합 길이가 짧은 Cl_2가 Br_2보다 크다.

④ Cl_2의 결합 길이가 0.199nm일 때 결합이 형성되므로 핵 간 거리가 0.199nm일 때 퍼텐셜에너지가 최소가 된다.

정답 ③

3

반응물의 결합 에너지의 합에서 생성물의 결합 에너지의 합을 뺀 값이 반응의 엔탈피 변화량이다.

$$\Delta H = [4D(C-H) + 2D(O=O)]$$
$$-[2D(C=O) + 4D(O-H)]$$
$$= (4 \times 410 + 2 \times 498) - (2 \times 732 + 4 \times 460)$$
$$= -668\text{kJ}$$

정답 ②

4

반응물의 결합 에너지의 합에서 생성물의 결합 에너지의 합을 뺀 것이 이 반응의 엔탈피 변화량이다.

$$\Delta H = [4D(C-H) + 2D(O=O)]$$
$$-[2D(C=O) + 4D(O-H)]$$
$$= [4 \times 100 + 2 \times 120] - [2 \times 290 + 4 \times 110]$$
$$= -180\text{kcal}$$
$$a = -180\text{kcal}$$

정답 ①

5

$H_2(g) + O_2(g) \rightarrow H_2O_2(l)$ $\Delta H = -188$

2H(g)+2O(g)
440+490
H₂(g)+O₂(g)
136
H₂O₂(g)
−188
52
H₂O₂(ℓ)
460×2+x
H₂O₂(g)

$$136 + 440 + 490 = 460 \times 2 + x$$
$$x = 146$$

정답 ②

6

$H_2O(g)$의 표준 생성 반응식은 다음과 같다.

$$H_2(g) + \frac{1}{2}O_2(g) \rightarrow H_2O(g)$$

반응물의 결합에너지의 합에서 생성물의 결합에너지의 합을 빼서 $H_2O(g)$의 표준 생성 엔탈피를 구할 수 있다.

$$\Delta H_f^\circ = [D(H-H) + \frac{1}{2}D(O=O)] - 2D(O-H)$$
$$= [436 + \frac{1}{2} \times 499] - (2 \times 463) = -240.5\text{kJ/mol}$$

정답 ②

7

ㄴ. $HCl(g)$의 생성 반응식은 다음과 같다.

$$\frac{1}{2}H_2(g) + \frac{1}{2}Cl_2(g) \rightarrow HCl(g)$$

$HCl(g)$의 생성 엔탈피(ΔH)

$$= [(\Delta H_2 + \Delta H_3) - \frac{1}{2}\Delta H_1] kJ/mol$$

ㄷ. $H_2(g) + Cl_2(g) \rightarrow 2HCl(g)$의 반응은 발열 반응이므로 반응이 일어날 때 주위의 온도는 증가한다.

정답 ①

제 5 절 | 열화학 반응식의 해석

01 ③	02 ①	03 ①	04 ③	05 ①
06 ④	07 ④	08 ③	09 ④	10 ④
11 ③	12 ①			

1

화학 반응식의 균형을 맞추면 다음과 같다.

$$C_3H_8(g) + 5O_2(g) \rightarrow 3CO_2(g) + 4H_2O(l)$$

① (가)+(나)=5+4=9이다.

② propane 22g은 $\frac{1}{2}$mol이므로 생성되는 물질의 질량은 $\frac{1}{2}mol \times 4 \times 18g/mol = 36g$이 생성된다.

③ 이산화탄소 88g은 2mol이므로 필요한 프로페인의 부피는 $2mol \times \frac{1}{3} \times 22.4L/mol = 14.93L$가 필요하다.

④ propane 0.4mol을 완전 연소시키기 위해 필요한 산소의 질량은 $0.4mol \times 5 \times 32g/mol = 64g$이 필요하다.

정답 ③

2

격자에너지는 곧 이온 결합력으로 판단할 수 있다. 즉, 전하량의 곱이 클수록, 결합길이가 짧을수록 이온 결합력이 커지므로 격자에너지도 커진다.

① 전하량의 곱은 같고, Cl이 I보다 원자의 크기가 작으로 결합길이가 짧아져서 격자에너지는 NaCl이 NaI보다 크다.

② 전하량의 곱은 같고, Na이 Li보다 원자의 크기가 크므로 결합길이가 길어져서 격자에너지는 NaF가 LiF보다 작다.

③ $CaCl_2$의 전하량의 곱이 KCl의 전하량의 곱보다 더 크므로 결합길이도 짧아져서 격자에너지는 $CaCl_2$이 KCl보다 크다.

④ 이온성 고체는 표준 생성 엔탈피(ΔH_f°)가 0인 홑원소 물질로부터 에너지가 낮은 안정한 화합물이 생성되므로 이온성 고체의 표준 생성 엔탈피(ΔH_f°)는 0보다 작다.

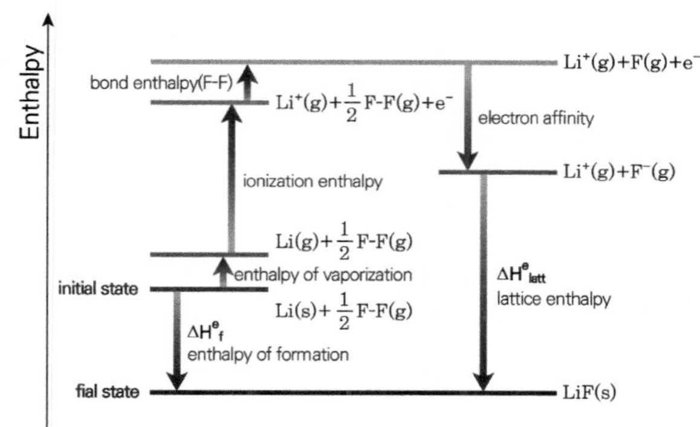

정답 ①

3

$C(s, 흑연) + \frac{1}{2}O_2(g) \rightarrow CO(g) \quad \Delta H_1° = -110kJ \cdots ①$

$CO(aq)$의 표준 생성 엔탈피는 $-110kJ/mol$이다.

$CO(g) + \frac{1}{2}O_2(g) \rightarrow CO_2(g) \quad \Delta H_2° = -280kJ \cdots ②$

$CO_2(g)$의 표준 생성 반응식은 ①+②이므로,

$$C(s, 흑연) + O_2(g) \rightarrow CO_2(g)$$

$\Delta H_f° = ① + ② = \Delta H_1° + \Delta H_2° = -110 + (-280)$

$= -390kJ$

$CO_2(g)$의 표준 생성 반응식은 $C(s, 흑연)$의 표준 연소 반응식과 같으므로 $C(s, 흑연)$의 표준 연소 엔탈피는 $-390kJ/mol$이다.

정답 ①

PART 05 화학 반응

4

열화학 반응식으로부터 정반응은 발열 반응이고 엔탈피 변화량(ΔH)은 -57.8kcal임을 알 수 있다. 엔탈피 변화량(ΔH)이란 반응물과 생성물의 에너지 차이이므로 여기에 적합한 그래프는 ③이다.

정답 ③

5

메테인(CH_4) 1mol을 일정한 압력에서 완전 연소시킬 때, 890kJ의 에너지가 방출됨을 화학 반응식으로 나타내면 다음과 같다.

$$CH_4(g) + 2O_2(g) \rightarrow CO_2(g) + 2H_2O(l)$$

$$\Delta H = -890\text{kJ}$$

엔탈피 변화량(ΔH)은 크기 성질로 물질의 양이 줄어들면 ΔH도 줄어든다.

CH_4 4g은 $\frac{1}{4}$mol이므로 $\Delta H = -890 \times \frac{1}{4} = -222.5$kJ이다. 문제에서 발생하는 열량을 묻고 있으므로 열량은 $+222.5$kJ이다.

정답 ①

6

① 화학 결합의 경우 존재하지 않던 정전기적 인력이 작용하면 에너지가 방출된다. 반응 엔탈피($\Delta H°$)가 음의 값을 가지므로 발열 반응이다.

② 마그네슘 원자(Mg)의 산화수가 0에서 +2로 , 산소 원자(O)의 산화수가 0에서 −2로 산화수의 변화가 있는 산화−환원 반응이다.

③ 마그네슘과 산소 기체 사이에 존재하지 않던 정전기적 인력이 작용하는 결합 반응이다.

④ 산화−환원 반응이면 산−염기 중화 반응이 될 수 없다.

정답 ④

7

먼저 $C_2H_2(g)$의 연소 반응식을 세워보면,

$$C_2H_2(g) + \frac{5}{2}O_2(g) \rightarrow 2CO_2(g) + H_2O(l)$$

$$\Delta H = -1{,}300\,\text{kJ mol}^{-1}$$

① 연소 반응은 발열 반응이므로 생성물의 엔탈피 총합은 반응물의 엔탈피 총합보다 낮다.

② C_2H_2 1몰의 연소를 위해서는 1,300kJ이 필요한 것이 아니라 방출된다.

③ 연소 반응식으로부터 C_2H_2 1몰의 연소를 위해서는 O_2 $\frac{5}{2}$몰이 필요하다.

④ 이러한 경우 H_2O의 상태가 액체인지 기체인지 애매하다. 25℃라는 온도가 주어져 있으므로 H_2O의 상태는 액체로 보는 것이 타당하다. H_2O가 액체라면 화학 반응식으로부터 반응물의 계수의 합은 $\frac{7}{2}$이고, 생성물(기체)의 계수의 합은 2이므로 기체의 전체 부피는 감소한다. H_2O의 상태를 기체로 보더라도 생성물의 계수의 합은 3이므로 역시 기체의 전체 부피는 감소한다.

정답 ④

8

화학식 $C_{10}H_8$으로 나프탈렌의 몰질량(128g/mol)을 알 수 있다. 64g을 연소시켰으므로 발생한 열량은 나프탈렌 0.5mol에 대한 것이다. 연소열은 항상 발열 반응이므로 음수이다.

$$Q = C \times \Delta t = 10\text{kJ/K} \times 10\text{K} = 100\text{kJ/0.5mol}$$

따라서, 몰당 반응열은 -200kJ/mol이다.

※ 문제의 몰당 반응열은 Q로 판단되므로 몰당 반응열은 200kJ/mol이다. 그러나 공개된 정답은 ③이다.

정답 ③

9

$n_{H^+}=0.8mol$, $n_{OH^-}=0.4mol$이므로 중화 반응에 의해 생성된 물의 양은 0.4몰이다. 따라서 중화 반응에 의해 발생한 열량은 $0.4mol \times 56 \times 10^3 kJ = 22.4 \times 10^3 J$이다. $Q=cm\Delta t$를 이용해서 온도 변화를 구할 수 있다. 여기서 주의해야 할 것은 용액의 질량을 밀도와 부피를 곱해서 구하는데 용액 1L와 1L를 혼합하였으므로 용액의 총 부피는 2L이므로 용액의 질량은 $1000g/L \times 2L = 2000g$이다.

$$22.4 \times 10^3 J = 4.0J/℃ \cdot g \times 2000g \times \Delta t$$
$$\Delta t = 2.8℃$$

정답 ④

10

① 주어진 열화학 반응식에서 $\Delta H < 0$이므로 열화학 반응식은 발열 반응이다.
② 열화학 반응식으로부터 CO_2 2mol과 H_2O 3mol이 생성될 때 1371kJ의 열이 방출되는데 CO_2와 H_2O의 생성되는 양이 각각 2배 증가하였으므로 크기 성질인 ΔH의 양도 2배 증가한 1371kJ/mol × 2= 2742kJ의 열이 방출된다.
③ C_2H_5OH 23g(=0.5mol)이 완전 연소되면 생성되는 H_2O의 양은 3배인 1.5mol × 18g/mol=27g이다.
④ 물질의 상태에 따라 물질이 가지는 엔탈피가 다르므로 반응물과 생성물이 모두 기체 상태인 경우에 ΔH는 동일하지 않다. C_2H_5OH과 H_2O의 기화 엔탈피를 예상해보면 분자간 인력이 더 큰 H_2O의 기화열이 더 클 것이므로 반응의 ΔH는 감소될 것이다.

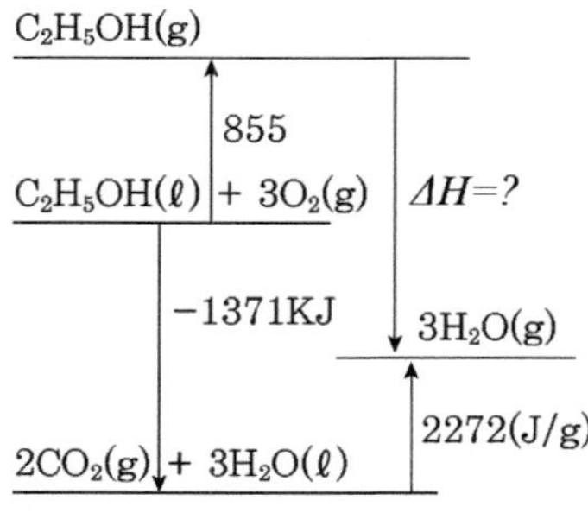

정답 ④

11

① $\Delta H < 0$이므로 이 반응은 발열 반응이다.
② 표준 생성 엔탈피는 화합물 1몰이 생성될 때의 엔탈피 변화량이므로 암모니아 기체의 표준 생성 엔탈피(ΔH_f°)는 $-92 \times \frac{1}{2} = -46kJ$이다.
③ 반응 경로가 변하더라도 표준 반응 엔탈피(ΔH°)는 변하지 않는다.
④ 반응 엔탈피는 크기 성질이므로 수소 기체 6mol이 질소 기체 2mol과 반응할 때 표준 반응 엔탈피는 $-92 \times 2 = -184kJ$이다.

정답 ③

12

반응열이 생성물의 위치에서 (+)부호이므로 발열 반응이다. 또한 이 반응은 $C(s)$의 연소 반응이므로 연소 반응은 항상 발열 반응이다.

정답 ①

제 6 절 | 열역학

01 ①

1

카르노 사이클(Carnot cycle)은 열역학에서 가장 효율적인 사이클로, 열기관의 이상적인 모델로 여겨진다. 이 사이클은 네 가지 가역 과정(두 개의 등온 과정과 두 개의 단열 과정)으로 구성된다.

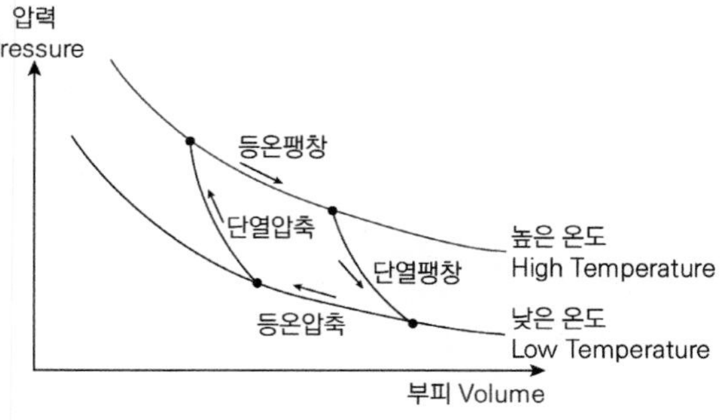

시스템은 이상기체라고 가정한다.

(1) 등온 팽창(Isothermal Expansion)

시스템이 고온 열원(온도 T_H)에 접촉하여 등온 팽창을 한다. 이 과정에서 열(Q)이 시스템으로 들어오며, 기체는 팽창하면서 일을 한다. 이때 온도는 일정하게 유지된다.

(2) 단열 팽창(Adiabatic Expansion)

시스템이 단열 조건(열 교환 없음)에서 팽창하며 내부 에너지가 감소하므로 온도가 고온 (T_H)에서 저온(T_L)으로 감소한다. 이 과정에서는 열의 이동은 없다.

(3) 등온 압축 (Isothermal Compression)

시스템이 저온 열원과 접촉하여 일정한 저온(T_L)에서 등온 압축된다. 이 과정에서 기체는 열원으로 열(Q)을 방출한다. 외부로부터 일이 기체에 가해져 기체가 압축된다.

(4) 단열 압축 (Adiabatic Compression)

시스템이 단열 조건에서 압축되며 온도가 저온(T_L)에서 고온(T_H)으로 증가한다. 이 과정에서는 열의 이동이 없다. 외부로부터 일이 기체에 가해져 기체가 압축된다.

※ 카르노 사이클의 열역학적 효율

$$\eta = 1 - \frac{T_L}{T_H}$$

카르노 사이클은 이론적으로 가장 효율적인 사이클이지만, 실제로는 가역 과정이 완벽하게 이루어지기 어렵기 때문에 실용적인 열기관에서 이 효율을 달성하기는 어렵다. 그러나 이 사이클은 열역학 제2법칙의 이해와 열기관의 한계를 설명하는 데 중요한 역할을 한다.

정답 ①

Chapter 02 반응의 자발성과 깁스 자유 에너지

01 ②	02 ③	03 ④	04 ④	05 ②
06 ④	07 ④	08 ④	09 ④	10 ④
11 ②	12 ①	13 ④	14 ④	15 ①
16 ②	17 ③	18 ④	19 ①	20 ②
21 ③	22 ①	23 ④	24 ③	25 ③
26 ①	27 ③	28 ④		

1

자발적 반응이므로 $\Delta G < 0$, 물의 기화(상태 변화)이므로 $\Delta S > 0$, $\Delta H > 0$이다.

정답 ②

2

ㄱ. 기화(상태변화)과정이므로 엔트로피는 증가한다.

ㄴ. 입자수가 3몰에서 2몰로 감소하므로 엔트로피는 감소한다.

ㄷ. 고체의 경우 입자수를 판단할 때 무시한다. 따라서 입자수가 3몰에서 0몰로 감소하므로 엔트로피 감소한다.

정답 ③

3

ㄱ. 자발적 반응에서 $\Delta G < 0$ 이므로 Gibbs 에너지는 감소한다.

ㄴ. 발열 반응은 $\Delta H < 0$이므로 계에서 주위로 열이 방출된다.

ㄷ. 에너지 보존 법칙이다.

정답 ④

4

액체에서 기체로의 상태 변화는 동적 평형 상태이므로 $\Delta G = 0$이다. 따라서 $\Delta S = \frac{\Delta H}{T}$를 이용하여 엔트로피 변화량을 구할 수 있다.

$\Delta S = \frac{\mathrm{J}}{\mathrm{K \cdot mol}}$ 에 주어진 자료를 단위를 주의하여 대입한다.

$\therefore \Delta S = \dfrac{27000\,\text{J/mol}}{300\text{K}} = 90.0\,\text{J/K}\cdot\text{mol}$

정답 ④

5

ㄱ. 이온성 고체의 용해반응은 엔트로피가 증가한다.
ㄴ. 기체의 분리는 엔트로피가 감소한다.
ㄷ. 온도가 감소하므로 엔트로피는 감소한다.
ㄹ. 고체에서 액체로 상태 변화하므로 엔트로피는 증가한다.

정답 ②

6

평형 상수가 1보다 크므로 정반응이 자발적이므로 깁스 자유 에너지의 변화량은 음수이다.($\Delta G < 0$)
화학 반응식을 통해 입자수가 감소하기 때문에 엔트로피 변화량도 음수이다. ($\Delta S < 0$)
$\Delta G < 0$, $\Delta S < 0$이므로 $\Delta H < 0$일 수밖에 없다.

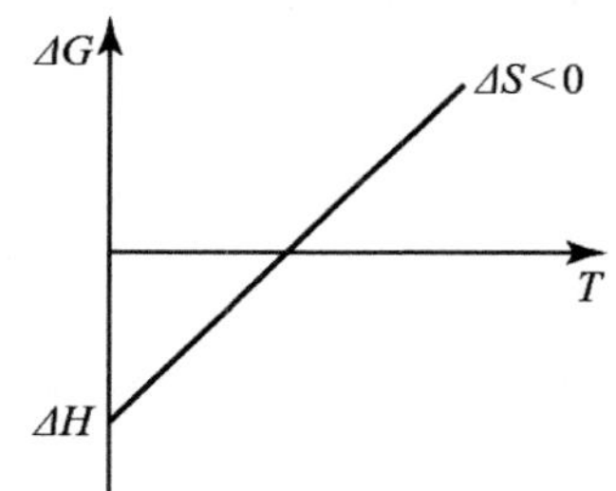

정답 ④

7

부피가 증가하는 상태 변화, 즉 고체에서 기체로 승화가 일어나는 경우나 기체의 입자수가 증가하는 경우 $\Delta S^{\circ} > 0$이다.

① $2H_2(g) + O_2(g) \rightarrow 2H_2O(l)$: 기체의 입자수 감소
② $H_2O(g) \rightarrow H_2O(l)$: 부피의 감소
③ $N_2(g) + 3H_2(g) \rightarrow 2NH_3(g)$: 기체의 입자수 감소
④ $I_2(s) \rightarrow 2I(g)$: 부피의 증가
⑤ $U(g) + 3F_2(g) \rightarrow UF_6(s)$: 기체의 입자수 감소

정답 ④

8

모든 온도에서 $\Delta H < 0, \Delta S > 0$이면 항상 $\Delta G < 0$으로 자발적이다.

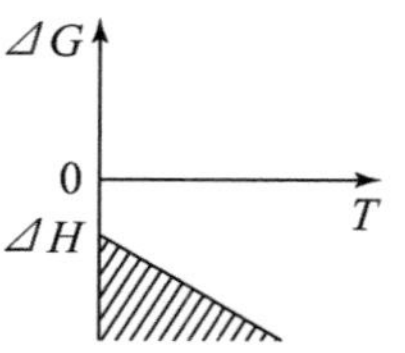

정답 ④

9

① B지점은 융해 구간이므로 에탄올은 액체와 고체 상태로 혼재한다.
② 융해열은 기화열보다 작으므로 구간의 길이는 A ~ C보다 D ~ E가 길다.
③ 융해 구간은 흡열 과정이므로 B지점보다 C지점의 엔탈피(H)가 크다.
④ 상태 변화 시 깁스 자유 에너지의 변화는 없으므로 D지점과 E지점의 자유 에너지는 같다.

정답 ④

10

$\Delta G - T$ 그래프에서 y절편값은 ΔH을, 그래프의 기울기는 $-\Delta S$를 나타낸다.

ㄱ. 그래프에서 y절편이 양의 값이므로 $\Delta H > 0$인 흡열 반응이다.
ㄴ. 그래프에서 T_1보다 낮은 온도에서 $\Delta G > 0$이므로 비자발적이다.
ㄷ. 그래프에서 T_1보다 높은 온도에서 기울기가 음의 값을 가지므로 $\Delta S > 0$이다.

정답 ④

11

이 반응이 자발적으로 일어나기 위해 깁스 자유 에너지 변화는 음수이어야 한다. 이를 표현하면 아래와 같다.

$$\Delta G^\circ = \Delta H^\circ - T\Delta S^\circ < 0$$

T에 대해 정리하면 $\dfrac{\Delta H^\circ}{\Delta S^\circ} < T$ 이다.

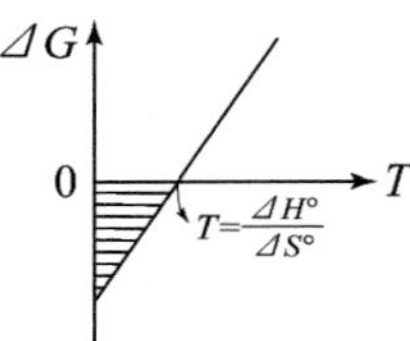

따라서 이 반응이 자발적으로 일어나기 위한 온도의 조건은 $T > \Delta H^\circ / \Delta S^\circ$ 이다.

정답 ②

12

모든 온도에서 비자발적 과정이기 위한 조건은 $\Delta H > 0$, $\Delta S < 0$이다.

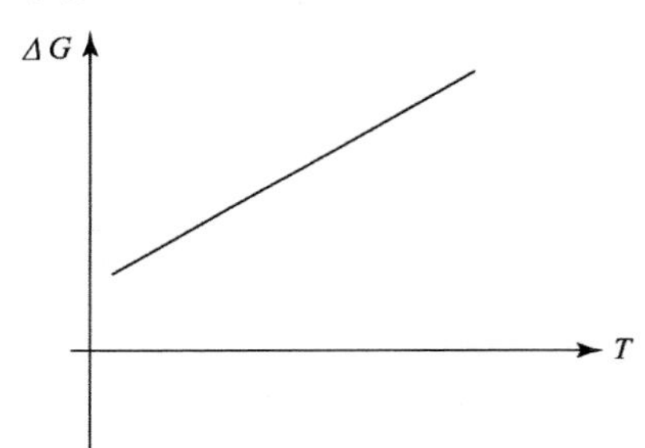

정답 ①

13

연소 과정은 발열 과정이므로 $\Delta H < 0$이다. 엔트로피 변화량을 판단하기 위해서 C_3H_8의 연소 반응식을 작성해본다.

$$C_3H_8(g) + 5O_2(g) \rightarrow 3CO_2(g) + 4H_2O(l)$$

25℃, 1atm에서 완전 연소되므로 H_2O의 상태는 액체일 것이다. 결국 기체 분자의 입자수가 감소되므로 $\Delta S < 0$이다.

정답 ④

14

① 그래프에서 기울기는 $-\Delta S$를 의미한다. 따라서 기울기가 음수이므로 엔트로피 변화(ΔS)는 양수이다.

② 이 계는 300K에서 $\Delta G = 0$이므로 평형 상태에 있다.

③ 이 반응은 온도가 300K보다 높을 때 $\Delta G < 0$이므로 반응은 자발적으로 일어난다.

④ 그래프에서 y절편이 ΔH를 의미한다. 따라서 ΔH가 양수이므로 이 반응의 엔탈피 변화(ΔH)는 양수이다.

정답 ④

15

상태 변화하는 동안은 동적 평형상태이므로 $\Delta G^\circ = 0$이다.

$$T = \frac{\Delta H^\circ}{\Delta S^\circ} = \frac{9.2 \times 10^3}{43.9} = 209.57\text{K}$$

정상 녹는점은 $209.57 - 273.15 = -63$℃이다.

정답 ①

16

ㄱ, ㄴ. 이 반응의 엔탈피 변화량은 생성물의 생성열의 합에서 반응물의 생성열의 합을 빼면 구할 수 있다.

$$\Delta H^\circ_{rxn} = (3 \times -242) - (-1676) = +950\text{kJ}\cdot\text{mol}^{-1}$$

엔탈피 변화량이 양수이므로 이 반응은 흡열 반응이다.

ㄷ. 이 반응의 엔트로피 변화량은 생성물의 엔트로피의 합에서 반응물의 엔트로피의 합을 빼면 구할 수 있다.

$$\Delta S^\circ_{rxn} = 2 \times 28 + 3 \times 189 - (51 + 3 \times 131) = +179\text{J}\cdot\text{mol}^{-1}\cdot\text{K}^{-1}$$

ㄹ. 자발성 여부는 표준 상태의 깁스 자유 에너지 변화량을 구해서 판단할 수 있다.

$$\begin{aligned}\Delta G^\circ &= \Delta H^\circ - T\Delta S^\circ \\ &= 950000 - (298 \times 179) \\ &= +896658\text{J}\cdot\text{mol}^{-1} > 0\end{aligned}$$

$\Delta G^\circ > 0$이므로 이 반응은 비자발적이다.

정답 ②

17

액체에서 고체로의 상태 변화이므로 $\Delta H < 0$이고, $\Delta S < 0$이다.
-78℃ 에서 동적 평형상태이므로($\Delta G = 0$)이므로 더 낮은 온도에서 $\Delta G < 0$이다.

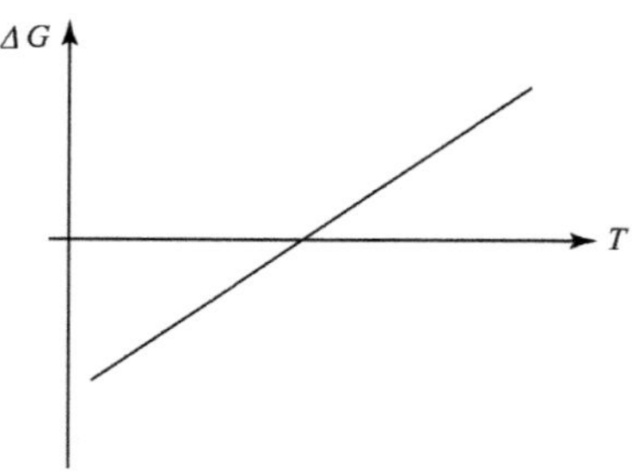

정답 ③

18

자발적 반응이므로 $\Delta G < 0$이다. 혼합 용액의 분리가 일어나므로 $\Delta S < 0$이다. $\Delta G = \Delta H - T\Delta S$을 이용하여 엔탈피 변화의 부호를 정할 수 있다.

$$\underset{(-)}{\Delta G} = \underset{(-)}{\Delta H} - \underset{(-)}{T\Delta S}$$

$$\therefore \Delta H < 0$$

정답 ④

19

$\Delta G_r^\circ = \Delta H_f^\circ - T\Delta S^\circ$를 이용해서 구할 수 있다.

$\Delta H_f^\circ = 2\Delta H_f^\circ(\mathrm{C}) = 2 \times -50 = -100\mathrm{kJ/mol}$

$$\begin{aligned}\Delta S^\circ &= 2S^\circ(\mathrm{C}) - [S^\circ(\mathrm{A}) + 3S^\circ(\mathrm{B})] \\ &= 2 \times 150 - [200 + 3 \times 100] = -200\mathrm{J/K\cdot mol} \\ &= -0.2\mathrm{kJ/K\cdot mol}\end{aligned}$$

$$\begin{aligned}\Delta G_r^\circ &= \Delta H_f^\circ - T\Delta S^\circ \\ &= -100 - 300 \times (-0.2) = -40\mathrm{kJ}\end{aligned}$$

정답 ①

20

고체나 액체가 기체로 되는 상태 변화는 엔트로피가 증가하는 현상이고, 반대의 경우는 엔트로피가 감소하는 현상이다.
㉠과 ㉡는 엔트로피가 증가하는 현상이고, ㉢과 ㉣은 엔트로피가 감소하는 현상이다.

정답 ②

21

① X의 기화 반응식은 다음과 같다.

$$\mathrm{X}(l) \rightarrow \mathrm{X}(g)$$

X의 표준 기화열은 $\Delta H = 83 - 48 = 35\mathrm{kJ/mol}$이다.

② 상태 변화시 $\Delta G^\circ = \Delta H^\circ - T\Delta S^\circ = 0$

$$\Delta H^\circ = 83 - 48 = 35\mathrm{kJ/mol}$$

$$\Delta S^\circ = 270 - 170 = 100\mathrm{J/mol\cdot K}$$

$$T = \frac{\Delta H^\circ}{\Delta S^\circ} = \frac{35000}{100} = 350\mathrm{K} < 400\mathrm{K}$$

따라서, X의 끓는점은 400K보다 낮다.

③ X의 끓는점에서 X가 기화할 때, 흡열 과정이므로 주위의 엔트로피는 감소한다.

④ X의 끓는점에서 X가 기화할 때, 평형 상태임으로 우주의 엔트로피는 일정하다.($\Delta S_{우주} = 0$)

정답 ③

22

① $\ln K = -\left(\frac{\Delta G^\circ}{RT}\right)$

나머지 ①식뿐만 아니라 ②, ③, ④식 또한 기억하고 있어야 한다.

정답 ①

23

① $\Delta H^\circ > 0$이므로 흡열 반응이다.

② 반응물의 계수의 합이 생성물의 계수의 합보다 더 크므로 엔트로피는 감소한다.($\Delta S^\circ < 0$)

③ 온도를 높이면 흡열반응인 정반응이 진행되므로 생성물은 증가한다.

④ 이 반응은 흡열 반응이고, 엔트로피가 감소하는 반응이므로 모든 온도에서 비자발적이다.

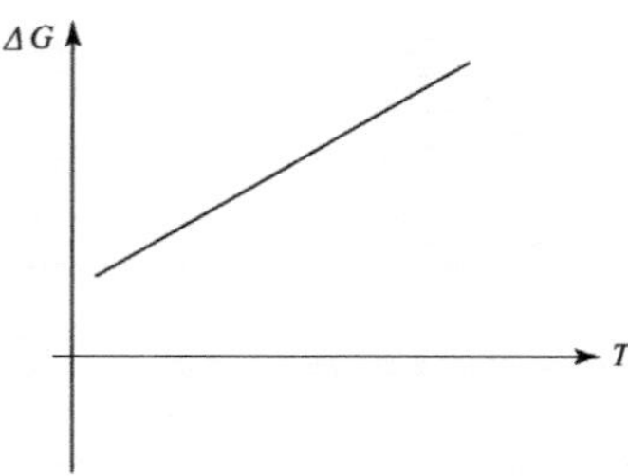

정답 ④

24

ㄱ. 액체에서 기체로의 상태 변화이므로 엔트로피가 증가한다.

ㄴ. 반응물의 계수의 합이 생성물의 계수의 합보다 크므로 입자수가 감소하는 반응이다. 따라서 엔트로피는 감소한다.

ㄷ. 이온 결정의 용해 과정은 입자수가 증가하므로 엔트로피가 증가한다.

정답 ③

25

$\Delta S^{\circ} = \Sigma$(생성물의 표준 몰 엔트로피) $- \Sigma$(반응물의 표준 몰엔트로피)

$$\Delta S^{\circ} = \{2S^{\circ}(NH_3)\} - \{S^{\circ}(N_2) + 3S^{\circ}(H_2)\}$$
$$= 2 \times 192.5 - (191.5 + 3 \times 130.6)$$
$$= -198.3\,\mathrm{J\,mol^{-1}K^{-1}}$$

정답 ③

26

정반응이 자발적으로 일어나기 위해서는

ㄱ. 반응 지수가 평형 상수보다 작아야한다.($Q < K$)

ㄴ. $\Delta G^{\circ} = -RT\ln K = 0$

$$\ln K = 0$$
$$K = 1$$

즉 $\Delta G^{\circ} = 0$는 표준상태에서 $K = 1$을 의미하고, 정반응이 자발적임을 나타내지는 않는다.

ㄷ. $\Delta G < 0$이어야 한다.

$$\Delta G = \Delta H - T\Delta S < 0$$
$$\Delta H < T\Delta S$$

정답 ①

27

우선 평형일 때의 온도를 계산한다.

$$\Delta G = \Delta H - T\Delta S = 0$$
$$T = \frac{\Delta H}{\Delta S} = \frac{200000\,\mathrm{J\,mol^{-1}}}{500\,\mathrm{J\,K^{-1}mol^{-1}}} = 400\mathrm{K}$$

ΔS의 값이 양수이므로 그래프의 기울기가 음이다. 따라서 자발적 반응이 일어나기 위해서는 $T > 400\mathrm{K}$이어야 한다.

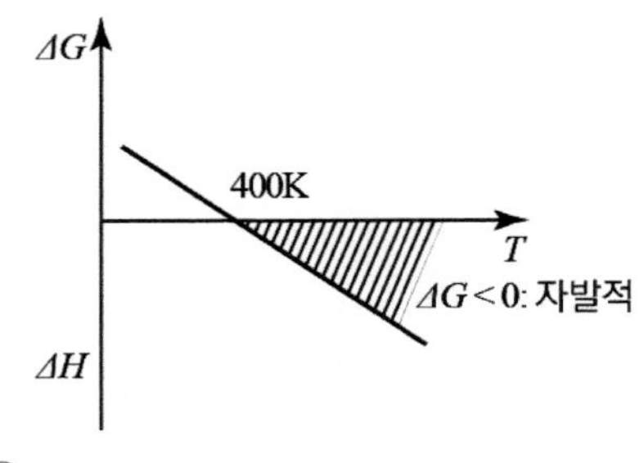

정답 ③

28

① 기체가 발생하는 반응이다.($\Delta S > 0$)

② 기체의 입자수가 증가하는 반응이다.($\Delta S > 0$)

③ 고체 결정이 물에 용해되는 반응이다.($\Delta S > 0$)

④ 기체의 입자수가 감소하는 반응이다.($\Delta S < 0$)

정답 ④

Chapter 03 화학 반응 속도

제1절 | 반응 속도식의 결정

01 ④	02 ③	03 ③	04 ④	05 ③
06 ③	07 ②	08 ②	09 ④	10 ②
11 ③	12 ①	13 ④	14 ④	

반응 속도

1

ㄱ. 시간에 따라 반응물은 감소하고 생성물은 증가한다. 따라서 (가)는 생성물인 $NOCl(g)$, (나)는 반응물인 $NOCl_2(g)$이다.

ㄴ. 반응 순간 속도는 접선의 기울기이다. 두 지점에서 기울기가 다르므로 순간 속도도 다르다.

$$v(t_1) > v(t_2)$$

ㄷ. 평균 속도는 두 점을 잇는 직선의 기울기로 (가)가 (나)보다 크다.

정답 ④

반응 속도식의 결정

2

① 실험2와 실험3을 비교하면 [A]가 2배 증가할 때, 속도는 4배 증가하였으므로 $x=2$이다.

② 실험1과 실험3을 비교하면 [A]와 [C]는 일정하고, [B]가 1.5배 증가하였으나 반응 속도는 그대로 이므로 반응 속도는 [B]에 무관하므로 $y=0$이다.

③ 실험1과 실험4를 비교하면 [A]는 일정하고, [B]에는 무관하고, [C]가 3배 증가할 때, 속도도 3배 증가하였으므로 $z=1$이고, 반응은 [C]에 대해 1차이다.

④ 반응 속도식에 실험1을 대입해보면 속도 상수의 값과 단위를 구할 수 있다.

$$v=k[A]^2[C]$$

$$k=\frac{v}{[A]^2[C]}=\frac{2.4\times10^{-6}}{(0.2)^2(0.2)}=3.0\times10^{-4}M^{-2}min^{-1}$$

정답 ③

3

실험1과 3을 비교하면 [B]의 농도가 일정할 때 [A]가 3배 증가할 때 C의 생성 속도가 일정하므로 [A]에 대해서 0차, 실험3과 2를 비교하면 [A]의 농도가 일정할 때 [B]가 3배 증가할 때 C의 생성속도가 3배 증가하였으므로 [B]에 대해서 1차이다. 따라서 반응 속도식은 $v=k[B]$이다.

반응속도 상수

$$k=\frac{v}{[B]}=\frac{2.0\times10^{-4}}{0.1}=2.0\times10^{-3}min^{-1}$$

완성된 반응 속도식은 다음과 같다.

$$v=2.0\times10^{-3}min^{-}[B]$$

정답 ③

4

수산화 이온(OH^-)의 농도가 $\frac{1}{2}$배로 되었을 때 반응 속도가 $\frac{1}{4}$배 감소했으므로 수산화 이온에 대한 반응 차수는 2차, CH_3Br의 농도가 1.5배 증가시 반응 속도가 1.5배로 증가했으므로 CH_3Br에 대한 반응 차수는 1차이다.

$$v=k[CH_3Br][OH^-]^2$$

정답 ④

5

$$v=k[A]^m[B]^n$$

실험 1과 2로부터, $n=1$임을 알 수 있고, 실험 1과 3으로부터 $m=2$임을 알 수 있다. 따라서 반응 속도식은 다음과 같다.

$$v=k[A]^2[B]$$

따라서 전체 반응 차수는 3차이다.

정답 ③

6

화학 반응 속도식은 $v=k[CH_3CHO]^2$이다.

$$k=\frac{v}{[CH_3CHO]^2}=\frac{0.18}{0.1^2}=18L/mol\cdot s$$

정답 ③

PART 05 화학 반응

7

A의 농도가 2배 증가할 때 반응 속도가 2배 감소하였으므로 $m=-1$이다.

정답 ②

8

반응 속도식 $v=k[A]^m[B_2]^n$이다.

실험1과 실험 2로부터 A의 농도가 2배 증가하였지만 B_2의 소모 속도가 변함이 없으므로 $m=0$임을 알 수 있다.

실험 1과 실험 3으로부터 B_2의 농도가 절반 감소하였을 때 B_2의 소모 속도 또한 절반으로 감소하였으므로 $n=1$임을 알 수 있다. 따라서 반응 속도식 $v=k[B_2]$이다.

정답 ②

9

화학 반응 속도식은 다음과 같다.

$$v=k[A]^m[B]^n$$

$\dfrac{[A]_2}{[A]_1}$=1이라는 것은 A의 농도가 일정한 경우이므로,

$\dfrac{[B]_2}{[B]_1}$가 2일 때, $\dfrac{v_2}{v_1}$가 4이므로 $n=2$이다.

두 번째 조건으로부터,

$$3^m\times\left(\frac{1}{2}\right)^2=\frac{3}{4}\qquad m=1$$

따라서 반응 속도식은 $v=k[A][B]^2$이다.

정답 ④

10

위 반응에 대한 반응 속도식은 다음과 같다.

$$v=k[A]^m[B]^n$$

농도 변화에 대한 속도 변화를 비교해보면, $m=1$, $n=2$이므로 반응 속도식은 $v=k[A][B]^2$이다.

따라서 반응 속도 상수 $k=\dfrac{v}{[A][B]^2}$이므로 반응 속도상수의 단위는 $\dfrac{M\,s^{-1}}{M^3}=M^{-2}s^{-1}$이다.

정답 ②

11

뷰테인의 연소 반응식을 작성해 보면,

$$C_4H_{10}(g)+\frac{13}{2}O_2(g)\rightarrow 4CO_2(g)+5H_2O(l)$$

이를 바탕으로 반응 속도를 구해보면,

$$v=-\frac{\Delta[C_4H_{10}]}{\Delta t}=-\frac{2}{13}\times\frac{\Delta[O_2]}{\Delta t}$$

산소의 반응 속도

$$\frac{\Delta[O_2]}{\Delta t}=\frac{13}{2}\times\frac{\Delta[C_4H_{10}]}{\Delta t}$$
$$=\frac{13}{2}\times 0.2=\frac{13}{10}[mol\,L^{-1}s^{-}]$$

정답 ③

12

①, ②, ④ 농도 변화량에 대한 속도 변화량을 비교해서 반응 차수를 구해보면, $x=2$, $y=0$, $z=1$이다. A에 대해 2차, C에 대해 1차, [B]에는 무관하다.

③ $k=\dfrac{v}{[A]^2[C]}=\dfrac{2.4\times10^{-6}}{(0.2)^2\times0.2}$
$=3.0\times10^{-4}M^{-2}min^{-1}$

정답 ①

13

실험 1, 2에서 [B]가 일정하고, [A]가 2배 증가하였을 때 C의 생성 속도가 4배 증가하였으므로 A에 대해서는 2차 반응이다. 따라서 $a=2$이다.

실험 1, 3에서 [A]가 일정하고, [B]가 2배 증가하였을 때 C의 생성 속도가 4배 증가하였으므로 B에 대해서는 2차 반응이다. 따라서 $b=2$이다.

정답 ④

14

전체 반응 속도식은 다음과 같다.

$$v=k[NO]^m[Br_2]^n$$

실험 1과 2에서 NO의 농도가 일정하고, Br_2의 농도가 2배 증가할 때 초기 반응 속도도 2배 증가하였으므로 $n=1$이다.

실험 1과 4에서 Br_2의 농도가 일정하고, NO의 농도가 2배 증가할 때 초기 반응 속도는 4배 증가하였으므로 $m=2$이다.

따라서 전체 반응 속도식은 다음과 같다.

$$v = k[NO]^2[Br_2]$$

반응 속도상수는 실험 1의 결과를 이용해서 다음과 같이 구할 수 있다.

$$k = \frac{v}{[NO]^2[Br_2]} = \frac{8}{(0.1)^2(0.1)} = 8 \times 10^3$$

정답 ④

제 2 절 | 반응 메커니즘

01 ③	02 ②	03 ③	04 ④	05 ②
06 ②	07 ③	08 ③	09 ④	10 ③
11 ②	12 ①	13 ④	14 ②	15 ④
16 ①	17 ①	18 ②		

1

ㄱ, ㄴ, ㄷ. 1단계의 반응 속도식과 전체 반응 속도식이 $v=k[HBr][NO_2]$로 같으므로 1단계가 활성화 에너지가 가장 큰 속도 결정 단계이다. 따라서 반응 속도는 1단계가 가장 느리다.

ㄹ. 원칙적으로 각 단계 반응식을 모두 더하면 전체 반응식이 된다. 다만, 이 문제의 경우 각 단계 반응식을 모두 더하게 되면 전체 반응식의 중간체가 표현되므로 이 중간체를 제거하기 위해 1단계 반응식에 2배를 한 다음 더해서 전체 반응식을 구할 수 있다.

정답 ③

2

전체 반응식은 각 단일 단계 반응식의 합과 같다.

$$2NO + Cl_2 \rightarrow 2NOCl$$

전체 반응의 속도식 $v=k[NO]^m[Cl_2]^n$

속도 결정 단계의 속도식 $v=k_2[NOCl_2][NO]$

여기서 $NOCl_2$가 중간체이므로 미세 평형의 원리를 이용하여 중간체를 제거한다.

$$k_1[NO][Cl_2] = k_{-1}[NOCl_2]$$

$$[NOCl_2] = \frac{k_1}{k_{-1}}[NO][Cl_2]$$

이 식을 속도 결정 단계의 속도식에 대입한다.

$$v = \frac{k_1 k_2}{k_{-1}}[NO]^2[Cl_2]$$

결국 $m=2$, $n=1$이므로 전체 반응의 속도식은 다음과 같다.

$$v = k[NO]^2[Cl_2]$$

정답 ②

3

ㄱ. A는 1단계의 생성물이고 2단계의 반응물이므로 중간체이다.

ㄴ. 반응 속도 결정 단계는 활성화 에너지가 가장 큰 단계이므로 2단계이다.

ㄷ. 전체 반응의 활성화 에너지는 정반응의 활성화 에너지의 합에서 역반응의 활성화 에너지의 합을 뺀 값으로 $(20+50)-10=60$kJ/mol이다.

정답 ③

4

전체 반응식으로 반응 속도식을 표현하면 다음과 같다.

$$v = k_2[I^-]^m[OCl^-]^n$$

속도 결정 단계는 단계 2이므로 반응 속도식을 표현하면 다음과 같다.

$$v = k_2[I^-][HOCl]$$

전체 반응식에 표현되지 않은 [HOCl]는 중간체이므로 이를 제거해야 하므로 미세 평형의 원리를 이용하여 중간체를 제거한다.

$$k_1[OCl^-] = k_{-1}[HOCl][OH^-]$$

[HOCl]에 대해 정리하여 속도 결정 단계의 속도식에 대입한다.

$$[HOCl] = K_1\frac{[OCl^-]}{[OH^-]}\left(K_1 = \frac{k_1}{k_{-1}}\right)$$

$$v = K_1 k_2 \frac{[I^-][OCl^-]}{[OH^-]}$$

정답 ④

PART 05 화학 반응

5

• 촉매: 이전 단계의 반응물, 다음 단계의 생성물
• 중간체: 이전 단계의 생성물, 다음 단계의 반응물
Cl은 촉매이고 ClO는 반응 중간체이다.

정답 ②

6

먼저 전체 반응식은 다음과 같다.

$$2NO + Br_2 \rightleftarrows 2NOBr$$

단계 2가 느린 단계이므로 속도 결정 단계이다.
따라서 반응 속도식은 다음과 같다.

$$v = K_2[NOBr_2][NO]$$

여기서 ① $NOBr_2$는 반응 중간체이므로 이전 평형의 원리를 이용해서 제거한다.

$$v_1 = v_{-1}$$

$$k_1[NO][Br_2] = k_{-1}[NOBr_2]$$

$$[NOBr_2] = \frac{k_1}{k_{-1}}[NO][Br_2]$$

$$v = K_2 \times \frac{k_1}{k_{-1}}[NO]^2[Br_2]$$

$$v = K_2 \times K[NO]^2[Br_2]$$

② 전체 반응의 속도 상수는 $K_2 \times K$이다.
③ 화학 반응식으로부터 NO와 NOBr의 계수의 비가 1 : 1이므로 NO 1몰이 반응하면 NOBr 1몰이 생성된다.
④ 반응 속도식으로부터 반응 속도는 $[Br_2]$에 대해 1차이므로 Br_2의 농도를 2배로 하면 반응 속도는 2배가 된다.

정답 ②

7

1단계가 느린 단계로 속도 결정 단계이므로 속도 결정 단계에 대하여 반응 속도식을 표현하면 계수가 차수로 되므로 $m=1$, $n=1$인 $v=k[H_2][ICl]$이다. 따라서, 전체 반응 속도식은 $v=k[H_2][ICl]$이다.

정답 ③

8

① $NO_3(g)$는 1단계의 생성물이고, 2단계의 반응물이므로 반응 중간체이다.
② 단계별 반응 속도상수는 $k_1 << k_2$의 관계를 가지므로 반응속도가 느린 1단계가 속도 결정단계이다.
③ 1단계 반응은 반응물의 분자가 2개이므로 이분자 반응이고, 2단계 반응도 반응물의 분자가 2개이므로 이분자 반응이다.
④ 전체 반응의 속도식은 1단계가 속도 결정단계이므로 $v = k_1[NO_2]^2$이다.

정답 ③

9

전체 반응식은 다음과 같다.

$$2O_3(g) \rightleftarrows 3O_2(g)$$

두 번째 단계가 매우 느린 단계라고 하였으므로 속도 결정단계이고, O가 반응 중간체이므로 이전 평형의 원리를 이용해서 중간체를 제거한다.
속도 결정 단계의 반응 속도식 $v = k_2[O][O_3]$
이전 평형의 원리에 의해,

$$v_1 = v_{-1}$$

$$k_1[O_3] = k_{-1}[O_2][O]$$

$$[O] = \frac{k_1}{k_{-1}}\frac{[O_3]}{[O_2]}$$

$$v = k_2 \times \frac{k_1}{k_{-1}}\frac{[O_3]^2}{[O_2]} = k[O_3]^2[O_2]^{-1}$$

정답 ④

10

④ 전체 반응식은 1단계 반응식과 2단계 반응식을 더해서 구할 수 있다.

$Ni(CO)_4 + P(CH_3)_3 \rightarrow Ni(CO)_3(P(CH_3)_3) + CO$

①, ②, ③ 반응 속도가 느린 1단계가 속도 결정 단계이므로 반응 속도식은 $v = k_1[Ni(CO)_4]$이다. 따라서 전체 반응 차수는 $[Ni(CO)_4]$에 대해 1차이고, 전체 반응 속도는 반응 속도식에 표현되지 않는 $P(CH_3)_3$의 농도와 무관하다.

정답 ③

11

ㄱ. A는 1단계의 생성물이고 2단계의 반응물이므로 중간체이다.

ㄴ. 반응 속도 결정 단계는 활성화 에너지가 가장 큰 단계이므로 2단계이다.

ㄷ. 전체 반응의 활성화 에너지는 정반응의 활성화 에너지의 합에서 역반응의 활성화 에너지의 합을 뺀 값으로 (20+50)−10=60kJ/mol이다.

정답 ②

12

제안된 메커니즘의 각 단일 단계 반응을 모두 더하면 전체 반응식이 된다.

$$2N_2O(g) \rightarrow 2N_2(g) + O_2(g)$$

또한 첫 번째 단일 단계 반응이 가장 속도가 느린 속도 결정 단계이므로 반응 속도 법칙(반응 속도식)은 첫 번째 단일 단계 반응의 반응 속도식이 된다. 반응물이 하나이고 반응물의 계수가 1이므로 반응 속도식은 속도= $k_1[N_2O]$이다.

정답 ①

13

반응 속도가 가장 느린 단계 Ⅱ가 속도 결정단계이므로 반응 속도식은 다음과 같다.

$$v = k_2[Cl][CH_4]$$

Cl이 중간체이므로 이전 평형의 원리를 이용하여 중간체를 소거한다.

$$k_1[Cl_2] = k_{-1}[Cl]^2$$

$$[Cl]^2 = \frac{k_1}{k_{-1}}[Cl_2] \quad [Cl] = \sqrt{\frac{k_1}{k_{-1}}[Cl_2]}$$

[Cl]를 반응 속도식에 대입하면, 반응 속도식은 다음과 같다.

$$v = k_2\sqrt{\frac{k_1}{k_{-1}}}[CH_4][Cl_2]^{\frac{1}{2}}$$

① 전체 반응 차수는 $1+\frac{1}{2}=\frac{3}{2}$이다.

② 문제의 조건에서 단계 Ⅱ의 $\Delta H > 0$이므로 단계 Ⅱ는 흡열 반응이다. 따라서 단계 Ⅱ의 활성화 에너지는 정반응이 역반응보다 크다.

③ 속도 결정 단계는 반응속도가 가장 느린 단계 Ⅱ이다.

④ CH_4에 대하여 반응차수가 1이므로 CH_4에 대하여 1차인 반응이다.

정답 ④

14

1단계가 속도 결정단계이므로 전체 반응 속도식은 다음과 같다.

$$v = k_1[NO_2]^2$$

ㄱ, ㄴ. 전체 반응의 속도 법칙은 2차이고 2차 반응의 반감기는 $\frac{1}{k[NO_2]_0}$이다.

ㄷ. 실험적으로 결정된 반응 속도 법칙은 $k_1[NO_2]^2$과 당연히 일치해야한다.

ㄹ. CO는 반응 속도식에 표현되지 않으므로 CO의 양은 반응 속도에 영향을 미치지 않는다. 따라서 CO의 양을 2배로 늘려도 전체 반응의 속도는 변함이 없다.

정답 ②

15

① 1단계는 반응물이 2개이므로 이분자도 반응이다.

②, ③ 속도 결정 단계는 속도가 느린 2단계이다.

따라서 속도 결정 단계의 속도식은 $v = k_2[N_2O_2][O_2]$이다.

속도식에 중간체인 N_2O_2가 포함되어 있으므로 이전 평형의 원리를 이용하여 중간체인 N_2O_2를 제거한다.

$$k_1[NO]^2 = k_{-1}[N_2O_2] \qquad [N_2O_2] = \frac{k_1}{k_{-1}}[NO]^2$$

속도식에 대입하면,

$$v = k_2[N_2O_2][O_2] = k[NO]^2[O_2]$$

④ 전체 반응식은 1단계 반응식과 2단계 반응식을 더하면 구할 수 있다.

$$2NO(g) + O_2(g) \rightarrow 2NO_2(g)$$

정답 ④

PART 05 화학 반응

16

속도 결정 단계가 2단계이므로 전체 반응의 반응 속도식은 다음과 같다.

$$v = k_2[H_3O_2^+][Br^-]$$

반응 속도식에 중간체($H_3O_2^+$)가 존재하므로 이전 평형의 원리를 이용하여 중간체를 제거한다.

$$k_1[H^+][H_2O_2] = k_{-1}[H_3O_2^+]$$

$$[H_3O_2^+] = \frac{k_1}{k_{-1}}[H^+][H_2O_2]$$

이를 전체 반응 속도식에 대입하여 정리하면 전체 반응 속도는 다음과 같다.

$$v = k[H^+][Br^-][H_2O_2]$$

정답 ①

17

단일단계 반응 중 첫 번째 단계가 속도 결정 단계이므로 전체 반응의 반응 속도식은 첫 번째 단계에 대한 반응 속도식과 같다. 속도 결정 단계 이후의 빠른 반응은 전체 반응의 속도에 거의 영향을 미치지 않는다.
따라서 반응 속도식은 $v = k_1[A][B]$이다.

정답 ①

18

(느림) 단계가 속도 결정 단계이므로, 속도 결정 단계의 속도식은 다음과 같다.

$$v = k_2[NOBr_2][NO]$$

$NOBr_2$가 중간체이므로 이전 평형의 원리를 이용해서 농도 조절이 가능한 물질로 바꾸어준다.

$$k_1[NO][Br_2] = k_{-1}[NOBr_2]$$

$$[NOBr_2] = \frac{k_1}{k_{-1}}[NO][Br_2]$$

이를 속도 결정 단계의 속도식에 대입하면 속도식은 다음과 같다.

$$v = \frac{k_1 k_2}{k_{-1}}[NO]^2[Br_2]$$

정답 ②

제 3 절 | 반감기와 적분 속도식

01 ③	02 ③	03 ④	04 ①	05 ④
06 ④	07 ④	08 ④	09 ②	10 ③
11 ①	12 ②	13 ③	14 ②	15 ②
16 ②	17 ③	18 ③	19 ④	20 ④
21 ①	22 ②	23 ③	24 ②	25 ③

1

1차 반응의 반감기는 아래와 같다.

$$t_{1/2} = \frac{\ln 2}{k} = \frac{0.69}{1.5 \times 10^{-2}} = 46$$

정답 ③

2

이 그래프에 대한 기울기를 y라 하고 1차 함수로 나타내 보면 다음과 같다.

$$\frac{1}{t_{1/2}} = y[O_3]_0$$

이 식을 역수로 나타내보면, $t_{1/2} = \frac{1}{y[O_3]_0}$이 되고 이것은 기울기 y가 속도상수인 2차 반응의 반감기와 동일한 식이다.

① 이 반응의 반응 차수는 2차이다.

② 일정 농도(aM)에서 T_1과 T_2의 반감기는 각각 $\frac{1}{10}$과 $\frac{1}{50}$이다. T_2에서 반감기가 더 짧으므로 온도는 $T_1 < T_2$이다.

③ 이 반응에 $[O_3]$에 대해 2차이므로 반응 속도식을 나타내면 다음과 같다.

$$v = k[O_3]_0^2$$

속도상수 k는 기울기에 해당되므로 온도 T_1에서 기울기는 $\frac{10}{a}$이다. 따라서

$v = k[O_3]_0^2 = \frac{10}{a} \times a^2 = 10a$ M/s이다.

④ 2차 반응의 반감기는 반응이 진행됨에 따라 초기 농도가 감소하게 되므로 반감기는 증가하게 된다.

$$t_{1/2} = \frac{1}{k[A]_0}$$

정답 ③

3

ㄱ. 영차 반응의 반응 속도식은 $v = k$이다. 따라서 영차 반응의 반응속도는 반응물의 초기 농도와 무관하다.

ㄴ. 일차 반응의 반감기는 반응물의 초기 농도와 무관하게 항상 일정하다. → $t_{1/2} = \frac{\ln 2}{k}$

ㄹ. 2차 반응의 반감기는 반응물의 초기 농도의 역수에 의존한다. → $t_{1/2} = \frac{1}{k[A]_0}$

정답 ④

4

반감기가 50일인 물질이 200일이 지났다면 반감기가 4회 일어난 것이고 초기의 농도를 100으로 가정하면 다음 공식을 이용하여 남은 물질의 양을 구할 수 있다.

$$N_t = N_0 \times \left(\frac{1}{2}\right)^t = 100 \times \left(\frac{1}{2}\right)^4 = \frac{100}{16}$$

남은 물질의 양이 $\frac{100}{16}$이므로 $\frac{100}{16} \times 100\% = 6.25\%$이다.

정답 ①

5

주어진 조건을 표로 정리해 보면 다음과 같다.

	[A]	[B]	반응 속도의 비
(가)	4	4	2
(나)	2	5	1
(다)	4	2	2

(가)와 (다)를 비교해보면, A의 농도가 일정할 때 B의 농도가 감소하였음에도 불구하고 반응 속도가 일정하므로 [B]에 대해서는 0차임을 알 수 있고, (가)와 (나)를 비교해보면, A의 농도가 절반으로 줄었을 때, 반응 속도 또한 절반으로 줄었으므로(B의 농도에는 영향이 없으므로) [A]에 대해서는 1차임을 알 수 있다. 따라서 반응 속도식은 $v = k[A]$이다. 이를 정리하면 다음과 같다.

① 속도 법칙은 $v = k[A]$이다.

② 반응 속도 상수의 단위는 $k = \frac{v}{[A]}$이므로 S^{-1}이다.

③ 1차 반응이므로 반감기는 반응물의 초기농도와 무관하다. $t_n = \frac{\ln 2}{k}$

정답 ④

6

2차 반응의 적분 속도식을 이용해서 필요한 시간을 구할 수 있다.

$$\frac{1}{[A]_t} = kt + \frac{1}{[A]_0}$$

초기 농도($[A]_0$)를 1로 가정하면, 90%가 소모되었으므로 남아 있는 양($[A]_t$)은 0.1이다.

우선적으로 2차 반응의 반감기 공식을 이용해서 반응속도 상수 k를 구할 수 있다.

$$10\text{min} = \frac{1}{1 \times k} \qquad k = 0.1\text{L mol}^{-1}\text{s}^{-1}$$

$$\frac{1}{0.1} = 0.1 \times t + 1 \qquad t = 90\text{min}$$

정답 ④

7

0차 반응에 대한 적분 속도식을 이용해서 해결할 수 있는 문제이다.

$$-\frac{d[A]}{dt} = k[A]^0 = k \qquad \frac{d[A]}{dt} = -k$$

$$d[A] = -kdt$$

$$\int_{[A]_0}^{[A]} d[A] = -k\int_0^t dt$$

$$[A]_t = -kt + [A]_0$$

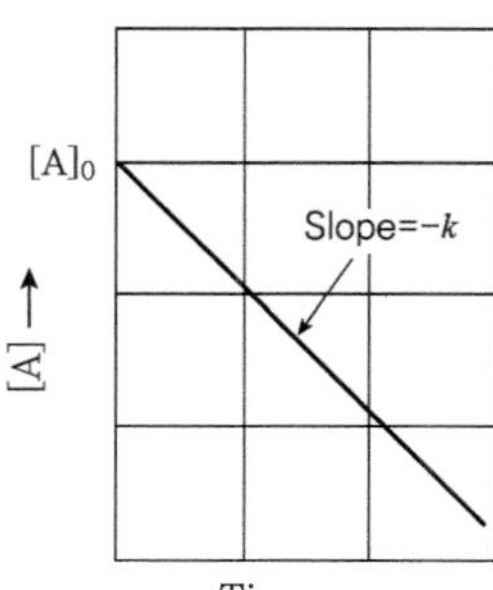

정답 ④

8

이 반응은 반감기가 일정한 1차 반응이므로 1차 반응의 반감기 공식을 이용하여 반감기부터 구한다.

$$t_{1/2} = \frac{\ln 2}{k} = \frac{0.69}{1.1\times 10^{-4}} = 6.3\times 10^{3} \fallingdotseq 7\times 10^{3}year$$

처음에는 $^{14}_{6}C$ 만 있었으므로 처음 $^{14}_{6}C$ 의 개수는 18개이고 현재 남아 있는 것은 2개이다. 따라서 18 → 9 → 4.5 → 2.25이므로 약 3번의 반감기를 거친 것이다.

추정 연대는 $7\times 10^{3}\times 3$번 $= 21{,}000year$이므로 근사한 값은 약 20,000전이다.

정답 ④

9

단계 2(속도 결정 단계)를 이용하여 속도식을 작성한다.

$$v = k_2[N_2O_2][O_2]$$

미세 평형의 원리를 이용하여 중간체인 $[N_2O_2]$에 대해 정리하면

$$k_1[NO]^2 = k_{-1}[N_2O_2]$$

$$[N_2O_2] = \frac{k_1}{k_{-1}}[NO]^2$$

$v = \frac{k_1}{k_{-1}}k_2[NO]^2[O_2]$이므로 $[NO]$에 대한 2차 반응임을 알 수 있다.

2차 반응은 반감기가 늘어나는 반응이므로 해당되는 그래프는 ②이다.

①은 1차 반응, ③은 0차 반응에 해당된다.

정답 ②

10

이 반응은 $[W]$에 대해 2차 반응이며, 따라서 2차 반응의 반감기 공식은 $t_{1/2} = \frac{1}{k[W]_0}$이다.

① W의 초기 농도를 3배로 높이면 반감기는 $\frac{1}{3}$배가 된다.

② 속도상수 k를 3배로 크게 하면 반감기는 $\frac{1}{3}$배가 된다.

③ W의 초기 농도를 10배로 높이면 반감기는 $\frac{1}{10}$배가 된다.

④ 속도상수 k와 W의 초기 농도를 각각 3배로 크게 하면 반감기는 $\frac{1}{9}$배가 된다.

따라서 가장 반감기를 짧게 만들 수 있는 방법은 ③이다.

정답 ③

11

2차 반응의 반감기는 초기 농도가 감소할수록 반감기는 증가한다.

$$t_{1/2} = \frac{1}{k[A]_0}$$

정답 ①

12

결국 2차 반응의 반감기를 묻는 문제이다.

2차 반응의 반감기 공식은

$$t_{1/2} = \frac{1}{k[A]_0} = \frac{1}{0.5\times 0.1} = 20s$$

정답 ②

13

반감기 공식을 이용하여 구할 수 있다.

반감기가 20일인데 80일이 지났으므로 반감기가 4번 지나갔고, 생산 당시의 순도가 80%라고 하였으므로 초기의 양을 80으로 공식을 적용해보면 다음과 같다.

$$N_t = N_0\left(\frac{1}{2}\right)^t = 80\left(\frac{1}{2}\right)^4 = 5$$

정답 ③

14

②, ③ 0~100초 동안 반응물 N_2O_5 의 농도가 0.1M에서 0.05M 반응하였으므로 생성물인 NO_2 의 농도는 계수의 비가 1 : 2이므로 0.05M의 2배인 0.1M가 된다. 즉, (가)는 0.1이다.
100~200초 동안 생성물인 NO_2 가 0.05M 생성되었으므로 반응물 N_2O_5 는 0.025M가 소비되어 0.025M가 된다.

② 즉, (나)는 0.025M이다.

③ (가)는 0.1M, (나)는 0.025M이므로 (가)는 (나)의 4배이다.

① 절반으로 줄어드는데 걸리는 시간이 100초로 일정하므로 이 반응은 1차 반응이므로 $n=1$이다. 따라서 반응속도식은 $v = k[N_2O_5]$이다.

④ 반응 온도가 낮아지면 반응 속도상수 k도 감소한다.

정답 ②

15

2차 반응의 반감기 공식은 다음과 같다.

$$t_{1/2} = \frac{1}{k[A]_0}$$

따라서 2차 반응의 반감기는 반응 물질의 초기 농도에 반비례한다.

정답 ②

16

이 반응은 A에 대해 2차 반응이다.

$$\frac{1}{[A]_t} = kt + \frac{1}{[A]_0}$$

정답 ②

17

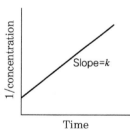

1/[A]의 그래프가 선형으로 나타났다고 하였으므로 이 반응은 2차 반응이고, 2차 반응의 적분 속도식은 다음과 같다.

$$\frac{1}{[A]_t} = kt + \frac{1}{[A]_0}$$

그래프에서 기울기는 반응 속도 k를 의미하므로 이 반응에 대한 반응 속도식은 $v = k_1[A_0]^2$이다. 따라서 초기 속도를 두 배로 만들기 위한 방법으로는 온도를 일정하게 유지한 후 초기 농도를 $\sqrt{2}$ 배하면 된다.

즉, $v = k_1(\sqrt{2}[A_0])^2 = 2k_1[A_0]^2$이다.

정답 ③

18

반응 속도식으로부터 이 반응은 [A]에 대해 1차 반응임을 알 수 있다. 1차 반응의 반감기는 $\frac{\ln 2}{k}$이다.

정답 ③

19

주어진 정보에 따라 시간에 따른 반응의 양적 관계를 따져 봐야한다.

	$A(g)$	→	$2B(g)$
	0.1		
	−0.05		+0.1
t초	0.05		0.1
	−0.025		+0.05
$2t$초	0.025		0.15
	−0.0125		+0.025
$3t$초	0.0125		0.175
	−0.00625		+0.0125
$4t$초	0.00625		0.1875

	$X(g)$	→	$Y(g)$
	0.1		
	−0.05		+0.05
$2t$초	0.05		0.05
	−0.025		+0.025
$4t$초	0.025		0.075

$2t$초 후, $B : Y = 0.15 : 0.05 = 1 : x$ $\quad x = \frac{1}{3}$

$4t$초 후, $A : X = 0.00625 : 0.025 = y : 1$ $\quad y = \frac{1}{4}$

$$\therefore x \times y = \frac{1}{3} \times \frac{1}{4} = \frac{1}{12}$$

정답 ④

PART 05 화학 반응

20

A의 몰농도가 주어졌으므로 반감기를 고려해본다.

시간[min]	0	20	t
A의 몰농도[M]	$\frac{6}{25}$	$\frac{3}{25}$	$\frac{3}{50}$

$t>40$이므로 반감기가 증가하고 있다. 따라서 이 반응의 차수는 2차이다.

2차 반응의 적분 속도식을 이용하여 k와 t를 구할 수 있다.

$$\frac{1}{[A]_t} = kt + \frac{1}{[A]_0}$$

온도가 일정하므로 아무 시간이나 대입하면 된다.

$t=20$이라면

ㄱ. $\frac{25}{3} = k \times 20 + \frac{25}{6} \qquad \therefore k = \frac{5}{24}\mathrm{M}^{-1}\mathrm{min}^{-1}$

ㄴ. $\frac{50}{3} = \frac{5}{24} \times t + \frac{25}{6} \qquad \therefore t = 60\,\mathrm{min}$

ㄷ. $v = k[\mathrm{A}]^2$

$$0\mathrm{min},\ v = k\left(\frac{6}{25}\right)^2 \quad 20\mathrm{min},\ v = k\left(\frac{3}{25}\right)^2$$

온도는 일정하므로,

$$\left(\frac{3}{25}\right)^2 = \left(\frac{6}{25} \times \frac{1}{2}\right)^2 = \left(\frac{6}{25}\right)^2 \times \frac{1}{4}$$

반응 속도는 0min일 때가 20min일 때의 4배이다.

정답 ④

21

이 그래프는 0차 반응의 적분 속도식에 대한 것이다.

$$[A]_t = -kt + [A]_0$$

정답 ①

22

$$N_t = N_0 \times \left(\frac{1}{2}\right)^{\frac{t}{t_{1/2}}}$$

$$3.2 = 102.4 \times \left(\frac{1}{2}\right)^{\frac{t}{3.8}}$$

$$\frac{t}{3.8} = x\text{로 놓으면, } \left(\frac{1}{2}\right)^x = \frac{3.2}{102.4} = \frac{1}{32} \qquad x=5$$

$$\frac{t}{3.8} = 5 \qquad \therefore t = 19$$

또는 $102.4 \rightarrow 51.4 \rightarrow 25.7 \rightarrow 12.85 \rightarrow 6.425 \rightarrow 3.2$

다섯 번의 반감기가 경과되었으므로 $3.8 \times 5 = 19$이다.

정답 ②

23

$$100 \xrightarrow{1\text{회}} 50 \xrightarrow{2\text{회}} 25 \xrightarrow{3\text{회}} 12.5$$

$$150 \times 3 = 450\text{초}$$

정답 ③

24

② 2차 반응의 반감기는 반응물의 초기 농도에 반비례한다.

$$t_{1/2} = \frac{1}{k[A]_0}$$

정답 ②

25

(가) 1차 반응은 반응 속도가 반응물의 농도에 비례하는 반응이다.

(나) 0차 반응은 반응 속도가 반응물의 농도와 무관한 반응이다.

(다) 반감기는 반응물의 농도가 처음 농도의 반으로 되는 데 걸리는 시간으로, 1차 반응에서 반감기는 일정하다.

정답 ③

제 4 절 | 반응 속도론

01 ①	02 ③	03 ②	04 ③	05 ④
06 ③	07 ③	08 ③	09 ①	10 ①
11 ①	12 ①	13 ②	14 ④	15 ①
16 ④	17 ②	18 ②	19 ②	

1

정촉매는 활성화 에너지를 낮추어 반응 속도를 증가시키지만, 충돌 횟수에는 영향을 미치지 않는다.

정답 ①

2

① 중간체가 존재하므로 2단계 반응이다.

③ 전체 반응 속도는 활성화 에너지에 의존한다. A는 1단계의 반응 엔탈피로 반응 속도에 영향을 주지 않는다.

정답 ③

3

① 속도 상수 k의 단위는 반응의 전체 반응 차수에 따라 다르다.

③ 온도가 증가할수록 반응 속도 또한 증가한다.

④ 화학 반응 속도에서 반응물의 농도의 거듭제곱 수가 균형 화학 방정식의 계수와 항상 동일한 것은 단일 단계 반응일 경우이다.

정답 ②

4

A는 반응 엔탈피

B+C는 1단계의 활성화 에너지

B+C+D는 전체 반응의 활성화 에너지

A+B+C+D는 역반응의 활성화 에너지

정답 ③

5

서로 다른 온도에서 아레니우스 식을 이용하여 활성화 에너지를 구하는 문제이다.

$$T_1 = (227+273)\text{K} = 500\text{K},$$
$$T_2 = (127+273)\text{K} = 400\text{K}$$

속도 상수가 $\frac{1}{10}$로 감소하였으므로 $\frac{k_2}{k_1} = \frac{1}{10}$이라고 할 수 있다.

$\ln\left(\frac{k_2}{k_1}\right) = -\frac{E_a}{R}\left(\frac{1}{T_2} - \frac{1}{T_1}\right)$식에 대입한다.

$$\ln\left(\frac{1}{10}\right) = -\frac{E_a}{8.3}\left(\frac{1}{400} - \frac{1}{500}\right)$$
$$-2.3 = -\frac{E_a}{8.3} \times \frac{1}{2000}$$

E_a에 대해 정리하면 $E_a = 38{,}180\text{J/mol·K}$이다.

정답 ④

6

촉매는 활성화 에너지를 감소시켜 반응 속도를 증가시키기만 하므로 반응 엔탈피에는 영향을 미치지 않는다.

정답 ③

7

기체의 이동 거리가 길수록 기체의 확산 속도는 빠르다.

$$v_{\text{He}} : v_{\text{XO}_2} = 10 : 2.5 = 4 : 1$$
$$\frac{v_{\text{XO}_2}}{v_{\text{He}}} = \frac{1}{4} = \sqrt{\frac{4}{M}} \qquad M = 64$$

XO_2의 분자량이 64이므로 원소 X의 원자량은 32이다.

정답 ③

8

부촉매는 활성화 에너지를 증가시켜 반응 속도를 늦추는 역할을 한다. (가)가 (나)일 때 보다 활성화 에너지가 더 크므로 (가)가 부촉매를 사용한 경우이고, (나)는 촉매를 사용하지 않은 경우이다.

① 생성물의 에너지가 반응물의 에너지보다 더 낮으므로 정반응은 발열 반응이다.

② 부촉매는 역반응의 활성화 에너지를 E_3만큼 증가시켰다.

④ 촉매는 반응열(ΔH)에 영향을 미치지 않으므로 정촉매를 넣은 경우라도 역반응의 반응열(ΔH)은 E_1과 같다.

정답 ③

9

부피는 반응 속도에 영향을 직접적으로 미치지 않는다. 부피가 변화됨으로써 단위 부피당 입자수 즉, 농도나 압력에 의해 반응속도에 영향을 미친다. 따라서 반응 속도에 영향을 미치는 요인으로 가장 거리가 먼 것은 부피이다.

정답 ①

10

반응 엔탈피의 크기는 화학 반응 속도와 무관하다.

정답 ①

11

섭씨 온도를 절대 온도로 변환한 온도와 속도 상수를 $\ln\frac{k_1}{k_2} = -(\frac{1}{T_1} - \frac{1}{T_2})\frac{E_a}{R}$ 식에 대입해서 E_a에 대해 정리하면 된다.

$$E_a = \ln\left(\frac{2.9\times10^{-3}}{2.0\times10^{-5}}\right)\times 8.314 \div \left(\frac{1}{293} - \frac{1}{333}\right)$$

※ 참고사항

$$\ln\left(\frac{k_2}{k_1}\right) = -\frac{E_a}{R}\left(\frac{1}{T_2} - \frac{1}{T_1}\right)$$

$$E_a = \ln\left(\frac{k_1}{k_2}\right)\times R \div \left(\frac{1}{T_2} - \frac{1}{T_1}\right)$$

or

$$E_a = \ln\left(\frac{k_2}{k_1}\right)\times R \div \left(\frac{1}{T_1} - \frac{1}{T_2}\right)$$

정답 ①

12

ㄱ. 촉매는 새로운 반응 경로를 통해 활성화 에너지를 감소시켜 반응속도를 빠르게 한다.

ㄴ. 촉매는 반응물과 생성물의 에너지 준위 차이, 즉 엔탈피 변화량에 영향을 미치지 않는다.

ㄷ. 흡착과 탈착 과정은 상이 다른 불균일 촉매인 경우에 수반된다.

정답 ①

13

② 다단계 반응의 속도 결정 단계는 반응 속도가 가장 느린 단계이다.

정답 ②

14

엔탈피 변화량은 정반응의 활성화 에너지(E_a)와 역반응의 활성화 에너지($E_a{}'$)의 차이다.

$$\Delta H = E_a - E_a{}'$$

$$E_a{}' = E_a - \Delta H = 19 - (-392) = +411\text{kJ/mol}$$

정답 ④

15

①, ② 엔탈피 변화 그래프에서 생성물의 엔탈피가 더 낮으므로 정반응은 발열 반응이고, 반응 엔탈피 $\Delta H < 0$이다.

③ 반응 중 생성된 화합물 (가)는 중간체로 엔탈피가 가장 높으므로 매우 불안정한 상태이다.

④ 정반응의 활성화 에너지(a)가 역반응의 활성화 에너지(b)보다 작다.

정답 ①

16

①, ② 반응속도식은 다음과 같이 표현된다.

$$v = k[\text{A}]^m[\text{B}]^n$$

실험1, 2를 통해서 $m = 2$임을 알 수 있다.
실험 1, 3을 통해서 $n = 1$임을 알 수 있다.
따라서 반응차수를 결정한 반응속도식은 다음과 같다.

$$v = k[\text{A}]^2[\text{B}]$$

④ 활성화 에너지를 구하기 위해서는 각 온도에서의 반응속도상수를 알아야 하므로 우선적으로 각 온도에서의 반응 속도상수를 구한다.

500K, $0.04 = k \times 1^2 \times 2$

$$k_{500} = \frac{0.04}{2} = 0.02\ \text{M}^{-2}\text{s}^{-1}$$

400K, $0.002 = k \times 1^2 \times 2$

$$k_{400} = \frac{0.002}{2} = 0.001\ \text{M}^{-2}\text{s}^{-1}$$

③ 서로 다른 두 온도에서 활성화 에너지는 다음 공식을 이용해서 구할 수 있다.

$$\ln\frac{k_{500}}{k_{400}} = -\frac{E_a}{R}\left(\frac{1}{T_{500}} - \frac{1}{T_{400}}\right)$$

$$\ln\frac{0.02}{0.001} = -\frac{E_a}{8}\left(\frac{1}{500} - \frac{1}{400}\right)$$

$$\ln 20 = -\frac{E_a}{8} \times -\frac{1}{2000}$$

$$\therefore E_a = 16000 \times \ln 20 \text{ J mol}^{-1}$$

정답 ④

17

$$\ln\left(\frac{k_2}{k_1}\right) = -\frac{E_a}{R}\left(\frac{1}{T_2} - \frac{1}{T_1}\right)$$

$$\ln 64 = -\frac{E_a}{8.3}\left(\frac{1}{600} - \frac{1}{300}\right) = \frac{E_a}{8.3} \times \frac{1}{600}$$

$$6\ln 2 = \frac{E_a}{8.3 \times 600}$$

$$\therefore E_a = 20816\text{J/mol} = 20.8\text{kJ/mol}$$

정답 ②

18

② 활성화 에너지가 낮아지면 반응속도는 증가한다.

정답 ②

19

옳은 것은 ㉠과 ㉣뿐이다.

㉡ 촉매는 반응열을 변화시키지 못하고 오직 활성화 에너지에만 영향을 미친다.

㉢ 촉매는 정반응 속도와 역반응 속도 모두 빠르게 한다.

정답 ②

Chapter 04 화학 평형

제 1 절 | 평형 상수와 평형 농도

01 ④	02 ⑤	03 ③	04 ①	05 ①
06 ①	07 ②	08 ①	09 ③	10 ②
11 ④	12 ①	13 ③	14 ③	15 ④
16 ①	17 ③	18 ④	19 ④	20 ③
21 ③	22 ①	23 ②	24 ④	25 ③
26 ②	27 ②	28 ②	29 ①	30 ①

1

① 용해도곱 상수도 평형 상수의 일종으로 평형에 포함된 이온들의 농도곱과 같다.

② 강산과 강염기와 이들의 염을 섞어도 완충 용액을 만들 수 없다. 강산과 강염기의 반응은 비가역 반응이기 때문이다.

③ 이온 평형 상태인 수용액에 공통 이온을 가진 용질을 첨가하는 경우 공통 이온이 반응물인지 아니면 생성물인지에 따라 진행되는 반응은 달라진다. 공통이온이 반응물이라면 정반응이 우세해지고 반대로 생성물이라면 역반응이 우세해진다. 결국 공통이온의 농도가 증가한다고 해서 항상 정반응이 우세해지는 것은 아니다.

④ 아세트산 나트륨과 아세트산이 섞여 있는 수용액에 아세테이트(CH_3COO^-)이온을 첨가하면 생성물인 CH_3COO^-의 농도가 증가되어 이 CH_3COO^-의 농도를 감소시키는 역반응이 진행되므로 아세트산의 이온화는 감소한다.

$CH_3COOH(aq) + H_2O(l)$
$\rightarrow CH_3COO^-(aq) + H_3O^+(aq)$

정답 ④

2

평형 상수는 $\frac{[\text{생성물}]}{[\text{반응물}]}$로 정의되며, 평형 상수식에 고체나 액체는 표현되지 않는다.

$$K = \frac{1}{[Ag^+]^3[PO_4^{3-}]}$$

정답 ⑤

3

① 평형 상수와 평형 농도를 이용해서 화학 반응식의 계수를 구할 수 있다.

$$K_c = \frac{[C]}{[A][B]^x} = \frac{0.4}{0.5 \times 0.2^x} = 20 \qquad x = 2$$

따라서 화학 반응식은 다음과 같다.

$$A(g) + 2B(g) \rightleftarrows C(g)$$

② 온도가 일정하므로 평형 상수가 동일함을 이용해서 C의 평형 농도를 구할 수 있다.

$$K_c = \frac{[C]}{[A][B]^2} = \frac{x}{0.4 \times 0.1^2} = 20 \qquad x = 0.08$$

③ 용기 I 의 부피를 반으로 감소시키면 단위 부피당 입자수가 증가하므로 입자수가 감소되는 정반응이 진행된다.

④ 용기 II 에 반응물인 기체 B를 첨가시키면 반응물을 소비시키기 위해 정반응이 진행된다.

정답 ③

4

화학 반응의 양적관계는 다음과 같다.

$N_2(g)$	+	$3H_2(g)$	→	$2NH_3(g)$
4M		8M		0M
−2		−6		+4
2M		2M		4M

$$K = \frac{[NH_3]^2}{[N_2][H_2]^3} = \frac{4^2}{2 \times 2^3} = 1$$

정답 ①

5

농도 변화량의 비로부터 화학 반응식의 계수의 비를 구할 수 있다.

$\Delta[A] = 5-3 = 2M$, $\Delta[B] = 3-1 = 2M$,

$\Delta[C] = 4-0 = 4M$이므로 화학 반응식을 작성하면 다음과 같다.

$$A + B \rightarrow 2C$$

정답 ①

6

평형 상수는 $\frac{[생성물]}{[반응물]}$로 정의되며, 평형 상수식에 고체나 액체는 표현되지 않는다.

$$K = \frac{[CO_2]}{[CO]^2}$$

정답 ①

7

평형 상수는 $\frac{[생성물]}{[반응물]}$로 정의되며, 평형 상수식에 고체나 액체는 표현되지 않는다.

$$K = \frac{1}{[H_2O]^2}$$

정답 ②

8

두 번째의 반응식을 2배하고 첫 번째 반응식에서 두 번째 반응식을 빼주면 되므로 평형 상수는 다음과 같이 구할 수 있다.

$$K = \frac{K_1}{K_2^2} = \frac{2.5 \times 10^{-5}}{(5.0 \times 10^{-10})^2} = 1.0 \times 10^{14}$$

정답 ①

9

부피가 2L인 용기에 4mol의 기체 A의 초기농도는 $\frac{4mol}{2L} = 2M$이다.

$A(g)$	⇄	$B(g)$	+	$C(g)$
2M		0M		0M
$-x$		$+x$		$+x$
$(2-x)M$		xM		xM

$$K = \frac{x^2}{(2-x)} = \frac{1}{6}$$

$$6x^2 + x - 2 = 0 \qquad (3x+2)(2x-1) = 0$$

$$x > 0\text{이므로 } 2x - 1 = 0 \quad \therefore x = \frac{1}{2}$$

$$\therefore [A] = 2 - \frac{1}{2} = \frac{3}{2}M$$

정답 ③

10

CO 56g은 2몰, H_2 5g은 2.5몰, CH_3OH 64g은 2몰에 해당하는데, 이들은 평형상태에 있으므로 결국 평형 상태의 몰수이고 같은 부피로 가정하면 평형 농도에 해당하므로 평형 상수를 계산할 수 있다.

$$K_C = \frac{[CH_3OH]}{[CO][H_2]^2} = \frac{2}{2 \times 2.5^2} = 0.16$$

정답 ②

11

전체 압력이 3기압일 때 $n_{NO_2} : n_{H_2O} = 1:2$이므로

$$P_{NO_2} = P_T \times f_{NO_2} = 3 \times \frac{1}{3} = 1\text{기압},\ P_{H_2O} = 2\text{기압}$$

$$K = P_{NO_2} \times P_{H_2O}^2 = 1 \times 2^2 = 4$$

정답 ④

12

화학 반응의 양적 관계는 다음과 같다.

$N_2(g)$	+	$3H_2(g)$	→	$2NH_3(g)$
4		4		
−1		−3		+2
3		1		2

$$K = \frac{[NH_3]^2}{[N_2][H_2]^3} = \frac{2^2}{3 \times 1^3} = \frac{4}{3}$$

정답 ①

13

화학 반응의 양적 관계는 다음과 같다.

$N_2(g)$	+	$3H_2(g)$	→	$2NH_3(g)$
10mol		32mol		
$-x$		$-3x$		$+2x$
$10-x$		$32-3x$		$2x$

$$(10-x)+(32-3x)+2x = 28\text{mol} \qquad x = 7\text{mol}$$

$$n_{NH_3} = 2x = 2 \times 7 = 14\text{mol}$$

정답 ③

14

화학 반응식을 더하면 평형 상수는 곱으로 표현된다.

$$K = K_1 \times K_2 = 10 \times 5 = 50$$

정답 ③

15

용기 X와 Y에서의 평형 상수가 같음을 이용한다.

$$K = \frac{[C]^2}{[A][B]}$$

$$\frac{\left(\frac{0.1}{2}\right)^2}{\left(\frac{a}{2}\right)\times\left(\frac{0.4}{2}\right)} = \frac{\left(\frac{0.2}{2}\right)^2}{\left(\frac{0.1}{2}\right)\times\left(\frac{b}{2}\right)}$$

$$\frac{b}{a} = \frac{0.04 \times 0.4}{0.01 \times 0.1} = 16$$

정답 ④

16

화학 반응의 양적 관계는 다음과 같다.

$A(g)$	+ $B(g)$	→	$C(g)$	+ $D(g)$
0.8M	1.2M			
−0.4	−0.4		+0.4	+0.4
0.4	0.8		0.4	0.4

$$K = \frac{[C][D]}{[A][B]} = \frac{0.4 \times 0.4}{0.4 \times 0.8} = \frac{1}{2}$$

정답 ①

17

화학 반응의 양적 관계는 다음과 같다.

$N_2(g)$	+	$3H_2(g)$	→	$2NH_3(g)$
0.4M		0.8M		
−0.2		−0.6		+0.4
0.2		0.2		0.4

$$K = \frac{[NH_3]^2}{[N_2][H_2]^3} = \frac{0.4^2}{0.2 \times 0.2^3} = 100$$

정답 ③

18

$2C(g) \rightleftarrows 2A(g) + 4B(g)$은

$A(g) + 2B(g) \rightleftarrows C(g)$의 역반응에 계수에 2배를 한 반응이므로 $2C(g) \rightleftarrows 2A(g) + 4B(g)$의 평형 상수는 $A(g) + 2B(g) \rightleftarrows C(g)$의 평형 상수값에 제곱을 한 후 역수를 취한 값과 같다. 즉, $K=\frac{1}{0.2^2}=25$이다.

정답 ④

19

먼저, 화학 반응식의 계수부터 결정한다.

$aA(g)$	$\rightleftarrows$	$bB(g)$
0.5		
−0.4		+0.2
0.1		0.2

따라서 $a:b=2:1$이다.

$2A(g)$	$\rightleftarrows$	$B(g)$
0.5		
$-2x$		$+x$
$0.5-2x$		x

$$0.5-2x=x \qquad x=\frac{1}{6}$$

$$[A]=0.5-\left(2\times\frac{1}{6}\right)=\frac{1}{6} \qquad [B]=x=\frac{1}{6}$$

$$Q=\frac{[B]}{[A]^2}=\frac{\frac{1}{6}}{\left(\frac{1}{6}\right)^2}=6$$

정답 ④

20

③ 화합물의 용해도곱 상수(K_{sp})는 평형에 포함된 이온들의 농도의 곱과 같다.

정답 ③

21

$4NO_2(g) \rightleftarrows 2N_2O_4(g)$는 $N_2O_4(g) \rightleftarrows 2NO_2(g)$ 반응의 역반응이고 계수는 2배에 해당하므로 평형 상수 $K_c=\frac{1}{(0.2)^2}=25$이다.

정답 ③

22

$$K_p=\frac{P_{NO_2}^2}{P_{N_2O_4}} \qquad 0.15=\frac{0.3^2}{P_{N_2O_4}}$$

$$P_{N_2O_4}=0.6\text{기압}$$

정답 ①

23

화학 반응의 양적 관계는 다음과 같다.

$2HI(g)$	$\rightarrow$	$H_2(g)$	$+$	$I_2(g)$
8				
−4		+2		+2
4		2		2

$$K=\frac{[H_2][I_2]}{[HI]^2}=\frac{2^2}{4^2}=\frac{1}{4}$$

정답 ②

24

①, ② 화학 반응식에서 반응물의 계수와 생성물의 계수가 같으므로 용기 속 기체의 전체 압력은 평형 상태와 초기 상태가 같고 용기 속 기체의 총 분자 수 또한 평형 상태와 초기 상태가 같다.

③ 평형 상태에서는 정반응의 속도와 역반응 속도가 같다.

④ 화학 반응식에서 반응물의 계수와 생성물의 계수가 같으므로 $K_p=K_c$이다.

$$K_p=K_c(RT)^{\Delta n} \qquad \Delta n=1-1=0$$

$$\therefore K_p=K_c$$

평형상수 K_p를 나타내보면,

$$K_p=\frac{P_B}{P_A}=0.1 \qquad P_b=0.1\times P_A$$

따라서 평형 상태에서 부분 압력은 $A(g)$가 $B(g)$보다 크다.

정답 ④

25

양적 관계를 고려해보면 다음과 같다.

$A(g)$	+	$B(s)$	→	$2C(g)$
1.0		0.6		
−0.5		−0.5		+1.0
0.5		0.1		1.0

평형상수식에 고체는 표현되지 않음을 주의해야 한다.

$$K = \frac{[C]^2}{[A]} = \frac{1.0^2}{0.5} = 2$$

정답 ③

26

산소 기체의 농도를 x라 하면,

$$K = \frac{[H_2]^2[O_2]}{[H_2O]^2} = 2.4 \times 10^{-3}$$

$$2.4 \times 10^{-3} = \frac{(0.02)^2 \times x}{(0.1)^2}$$

$$\therefore x = [O_2] = 0.06M$$

정답 ②

27

$$K_C = \frac{[HI]^2}{[H_2][I_2]} = 60.5$$

$HI(g)$의 몰수를 x라 하면, $60.5 = \dfrac{\left(\dfrac{x}{10}\right)^2}{\dfrac{1}{10} \times \dfrac{2}{10}}$

$$x^2 = 121 \qquad \therefore x = 11\text{mol}$$

$$\therefore [HI] = \frac{11\text{mol}}{10\text{L}} = 1.1\text{M}$$

정답 ②

28

ㄴ. 평형상태에서 N_2O_4와 NO_2의 농도비는 화학 반응식의 계수의 비와 무관하다.

정답 ②

29

H_2S의 이온화 반응식은 ㉠과 ㉡을 더하면 되므로 전체 평형 상수(K)는 $K_1 \times K_2$으로 표현된다.

정답 ①

평형 상수와 속도 상수

30

$$K = \frac{k_f}{k_r} = \frac{0.3}{k_r} = 30$$

$$\therefore k_r = \frac{0.3}{30} = 0.01\text{M}^{-1}\text{s}^{-1}$$

정답 ①

제 2 절 | 화학 평형 이동의 원리

01 ③	02 ②	03 ①	04 ②	05 ②
06 ④	07 ②	08 ⑤	09 ③	10 ①
11 ④	12 ④	13 ②	14 ①	15 ④
16 ④	17 ②	18 ①	19 ②	20 ④
21 ①	22 ②	23 ③	24 ②	25 ①
26 ③	27 ④	28 ③	29 ②	30 ②
31 ②	32 ③	33 ②	34 ②	35 ②
36 ①	37 ②	38 ②	39 ④	

1

③ 촉매는 평형 이동에 영향을 주지 않는다.

① 반응물인 PCl_5의 농도를 증가시키면 정반응이 우세해지므로 생성물인 PCl_3의 양이 증가한다.

② 이 반응은 흡열 반응이므로 반응 온도를 상승시키면 흡열반응인 정반응이 우세하게 되어 평형이 오른쪽으로 이동한다.

④ 전체 압력을 감소시키면 입자수가 늘어나는 정반응이 우세해지므로 평형이 오른쪽으로 이동한다.

정답 ③

2

① 위 반응은 $\Delta H < 0$이므로 발열 반응이다.

② 온도가 증가하면 흡열 반응이 진행되므로 발열 반응에서 온도를 높이면 역반응이 진행되므로 평형 상수가 작아진다.

③ 부피를 감소시키면 계수가 작아지는 정반응이 우세해지므로 무색에 가까워진다.

④ 발열 반응이므로 온도를 낮추면 정반응이 진행되어 무색에 가까워진다.

정답 ②

3

평형 상수는 평형에 도달하는 시간과는 무관하다.
평형에 도달하는 시간은 반응 속도의 문제이다.

② K 값이 클수록 정반응이 우세한 것이므로 평형위치는 생성물 방향으로 이동한다.

③ 발열반응에서 평형상태에 열을 가해주면 역반응이 우세하게 되어 반응물의 농도가 증가하므로 K 값은 감소한다.

④ K 값의 크기는 생성물과 반응물 사이의 에너지 차이 (ΔH)에 의해 결정된다.

$$K = Ae^{\left(-\frac{\Delta H}{RT}\right)}$$

정답 ①

4

ㄱ. 평형 상수식에는 고체는 표현되지 않으므로
$K = [CO_2] = P_{CO_2} = 1.04$기압이다.

ㄴ. 생성되는 이산화탄소를 제거하면 생성물의 양을 증가시키는 방향으로 진행되므로 정반응이 우세하다.

ㄷ. 고체인 탄산칼슘의 양은 평형 상수에 영향을 주지 않는다.

정답 ②

5

일정 온도에서 압력을 증가시킬수록 정반응이 진행되어 생성물의 수득률이 증가하므로 $a+b>c$이므로 $a+b-c>0$이다. 일정 압력에서 온도를 증가시킬수록 역반응이 진행되어 생성물의 수득률이 감소하므로 $\Delta H<0$인 발열반응이다.

정답 ②

6

평형 상수는 정반응의 반응 속도 상수와 역반응의 반응 속도 상수의 비로 표현할 수 있다. 반응 속도 상수가 온도에 의존하므로, 온도가 변하면 평형 상수도 변한다.

정답 ④

7

위 반응은 발열 반응이다.

① 고체는 평형의 위치에 영향을 주지 않는다.

② 반응물의 양이 감소했으므로 반응물의 양을 증가시키는 역반응으로 평형이 이동한다.

③ 반응 용기가 강철 용기인지 실린더인지 명확하지가 않다. 강철 용기라면 비활성 기체의 첨가는 평형에 영향을 주지 않는다. 그러나 실린더라면 역반응이 진행된다. ②가 명백히 틀린 지문이므로 강철 용기에서 반응이 진행된다고 예상하고 문제를 해결하면 된다.

④ 발열 반응에서 온도를 낮추면 정반응이 진행된다.

정답 ②

8

⑤ 역반응은 기체의 입자수가 감소하는 반응이므로 역반응쪽으로 평형을 이동시키기 위해서는 단위부피당 입자수가 증가하여야 하므로 부피를 감소시키면 된다.

①, ④ 생성물인 Br_2와 NO의 제거는 정반응으로 평형이 이동된다.

② 흡열 반응이므로 온도를 증가시키면 정반응이 진행된다.

③ 반응물인 NOBr 기체의 첨가는 정반응으로 평형이 이동된다.

정답 ⑤

9

①, ⑤는 반응물의 입자수가 증가되었으므로 감소되기 위해서는 정반응이 진행된다.

② 생성물의 입자수가 감소되었으므로 증가되기 위해서는 정반응이 진행된다.

③ 용기를 부피를 증가시키면 단위 부피당 입자수가 감소하게 되므로 평형은 입자수가 증가하는 방향(역반응)으로 평형이 이동된다.

④ 이 반응은 발열 반응이므로 온도를 낮추면 발열 반응이 진행되므로 정반응이 진행된다.

정답 ③

10

위 반응은 흡열 반응이다.

ㄱ. 흡열 반응에서 온도가 낮아지면 역반응 방향으로 평형 이동이 이동한다.

ㄴ. 반응물의 농도가 증가하면 르 샤틀리에 원리에 의해 정반응 방향으로 평형 이동이 된다.

ㄷ. 반응물과 생성물의 계수의 합이 같으므로 부피, 압력의 변화는 평형 이동에 영향을 주지 않는다.

ㄹ. 촉매는 평형 이동에 영향을 주지 않는다.

정답 ①

11

① 온도를 증가시켰더니 평형 상수가 증가했으므로 흡열 반응임으로 알 수 있다.

② 강철 용기는 부피가 일정한 경우이고, 반응 전후 몰수의 변화도 없기 때문에 온도가 증가하면 압력은 증가한다.

③ 계수의 합이 같으므로 압력은 평형 이동에 영향을 주지 않는다.

④ 비활성 기체를 첨가해도 일산화질소의 부분 압력은 변하지 않는다.

정답 ④

12

※ 문제에서는 정반응 속도라고 표현되었지만, 정반응의 속도 상수라고 보는 것이 타당하다.

먼저 역반응의 속도상수부터 구해보면,

$$K_c = \frac{k_f}{k_r} = \frac{2.0 \times 10^3}{k_r} = 100 \quad k_r = 20\,\mathrm{M}^{-1}\mathrm{s}^{-1}$$

① 역반응의 속도상수가 정반응의 속도상수보다 작으므로 역반응의 속도가 정반응의 속도보다 느리다.

② 역반응의 속도상수는 $20\mathrm{M}^{-1}\mathrm{s}^{-1}$이다.

③ 온도가 증가할수록 흡열반응인 정반응이 진행되므로 평형 상수(K_c)의 값은 증가한다.

④ 온도가 증가할수록 활성화 에너지가 더 큰 정반응의 속도가 역반응보다 더 크게 증가한다.

정답 ④

13

반응물의 계수의 합과 생성물의 계수의 합이 같은 경우에는 부피 변화가 없으므로 화학 평형의 이동이 일어나지 않는다.

정답 ②

14

진행 방향을 알기 위해 반응 지수를 구한다. 공식은 평형 상수식과 같다.

$$Q = \frac{[\mathrm{HI}]^2}{[\mathrm{H_2}][\mathrm{I_2}]} = \frac{(2\times10^{-2})^2}{(10^{-2})(3\times10^{-2})} = 1.3$$

$Q < K$ 이므로 정반응 방향인 왼쪽에서 오른쪽 방향으로 진행된다.

정답 ①

15

① 압력을 감소시키면 입자수가 증가하는 역반응이 진행된다.

② 발열 반응에서 온도를 올리면 역반응이 진행된다.

③ 반응물인 $PCl_3(g)$를 소량 제거하면 반응물의 농도를 증가시키는 역반응이 진행된다.

④ 반응물인 염소 기체를 첨가하면 반응물의 농도를 감소시키기 위해 정반응이 진행된다.

정답 ④

16

①, ③ 암모니아 생성반응은 반응물의 계수의 합이 생성물의 계수의 합보다 크므로 압력을 높이거나 부피를 줄이면 입자수가 줄어드는 방향(정반응)으로 평형이 오른쪽으로 이동한다.

② 이 반응은 발열 반응이므로 온도를 낮추면 평형이 오른쪽으로 이동한다.

④ 일정 부피(강철 용기)에서 비활성 기체는 부분 압력을 변화시키지 못해 평형을 이동시키지 못한다.

정답 ④

17

① 이 반응은 발열 반응이므로 반응 용기를 가열하면 흡열 반응인 역반응이 일어난다.

② 용기의 부피를 줄여 압력을 높이면 입자수가 줄어드는 정반응이 일어난다.

③ 암모니아를 첨가하면 생성물의 입자수가 증가하였으므로 평형은 생성물의 입자수가 감소되는 역반응이 일어난다.

④ 질소를 첨가하면 질소의 입자수가 증가하였으므로 평형은 질소의 입자수가 감소되는 정반응이 일어난다.

정답 ②

18

암모니아 생성을 방해하는 것이므로 역반응이 진행되는 조건을 묻는 문제이다. 정반응이 발열 반응이므로 온도를 증가시키면 흡열 반응인 역반응이 진행되므로 암모니아 생성을 방해한다.

정답 ①

19

ㄴ. 어떤 발열 반응에서 온도가 증가하면 반응은 흡열 반응(역반응)쪽으로 진행되어 반응물의 농도가 증가하므로 평형 상수는 감소한다.

ㄷ. 반응물과 생성물이 모든 기체인 평형 반응에서 K_c 값과 K_p값은 반응물의 계수의 합과 생성물의 계수의 합이 같을 때에만 두 값이 같다.

$$K_p = K_c(RT)^{\Delta n} \quad \Delta n = (c+d)-(a+b) = 0$$

$$\therefore K_p = K_c$$

정답 ②

20

① $N_2O_4(g)$를 첨가한다. → 반응물의 양이 증가하므로 반응물이 소비되기 위해서는 정반응이 진행된다.

② $NO_2(g)$를 제거한다. → 생성물이 제거되므로 생성물의 양이 증가되기 위해서는 정반응이 진행된다.

③ $N_2(g)$를 첨가하여 전체 압력을 증가시킨다. → 전체 압력이 증가하였으므로 이 반응은 강철 용기에서 일어나고 있는 것이다. 이러한 경우 각 기체의 몰분율은 감소하게 되므로 각 기체의 분압은 일정하게 유지되므로 평형이동은 일어나지 않는다.

④ 정반응이 흡열 반응이므로 온도를 낮추면 평형이 왼쪽으로 이동되므로 역반응이 일어난다.

정답 ④

21

수성 가스 생성을 증가시키는 것은 생성물의 양을 증가시키는 것으로 정반응이 진행되는 것을 고르는 문제이다.

ㄱ. 화학 반응식에서 고체를 제외한 기체의 계수의 합이 생성물이 더 크므로 압력을 낮추면 정반응이 진행된다.

ㄴ. 생성물인 수소 기체를 제거하면 르 샤틀리에 원리에 의해 정반응이 진행된다.

ㄷ. 반응물인 수증기를 제거하면 르 샤틀리에 원리에 의해 역반응이 진행된다.

ㄹ. 생성물인 일산화탄소를 첨가하면 르 샤틀리에 원리에 의해 역반응이 진행된다.

ㅁ. 고체인 탄소는 평형 이동에 영향을 주지 않는다.

정답 ①

22

화학 반응의 진행 방향을 예측하기 위해서는 반응지수(Q)를 구해 평형 상수와 비교해본다.

$$Q = \frac{[NH_3]^2}{[N_2][H_2]^3} = \frac{(10^{-4})^2}{1\times(10^{-2})^3} = 10^{-2} < K(=6.0\times10^{-2})$$

반응지수가 평형 상수보다 작으므로 정반응이 진행되리라고 예측된다.

정답 ②

23

평형 상수는 온도에만 의존하므로 온도가 일정하므로 평형 상수에는 변함이 없다. 또한 일정한 부피, 즉 강철 용기에 아르곤 기체를 첨가한 경우 전체 압력은 증가하나 기체의 몰분율이 감소하므로 기체의 분압에는 변함이 없으므로 평형은 이동되지 않는다.

정답 ③

24

① $\Delta G^\circ = -RT\ln K$에서 $K > 1$이므로 $\Delta G^\circ < 0$이므로 이 반응은 표준 상태에서 자발적으로 진행된다.

② 평형 상수를 이용해서 계수 x를 구할 수 있다.

$$K = \frac{[C]}{[A]^x[B]^2} = \frac{0.2}{0.1^x \times 0.2^2} = 50 \qquad x = 1$$

균형 반응식에서 계수 x는 1이다.

따라서 균형 화학 반응식은 다음과 같다.

$$A(g) + 2B(g) \rightleftarrows C(g)$$

③ 용기의 부피를 줄이면 단위 부피당 입자수가 증가하므로 입자수가 감소되는 정반응이 진행된다.

④ 이 반응은 발열 반응이므로 용기의 온도를 증가시키면 흡열 반응인 역반응이 진행되므로 K_{eq}값은 감소한다.

정답 ②

25

ㄱ. 온도를 낮추면 발열 반응인 정반응이 진행된다.

ㄴ. 용기의 부피를 줄이면 단위 부피당 입자수가 늘어나므로 입자수가 줄어드는 정반응이 진행된다.

ㄷ. 기체 B를 제거하면 B의 양을 증가시키기 위해 역반응이 진행된다.

ㄹ. 촉매는 평형을 이동시키지 못한다.

정답 ①

26

ㄱ. KNO_3는 이온 결합 물질로 이온 결합 물질의 용해 과정은 흡열 반응이다.

ㄴ. 기체의 압력을 증가시키게 되면 물과 접촉하는 기체의 양이 많아지므로 용해도는 증가한다.

ㄷ. 용액의 증기압은 용질에 의해 물의 증발이 방해받으므로 순수한 물의 증기압보다 낮다.

정답 ③

27

① 반응 용기 내의 생성물인 O_2를 제거하면 평형이 오른쪽으로 이동된다.

② 이 반응은 발열 반응이므로 반응 용기의 온도를 낮추면 평형이 오른쪽으로 이동된다.

③ 온도를 일정하게 유지하면서 반응 용기의 부피를 두 배로 증가시키면 단위 부피당 입자수가 감소되므로 입자수가 증가되는 오른쪽으로 평형이 이동된다.

④ 촉매는 정반응의 속도와 역반응이 속도를 똑같이 증가시키거나 감소시키므로 정반응의 속도와 역반응의 속도가 달라지지 않는다. 따라서 촉매는 평형 이동에 영향을 미치지 않는다.

정답 ④

28

단위 부피당 입자수의 변화를 완화시키는 쪽으로 화학 평형이 이동된다.

① 실린더 부피를 일정하게 유지하면서 H_2를 가한다. → 반응물인 H_2의 몰수가 증가되므로 H_2를 소비시키기 위해서는 정반응으로 평형이 이동된다.

② 실린더 부피를 일정하게 유지하면서 NH_3를 가한다. → 생성물인 NH_3의 몰수가 증가되므로 NH_3를 감소시키기 위해서는 역반응으로 평형이 이동된다.

③ 외부 압력을 일정하게 유지하면서 Ar를 주입한다. → 전체 압력이 일정하게 유지되면서 Ar를 주입하게 되면 기체의 단위부피당 입자수 즉, 분압이 감소되므로 입자수가 증가되는 역반응으로 평형이 이동된다.

④ 피스톤에 힘을 가해 실린더의 내부 압력을 증가시킨다. → 내부 압력을 증가시키면 기체의 분압이 증가되므로 입자수가 감소되는 정반응으로 평형이 이동된다.

정답 ③

29

먼저 평형 Ⅰ에서 평형 상수를 구한다.

$$K = \frac{[C]^2}{[A][B]} = \frac{4^2}{4\times1} = 4$$

B 3.0M을 첨가한 경우 반응물의 농도가 증가하였으므로 평형은 정반응쪽으로 이동하고 온도가 일정하므로 평형 상수는 그대로이다.

$A(g)$	+	$B(g)$	$\rightleftarrows$	$2C(g)$
4		1+3		4
$-x$		$-x$		$+2x$
$4-x$		$4-x$		$4+2x$

$$K = \frac{[C]^2}{[A][B]} = \frac{(4+2x)^2}{(4-x)^2} = 2^2 \quad x=1$$

$$\therefore [C] = 4+(2\times1) = 6M$$

정답 ②

30

ㄱ. $K_p = P_{CO_2}$이므로 $CO_2(g)$의 부분 압력은 0.1atm이다.

ㄴ. 평형 상수에 표현되지 않는 $CaCO_3(s)$를 더해도 평형 이동에는 영향이 없다.

ㄷ. 생성물인 $CO_2(g)$를 제거하면 정반응이 진행되므로 $CaO(s)$의 양이 많아진다.

정답 ②

31

ㄱ. 위 반응은 발열 반응($\Delta H < 0$)이고 700K에서 500K으로 온도를 감소시켰으므로 발열반응은 정반응이 진행된다. 따라서 생성물의 양이 증가하므로 500K에서 K_c는 0.291보다 크다.

ㄴ. 촉매는 평형 이동에 영향을 미치지 않는다.

ㄷ. N의 산화수는 $0 \rightarrow -3$ 으로 감소되었으므로 N_2는 환원되었다.

ㄹ. 같은 몰수의 N_2와 H_2가 반응에 참여할 경우, 화학 반응식의 계수가 큰 H_2가 한계 반응물이다.

정답 ②

32

A와 B의 초기 농도는 $\frac{2mol}{2L} = 1M$이므로, 양적 관계를 고려해보면,

$A(g)$	+	$B(g)$	$\rightleftarrows$	$2C(g)$
1		1		
$-x$		$-x$		$+2x$
$1-x$		$1-x$		$2x$

$$K = \frac{[C]^2}{[A][B]} = \frac{(2x)^2}{(1-x)^2} = 0.5^2$$

$$x = 0.2M$$

$$[A] = [B] = 1-0.2 = 0.8M,\ [C] = 2\times0.2 = 0.4M$$

① 평형에서 반응물 A와 B의 농도는 각각 0.8M이다.

② 평형에서 반응 용기 속 생성물 $C(g)$는 $0.4M \times 2L = 0.8mol$이 존재한다.

③ 평형에서 생성물 $C(g)$의 몰분율

$$f_C = \frac{n_C}{n_T} = \frac{0.8}{1.6+1.6+0.8} = 0.2\text{이다.}$$

④ 반응 용기 속 생성물(C)의 농도가 0.4M에서 0.3M로 감소되었으므로 생성물이 더 생성되어야 하므로 반응은 오른쪽(정반응)으로 진행된다.

정답 ③

33

정반응이 진행되기 위해서는 $Q < K$이어야 한다. 반응 지수를 구해서 평형 상수와 비교하여 판단한다.

ㄱ	$Q = \frac{10^2}{0.1\times0.1} = 10^4 > K$	역반응
ㄴ	$Q = \frac{1^2}{1\times1} = 1 < K$	정반응
ㄷ	$Q = \frac{10^2}{1\times1} = 10^2 = K$	평형
ㄹ	$Q = \frac{10^2}{0.1\times10} = 10^2 = K$	평형

ㄴ만이 $Q < K$이므로 정반응이 진행된다.

정답 ②

34

① 반응 용기에 평형 상수에 표현되지 않는 고체 상태의 SnO_2를 더 넣어주어도 평형은 이동하지 않는다.

② 평형 상수는 기체 상태인 물질과 수용액 상태인 물질만 표현되므로 평형 상수(K_c)는 $\frac{[CO_2]^2}{[CO]^2}$이다.

③ 평형 상수(K_c)는 온도에만 의존하므로 온도가 일정하다면 CO의 농도를 증가시켜도 평형 상수는 일정하게 유지된다.

④ 기체 상태의 반응물의 계수와 기체 상태의 생성물의 계수가 같으므로 용기의 부피를 증가시켜도 평형은 이동하지 않으므로 생성물의 양도 증가하지 않는다.

정답 ②

35

ㄷ. 평형 상수는 온도에만 의존한다.

$$K = Ae^{-\frac{\Delta H}{RT}}$$

정답 ②

36

ㄱ. 〈보기 1〉에서 가열에 의해 반응물인 A의 몰수가 증가하였으므로 흡열반응인 역반응이 진행된 것이고, 따라서 정반응은 발열 반응이고 정반응의 반응 엔탈피 $\Delta H < 0$이다.

ㄴ. 가열에 의해 역반응이 진행되어 반응물의 양이 증가하였으므로 평형 상수는 (나)에서가 (가)에서보다 작다.

ㄷ. (나)의 평형 상태에서는 가열에 의해 온도가 증가하였으므로 역반응의 속도 또한 (나)에서가 (가)에서보다 빠르다.

정답 ①

37

반응 용기의 부피를 감소시키게 되면 단위 부피당 입자수가 증가하게 되어 평형이 깨진다. 평형을 회복하기 위해서는 단위 부피당 입자수가 감소되는 반응이 진행되어야 한다. 즉 생성물의 계수의 합이 반응물의 계수의 합보다 작아야 한다. 이에 해당되는 것은 ②이다.

①은 고체에서 기체로의 상태 변화이고, ④는 정반응이 입자수가 증가하는 반응이므로, ①, ④의 계의 평형이 왼쪽으로 이동하고, ③의 경우는 반응물과 생성물의 계수의 합이 같으므로 평형이 이동하지 않는다.

정답 ②

38

$N_2(g) + 3H_2(g) \rightleftarrows 2NH_3(g) \quad \Delta H = -92kJ$

위 반응은 암모니아 합성 반응으로 정반응은 입자수가 감소하는 발열 반응이다.

ㄱ. 온도를 낮추면 발열 반응이 진행되므로 평형을 오른쪽으로 이동시킬 수 있다.

ㄴ. 정촉매를 사용하여도 평형은 이동되지 않는다.

ㄷ. 압력을 감소시키면 입자수가 늘어나는 역반응이 진행되므로 평형은 왼쪽으로 이동된다.

ㄹ. 반응물인 N_2의 농도를 증가시키면 N_2의 농도를 감소시키기 위해 정반응이 진행되므로 평형을 오른쪽으로 이동시킬 수 있다.

정답 ②

39

① 생성물인 SO_3을 넣으면 역반응이 일어난다.

② 압력을 감소시키면 입자수가 늘어나는 역반응이 일어난다.

③ 발열 반응이므로 온도가 증가하면 역반응이 진행되므로 평형상수 K는 감소한다.

④ 온도를 낮추면 정반응이 진행되므로 삼산화황의 수득률이 높아진다.

정답 ④

Chapter 05 산과 염기의 평형

제 1 절 | 산과 염기의 정의

01 ①	02 ④	03 ②	04 ②	05 ①
06 ③	07 ①	08 ④	09 ②	10 ①
11 ③	12 ④	13 ③	14 ④	15 ②
16 ③				

1

착화합물까지 적용 가능한 루이스 이론이 적용범위가 가장 넓은 산-염기 이론이다.

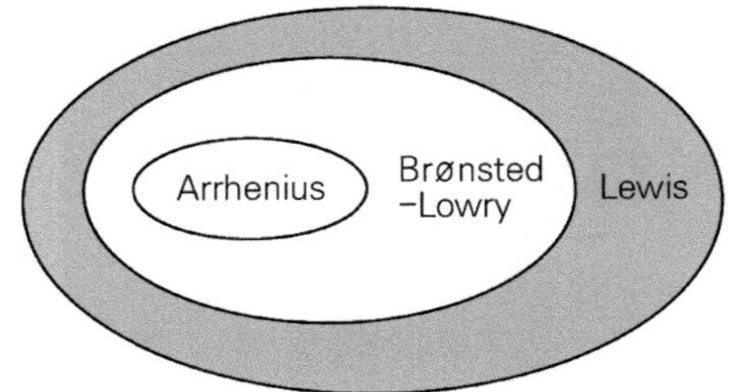

정답 ①

2

아미노산은 양쪽성 물질로서 산성 용액에서는 아미노기에 양성자가 붙어있는 형태를 띠고 있다.

$$\mathrm{R{-}CH(\overset{+}{N}H_3){-}COOH} \underset{}{\overset{pKa_1}{\rightleftharpoons}} \mathrm{R{-}CH(\overset{+}{N}H_3){-}COO^-} \overset{pKa_2}{\rightleftharpoons} \mathrm{R{-}CH(NH_2){-}COO^-}$$

정답 ④

3

① $Al(OH)_3$, BF_3는 비어있는 오비탈이 있으므로(Al, B) 루이스 산이지만, NH_3는 비어있는 오비탈이 없으므로 루이스 산이 아니다. NH_3는 중심 원자인 질소에 고립 전자쌍이 있으므로 루이스 염기이다.

② 반응물 BF_3에서 B는 옥텟 규칙을 충족하지 못했으나 배위 결합에 의해 BF_3NH_3에서 B는 옥텟 규칙을 만족하므로 BF_3NH_3에서 모든 원자들은 옥텟규칙을 만족한다.(옥텟 규칙 만족여부를 판단할 때 수소 원자는 중심원자가 될 수 없으므로 제외해야 한다.)

③ 반응식 (다)에서 H_2O는 양성자(H^+)를 제공하므로 브뢴스테드-로우리의 산이다.

④ 25℃에서 1M의 $NH_3(g)$가 물에 녹아서 $K_b < 1$인 약염기가 되므로 이온화 되는 정도가 매우 작기 때문에 평형 상태에서 NH_4^+의 농도는 NH_3의 농도보다 클 수 없다.

정답 ②

4

H^+을 주는 것이 산이므로 정반응에서는 CH_3OH이고, 역반응에서는 OH^-이다. 반대로 H^+을 받는 것이 염기이므로 정반응에서는 O^{2-}, 역반응에서는 CH_3O^-이다.

정답 ②

5

브뢴스테드-로우리의 염기란 비공유 전자쌍이 있어서 양성자(H^+)를 받을 수 있는 것이어야 한다. ①의 물이 브뢴스테드-로우리의 염기이다. 나머지 ②, ③, ④에서 물은 브뢴스테드-로우리의 산이다.

정답 ①

6

HCl 수용액은 이온화 상수가 아주 크므로(대략 $K_a \fallingdotseq 10^9$) 매우 강한 산이다. 따라서 수용액에서 H^+이온과 Cl^-이온은 열역학적으로 매우 안정하게 용해되어 있다.

따라서 기체상의 H^+이온과 Cl^-이온은 매우 불안정하다.

③ 강산은 수용액상에서 논의되는 것이므로 기체상에서 산의 세기를 논의할 수 없다.

정답 ③

7

H_2SO_4 용액은 전해질이므로 수용액 상태에서 이온으로 존재하므로 백열전구에 불이 들어온 것이다. 또한 백열전구가 어두워졌다는 것은 첨가된 염에 의해 전류를 흐르게 하는 이온의 수가 줄어들었다는 것을 말한다. 즉 앙금이 생성된 것이다. 황산 이온과 앙금을 형성할 수 있는 이온은 Ba^{2+}으로 형성된 앙금은 $BaSO_4$이다.

$$Ba^{2+}(aq) + SO_4^{2-}(aq) \rightarrow BaSO_4(s)$$

정답 ①

8

① $CO_2 + OH^- \rightarrow HCO_3^-$ 반응에서 CO_2의 C가 전기음성도가 큰 O에 의해 오비탈이 비어 있으므로 루이스 산이다.

② $BF_3 + NH_3 \rightarrow BF_3NH_3$ 반응에서 BF_3의 B가 전기음성도가 큰 F에 의해 오비탈이 비어 있으므로 루이스 산이다.

③ $Cu^{2+} + 4NH_3 \rightarrow Cu(NH_3)_4^{2+}$ 반응에서 Cu^{2+}는 양이온으로 루이스 산이다.

④ $H_2O + SO_3 \rightarrow H_2SO_4$ 반응에서 오비탈이 비어 있는 S에 물의 산소에 있는 비공유 전자쌍이 제공되므로 H_2O는 루이스 염기이다.

정답 ④

9

CO_3^{2-}는 H_3O^+로부터 양성자를 받으므로 염기로 작용한다.

정답 ②

10

ㄱ. $A(aq)$는 $HCl(aq)$으므로 전해질인 산이다. 따라서 $A(aq)$는 전기전도성이 있다.

ㄴ. 산은 금속과 반응해서 수소 기체(H_2)가 발생한다.

ㄷ. 전해질이 반응하는 경우이므로 반응전과 후에 전하량이 보존되어야 한다. 전하량은 전하수와 이온의 몰수의 곱이므로 전하량이 보존되기 위해서 전하수가 증가하는 경우 이온의 몰수는 줄어들어야 한다. 반응전에 +1가 양이온(H^+)이 있었고 반응 후에는 +2가 양이온(Mg^{2+})이 생성되었으므로 전하수가 증가하였다. 따라서 당연히 이온의 수는 줄어 들어야 하므로 (나)에서 혼합 용액에 들어있는 전체 이온의 수는 반응 전과 후가 같지 않고 반응 전이 반응후보다 많다. 이를 화학 반응식으로 확인해보면 다음과 같다.

$$Mg(s) + 2HCl(aq) \rightarrow MgCl_2(aq) + H_2(g)$$

반응 전에 이온의 총 수는 $4N$이고 반응 후에 이온의 총 수는 $3N$이다.

정답 ①

11

NH_3는 비공유 전자쌍을 BF_3에게 제공하는 루이스 염기이다.

정답 ③

12

④ (라)에서 NH_3는 양성자(H^+)를 받았으므로 브뢴스테드-로우리의 염기이다.

정답 ④

13

ㄱ. (가)에서 CH_3NH_2는 양성자(H^+)를 받고 있으므로 브뢴스테드-로우리 염기이다.

정답 ③

14

ㄱ. H_2CO_3(탄산)

ㄴ. $HOOC-COOH$(옥살산)

ㄷ. H_3PO_3(아인산)는 화학식상으로는 3가산이나 아래의 구조식으로부터 중심 원자 인(P)과 결합한 수소는 물에 의해 이온화되지 않으므로 아인산은 2가산이다.

ㄹ. H_3AsO_4(비소산)은 3가산이다.

Arsenic acid

정답 ④

15

① Lewis 염기는 고립전자쌍이 있어야 하므로 전자쌍 주개이다.

② Brønsted-Lowry 산은 수소를 반드시 포함하고 있어야 하지만, Lewis 산은 수소가 없어도 비공유 전자쌍을 얻을 수 있으므로 산의 범위는 Brønsted-Lowry보다 Lewis의 범위가 더 크다. 예를 들면, $Mg^{2+} + 2OH^- \rightarrow Mg(OH)^-$ 반응에서 Mg^{2+}이 Lewis 산의 역할을 하고, OH^-가 Lewis 염기의 역할을 한다.

③ 착이온 $[Fe(H_2O)_6]^{3+}$이 생성되는 과정에서 H_2O의 산소 원자(O)의 비공유 전자쌍이 Fe^{3+}에 제공되므로 H_2O은 Lewis 염기이다.

④ NH_3와 BF_3가 반응하여 H_3NBF_3가 생성되는 과정에서 NH_3의 비공유 전자쌍을 오비탈이 비어있는 B가 얻기 때문에 BF_3는 Lewis 산이다.

정답 ②

16

ㄱ. 짝산, 짝염기 개념은 브뢴스테드-로우리 이론에 의해 설명할 수 있다.

ㄴ. 물은 반응식에서 양성자(H^+)를 제공하고 있으므로 산의 역할을 한다.

ㄷ. CH_3NH_2가 $CH_3NH_3^+$로 된 것은 양성자(H^+)를 받았기 때문에 CH_3NH_2는 염기이다.

ㄹ. OH^-가 양성자(H^+)를 받아서 H_2O가 된 것이므로 OH^-는 H_2O의 짝염기이다.

정답 ③

제 2 절 | 이온화 상수와 산염기의 세기

01 ①	02 ①	03 ①	04 ③	05 ①
06 ③	07 ④	08 ④	09 ①	10 ①
11 ①	12 ①	13 ④	14 ①	15 ③
16 ③	17 ②	18 ③	19 ③	20 ①
21 ①	22 ①	23 ②	24 ①	25 ②
26 ③	27 ③	28 ①	29 ②	30 ③
31 ②	32 ①	33 ③	34 ①	35 ④
36 ④	37 ④			

1

그림에서 HX는 모두 해리되어 이온 상태로 존재하고, HY는 수화된 분자 상태로도 존재하므로 이온화도가 큰 HX가 센 산이며 강전해질이다.

정답 ①

2

- 염인 NaCl은 100% 이온화한다.
- 약염기는 물보다 강한 염기이고, 약전해질이다.
- 물은 자동 이온화로 인해 매우 적은 양이 이온화되지만 전해질은 아니다.
- 에탄올(C_2H_5OH)은 대표적인 비전해질이다.

전해질의 세기가 약해지는 순서대로 나열하면 다음과 같다.

$$NaCl > NH_3 > H_2O > CH_3CH_2OH$$

정답 ①

3

① 할로젠화 수소산 중 HF만 약산이다.

② 산소의 개수가 같은 산소산의 경우 중심 원자의 전기음성도가 클수록 강한 산이다.

③ 중심 원자의 크기가 클수록 결합력이 약해 수소를 내놓기가 쉬으므로 강한 산이다.

④ 산소의 개수가 다른 산소산의 경우에는 산소가 많을수록 강한 산이다.

정답 ①

4

$H_2A(aq)$	$\rightarrow$	$2H^+(aq)$	$+$	$A^{2-}(aq)$
0.1mol				
-0.1α		$+0.2\alpha$		$+0.1\alpha$
$0.1(1-\alpha)$		0.2α		0.1α

화학종의 총 몰수는 $0.1+0.2\alpha=0.1(1+2\alpha)$이다.

정답 ③

5

가. 수용액에서의 산의 세기는 결합 에너지가 큰 HF가 HCl보다 약하다.

나. 무수 아세트산에서 산의 세기는 결합 에너지가 작을수록 양성자를 내놓기 쉬우므로 산의 세기는 세어진다.

$$HI > HBr > Cl$$

다. H_2O와 H_2S 중 결합 에너지가 작은 H_2S가 더 강한 산이다.

정답 ①

6

- 산소산의 세기 판단 기준은 중심원자의 산화수가 클수록 강한 산이다.
- 중심원자의 산화수가 같은 경우에는 중심원자의 전기음성도가 클수록 강한 산이다.

정답 ③

7

아세트산의 농도가 묽어질수록 아세트산의 해리 백분율은 증가한다.

이온화도와 이온화 상수의 관계는 다음과 같다.

$$K_a = C\alpha^2$$

일정한 온도에서 이온화 상수는 일정하고, 산의 농도가 묽어질수록 이온화도는 기하급수적으로 증가한다. 이를 만족하는 것은 D이다.

정답 ④

8

① $HC_2O_4^-$는 산의 역할도 할 수 있지만, $C_2O_4^{2-}$는 염기의 역할만 할 수 있으므로 $C_2O_4^{2-}$가 $HC_2O_4^-$보다 센 염기이다.

② $K_a(C_6H_5NH_3^+) = \dfrac{K_w}{K_b(C_6H_5NH_2)}$

$$= \frac{10^{-14}}{4.0\times10^{-10}} = 2.5\times10^{-5}$$

$K_a(HC_2O_4^-) = 6.4\times10^{-5}$

$HC_2O_4^-$의 K_a가 $C_6H_5NH_3^+$의 K_a보다 더 크므로 $HC_2O_4^-$가 $C_6H_5NH_3^+$보다 더 센 산이다.

③ $C_6H_5NH_3^+$는 $C_6H_5NH_2$의 짝산이다.

④ H_2O는 1,2식에서 염기로 작용하고, 3식에서는 산으로 작용하므로 양쪽성이다.

정답 ④

9

강산의 짝염기는 물보다 약한 염기이고, 약산의 짝염기는 물보다 강한 염기이다. 따라서 염기의 세기가 증가하는 순서대로 나열하면 다음과 같다.

$$Cl^-(aq) < H_2O(l) < F^-(aq)$$

정답 ①

10

화학 반응식의 합은 평형 상수의 곱으로 표현한다. 세 이온화 반응식을 더하면 구하고자 하는 반응식이 된다. 따라서 전체 화학 반응식의 평형 상수 $K=K_1\cdot K_2\cdot K_3$이다.

정답 ①

11

$\alpha=0.6$이므로 무시할 정도의 이온화도가 아니므로 약산법을 이용하여 계산할 수 없다. 따라서 정상적인 양적관계를 이용해서 K_a를 계산하여야 한다.

$HA(aq)$	$\rightarrow$	$A^-(aq)$	$+$	$H^+(aq)$
0.1M				
$-0.06(=0.1\times0.6)$		$+0.06$		$+0.06$
0.04		0.06		0.06

$$K_a = \frac{[A^-][H^+]}{[HA]} = \frac{0.06^2}{0.04} = 9\times10^{-2}$$

정답 ①

PART 05 화학 반응

12

HNO_3만 강산이고 나머지는 모두 약산이다.

※ 강산 6개는 암기 사항이다: HCl, HBr, HI, HNO_3, H_2SO_4, $HClO_4$

정답 ①

13

pH가 낮은 것은 용액 내의 $[H^+]$가 큰 것이다. 같은 농도에서는 산의 해리 상수가 클수록 $[H^+]$가 크고 pH가 낮다. pH가 가장 낮은 것은 산의 해리 상수가 가장 큰 HF이다.

정답 ④

14

$N_2H_5^+ + NH_3 \rightleftarrows NH_4^+ + N_2H_4$ ---①

$NH_3 + HBr \rightleftarrows NH_4^+ + Br^-$ ---②

$2NH_4 + HBr \rightleftarrows N_2H_5^+ + Br^-$ ---③

먼저 HBr은 강산이다.

평형이 모두 오른쪽에 치우쳐 있으므로 정반응이 우세한 반응이다. 따라서 산의 세기는,

①식으로부터 $N_2H_5^+ > NH_4^+$

②식으로부터 $HBr > NH_4^+$

③식으로부터 $HBr > N_2H_5^+$임을 알 수 있다.

따라서 산의 세기 순서는 $HBr > N_2H_5^+ > NH_4^+$이다.

정답 ①

15

$$[H^+] = \sqrt{CK_a} = \sqrt{0.1 \times 1.8 \times 10^{-5}} = \sqrt{1.8} \times 10^{-3}\text{M}$$

$$pH = 3 - \frac{1}{2}\log 1.8 = 3 - \frac{1}{2} \times 0.255 = 2.87$$

정답 ③

16

중심 원자가 같은 산소산의 경우 결합한 산소의 수가 많을수록 수소를 잃기 쉬우므로 산의 세기가 증가한다.

$$HClO < HClO_2 < HClO_3$$

정답 ③

17

CH_3NH_2은 약염기로 이온화 반응식은 다음과 같다.

$CH_3NH_2(aq) + H_2O(l) \rightleftarrows CH_3NH_3^+(aq) + OH^-(aq)$

CH_3NH_2의 이온화 상수 K_b는 짝산짝염기의 관계식으로부터 구할 수 있다.

$$K_b = \frac{K_W}{K_a} = \frac{1.0 \times 10^{-14}}{2.0 \times 10^{-11}} = 5 \times 10^{-4}$$

$$[OH^-] = \sqrt{CK_b} = \sqrt{0.1 \times 5 \times 10^{-4}} = \sqrt{5 \times 10^{-5}}\text{ M}$$

$$pOH = -\log[OH^-] = -\frac{1}{2}(\log 5 - 5) = -\frac{1}{2}(1 - \log 2 - 5) = 2.15$$

$$pH = 14 - pOH = 14 - 2.15 = 11.85$$

정답 ②

18

① HBr의 결합 길이가 HF보다 길어서 수소 이온을 잃기 쉬우므로 산의 세기는 HF < HBr이다.

② 중심 원자가 같은 산소산의 경우 산소 원자가 많을수록 수소 원자를 잃기 쉬우므로 산의 세기는 $HNO_2 < HNO_3$이다.

③ 산소 원자수가 같고 중심 원자가 다른 산소산의 경우 중심원자의 전기음성도가 클수록 산의 세기는 더 강하다. 따라서 S의 전기음성도가 C보다 더 크므로 산의 세기는 $H_2SO_3 > H_2CO_3$이다.

④ NH_3는 염기이므로 당연히 산의 세기는 $NH_3 < HCN$이다.

정답 ③

19

ㄱ. 중심 원자의 크기가 클수록 결합력이 약해 수소를 내놓기가 쉬우므로 강한 산이다.

ㄴ. 할로젠화 수소산은 할로젠 원자의 크기가 클수록 강한 산이다.

ㄷ. 산소의 개수가 같은 산소산의 경우 결합한 주위 원자의 전기음성도가 클수록 강한 산이다.

ㄹ. 산소의 개수가 같은 산소산의 경우 중심 원자의 전기음성도가 클수록 강한 산이다.

정답 ③

20

중심 원자가 같은 주기인 경우, 중심 원자의 전기음성도가 클수록 H가 more positive하므로 산도가 크다. 따라서 산의 세기는 (가) > (나) > (다)이다.

정답 ①

21

$pK_{a_1} = 2.34$이므로 산성이다. 산성에서 아미노산은 아미노기에 양성자가 붙은 형태에서 이온화하는 ①식과 같다.

alanine (2-aminopropanoic acid)

(a) pH 7 (neutral solution)

(b) pH<7 (acidic solution)

(c) pH>7 (basic solution)

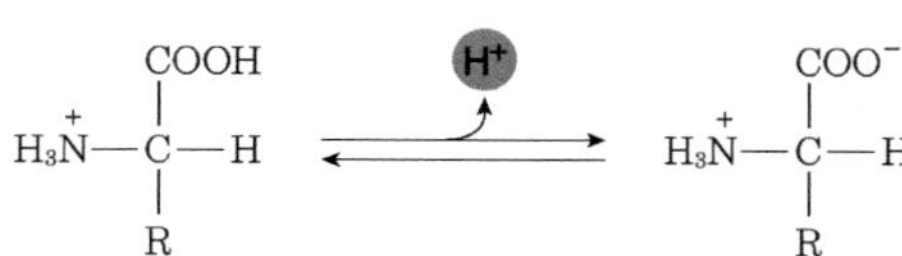

Cationic form　　Zwitterion (neutral)

정답 ①

22

$$pH = 3 - \log 6 = 3 - \log(2 \times 3) = 3 - (\log 2 + \log 3)$$
$$= 3 - (0.301 + 0.477) = 2.22$$

정답 ①

23

산소산의 경우 산소가 많을수록 산의 세기는 강하고, 산소의 개수가 같으면 산소가 전기음성도가 큰 원자에 결합수록 산의 세기가 강하다.

따라서, $HClO_4 > HClO > HBrO > HIO$순이므로

(가) > (다) > (라) > (나)이다.

정답 ②

24

다양성자산에서 첫 번째 이온화 상수가 가장 크다. 다양성자산의 음이온으로부터 수소 이온을 떼어내는 것이 어려워지므로 단계별 이온화 상수는 점차 작아진다.

$$K_{a_1} > K_{a_2} > K_{a_3}$$

따라서 평형 상수 K값의 크기를 순서대로 나열하면 ㄱ > ㄴ > ㄷ이다.

정답 ①

25

ㄱ. 중심 원자가 같은 족 원소의 산소산에서는 중심 원자의 전기음성도가 클수록 강한 산이다. 따라서 같은 15족 원소인 P이 As보다 전기음성도가 크므로 H_3PO_4는 H_3AsO_4보다 강한 산이다.

ㄴ. 중심 원자가 같은 산소산에서는 산소 원자의 수가 많을수록 강한 산이다. 따라서 H_3AsO_4는 H_3AsO_3보다 강한 산이다.

ㄷ. $pH = 1.0$은 $[H^+] = 10^{-1}M$이므로

$$[OH^-] = \frac{K_W}{[H^+]} = \frac{1.0 \times 10^{-14}}{10^{-1}} = 1.0 \times 10^{-13}M$$

이다.

정답 ②

26

$$[H^+] = C\alpha = \sqrt{CK_a}$$
$$(C \times 0.05)^2 = C \times 1.0 \times 10^{-3} \qquad \therefore C = 0.4$$

정답 ③

27

같은 온도이므로 현재와 100년 전의 이온화 상수는 같을 것이다. 이산화탄소의 양이 100년 동안 4배 증가하였으므로 탄산의 양도 4배 증가하였을 것이고, 그렇다면 H^+의 농도와 HCO_3^-의 농도는 각각 2배 증가하여야 이온화 상수가 일정하게 유지 될 것이다. 따라서 현재의 H^+의 농도가 $10^{-5}M$이므로 100년 전 H^+의 농도는 $\frac{1}{2} \times 10^{-5} = 5.0 \times 10^{-6}M$이다.

정답 ③

28

약산의 짝염기는 물보다 강한 염기이고, 약산 중 사이안화수소산이 더 약한 산이므로 염기의 세기는 $H_2O < CHCOO^- < CN^-$이다.

정답 ①

29

① 인산은 약산으로 대부분 분자상태로 존재하고 매우 적은 수만 이온화되어 $H_2PO_4^-$가 되므로 $H_2PO_4^-$의 농도가 인산보다 클 수는 없다.

② 인산의 이온화 상수는 단계별로 점차적으로 작아지게 되므로 첫 번째 이온화에 비해 나머지 단계의 이온화에 의한 H_3O^+는 무시할 정도로 작다. 따라서 첫 번째 이온화가 H_3O^+의 농도에 가장 크게 기여한다.

③ 세 번째 이온화도 매우 적게 일어나므로 HPO_4^{2-}의 농도가 $H_2PO_4^-$보다 클 수 없다.

④ 약산인 인산은 대부분 수화된 분자 상태로 존재한다.

정답 ②

30

$$[H^+]^2 = CK_a \qquad (10^{-2})^2 = 0.23 \times K_a$$
$$K_a = 4.5 \times 10^{-4}$$

정답 ③

31

pH가 크기 위해서는 수소 이온(H^+)의 농도가 작아야 한다.→ $pH = -\log[H^+]$

수소 이온(H^+)의 농도가 작기 위해서는 산의 농도가 같은 경우 K_a가 작아야 한다. → $[H^+] = \sqrt{CK_a}$

따라서 K_a가 가장 작은 $NH_4^+(K_a = 5.6 \times 10^{-10})$의 수용액이 가장 높은 pH를 나타낸다.

정답 ②

32

4개의 할로젠화수소산 중 HF는 결합 길이가 짧아서 수소를 떼어내기가 어려우므로 약산이고 나머지 산들은 모두 강산이다.

정답 ①

33

ㄱ. $pH = 3 = pK_{a_1}$이므로 제1 등농도 완충구간이므로 $[H_2A] = [HA^-]$이다.

ㄴ. $pH = 4 = \dfrac{pK_{a1} + pK_{a_2}}{2} = \dfrac{3+5}{2}$이므로 제1 중화점이다. 따라서 존재하는 화학종은 HA^-뿐이므로 $[H_2A] = [A^{2-}] \fallingdotseq 0$이다.

ㄷ. pH = 4.5라면 제1 중화점 이후이므로 H_2A는 모두 소비되어 존재하지 않고 A^{2-}는 생성되기 시작하므로 $[H_2A] < [A^{2-}]$이다.

정답 ③

34

산의 세기는 HCN이 $HC_2H_3O_2$보다 약한 산이므로 짝염기의 세기는 $CN^- > C_2H_3O_2^-$이다. 약산의 짝염기는 물보다 강한 염기이므로 염기의 세기를 큰 것부터 순서대로 나열하면 다음과 같다.

$$CN^- > C_2H_3O_2^- > H_2O$$

정답 ①

35

산소산의 경우 결합한 산소의 개수가 많을수록 양성자를 떼어내기 쉬우므로 강한 산이다. 따라서 산소의 개수가 가장 많은 $HClO_3$ 이온화 상수가 가장 크다.

정답 ④

36

① HS^-의 이온화 상수(K_b)는 다음과 같이 구한다.

$$K_b = \frac{K_W}{K_a(H_2S)} = \frac{1.0 \times 10^{-14}}{1.0 \times 10^{-7}} = 1.0 \times 10^{-7}$$

② HCO_3^-의 짝산은 H_2CO_3이다.

③ CH_3COO^-의 이온화 상수(K_b)는 다음과 같이 구한다.

$$K_b = \frac{K_W}{K_a(CH_3COOH)} = \frac{1.0 \times 10^{-14}}{1.8 \times 10^{-5}} = \frac{1}{1.8} \times 10^{-9}$$

④ H_2O는 세 반응에서 모두 양성자(H^+)를 받고 있으므로 염기로 작용한다.

정답 ④

37

pK_a값이 작을수록 K_a가 크므로 결국 강한 산을 찾는 문제이다.
①은 페놀, ③은 크레졸, ④는 2－니트로페놀로 모두 페놀류이고, ②는 벤질알코올이므로 산의 세기는 벤질알코올이 가장 약하다.
페놀에 치환된 치환기를 보면 $-CH_3$는 E.D.G로 전자를 제공하는 그룹이고, $-NO_2$는 E.W.G로 전자를 잡아당기는 그룹이다. 산이 이온화되었을 때 음전하를 띤 짝염기의 입장에서는 전자를 제공하는 치환기보다 전자를 잡아당기는 치환기가 결합되어 있을 때 짝염기가 좀 더 안정화될 수 있으므로 산의 세기가 가장 센 것은 ④ 2－니트로페놀이다.

정답 ④

제 3 절 | 물의 자동 이온화와 수용액의 액성

01 ④	02 ④	03 ②	04 ④	05 ①
06 ③	07 ③	08 ②	09 ④	10 ③
11 ③	12 ②	13 ②	14 ③	15 ③

1

산의 이온화 반응은 흡열 반응이므로 온도가 증가하면 정반응이 진행되어 이온화 상수가 증가하고, $[H_3O^+]$가 증가하므로 pH는 감소하고, $[H_3O^+]=[OH^-]$이므로 액성은 중성이다.

정답 ④

2

① $[Co(H_2O)_6]^{3+}$와 같이 수화된 금속 양이온은 수용액에서 약한 산성을 나타낸다.
② 약한 산과 그 약한 산의 염을 함유한 용액들은 같은 농도의 약한 산만을 함유한 용액들에 비해 공통 이온 효과로 인하여 이온화도가 감소되므로 pH가 높다.
③ 피리딘(pyridine, C_6H_5N)은 비공유 전자쌍을 갖는 질소가 존재하므로 약한 염기성을 나타낸다.
④ 물의 자동이온화 반응은 흡열 반응이므로 온도가 증가하게 되면 정반응인 이온화 반응이 진행되어 K_w가 증가하게 된다. 25℃에서 $K_w=1.0\times10^{-14}$이므로 체온(37℃)에서 물의 이온곱 상수(K_w)는 1.0×10^{-14}보다 크다.

정답 ④

3

산을 묽힌다고 액성이 염기로 바뀌지는 않는다. 물의 자동이온화로 인해 산을 희석하면 pH=6.9872…으로 7.0에 가까워질 뿐이다.

정답 ②

4

$[OH^-]=5.0\times10^{-3}M$

$$[H^+]=\frac{K_W}{[OH^-]}=\frac{1.0\times10^{-14}}{5.0\times10^{-3}}=2\times10^{-12}M$$

$$pH=12-\log2=12-0.3=11.7$$

정답 ④

5

$K_w=[H_3O^+][OH^-]$를 이용하여 37℃ 에서 물의 자동 이온화 상수는 10^{-14}보다 크므로 $[H_3O^+]=[OH^-]>10^{-7}M$ 이므로 $pH=pOH<7.0$이다.

정답 ①

6

$pOH=-\log[OH^-]=5-\log2=5-0.3=4.70$이므로 pH는 $14-4.70=9.30$이다.

정답 ③

7

$pOH=5-\log2=5-0.3=4.7$

$pH=14-pOH=14-4.7=9.3$

정답 ③

PART 05 화학 반응

8

NaOH는 강염기이므로 OH^-의 농도는 NaOH의 농도와 같다.

$[OH^-] = 0.1M$

$$[H^+] = \frac{K_W}{[OH^-]} = \frac{1.0 \times 10^{-14}}{0.1} = 1.0 \times 10^{-13}M$$

정답 ②

9

$$[OH^-] = \frac{K_W}{[H^+]} = \frac{1.0 \times 10^{-14}}{2.0 \times 10^{-5}} = 5 \times 10^{-10}M$$

정답 ④

10

$pOH = 5 - \log 3 = 5 - 0.47 = 4.53$

$pH = 14 - pOH = 14 - 4.53 = 9.47$

정답 ③

11

$$[H^+] = \frac{K_W}{[OH^-]} = \frac{1.0 \times 10^{-14}}{1.0 \times 10^{-6}} = 1.0 \times 10^{-8}M$$

$$pH = 8.0$$

※ 원칙적으로 시험 문제에 25℃에서의 물의 이온곱 상수(K_W)가 제시되어야 하는데 제시되지 않았다. 기본적인 상수값들은 기억하고 있어야 한다.

정답 ③

12

$Ba(OH)_2$이 2가 염기이므로 OH^-의 몰수는 0.2mol이다. 따라서 $[OH^-] = \frac{0.2mol}{10L} = 0.02M$이다.

$$[H^+] = \frac{K_W}{[OH^-]} = \frac{1.0 \times 10^{-14}}{0.02} = 5 \times 10^{-13}M$$

정답 ②

13

$pH = 4.0$이므로 $pOH = 10.0$이다.

$[H_3O^+] = 1.0 \times 10^{-4}M > [OH^-] = 1.0 \times 10^{-10}M$이므로 용액의 액성은 산성이다.

정답 ②

14

H^+ 이온 개수가 OH^- 이온 개수의 10^6배이므로 이를 관계식으로 나타내면 다음과 같다.

$$[H^+] = 10^6[OH^-]$$

$$K_W = [H^+][OH^-] = 10^{-14}$$

$$10^6[OH^-]^2 = 10^{-14} \qquad [OH^-] = 10^{-10}M$$

$$[H^+] = 10^{-4}M \qquad \therefore pH = 4.0$$

정답 ③

15

$Ca(OH)_2$	→	Ca^{2+}	+	$2OH^-$
0.05M		0.05M		0.1M

$$[OH^-] = 0.1M$$

$$pOH = 1 \quad pH = 13$$

정답 ③

제 4 절 | 가수 분해와 완충 용액

01 ②	02 ④	03 ①	04 ②	05 ②
06 ②	07 ④	08 ③	09 ②	10 ①
11 ②	12 ③	13 ①	14 ④	15 ④
16 ③	17 ②	18 ③	19 ④	20 ④
21 ①	22 ①	23 ②		

1

강산인 황산(H_2SO_4)과 그 짝염기(HSO_4^-)의 수용액은 정반응이 우세한 반응으로 역반응이 일어나기 어려우므로 완충 용액을 구성할 수 없다.

정답 ②

2

ㄱ. 완충 용액은 산이나 염기를 소량 첨가해도 pH가 거의 변하지 않는 용액이다.

ㄴ, ㄷ. 약한 산과 짝염기를 비슷한 농도비로 혼합하여 만들 수 있다. 혈액은 대표적인 완충계이다.

ㄹ. pH가 크게 변하지 않고 염기나 산에 대항할 수 있는 수소 이온, 수산화 이온의 양을 완충 용량이라 한다. 따라서 모두 옳다.

정답 ④

3

① 강산과 약염기의 혼합 용액에서는 약한 것이 더 많으면 완충 용액이 될 수 있다.
② 강산과 강염기로 완충 용액을 만들 수 없다.
③ 산으로만 완충 용액을 만들 수 없다.
④ 강산과 강산의 짝염기의 염으로는 완충 용액을 만들 수 없다.

정답 ①

4

CH_3COOH의 몰수는 55mmol, NaOH의 몰수는 5mmol이다. 양적 관계를 고려해보면,

$HA(aq)$	+	$OH^-(aq)$	→	$A^-(aq)$
55		5		
−5		−5		+5
50				5

중화 반응 종료후 약산과 그 짝염기가 존재하므로 완충 용액에 해당한다. 여기에 핸더슨–하셀바흐식을 대입해서 pH를 구할 수 있다.

$$pH = pK_a + \log\left(\frac{[A^-]}{[HA]}\right) = 4.8 + \log\left(\frac{5}{50}\right)$$
$$= 4.8 - 1 = 3.8$$

정답 ②

5

①, ④, ⑤ NaCl, $NaNO_3$, KI을 물에 녹이면 해리된 양이온과 음이온이 모두 구경꾼이므로 가수분해가 일어나지 않아 용액의 pH는 7이다.
② NH_4Cl을 물에 녹이면 NH_4^+에 의해 물과 가수분해가 일어나서 H^+이 생성되므로 용액의 pH는 7보다 낮아진다.
$NH_4^+(aq) + H_2O(l) \rightleftarrows NH_3(aq) + H_3O^+(aq)$
③ CH_3COONa를 물에 CH_3COO^-에 의해 물과 가수분해가 일어나서 OH^-이 생성되므로 용액의 pH는 7보다 높아진다.
$CH_3COO^-(aq) + H_2O(l)$
$\rightleftarrows CH_3COOH(aq) + OH^-(aq)$

정답 ②

6

핸더슨 하셀바흐식에 의해 pH=7.4를 만들기 위해서는 산의 K_a가 만들고자 하는 pH와 비슷한 값을 가져야 한다. 인산의 2단계 이온화 상수인 K_{a_2}을 이용하는 것이 적절하다.

정답 ②

7

①, ③ 완충 용액은 H_3O^+나 OH^-를 첨가하여도 pH 변화가 거의 없다.
② 사람의 혈액은 대표적인 완충 용액이다.

정답 ④

8

완충 용액에서 pH의 변화가 작다는 것은 완충 능력 $\left(\frac{[A^-]}{[HA]}\right)$이 1에 근접해야하고, 또한 완충 용량이 큰 것을 말한다.

(가)와 (다) 용액의 완충 능력은 $\left(\frac{[A^-]}{[HA]}\right) = 1$이므로 pH의 변화가 가장 적다고 할 수 있다. (가)와 (다)중에서는 혼합 용액에 산을 첨가하므로 산에 해당하는 염기의 양이 많을수록 pH의 변화가 적을 것인데 염기의 양이 (가)는 2mmol, (다)는 4mmol있으므로 결론적으로 pH의 변화가 적은 용액은 (다)이다.

정답 ③

9

몰농도는 같고 첨가한 염기의 부피가 초기 산의 부피의 절반에 해당하므로 $V = \frac{1}{2}V_{eq}$에서 pH $= pK_a$임을 이용하면 pH=5−log1.8=4.745이다.

정답 ②

PART 05 화학 반응

10

1M NaOH 수용액 0.1L를 첨가하여 CH_3COO^-가 0.1mol이 생성되고, CH_3COOH는 1.0mol이 남는다. 전체 혼합용액의 부피는 1L이다.
양적 관계를 판단해보면,

$CH_3COOH(aq)$	$+ OH^-(aq)$	$\rightarrow$	$CH_3COO^-(aq)$
1.1mol	0.1mol		
−0.1	−0.1		+0.1
1.0			0.1

여기에 핸더슨−하셀바흐식에 대입하면

$$pH = pK_a + \log\frac{[CH_3COO^-]}{[CH_3COOH]} = 4.74 + \log\left(\frac{0.1}{1}\right)$$
$$= 4.74 - 1 = 3.74$$

정답 ①

11

① $NH_4Cl(aq) \rightarrow NH_4^+(aq) + Cl^-(aq)$

- $NH_4^+(aq)$: 약염기인 NH_3의 짝산으로 물보다 강한 산이다. 따라서 물과의 가수분해 반응에 의해 수용액은 산성이다.
  $NH_4^+(aq) + H_2O(l) \rightleftarrows NH_3(aq) + H_3O^+(aq)$
- $Cl^-(aq)$: 강산 HCl의 짝염기로 물보다 약한 염기이다. 따라서 물과 가수분해 반응하지 않으므로 액성에 영향을 미치지 않는다.
  → 결국 NH_4Cl의 액성은 산성이다.

② $NaF(aq) \rightarrow Na^+(aq) + F^-(aq)$

- $Na^+(aq)$: 강염기인 NaOH의 짝산으로 물보다 약한 산이다. 따라서 물과 가수분해 반응하지 않으므로 액성에 영향을 미치지 않는다.
- $F^-(aq)$: 약산인 HF의 짝염기로 물보다 강한 염기이다. 따라서 물과의 가수분해 반응에 의해 수용액은 염기성이다.
  $F^-(aq) + H_2O(l) \rightleftarrows HF(aq) + OH^-(aq)$
  → 결국 NaF의 액성은 염기성이다.

③ $CH_3NH_3Br(aq) \rightarrow CH_3NH_3^+(aq) + Br^-(aq)$

- $CH_3NH_3^+(aq)$: 약염기인 CH_3NH_2의 짝산으로 물보다 강한 산이다. 따라서 물과의 가수분해 반응에 의해 수용액은 산성이다.
  $CH_3NH_3^+(aq) + H_2O(l)$
  $\rightleftarrows CH_3NH_2(aq) + H_3O^+(aq)$
- $Br^-(aq)$: 강산 HBr의 짝염기로 물보다 약한 염기이다. 따라서 물과 가수분해 반응하지 않으므로 액성에 영향을 미치지 않는다.
  → 결국 CH_3NH_3Br의 액성은 산성이다.

④ $Al(ClO_4)_3(aq) \rightarrow Al^{3+}(aq) + ClO_4^{3-}(aq)$

- $Al^{3+}(aq)$: Al^{3+}은 6개의 물과 배위하여 $Al(H_2O)_6^{3+}$ 형태로 수용액에서 존재한다. 또한 물보다 강한 산으로 물과의 가수분해 반응에 의해 수용액은 산성이다.
  $Al(H_2O)_6^{3+}(aq) + H_2O(l)$
  $\rightleftarrows Al(OH)(H_2O)_5^{2+}(aq) + H_3O^+(aq)$
  $K_a = 1.4 \times 10^{-5}$
  ※ Al^{3+}과 같이 기억해야할 금속 이온은 Fe^{3+}이다. 2가 이온은 해당되지 않고 3가 이온만이 산성 수용액을 나타낸다.
- $ClO_4^-(aq)$: 강산이 $HClO_4$의 짝염기로 물보다 약한 염기이다. 따라서 물과 가수분해 반응하지 않으므로 액성에 영향을 미치지 않는다.
  → 결국 $Al(ClO_4)_3$의 액성은 산성이다.

정답 ②

12

모형이 나오면 먼저 꼭 세워봐야 한다.

완충 용량의 판단은 $\frac{[A^-]}{[HA]}$의 비가 1에 근접하여야 하고, 또한 산과 그 짝염기의 농도가 커야 한다.
모형의 개수를 세워서 판단해보면 다음과 같다.

	(가)	(나)	(다)	(라)
$\frac{[A^-]}{[HA]}$	$\frac{1}{7}$	$\frac{4}{4}$	$\frac{5}{5}$	$\frac{9}{1}$

$\frac{[A^-]}{[HA]}$의 비가 1인 용액은 (나)와 (다)이고 이 중에서 산과 짝염기의 농도가 큰 (다) 용액의 완충 용량이 가장 크다.

정답 ③

13

약산에 그 짝염기를 혼합한 경우이므로 완충 용액에 해당한다. 완충 용액의 pH는 핸더슨-하셀바흐 식을 이용해서 구할 수 있다.

먼저 혼합 용액에서 약산과 그 짝염기의 농도를 구해보면,

$$[CH_3COOH] = \frac{(0.4\times0.5)\text{mol}}{1\text{L}} = 0.2\text{M}$$

$$[CH_3COO^-] = \frac{(0.1\times0.5)\text{mol}}{1\text{L}} = 0.05\text{M}$$

$$\text{pH} = pK_a + \log\left(\frac{[CH_3COO^-]}{[CH_3COOH]}\right) = 4.74 + \log\left(\frac{0.05}{0.2}\right)$$

$$= 4.74 + \log1 - \log2^2 = 4.14$$

정답 ①

14

④ 핸더슨-하셀바흐 식에 의할 때, 완충 용량은 pH가 완충 용액에서 사용하는 약산의 pK_a에 근접할수록 커지게 된다. 특히 약산의 농도와 짝염기의 농도가 같을 때 완충 용량이 최대가 된다. 즉 $pH = pK_a$이다.

$$pH = pK_a + \log\frac{[A^-]}{[HA]}$$

정답 ④

15

NH_4NO_3은 물에 녹아 완전히 해리된다.

$$NH_4NO_3(aq) \rightarrow NH_4^+(aq) + NO_3^-(aq)$$

해리된 이온 중 NO_3^-는 물보다 약한 염기이므로 물과 반응하지 않고, NH_4^+은 약염기의 짝산으로 물보다 강한 산이므로 물에 수소 이온을 제공하여 액성은 산성이 된다.

$$NH_4^+(aq) + H_2O(l) \rightleftarrows NH_3(aq) + H_3O^+(aq)$$

① $MgCl_2$: 중성, ② Na_2CO_3: 염기성, ③ K_2S: 염기성

정답 ④

16

약산과 짝염기의 농도가 0.1M로 같으므로 $\text{pH} = pK_a$이므로 $\text{pH} = 5$이다.

정답 ③

17

핸더슨-하셀바흐식, $\text{pH} = pK_a + \log\frac{[A^-]}{[HA]}$을 이용하면,

$$5.74 = 4.74 + \log\frac{[CH_3COO^-]}{[CH_3COOH]}$$

$\log\frac{[CH_3COO^-]}{[CH_3COOH]} = 1$이 되어야 하므로

$\frac{[CH_3COO^-]}{[CH_3COOH]} = 10$이다.

log항의 분모와 분자가 바뀌었으므로

$\frac{[CH_3COOH]}{[CH_3COO^-]} = 0.1$이다.

정답 ②

18

프로피온산(HA)의 $\frac{2}{3}$가 해리되므로 결국 산과 그 짝염기가 둘다 존재하기 때문에 결과적으로 완충 용액이 된다.

$HA(aq)$	$\rightleftarrows$	$A^-(aq)$	+	$H^+(aq)$
1				
$-\frac{2}{3}$		$+\frac{2}{3}$		$+\frac{2}{3}$
$\frac{1}{3}$		$\frac{2}{3}$		$\frac{2}{3}$

$[HA]:[A^-] = 1:2$이므로

$$\text{pH} = pK_a + \log\frac{[A^-]}{[HA]} = 4.9 + \log\frac{2}{1} = 4.9 + 0.3 = 5.2$$

정답 ③

19

전부 옳은 설명들이다.

정답 ④

20

약산에 강염기가 첨가되는 중화 반응에서 한계 반응물인 강염기의 양만큼 약산이 소비되고 같은 양만큼 약산의 짝염기가 생성된다. 결과적으로 완충 용액이 되었으므로 핸더슨-하셀바흐 식에 의해 해결할 수 있다.

$$pH = pK_a + \log\frac{[A^-]}{[HA]}$$

$$4.0 = 4 - \log 2 + \log\left(\frac{0+0.1x}{6-0.1x}\right)$$

$$2 = \frac{0+0.1x}{6-0.1x} \qquad \therefore x = 40$$

정답 ④

21

핸더슨-하셀바흐식을 이용해서 해결할 수 있다.

$$pH = pK_a + \log\frac{[A^-]}{[HA]}$$

$$pH = 4 + \log 10^{-1} = 4 - 1 = 3.0$$

정답 ①

22

① 강염기(KOH)와 약염기의 염(Na_2CO_3)으로는 완충 용액을 구성할 수 없다. 강염기는 정반응이 매우 우세하여 역반응이 거의 일어나지 않기 때문이다.

정답 ①

23

각 수용액의 액성은 다음과 같다.

KCl	NH_4Cl	CH_3COONa	Na_2SO_4
중성	산성	염기성	중성

따라서 수용액의 pH가 가장 낮은 염은 NH_4Cl이다.

정답 ②

제 5 절 | 중화 반응의 양적 관계

01 ③	02 ②	03 ④	04 ②	05 ①
06 ③	07 ①	08 ①	09 ②	10 ②
11 ③	12 ③	13 ①	14 ①	15 ④
16 ③	17 ④	18 ③	19 ②	20 ③
21 ②	22 ①	23 ④	24 ②	25 ④

1

화학 반응식의 계수를 통해 벤조산과 수산화나트륨은 1 : 1로 반응함을 알 수 있다. 몰수는 질량을 분자량으로 나누어 구할 수 있다. 벤조산 1.00g은 $\frac{1}{122.1}$ mol이다. 몰농도와 부피의 곱은 몰수이고, $(nMV)_a = (nMV)_b$를 이용하여 염기 수용액의 몰농도 M를 알 수 있다.

$$\frac{1}{122.1}\,\text{mol} = M \times 0.03\text{L}$$

$$M = 0.273\,\text{M}$$

정답 ③

2

$$n_{H^+} = MV = 10^{-3} \times 5 = 5 \times 10^{-3}\,\text{mol}$$

$$n_{OH^-} = MV = 10^{-3} \times 4 = 4 \times 10^{-3}\,\text{mol}$$

$$[H^+] = \frac{(5\times10^{-3}) - (4\times10^{-3})}{9} = \frac{10^{-3}\,\text{mmol}}{9\text{mL}}$$

혼합 용액의 부피를 10mL로 간주하고 계산해보면,

$$[H^+] \fallingdotseq \frac{10^{-3}\,\text{mmol}}{10\text{mL}} = 10^{-4}\,\text{M}$$

$$pH = 4$$

정답 ②

3

$n_{OH^-} = 3\times10^{-2}$mol이므로 이를 중화시키기 위한 H^+의 몰수도 3×10^{-2}mol이어야 한다.

HCl의 경우

$3.0\times10^{-2}\text{mol} = 1\times0.2\times V \quad V=0.15\text{L}=150\text{mL}$

H_2SO_4의 경우

$3.0\times10^{-2}\text{mol} = 2\times0.1\times V \quad V=0.15\text{L}=150\text{mL}$

H_3PO_4의 경우

$3.0\times10^{-2}\text{mol} = 3\times0.2\times V \quad V=0.05\text{L}=50\text{mL}$

정답 ④

4

산과 염기의 농도가 같으므로 부피비로 중화 반응의 양적 관계를 판단할 수 있다.

산과 염기가 1 : 1의 부피비로 반응하므로 실험 Ⅲ에서 산과 염기가 20mL씩 최대로 반응하였으므로 실험 Ⅲ에서 완전히 중화가 일어났음을 알 수 있다.

①, ② 실험 Ⅳ에서 (가)의 온도는 반응한 부피가 15mL이므로 실험 Ⅲ보다 발생한 열량이 작다. 따라서 최고 온도는 34.1℃보다 낮을 것이고, 생성되는 물의 양도 Ⅳ가 Ⅲ보다 작을 것이다.

③ 실험 Ⅰ과 실험Ⅳ에서 남은 양은 다음과 같다.

	실험 Ⅰ	실험 Ⅳ
남은 양	수산화나트륨 20mL	염산 10mL

실험 Ⅰ과 실험Ⅳ에서 남은 양의 혼합 용액을 섞으면 수산화나트륨이 10mL 남으므로 pH는 7보다 크다.

④ 실험 Ⅴ에서 남은 용액은 염산 20mL이므로 이 용액에 페놀프탈레인을 넣으면 무색으로 변한다.

정답 ②

5

$(nMV)_a = n = (nMV)_a$를 이용한다. 황산은 2가산이므로 가수 $n=2$로 동일하다.

$$0.1\times1.5 = 15\times V_a$$

필요한 황산의 부피 $V_a = 0.01\text{L}$이다.

정답 ①

6

질량을 화학식량으로 나누면 수산화나트륨의 몰수는 0.7몰이다. 용액의 부피가 1L이므로 수산화나트륨의 몰 농도는 0.7M이다. 문제의 해결을 위해 $(nMV)_a = (nMV)_b$를 이용한다.

$$1\times2\times V = 1\times0.7\times1$$
$$V = 0.35\text{L} = 350\text{mL}$$

정답 ③

7

$$n_{OH^-} = (nMV)_b$$
$$\left(\frac{4}{40}\right)\text{mol} = 1\times1\times V$$
$$V = 0.1\text{L} = 100\text{mL}$$

정답 ①

8

이온 수가 일정한 것은 산의 구경꾼인 Cl^-이고, 이온 수가 증가하는 것은 염기의 구경꾼인 Na^+이다.

① 10mL인 지점(B)이 중화점이고 중화점에서의 액성은 중성이다. 처음이 산성 용액이므로 혼합 용액의 pH는 A보다 B에서 더 크다.

② 혼합 용액의 온도는 중화점에서 가장 높으므로 B가 A보다 더 높다.

③ 혼합 용액 속에는 언제나 전기적 중성을 충족시켜야 한다. A지점은 중화점의 절반에 해당되므로 이때의 이온수 관계를 살펴보면 다음과 같다.

$$\frac{1}{2}H^+ + \frac{1}{2}Na^+ = Cl^-$$

따라서 A에서 가장 많이 존재하는 이온은 Cl^-이다.

④ B까지 반응하는 동안 용액의 부피는 증가하지만 이온의 몰수는 일정하므로 혼합 용액의 단위 부피당 총 이온 수는 감소한다.

정답 ①

9

$(nMV)_a = (nMV)_b$를 이용한다.

$$2 \times 1.2 \times V = 1 \times 0.4 \times 60$$
$$V = 10\text{mL}$$

정답 ②

10

산의 수소 이온의 몰수와 염기의 수산화 이온의 몰수가 같아야하므로 수소 이온의 몰수는 몰농도와 용액의 부피의 곱으로 구할 수 있다. $(nMV)_a = (nMV)_b$를 이용하여 황산 수용액의 몰농도를 알 수 있다.

$$2 \times M \times 20 = 0.1 \times 1 \times 24.4$$
$$M = 0.0610\text{M}$$

정답 ②

11

몰수는 몰농도와 용액의 부피의 곱이다. 산을 모두 중화시키기 위해 수소 이온의 몰수와 수산화 이온의 몰수가 같아야 한다. $(nMV)_a = (nMV)_b$를 이용하여 1가 산인 질산에는 수소 이온이 0.10 × 0.4=0.04mol 포함되어 있다. 필요한 수산화 이온의 몰수도 0.04mol인데 $M(OH)_2$는 2가 염기이므로 염기의 몰수는 0.02mol이 필요하다. 질량은 몰수와 몰질량을 곱하여 구할 수 있다.

$$0.02\text{ mol} \times 60\text{ g/mol} = 1.2\text{ g}$$

정답 ③

12

$n = (MV)$를 이용한다.

H^+의 몰수=2 × 0.1 × 20=4mmol이므로 OH^-의 몰수도 4mmol이어야 한다.

4mmol인 것은 0.2M, 20mL이다.

정답 ③

13

$H^+(aq)$	+	$OH^-(aq)$	→	$H_2O(l)$
12mmol		9.6mmol		
−9.6		−9.6		+9.6
2.4				

$$[H^+] = \frac{2.4 \times 10^{-3}}{0.2} = 12 \times 10^{-3}\text{M}$$

$$\text{pH} = 3 - \log 12 = 3 - \log(4 \times 3)$$
$$= 3 - 2\log 2 - \log 3 = 3 - 2 \times 0.3 - 0.48 = 1.92$$

정답 ①

14

0.50M NaOH 수용액 500mL에는 0.25mol의 NaOH가 녹아 있으므로 2.0M NaOH 수용액에 녹아 있는 NaOH의 몰수도 0.25mol이 되기 위해서 부피는 0.125L가 되어야 한다.

$$0.25\text{mol} = 2\text{M} \times V$$
$$V = 0.125\text{L} = 125\text{mL}$$

정답 ①

15

$H^+(aq)$	+	$OH^-(aq)$	→	$H_2O(l)$
0.05mol		0.06mol		
−0.05		−0.05		+0.05
0.0		0.01		0.05

$$[OH^-] = 10^{-2}\text{M} \qquad [H^+] = 10^{-12}\text{M}$$
$$pH = 12$$

정답 ④

16

$(nMV)_a = (nMV)_b$임을 이용한다.

$$V = 0.35\text{L} = 350\text{mL}$$

정답 ③

17

$$1\times2\times V=(\frac{28}{40})\,\mathrm{mol}$$

$$n_{H^+}=(nMV)_a$$

$$0.3\times2=15\times V$$

$$V=0.04\mathrm{L}$$

정답 ④

18

알짜 이온 반응식 $H^+(aq)+OH^-(aq)\rightarrow H_2O(l)$이 모든 중화 반응의 알짜 이온 반응식에 해당하지 않는다. 이 경우는 강산과 강염기의 중화 반응의 경우에 해당하는 알짜 반응식이다.
강산과 달리 약산이 강염기와 반응을 하는 경우에는 중화 반응과 함께 약산의 이온화가 진행되므로 이들 두 반응을 함께 고려해서 알짜 이온 반응식을 결정하여야 한다.

$$H_3O^+(aq)+OH^-(aq)\rightarrow 2H_2O(l)$$

$$CH_3COOH(aq)+H_2O(l)\rightarrow CH_3COO^-(aq)+H_3O^+(aq)$$

$$CH_3COOH(aq)+OH^-(aq)\rightarrow CH_3COO^-(aq)+H_2O(l)$$

정답 ③

19

먼저, 0.5g은 시료의 질량이지 약산 HA의 질량이다. 즉 HA의 질량 백분율을 구하기 위해서 필요로 하는 정보는 HA의 질량인데, 이 질량을 중화 반응에 사용된 염기로부터 구할 수 있다.
사용된 염기의 양을 구해보면,

$$n_{\mathrm{NaOH}}=0.15\times10\times10^{-3}=1.5\times10^{-3}\,\mathrm{mol}$$

따라서 HA의 몰수도 $1.5\times10^{-3}\,\mathrm{mol}$이다.

HA의 질량은 $1.5\times10^{-3}\,\mathrm{mol}=\frac{w}{120}$이다.

$$w=180\times10^{-3}\,\mathrm{g}$$

HA의 질량 백분율(%) $=\frac{180\times10^{-3}}{0.5}\times100=36\%$

정답 ②

20

물 1몰이 발생할 때의 중화열이 $56.2\mathrm{kJmol^{-1}}$이므로 2.81kJ의 열이 발생하였을 때의 발생한 물의 양은 0.05mol이다.
따라서 수소 이온의 몰수도 0.05mol이므로 HCl의 농도는 다음의 식으로부터 구할 수 있다.

$$0.05\,\mathrm{mol}=X\times0.2\mathrm{L}$$

$$X=0.25\mathrm{M}$$

(NaOH 몰수 0.1mol중 절반인 0.05mol만 반응하였다.)

정답 ③

21

$(nMV)_a=(nMV)_b$를 이용하여 이양성자산의 농도를 구해본다.

$$2\times M\times50=1\times0.4\times25$$

$$M=0.1\mathrm{M}$$

① 이양성자산의 농도는 0.1M이다.
② 이양성자산 100mL에는 H^+의 몰수가 0.02몰이므로 이를 중화시키는 데 필요한 KOH의 몰수도 0.02mol이어야 한다.
③ 이양성자산 1mol당 H^+이 2mol이 존재하므로 KOH 2mol이 반응한다.
④ H^+과 OH^-의 몰수가 각각 0.01mol이므로 이 중화 반응을 통해 생성되는 물의 몰수는 0.01mol이다

정답 ②

22

$$(nMV)_a=(nMV)_b$$

$$2\times1.2\times V=1\times0.4\times60$$

$$V=10\mathrm{mL}$$

정답 ①

23

약염기와 강산의 중화 반응이다. 구경꾼 이온인 Br^-이 알짜 이온 반응식에 표현되어서는 안 된다.
② $2OH^-(l)+2H^+(aq)\rightarrow 2H_2O(l)$는 강산과 강염기의 중화 반응에 대한 알짜 이온 반응식이다.
따라서 정답은 ④이다.

정답 ④

24

$$n_{H^+} = 2 \times 0.5 \times 0.2 = 0.2\text{mol}$$

$$n_{OH^-} = 0.7 \times 0.5 = 0.35\text{mol}$$

생성된 물의 양을 결정하는 것은 양이 작은 H^+의 몰수이므로 생성된 물의 질량은 $0.2\text{mol} \times 18\text{g/mol} = 3.6\text{g}$이고, OH^-이 존재하므로 용액의 액성은 염기성이다.

정답 ②

25

ㄱ. HCl의 몰수는 0.1mol이고, 용액의 부피는 100+500=600mL이다.

$$M = \frac{n}{V} = \frac{0.1\text{mol}}{0.6\text{L}} = \frac{1}{6}\text{M} = 0.167\text{M}$$

ㄴ. HCl의 몰수는 0.1mol이므로 용액 안에 존재하는 이온의 총량은 0.2mol이다.

$$HCl(aq) \rightarrow H^+(aq) + Cl^-(aq)$$

ㄷ. 페놀프탈레인 용액은 산성 수용액에서 무색을 나타낸다.

ㄹ. NaOH의 몰수도 0.1mol이므로 강산과 강염기의 중화 반응으로 중화점에 도달하였고, 생성된 염은 NaCl이다. 이때의 액성은 중성이므로 pH는 7이다.

정답 ④

제 6 절 | 중화 적정

01 ②	02 ③	03 ④	04 ④	05 ④
06 ②	07 ③			

1

pH가 가장 작게 변하는 구간은 완충구간으로 $V = \frac{1}{2}V_{eq}$이다. NaOH 100mL일 때가 중화점이므로 절반인 50mL 근처일 때 pH가 가장 작게 변한다.

정답 ②

2

① 강산에 강염기로 적정하는 곡선
② 강산에 약염기로 적정하는 곡선
③ 약염기에 강산으로 적정하는 곡선
④ 강염기에 강산으로 적정하는 곡선

정답 ③

3

① 아세트산 수용액의 수소 이온 몰수와 수산화칼륨 수용액의 수산화 이온의 몰수가 같음을 $(nMV)_a = (nMV)_b$를 이용하여 구한다.

$$1 \times M \times 50 = 1 \times 0.2 \times 100$$

$$M = 0.4\text{M}$$

② 중화점에서 약산의 짝염기가 가수 분해하여 염기성을 띠므로 pH>7.0이다.
③ 지시약은 중화점에서 액성이 염기성이므로 페놀프탈레인이 적절하다.

정답 ④

4

1가 산과 1가 염기의 중화 반응이므로 용액 내 양이온의 몰수는 첨가한 염기의 양만큼 수소 이온이 소모되므로 중화점까지 일정하고, 이후 증가한다.

정답 ④

5

ㄱ. 중화 적정에서 당량점(화학양론점)은 pH가 급격히 증가하는 구간을 말하므로 이 적정 곡선에서는 영역 Ⅱ에 존재한다.

ㄴ. 최대 완충 영역은 약산과 그 짝염기의 농도비가 1에 근접할 때이므로 당량점 이전에 존재하므로 영역 Ⅰ에 해당한다.

ㄷ. 영역 Ⅱ는 당량점 구간이므로 HA가 존재하지 않는 영역이다. 따라서 pH가 [HA]에만 의존하는 영역은 Ⅰ에 존재한다.

ㄹ. 영역 Ⅲ에서는 약산 HA가 존재하지 않는 당량점 이후 구간이므로 pH는 첨가된 과량의 강염기의 양에만 의존한다.

정답 ④

6

H_2SO_4 1.00mL를 중화하는 데 사용된 NaOH의 몰수는 $0.5M \times 12.0 \times 10^{-3}L = 6 \times 10^{-3}$몰이다.
따라서 1.00mL에 들어 있는 수소 이온의 몰수도 6×10^{-3}몰이어야 한다. H_2SO_4는 2가산이므로 H_2SO_4의 몰수는 그 절반인 3×10^{-3}몰이므로 1L에 들어 있는 H_2SO_4의 몰수는 3몰이다. 따라서 이에 따른 질량은 $3mol \times 98g/mol = 294g$이다.

정답 ②

7

$$A^{2-} \underset{K_{a_2}}{\overset{K_{b_1}}{\rightleftharpoons}} HA^- \underset{K_{a_1}}{\overset{K_{b_2}}{\rightleftharpoons}} H_2A$$

ㄱ. V_1지점(제1 중화점)에서는 염기의 제1 이온화가 모두 진행되었기 때문에 HA^-만 존재하고 A^{2-}는 존재하지 않는다.

ㄴ. V_2지점(제2 중화점)에서는 염기의 제2 이온화가 모두 진행되었기 때문에 HA^-는 존재하지 않고 H_2A만 존재한다.

ㄷ. $\frac{1}{2}V_1$지점은 $[A^{2-}] = [HA^-]$이므로 완충구간에 해당한다.

$$pOH = pK_{b_1} + \log\frac{[HA^-]}{[A^{2-}]} = pK_{b_1}$$

따라서, $pH = pK_{a_2}$이다.

정답 ③

Chapter 06 불용성 염의 용해 평형

제 1 절 | 용해도와 K_{sp}

01 ④ **02** ④ **03** ① **04** ①

1

$$Cd(OH)_2(s) \rightleftharpoons Cd^{2+}(aq) + 2OH^-(aq)$$

$Cd(OH)_2(s)$	→	$Cd^{2+}(aq)$	+	$2OH^-(aq)$
		0		0
		$+s$		$+2s$
		s		$2s$

$$K_{sp} = [Cd^{2+}][OH^-]^2 = s(2s)^2 = 4s^3$$

※ 이 결과치는 암기사항이다.

정답 ④

2

PbI_2의 용해 평형 반응식은 다음과 같다.

$$PbI_2(s) \rightleftharpoons Pb^{2+}(aq) + 2I^-(aq)$$

$$K_{sp} = [Pb^{2+}][I^-]^2$$

$$K_{sp} = 4s^3 = 4 \times (4.0 \times 10^{-5})^3 = 2.6 \times 10^{-13}$$

정답 ④

3

$$Ca(OH)_2(s) \rightleftharpoons Ca^{2+}(aq) + 2OH^-(aq)$$

용해도와 용해도곱 상수의 관계는 $K_{sp} = 4s^3$이다.

$$4 \times 10^{-6} = 4s^3 \qquad s = 10^{-2}M$$

Ca^{2+}의 농도는 몰용해도(s)와 같으므로 0.01M이다.

정답 ①

4

실험식이 A_2B이므로 $K_{sp} = 4s^3$이다.

$$4.0 \times 10^{-12} = 4s^3$$

$$s = 1.0 \times 10^{-4}M$$

정답 ①

제 2 절 | 불용성 염의 용해 평형에 영향을 미치는 요인

01 ③	02 ①	03 ①	04 ④	05 ③
06 ①	07 ④	08 ①	09 ①	10 ③

1

용해도가 높을수록 이온의 몰수가 많으므로 끓는점이 높다. MX의 $s = 10^{-2}$, M_2Y의 $s = 10^{-1}$, MZ_2의 $s = 2\times10^{-2}$이므로 끓는점이 높은 순으로 나열하면 다음과 같다.

$$M_2Y > MZ_2 > MX$$

정답 ③

2

pH = 10이므로 pH + pOH = 14에 의해 pOH = 4이고, $[OH^-] = 10^{-4}M$이다.

$Al(OH)_3(s)$	→	$Al^{3+}(aq)$	+	$3OH^-(aq)$
		0		10^{-4}
		$+s$		$+3s$
		s M		$(10^{-4}+s)$M

$$K_{sp} = s(10^{-4}+3s)^3$$

약산법을 이용하면,

$$3.0\times10^{-34} = S\cdot10^{-12}$$

$$s = 3.0\times10^{-22}M$$

정답 ①

3

① 첨가된 수소 이온(H^+)이 탄산 이온(CO_3^{2-})과 중화 반응이 일어나 CO_3^{2-}가 소모되므로 정반응이 진행되어 용해도가 증가한다.

② $CO_2(g)$가 물에 용해되어 생성된 탄산 이온(CO_3^{2-})이 공통 이온 효과에 의해 CO_3^{2-}의 농도가 증가하므로 역반응이 진행되므로 용해도가 감소한다.

③ Ag^+과 NH_3가 착이온을 형성하여 Ag^+의 농도가 감소되므로 정반응이 진행되므로 용해도가 증가한다.

$$Ag^+(aq) + 2NH_3(aq) \rightarrow [Ag(NH_3)_2]^+(aq)$$

④ 용액에 $Na_2CO_3(s)$를 첨가하면 탄산 이온(CO_3^{2-})이 공통 이온 효과에 의해 CO_3^{2-}의 농도가 증가하므로 역반응이 진행되므로 용해도가 감소한다.

정답 ①

4

- $Zn(OH)_2$는 용해되어 OH^-가 생성되는데 이 OH^-가 H^+과 반응하므로 산성 용액에서 용해도가 증가한다.

$$Zn(OH)_2(s) \rightleftarrows Zn^{2+}(aq) + 2OH^-(aq)$$

- PbF_2는 용해된 이후 F^-가 물과 가수 분해 반응을 하여 OH^-를 생성하고 이 OH^-가 H^+과 반응하므로 산성 용액에서 용해도가 증가한다.

$$PbF_2(s) \rightleftarrows Pb^{2+}(aq) + 2F^-(aq)$$

$$F^-(aq) + H_2O(l) \rightleftarrows HF(aq) + OH^-(aq)$$

- $BaSO_4$는 용해된 이후 생성된 SO_4^{2-}가 H^+가 반응하여 소비되므로 산성 용액에서 용해도가 증가한다.

$$BaSO_4(s) \rightleftarrows Ba^{2+}(aq) + SO_4^{2-}(aq)$$

$$SO_4^{2-}(aq) + H_3O^+(aq) \rightleftarrows HSO_4^-(aq) + H_2O(l)$$

정답 ④

5

pH = 11이므로 pH + pOH = 14에 의해 pOH = 3이고, $[OH^-] = 10^{-3}M$이다.

$Mn(OH)_2(s)$	→	$Mn^{2+}(aq)$	+	$2OH^-(aq)$
		0		10^{-3}
		$+s$		$+2s$
		sM		$(10^{-3}+2s)$M

$$K_{sp} = s(10^{-3}+2s)^2 = 1.6\times10^{-13}$$

약산법을 이용하면,

$$s\times10^{-6} = 1.6\times10^{-13}$$

$$s = 1.6\times10^{-7}M$$

정답 ③

6

ㄱ. $MgF_2(s) \rightleftarrows Mg^{2+}(aq) + 2F^-(aq)$

$$K_{sp} = 4s^3 = 4\times10^{-9}$$

$$s = 1.0\times10^{-3}\text{M}$$

ㄴ. 0.1M HCl 수용액에서 약산의 짝염기인 F^-가 H_3O^+가 중화 반응을 하여 F^-의 농도가 감소되므로 정반응이 진행되어 MgF_2의 용해도는 증가한다. 따라서 분모가 증가하므로 $\dfrac{\text{물에서 }MgF_2\text{의 몰용해도}}{0.1\text{M HCl 수용액에서 }MgF_2\text{의 몰용해도}}$는 1보다 작다.

ㄷ. 공통 이온 효과를 고려하여 용해도를 구해야 한다.

$MgF_2(s)$	$\rightleftarrows$	$Mg^{2+}(aq)$	+	$2F^-(aq)$
		0.0		0.1M
		$+s$		$+2s$
		s		$0.1+2s$

$$K_{sp} = s(0.1+2s)^2 = 4\times10^{-9}$$

약산법에 의해

$$0.01\times s = 4\times10^{-9}$$

$$s = \frac{4\times10^{-9}}{10^{-2}} = 4\times10^{-7}\text{M}$$

$$\frac{\text{물에서 }MgF_2\text{의 몰용해도}}{0.1\text{M NaF 수용액에서 }MgF_2\text{의 몰용해도}} = \frac{1\times10^{-3}\text{M}}{4\times10^{-7}\text{M}} = 2.5\times10^3$$

정답 ①

7

①, ②, ③ AgCl나 $AgNO_3$ 수용액에는 Ag^+이 있으므로 공통이온 효과에 의해 Ag_2CrO_4 용해 반응의 역반응이 진행되므로 용해도가 감소된다. 따라서 이러한 경우 순수한 물에 녹이는 경우 용해도가 상대적으로 가장 높다고 할 수 있다.

$$Ag_2CrO_4(s) \rightleftarrows 2Ag^+(aq) + CrO_4^{2-}(aq)$$

정답 ④

8

$Cu(OH)_2$는 염기이고, $CaCO_3$와 CaF_2는 염기성 염이므로 산에 의해 용해도가 증가하나, AgI의 I^-는 강산의 짝염기로 산의 역반응이 일어나기 어려우므로 용해도 변화가 거의 없다.

정답 ①

9

불용성 염의 용해 평형에 관한 공통이온효과를 묻는 문제이다.

$CaF_2(s)$	$\rightleftarrows$	$Ca^{2+}(aq)$	+	$2F^-(aq)$
		0		0.01M
		$+s$		$+2s$
		s		$0.01+2s$

$$K_{sp} = [Ca^{2+}][F^-]^2 = s(0.01+2s)^2 = 1.5\times10^{-10}$$

$$s = 1.5\times10^{-6}\text{M}$$

정답 ①

10

공통이온효과에 관한 문제이다. 우선적으로 몰 용해도를 구하기 위해서는 용해도곱 상수(K_{sp})를 구해야 한다.

$CuBr(s)$	$\rightarrow$	$Cu^+(aq)$	+	$Br^-(aq)$
		0		0
		$+s$		$+s$
		s		s

$$K_{sp} = s^2 = (2.0\times10^{-4})^2 = 4.0\times10^{-8}$$

그 다음으로 공통이온을 고려한 양적 관계를 판단해보면 다음과 같다.

$CuBr(s)$	$\rightarrow$	$Cu^+(aq)$	+	$Br^-(aq)$
		0		0.1
		$+s$		$+s$
		s		$0.1+s$

$$K_{sp} = s(0.1+s) = 4\times10^{-8}$$

약산법에 의해, $s = 4\times10^{-7}$M이다.

정답 ③

제 3 절 | 선택적 침전

01 ①	02 ①

1

$AgCl(s)$의 침전이 일어나기 위해서는

$[Ag^+] = \frac{K_{sp}}{[Cl^-]} = \frac{1.6\times10^{-10}}{0.1} = 1.6\times10^{-9}M$ 이상이어야 한다.

$Ag_2CrO_4(s)$의 침전이 일어나기 위해서는

$[Ag^+] = \sqrt{\frac{K_{sp}}{[CrO_4^{\ 2-}]}} = \sqrt{\frac{9.0\times10^{-12}}{0.1}} = \sqrt{90}\times10^{-6}$

$= 9.49\times10^{-6}M$ 이상이어야 한다. 따라서 적은 양으로 먼저 침전이 일어나는 것은 $AgCl$이다.

정답 ①

2

우선적으로 침전이 일어나기 위한 조건은 $Q_{sp} \geq K_{sp}$이다. 첨가되는 I^-의 농도가 적을수록 먼저 침전되므로 I^-의 농도를 구해 판단한다.

$$Q_{sp} = [Pb^{2+}][I^-]^2$$

$$[I^-] = \sqrt{\frac{K_{sp}}{[Pb^{2+}]}} = \sqrt{\frac{1.4\times10^{-8}}{1.4\times10^{-3}}} = 10^{-2.5}M$$

$$Q_{sp} = [Cu^+][I^-]$$

$$[I^-] = \frac{K_{sp}}{[Cu^+]} = \frac{5.3\times10^{-12}}{1.0\times10^{-4}} = 5.3\times10^{-8}M$$

CuI에서 I^-의 농도가 더 적은($5.3\times10^{-8}M$) 양으로 $Q_{sp} \geq K_{sp}$ 조건을 만족시키므로 CuI가 먼저 침전된다.

정답 ①

Chapter 07 환경 화학

01 ②	02 ①	03 ①	04 ②	05 ②
06 ①	07 ①	08 ③	09 ①	10 ①
11 ①	12 ①	13 ③	14 ③	15 ②
16 ③				

1

염화플루오린화탄소 또는 염화불화탄소, 클로로플루오로카본(chlorofluorocarbons, CFCs)으로 탄소, 염소, 플루오린이 포함된 유기 화합물을 가리킨다.

정답 ②

2

산성비의 피해를 입는다는 것은 산성 물질과 반응한다는 것이다. 즉 염기성 물질이 산성비의 피해를 입는다. 보기 지문에서 염기성 물질은 대리석($CaCO_3$)이다.
대리석과 산성비의 반응을 화학 반응식으로 나타내면 다음과 같다.

$$CaCO_3(s) + H_3O^+(aq) \rightarrow CaCl_2(aq) + H_2O(l) + CO_2(g)$$

정답 ①

3

산성비로 피해를 주기위해서는 강산을 생성해야 한다. HCO_2H는 약산이므로 산성비의 형성과 관계가 없다.

정답 ①

4

② 냉매와 공업용매로 많이 사용되는 CFC는 공기와 화학적인 반응성이 작기 때문에 성층권까지 올라가서 태양의 자외선에 의해 염소원자로 분해돼 지구 온난화의 원인 물질이자 오존층을 파괴하는 주범이다.

정답 ②

5

② 염화칼슘($CaCl_2$)의 액성은 중성이므로 산성비로 인한 호수의 산성화를 막기 위해서는 약염기인 암모니아(NH_3)를 사용하는 것이 적절하다.

정답 ②

6

비금속 산화물(SO_2)은 물에 녹아 산성 용액을 형성한다.

$$SO_2(g) + H_2O(l) \rightarrow H_2SO_3(aq)$$

암모니아(NH_3)는 염기이므로 염기성 용액을 형성한다.

$$NH_3(aq) + H_2O(l) \rightleftarrows NH_4^+(aq) + OH^-(aq)$$

금속 산화물(BaO)은 물에 녹아 염기성 용액을 형성한다.

$$BaO(s) + H_2O(l) \rightarrow Ba(OH)_2(aq)$$

수산화 바륨($Ba(OH)_2$)은 염기이므로 염기성 용액을 형성한다.

$$Ba(OH)_2(aq) \rightarrow Ba^{2+}(aq) + 2OH^-(aq)$$

정답 ①

7

오존의 분해 반응은 산성비 형성과 관계가 없다.

SO_2는 물에 용해되어 H_2SO_3을 생성한다.

$$SO_2(g) + H_2O(l) \rightarrow H_2SO_3(aq)$$

NO는 산소(O_2)와 반응하여 NO_2를 만들고 NO_2과 물에 용해되어 HNO_3을 생성한다.

$$2NO(g) + O_2(g) \rightarrow 2NO_2(g)$$

$$3NO_2(g) + H_2O(l) \rightarrow 2HNO_3(aq) + NO(aq)$$

정답 ①

8

광화학 스모그는 주로 자동차의 배기가스 속에 함유된 올레핀계 탄화수소와 질소산화물의 혼합물에 태양광선이 작용해서 생기는 광화학 반응에 의한 것이며, LA형 스모그라고도 한다.

$$NO_2 \xrightarrow{UV} NO + O$$

$$NO + O_2 \rightarrow NO_2 + O$$

$$O + O_2 \rightarrow O_3$$

$$O_3 + HC \rightarrow SMOG$$

정답 ③

9

A는 CO, B는 SO_2, C는 Cl_2이다.

ㄱ. A(CO)는 헤모글로빈과의 결합력이 아주 강하여 헤모글로빈과 결합하면 쉽게 해리되지 않는다.

ㄴ. B(SO_2)의 수용액은 산성을 띤다.

$$SO_2(g) + H_2O(l) \rightarrow H_2SO_3(aq)$$

$$\rightleftarrows SO_3^{2-}(aq) + 2H^+(aq)$$

ㄷ. C(Cl_2)의 성분 원소는 한 가지이다.

정답 ①

10

SO_2는 산성비의 원인이 되는 물질이고, NO와 NO_2는 산성비 또는 스모그의 주된 원인이 되는 물질이다. CO_2는 온난화와 관련된 물질이다.

정답 ①

11

실내 오염 물질 중 방사성 물질은 Rn이다.

정답 ①

12

SO_2, NO, CO_2는 비금속 산화물로서 물과 반응하여 산을 생성하므로 액성은 산성이 된다.

$$SO_2(g) + H_2O(l) \rightarrow H_2SO_3(aq)$$

$$2NO(g) + O_2(g) \rightarrow 2NO_2(aq)$$

$$2NO_2(g) + H_2O(l) \rightarrow HNO_3(aq) + HNO_2(aq)$$

$$CO_2(g) + H_2O(l) \rightarrow H_2CO_3(aq)$$

정답 ①

13

온실 기체는 일반적으로 자연 · 인위적인 지구 대기 기체의 구성 물질이다. 또한, 지구 표면과 대기 그리고 구름에 의하여 우주로 방출되는 특정한 파장 범위를 지닌 적외선 복사열 에너지를 흡수하여 열을 저장하고 다시 지구로 방출하는 기체를 말한다. 이러한 온실 기체의 특성으로 온실 효과가 발생하는데, 주로 수증기, 이산화탄소, 아산화질소, 메탄, 오존, CFCs 등이 온실효과를 일으키는 일반적인 지구 대기의 온실 가스 성분이다. $N_2(g)$는 적외선 복사열 에너지를 흡수하지 않으므로 온실 가스가 아니다.

정답 ③

14

광화학 스모그 발생과정에 생성되는 중간체인 하이드록시라디칼은 산소 원자에 전자가 하나 부족한 상태이므로 매우 불안정하다. 따라서 안정한 상태로 되기 위해 주위의 물질들과 반응하려고 하므로 반응성이 크다고 할 수 있다.

정답 ③

15

끓는점이 낮아서 대기 중으로 쉽게 증발되는 액체 또는 기체상 유기 화합물을 총칭으로서 VOC라고 하는데, 산업체에서 많이 사용하는 용매에서부터 화학 및 제약 공장이나 플라스틱 건조 공정에서 배출되는 유기 가스에 이르기까지 매우 다양하며 끓는점이 낮은 액체 연료, 파라핀, 올레핀, 방향족화합물 등 생활주변에서 흔히 사용하는 탄화수소류가 거의 해당된다. VOC는 대기 중에서 질소 산화물(NO_x)과 함께 광화학반응으로 오존 등 광화학 산화제를 생성하여 광화학 스모그를 유발하기도 하고, 벤젠과 같은 물질은 발암성 물질로서 인체에 매우 유해하며, 스티렌을 포함하여 대부분의 VOC는 악취를 일으키는 물질로 분류할 수 있다.

정답 ②

16

SO_2와 SO_3은 물에 용해되어 H_2SO_4이 되므로 대기 또는 수질오염의 유발물질이다.
TBM은 주로 향료에 사용되는 물질이다.

```
       CH3
        |
CH3 —  C — SH
        |
       CH3
```

정답 ③

Chapter 08 전기 화학

제1절 | 산화-환원 반응의 구별

01 ③	02 ④	03 ③	04 ③	05 ④
06 ③	07 ③	08 ④	09 ④	10 ②
11 ③				

1

ㄱ, ㄷ, ㄹ은 대표적인 산화–환원 반응이다.

ㄴ. 착화합물의 형성은 루이스 산–염기 반응으로 산화수의 변화가 없으므로 산화–환원 반응이 아니다.

ㅁ. 중화 반응으로 산화–환원 반응이 아니다.

정답 ③

2

①, ②, ③은 홑원소 물질이 생성되거나 소모되므로 산화수의 변화가 있는 산화–환원 반응이고, ④는 루이스 산–염기 반응으로 산화–환원 반응이 아니다.

정답 ④

3

①, ②, ④은 홑원소 물질이 생성되거나 소모되어 산화수의 변화가 있는 산화–환원 반응이고, ③은 루이스 산–염기 반응이므로 산화–환원 반응이 아니다.

정답 ③

4

산화–환원 반응이란 산화수의 변화가 있는 반응이다. 반응물이나 생성물에 홑원소 물질이 존재하면 무조건 산화수의 변화가 있는 산화–환원 반응이다.
Cu의 산화수: $0 \rightarrow +2$, S의 산화수: $+6 \rightarrow +4$

정답 ③

5

④ 중화 반응은 산화–환원 반응이 아니다.

정답 ④

6

①, ②, ④ 모두 홑원소 물질이 존재하므로 산화수의 변화가 있는 산화－환원 반응이다.
③은 루이스 산－염기 반응이다.

정답 ③

7

③은 앙금($PbCl_2$) 생성 반응으로 산화수의 변화가 없으므로 산화－환원 반응이 아니다.

정답 ③

8

산화수가 변하여 홑원소 물질이 생성된 ④가 산화－환원 반응이다.

정답 ④

9

산화–환원 반응이란 전자의 이동이 있는 반응으로 필연적으로 산화수의 변화가 있다. 화학 반응식에 반응물이나 생성물 중에 홑원소 물질이 존재하는 경우에는 반드시 산화수의 변화가 있으므로 홑원소 물질이 있는 반응은 산화－환원 반응이라 할 수 있다. ④ 화학 반응식에는 반응물에 Cu와 생성물에 Ag가 있으므로 산화－환원 반응이다.

정답 ④

10

ㄱ, ㄷ은 대표적인 산화－환원 반응이다.
ㄴ. 착화합물의 형성은 루이스 산－염기 반응이다.
ㄹ. 산성비에 의한 대리석상의 손상은 중화 반응이다.

정답 ②

11

①, ② 반응물이나 생성물에 홑원소 물질이 존재하면 산화수의 변화가 있는 산화－환원 반응이다.
③ CO_2의 용해 반응으로 산화수의 변화가 없으므로 산화－환원 반응이 아니다.
④ $3\underline{N}O_2 + H_2O \rightarrow 2H\underline{N}O_3 + \underline{N}O$
(+4, +5, +2)

정답 ③

제 2 절 | 산화－환원과 산화수

01 ①	02 ④	03 ③	04 ③	05 ④
06 ④	07 ③	08 ①	09 ①	10 ③
11 ③	12 ②	13 ①	14 ①	15 ④
16 ②	17 ②	18 ③	19 ④	20 ④
21 ③	22 ①	23 ②	24 ④	25 ③
26 ②	27 ①	28 ④	29 ④	30 ④
31 ②				

화합물과 산화수

1

밑줄 친 N(질소)의 산화수는 각각 －3, +2, +4, +5이다.

정답 ①

2

ㄱ. 산화수가 감소하는 물질은 환원되는 물질이므로 산화제이다.
ㄴ. 금속 수소화물에서 수소는 금속보다 전기음성도가 더 크므로 수소의 산화수는 －1이다.

정답 ④

3

NaH처럼 수소가 금속과 결합하는 경우에는 금속의 전기 음성도가 수소보다 더 작으므로 Na이 +1의 산화수를 갖고, 수소의 산화수는 －1이다.

정답 ③

4

암모늄 이온(NH_4^+)에서 질소의 산화수는 －3이다.

정답 ③

5

밑줄 친 원자의 산화수는 다음과 같다.

(가)	(나)	(다)	(라)
－1	+1	－1	+2

산화수를 모두 더하면, －1+1－1+2=+1이다.

정답 ④

PART 05 화학 반응

6

$(+1)+x+(-2)\times 4=0$이므로 Mn의 산화수는 +7이다.

정답 ④

7

순서대로 밑줄 친 원자의 산화수를 구해보면 표와 같다.

	H	O	O	H
산화수	−1	−1	+2	+1

밑줄 친 원자의 산화수를 모두 합하면

$-1+(-1)+2+1=1$이다.

정답 ③

8

S의 산화수를 구하면,

① −2 ② +6 ③ +6 ④ +6이다.

따라서 황(S)의 산화수가 나머지와 다른 것은 ① H_2S이다.

정답 ①

9

금속 양이온의 산화수를 구하면 다음과 같다.

① +3 ② +2 ③ +2 ④ +2

따라서 금속 양이온의 산화수가 나머지와 다른 것은

① Fe_2O_3이다.

정답 ①

10

N의 산화수는 +5, O의 산화수는 −2이다.

정답 ③

11

각 화합물에서 S의 산화수를 구해보면 다음과 같다.

	$K_2\underline{S}O_3$	$Na_2\underline{S}_2O_3$	$Fe\underline{S}O_4$	$Cd\underline{S}$
S의 산화수	+4	+2	+6	−2

정답 ③

12

ㄱ. 구성 원소 중 산화수가 가장 큰 것은 Mn으로 산화수는 +7이다.

ㄴ. MgH_2에서 H의 산화수는 −1이고, HNO_3에서 H의 산화수는 +1로 같지 않다.

ㄷ. CH_3NH_2에서 N의 산화수는 −3이고, HNO_2에서 N의 산화수는 +3이므로 산화수의 합은 0이다.

정답 ②

13

	Cu_2O	$Cu(OH)_2$	$CuCl_2$	$CuSO_4$
Cu의 산화수	+1	+2	+2	+2

Cu의 산화수가 다른 것은 Cu_2O이다.

정답 ①

14

	$Na_2\underline{S}O_3$	$Al_2\underline{O}_3$	$Fe\underline{O}$	$Fe\underline{O}$
산화수	+4	−2	−2	−2

원소의 산화수가 나머지와 다른 것은 $Na_2\underline{S}O_3$이다.

정답 ①

15

화합물을 이루는 원자의 산화수의 합은 0임을 이용해서 산화수를 구한다.

SO_2		NaH		N_2O_5		$KMnO_4$		
S	O	Na	H	N	O	K	Mn	O
+4	−2	+1	−1	+5	−2	+1	+7	−2
+2		0		+3		+6		

정답 ④

16

	O	C	S	Ca
산화수	−2	+4	−2	+2
산화수의 절댓값	2	4	2	2

정답 ②

산화-환원 반응과 산화수 

17

ㄱ. Cd의 산화수가 0 → +2로 증가한다.

ㄴ. Ni의 산화수가 +4 → +2로 감소하여 환원되었으므로 NiO_2는 산화제이다.

ㄷ. H_2O는 용매로서 구경꾼이다. 수소와 산소의 산화수는 변하지 않았으므로 산화제도 환원제도 아니다.

정답 ②

18

ㄱ. (Ⅰ)에서 H의 산화수는 0 → +2로 증가하여 산화되었으므로 H_2는 환원제이다.

ㄴ. (Ⅱ)에서 Fe의 산화수는 0 → +3으로 증가한다.

ㄷ. (Ⅲ)에서 C의 산화수는 −4 → +4로 증가하였으므로 CH_4는 산화 반응을 한다.

ㄹ. (Ⅳ)에서 $MgCl_2$중 Mg의 산화수는 +2이다.

정답 ③

19

Cu_2O에서 구리의 산화수는 +1이고, $Cu(NO_3)_2$에서 구리의 산화수는 +2이므로 산화수가 증가하였으므로 산화되는 원소는 Cu이다.

정답 ④

20

크롬(Cr)의 산화수가 +6에서 +3으로 감소하였으므로 $Cr_2O_7^{2-}$가 산화제이고, 이산화탄소에서 탄소의 산화수는 +4이므로 산화수가 증가했으므로 에탄올이 환원제이다.

```
    H    H
    |    |
H — C  — C — O — H
   -3   -1
    |    |
    H    H
```

※ 에탄올(C_2H_5OH)의 화학식을 이용해서 탄소의 산화수를 다음과 같이 구할 수 있다. 탄소의 산화수를 x라 하면,

$$2x+6-2=0$$

$$x=-2$$

정답 ④

21

산화수가 감소하면 환원 반응이다.

① Fe의 산화수가 +3 → +2로 감소하였으므로 환원 반응이다.

② 황(S)의 산화수가 −1 → −2로 감소하였으므로 환원 반응이다.

$$\underset{-1}{R-S-S-R} \rightarrow \underset{-2}{R-SH}$$

③ 탄소(C)의 산화수가 −4 → +4로 증가하였으므로 산화 반응이다.

$$\underset{-4}{CH_4} \rightarrow \underset{+4}{CO_2}$$

④ 주석(Sn)의 산화수가 +4 → 0으로 감소하였으므로 환원 반응이다.

정답 ③

22

(가) H_2S 2몰의 경우, S의 산화수의 변화가 −2 → +4로 6만큼 변화하였으므로 이동한 전자의 몰수는 2 × 6 = 12몰이다. 따라서 H_2S 1몰이라면 6몰의 전자가 이동하였다.

(나) S의 산화수는 +6으로 반응 전후 산화수 변화는 없다.

(다) 산화수의 변화가 없으므로 산화−환원 반응이 아니다. 특히 산소 원자의 산화수가 −1임을 주의해야 한다.

정답 ①

23

① Pb: +2 → +2

② S: −2 → +6

③ H: +1 → +1

④ O: −1 → −2

따라서 산화수의 변화가 가장 큰 원소는 S이다.

정답 ②

24

② Pb의 산화수는 +2→0으로 감소하였으므로 PbO는 산화제이다.

③ C의 산화수는 +2→+4로 증가하였으므로 CO는 산화되었다.

④ 환원된 생성물 Pb의 산화수는 홑원소 물질이므로 0이다.

정답 ④

25

ㄱ. Au의 산화수는 +3에서 0으로 감소하였다.

ㄷ. 반응물의 $HAuCl_4(s)$가 산화제이므로 반응물의 나머지인 구연산은 환원제이다.

ㄹ. 산화수의 변화가 있는 산화－환원 반응이므로 산－염기 중화 반응이 아니다.

정답 ③

26

ㄱ. (다) 반응식의 계수를 목산법으로 해결하기는 까다롭다. 질소의 산화수가 변화가 있는 산화－환원 반응이므로 산화수법을 이용하여 계수를 완성하는 것이 편리하다. 즉 NO_2가 산화제와 환원제인 불균등 산화－환원 반응이다.

$$3NO_2 + H_2O \rightarrow 2HNO_3 + NO$$

$a=3,\ b=2,\ c=1$이므로 $a=b+c$이다.

ㄴ. 질소의 산화수가 +2→+4로 증가하였으므로 NO는 환원제이다.

ㄷ. (가)～(다)에서 모두 질소의 산화수의 변화가 있으므로 산화－환원 반응이다.

정답 ②

27

각 원자의 산화수 변화를 보면,

$$P : 0 \rightarrow +5,\ Cl : 0 \rightarrow -1$$

따라서 환원제는 P_4이고, 산화제는 Cl_2이다.

정답 ①

28

ㄱ. (가)에서 Cu의 산화수는 +2→0으로 감소하였으므로 CuO는 환원된다.

ㄴ. (나)에서 Cu의 산화수는 +1→0으로, O의 산화수는 0→－2으로 모두 감소한다.

ㄷ. (다)에서 N의 산화수는 +5→+2로 감소하였으므로 HNO_3은 환원되었으므로 산화제이다.

정답 ④

29

① (가)에서 NH_3는 OH^-를 내놓으므로 염기이다.

② (나)는 반응물질에 홑원소 물질이 존재하므로 산화수의 변화가 있는 산화 환원반응이다.

③ (다)에서 H의 산화수는 0→+1로 증가한다.

④ (가)에서 결합각은 NH_3(107°)가 NH_4^+(109.5°)보다 작다.

정답 ④

30

① (가)에서 C의 산화수는 0→+2로 증가한다.

② (가)～(라) 중 산화수의 변화가 있는 산화－환원 반응은 (가)와 (나) 2가지이다.

③ (나)에서 CO에서 C의 산화수는 +2이고, CO_2에서 C의 산화수는 +4로 C의 산화수가 증가하였으므로 CO는 산화되었고, 따라서 CO는 환원제이다.

④ (다)에서 Ca의 산화수는 +2로 변하지 않았다.

정답 ④

31

ㄱ. $4Na(s) + O_2(g) \rightarrow 2Na_2O(s)$

나트륨의 산화수 변화: 0→+1이므로 산화되었다.

ㄴ. $N_2(g) + 3H_2(g) \rightarrow 2NH_3(g)$

질소의 산화수 변화: 0→－3이므로 환원되었다.

ㄷ. $CH_4(g) + 2O_2(g) \rightarrow CO_2(g) + 2H_2O(l)$

탄소의 산화수 변화: －4→+4이므로 산화되었다.

정답 ②

제 3 절 | 이온 전자법

01 ④	02 ②	03 ④	04 ③	05 ②
06 ②	07 ③	08 ①	09 ①	10 ①
11 ①	12 ③	13 ③	14 ④	15 ①
16 ③				

1

반응물과 생성물의 전하량은 보존되어야 한다.

$$-1+8+x = +2 \qquad x = -5$$

정답 ④

2

Mn의 산화수 변화: $+7 \rightarrow +2$, Fe의 산화수 변화: $+2 \rightarrow +3$이므로, 이온 전자법에 의해 산화–환원 반응식의 균형을 맞추면 다음과 같다.

$$MnO_4^- + 8H^+ + 5e^- \rightarrow Mn^{2+} + 4H_2O$$
$$5Fe^{2+} \rightarrow 5Fe^{3+} + 5e^-$$

전체 반응식으로 나타내면 다음과 같다.

$MnO_4^- + 5Fe^{2+} + 8H_3O^+$

$\rightarrow Mn^{2+} + 5Fe^{3+} + 12H_2O$

a : 1, b : 5, c : 8, d : 1, e : 5, f=12이므로

$$MnO_4^- : 5Fe^{2+} = (0.1 \times 0.3) : x$$
$$x = 0.15mol$$

정답 ②

3

이온 전자법에 의해 산화–환원 반응식의 균형을 맞추면 다음과 같다.

$$5Fe^{2+} \rightarrow 5Fe^{3+} + 5e^-$$
$$MnO_4^- + 8H^+ + 5e^- \rightarrow Mn^{2+} + 4H_2O$$

① $b+c=5+4=9$이다.

② 과망가니즈산 이온(MnO_4^-)에서 Mn의 산화수가 $+7 \rightarrow +2$로 감소되었으므로 환원된다.

③ 수소 이온(H^+)은 산화수의 변화가 없으므로 산화–환원 반응에 참여하지 않았다. 따라서 산화제도 환원제도 아니다.

④ $Fe^{2+} : MnO_4^- = 5:1$이므로 5몰의 철(Ⅱ)이온이 철(Ⅲ)이온으로 변할 때 반응하는 과망가니즈산 이온은 1몰이다.

정답 ④

4

물이 산화–환원 반응에 참여하는 경우이다. 염기성 조건이지만 먼저 산성 조건으로 가정하고 화학 반응식을 구하고 마지막에 염기성 조건으로 전환시킨다.

산화 반쪽 반응식을 작성하면,

$2H_2O(l) \rightarrow O_2(g) + 4H^+(aq) + 4e^-$ ...... ①

환원 반쪽 반응식을 작성하면,

$MnO_4^-(aq) + 4H^+(aq) + 3e^-$

$\rightarrow MnO_2(s) + 2H_2O(l)$ ...... ②

전자의 몰수를 같게 하기 위해 ① × 3 + ② × 4를 하면,

$4MnO_4^-(aq) + 6H_2O(l) + 4H^+(aq)$

$\rightarrow 4MnO_2(s) + 3O_2(g) + 8H_2O(l)$

염기성 조건이므로 수소 이온을 없애주기 위해 양변에 $4OH^-$를 더해주고 정리하면,

$4MnO_4^-(aq) + 2H_2O(l)$

$\rightarrow 4MnO_2(s) + 3O_2(g) + 4OH^-(aq)$

정답 ③

5

① 반응 전 산소 원자의 몰수가 18몰이므로 반응 후의 산소 원자의 몰수도 18몰이어야 한다. H_2O에 8몰의 산소 원자가 있으므로 $x=5$이다.

②, ③ H_2O_2의 O의 산화수: $-1 \rightarrow 0$

MnO_4^-의 Mn의 산화수: $+7 \rightarrow +2$

H_2O_2의 O가 산화되었으므로 H_2O_2는 환원제이다. 따라서 MnO_4^-는 산화제이다.

④ H 원자의 산화수는 +1로 모두 같다.

정답 ②

6

균형 화학 반응식은 아래와 같다.

$$2MnO_4^-(aq) + 5C_2O_4^{2-}(aq) + 16H^+(aq) \rightarrow 2Mn^{2+}(aq) + 10CO_2(g) + 8H_2O(l)$$

② C의 산화수는 +3 → +4로 1만큼 증가한다.

정답 ②

7

화학 반응식의 균형을 맞추면 다음과 같다.

$$Sn(s) + 6Cl^-(aq) + 4NO_3^-(aq) + 8H^+(aq) \rightarrow SnCl_6^{2-}(aq) + 4NO_2(g) + 4H_2O(l)$$

① Cl의 산화수는 −1로 일정하다.

② Sn이 산화되므로 환원제이고, NO_3^-은 환원되므로 산화제이다.

④ 1몰의 Sn이 반응할 때 Sn의 산화수의 변화는 0 → +4이므로 4이고 Sn 원자의 몰수가 1몰이므로 이동한 전자의 몰수는 4 × 1=4몰이다.

정답 ③

8

위 반응을 화학 반응식으로 나타내면 다음과 같다.

$$H_2O_2(aq) + 2Fe^{2+}(aq) + 2H^+(aq) \rightarrow 2Fe^{3+}(aq) + 2H_2O(l)$$

② 이동하는 전자의 몰수는 산화수의 변화 × 원자의 몰수이다. H_2O_2에서 산소 원자의 산화수가 −1에서 −2로 1감소하고 산소 원자의 몰수는 2몰이므로 H_2O_2 1몰이 반응할 때 전자 2몰이 이동한다.

③ O의 산화수는 −1에서 −2로 1만큼 낮아진다.

④ 반응의 진행과 함께 수소 이온의 농도가 감소되므로 수용액의 pH는 높아진다.

정답 ①

9

먼저, 반쪽 반응식을 작성해보면,

환원 반쪽 반응식:

$$MnO_4^-(aq) + 8H^+(aq) + 5e^- \rightarrow Mn^{2+}(aq) + 4H_2O(l) \ ...\ ①$$

산화 반쪽 반응식:

$$Fe^{2+}(aq) \rightarrow Fe^{3+}(aq) + e^- \ ...\ ②$$

전하량을 보존시켜주면, ①+5×②이므로

전체 반응식은 다음과 같다.

$$MnO_4^-(aq) + 5Fe^{2+}(aq) + 8H^+(aq) \rightarrow 5Fe^{3+}(aq) + Mn^{2+}(aq) + 4H_2O(l)$$

ㄱ. 전체 반응식의 균형을 맞추기 위해서는 8개의 수소 양이온이 필요하다.

ㄴ. 이동하는 전자의 몰수가 5몰이므로 전체 반응식의 균형을 맞추기 위해서는 5개의 전자가 필요하다.

ㄷ. 철 이온의 산화수가 +2→+3으로 증가하여 산화하였으므로 철 이온은 환원제로 사용되었다.

ㄹ. $a=1$, $b=5$, $d=5$, $e=1$

$$a+b+d+e=1+5+5+1=12$$

정답 ①

10

산화−환원 반응식을 작성해보면,

$$Na_2Cr_2O_7 + 2C \rightarrow Cr_2O_3 + Na_2CO_3 + CO$$

ㄱ, ㄴ. 산화−환원반응에서 먼저 Cr의 산화수 변화는 +6 → +3이므로 −3이고 따라서 Cr이 2몰이므로 얻은 전자의 몰수는 6몰이다. 그렇다면 잃은 전자의 몰수도 6몰이어야 하는데 그러기 위해서는 반응물의 C 2몰 중 각각의 C가 전자를 잃어 CO_3^{2-}와 CO로 산화되어야 한다. 즉 C가 CO_3^{2-}이 될 때 산화수의 변화는 0 → +4 이고 잃은 전자의 몰수는 4몰, CO가 될 때 산화수의 변화는 0→2이고 잃은 전자의 몰수는 2몰이므로 잃은 전자의 몰수는 총 6몰이된다.

ㄷ. Na_2CO_3에서 탄소 원자의 산화수는 +4이고, CO에서 탄소 원자의 산화수는 +2이므로 동일하지 않다.

ㄹ. 균형 맞춘 반응식에서 두 반응물의 반응 계수 비는 1 : 2이다.

정답 ①

11

균형 잡힌 반응식을 완성하면 다음과 같다.

$$2MnO_4^- + 5ClO_3^- + 6H^+ \rightarrow 2Mn^{2+} + 5ClO_4^- + 3H_2O$$

총 계수의 합은 2+5+6+2+5+3=23이다.

정답 ①

12

물이 산화–환원 반응에 참여하는 경우이다. 염기성 조건이지만 먼저 산성 조건으로 가정하고 화학 반응식을 구하고 마지막에 염기성 조건으로 전환시킨다.

산화 반쪽 반응식을 작성하면,

$2H_2O(l) \rightarrow O_2(g) + 4H^+(aq) + 4e^-$ ...... ①

환원 반쪽 반응식을 작성하면,

$MnO_4^-(aq) + 4H^+(aq) + 3e^-$

$\rightarrow MnO_2(s) + 2H_2O(l)$ ...... ②

전자의 몰수를 갖게 하기 위해 ① × 3 + ② × 4를 하면,

$4MnO_4^-(aq) + 6H_2O(l) + 4H^+(aq)$

$\rightarrow 4MnO_2(s) + 3O_2(g) + 8H_2O(l)$

염기성 조건이므로 수소 이온을 없애주기 위해 양변에 $4OH^-$를 더해주고 정리하면,

$4MnO_4^-(aq) + 2H_2O(l)$

$\rightarrow 4MnO_2(s) + 3O_2(g) + 4OH^-(aq)$

※ 객관식이므로 주어진 지문들을 보면, ②와 ④는 전하량 보존 법칙에 위배되고, ①은 H_2O이 산화되면 O_2가 생성되는데 생성물에 O_2가 없으므로 정답이 될 수 없다. 결국 ③이 정답이 된다.

정답 ③

13

먼저 수소와 산소를 제외한 원자의 개수부터 맞춘다.

$Cl_2(g) + S_2O_3^{2-}(aq) \rightarrow 2Cl^-(aq) + 2SO_4^{2-}(aq)$

이동한 전자의 몰수(8몰)를 같게 하면,

$4Cl_2(g) + S_2O_3^{2-}(aq) \rightarrow 8Cl^-(aq) + 2SO_4^{2-}(aq)$

계수의 합은 $4+1+8+2=15$이다.

※ 참고로 물과 수소 이온을 이용하여 반응식을 균형을 완성하면 다음과 같다.

$4Cl_2(g) + S_2O_3^{2-}(aq) + 5H_2O(l)$

$\rightarrow 8Cl^-(aq) + 2SO_4^{2-}(aq)$

정답 ③

14

이동한 전자의 몰수는 2몰이고, 염기성 조건이므로 H^+의 수와 같은 수 만큼의 OH^-를 양변에 더해주고 정리하면 된다.

$Co(s) + 2H^+(aq) + 2OH^-(aq)$

$\rightarrow Co^{2+}(aq) + H_2(g) + 2OH^-(aq)$

$Co(s) + 2H_2O(l) \rightarrow Co^{2+}(aq) + 2OH^-(aq)$

정답 ④

15

원자의 산화수 변화는 다음과 같다.

- Sn의 산화수 변화: $0 \rightarrow +2$
- N의 산화수 변화: $+5 \rightarrow +2$

이동한 전자의 몰수가 같기 위해서는 3몰의 Sn과 2몰의 N가 필요하므로 균형 반응식을 완성하면 다음과 같다.

$3Sn(s) + 2NO_3^-(aq) \rightarrow 3Sn^{2+}(aq) + 2NO(g)$

따라서 $NO(g)$의 계수는 2이다.

정답 ①

16

- Co의 산화수 변화: $+2 \rightarrow +4$
- Mn의 산화수 변화: $+7 \rightarrow +2$

이동한 전자의 몰수를 같게 하기 위해 Co에 5를 곱하고, Mn에 2를 곱해서 산화–환원 반응식을 완성하면 다음과 같다.

$5Co^{2+}(aq) + 2MnO_4^-(aq) + 16H^+(aq)$

$\rightarrow 5Co^{4+}(aq) + 2Mn^{2+}(aq) + 8H_2O(l)$

ㄱ. Co의 산화수 변화: $+2 \rightarrow +4$이므로 산화수가 증가하여 산화하였으므로 Co^{2+}는 환원제이다.

ㄴ. $a+b+c-f=5+2+16-8=15$이다.

ㄷ. Mn의 산화수는 +7에서 +2로 감소한다.

정답 ③

제 4 절 | 금속의 반응성과 화학 전지

01 ③	02 ①	03 ③	04 ②	05 ①
06 ①	07 ②	08 ①	09 ③	10 ①
11 ②	12 ③	13 ①	14 ③	15 ①
16 ③	17 ④	18 ③	19 ④	20 ①
21 ④	22 ③	23 ③	24 ③	

금속의 반응성 

1

환원력이 작다는 것은 반응성이 작아 산화하기 어려운 것을 말한다. 보기 중에서 반응성이 가장 작은 금속은 Au이다.

정답 ③

2

가장 강한 환원제란 반응성이 커서 산화를 잘하는 금속, 즉 산화 전위가 커야하고, 이온이라면 환원 전위가 작은 금속을 말한다. 표준 환원 전위표에 의하면, $Li^+ < K^+ < Ba^{2+} < Ca^{2+} < Na^+ < Mg^{2+} < Al^{3+}$ 순으로 환원 전위가 증가한다. 따라서 Li이 가장 산화되기 쉬우므로 가장 강한 환원제이다. 이 정도의 순서는 기억하고 있어야 한다.

정답 ①

 화학 전지 

3

①, ③ 아연은 환원 전위가 작으므로 산화 전극이고, 구리는 환원 전위가 크므로 환원 전극이다. Zn은 환원제로 작용했다.

②, ④ 전지의

$E^\circ = E^\circ_{RE} + E^\circ_{OX} = +0.34 + 0.76 = 1.1\,V$이다.

$\Delta E^\circ > 0$이므로 두 금속에서 일어나는 산화－환원은 자발적이다.

정답 ③

4

도금은 전기 분해를 이용한 방법이다.

정답 ②

5

ㄱ, ㄴ. 납 축전지(lead-acid battery)는 납과 황산을 이용한 2차 전지로 주로 자동차 배터리 등에 사용된다.

ㄷ. (−)극과 (+)극의 생성물이 $PbSO_4$이므로 두 전극의 질량은 모두 증가한다.

(−)극 $Pb(s) + SO_4^{2-}(aq) \rightarrow PbSO_4(s) + 2e^-$

(+)극 $PbO_2(s) + SO_4^{2-}(aq) + 4H^+(aq) + 2e^-$

$\rightarrow PbSO_4(s) + 2H_2O(l)$

ㄹ. 납 축전지의 방전 과정이 정반응이므로 황산 농도는 점점 감소한다.

정답 ①

6

① 자발적 반응이 일어나는 경우 전위차 값을 양수로 나타낸다.

$$\Delta G^\circ = -nF\Delta E^\circ$$

자발적 반응이 일어나는 경우 $\Delta G^\circ < 0$이므로 $\Delta E^\circ > 0$이 되어야 한다.

정답 ①

7

Zn이 산화되므로 Zn 전극의 질량이 감소하고, Zn^{2+}의 농도는 증가한다.

Cu^{2+}이 환원되므로 Cu^{2+}의 농도는 감소하고, Cu 전극의 질량은 증가한다.

정답 ②

8

$E_{cell}{}^\circ = E_{RE} + E_{OX} = 0.34 + (x) = 0.62$이므로 산화 전극의 산화 전위가 +0.28 V이고, 산화 전극의 표준 환원 전위는 −0.28 V이다.

정답 ①

9

주어진 자료에서는 Al^{3+}의 환원 전위와 Fe^{3+}의 환원 전위만 알 수 있으므로 환원 전위가 큰 Fe^{3+}이 가장 강한 산화제이다. Al과 Fe^{2+}의 환원 전위는 주어진 정보로는 알 수 없다.

정답 ③

10

$\Delta E^{\circ} = E^{\circ}_{RE} + E^{\circ}_{OX} = 0.34 + 0.76 = 1.1\,V$

$\Delta G^{\circ} = -nF\Delta E^{\circ}$

$= -2 \times 96500 \times 1.1 = -212{,}300\text{J} = -212.3\text{kJ}$

정답 ①

11

$E^{\circ}_{전지} = E^{\circ}_{RE} + E^{\circ}_{OX} = -1.66 + 2.37 = +0.71\,V$

정답 ②

12

① 단일 수직선은 상이 다름을 나타낸다.
② 이중 수직선의 왼쪽이 산화 전극 반쪽 전지이다.
④ 볼타 전지에서 전자는 도선을 통해 산화 전극에서 환원 전극으로 흐른다.

정답 ③

13

환원 반쪽 반응이므로 전자는 반응물에 위치하여야 하고, 산화수가 감소하는 원자가 있어야 한다. 이를 충족하는 것은 ①뿐이고 산화수가 감소하는 것은 산소 원자이다.

정답 ①

14

①, ④ 환원 전위가 큰 Ag이 환원 전극이고 환원 전위가 작은 Cu가 산화 전극이다. 즉, Cu가 산화되고 Ag^{+}이 환원되므로 전지의 알짜 반응식은 다음과 같다.
$2Ag^{+}(aq) + Cu(aq) \rightarrow 2Ag(s) + Cu^{2+}(aq)$

②, ③ 셀 전압은
$E^{\circ}_{cell} = E^{\circ}_{RE} + E^{\circ}_{OX} = 0.799 - 0.337 = 0.462\,V$이다.
셀 전압이 양수이므로 이 전지 반응은 자발적으로 일어난다.

정답 ③

15

산화 반쪽 반응이므로 산화수의 증가가 있어야 한다. 화학 반응식으로부터 Zn이 0 → +2로 증가하였으므로 산화 반쪽 반응식은 $Zn(s) \rightarrow Zn^{2+}(aq) + 2e^{-}$이다.

정답 ①

16

③ 철의 부식 반응은 자발적 반응이므로 $\Delta G < 0$인 반응이다. 따라서 이 부식 반응의 표준 기전력은 양의 값이어야 한다.($\Delta E > 0$)

정답 ③

17

$$E^{\circ}_{cell} = E^{\circ}_{RE} + E^{\circ}_{OX} = 0.34 + 0.76 = 1.1\,V$$

정답 ④

18

① 표준 기전력은
$E^{\circ} = E^{\circ}_{RE} + E^{\circ}_{OX} = 0.8 - 0.34 = 0.46\,V$이다.
② 전지 반응식으로부터 환원 전위가 큰 Ag^{+}이 환원되고 산화 전위가 큰 Cu가 산화되므로 Cu 전극은 (−)극, Ag 전극은 (+)극이다.
③ 전지 반응의 표준 반응 자유 에너지,
$\Delta G^{\circ} = -nF\Delta E^{\circ}$ 이므로
$\Delta G^{\circ} = -nF\Delta E^{\circ} = -2 \times 96500 \times 0.46$ 이다.
$= -(0.92 \times 96.5)\text{kJ}$
④ 알짜 전지 반응식은 다음과 같다.
$Cu(s) + 2Ag^{+}(aq) \rightarrow Cu^{2+}(aq) + 2Ag(s)$
Cu 전극이 포함된 반쪽 전지에서 생성물인 $Cu^{2+}(aq)$의 농도를 높이면 전지 반응에서 역반응이 진행되므로 기전력은 감소한다.

정답 ③

19

염다리를 기준으로 오른쪽에서 환원 반응이 일어난다. 따라서 환원 전극에서 일어나는 반응은 ④이다.

$$Ag^+(aq) + e^- \rightarrow Ag(s)$$

정답 ④

20

① pH를 증가시키면 H^+의 농도가 감소되므로 역반응이 진행되므로 기전력은 감소한다.

② H_2O를 추가하면 반응물의 이온들의 농도가 감소되므로 역반응이 진행되어 기전력은 감소한다.

③ 고체인 Pb를 추가해도 평형은 이동되지 않으므로 기전력은 변하지 않는다.

④ 전지가 평형 상태에 도달하면 기전력은 0 V이다.

정답 ①

21

전지의 알짜 반응식은 다음과 같다.

$$Cu(s) + 2Ag^+(aq) \rightarrow Cu^{2+}(aq) + 2Ag(s)$$

① 화학 평형이동의 원리에 의해 생성물인 $Cu^{2+}(aq)$의 농도를 2M으로 증가시키면 역반응이 우세하게 진행되어 전지의 기전력은 감소된다.

② 역시 화학 평형이동의 원리에 의해 반응물인 $Ag^+(aq)$의 농도를 2M으로 증가시키면 정반응이 우세하게 진행되어 전지의 기전력은 증가하게 된다.

③ 기전력에 대한 온도의 영향은 네른스트식을 이용해서 판단할 수 있다.

네른스트식을 자연로그를 포함한 형태로 나타내면 다음과 같다.

$$\Delta G = \Delta G^\circ + RT\ln Q$$

$$-nFE = -nFE^\circ + RT\ln Q$$

$$E = E^\circ - \frac{RT}{nF}\ln Q$$

ln을 log로 바꾸면,

$$\therefore E = E^\circ - 2.303 \times \frac{RT}{nF}\log Q$$

온도를 증가시키면 빼주는 양이 증가하므로 기전력은 감소하게 된다.

④ 반응물과 생성물이 압력에 영향을 받는 기체가 아니므로 외부 압력을 증가시켜도 기전력에는 변화가 없다.

정답 ④

22

$$|\Delta G^\circ| = nF\Delta E^\circ = 10 \times 96500 \times 1.5 = 1.44 \times 10^3\text{kJ}$$

정답 ③

23

ㄱ. (−)극에서는 수소(H_2)의 산화 반응이 일어난다.

$$2H_2(g) + 4OH^-(aq) \rightarrow 4H_2O(l) + 4e^-$$

ㄴ. 화석연료의 리포밍(reforming)은 화석연료(주로 천연가스나 액체 탄화수소)를 이용해 수소(H_2), 일산화탄소(CO), 또는 합성가스(syngas)를 생산하는 화학 공정이다.

대표적인 반응은 다음의 예를 들 수 있다.

$$CH_4(g) + H_2O(g) \rightarrow CO(g) + 3H_2(g)$$

정답 ③

24

ㄴ, ㄷ. 전자의 이동으로부터 전극 A가 (−)극, 전극 B가 (+)극임을 알 수 있다.
각 전극에서의 반쪽 반응식은 다음과 같다.
(−)극: $A(s) \rightarrow A^{2+}(aq) + 2e^-$
(+)극: $2H^+(aq) + 2e^- \rightarrow H_2(g)$

ㄱ. 무거운 A^{2+}의 수가 늘어나고 가벼운 H^+의 수는 줄어들므로 수용액의 밀도는 감소한다.

정답 ③

제 5 절 | 네른스트식

01 ③	02 ④	03 ②	04 ④	05 ①

네른스트식 

1

ㄱ, ㄹ. 산화 전위가 더 큰 Zn이 산화 전극이 되므로 산화 전극의 질량은 감소하고, Cu는 환원 전극이 되므로 환원 전극의 질량은 증가한다.

ㄴ. $E = 1.1\,\text{V} - \dfrac{0.0592\text{V}}{2}\log\dfrac{[Zn^{2+}]}{[Cu^{2+}]}$ 이다.

ㄷ. 전자는 산화 전극에서 환원 전극으로 이동한다.

정답 ③

2

전해질 용액의 농도가 표준 상태 즉, 1.0M가 아니므로 네른스트 식을 이용해서 전지의 기전력을 구할 수 있다. $E^\circ = E^\circ_{RE} + E^\circ_{OX} = 0.23 - 0.14 = 0.09\,V$ 이고, 이동하는 전자의 몰수는 $2\times1=2$몰이다.

$$E = E^\circ - \frac{0.0592}{n}\log\left(\frac{[\text{환원제}]}{[\text{산화제}]}\right)$$

$$E = 0.09 - \frac{0.0592}{2}\log\left(\frac{0.1}{1.0}\right) = 0.12\,V$$

정답 ④

3

표준 상태가 아닌 화학 전지의 기전력은 네른스트식을 이용해서 구할 수 있다.

$$E = E^\circ - \frac{0.0592}{n}\log Q = E^\circ - \frac{0.0592}{n}\log\frac{[Zn^{2+}]}{[Cu^{2+}]}$$

위 식을 대입을 하면,

$$E^\circ = E^\circ_{RE} + E^\circ_{OX} = 0.34 + 0.76 = 1.1\,V$$

$$E = 1.1 - \frac{0.0592}{2}\log\left(\frac{0.1}{0.01}\right) = 1.07\,V$$

정답 ②

4

① 전지의 표준 전지전위($E_{\text{전지}}$)는 $E^\circ_{\text{환원}} + E^\circ_{\text{산화}}$이다.

$$E^\circ = E^\circ_{RE} + E^\circ_{OX} = -0.13 + 0.26 = +0.13\,V$$

② 전지 반응에서 Pb^{2+}이 환원되어 Pb이 되므로 Pb 전극의 질량은 증가한다.

③ 전지 반응은 전해질의 농도가 평형 농도에 도달해서 전지전위($E^\circ_{\text{전지}}$) 값이 0이 될 때까지 진행된다.

④ 표준 전지전위($E^\circ_{\text{전지}}$)는 전해질의 농도가 1.0M일 때의 전위이므로 농도와 상관없이 일정하다.

정답 ④

반쪽 전지의 기전력 결정

5

반쪽 전지의 기전력은 실험을 통해서만 결정할 수 있다. 실험이 아닌 방법으로는 크기 성질인 깁스 자유 에너지를 이용해서 반쪽 전지의 기전력을 실험이 아닌 계산으로 결정할 수 있다.

$$A^{2+}(aq) + 2e^- \rightarrow A(s) \qquad E^\circ_1 \;......\; ①$$

$$A^{+}(aq) + e^- \rightarrow A(s) \qquad E^\circ_2 \;......\; ②$$

$$A^{2+}(aq) + e^- \rightarrow A^{+}(aq) \qquad E^\circ \;......\; ?$$

$$\Delta G^\circ = \Delta G^\circ_1 - \Delta G^\circ_2$$

$$-nFE^\circ = -n_1FE^\circ_1 - (-n_2F\Delta E^\circ_2)$$

$$-1\times E^\circ = -2\times0.3 - (-1\times0.4)$$

$$E^\circ = 0.6 - 0.4 = 0.2\,V$$

정답 ①

제 6 절 | 전해 전지

01 ②	02 ②	03 ③	04 ②	05 ③
06 ①	07 ②	08 ④	09 ①	

1

④ 전극 (가)는 전원 장치의 (−)극에 연결되었으므로 환원 전극이고 환원 반응이 일어난다. 화학 반응식은 아래와 같다.

$$2H^+(aq) + 2e^- \rightarrow H_2(g)$$

전극 (나)는 (+)극이므로 산화 전극이고, 화학 반응식은 아래와 같다.

$$2Cl^-(aq) + 2e^- \rightarrow Cl_2(g)$$

① 흘려준 전하량은 $Q = it = 10\times965 = 0.1\,\text{F}$ 이므로, 0.1F으로 전극에서 발생하는 기체는 H_2 0.05mol, Cl_2 0.05mol이다.

③ 아보가드로의 법칙에 의해 발생하는 기체의 부피비는 1 : 1이다.

② 성냥불을 갖다 대면 '펑'소리를 내는 기체는 가연성 기체를 의미하고, 가연성 기체는 H_2이다.

정답 ②

2

전하량을 계산해보면,

$$Q = it = 8.7 \times 2 \times 3600 = 62640\text{C}$$

$Cu^{2+}(aq)$	+	$2e^-$	→	$Cu(s)$
		(2×96500)C		64g
		62640C		x

$$x = \frac{62640 \times 64}{2 \times 96500} = 20.77\text{g}$$

정답 ②

3

금속 이온 M^{3+}을 금속 M으로 석출시키기 위해서 필요한 전하량은 3F이다.

$$M^{3+}(aq) + 3e^- \rightarrow M(s)$$

원자량 x을 구하기 위해서 비례식을 세우면

$3[\text{F}] : x = m[\text{F}] : n$이므로 $x = \dfrac{3n}{m}$이다.

정답 ③

4

흘려준 전하량을 구하면

$Q = it = 10^{-2} \times 19300 = 2 \times 10^{-3}\text{F}$이다. Ag^+의 환원 반응식은 다음과 같다.

$$Ag^+(aq) + e \rightarrow Ag(s)$$

석출된 은의 질량을 구하기 위해 비례식을 세우면 다음과 같다.

$$1\text{F} : 108\text{g/mol} = 2 \times 10^{-3}\text{F} : x$$

$$x = 0.216\text{g}$$

전극의 총질량은 은전극의 질량과 석출된 은의 질량의 합이므로 0.5+0.216=0.716g이다.

정답 ②

5

$Cu^{2+}(aq) + 2e^- \rightarrow Cu(s)$이므로 25.6g의 구리를 석출하기 위해 필요한 전류의 양은 77,200C이다.

$$2 \times 96500 : 64\text{g/mol} = x\text{C} : 25.6\text{g}$$

$$x = 77{,}200\text{C}$$

정답 ③

6

(−)극에서의 반응을 통해서 전기 분해시 공급된 전자의 몰수를 구할 수 있다.

$$(-)\text{극}: Ag^+(aq) + e^- \rightarrow Ag(s)$$

Ag 10.8g(0.1몰)이 석출되었으므로 공급된 전자의 몰수는 0.1mol이다.

(+)극에서는 산화가 일어나야 하는데 NO_3^-보다 물이 산화를 더 잘하므로 물이 전자를 잃고 산소 기체가 발생한다.

$$(+)\text{극}: \frac{1}{2}H_2O(l) \rightarrow e^- + \frac{1}{4}O_2(g) + H^+(aq)$$

전자 0.1mol이 공급되었을 때 발생하는 산소의 몰수는 0.025mol이므로 0℃, 1기압에서 부피는 0.025mol × 22400mL/mol = 560mL이다.

정답 ①

7

Ni^{2+}의 환원 반응식은 다음과 같다.

$$Ni^{2+}(aq) + 2e^- \rightarrow Ni(s)$$

0.001mol의 니켈의 얻기 위해서는 0.002몰의 전자가 필요하다. 이때의 전하량은 0.002mol × 96500C/mol = 193C이다.

따라서 필요한 반응 시간은 $t = \dfrac{Q}{i} = \dfrac{193}{0.1} = 1{,}930\text{sec}$ 이다.

정답 ②

8

ㄱ. (−)극에서 제공된 전자를 받을 수 있는 화학종은 H^+이온과 물인데 표준 환원전위가 더 큰 H^+이 전자를 얻어 환원되어 H_2 기체가 발생한다.

$$2H^+(aq) + 2e^- \rightarrow H_2(g)$$

ㄴ. (+)극에서 전자를 잃을 수 있는 화학종은 Cl^-과 H_2O인에 예외적으로 표준 산화전위가 더 작은 Cl^-가 전자를 잃고 산화되어 Cl_2가 발생한다.

$$2Cl^-(aq) \rightarrow Cl_2(g) + 2e^-$$

ㄷ. 전기 분해가 진행되면 (−)극에서 H^+이 감소되므로 수용액의 pH는 점점 증가한다.

정답 ④

9

각 전극에서의 반쪽 반응은 다음과 같다.

(−)극: $2H_2O(l) + 2e^- \rightarrow H_2(g) + 2OH^-(aq)$

(+)극: $2Cl^-(aq) \rightarrow Cl_2(g) + 2e^-$

ㄱ. (−)극 주변에서는 OH^-의 농도가 증가하므로 pH 값은 커진다.

ㄴ. ㉠은 Cl_2 기체가, ㉡은 H_2 기체가 발생한다.

ㄷ. 단위 시간당 발생한 기체의 양은 각 1몰로 같다.

정답 ①